国家出版基金项目
NATIONAL PUBLICATION FOUNDATION

“十三五”国家重点出版物出版规划项目
量子科学出版工程（第一辑）

Quantum Physics
Volume 1
From Basics
to Symmetries
and Perturbations

（美）弗拉基米尔·捷列文斯基　著

丁亦兵　马维兴
沈彭年　姜焕清　译
梁伟红

量子科学出版工程
Quantum Science
Publishing Project

量子物理学　上册

从基础到对称性和微扰论

中国科学技术大学出版社

安徽省版权局著作权合同登记号：第 12201960 号

Quantum Physics, *Volume 1*: *From Basics to Symmetries and Perturbations*, first edition by Vladimir Zelevinsky
first published by Wiley-VCH 2010.

图书在版编目(CIP)数据

量子物理学．上册，从基础到对称性和微扰论/（美）弗拉基米尔·捷列文斯基（Vladimir Zelevinsky）著；丁亦兵等译．—合肥：中国科学技术大学出版社，2020.9
（量子科学出版工程．第一辑）
书名原文：Quantum Physics，Volume 1：From Basics to Symmetries and Perturbations
国家出版基金项目
"十三五"国家重点出版物出版规划项目
ISBN 978-7-312-04917-0

Ⅰ．量…　Ⅱ．①弗…　②丁…　Ⅲ．量子论　Ⅳ．O413

中国版本图书馆 CIP 数据核字（2020）第 085566 号

出版　中国科学技术大学出版社
安徽省合肥市金寨路 96 号，230026
http://press.ustc.edu.cn
https://zgkxjsdxcbs.tmall.com
印刷　合肥华苑印刷包装有限公司
发行　中国科学技术大学出版社
经销　全国新华书店
开本　787 mm×1092 mm　1/16
印张　38.25
字数　770 千
版次　2020 年 9 月第 1 版
印次　2020 年 9 月第 1 次印刷
定价　158.00 元

内容简介

《量子物理学》分为两册:上册详细阐述量子力学的基础及对称性和微扰论的应用;下册从时间相关动力学出发,讨论多体物理学和量子混沌与量子纠缠.两册内容的划分适合两个学期的教学.该书兼具俄罗斯与欧美教材的风格,选材详尽丰富,逻辑鲜明合理,叙述简明严谨,涵盖范围及适用读者类型之广在同类书籍中尚属少见.其所选择的解决问题的方法以及全书的结构相当独特.其主题从量子物理学的基本原理延伸到许多前沿的研究领域,介绍了量子物理学最新的成就和解决现代物理中遇到的问题的方法.全书设置了许多习题,并对部分习题提供了详细的解答.

对于涉及量子物理学应用的大学高年级学生,该书是优秀的教材;对于理论物理领域的相关研究与教学人员,也是难得的有价值的参考书.

序

这本书是基于我在俄罗斯(新西伯利亚州立大学)、美国(密歇根州立大学)和丹麦(哥本哈根尼尔斯·玻尔研究所)多年讲授量子物理学的讲稿写成的.最初,我用手写的方式把我在俄罗斯的经验总结成两卷不大的非正式讲稿,后来改写成一本名为《量子力学讲义》的书.但依照那种形式,它绝对不适合美国大学研究生课程的需要.目前的这本书完全是新的,尽管我保持了原来的精神.我从逻辑上把课程分成两个学期.

经过多年按照博士培养计划所要求的研究生课程教学,情况变得清楚了.面临的主要挑战之一是,进入像密歇根州立大学这样大的一所大学的研究生有着很不一样的广泛背景,因而必须把他们引领到一个初步知识的共同水平,以便让这些学生能继续向前迈步并且面对当前科学前沿更复杂的问题.我试用了各种流行的教科书,但总是不得不用我自己的讲稿加以补充.最终,我发现自始至终依靠我自己的讲义更容易和更有用,当然,必须正确地排序,补充一些习题和添加一些可供老师选择的材料,并且调整得适应更高年级学生的特殊兴趣.

本书从基本的量子原理出发,以一种在我看来最合逻辑和最适合这样宽泛的读者群的方式展开全书.我首先考虑了不需要完全量子形式但允许学生在量子思维要素方面获得一些经验的许多问题.在那之后才把基本的薛定谔方程引进来,并且转向量子物理所有领域的广泛应用.书中给出了一些习题,解答它们或者至少弄明白它们是绝对必要的.除了与现代发展相关的一些新的习题,其中也有许多传统习题.本书是以这样的方式编写的:每一个主题都包含了几个层次的难度,教师可以根据所涉及材料的深度决定.在对内容进行仔细挑选的情况下,本书也可以用于大学生课程.

本书的容量和适用范围迫使我做出了艰难的选择,没能把一些有趣的和重要的内容包括进来.有一些通常不属于一般课程的论题,但我相信它们应该是现代课程的一部分,例如相干态和压缩态及其宏观类比、张量算符及其应用、相对论力学和散射理论的某些问题、相互作用多体系统的性质、量子混沌和纠缠等.添加的材料远远超过了标准的课程,并且允许授课教师做出适合不同听众的选择.同时,正像我常常做的,教师可以与水平较高的学生一道解决一些现代问题.我在全书中插入了少许对于学生来说很可能是不知道的有关方法的一些数学题外话,例如复分析和群论基础(这些节都用星号加以标记).因此,这本书是自成一体的,并不要求补充材料.然而,每一章都给出了"进一步阅读"的目录,包括当前科学杂志的参考文献.我相信,要证明量子理论并不包含任何魔术或隐藏的骗局,所有的东西都可以当着学生的面在黑板上直接推导和解释,这一点是极其重要的.

尽管本书试用了一段时间,但错误不可避免,这个方法已经经受了几年的检验并证明是成功的.当然,成功从根本上依赖于学生的勤奋学习,反过来,这种勤奋又受到他们对该学科的兴趣的影响.

多年来,与各国优秀科学家的大量讨论使我受益匪浅.遗憾的是这里不能一一列出对他们每个人的称赞.但是我要特别感谢已故的 Car Gaarde,他反复激励我把我的讲义写成可发表的形式.我非常感谢 Roman Sen'kov 和 Alexander Volya 给我的帮助.我还要衷心地感谢出版者的友好态度和持续的帮助,特别是 Valerie Moliere、Anja Tschoertner 和 Petra Moews.

当然,在这样一本内容广泛的教科书中,含混不清甚至错误之处几乎不可避免.对于读者任何建设性的反馈我都将特别感激.

最后要提到的是,在把我的夜晚都献给此书的这些年里,我始终如一地受到家人慷慨的支持——我的儿子、女儿和他们的配偶.我要感谢我的夫人 Vera，她奇迹般的耐心使这项工作成为可能.

弗拉基米尔·捷列文斯基

(Vladimir Zelevinsky)

于密歇根东兰辛,2010 年 6 月

目录

第 1 章

最重要的量子概念的起源

对于关系到自然奥秘的科学，隐藏事物是上帝的荣耀，而把它们找出来是国王的光荣.

——Roger Bacon

严格地讲，“**量子力学**”这个概念已经是过时的说法，现在说成统一的**量子理论**会更合适，它包含了精准科学的所有子领域，从生物物理到高能物理和宇宙学. 它一方面构成现代科学**世界观**的一个基础，而另一方面也成为当代技术进步（计算机、量子电子学、纳米技术、核能和热核能、超导等）的一个基石. 与它包罗万象的特征相反（或者，也许基于这一特征），类似于正规热力学，量子理论可以用一种纯公理的方式阐述. 用这种方法，我们或许能够避免重现那些复杂的、有时与按年代顺序陈述矛盾的途径. 然而，最起码，简单地了解一下量子理论主要思想的历史是有益的，或许也是必要的.

1.1 光：是波还是粒子？

最初的量子观念来自关于光的本质的问题.

在 19 世纪，**波动理论**主宰着物理学家们的见解. 早在 1802 年，Young 用波的**叠加原理**解释了光的干涉现象. 基于各分量之间的固定相位关系，这种叠加是**相干**的. 这使人们可以观察到典型的干涉效应，在图 1.1 所示的一个标准实验中，对于通过两个狭缝的光，我们看到了主极大值和次极大值.

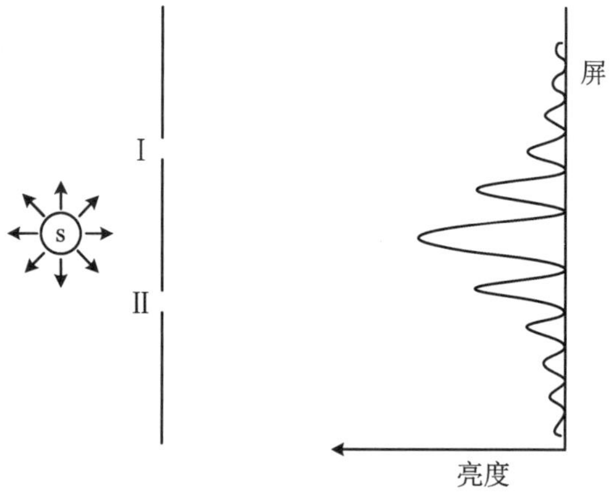

图 1.1　双缝干涉

1861 年，光的波动理论被明确地用公式表述为 **Maxwell 方程**的结果. 这些方程考虑到了电磁波在真空(远离源——电荷或电流)中的传播. 因为这些方程是**线性的**，适用叠加原理，所以两个解之和也是一个可能的解. 与光通过介质的传播定律(反射、折射、色散、散射等)一起，各种各样的**干涉**和**衍射**现象都可以从这个原理得到.

另一方面，Newton 坚持关于光的本质的**微粒**观点. 除了关于光的直线传播(**几何光学**)的简单论点之外，他倾向于支持自然界的一元论概念：既然同意了物质的原子结构，再假设一种完全不同的光的结构是非常奇怪的；而允许光微粒子存在要自然得多.

1.2 Planck 常数，量子时代的开始

只有经过两个世纪的实验知识的积累，这个信念才有可能变成一个科学假设. 首先，物质的原子结构被严格地证实，之后与黑体辐射相关的数据促使 M. Planck 于 1900 年重新发现了光的不连续性思想. 这样，量子物理学的起点与 20 世纪的开始正好符合.

众所周知，在一个空腔中的电磁场可以用一组谐振子来表示，它们具有在场的光谱中呈现的各种各样的频率. Planck 证明了：坚持场的振子以连续方式获得或失去能量的观点，就不可能得到这种平衡（"**黑体**"）辐射谱中正确的（观测到的）能量分布. 必须接受下列事实：对每一个频率为 ν 的谐振子，辐射和吸收的过程只能通过由一份一份的能量 $\Delta E = h\nu$ 所表征的**分立**步骤进行，其中的 h 是一个新的基本常数，即 Planck 常数，它是作用量的量子，其值为

$$h = 6.6262 \times 10^{-34}\ \mathrm{J \cdot s} = 6.6262 \times 10^{-27}\ \mathrm{erg \cdot s} \tag{1.1}$$

在经典力学中，作用量是拉氏量 $\mathcal{L}$ 沿该系统轨道的积分 $\int \mathcal{L}\mathrm{d}t$；它具有量纲（能量×时间＝动量×长度），像角动量的量纲一样. 作用量的**量子化**将使我们以后能搭建一座跨越经典理论和量子理论之间缝隙的桥梁.

更为方便的是采用**圆频率** $\omega = 2\pi\nu$ 并写成 $h\nu = \hbar\omega$，其中

$$\hbar = \frac{h}{2\pi} = 1.0546 \times 10^{-27}\ \mathrm{erg \cdot s} \tag{1.2}$$

在量子物理学中，最合适的能量单位是 eV（电子伏），其中基本电荷

$$e = 4.8032 \times 10^{-10}\ \text{abs. units（绝对单位）}$$
$$1\ \mathrm{eV} = 1.6022 \times 10^{-19}\ \mathrm{C \cdot V} = 1.6022 \times 10^{-12}\ \mathrm{erg} \tag{1.3}$$

在原子核和粒子物理学中，人们用前缀 kilo（千）、Mega（兆）、Giga（千兆，京）和 Tera（兆兆，垓）：1 keV $= 10^3$ eV，1 MeV $= 10^6$ eV，1 GeV $= 10^9$ eV，1 TeV $= 10^{12}$ eV（相同的前缀也用在量化计算机存储器中）. 为了便于将来估计物理量的数量级，我们看到，在许多情况下人们把 Planck 常数和光速 c 结合在一起，因此记住

$$\hbar c \approx 200\ \mathrm{MeV \cdot fm}, \quad 1\ \mathrm{fm} = 10^{-13}\ \mathrm{cm} = 10^{-15}\ \mathrm{m} \tag{1.4}$$

就足够了.

我们可以采用以下初步的图像：辐射场是由基本单元——**量子**“组成”的.而每个频率为 ω 的单独振子模式，其能量 $E=n\hbar\omega$ 由整数 n 个量子确定，这些量子中的每一个均携带 $\hbar\omega$ 的能量.现阶段这个图像能否推广到其他物理体系，这些量子是否定位在空间等都还不清楚.

1.3 光子

接下来的重要一步是由 A. Einstein 在 1905 年迈出的.他证明：如果把平衡辐射看作是具有能量 $E=\hbar\omega$ 和动量 $p=E/c=\hbar k$（$k=\omega/c$ 是波矢量）的粒子气体，至少对于足够大的 ω，可以用在气体运动论中推导“常规”粒子公式的相同方法推导出黑体辐射熵的 Planck 公式.**光电效应**的经验规律（电子被光从金属中打出来，如图 1.2 所示）：例如，无法通过改变光的强度来改变打出电子的能量而只是成比例地改变光子的数目这样的事实，可以由每一个量子吸收或发射作用中简单的能量和动量守恒定律得出来.

每一种金属是用它的**功函数** W 表征的，功是为了从一种固体中敲击出一个电子所必须提供的最小能量，类似于原子的**电离势**或原子核的**分离能**.如果一个频率为 ω 的光量子被金属中的一个电子吸收，那么发射出来的电子的最大动能是

$$K_{\max}=\hbar\omega-W \tag{1.5}$$

它完全由相互作用的基本行为而不是光的强度来确定.实际上，这个关系的实验确认（Millikan，1915）是 Planck 常数的最早的直接测量工作之一.

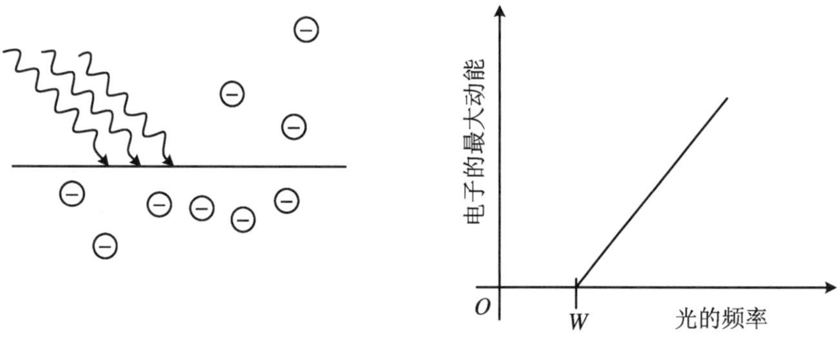

图 1.2 光电效应

因此，我们有了一个新的基本客体——光量子，简称**光子**（这个名字是很晚才引入的）. 另一方面，按照相对论，任何自由粒子的能量 E 和动量 p 满足

$$E^2 = c^2 p^2 + (mc^2)^2 \tag{1.6}$$

用于光子时，这个规则的适用性已被电磁波在电子上的散射实验所检验. 该实验（Compton，1923）证明了光子的行为就像一个质量 $m = 0$、能量 $E = cp$ 的粒子. 如图 1.3 所示，光子以 θ 角飞离一个质量为 m 的初始静止的粒子的散射过程中，光子波长 $\lambda = 2\pi c/\omega$ 增加（因而其频率和能量减少）的实验结果与方程

$$\Delta\lambda = 4\pi \frac{\hbar}{mc} \sin^2 \frac{\theta}{2} \tag{1.7}$$

是一致的. 方程（1.7）是关系式 $E = \hbar\omega$ 和能量、动量守恒定律的直接结果.

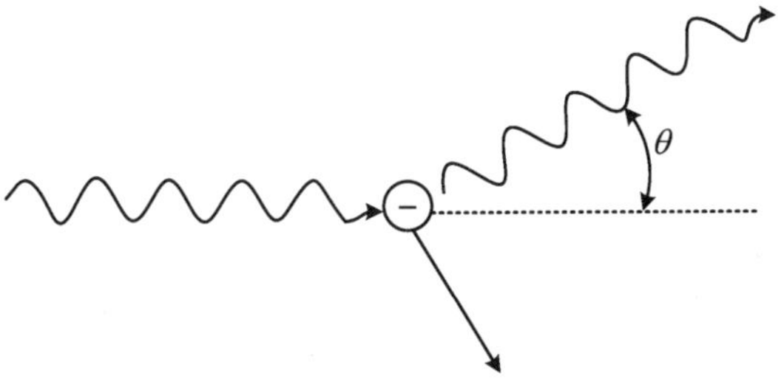

图 1.3　Compton 效应

习题 1.1　推导（1.7）式；估算对于电子的 Compton 效应的测量所必需的光子波长.

习题 1.2　通过测量辐射原子的反冲可以对光的粒子性质做直接检验. 在 1933 年的 Frisch 实验中钠原子放出了波长 $\lambda = 589$ nm 的光. 估算反冲原子的速度.

显然，结果（1.7）式不可能从不包含 Planck 常数的经典方程推导出来. 通过把这个知识和以前的想法结合起来我们看到，在不同的实验条件下光可以**既显示波的特征又显示粒子的特征**. 波动特征可由 Maxwell 方程得到，而粒子效应则表明场不仅携带能量和动量，而且在与物质交换能量与动量时，行为像一组分立的子弹. 对于联系粒子（能量和动量）语言和波动（频率和波矢量）语言之间的字典，正如我们在这里所重复的，是

$$E = \hbar\omega, \quad \mathbf{p} = \hbar\mathbf{k} \tag{1.8}$$

或对于波长有

$$\lambda = \frac{c}{\nu} = \frac{2\pi c}{\omega} = \frac{2\pi}{k} \tag{1.9}$$

常常更方便的是引入

$$\bar{\lambda} = \frac{\lambda}{2\pi} = \frac{1}{k} = \frac{\hbar}{p} \tag{1.10}$$

因此,Planck 常数被证明恰好是在两种(粒子和波动)语言之间转换时使用的一个**标度系数**.

1.4 光谱学和原子的稳定性

20 世纪初,由于分子是由原子组成的以及电荷的基本载体(电子)和中性原子的存在已经被牢固地确立,物理学家们确认物质具有分立的原子和分子结构.观测证明在电磁场中的一个电子束(**阴极射线**)服从经典运动规律.然而对于定位于有限空间区域内(如在尺度为10^{-8} cm 的原子内)的电子,情况并非如此.在 1911 年的 **Rutherford 实验**中发现了具有正电荷的重原子核的存在,该正电荷抵消了电子的总电荷,尽管其尺度非常小,大约为10^{-13} cm = 1 fm.在试图解释原子的稳定性时,经典物理学已无能为力.任何一个仅靠**静电力**耦合的电荷系统是不稳定的(**Earnshaw 定理**).一个类似于行星系统的**动力学**原子结构的想法遭到了非议,因为就像任何加速运动的电荷一样,沿着一个库仑轨道运动的电子(如同万有引力的**开普勒问题**)要辐射能量.作为辐射的结果,电子一定会损失掉它的能量,并最终落入原子核的中心.

原子光谱提供了解决这一难题的钥匙.各种化学元素的蒸气(实际上是些单独的原子)的发射光谱和吸收光谱显示出一组组非常窄的**谱线**,它们表征着一种已知元素对应于分立的波长.巨大数量的光谱学数据的实验处理导致了对一个给定元素的 **Ritz 组合原理**:波长的观测值 λ 可以用**整数** n' 和 n 标志的**光谱项** T_n 之差来表示,即

$$\frac{1}{\lambda} = T_{n'} - T_n \tag{1.11}$$

例如,氢原子产生了一系列靠得很近的波长,它们可以用 **Balmer 公式**

$$\frac{1}{\lambda} = R_{\mathrm{H}}\left(\frac{1}{n'^2} - \frac{1}{n^2}\right) \tag{1.12}$$

来描述,其中 $R_{\mathrm{H}} = 109\ 678\ \mathrm{cm}^{-1}$ 是 **Rydberg 常数**.对于许多更重的元素,在标度(类似于 R_{H} 系数)增大的情况下,都发现了(1.11)式所示的规律.组合原理(1.11)式不同于已知

的经典辐射体的典型规律.一个辐射振荡器(天线)发射出对应于主振动频率 ω_0 和它的谐波 $n\omega_0$ 的波长.在原子的行星模型中,频率 ω_0 就是轨道回转频率.

1.5 Bohr 假设

1913 年 Bohr 迈出了革命性的一步,它奠定了量子理论的基础.Bohr 的假设容许我们构建一个原子模型,它提供一种解释主要实验事实的方法.这一假设可以看作未来量子力学构想的萌芽,显现出与经典物理学的语境格格不入.

依照 Bohr 的理论,原子(为了简单起见,我们要记住氢原子由一个位于原子中心、带正电的、重的质子和束缚在轨道上的电子组成)的确让人联想到太阳系.然而,在所有的经典轨道当中存在一些电子可以无辐射地运动的特殊**定态**.同样地,这个结论对任何做有限周期运动的经典系统都应当适用.这些稳定的轨道形成**分立**的一个集合(**量子化**).至于说到作用量量子 h,Bohr 假设:若在轨道整个周期的经典作用量(回忆经典力学[1, § 49])等于作用量量子的整数倍,即

$$\oint p\mathrm{d}q = nh = 2\pi n\hbar, \quad n = 1,2,\cdots \tag{1.13}$$

则该轨道就被选为稳定轨道.注意对于半径为 r 的圆形轨道和恒定速度 v,这个条件相当于轨道角动量 l 的量子化:

$$p = mv, \quad \oint \mathrm{d}q = 2\pi r \rightsquigarrow l = mvr = n\hbar \tag{1.14}$$

这里**量子数** n 第一次作为一个稳定量子态的标记出现.

相积分 $\oint p\mathrm{d}q$ 是对以给定能量 E 沿着封闭的经典轨道运动的周期求的,其中 p 和 q 分别是**正则共轭**的动量和坐标.这个积分等于被该轨道包围的相空间(p,q)的面积,如图 1.4 所示.从经典力学[1]得知,这个量是一个**绝热不变量**.如果系统的参数缓慢地(**绝热地**)改变,这个绝热不变量保持为常数.更精确地说,虽然它比外部条件变化慢得多,但是它会变化;通常,如果 τ 是参数变化的特征时间($\tau \gg T$,T 是运动周期),则该绝热不变量的变化正比于 $\exp(-\tau/T)$.只有这样的一些经典量才能够被量子化,否则条件(1.13)式就会产生矛盾:特征量的缓慢变化不会使公式(1.13)的左边改变,但会引起右边只取分立值的量子数突然跳变.与此相反,我们看到:通过改变绝热不变量的参数,我们改变

不了它的分立指标 n，因此量子化能级的分类是稳定的.

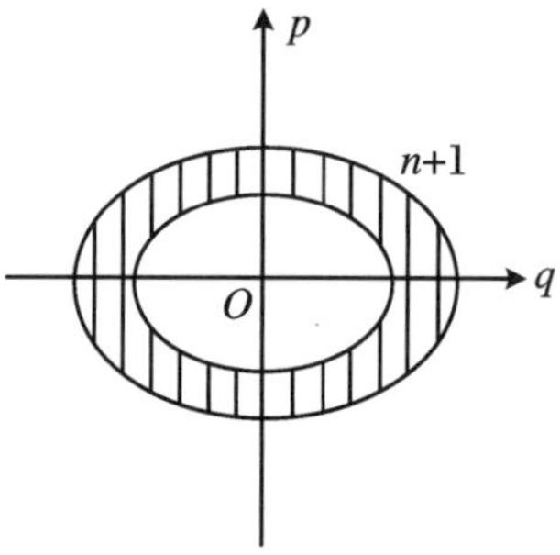

图 1.4　相空间中的量子化

习题 1.3　考虑粒子在弹性力 $F=-\kappa x$ 的作用下，绕平衡点做小振动，其中坐标 x 量度相对于平衡点的偏离. 这样的一个线性谐振子系统在经典理论中用 **Hamilton 函数**描写，在这种情况下它就是动能和势能之和：

$$H = K(p) + U(x) = \frac{p^2}{2m} + \frac{1}{2}\kappa x^2 \tag{1.15}$$

证明：按照规则(1.13)式，量子化的能级 E_n 形成**等距谱**

$$E_n = n\hbar\omega, \quad \omega = \sqrt{\frac{\kappa}{m}} \tag{1.16}$$

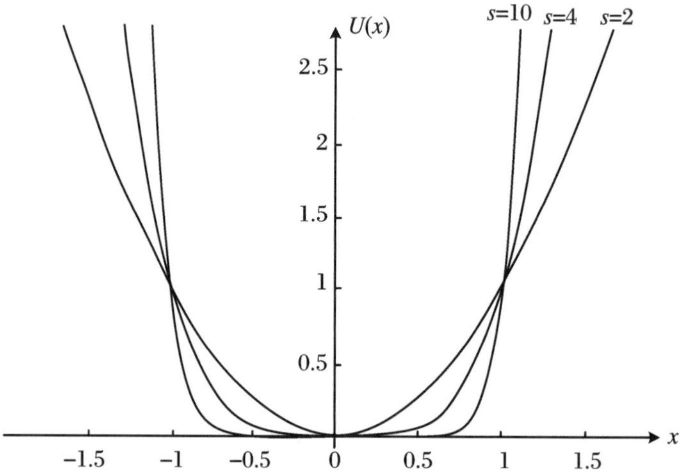

图 1.5　势 $U\sim|x|^s$

证明 如图 1.5 所示,对于一个对称势 $U(x)=U(-x)$,其量子化条件(1.13)式取如下形式:

$$4\int_0^{x_n}\mathrm{d}x\sqrt{2m[E-U(x)]}=2\pi n\hbar \tag{1.17}$$

其中,x_n 是能量相关的**经典转折点**,$U(x_n)=E$. 为了计算这个积分,我们引入变量 $y(x)=U(x)/E$. 这导致了在固定坐标系中的定积分$\int_0^1\mathrm{d}y$. 因为 $\mathrm{d}x/\mathrm{d}y\propto 1/\sqrt{y}$,我们做一个代换 $y=\sin^2\xi$,从而得到初等积分$\int_0^{\pi/2}\mathrm{d}\xi\cos^2\xi=\pi/4$. 对于谐振子来说,倘若注意到对于谐振子在相空间$(p,x)$中给定能量 E 的封闭轨道是一个半轴分别为 $a=\sqrt{2E/(m\omega^2)}$ 和 $b=\sqrt{2mE}$ 的椭圆 $x^2/a^2+p^2/b^2=1$,我们就能避免计算积分. 该椭圆的面积给出 $I=\pi ab=2\pi E/\omega$. 具有给定能量的谐振子的振幅是

$$A_n=\sqrt{n\frac{2\hbar}{m\omega}}$$

Bohr 假设与我们的字典((1.8)式)是一致的. 如果一个自由电磁场可以看作是不同频率的独立振子模式的集合,则量子化((1.16)式)就能被解释为某些相应频率的量子属于给定模式的每个定态. 在量子化假设中,这个数目是用整数 n 给定的. 像我们在第 11 章将要看到的,对于谐振子来说,精确的量子力学结果是

$$E_n=\hbar\omega\left(n+\frac{1}{2}\right) \tag{1.18}$$

最低的可能基态 $n=0$,不再像一个静止在平衡点的经典粒子那样对应于 $E=0$. **零点振动**携带着 $\hbar\omega/2$ 的能量. 这表明:在电磁场的情况下,由于**量子涨落**,即使是没有光子的态(**真空态**),也有能量. 对高激发态,$n\gg 1$,量子化原理的原始形式((1.13)式)也是近似正确的.

习题 1.4 在势场 $U(x)=a|x|^s$ 中,$n\gg 1$ 的第 n 能级的能量 E_n 与 n 的依赖关系是什么?

解 用与习题 1.3 相同的方法,我们得到相空间积分$\propto E^{(2+s)/2s}$和

$$E_n\propto n^{2s/(2+s)} \tag{1.19}$$

一些重要的特殊情况:$E_n\propto n$(谐振子,$s=2$,如习题 1.3);$E_n\propto n^{4/3}$(四次方势,$s=4$),如图 1.5 所示;$E_n\propto n^2$(直壁的方盒子势,如 3.1 节,$s\to\infty$);$E_n\propto 1/n^2$(库仑势,见下面的(1.26)式).

Bohr 第二假设实质上是在辐射跃迁中能量守恒的量子公式. 光的发射和吸收行为是通过原子的初始定态 i 和终了定态 f 之间的跃迁进行的. 因为光子携带能量$\hbar\omega$,所以能

量守恒定律取如下形式：

$$E_f - E_i = \pm \hbar\omega \tag{1.20}$$

其中的正、负号分别对应于吸收($E_f > E_i$)和发射($E_f < E_i$). 发射的可能性意味着，忽略了辐射可能性所发现的那些分立态事实上都是**准定态**，它们都有**有限的寿命**. 但是，只要寿命与运动周期相比足够长，略去辐射的量子化仍然是有意义的.

1.6　氢原子

现在，我们把 Bohr 量子化用于如图 1.6 所示的氢原子，即一个固定在原点的重的质子(电荷为 $+e$)和一个处于一条束缚的库仑轨道上的电子(电荷为 $-e$，质量为 m)组成的系统. 为简单起见，假定该轨道为圆形的. 按照 Newton 力学，对于半径为 r 和速度为 v 的一个轨道，作用力是

$$F = \frac{e^2}{r^2} = \frac{mv^2}{r} \tag{1.21}$$

电子的总能量是指动能和势能的和，在束缚态是**负的**，即

$$E = K + U = \frac{mv^2}{2} - \frac{e^2}{r} = -\frac{e^2}{2r} = \frac{U}{2} \tag{1.22}$$

借助(1.21)式，可以把量子化(1.13)式写成

$$n^2\hbar^2 = (mvr)^2 = mre^2 \tag{1.23}$$

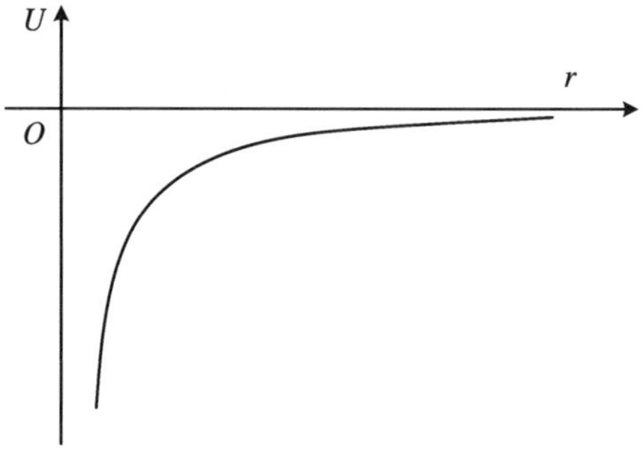

图 1.6　吸引的库仑势

该式决定了稳定轨道的半径为

$$r_n = \frac{\hbar^2}{me^2}n^2 \equiv an^2 \tag{1.24}$$

其中，最低的氢原子轨道的 **Bohr 半径**是

$$a = \frac{\hbar^2}{me^2} = 0.529\ \text{Å} = 0.529 \times 10^{-8}\ \text{cm} = 0.0529\ \text{nm} \tag{1.25}$$

对于很大的量子数 $n \gg 1$，半径（(1.24)式）变成宏观量，当 $n = 10^4$ 时，$r_n \approx 0.5$ cm.

方程(1.22)、(1.24)和(1.25)确定了稳定轨道的能量（氢原子的**能级**）为

$$E_n = -\frac{e^2}{2r_n} = -\frac{1}{2n^2}\frac{me^4}{\hbar^2} \tag{1.26}$$

基态 $n = 1$ 的能量，即符号相反的氢原子电离能，等于

$$E_{\text{ion}} = -E_1 = \frac{me^4}{2\hbar^2} \equiv 1\ \text{Ry} = 13.6\ \text{eV} \tag{1.27}$$

采用一组所谓的**原子单位**(a.u.)可能是方便的，其中 $m = e = \hbar = 1$，能量的 1 个原子单位（有时候称为 1 Hartree）等于 2 Ry(Rydberg)，这样在氢原子中有 $E_n = -1/(2n^2)$ a.u..

氢原子的特征能量与电子的质量相比很小：

$$E_{\text{ion}} = \frac{1}{2}mc^2\frac{e^4}{\hbar^2c^2} \equiv \frac{1}{2}\alpha^2 mc^2 \ll mc^2 \tag{1.28}$$

其中，我们用到了无量纲的**精细结构常数**

$$\alpha = \frac{e^2}{\hbar c} = \frac{1}{137.06} \tag{1.29}$$

因此在原子物理学中，相对论效应通常都是很小的. 然而，对于重原子它们逐渐变大. 回到方程(1.21)，很容易看到，若把质子换成电荷为 Ze 的原子核，我们必须在所有的方程式中把 e^2 用 Ze^2 代换. 那时，在方程(1.28)中，α 将被代换为 αZ，对于较大的 Z，αZ 可以接近于 1. 依照(1.23)式和(1.24)式，我们估算出电子在第 n 个轨道上的速度为

$$v_n = \frac{Ze^2}{n\hbar} = c\frac{Z\alpha}{n} \tag{1.30}$$

这就是说，除了一些最重的原子，$v/c \ll 1$，对于很远的轨道，它也要减小. 注意在原子单位中，$c = 1/\alpha \approx 137$.

习题 1.5 对于氢原子中最低的电子轨道：

(1) 估算原子核在这个轨道处的电场的大小(以 V/cm 为单位)；

(2) 估算电子的轨道运动在原子核处所产生的磁场的大小(以 T 为单位)；

(3) 比较电子和质子间的库仑力和万有引力.

解 (1) 借助基态能量，在轨道处的电场可以表示为

$$\mathcal{E} = \frac{e}{a^2} = \frac{2|E_{\text{g.s.}}|}{ea} = 5.14 \times 10^9 \text{ V/cm} = 1.7 \times 10^7 \text{ abs.unit/cm} \tag{1.31}$$

其中，$|E_{\text{g.s.}}| = 13.6 \text{ eV}$，见(1.27)式.

(2) 携带电流 I 的线元 $\mathrm{d}l$ 的磁场由 **Biot-Savart 定律**给出，即

$$B = \frac{I}{cR^3}[\mathrm{d}\boldsymbol{l} \times \boldsymbol{R}] \tag{1.32}$$

这里 $\boldsymbol{R}$ 是从电流元到观测点的距离.一个在半径为 r 的轨道上做周期为 T 的运动的电子所产生的电流为

$$I = \frac{e}{T} = \frac{ev}{2\pi r} \tag{1.33}$$

用(1.32)式对这个轨道积分，可得到轨道中心的磁场为

$$B = \frac{2\pi I}{cr} = \frac{ev}{cr^2} \tag{1.34}$$

对于基态轨道，该式给出

$$r = a, \quad v = \frac{\hbar}{ma}, \quad B = \frac{m^2 e^7}{c\hbar^5} \tag{1.35}$$

对于磁场((1.35)式)，引入精细结构常数((1.29)式)，可得到

$$B = \alpha\mathcal{E} = 1.3 \times 10^5 \text{ Gs} = 13 \text{ T} \tag{1.36}$$

(3) 两种力的比为

$$\frac{F_{\text{库}}}{F_{\text{引}}} = \frac{e^2}{GmM} = 2.3 \times 10^{39} \tag{1.37}$$

其中

$$G = 6.67 \times 10^{-8} \text{ cm}^3 \cdot \text{g}^{-1} \cdot \text{s}^{-2} \tag{1.38}$$

是万有引力常数，而 m 和 M 分别是电子和质子的质量.

对于以后的估算，注意到这样一点是很有用的：在深入物质深层结构的征程上作为里程碑的系列长度标度中，精细结构常数((1.29)式)迈出了重要的一步．在 Bohr 半径((1.25)式)之后的下一步出现在 **Compton 波长**上：

$$\lambda_C = \alpha a = \frac{\hbar}{mc} = 3.862 \times 10^{-11} \text{ cm} \tag{1.39}$$

其中，质量的数值是对电子给定的．我们已经在 Compton 效应的(1.7)式中遇到过这个长度．稍后我们将会在(5.85)式看到：这个长度确定了量子论和相对论所允许的质量为 m 的粒子的最佳尺度．再进一步，我们得到不包含 Planck 常数的**电子经典半径**为

$$r_e = \alpha\lambda_C = \alpha^2 a = \frac{e^2}{mc^2} = 2.818 \times 10^{-13} \text{ cm} \tag{1.40}$$

这个量确定了经典电动力学的适用极限；对于更小的距离，作为一个经典点电荷的电子的静电能 e^2/r 将超过它的总质量．

确立了一组稳定的轨道集之后，我们可以应用 Bohr 的第二假设((1.20)式)，找到在 $n \to n'(n' < n)$的轨道之间跃迁时原子所发射的辐射谱：

$$\omega_{nn'} = \frac{E_n - E_{n'}}{\hbar} \tag{1.41}$$

对于氢原子，(1.26)式和(1.41)式给出

$$\omega_{nn'} = \frac{me^4}{2\hbar^3}\left(\frac{1}{n'^2} - \frac{1}{n^2}\right) \tag{1.42}$$

或转换成波长：

$$\frac{1}{\lambda_{nn'}} = \frac{\omega_{nn'}}{2\pi c} = \frac{me^4}{4\pi c\hbar^3}\left(\frac{1}{n'^2} - \frac{1}{n^2}\right) \tag{1.43}$$

该式只不过是带有预言的 Rydberg 常数值((1.12)式)的组合原理((1.11)式)，在这里这个常数用 R_∞ 表示：

$$R_\infty = \frac{me^4}{4\pi c\hbar^3} = 109\ 737 \text{ cm}^{-1} \tag{1.44}$$

使用带电粒子辐射强度的经典表示式 $|\mathrm{d}E/\mathrm{d}t| \sim (e^2/c^3)$(加速度)^2，我们可以粗略地算出电子在一个激发的轨道上的寿命．例如，对于 $n=2$ 到 $n=1$ 的跃迁：在 $\tau \sim \frac{\hbar}{mc^2} \cdot \frac{1}{\alpha^5}$的时间内将辐射出$\hbar\omega_{21}$的能量．由于在这个轨道上经典转动的周期是 $T \propto \frac{r_2}{v_2}$，

我们得到 $T \sim \frac{\hbar}{mc^2} \cdot \frac{1}{a^2}$. 这意味着 $\frac{\tau}{T} \sim \frac{1}{a^3} \sim 10^6$，所以这些激发态是长寿命的**准稳定态**. 与经典图像相反，基态是稳定的.

习题 1.6 证明 R_∞ 和实验值 R_H((1.12)式)之间的差别基于原子核是无限重的假设，如果考虑质子的质量是有限的(原子核**反冲**)，我们就能够消除这个矛盾. 比较氢、氘和氚三个同位素的原子能级.

证明 在描述质量为 m_e 的电子和质量为 M 的原子核的**相对运动**时，正确的质量应该是**约化质量**，即

$$m \Rightarrow \mu = \frac{m_e M}{m_e + M} \tag{1.45}$$

在天文学的尺度上比值 m_e/m_p 可能随时间变化的观点目前还在讨论之中. 这或许能够通过精确地测量遥远的(老的)星体的光谱而观测到.

Bohr 原子有无限多束缚态的序列，这些态变得无限密集，并且从下向上收敛到对应于经典**无限运动**的非束缚态的**阈能** $E = 0$. 在 $E > 0$ 时，不存在能挑选出量子化轨道的 Bohr 假设的类似假设，因为所有的能量值都是允许的(连续谱). 图 1.7 显示了较低的能谱. 因为相邻 n 值的能级间的间距随着 n 的增加而急剧减小，所有从不同的初态 n 到相同的末态 n' 跃迁的谱线都非常靠近. 它们可以组合成用量子数 n' 标记的谱系. 历史上这

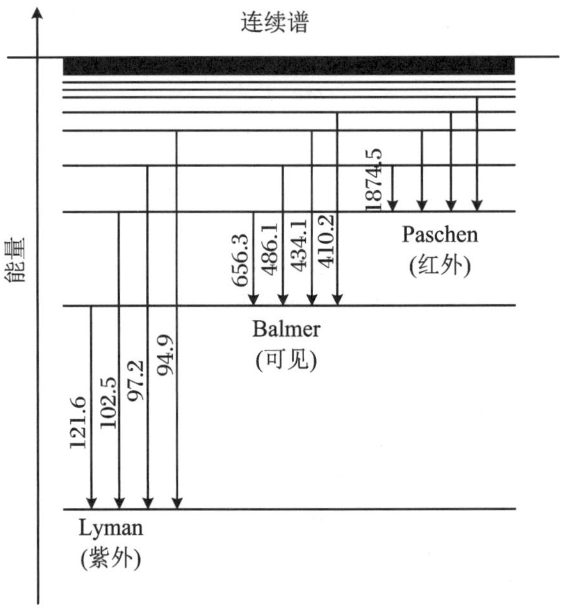

图 1.7 Bohr 原子谱

些谱系用一些人的名字命名：$n'=1$——**Lyman 线系**，它是来自 $n=2$ 跃迁的、具有最大波长 1216 Å 的紫外辐射；$n'=2$——**Balmer 线系**，为可见光；等等. 观测到的 $n'>2$ 的谱线相应于红外辐射.

习题 1.7 存在许多**类氢系统**，在那里我们可以使用相同的近似. 找出下列类氢系统的基态能量和最大的类 Lyman 辐射波长：**电子偶素**（电子和**正电子**的束缚态，后者是正电子的**反粒子**，它与电子的质量相同，电荷为 $+e$），K 介原子（电荷为 $+Ze$ 的原子核和带负电荷的、质量为 $m(\mathrm{K}^-)=494\ \mathrm{MeV}/c^2$ 的 K 介子）和 **π 介原子**（电荷为 $+Ze$ 的原子核和带负电荷的、质量为 $m(\pi^-)=140\ \mathrm{MeV}/c^2$ 的 π 介子），μ 介原子（电荷为 $+Ze$ 的原子核和带负电荷的 μ 子，一种重的电子类似物，其质量为 $m(\mu^-)=106\ \mathrm{MeV}/c^2$），**质子偶素**（质子与反质子的束缚态）.

习题 1.8 在存在可移动电子的金属和等离子体中，正电荷中心（等离子体的离子或固体中的杂质）的电荷被电子的重新分布**屏蔽**. 结果，中心的静电势不再是长程的而是指数下降的，即

$$U(r)=-Ze^2\frac{\mathrm{e}^{-\mu r}}{r} \tag{1.46}$$

其中，随着自由电子密度的增加，μ 是增大的，而引力的力程（即 **Debye 半径** $r_{\mathrm{D}}=1/\mu$）是减小的. 在原子核物理学中产生了类似的汤川势，它描述核子间通过交换介子的相互作用. 在这种情况下，人们用**耦合常数** f^2 代替 Ze^2，而半径 $1/\mu$ 是质量为 M 的介子的 Compton 波长，即 $1/\mu=\hbar/(Mc)$. 借助 Bohr 量子化证明指数屏蔽势只有有限数目的束缚态. 用参数 f、μ 和在这个势中运动的粒子质量 m，估算这个数目. 这一有限性解释了随着自由电子密度的增加等离子体中谱线逐渐消失的现象.

解 量子化规则给出

$$Ze^2 m\mu\left(1+\frac{1}{\mu r}\right)r^2\mathrm{e}^{-\mu r}=n^2\hbar^2 \tag{1.47}$$

对于很大的距离，$\mu r\gg 1$，方程(1.47)的左边指数式下降. 因此，对于大 n 值无解，则束缚态的数目应该是有限的. 最大允许半径可以从方程(1.47)左边的最大值求得，它是如下方程的正根：

$$r^2-\frac{r}{\mu}-\frac{1}{\mu^2}=0\rightsquigarrow r=\frac{1+\sqrt{5}}{2\mu} \tag{1.48}$$

当然，我们可以不通过计算就猜出轨道的最大半径应该是 $r_{\mathrm{D}}=1/\mu$ 的量级. 现在，对应于由该屏蔽势支持的能级数的最大量子数可由下式决定：

$$n_{\max}^2 \approx \frac{(3+\sqrt{5})(1+\sqrt{5})}{4} e^{-(1+\sqrt{5})/2} \frac{mZe^2}{\mu \hbar^2} \approx 0.84 \frac{r_D}{a} Z \tag{1.49}$$

其中，$a/Z = \hbar/(me^2 Z)$是在电荷为 Z 的纯库仑势中最低束缚轨道的 Bohr 半径. 虽然半经典量子化((1.13)式)对于最低轨道通常并不精确，然而对非常小的 Debye 半径 $r_D < a/Z$，我们有一个合理的估计：屏蔽势不支持束缚态，$n_{\max} < 1$.

对于汤川势，有

$$U(r) = -\frac{f^2}{r} e^{-(Mc/\hbar)r} \tag{1.50}$$

平方耦合常数 f^2 具有量纲[能量×距离]. 按照以前的结果，如果吸引力太弱，$f^2/(\hbar c) < 1.19(M/m)$，其中 m 是相互作用粒子的约化质量，则介子交换不能产生两个粒子的束缚态. 这个结论相当靠近精确结果，$f^2/(\hbar c) = 0.84(M/m)$，它可以借助汤川势的完全量子的 Schrödinger 方程的数值求解.

1.7 对应原理

对于氢原子，Bohr 假设(在非相对论近似下)给出了精确结果. 这是库仑势的一个幸运特征. 一般来说，使用相同的量子化，我们只能得到一个近似解，仍然遗留了一种关于可能存在 $n = 0$ 解的不确定性. 尽管形式上允许，但它会导致掉落到位势的中心(按照(1.14)式，$l = 0$).

A. Sommerfeld 改进并完善了 Bohr 理论. 他把轨道角动量和椭圆轨道更自洽地纳入了这种形式体系中. 这意味着存在一个表征稳定轨道形状的附加量子数. 除**主量子数** n 之外，轨道还应当用轨道角动量量子数 $l(l = 0, \cdots, n-1)$和描写轨道在空间取向的**磁量子数** m 来标记. 能级的能量不可能依赖轨道的取向. 因此，具有不同 m 值的所有子能级具有相同的能量(**简并**). 此外，作为库仑势的一个特殊性质，对给定的 n，能量不依赖于 l. 这个所谓的**偶然简并**将在第 7 章和第 18 章内讨论. 具有确定的 n 和各种不同 l 值的轨道构成了原子的壳层. 化学元素周期表的解释是“**旧量子论**”主要成就的一个基础. 通过考虑相对论的修正，我们能够描述原子谱的更多细节.

1913 年，Franck 和 Hertz 用实验直接证实了原子态的不连续性. 在某些加速位势数值处，他们观测到了穿过气体的电子流的极小值，这些加速位势的数值对应于在电子-原子碰撞过程中足以激发量子化的原子态的电子能量.因此,毫无疑问,这个量子论抓住了自然的一些深层次性质.然而它仍然不是一个自洽的、合乎逻辑的理论.

从经典的运动定律出发,再强加上一些量子化规则,人们应当期待在一些条件下,当量子化不影响可观测量时,这个理论必须能够重现所有的经典结果.科学的特征是新的发展并非消除旧的结果,而只是限制它们的适用范围.经典科学(力学和电动力学)必须变成更一般理论的一种特殊的极限情况.量子方法必须肯定正确的经典结果的这个要求是 Bohr 采用的主要判据之一.这就是他的著名的**对应原理**.抛除旧量子论的所有不足之处,这个原理还是令人满意的.存在着一个中间的**半经典或准经典**区域,在那里量子结果逐渐变得与经典的结果不可区分.

考虑高激发的 Bohr 轨道,$n \gg 1$.轨道半径 r_n 随 n 的增加而迅速变大,达到宏观值.例如,这样的 **Rydberg 轨道**曾在介原子物理中用到,如习题 1.7.在高能粒子或原子核反应中产生的 π 介子在介质中慢化下来,因而可以在 n 值很大的 Rydberg 轨道之一上被俘获.然后,它们发射级联光子,下降到基态或一个最低态.在对应于大 n 的距离,我们可以预期经典力学是有效的.如果是这种情况,辐射的组合原理应由经典规则支配.

一个经典电荷做频率为 ω_0 的周期运动,辐射出相同频率或其泛频 $\Delta n \cdot \omega_0$ 的电磁波,其中 Δn 为整数.这与组合原理((1.12)式)看上去毫无共同之处.然而,在半经典的情况下,跃迁满足

$$n \gg 1, \quad n' \gg 1, \quad \frac{n-n'}{n} \equiv \frac{\Delta n}{n} \ll 1 \tag{1.51}$$

于是,量子辐射频率((1.42)式)可以近似地写为

$$\omega_{nn'} = \frac{me^4}{2\hbar^3}\frac{n^2-n'^2}{(nn')^2} \approx \frac{me^4}{\hbar^3 n^3}\Delta n \tag{1.52}$$

对相同的区域((1.51)式),经典的旋转频率是

$$\Omega_n = \frac{v_n}{r_n} = \frac{me^4}{\hbar^3 n^3} \tag{1.53}$$

因此,在半经典区域,辐射频率的确是旋转频率的整数倍:

$$\omega_{\mathrm{rad}} = \Delta n \cdot \Omega_n \tag{1.54}$$

这个具体的例子确认了普遍的科学规律,即一种更高级的理论应当把以前的一个不太普遍理论的结果作为在特定条件下适用的特例包含进来.

现在,我们可以把这一结果推广到在任意束缚位势中的运动.对联系着能量 E_n 和沿着相同轨迹的经典动量 $p_n(x)$ 的方程式

$$E_n = \frac{p_n^2(x)}{2m} + U(x) \tag{1.55}$$

求导数，我们得到了 Hamilton 方程

$$\mathrm{d}E_n = \frac{p_n}{m}\mathrm{d}p_n = v_n \mathrm{d}p_n \tag{1.56}$$

考虑在位势内从转折点 a_n 到任意一点 x 的作用量的积分. 在半经典的区域((1.51)式)内，这个积分是 n 的一个光滑函数. 要计算它相对于 n 的微商，我们只需微分被积函数，而不是其积分的上、下限，因为被积函数 $p_n(x)$ 在转折点处为零：

$$\int_{a_n}^{x} \mathrm{d}x \frac{\partial p_n(x)}{\partial n} = \int_{a_n}^{x} \mathrm{d}x \frac{\partial p_n}{\partial E_n}\frac{\partial E_n}{\partial n} = \Delta_n \int_{a_n}^{x} \frac{\mathrm{d}x}{v_n} = \Delta_n t_n(x) \tag{1.57}$$

这里，我们引入 $t_n(x)$ 作为具有能量 E_n 从转折点 a_n 到 x 的经典运动的时间，而相邻能级之间的距离为

$$\Delta_n = E_n - E_{n-1} \approx \frac{\mathrm{d}E_n}{\mathrm{d}n} \tag{1.58}$$

为了找到 Δ_n，我们微分量子化条件(1.13)式：

$$\pi\hbar = \frac{\partial}{\partial n}\int_{a_n}^{b_n} p_n \mathrm{d}x \tag{1.59}$$

类似于(1.57)式，我们得到

$$\pi\hbar = \Delta_n \int_{a_n}^{b_n} \frac{\mathrm{d}x}{v_n} \tag{1.60}$$

它给出了二分之一的运动总周期 T_n：

$$\pi\hbar = \Delta_n \frac{T_n}{2} = \Delta_n \frac{\pi}{\Omega_n} \tag{1.61}$$

或者最终有

$$\Delta_n = \hbar\Omega_n \tag{1.62}$$

对于谐振子来说，根据(1.16)式，$\Omega_n = \omega$ 与量子数 n 无关(在经典力学中，这个周期与振幅无关).

现在，我们得到了**对应原理**的一种更具体的形式. 最邻近的半经典能级之间的能级间隔(除以$\hbar$)等于具有相同能量的周期运动的经典频率. 在每个小间隔内，束缚态的半经典谱是近似等距离的，就像一个频率为 ω 的谐振子平滑地从一个间隔变更到另一个间

隔.正如前面讨论过的,为了得到一个正确的到经典辐射理论的过渡,这是必要的:半经典系统的频谱((1.54)式)应包含主旋转频率和倍频,就像一个经典振子所呈现的那样.

1.8 空间量子化

量子化规则不可能被局限于库仑场中的束缚态,因为它具有普遍的特征.比如,电子的**磁矩**必须被量子化.一个经典的束缚电子的轨道是一个携带电流 $I=e/T$ 的螺旋线,其中 T 是旋转周期,$T=2\pi/\omega$.这样一个螺旋线具有一个磁矩 $\mu=I\mathcal{A}/c$,其中(椭圆)轨道的面积 $\mathcal{A}$ 为

$$\begin{aligned}\mathcal{A}&=\int_0^{2\pi}\mathrm{d}\varphi\frac{r^2}{2}=\frac{1}{2}\int_0^T\mathrm{d}tr^2\frac{\mathrm{d}\varphi}{\mathrm{d}t}\\&=\frac{1}{2}\int_0^T\mathrm{d}tr^2\omega=\frac{1}{2m}\int_0^T l\mathrm{d}t=\frac{lT}{2m}\end{aligned}\tag{1.63}$$

其中,l 是按照(1.14)式量子化的守恒轨道角动量.因此,我们得到了磁矩的量子化:

$$\mu=\frac{e}{cT}\frac{lT}{2m}=\frac{el}{2mc}=\frac{e\hbar}{2mc}n\tag{1.64}$$

其中,我们预言了**轨道回转磁比**的值为

$$g_l\equiv\frac{\mu}{l}=\frac{e}{2mc}\tag{1.65}$$

轨道磁矩等于基本磁矩(**Bohr 磁子**)的倍数,$\mu=n\mu_{\mathrm{B}}$;对于电子有

$$\begin{aligned}1\mu_{\mathrm{B}}&=g_l\hbar=\frac{e\hbar}{2mc}=9.27\times10^{-21}\ \mathrm{erg/Gs}\\&=0.927\times10^{-23}\ \mathrm{J/T}\end{aligned}\tag{1.66}$$

量子化规则((1.64)式)不包含库仑场的任何特性,自然可以假设,这样一个磁矩是与任何荷电粒子的运动联系在一起的.

要使我们的讨论更加精确,我们需要回忆起 $\boldsymbol{l}$ 和 $\boldsymbol{\mu}$ 都是**矢量**.1922 年 Stern 和 Gerlach 直接用实验证明了:这些量子化的量都是这些矢量在由实验所选定方向上的**投影**,如图 1.8 所示,该方向是 Stern-Gertach 实验中非均匀磁场的方向.原子束被非均匀磁场

$B_z(z)$施加了一个 $F = \frac{\mu_z \partial B_z}{\partial zs}$ 的力,偏转离开了直线轨迹.经典电动力学本来预言:在记录用感光底片上将形成对应着从 $-\mu$ 连续变化到 $+\mu$ 的所有 μ 值的宽带结构.而实验却代之以形成了一些与原始运动方向对称的分立窄条.这意味着对于一个固定的绝对值 $|\boldsymbol{\mu}|$,只有相对于外场的某些取向的 $\boldsymbol{\mu}$ 和 $\boldsymbol{l}$ 才是被允许的(**空间量子化**).束流劈裂分量对应于所有可能的以$\hbar$为单位的 l_z 投影的**整数值**,这些数值在 l 最大投影限制的范围之内:

$$l_z = m\hbar, \quad m = -l, -l+1, \cdots, 0, \cdots, l-1, l \tag{1.67}$$

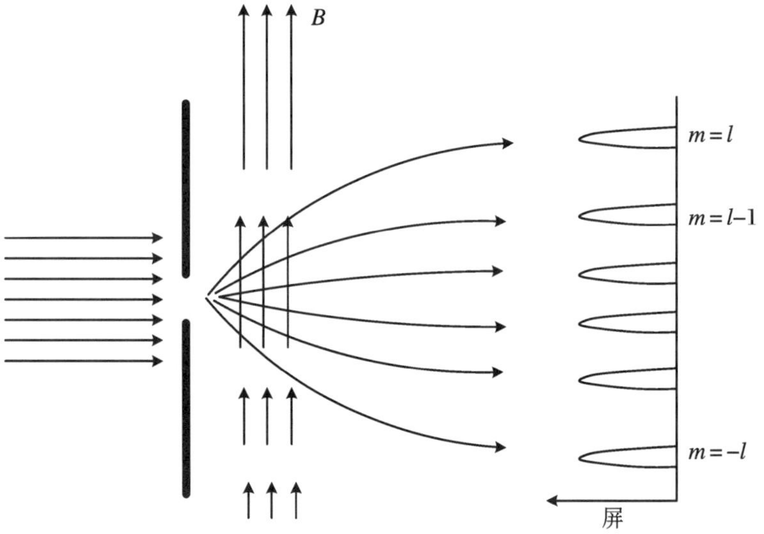

图 1.8　空间量子化

如果轨道角动量是 $l\hbar$,则 Stern-Gerlach 实验产生 $2l+1$ 个具有各种不同的磁量子数 m 值的分量.

1.9　自旋

按照规则((1.67)式),在 Stern-Gerlach 设备中,束流劈裂的分量数必须是**奇数**.然而在某些实验中,**偶数**的分量(例如双重线)也被观测到了.原子光谱学也给出了未能被理论解释的一些双线的例子.1925 年,S. Goudsmith 和 J. Uhlenbeck 提出了一个假说,认为电子存在一个内禀角动量.这个附加的角动量(**自旋** $\boldsymbol{s}$)与轨道运动没有关系,就如同一个行星绕它自己的轴转动与它的轨道运动无关一样.

所有的观测都与电子自旋的半整数值$\left(s=\frac{\hbar}{2}\right)$一致,使得空间量子化只允许矢量 $\boldsymbol{s}$ 相对于这个场有两个取向,则

$$s_z = \pm \frac{\hbar}{2} \tag{1.68}$$

在图 1.8 所示的实验中,束流偏移的大小给出了**自旋回转磁比**,结果表明它是轨道回转磁比(1.65)式的两倍:

$$g_s = \frac{\mu_s}{s} = \frac{e}{mc} \tag{1.69}$$

所以,静止($l=0$)时电子的磁矩再次等于 Bohr 磁子:

$$\mu(l=0) = \mu_s = g_s s = \frac{e\hbar}{2mc} = 1\mu_B \tag{1.70}$$

形成原子核的基本粒子(**中子**和**质子**)以及它们的组分粒子(**夸克**),也都具有$\hbar/2$ 的自旋.然而由于作用在它们内禀结构上的强(核)力的效应,它们的回转磁比与简单的结果((1.69)式)不同.类似于(1.66)式,质子磁矩适用的单位是**核磁子**(nuclear magneton, n.m.):

$$\begin{aligned}1\ \text{n.m.} &= \frac{e\hbar}{2m_p c} = 1\mu_B \frac{m_e}{m_p} = \frac{1\mu_B}{1836} \\ &= 5.05\times10^{-24}\ \text{erg/Gs} = 0.505\times10^{-26}\ \text{J/T}\end{aligned} \tag{1.71}$$

然而,对于质子和中子,实验给出

$$\mu_p = 2.79\ \text{n.m.},\quad \mu_n = -1.91\ \text{n.m.} \tag{1.72}$$

与核磁子的差别是所谓的**反常磁矩**.注意中子是电中性的,$e_n=0$,但由于夸克和胶子的非零贡献,它的磁矩并不为零.精确的实验表明电子磁矩也与(1.70)式的简单值稍有不同.与质子或中子的反常磁矩不同,电子的反常磁矩很小,为

$$\mu_e = \left(1+\frac{\alpha}{2\pi}\right)\mu_B \tag{1.73}$$

其中,精细结构常数 α 是在公式(1.29)中引入的;非常精确的测量还表明有非常小的高阶修正.**量子电动力学**解释了这个偏差,但(1.72)式的值仍然不能从理论得到,尽管它们

的比值可以用夸克结构来理解.

对于一般的可能有轨道或自旋起源(或是两者组合)的角动量,如果以$\hbar$为单位来度量,我们将采用通用的符号 $\boldsymbol{J}$. 无量纲的量 J 用整数或半整数值量子化,在一个选定的量子化方向上投影 J_z 可以取 $2J+1$ 个值,$J_z=-J,-J+1,\cdots,+J$. 正如我们将在第 16 章看到的,这个量子化是一种在三维空间中转动的几何性质. 系统的磁矩正比于它的角动量:

$$\boldsymbol{\mu} = g\hbar\boldsymbol{J} \tag{1.74}$$

其中,g 是每个系统特有的回转磁比. 将弱静磁场 $B=B_z$ 加到一个静止系统上时,系统的内禀结构不会改变. 然而,磁相互作用的能量

$$E_{\text{magn}} = -(\boldsymbol{\mu}\cdot\boldsymbol{B}) = -g\hbar BJ_z \tag{1.75}$$

出现了,该态具有不同 J_z 值的 $2J+1$ 个分量在能量上等距离劈裂(Zeeman 效应,第 24 章).

1.10 de Broglie 波

尽管 Bohr 模型和旧量子论作为一个整体取得了成功,但许多问题,特别是和辐射强度以及复杂原子的结构相关的那些问题仍然没有解决. 量子化的特有秘诀并不具有普遍性. 本质上,它只是天才 Bohr 的一次非凡的尝试. 为了构建一个自洽的新理论,需要引入新的概念. 这种情况可以用表 1.1 来描述.

表 1.1

	光	物　质
经典理论	波动现象(麦克斯韦方程)	微粒图像(对 $v\ll c$,Newton 方程;或 $v\sim c$,爱因斯坦方程)
量子理论	微粒图像(光子)((1.8)式)和((1.9)式)	???

1923 年,表中的问号被 **de Broglie 波**取代. 按照 Newton 的自然界一元论思想的精神,我们假设对于任何使用能量为 E、动量为 $\boldsymbol{p}$ 的粒子做的实验,都对应一个波长为 λ 和频率为 ω 的波动过程,即

$$\lambda = \frac{h}{p}, \quad \omega = \frac{E}{\hbar} \tag{1.76}$$

再一次注意到：Planck 常数只起着标度因子的作用，它用于波动语言和粒子语言之间的转译.

在(1.76)式的假设下，粒子的运动一定伴随着典型的波动现象. 例如，当绕过一个尺度可与波长相比的障碍物，或被一个周期性的晶体状结构反射时，粒子束流应显示衍射. 在 Davisson 和 Germer 1927 年的实验中，一电子束流产生了衍射条纹. 它类似于从一个特定取向的晶体上反射的 X 射线衍射条纹. 1931 年，Stern 等人证明：甚至像氦原子这样的复杂客体，也显现出在晶体上的衍射. 最近在**宏观尺度**上，甚至利用诸如 Fullerenes C_{60} 这样的大分子，也观测到了干涉和衍射现象，在所有的情况中，实验发现的波长精确地对应着与(1.76)式相符的粒子动量.

习题 1.9 估算为观测电子从一个晶体上衍射所需要的能量. 分别求速度为 1 cm/s 的电子、能量为 $E = 100$ MeV 的电子、热中子(在室温 T 时的能量为 $3T/2$；我们时常忽略 Boltzmann 常数并以能量为单位测量温度，1 eV = 11 600 K)以及一个足球的 de Broglie波波长和频率.

如果波的描述是普适的，我们可以把类似的方法用于原子的**束缚态**(在经典力学中做有限运动的态). 这里我们必须转到**驻波**图像. 的确，我们立即就可得到 Bohr 的假定((1.13)式)：对于半径为 r 的一个圆形轨道，如果轨道的周长等于波长的整数倍，即

$$\lambda = \frac{2\pi r}{n}, \quad n = 1,2,\cdots \tag{1.77}$$

从上式我们选出半径 $r_n = n\lambda/(2\pi)$，或与(1.76)式一致 $r_n = n\hbar/p$，且像(1.14)式那样，轨道角动量 $l = mvr_n = pr_n = n\hbar$，于是定态出现了. 从这个简单的论证显而易见，量子化的能量是强加在 de Broglie 波上的**边界条件**导致的结果. 这里，我们可以回溯到一根振动的弦或谐振器里的波，在那里边界条件以同样的方式挑选出系统的**简正**模式.

在波长比系统的典型长度参数短的情况中，波的特性变得不太显著，衍射角变得更小，于是我们达到了**几何光学**极限. 沿着笔直的射线传播的波类似于经典自由粒子的直线运动. 就像在有关对应原理一节讨论过的，这个情况预期介于量子力学和经典力学之间.

在建立量子力学形式体系之前，我们需要积累在各种简单情况下量子波行为的一些经验. 下面我们只利用 de Broglie 波的定义和两种语言之间的“转译公式”. 这个经验将会让我们理解量子波的操作性的解释.

第 2 章

波函数和一些最简单的问题

从其萌芽和起源考察事物的人,将对它们得到最清晰的看法.

——Aristotle

2.1 自由运动

现在我们来认真处理 de Broglie 波的概念,并且考虑在一些简单的情况下一个量子波的传播,在这些简单的情况中,“自然”的物理论证可以取代量子动力学一般规律的知识.我们从**无限空间**中的一个波的自由运动出发.这是一种极端理想化的图像,但它可以作为当波长比可用区域的尺寸短得多时在**有限空间**中运动的一种极限情况.

设位于空间遥远处($x \to -\infty$)的源产生一束质量为 m 的独立的全同粒子.这些粒子以动量 p 沿着 x 轴运动.在自由运动中,粒子的能量为 $E(p) = p^2/(2m)$(我们也可以考

虑相对论运动). 根据转换公式(1.76),相应的量子波可表示为

$$\Psi(x,t) = Ae^{ikx-i\omega t} \tag{2.1}$$

其中,$k = p/\hbar$,$\omega = E/\hbar$. 这是描写一个量子态——在此情况中为自由运动的量子态——的波函数的第一个明确例子. 指数中的符号选择完全是一种约定:此时,$k>0$ 且 $\omega>0$ 的波向右传播. 的确,随着 t 的增大,若 x 也增大,则人们会有同样的相位值 $kx-\omega t$. 对于任意的传播方向 $\boldsymbol{k}$,代替(2.1)式,我们写为

$$\Psi(\boldsymbol{r},t) = Ae^{i(\boldsymbol{k}\cdot\boldsymbol{r})-i\omega t} \tag{2.2}$$

其中,粒子的能量为

$$E = \hbar\omega = \frac{\hbar^2|\boldsymbol{k}|^2}{2m} \tag{2.3}$$

与传播方向无关. 有相同能量的不同量子态称为**简并态**. 态(2.2)式是一个**单色平面**(**单能量**)波:一个确定的波矢 $\boldsymbol{k}$ 限定波前为垂直于 $\boldsymbol{k}$ 并具有恒定相位 $\boldsymbol{k}\cdot\boldsymbol{r}$ 的一个平面. 能量的确定值被一个固定的频率或波长所限定.

波的振幅 A 是个复数,$A=|A|\exp(i\alpha)$,其中 α 确定了波在原点处的相位,而 $|A|$ 的大小应该与波的强度联系在一起,$I=|A|^2$. 然而,在这一特殊情况中,振幅并不携带任何关于量子态的信息. 的确,我们引进"粒子束流"只是为了能够在**全同条件**下多次重复实验. 这里,我们感兴趣的是单个粒子的属性. 为了实现这种情况,束流可能如此稀薄,以致粒子间相互作用的任何机会均可被排除. 为研究两个粒子间的**关联**,我们将需要考虑它们的依赖于两个变量的联合波函数 $\Psi(x_1,x_2,t)$,它表示处于**双位形空间**而不是单粒子坐标空间中的一个波. 该关联可以通过粒子间的相互作用产生,或者通过粒子从同一个源被制备(**纠缠**)而得到. 此时,我们只考虑**单体**动力学.

让我们在 $\boldsymbol{r}$ 点处放置一个**探测器**,以便记录在所选取的点附近小体积 d^3r 内粒子的存在. 对于波函数(2.2)式,振幅 $|A|$ 决定了探测器的**计数率**. 每单位时间计数的数目将正比于入射波的强度 $|A|^2d^3r$. 无结构的粒子表现为 de Broglie 波的量子,而每个成功的事例都将捕获一个**完整的**粒子. 假设有一个完美的探测器,它在给定地点捕获**单个粒子的概率**是所研究量子态的一种属性. 态(2.2)式是在以下意义上的一个例外:

$$|\Psi(\boldsymbol{r},t)|^2 = |A|^2 = \text{常数} \tag{2.4}$$

任何时候在任何空间点找到该粒子的概率都是相同的. 这是在时空中均匀地无限伸展的波这样一种理想化图像的结果. 注意,我们关于量子态的知识只能从许多重复的全同实验结果的积累得到,因为在每一次给定的测量中波函数都遭到了破坏(粒子由一个探测

器记录了下来).

2.2 概率密度与概率流

一般情况下,从时空中的一点到另一点,波函数 $\Psi(\boldsymbol{r},t)$要发生变化,不论是相位还是振幅都会变.即便是在稳定的源的情况下,如果粒子受到它们彼此之间或者与也可能是测量装置一部分的外场的相互作用,则波函数也会发生变化.我们总是把波函数绝对值的平方解释为在给定点周围的小体积元 $\mathrm{d}^3 r$ 内找到粒子的概率量度.很自然地,这个量被称为**概率密度** $\rho(\boldsymbol{r},t)$:

$$\rho(\boldsymbol{r},t)\mathrm{d}^3 r \propto |\Psi(\boldsymbol{r},t)|^2\mathrm{d}^3 r \tag{2.5}$$

(2.5)式中比例因子的选择实质上是任意的:该因子(如果是常数)总可以并入波函数的振幅 A 中.可以说,量子态由波函数空间中的一条**射线**描写,其中振幅中的**常数**因子无关紧要.

如果量子态对应于**有限**运动,则波函数 Ψ 可以归一化:我们可以这样来选取一个与坐标无关的因子,它使所得到的函数满足

$$\int \mathrm{d}^3 r\,|\Psi(\boldsymbol{r},t)|^2 = \int \mathrm{d}^3 r \rho(\boldsymbol{r},t) = 1 \tag{2.6}$$

对于一个**归一化**的函数,量 ρ 获得概率密度的真正含义.若归一化积分((2.6)式)发散,正如在定义于无限空间中的平面波((2.4)式)的情况下所发生的那样,则绝对归一化是不可能的.由于恒定常数振幅 A 不携带有关量子态的信息,因此只有在这里或那里找到一个粒子的**相对概率**才有意义.事实上,不可归一化的函数表现为一种为了简化问题而采取的理想化的结果.在实际情况中,运动总是有限的.

概率密度 $\rho(\boldsymbol{r},t)$一般依赖于时间.然而,我们可以考虑粒子既不会产生也不会消灭的系统,它可能是一个原子或陷入阱中的一个粒子.那时,在一个固定体积 V 中找到该粒子的概率 $w_V(t)$能够随时间变化,仅仅是因为粒子可以在该体积内或者该体积外运动.这个概率由 ρ 对体积 V 的积分给出:

$$w_V(t) = \int_V \mathrm{d}^3 r \rho(\boldsymbol{r},t) \tag{2.7}$$

而且如果存在一个**概率流** $\boldsymbol{j}$,则这个概率将会改变.像流体力学中的液体流或电动力学中

的电流一样，这个流是一种流动的东西——在这两个例子中是质量或电荷，而在量子力学中是概率——的密度与其局域速度 $\boldsymbol{v}$ 的乘积：

$$\boldsymbol{j} = \rho\boldsymbol{v} \tag{2.8}$$

概率随时间的变化((2.7)式)是由这个流穿过体积 V 的表面 S 的**通量**引起的：

$$\frac{\partial}{\partial t}w_V(t) = -\oint(\mathrm{d}\boldsymbol{S}\cdot\boldsymbol{j}) \tag{2.9}$$

(2.9)式右边的负号对应于把这个流向外流动的方向定为正方向. 于是，在该体积内找到粒子的概率将降低. 在每一点，面元矢量 $\mathrm{d}\boldsymbol{S}\equiv\mathrm{d}S\boldsymbol{n}$ 的指向是沿表面的外法线 $\boldsymbol{n}$ 的方向.

流的面积分可转化为体积分：

$$\oint(\mathrm{d}\boldsymbol{S}\cdot\boldsymbol{j}) = \int_V \mathrm{d}^3 r\,\mathrm{div}\boldsymbol{j} \tag{2.10}$$

在 $\boldsymbol{r}$ 点周围无穷小体积元的极限下，(2.7)式、(2.9)式和(2.10)式导出重要的**连续性方程**

$$\frac{\partial\rho}{\partial t} + \mathrm{div}\boldsymbol{j} = 0 \tag{2.11}$$

像在其他应用中一样，连续性方程是**守恒定律**的一种**定域**形式. 在流体力学中，液体的总质量是守恒的；而在电动力学中，电荷是守恒的. 在量子力学中，在一个无源或无漏的系统内概率是守恒的，它只能在空间中移动，而不会凭空产生或消失. 对于有限运动的情况，概率流在无穷远处是不存在的. 若以这样的一种方式来增大试验的体积 V，使其包含整个系统，并注意到，对于这样的一个体积，穿过其表面的概率流为零，则我们得到

$$w_{V\to\infty} \equiv \int \mathrm{d}^3 r\rho = \text{常数} \tag{2.12}$$

总概率守恒. 正如我们所知道的(2.6)式，对于有限运动我们可以将概率归一化为 1，于是这种归一化将不随时间改变.

在无限体积和远距离源的极限下，如在(2.2)式中所示，存在穿过无限大表面的通量. 尽管连续性方程(2.11)是定域的，但它适用于任何点 $\boldsymbol{r}$. 在平面单色波这种特例中，我们应该确认概率流定义中的速度等同于粒子的速度 $\boldsymbol{p}/m$，结果

$$\rho = |\Psi|^2 = |A|^2, \quad \boldsymbol{j} = \rho\boldsymbol{v} = |A|^2\frac{\hbar\boldsymbol{k}}{m} \tag{2.13}$$

这里 ρ 和 $\boldsymbol{j}$ 这两个量均在时空中保持不变，使得连续性方程显而易见地得到满足. 由于我们近似认为波均匀地遍布于整个空间，因而密度是恒定的. 与(2.13)式所表示的简单的

流相比，在更复杂的情况中，只有体系中的特定量子动力学才能确定满足连续性方程的概率流的形式.

要注意一个系统的能量与 de Broglie 波频率之间简单关系的一个重要推论：对具有确定能量的任意波函数，我们都应该有**单色**形式的波函数

$$\Psi(q,t) = \psi(q)\mathrm{e}^{-(\mathrm{i}/\hbar)Et} \tag{2.14}$$

其中，q 是系统的所有变量（包括粒子的空间变量和内部变量）. 于是，在 q 空间的概率密度

$$\rho(q,t) = |\Psi(q,t)|^2 = |\psi(q)|^2 \tag{2.15}$$

与时间无关. 我们把有确定能量值的态称为**定态**. 在这种情况下，连续性方程简化为

$$\mathrm{div}\,\boldsymbol{j} = 0 \tag{2.16}$$

2.3 叠加原理和不确定性

平面波（(2.2)式）给出了一个不切实际的图像，即整个空间中充满了由远距离稳恒源提供的粒子. 实际上，任何实验都是在有限的几何空间中进行的. 准直仪、静电和磁的透镜以及类似的设备在经历了许多转换、偏转以及器壁反射等过程之后形成了粒子束流. 每一次这类的相互作用都会改变粒子的动量，至少改变其方向. 在每个点最后得到的波函数都是初级波和所有次级波的叠加. 我们假设，这可以用所有具有其自身波矢和振幅的那些波的简单相加来表示：

$$\Psi(\boldsymbol{r},t) = \sum_n A_n \mathrm{e}^{\mathrm{i}(\boldsymbol{k}_n\cdot\boldsymbol{r})}\mathrm{e}^{-\mathrm{i}\omega t} \tag{2.17}$$

这里，我们假定所有次级波都具有相同的能量，使得所得到的最后图像尽管仍表现为一个定态，但在空间中不是那么单调乏味：除各独立成分的强度的非相干求和之外，还显示出它们的**干涉**，即

$$\rho(\boldsymbol{r}) = \sum_n |A_n|^2 + 2\mathrm{Re}\sum_{\mathrm{pairs}\, n\neq n'} A_{n'}^* A_n \mathrm{e}^{\mathrm{i}(\boldsymbol{k}_n-\boldsymbol{k}_{n'})\cdot\boldsymbol{r}} \tag{2.18}$$

现在，概率密度在空间中是**非均匀的**，呈现出最大值和最小值. 在最大值附近的区域找到粒子的可能性更大，而且我们可以说实验装置使粒子**定域化**在某些区域，减少了在其他

地方找到粒子的概率.对具有不同频率 ω_n 的波的叠加,其整体图像将是**非稳定的**,呈现出随时间的拍(beats).

我们为空间定域化付出的代价是动量的**不确定性**.我们预期,在为测量动量而定制的实验中,各种输出都是可能的,因为波函数(2.17)式中包含了不同的平面波.拓展前面的讨论,我们把各个组分波的振幅 A_n 解释为它们的概率振幅,结果各种 $\boldsymbol{k}_n$ 值的相对概率 w_n 正比于 $|A_n|^2$.对 $|A_n|^2$ 有限求和,我们得到绝对概率

$$w_n = \frac{|A_n|^2}{\sum_n |A_n|^2}, \quad \sum_n w_n = 1 \tag{2.19}$$

关于粒子可能位置的更详细信息以损失动量的信息为代价,这是我们第一次遇到**不确定性原理**.有必要强调,这种不确定性并非来自测量设备的缺陷,而是源于波动力学的主要特征.

2.4 势壁

作为一个开始的例子,我们详细地考虑量子波从一个非常强的势场的反射.为了简单起见,我们采用一个一维波((2.1)式),并且如图 2.1 所示,在其传播路径中通过作用一个如下的无限高排斥势竖立起一堵不可穿透的壁:

$$U(x) = \begin{cases} 0, & x < 0 \\ \infty, & x \geqslant 0 \end{cases} \tag{2.20}$$

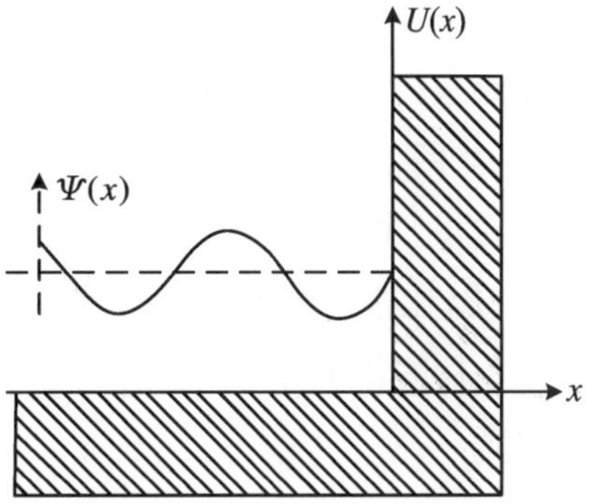

图 2.1 节点处于不可穿透势垒处的驻波

在这种情况下，在右侧空间 $x>0$ 的区域发现粒子的概率应当为零. 若假定波函数 $\Psi(x,t)$ 的**连续性**，我们只考虑 $x<0$ 区域的运动，其**边界条件**为

$$\Psi(0,t)=0 \tag{2.21}$$

在定态条件下，能量守恒，波函数的时间依赖性仍是单色的：

$$\Psi(x,t)=\psi(x)e^{-(i/\hbar)Et}, \quad \psi(0)=0, \quad E=\frac{\hbar^2k^2}{2m} \tag{2.22}$$

其中，$k>0$ 是波 $A\exp(ikx)$ 的波矢，该波从位于左侧的远距离源入射并产生入射流((2.13)式).

条件 $\psi(0)=0$ 不可能被单个入射波所满足. 显然，势垒的存在产生一个反射波. 在不破坏定态的情况下(能量 E 是固定的，见(2.22)式)，次级波应该具有量值相同的波矢 k'(这里，我们利用了自由运动的简并性). 在一维情况下，唯一的可能性是 $k'=-k$，它对应于势壁的反射. 因此，其解是入射波与反射波的叠加：

$$\psi(x)=Ae^{ikx}+Be^{-ikx} \tag{2.23}$$

在势垒 $x=0$ 处的边界条件((2.21)式)确定了反射波的振幅，$B=-A$，因此波函数可改写为

$$\psi(x)=2iA\sin(kx) \tag{2.24}$$

这是一个概率分布为

$$\rho(x)=4|A|^2\sin^2(kx) \tag{2.25}$$

的**驻波**，它有位于 $x=n\pi/k$(n 为整数)处的节点和节点之间的最大值，如图 2.1 所示.

正如以上所讨论的，我们得到了在动量的不确定性所允许的某些区域中位置的定域化，而在该情况下，这种不确定性是与反射波的出现相联系的. 注意，在驻波的最大值处，其强度是入射波强度的 4 倍. 波函数(2.24)式仍然不是可归一化的，但是不同位置的相对概率是严格确定的. 至于动量，其两个分量 k 与 $-k$ 有相等的概率. 然而，如果探测器仅在动量有一个确定方向(如向右)时才响应，我们将可以没有任何干涉地挑选出入射波分量并测量出其强度 $|A|^2$. 可以说，在这种情况下，我们仅仅投影出了全波函数(2.24)式的一个分量. 实验的选择破坏了叠加的相干性，并将状态变换回到入射波，然而在缺少了反射波的情况下，它不是一个定态.

连续性方程(2.16)在一维定态情况下简化为

$$\frac{dj}{dx}=0 \rightsquigarrow j=\text{常数} \tag{2.26}$$

由于在势垒处流 $j=0$,它应处处为零.的确,入射流 j_i和反射流 j_r正好相消:

$$j_i=|A|^2\frac{\hbar k}{m},\quad j_r=|B|^2\frac{\hbar k'}{m}=-j_i \tag{2.27}$$

习题 2.1 考虑三维运动,其具有不可穿透壁作为 $x=0$ 的一个平面.对于在初始波的波矢和势壁法线之间有一个非零夹角 α 的情况,证实 **Snell 定律**.

2.5 势垒

现在,我们来看一个有着**有限高势垒**的更现实的例子.例如,假定一动能为 E 的电子从 $x<0$ 靠近一个在 $x=0$ 处突然陡峭升高到一个有限高度 U_0的势垒,如图 2.2 所示.图中,情况 a 和 b 分别指的是能量高于和低于势垒高度.以下两个特点提供一个指南:定态中能量 E 守恒;流 j 为常量.

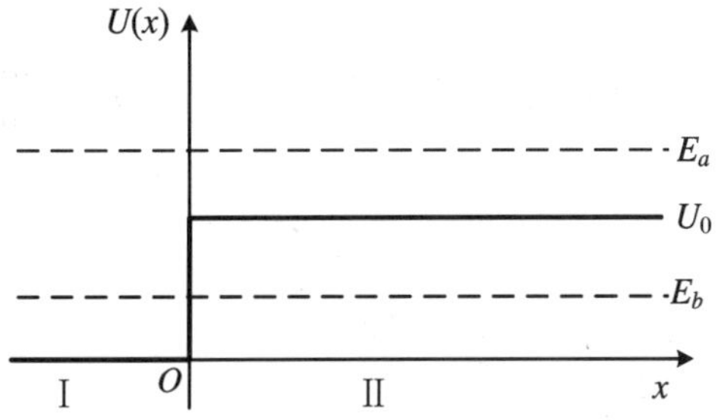

图 2.2　有限高势垒

让我们考虑 $E>U_0$的情况,即图 2.2 中的情况 a.此时具有初始动量 $\boldsymbol{k}$ 的经典粒子会越过势垒进入右边区域,具有一个由能量守恒所确定的、减小的动量 $\boldsymbol{k}'$:

$$E=\frac{\hbar^2k^2}{2m}=\frac{\hbar^2k'^2}{2m}+U_0\Rightarrow k'=\sqrt{\frac{2m(E-U_0)}{\hbar^2}}<k \tag{2.28}$$

k'的符号由向右的传播方向来确定.不过现在我们看到,在势垒右侧我们得到比势垒左侧更小的波矢和速度,见(2.13)式.流的缺失部分是向左传播的一个波的证据.尽管 $E>U_0$,该势垒还是产生了一个反射波.这是一个纯粹的非经典**过势垒反射**(over-barrier reflection)现象.

对于 $E>U_0$,解的正确形式是入射波和反射波在势垒的左侧叠加:

$$\psi(x) = Ae^{ikx} + Be^{-ikx}, \quad x<0 \tag{2.29}$$

而在势垒右侧则为透射波:

$$\psi(x) = Ce^{ik'x}, \quad x>0 \tag{2.30}$$

(2.30)式中,返回的波是不存在的,因为在 $x>0$ 区不存在能引起反射的势的改变.在势的不连续处的两边,解是要相匹配的.我们假设波函数 $\psi(x)$ 及其导数 $(\mathrm{d}\psi/\mathrm{d}x)_{x=0}$ 在有限势垒处都是**连续**的;稍后我们会看到,这保证了流的连续性.**匹配条件**给出

$$A + B = C, \quad k(A - B) = k'C \tag{2.31}$$

该式可以用入射波的(任意)振幅来确定出反射波和透射波的振幅 B 和 C:

$$B = \frac{k-k'}{k+k'}A, \quad C = \frac{2k}{k+k'}A \tag{2.32}$$

作为检验,我们看到,在没有势垒的情况下,$k'=k$,有不发生改变的传播,即 $C=A$ 和 $B=0$.概率流的入射部分、反射部分和透射部分

$$j_{\mathrm{i}} = \frac{\hbar k}{m}|A|^2, \quad j_{\mathrm{r}} = \frac{\hbar(-k)}{m}|B|^2, \quad j_{\mathrm{t}} = \frac{\hbar k'}{m}|C|^2 \tag{2.33}$$

之间的平衡得到满足:

$$j_{\mathrm{i}} + j_{\mathrm{r}} = \frac{\hbar}{m}\frac{4k^2k'}{(k+k')^2}|A|^2 = j_{\mathrm{t}} \tag{2.34}$$

常常引入不依赖于任意初始强度的**反射系数和透射系数**:

$$R = \frac{|j_{\mathrm{r}}|}{j_{\mathrm{i}}}, \quad T = \frac{j_{\mathrm{t}}}{j_{\mathrm{i}}} \tag{2.35}$$

那么,概率守恒((2.34)式)可以写成

$$R + T = 1 \tag{2.36}$$

习题 2.2 证明:对于图 2.2 所示的势中的情况 a,对来自右侧的入射波,其反射系数与透射系数有相同的值.

能量守恒应该考虑到包括粒子内部自由度在内的所有类型的能量.在以下源自中子物理的例子中,除动能之外我们还有自旋与磁场间的相互作用 $-g\hbar BS_z$,见(1.75)式.其中,g 是自旋回转磁比,由(1.74)式和中子磁矩的经验值(1.72)式确定;而自旋投影 S_z

（译者注：原文把 S_z 误写为 Z_z，已更正），以 $\hbar$ 为单位，可取 $\pm\frac{1}{2}$ 两个值.

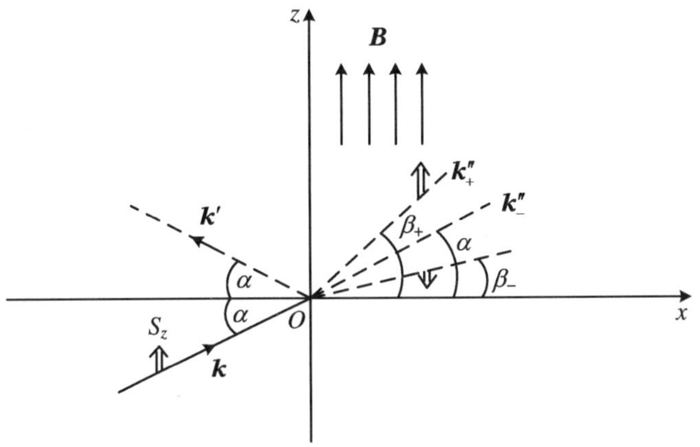

图 2.3　中子磁镜

习题 2.3　图 2.3 所示是**磁镜**.平面 $x=0$ 将 $x<0$ 的无磁场区和 $x>0$ 的具有沿 z 轴方向均匀磁场 $\boldsymbol{B}$ 的区域分隔开.一单色中子束流从无场区以 xz 平面内的动量 $\boldsymbol{p}$ 运动；入射角（$\boldsymbol{p}$ 和 x 轴之间的夹角）等于 α.对于自旋极化沿 z 轴方向和与 z 轴反方向的入射中子，求反射角和折射角.计算这两种自旋极化下的反射系数.

解　能量为 E 的定态由波函数 $\Psi(\boldsymbol{r},t)=\psi(\boldsymbol{r})\exp[-(\mathrm{i}/\hbar)Et]$ 描写，见(2.14)式.在 $x<0$ 的半空间内，其坐标波函数可以写成入射波与反射波的叠加，即

$$\psi(\boldsymbol{r}) = A\mathrm{e}^{\mathrm{i}(\boldsymbol{k}\cdot\boldsymbol{r})} + B\mathrm{e}^{\mathrm{i}(\boldsymbol{k}'\cdot\boldsymbol{r})} \tag{2.37}$$

其中，$k^2=k'^2=2mE/\hbar^2$.在没有磁场的情况下，能量与自旋方向无关.在 $x>0$ 的区域，磁场 $\boldsymbol{B}$ 解除了自旋投影为 $\pm\frac{1}{2}$ 的态的简并，它们获得了不同的磁能（(1.75)式）：

$$-(\boldsymbol{\mu}\cdot\boldsymbol{B}) = -g(\boldsymbol{S}\cdot\boldsymbol{B}) = \mp\frac{g\hbar}{2}B \equiv \mp\mu B \tag{2.38}$$

其中，$\mu=-1.91$ n.m.是中子磁矩的实验值(1.72)式.在 $x>0$ 的半空间内，我们有折射波：

$$\psi(\boldsymbol{r}) = C\mathrm{e}^{\mathrm{i}(\boldsymbol{k}''\cdot\boldsymbol{r})} \tag{2.39}$$

其中，对两种极化，波矢不同：

$$\hbar^2 k''^2 = 2m(E\pm\mu B) \tag{2.40}$$

$x=0$ 平面处的匹配条件决定了此平面上的动量分量不变，即 $k_z = k'_z = k''_z$，而

$$k'_x = -k_x,\quad k''_x = k_x\sqrt{1 \pm \frac{2m\mu B}{\hbar^2 k_x^2}} \equiv \gamma_{\pm} k_x \tag{2.41}$$

由于 $\mu<0$，折射角 β 满足

$$\tan\beta = \frac{k_z}{k''_x} \tag{2.42}$$

且 $\beta\left(s_z=+\frac{1}{2}\right)>\alpha>\beta\left(s_z=-\frac{1}{2}\right)$. 正如(2.32)式中，有

$$B = \frac{k_x - k''_x}{k_x + k''_x}A,\quad C = \frac{2k_x}{k_x + k''_x}A \tag{2.43}$$

因此，两种极化的反射系数为

$$R_{\pm} = \left(\frac{1-\gamma_{\pm}}{1+\gamma_{\pm}}\right)^2 \tag{2.44}$$

对于热中子(动能为 $\frac{1}{40}$ eV，波长为 1.8 Å)和 1 T 的磁场，以及非常接近 $\pi/2$ 的入射角($\cos^2\alpha\approx10^{-5}$)，反射率((2.44)式)接近 1%. 注意，对于两种极化的其中之一而言，**全内反射**是可能的，尽管在实践中只有**超冷中子**才可以. 在介质中(在本例的磁性来源情况下)，势能起着与光传播中**折射率**相同的作用.

2.6 势垒贯穿

让我们回到图 2.2 所示的势垒，考虑以**低于**势垒高度 U_0 的能量 E 从左侧射入的运动，即情况 b. 这可以看作功函数为 $W=U_0$ 的一个金属模型，其中一个电子吸收了能量($\hbar\omega$)不足以发生光电效应的一个光子(回想(1.5)式).

经验告诉我们，在势垒左侧，我们既有入射波又有反射波，波函数由(2.29)式给出. 在边界 $x=0$ 处，一个经典粒子会被反射. 然而，这里新的现象发生了：波部分地穿透到势垒下面，这在经典力学中是绝对禁止的. 在 $x>0$ 的区域，正规计算所得的波矢量是**虚数**：

$$k' = \pm\sqrt{\frac{2m}{\hbar^2}(E - U_0)} = \pm\, \mathrm{i}\kappa \tag{2.45}$$

其中,实的量 $\kappa > 0$ 定义为

$$\kappa = \sqrt{\frac{2m}{\hbar^2}(U_0 - E)} \tag{2.46}$$

在 $x>0$ 的**经典禁戒区**,波函数形式为 $\exp(\pm\kappa x)$. 在势垒之下的深部,没有物理的理由能使波的强度无限增长. 物理的选择支持**指数衰减**的解:

$$\psi(x) = C\mathrm{e}^{-\kappa x}, \quad x > 0 \tag{2.47}$$

因此,类似于光学的全内反射,波穿透到经典禁区内(在上述金属的例子中,能量不足以逃逸的电子,仍可轻微钻出一些),**穿透深度**可以估算为

$$l \approx \frac{1}{\kappa} \tag{2.48}$$

像之前处理过势垒运动的情况一样,我们可以用同样的方式将(2.29)式与(2.47)式的解匹配. 我们可以只利用解(2.32)式,作替换 $k' = \mathrm{i}\kappa$,即可得到

$$B = \frac{k - \mathrm{i}\kappa}{k + \mathrm{i}\kappa}A, \quad C = \frac{2k}{k + \mathrm{i}\kappa}A \tag{2.49}$$

重要的结果:$|B|^2 = |A|^2$,即反射波的强度和入射波的强度相等,因而 $j_r = -j_i$. 我们得出结论:此时 $R = 1$,尽管势垒下面的静态概率密度不为零,但经典禁戒区内并没有通量.

在非常高的势垒极限下,$U_0 \gg E$,我们有 $\kappa \to \infty$,穿透长度变得非常短,$l \to 0$,且透射波函数振幅消失,$C \to 0$. 我们**连续**地达到了不可穿透的势壁的极限,并证明了边界条件((2.21)式)的正确性. 虽然在此极限下,我们不再有导数 $\mathrm{d}\psi/\mathrm{d}x$ 的连续,它在势壁的后面恒为零. 如果我们愿意用从 0 迅速但连续地增大至 U_0 的一种更切合实际的势来代替势壁,则波函数及其导数二者都将是连续的. 如果粒子的波长远远大于势能增长区域的宽度,则一个垂直势垒的近似是有意义的. 在粒子能量接近于势垒高度的相反极限时,κ 很小,因此经典禁区内的穿透深度可能会很大. 这就是在松散束缚核中观察到的**量子晕**,参见 3.5 节.

2.7 隧道效应

在 2.6 节中,我们考虑了量子波穿透到一个有限高但无限宽的势垒下面.现在,我们假定能量仍然低于势垒高度,而同时势垒的宽度却是有限的,从 $x=0$ 到 $x=a>0$,如图 2.4 所示.这可以是两片金属被一个有限的绝缘层分隔的模型.

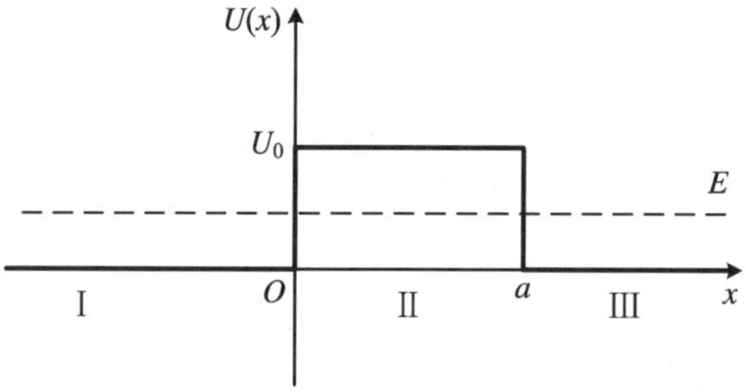

图 2.4　势垒穿透

与图 2.2 中情况 b 相比,不同之处仅仅是两个阱之间的缝隙宽度有限.在左侧空间 $x<0$,波函数仍然具有(2.29)式的形式.但是,与无限宽势垒在(2.47)式中所做的必然选择相反,这里没有理由忽视虚"动量"κ 取两种符号的可能性.沿 x 轴**指数增长**的解不被禁戒,因为对于增长可用的长度是有限的,在间隔的两端两种指数都是有限的.因此,在两势阱之间的区域内的解应取

$$\psi(x) = C\mathrm{e}^{-\kappa x} + D\mathrm{e}^{\kappa x}, \quad 0<x<a \tag{2.50}$$

在势垒之后,波矢再一次成为实的,且等于其原来的值 k(若势阱的底部处于同一水平面).在这里,我们只可能有向右传播的波:

$$\psi(x) = F\mathrm{e}^{\mathrm{i}kx}, \quad x>a \tag{2.51}$$

正如波函数在 $x=0$ 和 $x=a$ 两边界处的直接匹配所表明的,系数 F 不为零.这意味着,这个波**能隧穿一个有限**大小的经典禁戒的能隙.

习题 2.4　对图 2.4 所示的势垒,完成匹配并求透射系数 $T(E)$与反射系数 $R(E)$.证明:在小量透射的极限下,在势垒下面呈指数增长的波的振幅 D 也很小.

解 设 $A=1$，波函数各不同部分的振幅分别由下列式子给出：

$$B=\frac{(k^2+\kappa^2)\sinh(\kappa a)}{(k^2-\kappa^2)\sinh(\kappa a)+\mathrm{i}2k\kappa\cosh(\kappa a)} \tag{2.52}$$

$$C=\left(1-\mathrm{i}\frac{k}{\kappa}\right)\frac{\mathrm{e}^{\kappa a}}{2\cosh(\kappa a)},\quad D=\left(1+\mathrm{i}\frac{k}{\kappa}\right)\frac{\mathrm{e}^{-\kappa a}}{2\cosh(\kappa a)} \tag{2.53}$$

$$F=\mathrm{e}^{-\mathrm{i}ka}\frac{2k\kappa}{2k\kappa\cosh(\kappa a)+\mathrm{i}(\kappa^2-k^2)\sinh(\kappa a)} \tag{2.54}$$

如图 2.5 所示，透射系数依赖于能量：

$$T(E)=|F|^2=\frac{4E(U_0-E)}{4E(U_0-E)+U_0^2\sinh^2(\kappa a)} \tag{2.55}$$

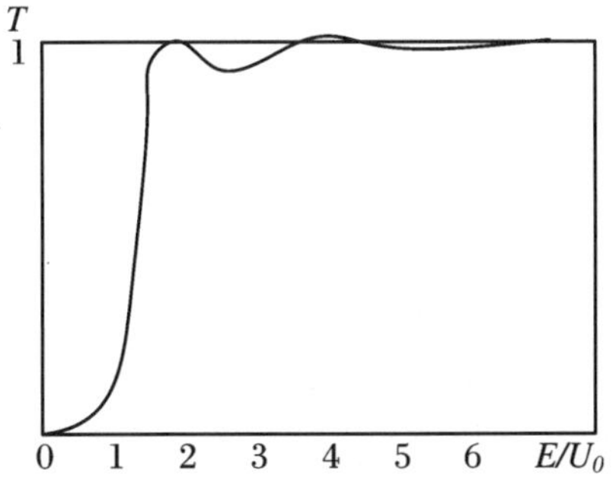

图 2.5　透射系数作为能量的函数

对于很低的能量 $E\ll U_0$ 和/或很宽的势垒 $\kappa a\gg 1$，有

$$\sinh(\kappa a)\approx\cosh(\kappa a)\approx\frac{1}{2}\exp(\kappa a)\gg 1$$

故透射是指数压低的：

$$T(E)\approx\frac{16k^2\kappa^2}{(k^2+\kappa^2)^2}\mathrm{e}^{-2\kappa a} \tag{2.56}$$

结果表明在势垒下指数增长的振幅也以同样的方式被压低：

$$D\propto \mathrm{e}^{-2\kappa a} \tag{2.57}$$

在势垒的出口处，(2.50)式中的两项具有相同的数量级，$\sim\exp(-\kappa a)$. 由于过势垒反射，在势垒上的能量 $E\to U_0$ 时，透射达不到极限 1：

$$T(E\to U_0)=\frac{1}{1+[U_0ma^2/(2\hbar^2)]}<1 \tag{2.58}$$

透射系数((2.56)式)中的指数前因子只是微弱地依赖于能量,而指数则强烈依赖于能量.这个指数随着隧穿粒子质量的增大也会急剧减小(对照电子和质子的隧穿概率).为了估算一个如图 2.6 所示的任意形状势垒的透射概率,我们可以利用这一事实.我们将仅假设势垒的势能 $U(x)$是坐标的平滑函数.

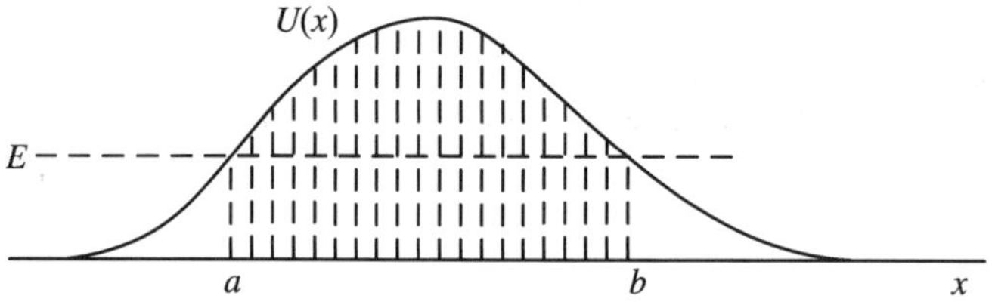

图 2.6　透射的估算

我们把实际的势用一个分段栅栏来近似.这个栅栏把经典转折点 a 和 b($U(a)=U(b)=E$)之间的势垒分割成宽度为$(\Delta x)_i$的许多小条,而且假定每一小条内的位势可以用相应的平均值 U_i来代替.如果该位势足够光滑,这种处理可能是合理的.于是,在同一时间每一小条都可能足够长,以致有一个大的因子 $\kappa_i(\Delta x)_i\gg 1$,其中 κ_i是对给定的势 U_i值的虚波矢((2.46)式).总的透射概率可以估算为通过各分势垒的所有连贯透射概率的乘积.运用(2.56)式并忽略与该指数相比变化很微弱的指数前因子,我们得到

$$T\approx\prod_i T_i=\prod_i \mathrm{e}^{-2\kappa_i(\Delta x)_i}=\mathrm{e}^{-2\sum|\kappa_i(\Delta x)_i|}\approx\exp\left[-2\int_a^b \mathrm{d}x\kappa(x)\right]\tag{2.59}$$

其中

$$\kappa(x)=\sqrt{\frac{2m}{\hbar^2}[U(x)-E]}\tag{2.60}$$

是**局域的**虚波矢,$\kappa(x)=|k(x)|=|p(x)|/\hbar$.在 1.5 节中提到,$\int(p/\hbar)\mathrm{d}x$ 量度沿轨道的经典作用量,单位为$\hbar$.在这里,我们看到隧穿概率由沿**经典禁戒**“轨道”的经典作用量**虚部**决定.

由于指数因子((2.59)式)对参数的微小变化非常敏感,可能会改变几个数量级,因而该因子决定了总隧穿概率大小的量级.(2.59)式的估算在很多实际情况下都令人满意.而且,此估算结果已被更精确的半经典考虑所证实,见第 15 章.对这样估算的一种异议可能基于如下事实:在我们的论证中,只是简单地将各个分隧道效应的概率相乘.本着波动力学的精神,我们需要考虑该波从一切人为引入的边界引起的所有为数众多的中间反射,并解释清楚所有可能**振幅**的干涉.然而,在指数压低的透射情形中,波的任何返回运动都会使振幅随另一个透射因子 $\exp(-2\kappa\Delta x)$减弱. 对全振幅相应的贡献将远小于主要的直接(一次性)透射.

习题 2.5　冷发射. 沿着垂直于金属表面的 x 轴施加的一个电场 $\mathcal{E}$,可将电子从表面势垒拉出来,如图 2.7 所示. 估算发射概率.

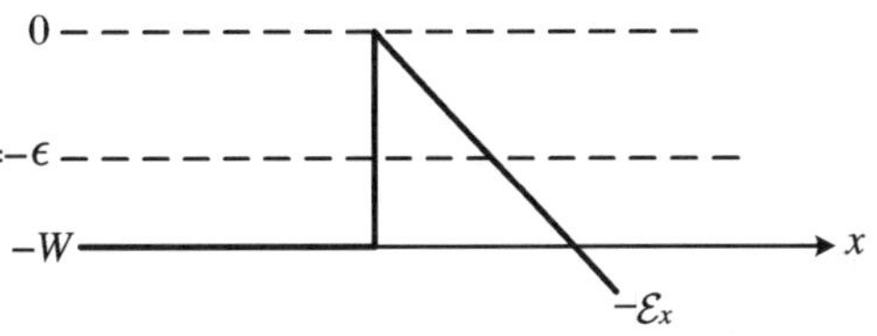

图 2.7　靠电场帮助的电子发射

解　势垒下的虚动量等于

$$\kappa(x)=\sqrt{\frac{2m}{\hbar^2}[-e\mathcal{E}x-(-\epsilon)]} \tag{2.61}$$

其中,$E=-\epsilon$. 隧穿概率可以用(2.59)式的指数来估算,其中积分是为经典转折点 $a=0$ 和 $b=\frac{\epsilon}{e\mathcal{E}}$求的;场的符号应保证 $e\mathcal{E}>0$. 这给出

$$T\approx\exp\left[-\frac{4}{3}\frac{\sqrt{2m}}{\hbar e\mathcal{E}}\epsilon^{3/2}\right] \tag{2.62}$$

按照数量级,求得的最终指数是由**虚时间** $\tau\sim\frac{b}{|v|}=\frac{\epsilon}{e\mathcal{E}}\sqrt{\frac{2m}{\epsilon}}$内波的传播获得的一个额外的虚相位 $-\epsilon\tau/\hbar$. 如果最终的透射概率很小($T\ll1$),则我们的近似估算是适用的. 对于电子能量$\epsilon\sim2$ eV 和非常强的电场 10 MeV/cm,将有 $T\sim3\times10^{-9}$.

习题 2.6　α 衰变. α 粒子是由两个质子和两个中子组成的一个束缚非常紧的氦核 ^{4}He. 由于其内部结构以及 α 粒子逃逸的关系,许多复合核都是不稳定的. 然而,要逃逸出去,α 粒子必须克服**库仑势垒**,如图 2.8 所示. 通过把残余核的核势近似为在原点 $r=0$ 和核半径 R 处的不可穿透壁之间的一个方势阱,估算穿透库仑势垒的 α 衰变的概率. 同样的估算可用于从核中更重的带电碎片发射的质子或两个质子的放射性以及簇放射性.

解　(2.59)式的指数估算由如下积分给出:

$$T\approx\exp\left[-\frac{2}{\hbar}\int_R^{R'}\mathrm{d}r\sqrt{2m\left(\frac{\xi}{r}-E\right)}\right] \tag{2.63}$$

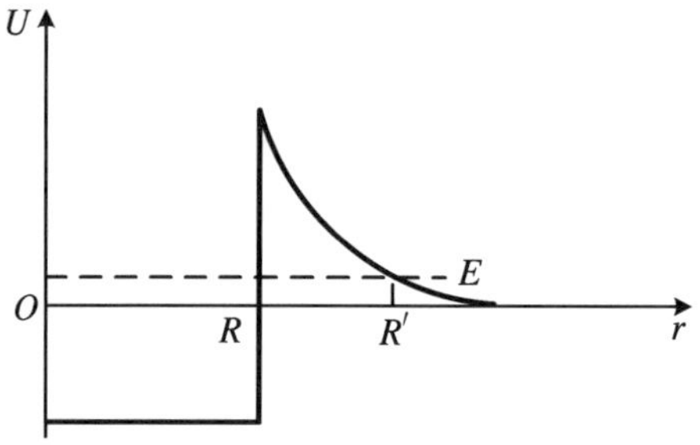

图 2.8　α 衰变中的核势和库仑势

其中，m 为两个末态原子核的约化质量；$\xi = Z_1 Z_2 e^2$，而对于 α 衰变，$Z_1 = 2$，$Z_2 = Z - 2$，Z 是母核的电荷. 同样的估算可用于**核裂变**成为 $Z_1 + Z_2 = Z$ 的两个碎片. 通过对转折点 $R' = \xi / E$ 计算(2.63)式中的积分，得到

$$T \approx \exp\left[-\frac{2}{\hbar}\sqrt{\frac{2m}{E}}\xi\left(\arccos\gamma - \gamma\sqrt{1-\gamma^2}\right)\right] \tag{2.64}$$

其中，$\gamma = \sqrt{ER/\xi} = \sqrt{R/R'}$. 当逃逸 α 粒子的能量 E 不太高时，出射点 R' 离原子核非常远（$R' \gg R$），使得经常有 $\gamma \ll 1$，$\arccos\gamma \approx \pi/2$，因而指数中的主要项为

$$T \approx \exp\left(-\frac{\pi\xi}{\hbar}\sqrt{\frac{2m}{E}}\right) \tag{2.65}$$

以零速度隧穿之后出现的 α 粒子随之因库仑排斥力而加速，并在无穷远处速度达到 $v = \sqrt{2E/m}$. 通常，(2.65)式的结果以该速度和 **Sommerfeld 参数** η 表示，即

$$T \approx e^{-\frac{2\pi\xi}{\hbar v}} = e^{-2\pi\eta}, \quad \eta = \frac{Z_1 Z_2 e^2}{\hbar v} \tag{2.66}$$

上述的全部考虑适用于 $\eta \gg 1$.

透射概率的同一表达式可用于估算核聚变的逆过程，以及估算当一个外部粒子克服库仑排斥力并穿透到原子核内部之后发生的其他核反应. 特别是，这对诸如两个氘核聚变成 α 粒子以及星体中的许多反应等热核聚变反应都是重要的. 由于概率对能量的非常敏感的指数依赖关系，温度的升高对增大隧穿概率至关重要.

第 3 章

束缚态

他们在井底生活.

——Lewis Carroll

3.1 位势箱子

我们已经讨论了至少其一边为无限运动的分段常数势的最简单情况. 现在我们转向讨论一种被**束缚**住的波. 这时,边界条件产生一些具有分立能谱的**束缚态**. 首先,我们限于讨论粒子被两边不能穿透的壁限制住的一维运动,如图 3.1 所示.

我们要寻找能量为 E 的一个定态. 在箱内,一维运动是自由的. 质量为 m 的粒子的量子波具有由能量值确定的波数 k,至多差一个符号(双重简并). 正、负两种符号分别对

3 应波向右、向左传播.由于无限高的壁,该位势完全地反射其中的波,把一种符号转变成另一种符号.稳定的图像一定有两个分量:

$$\psi(x) = Ae^{ikx} + Be^{-ikx}, \quad k = \sqrt{2mE/\hbar^2} \tag{3.1}$$

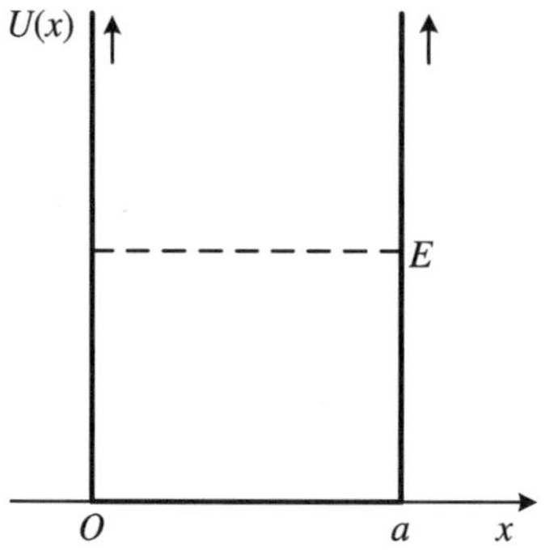

图 3.1 "箱子"势

正如我们从 2.4 节的极限情况所知道的,在无限高的势垒下不存在穿透,因此应该利用如下**边界条件**:

$$\psi(x=0) = \psi(x=a) = 0 \tag{3.2}$$

在 $x=0$ 处的条件导致 $B=-A$,不存在穿过壁的流.因此,其解取正弦形式(2.24)式:

$$\psi(x) = 2iA\sin(kx) \tag{3.3}$$

对于 $x=a$ 处的壁,我们没有任何自由振幅可用($A=0$ 是波函数恒为零,即 $\psi\equiv 0$ 的根本没有波的平凡情况),满足这个要求的唯一办法是选取一些特别的、**量子化**的波数值:

$$k = \frac{n\pi}{a}, \quad n = 1,2,\cdots \tag{3.4}$$

($n=0$ 再一次使整个函数变为零,而负值给出相同的解,只是整体符号相反).选择(3.4)式便产生了分立的能谱:

$$E_n = \frac{\hbar^2\pi^2}{2ma^2}n^2 \tag{3.5}$$

因此,定态 ψ_n 由量子数 n 唯一标记.

虽然波函数的总体因子不改变相对概率,但是束缚态波函数(有限运动)可以按照(2.6)式归一化.在这里,归一化可以选择为对于所有的状态 n 都一样,并且归一化的定态波函数可以呈现为**驻波**：

$$\psi_n(x) = \sqrt{\frac{2}{a}}\sin\left(\frac{n\pi x}{a}\right) \tag{3.6}$$

得到的模式与一个两端固定的振动弦的模式严格相同，如图 3.2 所示. 在量子化条件((3.4)式)下，长度 a 精确地包含整数个半波长，即 $a = n(\lambda/2)$. 在位置 x 处发现这个粒子的概率 $|\psi(x)|^2$ 在空间振荡，显示出极大和极小($\psi(x) = 0$ 处为节点). 对于非常高的量子数 n，振荡如此剧烈，使得我们在一个仍然包含许多振荡周期的小间隔 Δx 内取$\sin^2$ 的平均值等于 1/2 是有意义的. 这样，一个平均概率为

$$\overline{|\psi|^2}\Delta x = \frac{\Delta x}{a} \tag{3.7}$$

它对应粒子在两个壁间均匀分布的一种自然图像. 然而，当使用放大镜看时，我们可以分辨出极大和极小的精细结构.

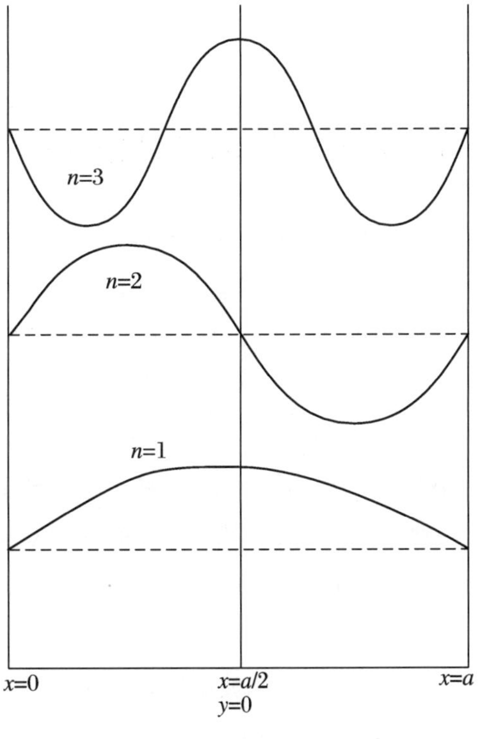

图 3.2　在势箱中一个粒子的最低定态波函数

很容易把这个解推广到沿着三个正交轴 x、y 和 z，边长分别为 a、b 和 c 的**三维箱**

子.在体积 $V=abc$ 的所有壁处函数都为 0 的要求下,波函数用三个整数量子数 n_x、n_y 和 n_z 表征:

$$\psi_{n_x,n_y,n_z}(x,y,z)=\sqrt{\frac{8}{V}}\sin\frac{n_x\pi x}{a}\sin\frac{n_y\pi y}{b}\sin\frac{n_z\pi z}{c} \tag{3.8}$$

定态((3.8)式)的能量为

$$E(n_x,n_y,n_z)=\frac{\hbar^2\pi^2}{2m}\left(\frac{n_x^2}{a^2}+\frac{n_y^2}{b^2}+\frac{n_z^2}{c^2}\right) \tag{3.9}$$

3.2　正交性与完备性

定态波函数的集合((3.6)式)与由能量((3.5)式)确定的时间依赖关系一起,即

$$\Psi_n(x,t)=\sqrt{\frac{2}{a}}\sin\left(\frac{n\pi x}{a}\right)e^{-(i/\hbar)E_n t} \tag{3.10}$$

有着我们在更复杂的一些问题中也会遇到的典型属性.

在箱内波函数节点的数目为 $n-1$;对于下一个态,其节点数增加 1.这些态还具有相对于中间点 $x=a/2$ 反射的交替的对称性.如图 3.2 所示,引入平移坐标 $y=x-a/2$,我们可以分别把奇数 n 的波函数写成余弦形式,把偶数 n 的波函数写成正弦形式.这分别给出 y 的**偶函数** $\psi(-y)=\psi(y)$ 和**奇函数** $\psi(y)=-\psi(-y)$,我们把这些归因于一个**宇称**量子数 $\Pi_n=(-1)^{n+1}$.在这个简单的情况下,**宇称**不是完全由 n(也即由能量 E_n)决定的一个额外的量子数.一个定态波函数的某种宇称的存在来自势的**对称性**属性:这个箱子对于中心轴是对称的.对于三维箱子的情况,所有的轴相对于中心的反演定义了定态的宇称为 $\Pi=(-1)^{n_x+n_y+n_z+1}$.

正如容易证明的那样,不同能量的定态波函数是正交的.我们在它们的乘积对这个箱子的积分的意义上,定义两个函数的正交性:

$$\int_0^a dx\psi_m^*(x)\psi_n(x)=\delta_{mn} \tag{3.11}$$

这里,我们用了分立的 **Kronecker 符号**:

$$\delta_{mn} = \begin{cases} 1, & m = n \\ 0, & m \neq n \end{cases} \tag{3.12}$$

虽然在箱子里这些定态波函数都是实的，但预计在其他情况下它们可能是复的，我们用左边函数的**复共轭**定义正交性，以便函数的模（(3.11)式中 $m = n$）总是正实数，且对于归一化的函数它等于 1.

这些波函数的集合也是**完备的**：正如从标准的 Fourier 分析得知，一个弦的任何振动都可以表示为它的**简正模式**的叠加，而这种简正模式只不过是定态. 在势壁处为零的任何函数 $f(x)$ 在箱子的内部都可以表示为一个 Fourier 正弦级数（一般来说，是一个无穷级数）：

$$f(x) = \sum_{n=1}^{\infty} f_n \psi_n(x) \tag{3.13}$$

把(3.13)式的两边都乘函数之一 ψ_m^*，则借助正交归一的(3.11)式，只挑选出右边的第 m 项：

$$f_m = \int_0^a \mathrm{d}x \psi_m^*(x) f(x) \tag{3.14}$$

如果(3.13)式的展开成立，则函数 $f(x)$ 完全由系数 f_n 确定. 它们带有同样的信息，所以集合 $\{f_n\}$ 可以称为**能量表象**中的波函数. 现在把(3.14)式代回到展开式(3.13)中，得到

$$f(x) = \int \mathrm{d}x' f(x') \sum_n \psi_n(x) \psi_n^*(x') \tag{3.15}$$

这应当是一个恒等式：对于任何满足正确边界条件的函数 $f(x)$，(3.15)式中的求和（对允许区间取的）从整个积分中抽取出该区间内这个函数在一个给定点的数值. 借助 **Dirac δ 函数**，可以把这个**完备性**条件公式化为

$$\sum_n \psi_n(x) \psi_n^*(x') = \delta(x - x') \tag{3.16}$$

下面回顾 δ 函数的一些主要性质.

3.3 δ 函数*

$\delta(x - x_0)$ 可以在一个严格的物理层面被定义为一个**积分算符**，它作用在 $x = x_0$ 处一

个正规的任意函数 $f(x)$ 上时，如果 $x=x_0$ 在积分区间内，则提取出这个函数在 x_0 点的数值：

$$\int \mathrm{d}x\delta(x-x_0)f(x)=f(x_0) \tag{3.17}$$

如果积分区间不包括这一点，则结果为零.为实现这个任务，除了在 $x=x_0$ 这一点以外，$\delta(x-x_0)$ 处处都必须为零；而在 $x=x_0$ 这一点，它应当是**无穷大**，以便给出一个有限的积分结果.数学家们甚至不把这样的奇异函数看成函数，因为它们属于**广义函数**或**分布**那一类.波函数的完备性条件((3.16)式)意味着在任何给定的 $x\neq x'$ 两点，一个无穷系列 $\{\psi_n(x)\}$ 的不同函数具有不同的符号，所以把无穷多个实际上随机的贡献加在一起的结果为零.记住，这些函数都是正交的，并有不同的节点数.与之相反，在 $x=x'$ 这一点，对于无限求和((3.16)式)的所有贡献都是正的，因此叠加的结果是无穷大.

我们可以从"正规"函数出发，通过一步一步把函数的整个强度集中到 $x=x_0$ 这一点上的一种极限过程来逼近 δ 函数.可以有许多方法定义这样的过程.我们假定这个过程是从两边对称地收敛到 $x=x_0$，也就是说，我们构建一个**偶函数**：

$$\delta(x)=\delta(-x) \tag{3.18}$$

此外，我们总是把 δ 函数对包括 $x=x_0$ 的任意区间归一化为

$$\int \mathrm{d}x\delta(x-x_0)=1 \tag{3.19}$$

(实际上这是(3.17)式的一个特殊情况).如果(3.19)式的一个积分限与 x_0 吻合，则由于 δ 函数的对称性，积分结果为 1/2.

为达此目的，我们可以利用各种各样的办法.最简单的办法是考虑宽度为 b_n、x_0 在其中间位置、高度为 $1/b_n$ 的势垒序列，如图 3.3 所示.如果 $b_{n+1}=b_n/2$，则在 $n\to\infty$ 时该极限势垒具有无穷大的高度和零宽度，同时势垒之下具有固定的单位面积((3.19)式).在这种极限下，积分(3.17)式中的这个因子就提取出了任何一个规则函数在奇异点的数值.

在其他的可能性中，值得一提的是**高斯**系列.在统计学中起着基本作用的高斯分布 $\mathcal{G}(x;x_0,\sigma)$ 由下式给出：

$$\mathcal{G}(x;x_0,\sigma)=\frac{1}{\sqrt{2\pi\sigma^2}}\mathrm{e}^{-(x-x_0)^2/(2\sigma^2)} \tag{3.20}$$

它是一条取正值的钟形曲线，关于**形心**(centroid) $x=x_0$ 对称，且对于 x_0 和宽度 σ 的任何值，都归一化到 1(译者注：这里更正了原文中把"x_0"打印成"a"的错误).

$$\int_{-\infty}^{\infty} \mathrm{d}x \mathcal{G}(x; x_0, \sigma) = 1 \tag{3.21}$$

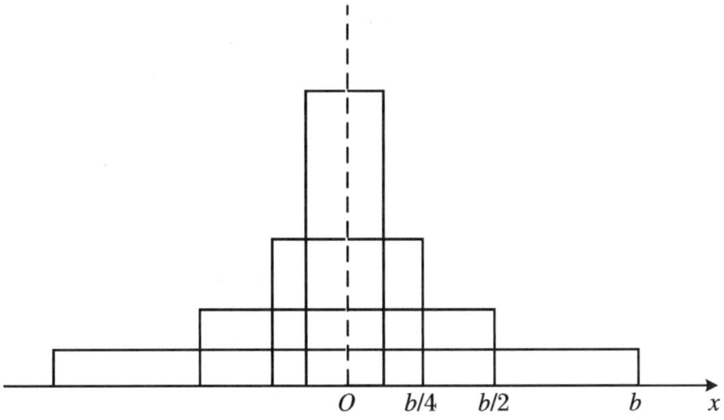

图 3.3　定义 δ 函数的极限过程

因此，可以把它解释为对于变量 x 的一个归一化的概率分布.由于**对称性**，变量 x 的平均值(借助尖括号表示)由形心给出：

$$\langle x \rangle \equiv \int_{-\infty}^{\infty} \mathrm{d}x x \mathcal{G}(x; x_0, \sigma) = x_0 \tag{3.22}$$

而 x 的均方偏差(**方差**)为参数 σ：

$$\langle (x - x_0)^2 \rangle \equiv \int_{-\infty}^{\infty} \mathrm{d}x (x - x_0)^2 \mathcal{G}(x; x_0, \sigma) = \int_{-\infty}^{\infty} \mathrm{d}x x^2 \mathcal{G}(x; 0, \sigma) = \sigma^2 \tag{3.23}$$

当 σ 趋于 0 时，这个高斯曲线变得很窄，中心处很高，趋于具有正确归一化的 δ 函数：

$$\lim_{\sigma \to 0} \mathcal{G}(x; x_0, \sigma) = \delta(x - x_0) \tag{3.24}$$

δ 函数的其他一些重要的表示，如

$$\int_{-\infty}^{\infty} \mathrm{d}k \mathrm{e}^{\mathrm{i}k(x - x_0)} = 2\pi\delta(x - x_0), \quad \lim_{\eta \to 0} \frac{1}{\pi} \frac{\eta}{(x - x_0)^2 + \eta^2} = \delta(x - x_0) \tag{3.25}$$

将会出现在下面几节中.

我们需要学会如何实际使用 δ 函数.在宗量中的变数重新标度时，遵从简单的规则：

$$\delta(ax) = \frac{\delta(x)}{|a|} \tag{3.26}$$

作代换 $\xi = ax$，得到

$$\int_{-\epsilon}^{\epsilon} \mathrm{d}x f(x)\delta(ax) = \frac{1}{a}\int_{-a\epsilon}^{a\epsilon} \mathrm{d}\xi f\left(\frac{\xi}{a}\right)\delta(\xi) = \frac{1}{a}f(0)\int_{-a\epsilon}^{a\epsilon} \mathrm{d}\xi\delta(\xi)$$
$$= \frac{1}{a}f(0)\mathrm{sign}(a) = \frac{f(0)}{|a|} \tag{3.27}$$

如果 $\delta(g(x))$的泛函宗量 $g(x)$有几个单根 r_i，即 $g(r_i)=0$，则在 $x=r_i$附近，函数 $g(x)$可以近似地表示为$(\mathrm{d}g/\mathrm{d}x)_{r_i}(x-r_i)$. 利用前面提到的规则((3.26)式)，我们得到

$$\delta(g(x)) = \sum_i \frac{\delta(x-r_i)}{|(\mathrm{d}g/\mathrm{d}x)_{r_i}|} \tag{3.28}$$

因为

$$\int \mathrm{d}x f(x) x\delta(x) = [f(x)x]_{x\to 0} \tag{3.29}$$

所以，可以假定

$$x\delta(x) = 0 \tag{3.30}$$

其中，左边可以看成一个算符，它在积分号下作用于一个函数 $f(x)$，$x\to 0$ 时它没有$\sim 1/x$或更强奇异性.

3.4 时间演化

定态波函数集合的完备性允许我们求解任何一个初始状态的时间演化问题. 让我们从波函数 $\Psi(x,t=0)=f(x)$出发. 根据(3.13)式，初态波函数是简正模式 $\psi_n(x)$的叠加，其振幅 f_n由正交性(3.14)式决定：

$$f_n = \int \mathrm{d}x'\psi_n^*(x')\Psi(x',0) \tag{3.31}$$

每一个简正模式都是一个以特定频率 $\omega_n = E_n/\hbar$随时间演化的单独谐波分量. 因此，整个波函数在 $t>0$ 时刻的变化是由初始时就存在的(被激发的)所有谐波的**干涉**确定的：

$$\Psi(x,t) = \sum_n f_n\psi_n(x)\mathrm{e}^{-(\mathrm{i}/\hbar)E_n t} \tag{3.32}$$

类似于(2.19)式，波函数在能量表象的系数 f_n可以解释为发现这个系统处于第n 个定态

的概率振幅,使相应的概率为 $w_n = |f_n|^2$.

习题 3.1 证明该状态的模 $\int dx|\Psi(x,t)|^2$ 不随时间改变,而且如果初态是归一化的,即 $\int dx|\Psi(x,0)|^2 = 1$,则量 w_n 均为归一化的概率:

$$\sum_n w_n = \sum_n |f_n|^2 = 1 \tag{3.33}$$

习题 3.2 在宽度为 a 的无限深势箱中的一个粒子,其初始波函数为 $\Psi(x,t=0) = A\sin^3(\pi x/a)$,求任何 $t>0$ 时刻的波函数.该粒子是否能在某一时刻 T 回到初态?

很有用处的是引入**传播子**或 **Green 函数** $G(x,t;x',0)$,它把 $t=0$ 时刻的初态波函数变换成其后任一时刻 t 的波函数:

$$G(x,t;x',0) = \sum_n \psi_n(x)\psi_n^*(x')e^{-(i/\hbar)E_n t} \tag{3.34}$$

利用这个定义和(3.32)式中的振幅((3.31)式),我们可以把时间演化规律写成

$$\Psi(x,t) = \int dx' G(x,t;x',0)\Psi(x',0) \tag{3.35}$$

(3.35)式自动满足 $t=0$ 时的初始条件,因为由(3.34)式和(3.16)式可知

$$G(x,0;x',0) = \delta(x-x') \tag{3.36}$$

事实上,在不存在时间相关的外力情况下,初始时刻的选择是任意的.我们可以在 t'时刻出发,Green 函数仅依赖于时间差 $t-t'$:

$$G(x,t;x',t') = \sum_n \psi_n(x)\psi_n^*(x')e^{-(i/\hbar)E_n(t-t')} \tag{3.37}$$

$$\Psi(x,t) = \int dx' G(x,t;x',t')\Psi(x',t') \tag{3.38}$$

这里,积分考虑了从一个固定的初始时刻 t'的所有可能源点 x'传播到 t 时刻 x 点的波的干涉(不对 t'积分).

习题 3.3 **突发微扰**.一个粒子处于图 3.1 所示的势箱的基态.如图 3.4 所示,$t=0$ 时右边的壁瞬时地从 $x=a$ 移动到 $x=b>a$. $t>0$ 时,这个粒子被证明处于该新势箱的一个激发态的概率是多大?特别讨论 $b=2a$ 的情况.

解 参数的**突发**变化不会改变作为进一步演化((3.32)式)出发点的波函数 $\Psi(x,0)$.然而,现在它的演化却是由新条件控制的.为了得到振幅 f_n,我们需要把初始的波函数 $\psi_{1;\mathrm{old}}(x)$对新箱子的定态波函数 $\psi_{n;\mathrm{new}}(x)$展开:

$$f_n = \int_0^a dx \psi_{n;new}^*(x) \psi_{1;old}(x) = \frac{2}{\sqrt{ab}} \int_0^a dx \sin\left(\frac{n\pi x}{b}\right) \sin\left(\frac{\pi x}{a}\right) \qquad (3.39)$$

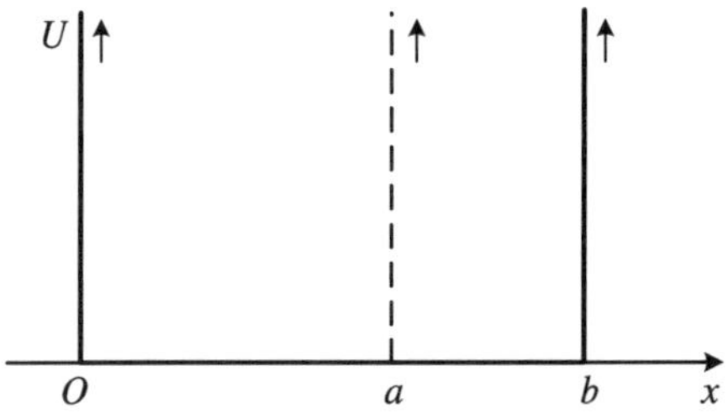

图 3.4　习题 3.3 的图示说明(译者注:原文指该图为习题 3.2 的图示,明显错误,现更正)

积分给出:

$$f_n = \frac{2\sqrt{\lambda}}{\pi} \frac{\sin(n\pi\lambda)}{n^2\lambda^2 - 1}, \quad \lambda = \frac{a}{b} \qquad (3.40)$$

处于新箱子基态的概率为

$$w_1 = |f_1|^2 = \frac{4\lambda}{\pi^2} \frac{\sin^2(\pi\lambda)}{(\lambda^2 - 1)^2} \qquad (3.41)$$

结果处在 $n = 2, 3, \cdots$ 激发态的概率是

$$w_{exc} = 1 - w_1 \qquad (3.42)$$

在如图 3.5 所示的 $b = 2a$,$\lambda = 1/2$ 的情况下,激发概率是(译者注:下式原文中有一明显打印错误,已更正)

$$w_n = |f_n|^2 = \frac{2}{\pi^2} \frac{\sin^2(\pi n/2)}{[(n^2/4) - 1]^2} \qquad (3.43)$$

在这种情况下,只有 n 为奇数的态被激发.在 n 为偶数时,第 n 个新的波函数对新的中间点 $x = a$ 有奇宇称,所以该处有一个节点.因此,这个波函数也满足**原箱子**中的边界条件,作为与初始函数正交的态不可能被激发,因为积分只限于原箱子区间.$n = 2$ 的情况是唯一的例外;这个新的函数正好是原来的函数利用向下反射延拓到新的区间而得到的,如图 3.2 和图 3.5 所示.处理掉(3.43)式中的不确定性,得到

$$w_2 = \frac{1}{2\pi^2} = 5\% \qquad (3.44)$$

而

$$w_1 = \frac{32}{9\pi^2} = 36\%$$

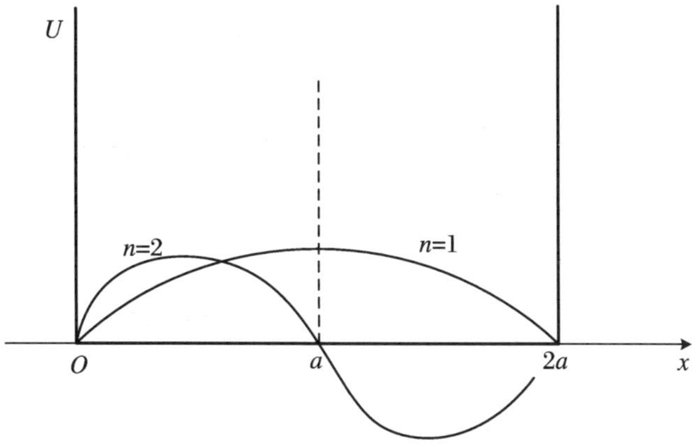

图 3.5　习题 3.3 中 $b=2a$ 的情形

3.5　浅势阱和量子晕

现在,从无限深的势箱转向一个**有限深** U_0 的吸引势阱这样的更实际的例子. 如图 3.6所示,首先假定该阱外两边的势具有同样的值,它可以取为能量标度的原点.

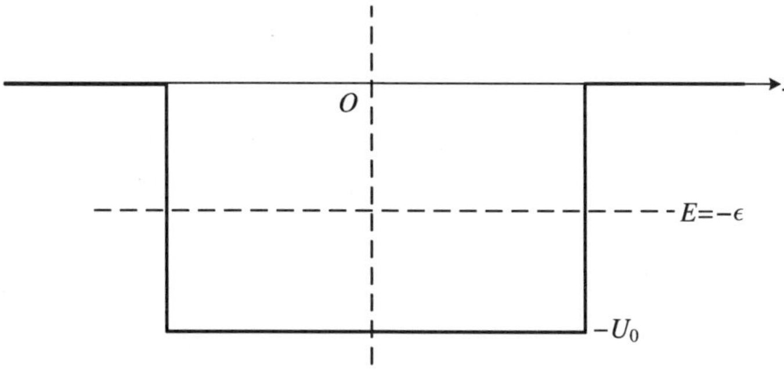

图 3.6　有限深度的势阱;类似于图 3.2,按照习题 3.4 的讨论,势阱中间的垂直线对应于原点的对称选择

3

习题 3.4 证明:如图 3.6 所示的势阱对于任何宽度 a 和深度 U_0 至少维持一个束缚态.

证明 具有能量 $E=-\epsilon$ 的束缚态波函数在两边的势垒之下(经典禁戒区)一定是指数衰减的:

$$\psi(x)=\begin{cases}Ae^{\kappa x}, & x<0,\\ De^{-\kappa(x-a)}, & x>a,\end{cases}\quad \kappa=\sqrt{\frac{2m\epsilon}{\hbar^2}} \tag{3.45}$$

在势阱内,实际上有如(3.1)式的驻波:

$$\psi(x)=Be^{ikx}+Ce^{-ikx},\quad k=\sqrt{\frac{2m(U_0-\epsilon)}{\hbar^2}} \tag{3.46}$$

在两个边界上完成匹配,得到确定能量 ϵ 的方程:

$$\frac{\kappa}{k}=\tan\frac{ka}{2} \tag{3.47}$$

这个方程对于 ϵ 总是有(一些)正解.在**浅势阱**极限下,$ka\ll1$,这是个非常松的束缚能级,$\epsilon\ll U_0$;于是,$k\approx k_0\equiv2mU_0/\hbar^2$,并且

$$\frac{\kappa}{k}\approx\frac{k_0a}{2},\quad \kappa\approx\frac{k_0^2a}{2}\rightsquigarrow\epsilon=\frac{m(U_0a)^2}{2\hbar^2} \tag{3.48}$$

如果

$$\xi\equiv\frac{mU_0a^2}{\hbar^2}\ll1 \tag{3.49}$$

则与 $\epsilon\ll U_0$ 的近似是自洽的.

方程(3.49)提供了**浅势阱**或弱吸引势的一个判据:它与 $k_0a\ll1$ 的要求一致,而且表明,在一个弱束缚态中,波函数的空间尺寸比势阱的尺寸 a 要大得多.波函数并**不局域化**于势阱内,它的定域化长度((2.48)式)满足 $1/\kappa\gg a$.正如前面提到的,具有伸展到**经典禁戒区**内很远的尾巴的束缚态波函数的系统,现在称为**晕系统**,在核物理和分子物理中有许多这样的例子.

满足习题 3.4 中边界条件的技术任务可以通过这样的方式选择 x 轴上的原点来简化,即让势阱的两个边界分别对应于 $x=\pm a/2$.这样,势阱相对于 $x\to-x$ 的反演是对称的,类似于在势箱的情况,我们可以预计,其解具有**某种宇称**.代替(3.45)式和(3.46)式,可以寻找其形式为一个无节点**偶**波函数的解:

$$\psi(x)=Ae^{\pm\kappa x},\quad |x|>\frac{a}{2} \tag{3.50}$$

和

$$\psi(x) = B\cos(kx), \quad |x| < \frac{a}{2} \tag{3.51}$$

其中,κ 和 k 具有与(3.45)式和(3.46)式一样的值.现在,仅仅需要在一边进行匹配就足够了.

习题 3.5 把一个粒子放在图 3.6 所示的一个有限深 U_0 的势阱中.势阱的宽度 a 以这样的方式来固定:使这个粒子只有一个束缚能为 $\epsilon = U_0/2$ 的束缚态.计算在经典允许区和经典禁戒区发现该粒子的概率.

解 在已知的条件下,极大的简化来自下述事实,即

$$\epsilon = \frac{U_0}{2} \rightsquigarrow k = \kappa = \sqrt{\frac{mU_0}{\hbar^2}} \tag{3.52}$$

采用坐标的对称选择,在阱壁的一边,例如,在 $x = a/2$ 处匹配,给出

$$B\cos\frac{ka}{2} = Ae^{-\kappa a/2}, \quad -Bk\sin\frac{ka}{2} = -kAe^{-\kappa a/2} \tag{3.53}$$

由这两个方程的比得到参数之间的关系((3.47)式):

$$\tan\frac{ka}{2} = 1 \rightsquigarrow ka = \frac{\pi}{2} \tag{3.54}$$

在(势阱外)禁戒区的概率为

$$P_{\text{out}} = 2\int_{a/2}^{\infty} dx A^2 e^{-2\kappa x} = \frac{A^2}{k}e^{-ka} \tag{3.55}$$

依据匹配条件((3.53)式和(3.54)式),这等价于

$$P_{\text{out}} = \frac{B^2}{k}\cos^2\frac{ka}{2} = \frac{B^2}{2k} \tag{3.56}$$

类似地,势阱内的概率为

$$P_{\text{in}} = 2\int_{0}^{a/2} dx B^2\cos^2(kx) = \frac{B^2}{2k}[ka + \sin(ka)] = \frac{B^2}{2k}\left(\frac{\pi}{2} + 1\right) \tag{3.57}$$

这两个概率之比是

$$\frac{P_{\text{out}}}{P_{\text{in}}} = \frac{2}{2 + \pi} \tag{3.58}$$

由于 $P_{out}+P_{in}=1$,因此得到

$$P_{out} = \frac{2}{4+\pi} = 0.28, \quad P_{in} = \frac{2+\pi}{4+\pi} = 0.72 \tag{3.59}$$

在习题 3.4 中,存在一个束缚态的证明是基于 $k \approx k_0$ 这样的一个近似,它要求 $U_0 \gg \epsilon$. 假定:以势阱的面积保持不变($U_0 a \equiv g$)的方式,使深度 $U_0 \to \infty$、宽度 $a \to 0$ 来满足这个不等式.这个极限对应于图 3.7 所示的 δ 势.

$$U(x) = -g\delta(x) \tag{3.60}$$

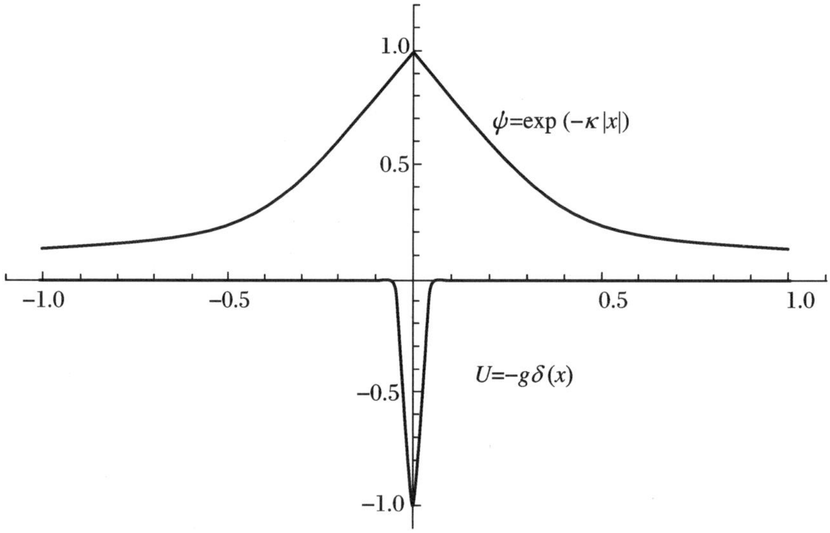

图 3.7　吸引的 δ 势与束缚态波函数

按照(3.48)式,对于任何 $g>0$ 的值,这个势都能产生一个单一的束缚态,其结合能为

$$\epsilon = \frac{mg^2}{2\hbar^2} \tag{3.61}$$

此时,波函数由两个对称衰减的指数函数组成:

$$\psi(x) = Ae^{-\kappa|x|}, \quad \kappa = \frac{mg}{\hbar^2} \tag{3.62}$$

束缚态的整个寿命一直延续到吸引区域以外.注意,作为在 $x=0$ 处无穷大位势的结果,尽管函数(3.62)式在这一点是连续的,但它的导数是不连续的:

$$\psi'(x-0) - \psi'(x+0) = 2\kappa\psi(0) \tag{3.63}$$

只有具有对称限制的，即像图 3.6 那样两边有同样有限值的一维势阱，才永远会支持至少一个束缚态. 考虑一种有一个不可穿透壁的势阱的情况，如图 3.8 所示. 如果代替这个无穷高的势垒，只要简单地把 $x>0$ 区所存在的势阱的精确反射加在 $x<0$ 区，就回到了先前讨论的束缚态的确存在的情况. 但是，无限的壁要求波函数取零值，即 $\psi(0)=0$. 从把这个势阱加倍的角度看，这意味着这样的一个态具有一个**奇**的波函数. 而在对称势阱中存在的束缚态用相对于中间点是**偶**的函数来描述. **奇**的束缚态是否真的存在，需要另行讨论. 结果是：仅仅势阱在足够深和足够宽时，束缚态才存在，如图 3.8 所示.

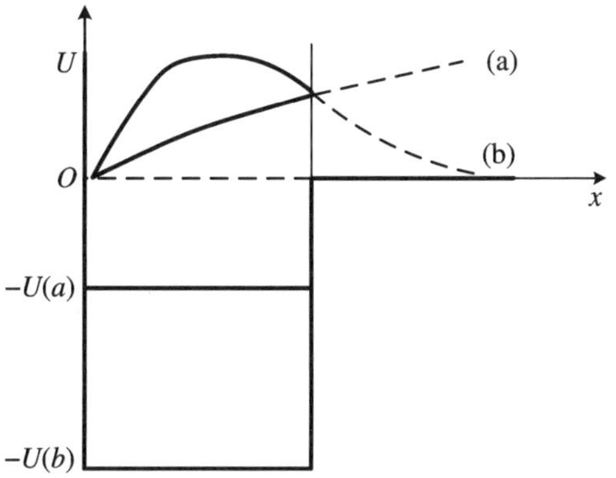

图 3.8　在无限高的壁附近的势阱

在势阱内 $(0<x<a)$，其解是 e^{ikx} 和 e^{-ikx} 的叠加(3.46)式，其中 k 是内部波矢量. 波函数在原点的条件选择出正确的组合为（译者注：原文公式中有一处明显的打印错误，现已更正）：

$$\psi(x) = A\sin(kx), \quad 0<x<a \tag{3.64}$$

在势阱外 $(x>a)$，这个函数必须和**衰减**的指数 $Be^{-\kappa x}$ 连续地连接，其中 κ 通过(3.45)式与束缚能相关联. 对于一个光滑的连接，其**对数的导数** $\lambda\equiv\psi'/\psi$ 也是连续的. 这个比特别方便，因为它消掉了未知的振幅. 在我们讨论的情况下，势阱外 $\lambda<0$. 内部函数(3.64)式也要求同样是负的. 如果 $ka<\pi/2$，在 $x=a$ 处，$\sin(kx)$ 仍然是上升的，于是 $\lambda>0$，因此束缚态波函数在这里连接是不可能的. 通过加深或加宽势阱，可以增大 ka. 临界情况是 $ka=\pi/2$，这时斜率是水平的. 只要 $ka>\pi/2$，负斜率的解就出现了. 最初 k 很小，因此束缚能 ϵ 接近于零，在禁戒区有一个长长的尾巴. 随着势阱变得越来越深，能级也变得越来越深，这样第一个束缚态出现在一个**临界深度**：

$$U_{临界} = \frac{\hbar^2}{2ma^2}(ka)^2_{临界} = \frac{\hbar^2\pi^2}{8ma^2} \tag{3.65}$$

我们进一步增加乘积 U_0a^2，新的能级可能发生在下一次在边界处出现内部波函数的水平斜率时.

习题 3.6 考虑如图 3.9 所示的非对称势阱，其中势的左、右两边分别有 U_1 和 U_2 两个值. 在这样的势阱中，束缚态存在的条件是什么？

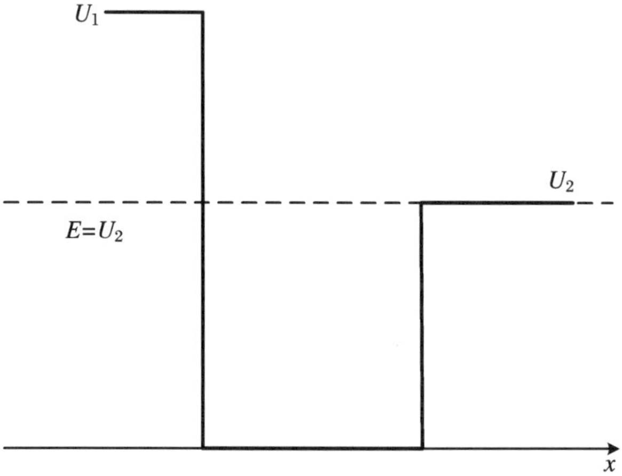

图 3.9 非对称势阱

解 如果 $U_1 \geqslant U_2$，则这个条件是

$$\arctan\sqrt{\frac{U_1-U_2}{U_2}} \leqslant \sqrt{\frac{2ma^2U_2}{\hbar^2}} \tag{3.66}$$

为了回答这个习题的问题，考虑 $E=U_2$ 的解什么时候出现就可以了. 如果 $U_1=U_2$，则这个解总是存在的. 如果 $U_1 \gg U_2$，则(3.66)式与(3.65)式是一致的.

习题 3.7 一个电子在如图 3.10 所示的势中运动，该势由 $x=0$ 处无限高的势壁和离壁有限距离 a 处的一个深度为 W、宽度从 $x=a$ 到 $x=b>a$ 的势阱构成. 证明这个势阱并不总是支持一个束缚态. 定性地解释参数 W、a 和 $c=b-a$ 的改变会如何影响束缚态的存在. 如果 $W=0.25$ eV，而阱的宽度 $c=b-a=1$ Å，求对应于首次出现一个束缚能级的距离 a.

解 一个束缚能为ϵ的束缚态波函数如下式所示：

$$\psi(x) = A\sinh(\kappa x), \quad \kappa = \sqrt{\frac{2m\epsilon}{\hbar^2}}, \quad 0 \leqslant x < a \tag{3.67}$$

$$\psi(x) = B\sin[k(x-a)] + C\cos[k(x-a)] \tag{3.68}$$

$$k = \sqrt{\frac{2m(W-\epsilon)}{\hbar^2}}, \quad a < x < b \tag{3.69}$$

$$\psi(x) = De^{-\kappa(x-b)}, \quad x > b \tag{3.70}$$

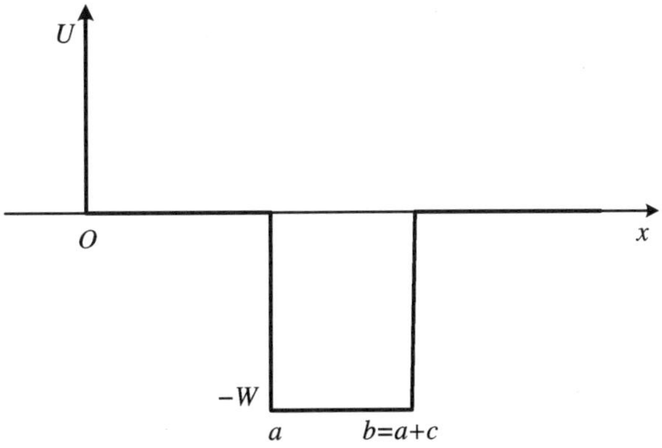

图 3.10　习题 3.7 的图

这个选择由 $\psi(0)=0$ 的要求支配,它选择双曲正弦函数作为下降的、上升的指数的一个正确叠加;势垒下 $\psi(x)$ 必须是向右衰减的;在势阱内,可以用两个行波 $e^{\pm ikx}$ 的叠加或使用其等价形式((3.68)式).(3.68)式和(3.69)式中的相移简化了下列方程的形式.这四个连接条件给出振幅 A、B、C 和 D 的四个**齐次**线性方程组.这套方程组仅在附加的条件(系数行列式为零)下才有非平凡解.在这种情况下,很容易一个一个地消去这些系数.由连接条件得

$$A\sinh(\kappa a) = C, \quad \kappa A\cosh(\kappa a) = kB \tag{3.70}$$

$$B\sin(kc) + C\cos(kc) = D, \quad kB\cos(kc) - kC\sin(kc) = -\kappa D \tag{3.71}$$

现在,通过(3.70)式用 A 来表示 C 和 B,然后把结果代入(3.71)式,得

$$A[\kappa\cosh(\kappa a)\sin(kc) + k\sinh(\kappa a)\cos(kc)] = kD \tag{3.72}$$

和

$$A[\kappa\cosh(\kappa a)\cos(kc) - k\sinh(\kappa a)\sin(kc)] = -\kappa D \tag{3.73}$$

这两个方程的比提供了欲寻找的条件:

$$\kappa = k\frac{k\sinh(\kappa a)\sin(kc) - \kappa\cosh(\kappa a)\cos(kc)}{k\sinh(\kappa a)\cos(kc) + \kappa\cosh(\kappa a)\cos(kc)} \tag{3.74}$$

我们感兴趣的是阱中出现束缚态的位置.在这一点,结合能ϵ趋于零,因此 κ 也趋于零,使得可以利用保留到二阶项的展开 $\cosh(\kappa a)\approx 1$ 和 $\sinh(\kappa a)\approx\kappa a$.在这个极限下 $k=(2mW/\hbar^2)^{1/2}$,而由(3.74)式得

$$\kappa = k\frac{ka\sin(kc)-\cos(kc)}{ka\cos(kc)+\sin(kc)} \tag{3.75}$$

由此显然可见,束缚能级出现在参数之间的关系满足

$$\tan(kc)=\frac{1}{ka} \tag{3.76}$$

时.随着离开壁的距离 a 增加,就趋向总会有一个束缚态的对称势阱极限(对于大的 a,要求 $\psi(0)=0$ 的不可穿透势垒的排斥影响变弱).同样,使势阱变深(增大 k)和/或变宽(增大 c),也增加了存在一个束缚态的机会.由此得到束缚态存在的条件为

$$\tan(kc)\geqslant\frac{1}{ka} \tag{3.77}$$

把上式的两边都作为 k 的函数画出来,得到存在的区域.对于一个浅的或窄的势阱,$kc\ll 1$,这个条件变得更简单,(3.77)式转变为

$$k^2ac=\frac{2mWac}{\hbar^2}\geqslant 1 \tag{3.78}$$

利用已知的数值参数,$kc=1/16$,证实从(3.77)式转换成(3.78)式是合理的,而为了使束缚态存在,需要一个很宽的势阱,$a>16$ Å.

3.6 共振态

这里我们讨论在势阱上方传播的波,如图 3.11 所示.具有负能的束缚态的存在会影响在正能区波的传播.其解类似于习题 2.4 的解.与(2.50)式相比,阱中的波函数的差别在于,这里的波矢量是实的,$k'=\sqrt{2m(E+U_0)/\hbar^2}$.透射系数的结果可以从(2.55)式通过改变 U_0的符号并且把 $\sinh(\kappa a)$换成 $\sin(k'a)$直接求得:

$$T(E)=\frac{4E(E+U_0)}{4E(E+U_0)+U_0^2\sin^2(k'a)} \tag{3.79}$$

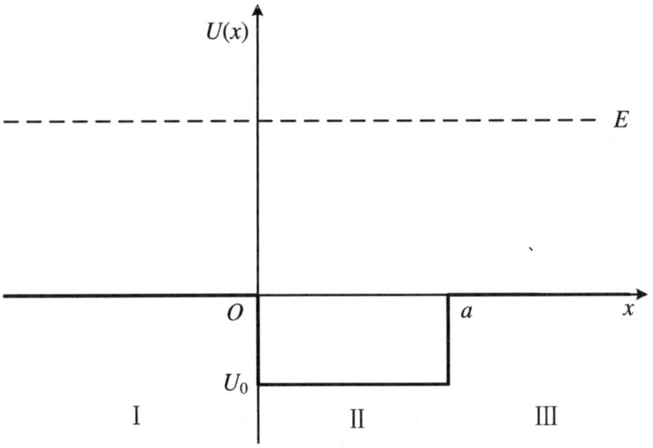

图 3.11　在势阱上方的传播

在低能极限下，$E \to 0, k' \to k_0 = \sqrt{2mU_0/\hbar^2}$，透射系数明显趋于零，因为它正比于能量：

$$T(E) \approx \frac{4E}{U_0 \sin^2(k_0 a)} \tag{3.80}$$

然而，如果 $k_0 a = n\pi$，其中 $n = 1, 2, \cdots$，由于 $\sin(k_0 a) = 0$，需要回到完全表达式(3.79)。现在，当 $E \to 0$ 和 $k_0 a = n\pi$ 时，出现理想穿透，$T(E) \to 1$. 而且，如果每一次穿透都满足条件

$$k'a = n\pi \rightsquigarrow k^2 = \frac{2mE}{\hbar^2} = n^2\pi^2 - k_0^2 \tag{3.81}$$

则这种穿透就是完全的.

满足(3.81)式的能量值通常称为**共振**. 利用有效波长 $\lambda' = 2\pi/k'$，则当 $2a = n\lambda'$时，共振就会发生；从左边进来然后被势阱的右边沿反射的波回到左边沿，多穿过了 $2a$ 的路程，但精确地与入射波同相位. 不存在任何相消干涉，保证了完全的透射. 这正是在特定的能量下慢电子与气体中的原子弱散射（强透射）的 Ramsaur-Townsend 效应的一维类比.

3.7 能级密度

从 3.1 节对于势箱的处理，我们可以提取对一些多体系统有用的知识. 例如，在三维势箱中一个粒子的能级((3.9)式). 它们可以用量子化的波矢量来标记：

$$E(\boldsymbol{k}) = \frac{\hbar^2 \boldsymbol{k}^2}{2m}, \quad \boldsymbol{k} = \pi\left(\frac{n_x}{a}, \frac{n_y}{b}, \frac{n_z}{c}\right) \tag{3.82}$$

在量子数 n_i 很大的极限下，允许的矢量 $\boldsymbol{k}$ 的末端密集地覆盖一个常数能量的椭球表面(**等能面**)内的正卦限(octant)，在各向同性的情况下，$a = b = c$，这个等能面成为一个球面. 当粒子占据许多单粒子态时，重要的是知道这些态中有多少定位于某个能量 E 附近；这将极大地影响一个系统对于外部扰动的响应.

用这种方式得到了**能级密度**的概念. 对于具有能谱 E_α 的任何量子体系，能级密度形式上定义为在每一个允许能量下具有 δ 峰的尖桩篱栅(picket fence)：

$$\rho(E) = \sum_\alpha \delta(E - E_\alpha) \tag{3.83}$$

对于足够大的量子数，对仍然包含许多能级的一个小的间隔 ΔE 求积分，则这个奇异函数就获得了清晰的意义. 这个积分等于在这个区间之内 δ 峰的个数，也就是 ΔE 范围内能级的数目 ΔN：

$$\Delta N = \int_{\Delta E} \mathrm{d}E \rho(E) \approx \overline{\rho(E)} \Delta E \tag{3.84}$$

它相应于平滑的能级密度 $\overline{\rho(E)}$ 的直观概念. 下面仅处理这种平滑函数，以省去上面的横杠. 这样，这个平滑的能级密度实际上就是比值：

$$\rho(E) = \frac{\Delta N}{\Delta E} \tag{3.85}$$

从最低可能的能量 E_0(基态)到一个任意能量 E 的所有能量对能级密度求积分，则确定了能量小于 E 的总的累积(cumulative)，能级数 $\mathcal{N}(E)$ 为

$$\mathcal{N}(E) = \int_{E_0}^{E} \mathrm{d}E' \rho(E') \tag{3.86}$$

对于具有能谱((3.82)式)的箱子，其能级密度可以很容易计算. 取矢量 $\boldsymbol{k}$ 的分量 k_i 作为新变量代替量子数 n_i，并以积分 $\int \mathrm{d}^3 k$ 代替对 n_i 的求和，如果能量 E 处在大量子数的区域，则得到

$$\rho(E) = \frac{abc}{\pi^3}\int_{k_i>0} \mathrm{d}^3 k\,\delta\left(E - \frac{\hbar^2 k^2}{2m}\right) \tag{3.87}$$

因为所有卦限的贡献都是相等的(能量依赖于 k^2)，通过引入箱子的体积 $V = abc$，可以把这个积分扩充到整个空间，得到

$$\rho(E) = V\int \frac{\mathrm{d}^3 k}{(2\pi)^3}\delta\left(E - \frac{\hbar^2 k^2}{2m}\right) \tag{3.88}$$

现在，利用 $\mathrm{d}^3 k = k^2 \mathrm{d}k\mathrm{d}o$ 和对立体角 $\mathrm{d}o$ 的积分给出 4π. 由于 $\mathrm{d}k = (\mathrm{d}k/\mathrm{d}E)\mathrm{d}E$，对能量的积分与处理 δ 函数的规则是一致的，因此

$$\rho(E) = \frac{V}{2\pi^2}\left(k^2 \frac{\mathrm{d}k}{\mathrm{d}E}\right)_{E=\frac{\hbar^2 k^2}{2m}} = \frac{V}{2\pi^2 \hbar^3}\sqrt{2m^3 E} \tag{3.89}$$

故箱子中的能级密度按照 $\sim\sqrt{E}$ 增长.

习题 3.8 用类似的方法证明，对于一个二维的箱子，$\rho(E)$ 不依赖能量，而在一维的情况下，它甚至按照 $\sim 1/\sqrt{E}$ 下降.(的确，在这种情况下，相邻能级之间的间距(3.5)式对于大量子数是增大的.)

(3.88)式的结果只基于动量 $\boldsymbol{p} = \hbar\boldsymbol{k}$ 的量子化. 可以把它改写成对于任何**色散规律**，即对任何能量依赖关系(例如相对论)$E(\boldsymbol{p})$ 都适用的形式：

$$\rho(E) = V\int \frac{\mathrm{d}^3 p}{(2\pi\hbar)^3}\delta(E - E(\boldsymbol{p})) \tag{3.90}$$

这种计数法也源自 Bohr 量子化原理((1.13)式). 每一个新的能级要求相平面附加面积 $2\pi\hbar$(图 1.4)，或在 d 维相空间要求 $(2\pi\hbar)^d$，对于一个具有任意各向同性色散规律 $E(\boldsymbol{p})$ 的粒子重复上面的计算，并引入速度 $v = \mathrm{d}E/\mathrm{d}p$，得到

$$\rho(E) = \frac{V}{2\pi^2 \hbar^3}\left(\frac{p^2}{v}\right)_{E=E(p)} \tag{3.91}$$

正如 H. Weyl 指出的，如果体积足够大，则这个结果与体积 V 的形状无关，而且可以把对量子数的求和用积分代替[2]. 如果粒子具有一个非零的自旋或其他不影响能量的内禀量子数，则能级密度还要乘**内禀简并因子** g；在自旋为 s 的情况下，g 等于简并的自旋投影数 $2s+1$. 能级密度是**量子统计力学**中的主要因子.

习题 3.9 求在一个空腔中光子的能级密度.

解 利用色散定律 $E=cp$ 和 $g=2$(对于给定的波矢量所允许的横向极化数),得

$$\rho(E) = \frac{V}{\pi^2\hbar^3c^3}E^2 \tag{3.92}$$

3.8 周期性边界条件

为了推导能级密度,利用在箱壁处的零边界条件.对于一个大系统,其结果并不依赖于特定的边界条件.考虑电子或其他客体在宏观固体中的运动,通常方便的做法是使用**周期性边界条件**.也就是说,假定大小为 a、b 和 c 的样本,通过从所有的各边增补精确的拷贝.元胞的左边沿是相邻元胞的右边沿,它们必须重复原始元胞的右边沿.因此,波函数必须以周期 a、b 和 c 周期性地重复自己.例如,当沿 x 轴平移 a 时,波函数不变,$\psi(x+a)=\psi(x)$.对于平面波,$\psi(x)=\exp[(\mathrm{i}/\hbar)p_xx]$,这意味着波不发生变化地穿过边界:

$$\mathrm{e}^{(\mathrm{i}/\hbar)p_x(x+a)} = \mathrm{e}^{(\mathrm{i}/\hbar)p_xx} \rightsquigarrow p_x = \frac{2\pi\hbar}{a}n \tag{3.93}$$

似乎这种量子化给出的能级数目只是一个箱子的结果((3.4)式)的一半.然而,对于指数函数,n 是正的还是负的是不可区分的,这就恢复了正确的状态总数.而且,在这里状态数实际上还多了一个,因为 $n=0$ 也是允许的.但是,对于很大的总数,这点差别没有关系.一般来说,边界条件的改变使能级数的改变不超过 1.

用积分代替对动量的分立分量求和:

$$\sum_p \Rightarrow \frac{V}{(2\pi\hbar)^3}\int \mathrm{d}^3p \tag{3.94}$$

周期性的边界条件给出与(3.90)式同样的能级密度.在利用一个有限体积内的分立量子化情况下,平面波可以按照下式归一化:

$$\psi_{\boldsymbol{p}}(\boldsymbol{r}) = \frac{1}{\sqrt{V}}\mathrm{e}^{(\mathrm{i}/\hbar)(\boldsymbol{p}\cdot\boldsymbol{r})} \tag{3.95}$$

在这个归一化下,具有不同的量子化动量的平面波是正交的.类似(3.11)式,

$$\int_V d^3 r \psi_{p'}^*(\boldsymbol{r})\psi_p(\boldsymbol{r}) = \delta_{p'p} \tag{3.96}$$

其中,矢量 Kronecker 符号意味着两个对应的分立矢量的所有分量都相等.在一个体积内,这些平面波集合的完备集((3.16)式)给出

$$\sum_p \psi_p(\boldsymbol{r})\psi_p^*(\boldsymbol{r}') = \frac{1}{V}\sum_p e^{(i/\hbar)\boldsymbol{p}\cdot(\boldsymbol{r}-\boldsymbol{r}')} = \delta(\boldsymbol{r}-\boldsymbol{r}') \tag{3.97}$$

其中,假定坐标 $\boldsymbol{r}$ 和 $\boldsymbol{r}'$ 都在原始的元胞内.在无限大体积的极限下,(3.94)式的处理诀窍给出

$$\int \frac{d^3 p}{(2\pi\hbar)^3} e^{(i/\hbar)\boldsymbol{p}\cdot(\boldsymbol{r}-\boldsymbol{r}')} = \delta(\boldsymbol{r}-\boldsymbol{r}') \tag{3.98}$$

它是三维 δ 函数的一个表达式(3.25):

$$\delta(\boldsymbol{r}-\boldsymbol{r}') \equiv \delta(x-x')\delta(y-y')\delta(z-z') \tag{3.99}$$

即使我们在无限空间考虑一个问题,用周期边界条件也是合适的.那时,大的体积 V 并不是一个物理体积,而是既避免一个无限积分又同时正确地计数量子能级的一种方便的数学工具.计算可以用这样的一个事实来验证,即在最后,这个人为的体积不应当进入任何物理的结果中.

3.9 平滑势中计算能级

如果一个粒子在势 $U(r)$中而不是在箱子中的自由空间内具有束缚态,则可以用如下的办法推广我们的方法来估算能级密度.假定这个势是光滑的,如图 3.12 所示,它的光滑程度足以使其在一个粒子波长的距离上只有微小的改变.稍后,我们将对这种方法的可靠性给出定量估算,尽管对于大的量子数,显然这种估算应该更好地得到证实,量子数增大时粒子的能量增大,因而其波长更短.正如我们已经提到过的,这是**半经典运动**的区域,或**几何光学**的类似情况.

在这种情况下,我们可以考虑足够小的相空间基元 $d^3 r d^3 p$,使一个粒子的经典能量

$$\epsilon(\boldsymbol{p},\boldsymbol{r}) = \frac{\boldsymbol{p}^2}{2m} + U(\boldsymbol{r}) \tag{3.100}$$

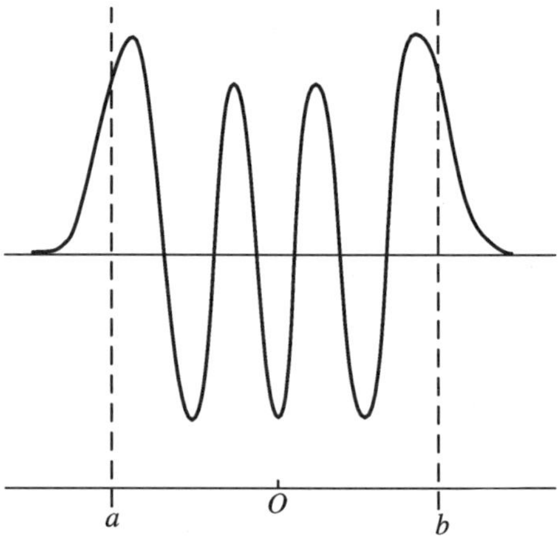

图 3.12　在两个转折点之间束缚态的半经典波函数

在这个基元中实际上是一个常数，而同时又包含了由动量的局域值决定的几个波长. 于是，类似(3.94)式，这个基元对应于 $d^3r d^3p/(2\pi\hbar)^3$ 个量子态. 因此，我们可以通过直接推广(3.90)式，得到总的能级密度：

$$\rho(E) = \int \frac{d^3r d^3p}{(2\pi\hbar)^3}\delta(E - \epsilon(\boldsymbol{p},\boldsymbol{r})) \tag{3.101}$$

如果在积分区域内没有势，则能量(3.100) 式与坐标无关，积分$\int d^3r$ 简化为体积 V，因而我们回到(3.88)式.

把对坐标的积分放一放，我们可以先计算与某一个给定的位置相联系的**定域态密度**：

$$\rho(\boldsymbol{r},E) = \int \frac{d^3p}{(2\pi\hbar)^3}\delta(E - \epsilon(\boldsymbol{p},\boldsymbol{r})) \tag{3.102}$$

这个量可以像(3.91)式那样计算，把总能量用定域动能代替：

$$\rho(\boldsymbol{r},E) = \frac{1}{2\pi^2\hbar^3}\left(\frac{p^2}{v}\right)_{\epsilon_{\text{kin}}(E,\boldsymbol{r})=E-U(\boldsymbol{r})} = \frac{1}{2\pi^2\hbar^3}\sqrt{2m^3[E - U(\boldsymbol{r})]} \tag{3.103}$$

在经典**转折点** $E = U(\boldsymbol{r})$，这个半经典表达式为零. 我们不可能把这个定域密度进一步延拓到 $U(\boldsymbol{r}) > \epsilon$的经典禁戒区域. 然而，如果在势阱外的那部分密度可以忽略(并不总是这种情况)，则总的能级密度可以通过(3.103)式对经典运动区域求积分来计算：

$$\rho(E) = \int d^3r\rho(\boldsymbol{r},E) = \frac{m^{3/2}}{\sqrt{2}\pi^2\hbar^3}\int_{E\geqslant U(\boldsymbol{r})} d^3r\sqrt{E - U(\boldsymbol{r})} \tag{3.104}$$

习题 3.10 计算一个粒子在如下各向同性三维谐振子场中的半经典能级密度：

$$U(r) = \frac{1}{2}m\omega^2 r^2 \tag{3.105}$$

解 像对光子的(3.92)式一样，能级密度$\sim E^2$ 增长

$$\rho(E) = \frac{E^2}{2(\hbar\omega)^3} \tag{3.106}$$

习题 3.11 把(3.106)式的结果推广到如下非各向同性的三维谐振子：

$$U(\boldsymbol{r}) = \frac{m}{2}(\omega_x^2 x^2 + \omega_y^2 y^2 + \omega_z^2 z^2) \tag{3.107}$$

解 引入拉伸坐标 $\xi_i = \omega_i x_i (i = x, y, z)$，求得

$$\rho(E) = \frac{E^2}{2\hbar\omega_x\omega_y\omega_z} \tag{3.108}$$

能级密度对能量进一步求积分给出累积能级数((3.86)式). 例如，若假定吸引势到处都是负的，而且在大距离处渐近地趋于零，则将 $\rho(E)$对所有允许的负能量 E 积分，我们可以估算出总的束缚态数：

$$\mathcal{N}_b = \frac{m^{3/2}}{\sqrt{2}\pi^2\hbar^3}\int d^3r\int_{U(\boldsymbol{r})}^{0} dE\,\sqrt{E - U(\boldsymbol{r})} = \frac{\sqrt{2}m^{3/2}}{3\pi^2\hbar^3}\int d^3r\,[-U(\boldsymbol{r})]^{3/2} \tag{3.109}$$

习题 3.12 考虑一个**中心对称**的势 $U(\boldsymbol{r})$(没有角度依赖)，它在 $r\to\infty$ 时渐进行为$\sim 1/r^s (s>0)$，问束缚态的总数是有限的还是无限的？

解 答案依赖于在大 r 处积分$\int d^3r r^{-(3/2)s}$的被积函数的行为. 对于 $s<2$，积分发散，因而能级数是无穷大(这个势下降得太慢，像库仑势的情况，$s=1$ 时在阈能 $E=0$ 附近，能谱无限密集，而且其相应的波函数具有非常大的尺度). 但是，这不是一种晕，因为波函数衰减得比势快，所以运动发生在经典允许区域. 对于 $s>2$，束缚态的总数是有限的.

4

第 4 章

动力学变量

宇宙正在千变万化……

——Marcus Aurelius Antoninus

4.1 动量表象

一个物理源绝不可能产生纯单色的粒子束流. 一个真实的量子波具有某种动量弥散 Δp 和相应的能量弥散. 这里,我们将讨论单个粒子的波函数而不是束流内的粒子中的能量弥散. 我们再次使用"束流"一词只是为了在全同的条件下重复实验. 一系列这样的测量将揭示出**概率**——一种表征单个粒子状态的特定测量结果出现的频率.

具有动量和能量的某种不确定性的自由(为简单起见,一维)运动的初始波函数,比如取 $t=0$ 时,可写为一个波包:

$$\Psi(x, t=0)=\int \frac{\mathrm{d}p}{2\pi\hbar}\Phi(p)\mathrm{e}^{(\mathrm{i}/\hbar)px} \tag{4.1}$$

其中，$\Phi(p)$是波包内被组合在一起的那些平面波的振幅，包含因子 $2\pi\hbar$是为了方便进一步归一化. 在随后发生的演化中，每个分量均以由色散定律 $E(p)$确定的自身频率 $E(p)/\hbar$传播. 在 t 时刻，波包是那些具有相同振幅 $\Phi(p)$、不同时间相关相位的原始成分的叠加：

$$\Psi(x, t)=\int \frac{\mathrm{d}p}{2\pi\hbar}\Phi(p)\mathrm{e}^{(\mathrm{i}/\hbar)[px-E(p)t]} \tag{4.2}$$

这些成分累积的相位变化导致随时间演化的**干涉图样**.

振幅 $\Phi(p)$不随时间改变的说法意味在自由运动中动量守恒，即使在制备后的类波包量子态中动量没有确定值. 粒子的动量可被探测，例如借助 Compton 效应或用其他的方法. 任何探测行为只记录在初始叠加(4.1)式中显示出来并在无扰动演化过程中保持不变的值中的一个. 动量测量将传播的波包分解. 振幅 $\Phi(p)$被解释为发现动量处于 p 附近的小区间 $\mathrm{d}p$ 内的**概率幅**；概率

$$w(p)\mathrm{d}p \propto |\Phi(p)|^2\mathrm{d}p \tag{4.3}$$

越大，该 p 值在测量中就越常出现.

振幅 $\Phi(p)$的集合携带与原始的坐标波函数 $\Psi(x)$相同的信息. 确实，表达式(4.1)只不过意味着我们对波包作 **Fourier 分析**. 正如由 Fourier 积分理论可知，对“好的”(不是非常奇异的)函数 $\Psi(x)$，逆变换确定原始波包函数的 Fourier 像：

$$\Phi(p)=\int \mathrm{d}x\Psi(x)\mathrm{e}^{-(\mathrm{i}/\hbar)px} \tag{4.4}$$

经常把变换(4.1)式和(4.4)式写成对称的形式，在动量表示式和坐标表示式中都带有因子$(2\pi\hbar)^{-1/2}$(或对三维运动，为$(2\pi\hbar)^{-3/2}$，同时在(4.1)式和(4.2)式中对 d^3p 求积分). 类似之前在 3.7 节中采用的约定，我们喜欢将这些因子吸收到波包的定义(4.1)式中. 要证明(4.4)式的正确性，只要将其代回(4.1)式，然后利用表达了平面波集合完备性(3.16)式的 δ 函数积分(3.25)式即可.

习题 4.1　具有色散定律 $E(p)$的一粒子束流在 $t=0$ 时刻劈裂为两个波包：

$$\Psi(x, t=0)=\psi_a(x)+\psi_b(x) \tag{4.5}$$

这两个波包的初始**重叠**(overlap)由下式给出：

$$\Theta_{ab}(0)=\int_{-\infty}^{\infty}\mathrm{d}x\psi_a^*(x)\psi_b(x) \tag{4.6}$$

4

两波包在无限空间内沿 x 方向自由运动.求其重叠 $\Theta_{ab}(t)$ 的时间依赖关系.

解 重叠的时间演化由(4.2)式中的动量波函数 $\phi_{a,b}(p)$ 确定:

$$\Theta_{ab} = \int dx \left\{ \int \frac{dp_a}{2\pi\hbar} \phi_a(p_a) e^{(i/\hbar)[p_a x - E(p_a)t]} \right\}^* \times \left\{ \int \frac{dp_b}{2\pi\hbar} \phi_b(p_b) e^{(i/\hbar)[p_b x - E(p_b)t]} \right\} \quad (4.7)$$

对 x 积分等于 $2\pi\hbar\delta(p_a - p_b)$,抵消除了那些具有相干空间相位的干涉项之外的所有干涉项以及它们的时间依赖性.利用此 δ 函数,对这些波矢中的一个求积分,得

$$\Theta_{ab}(t) = \int \frac{dp}{2\pi\hbar} \phi_a^*(p) \phi_b(p) = \Theta_{ab}(0) \quad (4.8)$$

这个重叠保持恒定.因为在自由运动中每个动量分量独立运动,所以保持其动量和能量;在无限空间内只有相干波才发生干涉,并且它们具有相同的能量相关的相位.该重叠在所有的时候都是相同的,并且用坐标波函数 $\psi_{a,b}(x)$ 表示,如(4.6)式,或由动量波函数 $\phi_{a,b}(p)$ 表示,如(4.8)式.

整个过程类似于在3.2节中对箱内粒子所讨论的过程.在这两种情形中,我们都采用定态(即具有确定能量的态,因而具有纯的谐波时间演化)集合作为**基函数**完备集.一个给定系统的任何可能的波函数都可以表示为这些基函数的线性组合.对箱内的束缚态而言,这种组合是分立的(Fourier 级数);或者对波包来说,这一组合是连续的(Fourier 积分).这一差异并不是本质的,如3.8节那样,因为自由运动也可以看作是在一个大的归一化体积中的运动,量子化使动量和能量谱成为分立的,尽管它们很密集.在这两种情况下,基函数集合都是完备的.对于波包,完备性条件类似于(3.16)式,由(3.25)式给出

$$\int \frac{dp}{2\pi\hbar} e^{(i/\hbar)px} \left(e^{(i/\hbar)px'}\right)^* = \int \frac{dp}{2\pi\hbar} e^{(i/\hbar)p(x-x')} = \delta(x - x') \quad (4.9)$$

类似于(3.32)式中构成能量表象波函数的系数 f_n 的分立集合.与之相类似,可以将振幅函数 $\Phi(p)$ 称为**动量表象**中的波函数.再次强调,坐标波函数和动量波函数包含相同的物理信息,二者可以择一用于描述体系.由于自由运动中动量守恒,并且动量的大小决定了能量大小,进而决定了时间演化,因而在此情况下动量表象与能量表象相一致,时间依赖关系简单地表示为

$$\Phi(p,t) = \Phi(p,0) e^{-(i/\hbar)E(p)t} \quad (4.10)$$

正如由(4.6)式和(4.8)式所知道的,如果坐标波函数按照(2.6)式归一化,则相应的动量

波函数也是归一化的：

$$\int \frac{dp}{2\pi\hbar}\Phi^*(p)\Phi(p) = 1 \tag{4.11}$$

同样地，函数 $\Psi(x)$和 $\Psi'(x)$正交意味着它们的动量映像 $\Phi(p)$和 $\Phi'(p)$也正交.

4.2 引入算符

若将$|\Psi(x)|^2$解释为在 x 点附近找到一个粒子的概率密度(这里，我们固定了时刻而且没有明确地指出来，尽管在不同时刻的测量通常会产生不同的结果)，多次全同测量的结果将会给出在给定条件下坐标的**平均值**(对照 Gauss 分布(3.22)式)：

$$\langle x\rangle = \int dx x|\Psi(x)|^2 \tag{4.12}$$

类似地，动量的平均值为

$$\langle p\rangle = \int \frac{dp}{2\pi\hbar}p|\Phi(p)|^2 \tag{4.13}$$

把这些平均的量称为**期待值**.

根据坐标表象和动量表象携带相同信息的说法，直接由动量波函数求得坐标的期待值和直接由坐标波函数求得动量的期待值应该是可能的.我们可以推导出实现这一点的秘诀：将(4.4)式的定义用到(4.13)式中，则

$$\begin{aligned}\langle p\rangle &= \int \frac{dp}{2\pi\hbar}|\Phi(p)|^2 p \\ &= \int dx dx' \frac{dp}{2\pi\hbar}e^{(i/\hbar)px}pe^{-(i/\hbar)px'}\Psi^*(x)\Psi(x')\end{aligned} \tag{4.14}$$

可以把对 p 的积分表示为

$$\int \frac{dp}{2\pi\hbar}\left(-i\hbar\frac{d}{dx}\right)e^{(i/\hbar)p(x-x')} = \left(-i\hbar\frac{d}{dx}\right)\delta(x-x') \tag{4.15}$$

于是，对 x'的积分最终提供了答案：

$$\langle p\rangle = \int \mathrm{d}x\Psi^*(x)\left(-\mathrm{i}\hbar\frac{\mathrm{d}}{\mathrm{d}x}\right)\Psi(x) \tag{4.16}$$

这样,坐标表象 $\Psi(x)$既预言了坐标的期待值,也预言了动量的期待值.

(4.12)式的结果可以用类似(4.16)式的方法写成

$$\langle x\rangle = \int \mathrm{d}x\Psi^*(x)x\Psi(x) \tag{4.17}$$

按照同样的做法,可以把这两个期待值都用动量波函数表示:

$$\langle p\rangle = \int \frac{\mathrm{d}p}{2\pi\hbar}\Phi^*(p)p\Phi(p) \tag{4.18}$$

$$\langle x\rangle = \int \frac{\mathrm{d}p}{2\pi\hbar}\Phi^*(p)\left(\mathrm{i}\hbar\frac{\mathrm{d}}{\mathrm{d}p}\right)\Phi(p) \tag{4.19}$$

我们看到,在坐标(动量)表象中,坐标(动量)可表示成用相应的量去乘.而在**共轭**动量(坐标)表象中,它们变成了微分**算符**.

习题 4.2 对于同一个粒子的两个可能的态 $\Psi_1(x)=\exp(\mathrm{i}kx-ax^2)$和 $\Psi_2(x)=\exp(\mathrm{i}kx-2ax^2)$,其中 k 和 a 为实常数,动量期待值的比$\langle p_x\rangle_1/\langle p_x\rangle_2$是什么?

解 通过直接计算可知,这些期待值是相等的,为$\langle p\rangle=\hbar k$.这是一个更为普遍的说法(见第 7 章)的特例,它将概率流和波函数的**相位梯度**联系了起来.

对于作为坐标的函数或动量的函数的动力学变量,很容易重复以上的推导.例如,对于动能 $K(p)=\dfrac{p^2}{2m}$的期待值$\langle K\rangle$,我们遵照(4.13)式～(4.16)式的途径,从

$$\langle K\rangle = \int \frac{\mathrm{d}p}{2\pi\hbar}\frac{p^2}{2m}|\Phi(p)|^2 \tag{4.20}$$

出发,最后得到

$$\langle K\rangle = \int \mathrm{d}x\Psi^*(x)\left(-\frac{\hbar^2}{2m}\frac{\mathrm{d}^2}{\mathrm{d}x^2}\right)\Psi(x) \tag{4.21}$$

我们得到结论:对任意特定的(坐标或动量)表象,任何期待值都可借助以不同方式定义的算符表示出来,但结果可能仍与表象无关.一般地,对动力学变量 $\mathcal{O}$,我们以这样的一种方式引进算符 $\hat{\mathcal{O}}$(用一个“帽子”标记),使得该量的期待值在波函数的任意表象中都可以表示为

$$\langle \mathcal{O}\rangle \equiv \frac{\int \mathrm{d}\tau\Psi^*\hat{\mathcal{O}}\Psi}{\int \mathrm{d}\tau\Psi^*\Psi} \Rightarrow \int \mathrm{d}\tau\Psi^*\hat{\mathcal{O}}\Psi \tag{4.22}$$

其中，$\int d\tau$ 意味着对该波函数所选的一个表象的所有变量求积分.（4.22）式中的第一个表达式并未假定波函数的任何归一化，而第二个表达式适用于如（4.12）式及之后所采用的归一化情况.今后我们通常假设波函数均已被归一化了.

稍后，我们将处理一些更普遍的量——**矩阵元**，它们类似于期待值，但它们的类三明治（sandwich-like）表达式中左边的态和右边的态可以不相同，如习题 4.1 中的重叠积分那样.我们将采用方便的**狄拉克符号**（brackets）：$\langle\Psi|\hat{\mathcal{O}}|\Psi'\rangle$，它包含一个**左矢**（bra-vector）（一个复共轭函数 Ψ^*）、一个算符和一个**右矢**（ket-vector）（一个函数 Ψ'）：

$$\langle\Psi|\hat{\mathcal{O}}|\Psi'\rangle\equiv\int d\tau\Psi^*\hat{\mathcal{O}}\Psi' \tag{4.23}$$

这些量构成一个通常是无穷维的**矩阵**，其行和列以所有的线性无关的态 Ψ 和 Ψ' 来标记.对于期待值，$\Psi'=\Psi$，我们有时将会使用**对角**矩阵元这一术语.而在两个函数不相同的情况下，矩阵元称为**非对角的**.稍后我们将讨论矩阵元的更为普遍的代数和物理意义——它们定义了态 Ψ' 和态 Ψ 之间的跃迁振幅.我们将坐标和动量算符的结果总结于表 4.1.

表 4.1

表象	位置算符	动量算符
坐标	x	$-i\hbar(d/dx)$
动量	$i\hbar(d/dp)$	p

4.3 对易子

与动能（4.20）式类似，对坐标的任意函数 $f(x)$ 或动量的任意函数 $g(p)$，我们得到在其自身表象中的乘法算子，而在共轭表象中有

$$f(x)\Rightarrow\hat{f}=f(i\hbar d/dp),\quad g(p)\Rightarrow\hat{g}=g(-i\hbar d/dx) \tag{4.24}$$

然而，经典动力学变量和量子算符之间的这种对应并不总是唯一的.例如，坐标和动量乘积的算符可取为 $\hat{x}\hat{p}$ 或 $\hat{p}\hat{x}$，但这两种选择给出**不同**的结果：

$$\hat{x}\hat{p}\Psi = -\mathrm{i}\hbar x\frac{\mathrm{d}\Psi}{\mathrm{d}x}, \quad \hat{p}\hat{x}\Psi = -\mathrm{i}\hbar\frac{\mathrm{d}(x\Psi)}{\mathrm{d}x} \tag{4.25}$$

在这种情况下，人们必须谨慎地保持相关算符的排序．若算符 $\hat{A}$ 和 $\hat{B}$ 的作用结果依赖于排序，则算符 $\hat{A}$ 和 $\hat{B}$ 被称为**非对易**的；否则称为**对易**的．对应于它们的差的算符称为**对易子**：

$$[\hat{A},\hat{B}] \equiv \hat{A}\hat{B} - \hat{B}\hat{A} = -[\hat{B},\hat{A}] \tag{4.26}$$

特别是

$$[\hat{x},\hat{p}]\Psi = -\mathrm{i}\hbar\left[x\frac{\mathrm{d}\Psi}{\mathrm{d}x} - \frac{\mathrm{d}(x\Psi)}{\mathrm{d}x}\right] = \mathrm{i}\hbar\Psi \tag{4.27}$$

这就是说，位置算符和动量算符的对易子是一个虚常数（当然不依赖于表象）：

$$[\hat{x},\hat{p}] = \mathrm{i}\hbar \tag{4.28}$$

对具有多个坐标 x_i 和相应共轭动量 p_i 的多维情形的推广是直接的：在坐标表象中，动量算符是一个多维梯度，即

$$\hat{\boldsymbol{p}} = -\mathrm{i}\hbar\nabla \tag{4.29}$$

且

$$[\hat{x}_i,\hat{p}_j] = \mathrm{i}\hbar\delta_{ij} \tag{4.30}$$

不同自由度的坐标（或动量）算符总是对易的．

习题 4.3 证明对易子恒等式：

$$[\hat{A},\hat{B}\hat{C}] = [\hat{A},\hat{B}]\hat{C} + \hat{B}[\hat{A},\hat{C}] \tag{4.31}$$

和

$$[\hat{A},[\hat{B},\hat{C}]] + [\hat{B},[\hat{C},\hat{A}]] + [\hat{C},[\hat{A},\hat{B}]] = 0 \tag{4.32}$$

（**Jacobi 恒等式**）．重要的是保持算符的循环次序．

习题 4.4 证明：

$$[\hat{x},g(\hat{p})] = \mathrm{i}\hbar\frac{\mathrm{d}g}{\mathrm{d}\hat{p}}, \quad [\hat{p},f(\hat{x})] = -\mathrm{i}\hbar\frac{\mathrm{d}f}{\mathrm{d}\hat{x}} \tag{4.33}$$

习题 4.5 （1）对三维运动，引进无量纲的**轨道角动量算符**（以$\hbar$为单位）

$$\hat{\boldsymbol{l}} = \frac{1}{\hbar}(\hat{\boldsymbol{r}} \times \hat{\boldsymbol{p}}) = -\mathrm{i}(\hat{\boldsymbol{r}} \times \nabla) \tag{4.34}$$

证明其笛卡儿分量 $\hat{l}_i$ 与矢径 $\hat{\boldsymbol{r}}$ 的分量 $\hat{x}_j$、动量矢量 $\hat{\boldsymbol{p}}$ 的分量 $\hat{p}_j$ 以及它们自身之间的对易子分别为

$$[\hat{l}_i, \hat{x}_j] = \mathrm{i}\,\epsilon_{ijk}\hat{x}_k \tag{4.35}$$

$$[\hat{l}_i, \hat{p}_j] = \mathrm{i}\,\epsilon_{ijk}\hat{p}_k \tag{4.36}$$

$$[\hat{l}_i, \hat{l}_j] = \mathrm{i}\,\epsilon_{ijk}\hat{l}_k \tag{4.37}$$

此处及以下部分在类似情况下默认对重复两次的下标求和；ϵ_{ijk} 为全反对称张量（在指标的任意置换下变号）：

$$\epsilon_{xyz} = \epsilon_{yzx} = \epsilon_{zxy} = -\epsilon_{yxz} = -\epsilon_{xzy} = -\epsilon_{zyx} = 1 \tag{4.38}$$

另外，证明该张量的收缩性质：

$$\epsilon_{ijk}\epsilon_{lmk} = \delta_{il}\delta_{jm} - \delta_{im}\delta_{lj}, \quad \epsilon_{ijk}\epsilon_{ljk} = 2\delta_{li}, \quad \epsilon_{ijk}\epsilon_{ijk} = 6 \tag{4.39}$$

对易子(4.35)式～(4.37)式的类似特性具有深刻的几何意义，见第 16 章. 这个结果对任意空间矢量 $\hat{\boldsymbol{v}}$ 的对易子都将是相同的：

$$[\hat{l}_i, \hat{v}_j] = \mathrm{i}\,\epsilon_{ijk}\hat{v}_k \tag{4.40}$$

并且事实上，上式可作为一个**矢量算符**的定义.

(2) 证明：对任意两个矢量 $\hat{\boldsymbol{v}}$ 和 $\hat{\boldsymbol{u}}$，轨道角动量算符与标量积 $(\hat{\boldsymbol{v}} \cdot \hat{\boldsymbol{u}}) = \hat{v}_x\hat{u}_x + \hat{v}_y\hat{u}_y + \hat{v}_z\hat{u}_z$ 对易. 我们将可以看到，这反映出标量积在转动下保持不变的一个事实，因为轨道角动量，像在经典力学中一样，与转动相关，见 4.7 节.

4.4　本征函数和本征值

对任何一个物理量的算符，我们都可以找到一些使该量具有**确定值**的特别的态. 在坐标表象中，坐标 x 具有确定值 x_0 的态（**定域态**）波函数为

$$\Psi_{x_0}(x) = \delta(x - x_0) \tag{4.41}$$

任何其他态 $\Psi(x)$ 描写坐标以概率 $|\Psi(x)|^2$ 的弥散分布. 同样地,动量表象中动量具有确定值 p_0 的态波函数为

$$\Phi_{p_0}(p) = 2\pi\hbar\delta(p - p_0) \tag{4.42}$$

其中,额外的因子考虑了归一化,尽管该因子实际上无关紧要. 此处,下标 x_0 和 p_0 为该态的**量子数**,而 x 和 p 为该表象的**变量**. 我们还可在相互共轭的表象中描述这同一个态的特征:

$$\Phi_{x_0}(p) = \int \mathrm{d}x \mathrm{e}^{-(\mathrm{i}/\hbar)px}\delta(x - x_0) = \mathrm{e}^{-(\mathrm{i}/\hbar)px_0} \tag{4.43}$$

$$\Psi_{p_0}(x) = \int \frac{\mathrm{d}p}{2\pi\hbar}\mathrm{e}^{(\mathrm{i}/\hbar)px}2\pi\hbar\delta(p - p_0) = \mathrm{e}^{(\mathrm{i}/\hbar)p_0 x} \tag{4.44}$$

显然在后一种情况下,坐标波函数是具有动量 p_0 的平面波.

我们需要注意两种情况. 首先,对具有固定位置的粒子态(4.41)式,其动量概率函数为 $|\Phi_{x_0}(p)|^2 = 1$,即在整个动量空间中均匀分布;动量的值是完全不确定的,使得动量测量以等概率给出任何结果. 同样地,具有固定动量值的态(4.42)式为遍布于空间中的平面波,由于 $|\Psi_{p_0}(x)|^2 = 1$,故具有完全不确定的粒子位置. 这是**不确定性关系**的一个鲜明的例子,是位置和动量分布之间的互补性,我们将在第 5 章中对其进行详细的讨论. 当然,这两种态只不过是真实物理情况无法达到的极限情形.

其次,我们可能注意到,所有这些态都具有特殊的数学特性——它们在一个对应的算符作用下不变. 对定域态(4.41)式,有

$$\hat{x}\delta(x - x_0) = x\delta(x - x_0) = x_0\delta(x - x_0) \tag{4.45}$$

其中,第二个等式由 δ 函数作为仅从积分域中抽取某些点的积分算符的定义而得到. 同样的性质也适用于动量表象中的(4.42)式:

$$\hat{x}\Phi_{x_0}(p) = \mathrm{i}\hbar\frac{\mathrm{d}}{\mathrm{d}p}\Phi_{x_0}(p) = x_0\Phi_{x_0}(p) \tag{4.46}$$

不管表象如何,该算符作用于其对应的量有确定值的态的波函数,导致以该量的值乘这个波函数. 这样的态称为给定算符的**本征态**. 其波函数称为**本征函数**,而相应变量的值称为**本征值**. 因而,这些定域态都是位置算符的本征态,而那些平面波都是动量算符的本征函数. 在这样的一些情况下,该量的期待值正好是其本征值:

$$\int \mathrm{d}x\Psi^*_{x_0}(x)\hat{x}\Psi_{x_0}(x) = \int \frac{\mathrm{d}p}{2\pi\hbar}\Phi^*_{x_0}(p)\hat{x}\Phi_{x_0}(p) = x_0 \tag{4.47}$$

4.5 动量作为平移生成元

坐标系的选取存在很大的自由度.我们可以移动原点、转动坐标轴、改变标度等.尽管这样的一些变换可能看似只是形式上的,但它们都很重要,原因有两个:第一,在新坐标系中,一个物理系统的描述可能更简单或更易懂;第二,也是非常重要的方面,这些变换能揭示体系的**对称性**.对称性概念是理论物理尤其是量子力学中最具影响力的概念之一,因为我们经常会遇到对称性概念.首先,我们介绍最简单的变换,即**平移**变换.

取由波函数 $\psi(x)$描写的态,并将这一量子客体沿 x 轴移动距离 a.将实现这一位移的算符表示为 $\hat{\mathcal{D}}(a)$.该算符的显式形式及其与早前引进的其他算符的关系可以很容易求得;这一推导也是更为复杂情形的一个范本.

位移的一种几何图像是波包无任何形变的移动,如图 4.1 所示.例如,原先位于 $x=x_0$ 点的客体现在位于 $x=x_0+a$,即

$$\psi(x)=\delta(x-x_0)\to\psi'(x)=\delta(x-x_0-a) \tag{4.48}$$

这就是说,新函数只不过是宗量为 $x-a$ 处的旧函数.显而易见,这对任何波函数都适用:平移之后在 x 点所看到的是平移之前它在 $x-a$ 点具有的值.因此,位移算符有如下作用:

$$\hat{\mathcal{D}}(a)\psi(x)=\psi'(x)=\psi(x-a) \tag{4.49}$$

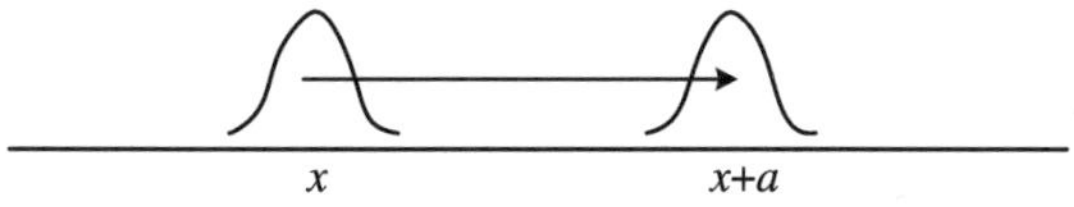

图 4.1 波函数的位移

现在,我们可以利用这样的一个事实:位移依赖于一个**连续参数** a,它可以被取为无穷小,$a\to\delta a$.对任意连续函数,有

$$\hat{\mathcal{D}}(\delta a)\psi(x)=\psi(x-\delta a)\approx\psi(x)-\delta a\frac{\mathrm{d}\psi}{\mathrm{d}x} \tag{4.50}$$

其中，导数是在原始位置求的. 这意味着

$$\hat{\mathcal{D}}(\delta a) = 1 - \delta a \frac{\mathrm{d}}{\mathrm{d}x} \tag{4.51}$$

上式可借助动量算符表示为

$$\hat{\mathcal{D}}(\delta a) = 1 - \frac{\mathrm{i}}{\hbar}\delta a\hat{p} \tag{4.52}$$

产生一个无穷小变换的算符称为这一变换的**生成元**. 因此，**线动量**是**平移生成元**，这可作为动量的一个基本定义.

为了得到有限平移，将整个距离 a 分割成长度为 $\delta a = a/N$ 的 N 个小段，并做 N 次相继的小平移，即把生成元(4.52)式相乘 N 次；在 $N\to\infty$ 极限下，有

$$\hat{\mathcal{D}}(a) = \lim_{N\to\infty}\left(1 - \frac{\mathrm{i}}{\hbar}\frac{a}{N}\hat{p}\right)^N \tag{4.53}$$

该极限给出动量算符的一个指数函数：

$$\hat{\mathcal{D}}(a) = \mathrm{e}^{-(\mathrm{i}/\hbar)a\hat{p}} \tag{4.54}$$

推导这一结果的另一种方法是利用平移后函数(4.49)式的 Taylor 级数：

$$\psi(x-a) = \sum_{n=0}^{\infty}\frac{(-a)^n}{n!}\frac{\mathrm{d}^n}{\mathrm{d}x^n}\psi(x) = \mathrm{e}^{-a(\mathrm{d}/\mathrm{d}x)}\psi(x) = \mathrm{e}^{-(\mathrm{i}/\hbar)a\hat{p}}\psi(x) \tag{4.55}$$

这些讨论的要素是不同的平移包含相同的算符 $\hat{p}$ 而对易的事实. 其三维推广是显然的：

$$\hat{\mathcal{D}}(\boldsymbol{a}) = \mathrm{e}^{-(\mathrm{i}/\hbar)a_x\hat{p}_x}\mathrm{e}^{-(\mathrm{i}/\hbar)a_y\hat{p}_y}\mathrm{e}^{-(\mathrm{i}/\hbar)a_z\hat{p}_z} = \mathrm{e}^{-(\mathrm{i}/\hbar)(\boldsymbol{a}\cdot\hat{\boldsymbol{p}})} \tag{4.56}$$

其中，我们可以将 x、y 和 z 移动的因子合并，因为由不同的动量分量生成的沿不同坐标轴的位移对易：

$$[\hat{p}_i, \hat{p}_j] = 0 \tag{4.57}$$

依据平移的含义，在平移后的态中坐标的期待值为

$$\begin{aligned}\langle x\rangle_{\psi'} &= \int \mathrm{d}x\psi'^*(x)x\psi'(x) = \int \mathrm{d}x\psi^*(x-a)x\psi(x-a)\\ &= \int \mathrm{d}x'\psi^*(x')(x'+a)\psi(x') = \langle x\rangle_\psi + a\end{aligned} \tag{4.58}$$

其中我们已经假设了原始的函数 $\Psi(x)$ 被归一化为 1. 我们也可以用这样一种方式重新定义坐标算符，即平移后坐标的测量结果保持不变. 显然，只要让新算符遵照波函数的变换就可满足这一要求：

$$\hat{x} \to \hat{x}' = \hat{x} - a \tag{4.59}$$

$$\langle x' \rangle_{\psi'} = \int dx \psi^*(x-a) \hat{x}' \psi(x-a) = \langle x \rangle_{\psi} \tag{4.60}$$

还要注意的是，平面波在平移之后，即

$$\hat{\mathcal{D}}(a)\psi_{p_0}(x) = \psi_{p_0}(x-a) = e^{(i/\hbar)p_0(x-a)} = e^{-(i/\hbar)p_0 a}\psi_{p_0}(x) \tag{4.61}$$

仅在其空间图像中获得一个相位. 这点对于晶体的量子理论将是重要的，在那里只有整数个晶格周期的位移保持对称性，见第 8 章.

4.6 群的简介*

从数学的观点看，平移 $\hat{\mathcal{D}}(a)$ 构成一个**连续群**. 一般而言，群是具有标准属性的一些元素 $\{g\}$ 的集合. 称为**群乘法**的运算以如下方式定义：对元素的每个有序的对 g_1g_2，都存在元素 g_3（称为它们的**群乘积**），可以写成 $g_1g_2 = g_3$. 该运算是可结合的，$g_1(g_2g_3) = (g_1g_2)g_3$；存在单位元 1，使得 $g1 = 1g = g$；而且对每个元素 g，存在一个逆元 g^{-1}，使得 $gg^{-1} = 1$. 易见，$(gf)^{-1} = f^{-1}g^{-1}$（译者注：原文此式右边丢失两个 -1 指数因子，已更正）.

习题 4.6 对分别包含两个元素和三个元素的群，构造其可能的乘法表.

解 在这两种情况下，结果都是唯一的. 所有具有 $n=2$ 个元素的群都是**同构**的，且所有具有 $n=3$ 个元素的群也都是同构的. 对 $n=2$，群包含元素 1 和 g，且 $g^2=1$. 反演群给出一个例子，此时 $g=\hat{\mathcal{P}}$，为反演算符. 对 $n=3$，我们有元素 g、g^{-1} 和 1，以及仅有的非平庸乘法规则：

$$gg = g^{-1}, \quad g^{-1}g^{-1} = g \tag{4.62}$$

一个例子是由等边三角形平面转动120°、240°和360°构成的群给出的. $n=2$ 和 $n=3$ 这两种情况都对应于包含元素 $g, g^2, \cdots, g^{n-1}$ 的**循环群**. 对具有有限个数 n 的元素的一切群，

任意元素 g 均满足 $g^n=1$.

显然,任意维欧几里得空间中的所有平移构成一个群.两个平移 $\hat{\mathcal{D}}(a_1)$ 和 $\hat{\mathcal{D}}(a_2)$ 的乘法是二者相继地进行操作,等价于位移一个矢量 $\boldsymbol{a}=\boldsymbol{a}_1+\boldsymbol{a}_2$,即矢量代数通常意义上的两个矢量之和.单位元是 $\boldsymbol{a}=\mathbf{0}$ 的"平移",而逆平移为

$$(\hat{\mathcal{D}}(\boldsymbol{a}))-1=\hat{\mathcal{D}}(-\boldsymbol{a}) \tag{4.63}$$

这个群是连续群,因为该群的元素都由连续变化的参数 $\boldsymbol{a}$ 决定,这允许我们引进**生成元** $\hat{p}$.如果像这种情况,生成元本身之间对易,或一般来说有 $g_1g_2=g_2g_1$,即乘法表是对称的,则称该群是**阿贝尔群**或**交换群**.

在量子力学中,我们经常和其元素为物理体系**变换**的群打交道.在这种群的变换下,每一个态都被转换成同一体系的另一个态,而且乘法运算被定义为两个相继变换的结果.在**所有**的群变换下只在其自身内部变换的客体——波函数——的集合构成群的**表示**.如果该集合内部没有自身能构成群表示的更小的子集,则该表示是**不可约的**.任意非奇异的函数均可展开成 Fourier 积分,所以只要看一看平面波变换(4.61)式就足够了.平面波是所有平移的本征函数——每个平面波都构成平移群的一个一维不可约表示.这是阿贝尔群的一个普遍性质——它们的不可约表示都是一维的,由所有可对易生成元的共同本征函数给出.

还需指出,此处及后面我们都将运用变换的**主动**图像,即对体系进行变换.另一种等价的方法是利用**被动**变换,对用以描写体系的坐标系进行变换.在平移情况下,我们可将 x 轴的原点移动 $-a$,使得在新坐标系中客体与原点的距离仍为 $x+a$,就像该客体在主动移动 a 之后所处的位置一样.在这种图像中,算符 $\hat{\mathcal{D}}$ 和 $\hat{\mathcal{D}}^{-1}$ 的作用相互交换.

4.7 轨道角动量作为一个转动生成元

类似于平移,我们可以考虑体系绕着一个给定轴的转动.若取 z 轴作为转动轴,则比较方便的是采用 xy 平面内的极坐标(ρ,φ),即

$$x=\rho\cos\varphi,\quad y=\rho\sin\varphi \tag{4.64}$$

在此平面内将体系转动一个角度 α(正转动为逆时针方向),如图 4.2 所示.重复与平移情形相同的讨论,我们把波函数变换为

$$\psi(\rho,\varphi) \to \psi'(\rho,\varphi) = \psi(\rho,\varphi-\alpha) \tag{4.65}$$

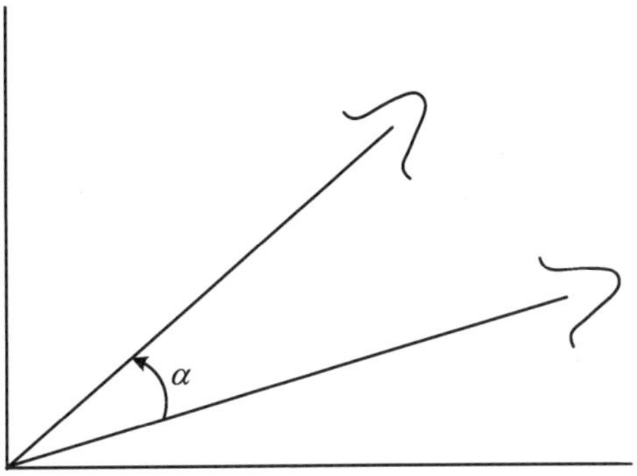

图 4.2　波函数的转动

对应的算符以 $\hat{\mathcal{R}}_z(\alpha)$ 表示，其中下标 z 标记转动轴. 由(4.65)式可发现，与(4.48)式类似，有

$$\hat{\mathcal{R}}_z(\alpha)\psi(\varphi) = \psi(\varphi-\alpha) \tag{4.66}$$

其中省略了所有未受转动影响的变量.

再一次，在我们的处理中有一个连续的参数，即转动角 α. 通过与平移情况相同的步骤，我们用一个角度 $\delta\alpha$ 引入无穷小转动，并求得相应的算符：

$$\hat{\mathcal{R}}_z(\delta\alpha) = 1 - \delta\alpha\frac{\partial}{\partial\varphi} \tag{4.67}$$

于是，相应的生成元正比于角度微商 $\partial/\partial\varphi$ 或**轨道角动量**的 z 分量(4.34)式：转向极坐标(4.64)式，很容易求得

$$\hat{l}_z = \frac{1}{\hbar}(\hat{x}\hat{p}_y - \hat{y}\hat{p}_x) = -\mathrm{i}\frac{\partial}{\partial\varphi} \rightsquigarrow \hat{R}_z(\delta\alpha) = 1 - \mathrm{i}\delta\alpha\cdot\hat{l}_z \tag{4.68}$$

对有限转动 α，我们可以重新得到指数形式的完整算符：

$$\hat{\mathcal{R}}_z(\alpha) = \mathrm{e}^{-\mathrm{i}\alpha\hat{l}_z} \tag{4.69}$$

至此，转动和平移之间的类比全部完成. 在三维空间中，我们有三个可能的独立转动平面，相应的生成元是轨道角动量矢量沿着垂直于这些转动面的转动轴的分量 $\hat{l}_i$. 与 $\hat{\boldsymbol{p}}$ 的分量相反，围绕不同轴的转动生成元 $\hat{l}_i$ 不对易，如(4.37)式所示. 这些转动算符构成一个三维的转动群 $R(3)$. 但这个群是**非阿贝尔的**. 这一点的非常重要的后果将在后面第 16

章详细讨论.然而,这种差别在二维平面中也存在. $R(2)$ 群是阿贝尔的,且仅有一个生成元(平面内的转动).取 z 为转动轴,求得这个算符 $\hat{l}_z$ 的本征函数 $\psi_m(\varphi)$,其中 m 标记其本征值:

$$\hat{l}_z\psi_m(\varphi) = -\mathrm{i}\frac{\mathrm{d}}{\mathrm{d}\varphi}\psi_m(\varphi) = m\psi_m(\varphi) \rightsquigarrow \psi_m(\varphi) \propto \mathrm{e}^{\mathrm{i}m\varphi} \tag{4.70}$$

与线性几何学中平面波的一个角类比,这些函数在转动之后仅获得一个相位,对照(4.61)式,有

$$\hat{\mathcal{R}}_z(\alpha)\mathrm{e}^{\mathrm{i}m\varphi} = \psi_m(\varphi-\alpha) = \mathrm{e}^{\mathrm{i}m(\varphi-\alpha)} \tag{4.71}$$

然而在紧致几何学中,坐标的一个**单值**函数在完整地转过 $\alpha=2\pi$ 角度之后必须回到相同的值.这导致要求 $\exp(2\pi\mathrm{i}m)=1$.因此,$\hat{l}_z$ 的本征值是整数,$m=0,\pm1,\pm2,\cdots$.这只不过是(1.67)式的**空间量子化**.我们再次证实,量子假设来自对称性要求,或者对这种情况更为准确地说,是来自拓扑学的要求.还要注意,与平面波完全集合的完备性相似,具有整数 m 的角函数 $\exp(\mathrm{i}m\varphi)$ 形成单值角函数空间的完备集;相应的展开正是Fourier分析.对于这个指数函数添加一个归一化因子 $1/\sqrt{2\pi}$,我们可以得到一个正交集合:

$$\psi_m(\varphi) = \frac{1}{\sqrt{2\pi}}\mathrm{e}^{\mathrm{i}m\varphi} \tag{4.72}$$

$$\int_0^{2\pi}\mathrm{d}\varphi\psi_{m'}^*(\varphi)\psi_m(\varphi) = \frac{1}{2\pi}\int_0^{2\pi}\mathrm{d}\varphi\mathrm{e}^{\mathrm{i}(m-m')\varphi} = \delta_{m'm} \tag{4.73}$$

作为所有的平面转动算符的本征函数,每个函数 $\psi_m(\varphi)$ 都实现该阿贝尔群的一个一维表示.

4.8 算符的变换

位置算符的变换(4.59)式是更普遍规则的一种特殊情况.如果我们要对波函数 ψ 和算符 $\hat{A}$ **二者**都进行变换,则把变换 $\hat{T}$ 作用于二者的作用结果 $\hat{A}\psi$ 上.假设**逆变换** $\hat{T}^{-1}$ 确实存在,有

$$\hat{T}(\hat{A}\psi) = \hat{T}\hat{A}\hat{T}^{-1}\hat{T}\psi \equiv \hat{A}'\psi' \tag{4.74}$$

这意味着，算符单独的变换由下式给出：

$$\hat{A} \Rightarrow \hat{A}' = \hat{T}\hat{A}\hat{T}^{-1} \tag{4.75}$$

在平移的情况下，得到

$$\hat{A} \Rightarrow \hat{A}(a) \equiv \hat{\mathcal{D}}(a)\hat{A}\hat{\mathcal{D}}(-a) = \mathrm{e}^{-(\mathrm{i}/\hbar)a\hat{p}}\hat{A}\mathrm{e}^{(\mathrm{i}/\hbar)a\hat{p}} \tag{4.76}$$

为求得这一变换的结果，可利用存在的连续参数. 取 $\hat{A}(a)$对参数 a 的导数并保持算符的排序，得到

$$\frac{\mathrm{d}\hat{A}(a)}{\mathrm{d}a} = -\frac{\mathrm{i}}{\hbar}\mathrm{e}^{-(\mathrm{i}/\hbar)a\hat{p}}[\hat{p},\hat{A}]\mathrm{e}^{(\mathrm{i}/\hbar)a\hat{p}} \tag{4.77}$$

变换的结果由所研究的算符与该变换的生成元（在此情况下为动量）之间的对易子决定. 对于坐标和动量基本算符的(4.28)式和(4.77)式给出

$$\frac{\mathrm{d}\hat{x}(a)}{\mathrm{d}a} = -1, \quad \frac{\mathrm{d}\hat{p}(a)}{\mathrm{d}a} = 0 \tag{4.78}$$

这些微分方程要在如下初始条件下求解：

$$\hat{x}(a=0) = \hat{x}, \quad \hat{p}(a=0) = \hat{p} \tag{4.79}$$

求得的解显示了平移变换下的自然结果：

$$\hat{x}(a) = \hat{x} - a, \quad \hat{p}(a) = \hat{p} \tag{4.80}$$

位置算符如(4.59)式那样移动，而动量算符不变.

习题 4.7 求任意函数 $\hat{F}(x)$在平移 $\hat{\mathcal{D}}(a)$下的变换.

解 (4.76)式中变换后的算符为

$$\hat{F}(x;a) = \mathrm{e}^{-(\mathrm{i}/\hbar)a\hat{p}}\hat{F}(x)\mathrm{e}^{(\mathrm{i}/\hbar)a\hat{p}} \tag{4.81}$$

利用(4.33)式中的结果，由(4.77)式得到

$$\frac{\partial\hat{F}(x;a)}{\partial a} = -\frac{\partial\hat{F}(x;a)}{\partial x} \tag{4.82}$$

这一偏微分方程的通解由移动后宗量的任意函数 f 给出：

$$\hat{F}(x;a) = \hat{f}(x-a) \tag{4.83}$$

利用初始条件 $\hat{F}(x;0)=\hat{F}(x)$，求得变换后的算符即为发生了移动的原始算符：

$$\hat{F}(x;a) = \hat{F}(x-a) \tag{4.84}$$

这与变换(4.49)式和(4.59)式相一致.位移后的算符对于位移后的函数起的作用与原始算符对于之前的函数起的作用相同.

习题 4.8 计算

$$\hat{X}(\alpha) = e^{-i\alpha\hat{l}_z}\hat{x}e^{i\alpha\hat{l}_z}, \quad \hat{Y}(\alpha) = e^{-i\alpha\hat{l}_z}\hat{y}e^{i\alpha\hat{l}_z} \tag{4.85}$$

并确立这一变换的几何意义.

解 利用对易子(4.35)式和前面的方法给出方程组

$$\frac{d\hat{X}}{d\alpha} = \hat{Y}, \quad \frac{d\hat{Y}}{d\alpha} = -\hat{X} \tag{4.86}$$

其初始条件为

$$\hat{X}(0) = \hat{x}, \quad \hat{Y}(0) = \hat{y} \tag{4.87}$$

得到的解显示出转动变换：

$$\hat{X} = \hat{x}\cos\alpha + \hat{y}\sin\alpha, \quad \hat{Y} = \hat{y}\cos\alpha - \hat{x}\sin\alpha \tag{4.88}$$

而且坐标表象(4.64)式与规则(4.66)式相一致：

$$X = \rho\cos(\varphi-\alpha), \quad Y = \rho\sin(\varphi-\alpha) \tag{4.89}$$

习题 4.9 计算

$$\hat{Z}(\theta) = e^{-i\hat{l}_y\theta}\hat{l}_z e^{i\hat{l}_y\theta} \tag{4.90}$$

并解释其结果的几何意义.

解 利用对易子(4.37)式两次以及习题 4.8 的步骤，通过求解简单的微分方程，得到

$$\hat{Z}(\theta) = \hat{l}_z\cos\theta + \hat{l}_x\sin\theta \tag{4.91}$$

该解与上一题一样都证实了该变换具有绕 z 轴转动的几何意义.这里，轨道角动量与普通矢量一变换.

习题 4.10 (1) 若算符 $\hat{A}$ 和 $\hat{B}$ 与其对易子$[\hat{A},\hat{B}]=\hat{C}$ 对易，即满足$[\hat{A},\hat{C}]=$

$[\hat{B},\hat{C}]=0$，证明如下恒等式成立：

$$e^{\hat{A}+\hat{B}} = e^{\hat{A}}e^{\hat{B}}e^{-\hat{C}/2} \tag{4.92}$$

(2) 证明如下更普遍的结果：

$$e^{\hat{A}}\hat{F}e^{-\hat{A}} = \hat{F} + [\hat{A},\hat{F}] + \frac{1}{2!}[\hat{A},[\hat{A},\hat{F}]] + \frac{1}{3!}[\hat{A},[\hat{A},[\hat{A},\hat{F}]]] + \cdots \tag{4.93}$$

证明 (1) 考虑包含一个辅助参数 λ 的算符

$$\hat{F}(\lambda) = e^{-\lambda\hat{A}}e^{\lambda(\hat{A}+\hat{B})}e^{-\lambda\hat{B}} \tag{4.94}$$

计算 $d\hat{F}/d\lambda$，并证明其解为

$$\hat{F} = e^{-(\lambda^2/2)\hat{C}} \tag{4.95}$$

(2) 作替换 $\hat{A}\to a\hat{A}$，并按 a 的幂次作级数展开.

5

第 5 章

不确定性关系

实质上,这是在思想的任何经典哲学模式中都没有对应物的全新情况.

——Julian Schwinger

5.1 波动力学中的不确定性

正如在前面章节所看到的,在具有确定动量值的自由运动状态中,在点($\boldsymbol{r}, t$)找到粒子的概率密度不依赖于坐标和时间.一个通过记录坐标对粒子定位的探测器可以在任何点等概率地发出咔嗒声,仿佛粒子均匀地弥散于整个空间.从波动观点看,存在时空中无限的稳定的波.正像人们有时说的那样(并非最好的说法),探测器使波"塌缩"到一个点.测量是一种确定粒子位置的操作,它将平面波变换为定域态.在本书最后,我们将回到测量过程的物理学.

如同前面所强调的，不能归一化的平面波是真实实验的理想化. 在真实的实验中，粒子束流由外场构成的源产生，然后被发送到实验区，在探测器中这些粒子被一个事例一个事例地记录下来. 真实的粒子束流总是在空间和时间上**有限地延展和持续**. 让我们把一段波(**波列或波包**)视为一个长度有限的、周期确定的脉冲. 利用能够切断波的尾巴的一种特制快门，构造如下形式的一个信号：

$$\Psi(t) = \begin{cases} e^{-i\omega_0 t}, & |t| < \tau/2 \\ 0, & |t| > \tau/2 \end{cases} \tag{5.1}$$

这是一个复数表达式，图 5.1 是表示其实部的图像. 波通过的时刻以精度 $\Delta t \sim \tau$ 确定. 由于有限的持续时间，波列不等价于具有确定频率 ω_0 的单色波. 谐波分析给出了该信号的**频谱**，如图 5.2 所示：

$$\Phi(\omega) = \int_{-\infty}^{\infty} dt\Psi(t)e^{i\omega t} = \int_{-\tau/2}^{\tau/2} dt e^{i(\omega-\omega_0)t} = \frac{2\sin((\omega-\omega_0)\tau/2)}{\omega-\omega_0} \tag{5.2}$$

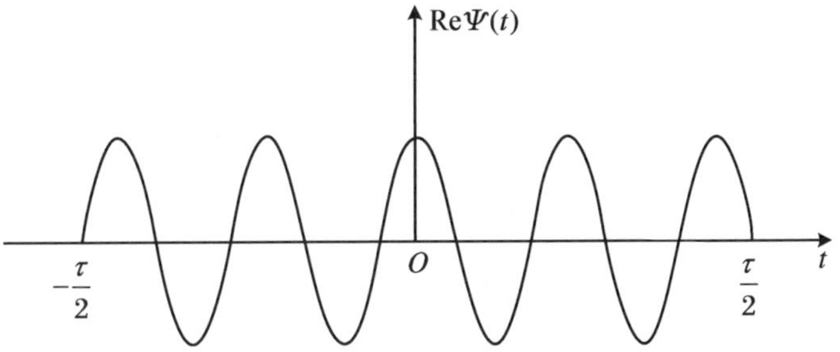

图 5.1　方程(5.1)所示的波列

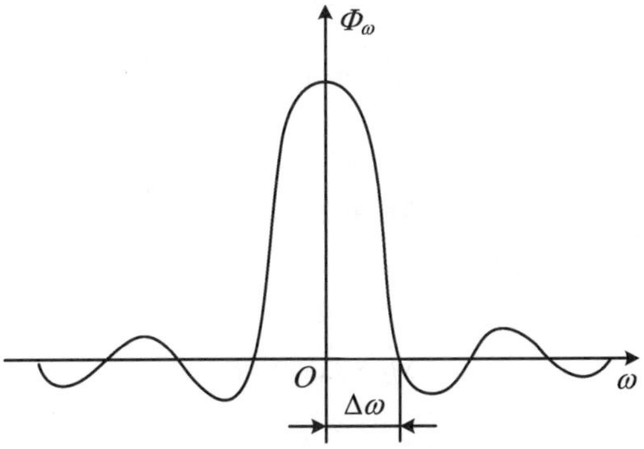

图 5.2　图 5.1 所示信号的频谱分析

这一频谱显示在 $\omega=\omega_0$ 处的一个很强的极大值和一些较弱的次极大值，它们的振幅与离开频率标度中心的距离成反比地减小. 主极大值的高度为 τ，而其**宽度**，即包含了 Fourier 谐波的一些最大振幅的频谱间隔 $\Delta\omega=\omega-\omega_0$，可以估算为至第一个零点的距离：$\Delta\omega\sim2\pi/\tau$. 随着持续时间 τ 的增大，频谱变得越来越集中于中心附近. 频谱曲线下方的面积保持不变：

$$\int_{-\infty}^{\infty}\mathrm{d}\omega\Phi(\omega)=2\int_{-\infty}^{\infty}\mathrm{d}\xi\frac{\sin(\xi)}{\xi}=2\pi \tag{5.3}$$

（借助变量 $\xi=(\omega-\omega_0)\tau/2$ 的变换求得后一个积分等于 π，它很容易利用留数积分得到.）在 $\tau\to\infty$ 的极限下，得到固定归一化的无限窄和无限高的频谱. 这恰恰是 δ 函数的定义，这样就导出了早先给出的表示(3.25)式，也等价于(4.9)式：

$$\int_{-\infty}^{\infty}\mathrm{d}t\mathrm{e}^{\mathrm{i}(\omega-\omega_0)t}=2\pi\delta(\omega-\omega_0) \tag{5.4}$$

只有在无穷大 τ 的极限下，才能得到具有精确确定频率的单色波.

这一考虑提供了**互补性**的一个典型例子，它是在考虑一些不能同时有确定值的量时出现的. 谐波分析显示了像持续时间和频率、空间尺度和动量这样的一些互补量. 从给出的例子可以看到，时间和频率的不确定度通过下式联系（译者注：这里更正了原文中的一个不够确切的提法）：

$$\Delta t\cdot\Delta\omega\sim1 \tag{5.5}$$

其中仅仅表明了量级估算，原因是尚未精确地定义不确定度 Δt 和 $\Delta\omega$. 按照与这个例子的完全类比，将由**坐标**的 Fourier 分析得到在信号的空间延展与其内含的波矢之间的不确定度乘积：

$$\Delta x\cdot\Delta k\sim1 \tag{5.6}$$

最后，通过将这些关系“翻译”成粒子语言，我们可以记录能量与经过时间之间的不确定性关系

$$\Delta E\cdot\Delta t\sim\hbar \tag{5.7}$$

或位置与动量之间的不确定性关系

$$\Delta p\cdot\Delta x\sim\hbar \tag{5.8}$$

它们直接从被 Fourier 变换所表示的波粒二象性得到，因此应该被解释为产生一个坐标和共轭动量都具有精确确定值的态的不可能性. 这样的态在自然界中不存在，并且这一事实与我们测量工具的精度无关. 我们再次注意到，Planck 常数仅仅是一个**尺度因子**，而

不确定性关系是一种典型的波动现象，在光学、声学及其他处理波动物理的领域中都有类似现象，但在粒子的经典力学中却没有．正如后面将会提到的，不确定性乘积(5.8)式存在一个下限．

5.2 简单例子

在很多教材中都可以找到一些典型的例子，例如可参看讲义[3]．历史上，一些杰出的物理学家关于这一主题的讨论在接受和理解量子力学方面起到了重要的作用．下面将举例阐明，不确定性关系使得观测各种演化路径的量子干涉并同时确定一条特定轨道成为不可能．

考虑如图 1.1 所示的一个示意性的双缝实验．如图 5.3 所示，在经典方案中加入一个探测器，例如一面轻的镜子．利用它的微弱反冲可以辨别在单个事例中粒子所用到的缝．于是，按照不确定性原理，干涉图样将会完全消失．论证如下：探测器 d 沿传播方向 x 的尺度必须很小，否则，它也将记录到由另外一条狭缝通过的粒子．例如，我们可将其尺度设为 $\Delta x_{\mathrm{d}}<a/2$，其中 a 为狭缝至屏幕的距离．

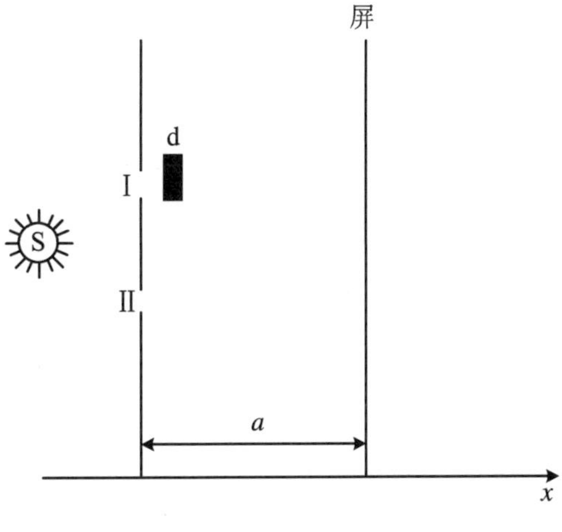

图 5.3 在双缝实验中挑选出一条缝的尝试

然而，作为一个量子系统的探测器也受制于不确定性原理．对探测器位置的限制将带来对其动量的限制，$\Delta p_{\mathrm{d}}\sim\hbar/\Delta x_{\mathrm{d}}\sim 2\hbar/a$．要实现记录粒子的任务，所测量到的探测器

的反冲动量 p_r 必须超过其不确定度，$p_r > \Delta p_d$. 这个反冲动量来自探测器与所研究粒子之间的相互作用. 因此，粒子在行进中动量至少要改变 $\Delta p \sim p_r > 2\hbar/a$. 之后，粒子运动至屏. 在这条（长于 $a/2$）路中，相应的 de Broglie 波的相位 kx 获得的不确定度大于 $\Delta k \cdot (a/2) = (\Delta p/\hbar) \cdot (a/2) \sim 1$ rad（弧度）. 这完全毁掉了干涉条纹.

习题 5.1 从不确定性关系观点讨论波对非透明屏幕上一个小孔的衍射，如图 5.4 所示.

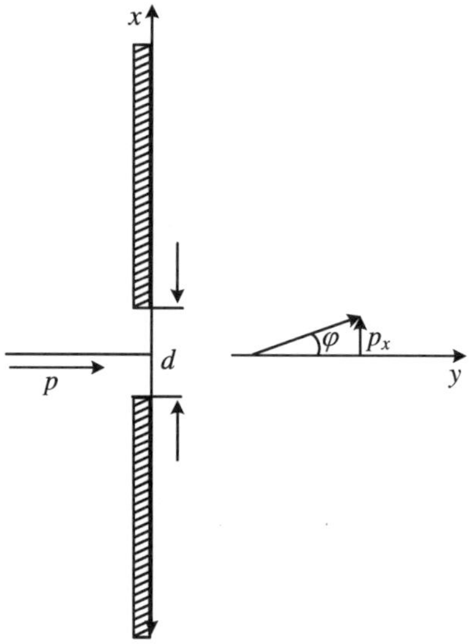

图 5.4 衍射示意图

解 对于尺度为 d 的小孔，有 $\Delta x \sim d$，而衍射角为 $\varphi \sim \lambda/d$，其中波长 $\lambda \ll d$. 于是，波矢（垂直于入射波束的分量 $k_\perp$）的不确定度为 $\Delta k_\perp \sim k\varphi \sim 1/d$，或者 $\Delta k_\perp \Delta x \sim 1$.

然而，这样的论证方式并不完全令人信服. 由于衍射的上界受到原始波矢的长度的限制，人们会很自然地预期，分量 $k_\perp$ 的不确定度 $\Delta k_\perp = k\sin\varphi$，见图 5.4. 因此，$\Delta k_\perp \leqslant k$. 由于 $\Delta x \leqslant d$，有不等式 $\Delta k_\perp \Delta x \leqslant kd$. 通过缩小狭缝的宽度 d，可以把不等式右边做得随便多小，这与(5.8)式发生矛盾. 要理解这是怎么回事，我们需要更深入一些. 如果在狭缝的**前方**（$y<0$，y 轴垂直于屏所在的平面）有一列平面波 e^{iky}，则在狭缝**之后**，$y>0$，还获得动量的 x 分量，$k_x \equiv \eta \neq 0$. 由于在稳定情况下总能量 E 守恒，故 $k_y \equiv \xi$ 也会改变，使 $\xi^2 + \eta^2 = 2mE/\hbar^2 = k^2$. 狭缝之后对应的波函数与两个变量相关：

$$\psi(x,y) = Ce^{i\xi x + i\eta y} = Ce^{i(\xi x + \sqrt{k^2-\xi^2}\,y)} \tag{5.9}$$

这里，并不能断定 $|\eta| < k$. 如果情况确是如此，则该波只不过沿与 y 轴成 φ 角的方向传

播，其中 $\tan\varphi=\xi/\eta$. 然而，这不会给出可能解的**完全集**. 我们还需要考虑 $|\xi|>k$ 的可能性，这时 $\sqrt{k^2-\xi^2}=\pm \mathrm{i}\sqrt{\xi^2-k^2}$. 物理的解不能在远处无限地增长，不过若取"+"，就得到一个随着至缝的距离 y 指数下降的函数（渐逝波）. 屏幕后面波函数的通解为如下的**叠加**：

$$\psi(x,y)=\int_{-\infty}^{\infty}\frac{\mathrm{d}\xi}{2\pi}C(\xi)\mathrm{e}^{\mathrm{i}(\xi x+\sqrt{k^2-\xi^2}\,y)} \tag{5.10}$$

我们不可能使沿 x 轴的波矢变成虚数，因为那样会在沿屏的一个方向上得到一个增长的波.

振幅 $C(\xi)$ 可由狭缝处（$y=0$）的边界条件确定. 假设入射波被准直指向屏并具有单位振幅，即

$$1=\int\frac{\mathrm{d}\xi}{2\pi}C(\xi)\mathrm{e}^{\mathrm{i}\xi x},\quad -\frac{d}{2}\leqslant x\leqslant\frac{d}{2} \tag{5.11}$$

则逆 Fourier 变换确定

$$C(\xi)=\int_{-d/2}^{d/2}\mathrm{d}x\,\mathrm{e}^{-\mathrm{i}\xi x}=\frac{2\sin(\xi d/2)}{\xi} \tag{5.12}$$

求得屏后的解为

$$\psi(x,y)=\int_{|\xi|<k}\frac{\mathrm{d}\xi}{\pi}\frac{\sin(\xi d/2)}{\xi}\mathrm{e}^{\mathrm{i}(\xi x+\sqrt{k^2-\xi^2}\,y)}+\int_{|\xi|>k}\frac{\mathrm{d}\xi}{\pi}\mathrm{e}^{\mathrm{i}(\xi x-\sqrt{\xi^2-k^2}\,y)} \tag{5.13}$$

第一个积分包含了与 y 轴成 φ 角传播的波，确实导致了不等式 $\Delta k_x\Delta x\leqslant kd$，因为概率 $|C(\xi)|^2$ 挑选了 $\xi d\sim1$. 然而，对于小的 d（与波长相比较，$kd\ll1$），第二个积分在 $\xi\sim 1/d\gg k$ 时仍然是重要的. 这意味着，具有 $|\xi|>k$ 的渐逝波是至关重要的，并且 $\Delta k_x<k$ 的论证是错误的. 对于 $\Delta k_x\sim1/d$，我们回到标准的不确定性关系（(5.8)式）. 对窄缝 $kd\ll1$ 的一个数学上的严格解，正如很早以前 Rayleigh 就已经知道的，与在振幅(5.12)式中将 $\sin(kd/2)$ 用具有类似性质的 Bessel 函数 $J_1(kd/2)$ 来代替，给出实质上相同的结果.

现在回到双缝实验，让我们更有创意地尝试一下. 考虑一个带有电荷 e 的粒子，假设衍射角（习题 5.1），即波长与缝大小的比（$\varphi\sim\lambda/d$）很小. 如图 5.5 所示，在狭缝之后放两根窄（但可覆盖角度 φ）的、长度足以容纳整个衍射波包大小的金属管 T_1 和 T_2. 这两根管还应该比穿过不同狭缝的辐射在几何上汇聚在一起的距离要短. 在这样的一些条件下，存在一个时间间隔 Δt，在这段时间内如果波包正在通过某个金属管，则该波包就会被完全容纳在管内. 现在，给管 T_1 加上电压 V，其持续时间 $\tau<\Delta t$. 如果电压的

开启和关闭都相对缓慢，则瞬变过程可以变得不重要. 在金属管内运行的粒子**只穿过没有电场的区域**. 短暂作用电压的唯一效应就是使管 T_1 内波包的所有单色成分的能量增加了 eV(或频率增长 $eV/\hbar$). 在时间 τ 内，T_1 内的波将获得一个附加相位 $eV\tau/\hbar$. 如果这个相移不是 2π 的倍数，则屏上的干涉条纹会得到一个由 $V\tau$ 的改变支配的、可观测的位移.

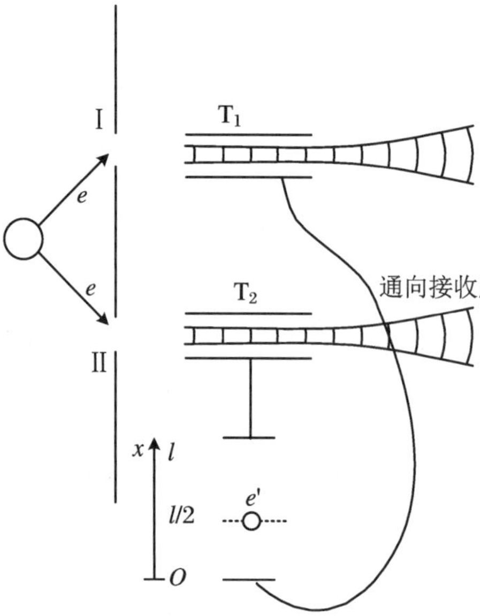

图 5.5　对组件之一加上附加电压的双缝实验

我们得出的第一个结论是，这里的情况与经典电磁学有点不同，**位势**不仅仅是**场**改变实验的结果. 这意味着，在量子力学中电磁势起了一种不同于其在经典物理中的作用. 如果波函数的不同部分获得不同的相位，则位势变成了**可观测量**. 关于**矢量势**，可做出类似的论证. 事实上，通过波函数各成分的相位差实现位势的可观测性，与不确定性关系保持一致是完全必要的. 另一方面，对许多应用，包括宏观物理中的一些应用，量子世界的这些新特征都有极大的实用价值，见第 13 章.

现在，我们可以尝试采用图 5.5 所示的装置以便克服不确定性关系. 为了不产生 T_1 和 T_2 两管之间的任何位势差，我们将一个试探电荷 e' 精确地固定在电容器的中间部位 $x = l/2$ 处. 当电荷 e 处于金属管内部时，允许电荷 e' 在时间间隔 τ 内移动. 我们的想法是，将电荷加速的方向作为波是在哪根金属管内传播的指示. 正是由于不确定性关系，这一想法并不管用——该设备将破坏干涉.

习题 5.2　证明这一实验破坏了干涉条纹.

解 在带电荷 e 的波包通过期间，电容器板上的电压为 $V=e/C$，其中 C 为电容器和两根金属管的总电容，V 的符号必须解决两根金属管之间的选择问题. 电场 $\mathcal{E}\sim V/l\sim e/(lC)$ 出现于电容器内部，使试探电荷产生动量 $p\sim e'\mathcal{E}\tau\sim ee'\tau/(lC)$. 为了测量这一动量，我们应该让它的不确定度小一些，$\Delta p<p$. 这会增大电荷位置的不确定度，$\Delta x\approx\hbar/\Delta p\sim\hbar lC/(ee'\tau)$. 另一方面，电荷偏离中间位置的位移 Δx 产生了一个附加电压：

$$\Delta V\sim\frac{e'}{C}\frac{\Delta x}{l}\sim\frac{e'}{Cl}\frac{\hbar lC}{ee'\tau}=\frac{\hbar}{e\tau}\tag{5.14}$$

这引起了两根金属管之间的附加相移：

$$\Delta\varphi\sim\Delta V\frac{e\tau}{\hbar}\sim 1\ \mathrm{rad}\tag{5.15}$$

这个附加相移使干涉图像变得模糊.

5.3 互补性和概率

波粒二象性和不确定性关系迫使我们以一种不同于经典力学的方式来确切表述量子问题. 把系统的一个态称为在初始制备之后无任何扰动地随时间演化. 在经典情况下，运动是由坐标和速度(或动量)的集合决定的，哪怕自由度的数目是无穷大(一个经典场). 在坐标和动量的经典相空间中的动力学变量，还可以借助分布函数随机地给出. 那时，我们处理一个**经典系综**，系综的每个成员都是变量可能集合的一种实现. 原则上，在这种经典系综的任何复制中，连续监控各变量变化是可能的——这是构成经典理论基础的一个主要假设. 我们可能希望以这样的一种方式改进实验仪器，使得在测量过程中它对体系的影响低于任何预先规划的限制. 在可以忽略由测量带来的畸变情况下，我们能随时以任何想要的精度来确定体系的变量.

物质的原子结构和辐射量子化在动力学描写中引进了一种决定性的变化. 有一些量本质上是**分立**的，并且不可能是无限可分的. 既然原子只能在其相互作用中被研究，那么必然要存在的那些测量仪器也是由原子组成的(尽管有天文数字的原子)，因此它们对所研究客体的影响不可能做得小于某种可能依赖于实验特性的限制. 一个扰动的下限是原子或量子化世界即将出现的特征，而且不可能靠实验家的技巧来克服.

现在，很明显，某些类型的实验可能是**互不相容**的. 如果说一个变量 A 在时刻 t 具有一个由实验证实的确定值a，它意味着对这个量的测量使初始的未受扰动的态转变成为一个具有 A 的**确定**值的态. 这种应该比以上提到的下限更强的作用，可能会剥夺我们在一个紧接着的时刻唯一地预言另一个物理量 B 的测量结果的机会. 我们可以用另一种方式来阐述这一点：在(被第一次测量留下的)具有变量 a 的确定值的态中，变量 B 可能没有确定值. A 和 B 同时具有确定值的态或许并不存在，于是对于一些 A 和 B 的对，这种态不可能被物理上实现.

不确定性关系((5.8)式)恰恰陈述了这一点，它给出了在任何物理态中都不可能同时具有确定值的一对变量的具体例子. 这种不相容性意味着，大自然不能回答以那些被证明对于微观层次的物理实在不恰当和不适用的日常用语所表述的问题. 如果算符对应于物理量的测量，则不确定性关系指出，测量结果依赖于测量的次序. 只有当我们处理宏观的物体以及作用量远远大于量子作用量$\hbar$的过程时，我们才能忽略掉$\hbar$层次上的差异，近似地回到经典的"现实". 稍后(第 14 章)，我们将会看到，即使在宏观尺度上，也能够观测到产生**宏观相干性**的一些量子效应.

考虑到量子不确定性的存在，我们需要修改动力学问题的公式体系. 比如说，t_0 时刻的态可由**同时相容**的一组量 A 确定. 若在 $t>t_0$ 时刻测量一个量 B，我们不可能保证测量结果将是唯一的. 在一系列全同条件的实验中，我们通常得到的是结果的一种分布. 每次测量给出 B 的属于其可能值谱中的一个值，这个谱可以是分立的或连续的. 在全同测量的长时间运行中，将展示出**统计规律**，我们可以求出各种结果的**概率**. 在由单次测量行为得到变量 B 的一个值b 之后，我们会失去使初始已被确定的那些变量 A 具有确定值的可能性，即使这些变量 A 在先前的无微扰演化中并不改变.

对由相互的不确定性联系起来的各个量的测量是**互补**的. 在双缝实验中，屏上的干涉条纹是光和物质都具有波动性的证据. 然而，衍射束流与探测器中的原子间的相互作用以量子化的方式发生. 探测器中的原子通过分立的一份一份的形式(也就是光子)吸收和发射光. 干涉条纹将出现在光子与接收屏的原子多次相互作用之后. 若用足够强的束流，则最大值和最小值的稳定分布会迅速形成. 而用弱的束流，则单个光子的相互作用将会通过随机到达不同的点来逐渐形成一个图样. 这意味着，波的属性是在单个粒子内部固有的，但它们是在各个点的许多相互作用过程中产生接收屏上的局域的态而被统计地观测到的. 进一步地，我们可以提出量子理论的解释而同时完全避免粒子的概念[4]. 这里，世界是由**对称波**支配的，并且与探测器的相互作用改变这一对称性，而探测器的那些单个的咔嗒声都是偶然的. 对于这一想法我有一些疑问，因为**宏观**探测器的本质是不清楚的.

在双缝装置中，企图在光子穿过一个特定的缝时捕获它，不可避免地使它的轨迹定域化，从而引起破坏相位关系并因此毁掉干涉的动量不确定性，这一点已经在我们给出的一些简单例子中看到了.在这种情况下,一个系列的测量将仅仅产生对应于分开的退耦双缝的**强度**简单硬性相加.可能的输出可以通过两个振幅(波函数的两个分量)的叠加形式化为 $\Psi=\Psi_1+\Psi_2$.在通过缝隙的一种无扰动传播情况下,这一总振幅到达接收屏并形成一幅干涉图样,其强度正比于

$$|\Psi|^2=|\Psi_1|^2+|\Psi_2|^2+2\mathrm{Re}(\Psi_1^*\Psi_2) \tag{5.16}$$

而在一种有着轨迹被中途固定的传播中,产生的动量的不确定性意味着**退相干**,因而干涉项消失,导致

$$|\Psi|^2=|\Psi_1|^2+|\Psi_2|^2 \tag{5.17}$$

有两种类型的实验:一种与屏上的干涉图样相联系,不去确定轨迹,哪怕是形式上在两个缝之间做出选择;另一种测量束流的中间坐标并通过这种扰动来破坏干涉,这两类实验是互补的.某些实验挑选出这种描写的不同方面,不论它是类波的还是微粒的.**波粒二象性**不是说同一个客体的行为在同一实验中同时像波又像粒子.恰恰相反,由于波粒二象性,这样的实验是不可能的.

两种(或更多种)实验之间的关系通过统计解释确立.一个给定的光子可以在接收屏上的任何地方被记录.大量光子将到达亮斑,在这里波的图像预言了更大的强度((5.16)式).我们把强度或波函数绝对值的平方确认为一个量子过程的**概率**.关于一个体系的可能的最大量子信息是关于所有可能实验的概率的知识.波函数将所有这些概率编码.例如,$\Psi(\boldsymbol{r},t)$直接决定了位置测量的概率,而同时在动量表象中所取的**同一个函数**$\Phi(\boldsymbol{p},t)$是动量测量的概率幅.量子动力学必须通过体系的波函数所遵从的动力学方程预言所有相关的概率.

5.4 波包:传播

在许多情况下,我们希望把微粒和波属性结合起来,以便创建一个尽可能接近于经典粒子的对象,它们具有或多或少确定的坐标轨道以及或多或少确定的动量.在没有破坏不确定性关系的情况下,我们将允许位置和动量二者的一些不确定性,从保持粒子的经典图像的实用角度来看,这仍然是可能被允许的.波函数的空间尺度可以被制备得小于实验装置的特征尺寸,例如真空室的大小或加速器内场的不均匀性.与此同时,动量的

不确定性可能远小于平均动量.寻求这种类型的“最佳”组合问题的完整解决方案将随后从一般理论得到.首先,我们可以看一个**窄波包**的传播.

我们通过将动量分量 k 以振幅 $A(k)$ 叠加来构造波包,其中 $A(k)$ 在**形心**(centroid)值 k_0 附近的一个小间隔 Δk 内具有相当大的值和相同的符号.在区域 Δk 内,量子的能量 $E(k)=\hbar\omega(k)$ 可以近似地表示为一个展开式:

$$\omega(k) \approx \omega_0 + (k - k_0)\left(\frac{\mathrm{d}\omega}{\mathrm{d}k}\right)_0 + \cdots \tag{5.18}$$

其中,$\omega_0=\omega(k_0)$.利用集中在该间隔的振幅,波函数可以写为

$$\Psi(x,t) = \int_{\Delta k} \mathrm{d}k A(k) \mathrm{e}^{\mathrm{i}kx - \mathrm{i}\omega(k)t} \tag{5.19}$$

在窄波包(5.18)式的近似下,我们发现

$$\Psi(x,t) \approx \mathrm{e}^{\mathrm{i}(k_0 x - \omega_0 t)} \int \mathrm{d}k A(k) \exp\left\{\mathrm{i}(k - k_0)\left[x - \left(\frac{\mathrm{d}\omega}{\mathrm{d}k}\right)_0 t\right]\right\} \tag{5.20}$$

这个波函数是波包中心为(k_0,ω_0),有着由(5.20)式中的积分给出的仍依赖于坐标和时间的调制“振幅”的平面波的“载体”,不过可能仅包含具有小的波矢 $k-k_0$ 和频率 $\omega-\omega_0$的慢变分量,如图 5.6 所示.此外,这一可变振幅事实上并不依赖于时间和坐标而只是通过一个组合 $x-(\mathrm{d}\omega/\mathrm{d}k)_0 t$.对所有被条件

$$x - \left(\frac{\mathrm{d}\omega}{\mathrm{d}k}\right)_0 t = \text{常数} \tag{5.21}$$

相关联的点 x 和时刻 t,调制振幅具有相同的值.这意味着,在(5.18)式的近似下,波包作为一个整体而移动,其**群速度**为

$$\hat{v}_{\mathrm{g}} = \left(\frac{\mathrm{d}\omega}{\mathrm{d}k}\right)_0 \tag{5.22}$$

这与经典粒子的速度 $\hat{v}=\mathrm{d}E/\mathrm{d}p$ 相符,对比(3.91)式.必须将这个群速度和**相速度** $\hat{v}_{\mathrm{ph}}=\omega(k)/k$区分开来.还要注意,动量空间中的有限宽度导致能量弥散 $\Delta E\approx\hat{v}_{\mathrm{g}}\Delta p$,同时,由于波包在空间中的有限大小 Δx,它的通过时间也是有限的,$\Delta t\sim\Delta x/\hat{v}_{\mathrm{g}}$.因此,能量-时间不确定性关系:$\Delta E\cdot\Delta t\sim\Delta x\cdot\Delta p$,即(5.7)式也得到满足.

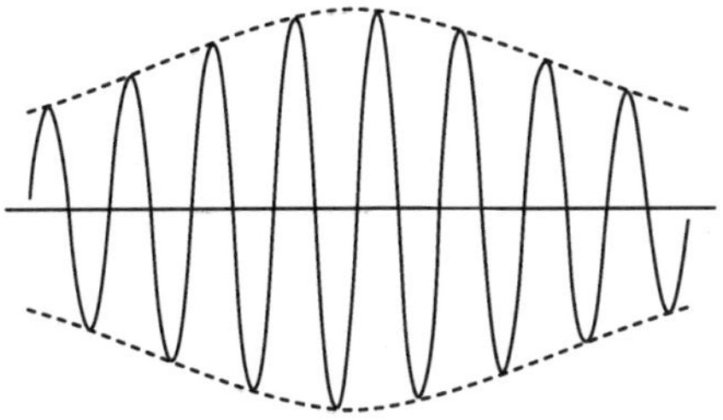

图 5.6　运动的波包

习题 5.3　一个波包在色散规律为 $\hat{v}_{ph}=a+b\lambda$ 的介质中传播，其中 a 和 b 为常数，λ 为波长. 证明波包的任意初始形状被周期性复原并求出该周期.

解　这里，$\omega(k)=k(a+b\lambda)=ak+2\pi b$. 经过时间 T 后，波包

$$\Psi(x,t)=\int\frac{\mathrm{d}k}{2\pi}A(k)\mathrm{e}^{\mathrm{i}kx-\mathrm{i}\omega(k)t}=\mathrm{e}^{-2\pi\mathrm{i}bt}\int\frac{\mathrm{d}k}{2\pi}A(k)\mathrm{e}^{\mathrm{i}kx-\mathrm{i}akt}\tag{5.23}$$

由下式描写：

$$\Psi(x,t+T)=\mathrm{e}^{-2\pi\mathrm{i}b(t+T)}\int\frac{\mathrm{d}k}{2\pi}A(k)\mathrm{e}^{\mathrm{i}k[x-a(t+T)]}\tag{5.24}$$

积分号下的相位的移动意味整个波包平移了一段距离 aT，而同时总的相位在 $bT=n$(整数)时被复原，这就是说周期为 $1/b$. 波包的相速度为 $\lambda/T+a$，并且我们是从这样的一个参考系观测此波的：介质以速度 a 加上“自然”速度 λb 运动. 对于这种线性的色散规律，没有弥散(见 5.5 节)，而且在平移一个波长之后相位图像完全复原.

如果振幅 $A(k)$在 Δk 区域内近似为常数，我们可以将其移出积分(5.20)式之外，并如(5.2)式一样精确地求出积分. 该波包的极大值可以通过要求(5.20)式被积函数中指数相位

$$\varphi(k)=(k-k_0)\left[x-\left(\frac{\mathrm{d}\omega}{\mathrm{d}k}\right)_0 t\right]\tag{5.25}$$

的导数 $\mathrm{d}\varphi/\mathrm{d}k$ 为零求得. $\mathrm{d}\varphi/\mathrm{d}k=0$ 的要求是**稳定相位**条件：波包的各 k 分量中相邻分量之间的相位不变，它们的干涉是**相长**的，因此产生的振幅最大.

在不破坏不确定性关系的情况下，我们得到了一个如下的客体：包络线集中在有限大小 $\Delta x\sim1/\Delta k$ 之内并以经典速度自由运动的波列. 将这一描述扩展到存在一个在时空缓慢变化(与 Δx 和 $\Delta t\sim\Delta x/\hat{v}_g$ 相比)的外场的半经典情况，在每个很小的长度区间内，该运动都可以被认为是自由的. 于是，尽管平均动量 k_0 会沿着路径平滑的变化并且波包的运动会接近经典轨道，我们仍可采用同样的方法.

5.5 波包的扩散

如果色散规律 $\omega(k)$ 是**线性**的，就像光在真空中的传播那样（$\omega = ck$），则上述考虑变成精确的．若情况并非如此，则展开式（5.18）中将出现更高阶的项．它们将引进一些特殊的量子效应，即使预期该运动差不多是经典的．理由是：对于具有非线性色散的波包，其不同部分的群速度（（5.22）式）是不同的．通过将波包分成一些更小的部分，我们将看到，它们的运动略有不同，而且这种效应随着时间积累，结果导致波包变形．

由于色散，在时间 t 内，波包的不同谐波成分将通过不同的距离．沿着轨道运动时，波包遭受**量子扩散**．对于一个具有动量 $p = mv$ 的粒子，当动量不确定度为 Δp 时，其速度的失谐为 $\Delta v \sim \Delta p/m$，并且扩散将随时间增大为

$$(\Delta x)_{\text{spr}} \sim \Delta v \cdot t \sim \frac{\Delta p}{m}t \sim \frac{\hbar t}{m\Delta x} \tag{5.26}$$

由于位置的初始不确定度 $(\Delta x)_0$ 和额外的扩散（5.26）式都是非相干的，我们可以预期它们是**平方相加**的，于是波包的空间大小随时间的增长近似为

$$(\Delta x)_t^2 \approx (\Delta x)_0^2 + (\Delta x)_{\text{spr}}^2 \tag{5.27}$$

在原子束流以及加速器中的核或粒子束流的通常条件下，量子扩散效应很小并滞后于沿轨迹的正常运动．

习题 5.4 估算半径为 0.1 mm、能量为 1 GeV 的质子束在从加速器到探测器的 10 m路程中的扩散．

习题 5.5 一个乒乓球正在弹跳，它被一块半径为 5 cm 的扁圆形平台弹性反射．估算弹跳的最大次数．

习题 5.6 考虑展开式（5.18）的下一项，通过直接计算推导扩散估算（5.27）式．

习题 5.7 证明：一个相对论波包在垂直于速度方向上的扩散比其纵向扩散大，差一个因子 $\gamma^2 = [E/(mc^2)]^2$．

如 3.4 节所示，时间演化可用 Green 函数（3.37）式来描写，见（3.38）式．对于自由运动，定态就是平面波，于是利用（4.9）式的归一化，在一维情况下我们得到

$$G(x,t;x',t') = \int \frac{\mathrm{d}p}{2\pi\hbar} e^{(i/\hbar)[p(x-x')-E(p)(t-t')]} \tag{5.28}$$

对无扰动演化，传播子(3.37)式始终是差 $\tau = t - t'$ 的函数. 它可以简单地从(3.34)式中用作基的定态定义得到. 由于均匀的时间依赖关系，时间标度原点的位移对于传播无关紧要. 然而，对于**自由运动**至关重要的是，传播子(5.28)式还依赖于空间坐标差 $\xi = x - x'$ 而不是分别依赖于 x 和 x'. 这与作为平移生成元(产生子)的动量的含义(如 4.5 节)是一致的：自由运动关于坐标标度原点的移动是不变的.

习题 5.8 导出一维和三维情况下自由运动传播子的显式表达式.

解 在能量为 $E(p) = p^2/(2m)$ 的一维运动中，有

$$G(x,t;x',t') \equiv G(\xi,\tau) = \sqrt{\frac{m}{2\pi i\hbar\tau}} e^{(i/\hbar)m\xi^2/(2\tau)}, \quad \xi = x - x' \tag{5.29}$$

而在三维情况下，有

$$G(\boldsymbol{\xi},\tau) = \left(\frac{m}{2\pi i\hbar\tau}\right)^{3/2} e^{(i/\hbar)m\xi^2/(2\tau)}, \quad \boldsymbol{\xi} = \boldsymbol{r} - \boldsymbol{r}' \tag{5.30}$$

根据(5.29)式，在 τ 时间内，原始的 δ 函数(3.36)式在距离 ξ 扩散，$\xi^2 \sim \hbar\tau/m$；对更大的距离，传播子中的指数开始剧烈振荡，由此产生的对波函数(3.38)式的贡献小到可以忽略. 这与简单估算(5.26)式相符.

习题 5.9 对自由运动求出**动量表象**中的 Green 函数 $G(\boldsymbol{p},t;\boldsymbol{p}',t')$.

解 将动量 p 和 p' 取为定义式(3.37)中的独立变量，利用定域化的动量函数 $\Phi_{p_0}(p)$((4.42)式)的完备集求得

$$\begin{aligned} G(p,t;p',t') &= \int \frac{dp_0}{2\pi\hbar} 2\pi\hbar\delta(p-p_0) 2\pi\hbar\delta(p'-p_0) e^{(i/\hbar)E(p_0)(t-t')} \\ &= 2\pi\hbar\delta(p-p') e^{(i/\hbar)E(p)\tau} \end{aligned} \tag{5.31}$$

这明确显示了具有任意色散律 $E(p)$ 的自由运动中的动量守恒. 其三维推广是平凡的.

习题 5.10 对于由初始波函数

$$\Psi(x,t=0) = A e^{(i/\hbar)p_0 x - (x-x_0)^2/(4\sigma^2)} \tag{5.32}$$

描写的一个自由运动的高斯波包，求波函数 $\Psi(x,t>0)$ 及作为时间函数的期待值 $\langle x\rangle$、$\langle p\rangle$、$\langle x^2\rangle$ 和 $\langle p^2\rangle$.

解 在初始时刻，归一化的概率分布为高斯分布((3.20)式)，其中 $A = (2\pi\sigma^2)^{-1/4}$，即

$$|\Psi(x,t=0)|^2 = \mathcal{G}(x;x_0,\sigma) \tag{5.33}$$

利用自由运动的 Green 函数(5.30)式，并依据(3.38)式进行积分(通过在指数中构造一

个完全平方，计算出高斯积分），求得

$$\Psi(x,t) = \frac{1}{(2\pi\sigma^2)^{1/4}} \frac{1}{\sqrt{1+\mathrm{i}\hbar t/(2m\sigma^2)}} \mathrm{e}^{-F(x,t)} \tag{5.34}$$

其中

$$F(x,t) = \frac{2m\sigma^2\hbar^2(x-p_0t/m)^2 + \mathrm{i}\hbar^3x^2t + 4\mathrm{i}\hbar\sigma^4mp_0(2x-p_0t/m)}{2m\hbar^2(4\sigma^4+\hbar^2t^2/m^2)} \tag{5.35}$$

这个高斯波包保持高斯形状.任意时刻的概率分布由下式给出：

$$|\Psi(x,t)|^2 = \mathcal{G}(x;x_0(t),\sigma(t)) \tag{5.36}$$

其形心以经典速度匀速运动，则

$$\langle x\rangle_t = x_0(t) = \frac{p_0}{m}t \tag{5.37}$$

其均方涨落为

$$\sigma^2(t) = [\Delta x(t)]^2 = \langle x^2\rangle_t - \langle x\rangle_t^2 = \sigma^2 + \frac{\hbar^2t^2}{m^2\sigma^2} \tag{5.38}$$

它按照估算(5.27)式增大.初始色散和扩散以**平方**相加.动量分布函数也是高斯型的，

$$|\Phi(p,t)|^2 = \mathcal{G}(p;p_0,\sigma_p) \tag{5.39}$$

但是其形心和宽度的参数不随时间改变，正如由于动量守恒所预期的那样，有

$$\langle p\rangle = p_0 \tag{5.40}$$

$$\sigma_p^2 = (\Delta p)^2 = \langle(p-p_0)^2\rangle = \frac{\hbar^2}{4\sigma^2} \tag{5.41}$$

不确定度的乘积随时间增大，即

$$(\Delta x)\cdot(\Delta p) = \frac{\hbar}{2}\sqrt{1+\frac{\hbar^2t^2}{4m^2\sigma^4}} \tag{5.42}$$

注意，最小值(在 $t=0$ 处)为

$$((\Delta x)\cdot(\Delta p))_{\min} = \frac{\hbar}{2} \tag{5.43}$$

5.6 用不确定性关系估算

虽然不确定性原理带有负面的内容，即对一个可能同时具有确定位置和速度的客体的经典图像设置了一个限，但是可以利用这一原理，获得许多量子现象的正面信息.

例如，考虑在 $x=0$ 处有最小值(经典平衡点)的一维吸引势 $U(x)$ 中的运动. 如果已知在最小值附近的有限运动范围的近似大小 L，我们就可以估算动量的不确定度为 $\Delta p \sim \hbar/L$；它对应于不确定性关系的最小值. 在束缚态中平均动量 $\langle p \rangle$ 必须为零，因为不存在偏爱方向(经典上，在对有限运动的周期求平均后，这一结论也适用). 如在习题 5.10 中那样，我们始终将量 A 的不确定度 ΔA 定义为 A 与其期待值 $\langle A \rangle$ 的均方偏差：

$$(\Delta A)^2 = \langle (A - \langle A \rangle)^2 \rangle = \langle A^2 - 2A\langle A \rangle + \langle A \rangle^2 \rangle = \langle A^2 \rangle - \langle A \rangle^2 \quad (5.44)$$

在这里，我们将只做一些粗略的定性估计. 如果将势在无穷远处的值取为零(能量标度的原点)，则束缚态的总能量必须是负值. 动能给出正的贡献：

$$\langle K \rangle = \frac{\langle p^2 \rangle}{2m} = \frac{(\Delta p)^2}{2m} \sim \frac{\hbar^2}{2mL^2} \quad (5.45)$$

我们预期这种极限估计对基态是适用的；在激发态中，动能可能更高.

借助(5.45)式，我们可以得出结论：如图 5.7 所示的两侧翅膀均趋于零的任意一维吸引势至少支持一个束缚态(回顾习题 3.6). 为了得到这个结论，我们需要明白，**定域化长度** L 通常与势阱的尺寸 a 并不一致. 如果能级是**弱束缚的**，则进入经典禁戒区的穿透深度很大，使得波函数延伸至势阱之外(晕，见 3.5 节). 作为结果所得到的 L 值必须由总能量的最小值自洽地确定. 势能的期待值并不是势阱的典型深度 U_0，而是应该乘以粒子处于势阱内部的概率. 如果束缚态的完整尺寸为 $L>a$，则该概率可以估算为比值 a/L. 这样，总能量可估算为

$$E(L) = \langle K(L) + U(L) \rangle \approx \frac{\hbar^2}{2mL^2} + \frac{a}{L}(-U_0) \quad (5.46)$$

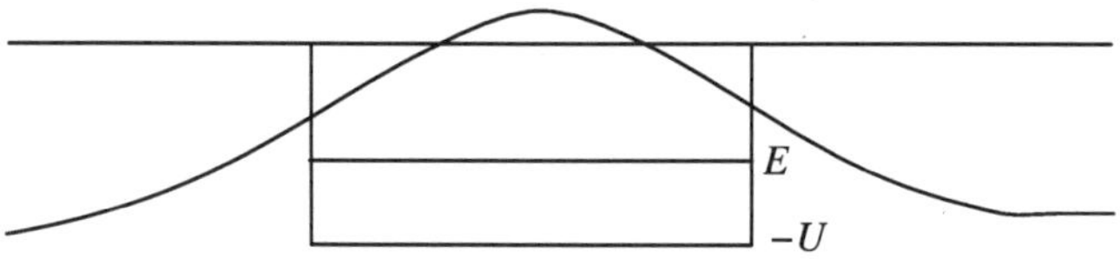

图 5.7　在一个浅势阱中波函数的定域化

现在,我们可以使表达式(5.46)对未知的定域化长度 L 取极小值.导数 $\mathrm{d}E/\mathrm{d}L$ 为零确定了

$$L = \frac{\hbar^2}{maU_0} \equiv \beta a, \quad \beta = \frac{\hbar^2}{ma^2 U_0} \tag{5.47}$$

无量纲参数 β(后面我们将在不同的情形中看到这个参数)给出了当粒子被定域化在尺寸为 a 的势阱内部时所出现的动能与势能(也在势阱内部)之比.如果势阱较浅或者势太弱,则 $\beta \gg 1$;于是,$L \gg a$,粒子主要处于阱外.能量的最小值

$$E(\beta a) = -\frac{ma^2 U_0^2}{2\hbar^2} = -\frac{U_0}{2\beta} \tag{5.48}$$

是负的,且较小,$|E| \ll U_0$.因此,在 $\pm\infty$ 处具有对称值的吸引势阱中,束缚态永远存在,虽然在这种浅势阱中它可能是非常弱地被束缚的.这与精确可解的习题 3.4 的结果(3.49)式是一致的,并且(3.49)式中的参数为 $\xi = 1/\beta$.在习题 3.6 中我们已经看到,非对称的势阱并不总是支持束缚态.

习题 5.11　考虑一个质量为 m 的粒子,处于地球(其表面可看作是一个不可穿透的平面,如图 5.8 所示)的重力场中.

(1) 用不确定性关系对处于基态的粒子估算其能量和在地球上的平均高度.给出对中子的数值估计.

(2) 对电子,人们还需要考虑静电效应.假设地球是个理想导体,计算处于基态的电子在地球上的平均高度.

解　(1) 粒子在重力场中的能量可写为

$$E = \left\langle \frac{\hat{p}^2}{2m} + U(x) \right\rangle, \quad U(x) = \begin{cases} \infty, & x \leqslant 0 \\ mgx, & x > 0 \end{cases} \tag{5.49}$$

由于不确定性关系,量子粒子不能落在地球上,而是不得不悬停于地面上方.如果粒子处于基态时平均高度为 $\sim L$,则竖直动量的典型大小为 $\hbar/L$,且能量的期待值为

$$E(L) = \frac{\hbar^2}{2mL^2} + mgL \tag{5.50}$$

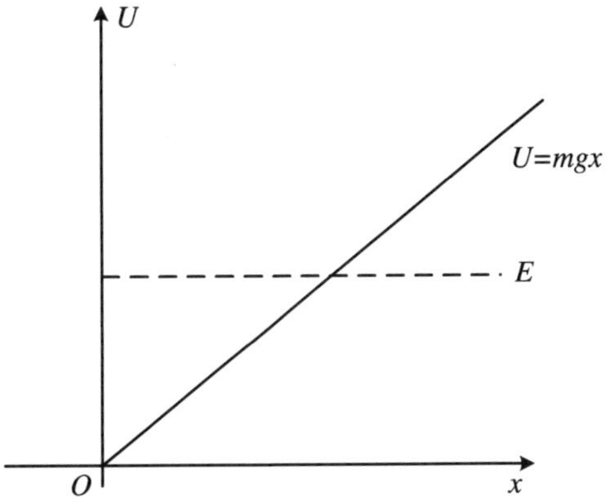

图 5.8　习题 5.11 中的有效势

该函数在

$$L = \left(\frac{\hbar^2}{m^2 g}\right)^{1/3} \tag{5.51}$$

处有最小值,相应的能量为

$$E = \frac{3}{2}(mg^2\hbar^2)^{1/3} \tag{5.52}$$

Bohr-Sommerfeld 量子化会给出类似的结果,其数值系数稍大一些(≈1.8),而不是(5.52)式中的 1.5. 根据(5.50)式和(5.51)式,$L \approx (2/3)(E/(mg))$,即小于经典转折点 $E/(mg)$;粒子被定域**在势阱内**. 根据(5.51)式,对更重的粒子平均高度要降低($\sim m^{-2/3}$). 对于中子,平均高度为 $L \approx 7\ \mu\text{m}$,近乎宏观尺寸(最近,由于涉及中子电偶极矩的寻找,这一距离已经被测量了).

(2) 对于电子,根据(5.51)式平均高度将大 150 倍($L \sim 1$ mm). 但是,对电子而言,之前的考虑是不正确的,因为没有考虑**静电图像**的强得多的力. 对 $L \sim 1$ mm,静电力 $e^2/(2L)^2$ 的大小超过重力 mg 7 个数量级. 忽略重力并对一维静电吸引力重复与(1)中相同的最小化估算:

$$E = \frac{\hat{p}^2}{2m} - \frac{e^2}{2L} \tag{5.53}$$

正如应该预料到的那样,我们得到了接近于 Bohr 半径 a 的长度:

$$L = \frac{\hbar^2}{2me^2} = \frac{1}{2}a \tag{5.54}$$

习题 5.12 用不确定性关系对下列情况估算基态能量和定域化长度：

(1) 谐振子势为

$$U(x) = \frac{1}{2}m\omega^2 x^2 \tag{5.55}$$

(2) 陡峭的非简谐势为

$$U(x) = Cx^{2s}, \quad s = 2,3,\cdots \tag{5.56}$$

(3) 核电荷为 Ze 的类氢原子.

解 (1) 对谐振子,有

$$E \approx \hbar\omega, \quad L \approx \sqrt{\frac{\hbar}{m\omega}} \tag{5.57}$$

(2) 在非简谐情况下,有

$$E \sim \left(\frac{\hbar^{2s}C}{m^s}\right)^{1/(s+1)}, \quad L \sim \left(\frac{\hbar^2}{mC}\right)^{1/(2s+2)} \tag{5.58}$$

当 $s=1$ 时,此结果与(5.57)式一致.

(3) 对类氢原子,此估算意外地给出一个精确的结果：

$$E = -\frac{mZ^2e^4}{2\hbar^2}, \quad L = a\ (\text{Bohr 半径}) \tag{5.59}$$

习题 5.13 考虑一个原子,它具有一个电荷为 Z 的原子核和两个电子,这两个电子有着相反的自旋投影但轨道波函数相同(在自旋投影相等的情况下,Pauli **不相容原理**(见下册第 15 章和第 18 章)将不允许电子占据相同的轨道).估算该原子的基态能量;不要忘记电子间的 Coulomb 排斥.

解 令两个电子的典型半径分别为 r_1 和 r_2.在基态,根据不确定性关系,它们的典型径向动量分别为 $p_1 \sim \hbar/r_1$ 和 $p_2 \sim \hbar/r_2$.两电子的最小排斥能可粗略估算为 $e^2/|\boldsymbol{r}_1 - \boldsymbol{r}_2|_{\max} = e^2/(r_1 + r_2)$.于是,可求得基态能量为

$$E(r_1, r_2) = \frac{\hbar^2}{2m}\left(\frac{1}{r_1^2} + \frac{1}{r_2^2}\right) - Ze^2\left(\frac{1}{r_1} + \frac{1}{r_2}\right) + \frac{e^2}{r_1 + r_2} \tag{5.60}$$

电子都是等价的.在基态,应有 $r_1 = r_2 = r$.能量成为 r 的函数：

$$E(r,r)=\frac{\hbar^2}{mr^2}-2e^2\frac{Z-\frac{1}{4}}{r} \tag{5.61}$$

该函数的最小值处于($a=\hbar/(me^2)$仍是 Bohr 半径)

$$r=\frac{a}{Z_{\text{eff}}},\quad Z_{\text{eff}}=Z-\frac{1}{4} \tag{5.62}$$

就好像是每个电子都将感受到有效电荷为 Z_{eff} 的库仑场;核电荷被第二个电子部分**屏蔽**了.对于这个半径,两个电子的总能量((5.61)式)等于在有效电荷((5.62)式)的类氢场中单电子轨道能量的两倍:

$$E=-\frac{me^4}{\hbar^2}Z_{\text{eff}}^2=-2Z_{\text{eff}}^2\,\text{Ry} \tag{5.63}$$

现在我们来预言束缚能(以 Ry 为单位):1.12(负氢离子 H^-)、6.12(氦原子 He)、15.12(正锂离子 Li^+)、28.12(Be^{2+})、45.12(B^{3+})及 66.12(C^{4+}).它们与实验数据相符的情况比人们对这样一种简单估算的预期好得多.实验给出的结果分别为 1.05、5.81、15.12、28.12、45.12 和 66.12.

5.7 分子激发的分类

基于不确定性关系的简单论证,允许我们理解分子中定态的典型等级.为简单起见,我们考虑一个**双原子分子**,如图 5.9 所示.两个正离子通过 Coulomb 力相互排斥.仅当存在由电子云的电荷为媒介占主导地位的吸引力时,束缚态才有可能形成.令 L 为两离子间的平均距离.造成分子束缚的价电子必须被定域在这一尺寸的体积内.于是,根据不确定性原理,电子获得了定域化动能:

$$E_{\text{el}}\approx\frac{\hbar^2}{mL^2} \tag{5.64}$$

其中,m 是远小于离子质量 M 的电子质量.在定态中动能和势能的期待值具有相同的量级(回顾 Bohr 原子和上述的一些例子;这可由稍后讨论的**维里定理**严格证明).因此,(5.64)式给出了将价电子推送到更高轨道——分子的电子激发——所需能量的数量级估计.由于分子的大小通常由 Angströms 给出(Bohr 半径为 0.5 Å),电子激发要求量级为 1—10 eV 的能量.

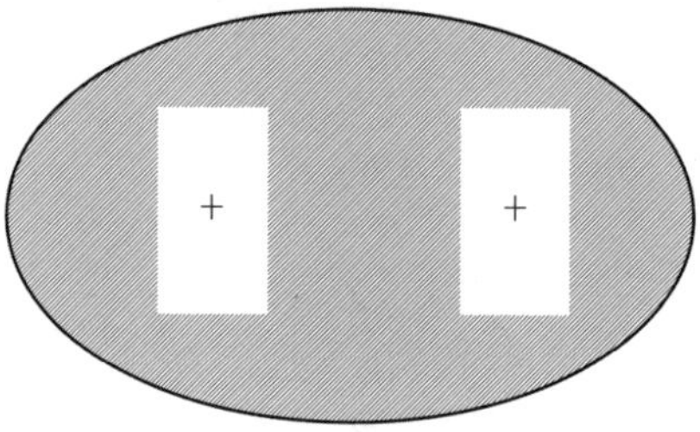

图 5.9　双原子分子的示意图

为了得到有关离子激发的想法，首先让我们来数一数“重”自由度的数目. 分子内有 N 个原子，则有 $3N$ 个空间坐标. 分子的质心与内部激发无关，也就是说，我们只有 $3(N-1)$个内部自由度. 其中三个对应于分子的整体转动. 这就是三维空间中独立的转动平面的数目(在 d 维空间中，有 $d(d-1)/2$ 个平面)，或者是为了确定一个物体的取向所需的角度数目. 因此，只有 $3(N-2)$个自由度描写分子内部原子之间的相对距离.

在分子的基态，这些距离由能量的最小化来确定. 当然，它们只是在适当的不确定性之内平均地“被确定”. 这些平均距离(更准确地说，这些距离的期待值)形成一个分子的**骨架**. 沿着每一对离子，都有一个化学键和一种**振动**类型的可能的量子激发. 当原子通过自身之间或者与电子云之间的 Coulomb 力相互作用时，沿各个化学键的独立振动不再是本征振动模式，因为在运动中它们涉及其他原子. **简正模式**实质上由分子骨架的**对称性**决定，它们是单个振动这样的一种组合，其中的所有原子以相同的振动频率运动. 和经典力学一样，简正模式的数目与原始的自由度数 $3N-6$ 相同.

双原子分子和一般的**线性**分子呈现一种奇特情况(据估计，在 $N=2$ 的情况下根本不会有振动). 正如图 5.9 所示，在这种情况下，分子的轴是**对称轴**. 绕这个对称轴的转动不对应于量子激发，因为它不改变波函数. 经典上，这种旋转不产生时间相关的多极场，因此不会导致电磁辐射. 如果绕对称轴的集体量子转动是不可能的，则轴对称的体系只有两种可能类型绕垂直于对称轴的轴的转动(具有两个相等的惯性矩). 因此，线性分子的内禀自由度数是 $3N-5$. 对一个双原子分子，还剩下一个振动自由度，即沿对称轴的振动. 这样一些论证并不排除沿对称轴的角动量的出现，不过这一角动量不能由作为一个整体的转动来产生. 为此，需要单个粒子的激发. 同样的结论适用于轴向变形原子核的转动[5].

要估算振动频率 $\omega\sim\sqrt{\kappa/M}$((1.16)式)，其中 M 实际上是两个离子的**约化质量**((1.45)式)，而 κ 是恢复力系数，我们取一个大的振幅$\sim L$ 的极限情况. 这样一种振动会完全扭曲了电子波函数. 相应的势能$\sim\kappa L^2$ 将是电子激发所要求的能量(5.64)式的量级：

$$\kappa L^2 \sim \frac{\hbar^2}{mL^2} \rightsquigarrow \kappa \sim \frac{\hbar^2}{mL^4} \tag{5.65}$$

由这一估算,得到振动能量为

$$E_{\mathrm{vib}} \sim \hbar\omega \sim \hbar\sqrt{\frac{\kappa}{M}} \sim \frac{\hbar^2}{\sqrt{mM}L^2} \tag{5.66}$$

它比电子能量((5.64)式)小一个因子$(m/M)^{1/2}$.

最后,用惯性矩 $I\sim ML^2$ 和量子化角动量$\sim\hbar$可以估算**转动能**为

$$E_{\mathrm{rot}} \sim \frac{\hbar^2}{I} \sim \frac{\hbar^2}{ML^2} \tag{5.67}$$

这些估算提供了各激发的等级：

$$E_{\mathrm{rot}} : E_{\mathrm{vib}} : E_{\mathrm{el}} \approx \frac{m}{M} : \sqrt{\frac{m}{M}} : 1 \tag{5.68}$$

绝热因子$(m/M)^{1/2}\sim10^{-2}$决定了气体的热力学:在绝对零度,分子处于基态;随着温度升高,转动自由度首先在 $T\sim E_{\mathrm{rot}}$时激活;然后,$T\sim E_{\mathrm{vib}}$时,振动被激发;只有在相当高的温度$\sim E_{\mathrm{el}}$下,电子自由度才会被解冻. 相应地,在分子光谱中我们从红外辐射到可见光再到紫外辐射.

以上估算还建议了分子和固体理论的一种**绝热方法(Born-Oppenheimer 近似)**. 一个小参数 m/M 的出现将自由度划分为**快的**(即电子的)和**慢的**(即离子的). 快运动首先可以在离子固定的场中考虑,然后,对于一个给定的离子组态的电子能量与离子的直接库仑排斥作用一道确定了对于离子的有效势能,它允许用于确定骨架的最优结构. 即使在既没有轻的、重的自由度也没有类似于 m/M 的参数的原子核中,激发仍然近似地遵从同样的等级划分,其中能量最低的是转动,接着是振动,然后是单粒子(质子或中子)激发. 通常,低能级的集团激发和较高能级的单粒子激发的存在是多体系统所特有的.

5.8 能级宽度

按照量子波的概念,能量为 E 的**定态**对应于频率为 $\omega=E/\hbar$的波动过程. 如果

$\Psi(t)$的时间依赖关系不是纯谐波，则该函数描写的是没有确定能量的**非定态**过程．类似于动量波函数 $\Phi(p)$的(4.3)式和(4.4)式，$\Psi(t)$由时间域到频率域的 Fourier 变换((5.2)式)给出了函数 $\Phi(\omega)$，该函数应解释为在波包中找到能量为 $E=\hbar\omega$ 的分量的概率幅．

实验表明，量子系统的所有**激发态**都不是**定态**．在一段时间后，体系会跃迁到较低的激发态，最后终结于基态．只有孤立体系的基态才可能是严格的定态并有无限长的寿命．跃迁的机制可以不同．跃迁通常和体系与其他系统的相互作用有关，比如原子辐射跃迁中的电磁场((1.20)式)．原子不能从辐射场孤立出来，这必然导致了激发态**有限的寿命**．

从大量实验(原子、分子及原子核的电磁辐射和放射现象等)还可知道，在高精度下，自发衰变可以认为是**指数型的**．N 个激发的客体(原子)的数目随时间减少：

$$N(t) = N(0)e^{-\gamma t} \tag{5.69}$$

其中，**衰变率** γ 不依赖于原子的初始数目 $N(0)$．由于

$$\gamma = -\frac{1}{N}\frac{dN}{dt} \tag{5.70}$$

这个量的意义为单个原子在单位时间内的衰变概率．在

$$\tau = \frac{\int_0^\infty e^{-\gamma t} t\,dt}{\int_0^\infty e^{-\gamma t}\,dt} = \frac{1}{\gamma} \tag{5.71}$$

的**平均寿命**内，原子的数目平均减小一个因子 e．将原子中的电子看作是频率为 ω 的一个经典振子，利用这个模型可估计原子的辐射阻尼[6,§75]为

$$\gamma \sim \frac{e^2\omega^2}{mc^3} \sim \omega\frac{e^2}{mc^2}\frac{1}{\lambda} = \omega\frac{r_e}{\lambda} \tag{5.72}$$

其中 r_e 为电子的经典半径((1.40)式)．对于可见光，该式给出衰变率 $\gamma\sim10^{-7}\omega$．这意味着，与振动周期$\sim\omega^{-1}$相比，寿命 τ 很大，因为原子振子具有**高品质**．在这样的情况下，我们可将态称为**准定态**．

如果每个原子停留在能量为 E_0 的激发态的概率 $P(t)$随时间呈指数减小，即

$$P(t) = |\Psi(t)|^2 \propto e^{-\gamma t}, \quad t > 0 \tag{5.73}$$

则其波函数应具有时间依赖关系：

$$\Psi(t) \propto e^{-(i/\hbar)E_0 t - (\gamma/2)t}, \quad t > 0 \tag{5.74}$$

这时，我们可以谈及一个不稳定态的**复能量** $\mathcal{E}$：

$$\Psi(t) \propto e^{(-i/\hbar)\mathcal{E}t}, \quad \mathcal{E} = E_0 - \frac{i}{2}\Gamma \tag{5.75}$$

复能量的虚部与衰变率相关：

$$\mathrm{Im}\,\mathcal{E} = -\frac{\Gamma}{2}, \quad \Gamma = \hbar\gamma = \frac{\hbar}{\tau} \tag{5.76}$$

由于不稳定态的波函数的时间依赖性不是谐振的，该态的实能量没有一个确定的值. 其 Fourier 频谱具有许多单色成分：

$$e^{-(i/\hbar)E_0 t-(\gamma/2)t} = i\int_{-\infty}^{\infty}\frac{d\omega}{2\pi}\frac{e^{-i\omega t}}{\omega - E_0/\hbar + (i/2)\gamma}, \quad t > 0 \tag{5.77}$$

通过封闭处于复平面 ω 下半部分内的积分回路求积分，我们可以立即验证这个恒等式，在 $t>0$ 时，这是可能的，由于因子 $\exp[\mathrm{Im}(\omega)t]$，大圆弧的贡献可以忽略. 根据我们的概率解释，找到频率 ω（在 ω 到 $\omega + d\omega$ 的间隔内）的分量的概率密度 $w(\omega)d\omega$ 由相应的 Fourier 分量的绝对值平方决定：

$$w(\omega)d\omega = \frac{\text{常数}}{|\omega - E_0/\hbar + (i/2)\gamma|^2}d\omega \tag{5.78}$$

至于能标，通过引进(5.76)式的 Γ 并对概率进行归一化使 $\int dEw(E) = 1$，我们得到 **Lorentz 分布**：

$$w(E)dE = \frac{1}{2\pi}\frac{\Gamma}{(E - E_0)^2 + \Gamma^2/4}dE \tag{5.79}$$

这个 Lorentz 分布如图 5.10 所示，类似于本征频率为 $E_0/\hbar$ 且衰减的经典振子的共振曲线[1,§26]. Γ 等于**在半极大值处的全宽度**(FWHM)，通常称为**能级宽度**. 它是找到该体系的概率很大的共振值 E_0（共振曲线的**形心**）附近能量间隔的测度.

因此，激发态是不稳定的，它们的寿命 τ 通过(5.76)式与宽度 Γ 联系起来. 当 $\tau\to\infty$ 时，曲线 $w(E)$ 在形心附近变得很窄，$\Gamma\to 0$，而且向上拉伸，如图 5.10 所示. 曲线下方的面积保持等于 1，结果是(3.25)式，即

$$\Gamma \to 0: \quad w(E) \to \delta(E - E_0) \tag{5.80}$$

因而我们得到了具有确定能量 E_0 的定态. 依照其含义，宽度 Γ 表征衰变体系的能量不确定性，而(5.76)式展现了能量-时间不确定性关系((5.7)式)的另一面. 这个结果具有普遍性质，它不依赖于精确地满足指数衰变率((5.69)式)，这种衰变率让我们得到 Lorentz

曲线.此外,我们可预期(见下册 10.6 节)对指数衰变率的偏离.的确,Lorentz 曲线在 $|E-E_0|\gg\Gamma$ 时有长尾巴.随着 $w(E)$缓慢减小,偏离形心的能量的均方偏差

$$(\Delta E)^2=\int_{-\infty}^{\infty}\mathrm{d}Ew(E)(E-E_0)^2 \tag{5.81}$$

是发散的.这一无穷大是 Lorentz 分布的非物理特性.在任何真实体系中,能谱不会包含从 $-\infty$ 到 $+\infty$ 的所有能量,而是从基态能量以下截断.因此,一个非稳定系统的能量分布不可能是精确的 Lorentz 分布.按照不确定性原理的精神,远处的能量尾巴对应于极短的时间.衰变的最初阶段应偏离指数规律.在 $\gg\tau$ 的非常大的时间,预计也会有偏离.不过,在物理上重要的时间间隔内,衰变非常接近指数规律,对不是非常远离形心处的真实衰变 Lorentz 分布通常是一种好的近似.

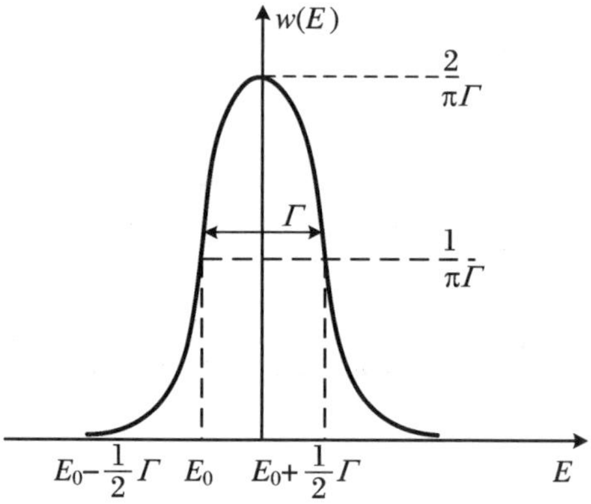

图 5.10　准定态的共振曲线

5.9　谱线宽度和 Mössbauer 效应

对一个发生初态 i 和末态 f 之间辐射跃迁的体系,人们可探测到频率为 $\omega_{if}=(E_i-E_f)/\hbar$的光子.由于不稳定态 i 的能量不确定性,发射出来的光子会有一个量级为 $\Gamma_i/\hbar$的频率弥散.如果末态也是不稳定的,观测到的**谱线宽度**将被定义为总和$\Gamma=\Gamma_i+\Gamma_f$.

实验线宽通常超过**自然宽度** Γ.速度为 $\hat{v}_{\mathrm{th}}$的原子的热运动导致辐射的 **Doppler** 展

宽，$\Gamma_D \sim (\hat{v}_{th}/c)\hbar\omega$. **原子的碰撞**也会显著地展宽谱线，因为原子态受到其附近另一原子运动的扰动，这一非稳定过程破坏了原子波函数的单色性. 相应的宽度可估算为 $\Gamma_{coll} \sim \hbar/\tau_{coll}$，其中 τ_{coll} 是平均自由程时间. 介质中的谱线形状也可能不同于静止的单原子的谱线形状.

观测到的谱线宽度依赖于使体系激发的方法. 一种可能的激发过程是预期随后将被发射的相同频率的电磁波的吸收(**共振荧光**). 如果入射波具有宽能谱，$\Delta E \gg \Gamma$，则激发态的所有成分都可被占据，因此发射谱线的宽度将与天然辐射宽度 Γ 相一致. 可是，若入射波具有非常窄的谱，正如可以用激光实现的那样，$\Delta E \ll \Gamma$，则能量守恒只允许相应的一些 Fourier 分量激发. 那时所观察到的发射谱线的形状将重现入射波的谱，而且谱线的宽度将窄于自然宽度. 碰撞中的激发通常以宽谱为特征.

关于共振荧光，原子和原子核之间有显著的差异，如图 5.11 所示. 让我们假设一个静止的激发的原子核 1(源)发射出一个能量为 $\hbar\omega_{源}$ 的光子，然后看看该光子是否能被完全相同的原子核 2 吸收. 光子还带走动量 $p = \hbar\omega_{源}/c$，作为源的核获得大小相等、方向相反的反冲动量，并因此获得反冲动能 $E_{反冲}$. 如果核发生了从激发态 E 到末态 E_0 的跃迁，则由守恒定律得

$$E = E_0 + \hbar\omega_{源} + E_{反冲}, \quad E_{反冲} = \frac{p^2_{反冲}}{2M} = \frac{\hbar^2\omega^2_{源}}{2Mc^2} \tag{5.82}$$

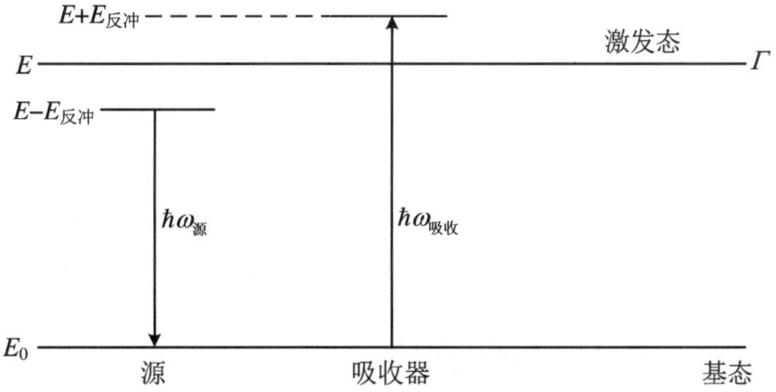

图 5.11　共振荧光中的能量和动量守恒

对于原子序数 $A \sim 50$ 的中等核以及激发能 $E - E_0 \sim 1$ MeV，反冲能(5.82)式约为 10 eV. 核 2(**吸收体**)接收光子的能量和动量. 因而，这一过程要求光子的能量 $\hbar\omega_{吸收}$ 比激发能 $E - E_0$ 大一个相同的反冲能，如图 5.11 所示. 结果，出现了能量的失配：

$$\hbar(\omega_{吸收} - \omega_{源}) \approx 2E_{反冲} \tag{5.83}$$

比如说，对于寿命为 $\tau \sim 10^{-13}$ s 的核的低激发态，辐射宽度(5.76)式为 $\Gamma \sim 10^{-2}$ eV，这就是说，小于能量的失配(5.83)式. 因此，由动量守恒引起的反冲将该原子核撞出共振宽度之外. 如果原子是运动的，Doppler 展宽可能有助于使共振以一种想要的方式移动. 然而，在室温下(对相同的核)

$$\Gamma_{\mathrm{D}} \sim \frac{\hat{v}_{\mathrm{th}}}{c} \hbar\omega \sim \sqrt{\frac{T}{Mc^2}} \hbar\omega \sim 10^{-5} \hbar\omega \sim 10 \text{ eV} \tag{5.84}$$

所以，这经常并不适用. 原子核中的共振荧光只能在高温下(或者有特殊运动的源或吸收体)或者在具有反常的小寿命(大宽度)的能级中被观测到.

习题 5.14 (利用(5.72)式)作类似的估算，证明共振荧光通常在原子物理中可被观测到.

对于原子核的共振荧光，借助 Mössbauer 效应(1958 年)可以观测到. 被强束缚在晶格内的原子核允许**无反冲地**发射和吸收光子，因为晶格作为一个整体接收这一反冲动量的过程有明显的概率. 在这种情况下，由于晶体的宏观质量，反冲能量可忽略不计. 与自由原子核不同的是，束缚于晶格势内的原子核是定域化的，因此具有动量分布. 特别是，存在波函数的一些 Fourier 分量，它们产生补偿反冲所需的额外动量(Doppler 效应的类比). 类似的效应实际上早在慢中子被晶格中的原子核散射的物理中就已为人所知晓. Mössbauer 效应允许观测非常尖锐的谱线. 加上借助源和吸收体之间量级为1 mm/s的很小的相对速度的真正 Doppler 效应，我们可以改变失谐并详细研究谱线的形状. 这提供了一种对于由环境的化学成分不同或弱磁场甚至是弱引力场引起的能级微小相对移动很敏感的有效工具.

5.10 虚过程和相对论效应

由于能量-时间不确定性关系，能量的精确确定只有在具有无穷大持续时间的过程中才是可能的. 通常最方便的做法是把这样的过程细分为一些具有有限持续时间的中间阶段. 在 5.9 节对共振荧光的讨论中，我们说过，由源发射而后被吸收体吸收的光子被视为具有能量 $E = \hbar\omega$ 和动量 $p = E/c$ 的真实粒子. 然而，如果发射和吸收行为之间的时间间隔 Δt 变得很小，则由于不确定性关系，具有确定能量的光子这一概念将变得毫无意义. 在这样一种近似描述中，一个具有确定能量和动量的粒子与一个没有时间获得粒子特性的瞬态对象之间的界线变得模糊不清，并且其区别只有定量而没有定性的特征.

我们将这样的情况称为**虚过程**或系统的**虚态**.如果像上面的例子那样，一个新"粒子"出现了很短的时间，该粒子也可以称为虚粒子.这一方法可帮助我们对复杂态进行量子描述，如两个原子(或原子核)和一个电磁场的荧光的例子.将这个系统作为一个整体，能量守恒定律是满足的.不过，在一个虚过程中，每个子系统的能量都没有确定值.这是不稳定态、能级宽度等整个概念的来源.这种近似描述是方便的，这要归功于它与实验可观测量之间的直接关联.在每一步，其他守恒定律(动量、角动量、电荷等)都仍然得以遵从.另一种类型的描述常用于相对论量子理论，其中能量守恒在每一阶段都得到满足，但是在虚粒子的能量和动量之间标准关系((1.6)式)并不存在.换言之，虚粒子的质量可取任意值.

习题 5.15 已知两核子之间的强作用力的力程为 $R \sim (1 \div 2) \times 10^{-13}$ cm 量级.如图 5.12 所示，假设核力通过介子的交换传递，估算最轻的介子的质量.

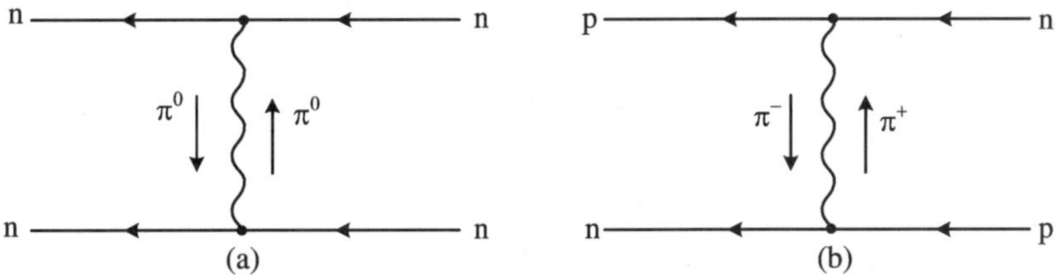

图 5.12 通过中性介子(a)和带电介子(b)的交换传递的核力

解 由单个核子真实地产生一个介子的过程是被能量-动量守恒禁戒的.该相互作用作为持续时间为 τ 的虚过程发生.为把核子连接起来，虚介子应该有足够的时间来通过核子间的距离 R，$R < c\tau$.当质量为 m 的虚介子存在时，体系的能量不确定度为 $\Delta E \sim mc^2 \sim \hbar/\tau$.由此，介子能传播过的最大距离决定了核力的力程：

$$R \sim c\tau \sim \frac{\hbar}{mc} \tag{5.85}$$

换句话说，质量为 m 的交换量子跨过传递者的 Compton 波长将两个粒子耦合在一起，回顾(1.39)式.对于虚光子，$m=0$，传递的力是长程的(Coulumb 力).在核子-核子相互作用中，$R \sim 2$ fm，(5.85)式预言 $m \sim 200 m_e$.就这样，π 介子本身的存在被预言了(H. Yukawa，1935).π 介子交换导致了 Yukawa 势((1.50)式)，其强度并不足以束缚两个核子，见习题 1.8.质子-中子的束缚态(**氘核**)的存在由其他更重的介子的额外交换得到保障.

在更严格的考虑下，代替分开的核子和虚介子，我们会有一个相互作用的核子和介子场的复杂体系；该体系作为一个整体在基态将会有确定的能量．事实上，一种类似的想法可以用于隧道效应的研究中，见 2.7 节．当一个粒子进入势垒下方的禁戒区一段不长的时间 Δt 时，虚态是有可能的．这导致了能量涨落 $\Delta E\sim\hbar/\Delta t$．对于小的 Δt，粒子的"瞬时"能量可以超过势垒的高度，因而粒子能够克服（"跳过"）禁戒区．这也排除了在势垒下方"抓住"粒子的可能性：这将要求大于势垒高度的额外能量．我们需要再次强调，在量子问题的精确求解时我们不需要虚态的概念．体系的全波函数作为一个整体提供了完整的信息，特别是，允许我们求得如隧穿这样一些过程的概率．

在习题 5.15 中，信号传播的极限速度 c 的存在是至关紧要的．一般来说，在相对论领域中，还出现了超出通常量子不确定性关系的新限制[7,§1]．形心能量 E、动量 p 的相对论波包的群速度为 $\hat{v}=pc^2/E<c$．由于波包内的能量和动量弥散之间的关系为 $\Delta E\sim\hat{v}\Delta p$，而且通过的时间满足 $\Delta t\sim\hbar/\Delta E$，我们得到新的限制条件（在极限 $c\to\infty$ 下，这一限制条件不复存在）：

$$\Delta p\cdot\Delta t\geqslant\frac{\hbar}{c}\tag{5.86}$$

在一个给定的测量过程持续时间内，上式决定了动量测量的最佳精度．

另一个关系对**单粒子**态概念本身赋予了限制．为了使质量为 m 的给定粒子这一概念有意义，该态的能量不确定度必须小于 mc^2，这样，测量的持续时间 $\Delta t>\hbar/(mc^2)$．那时方程(5.86)给出了动量不确定度的范围，$\Delta p\sim mc$，因而，粒子在静止系中不可能比在其 Compton 波长

$$\Delta x\geqslant\frac{\hbar}{\Delta p}\geqslant\frac{\hbar}{mc}=\lambda_C\tag{5.87}$$

范围内更好地定域化．当企图实现更好的定域化时，能量和动量的不确定度增长得如此之大，以至于新粒子的产生变成能量上可允许，因而该问题也就失去了其单粒子特性．这时，我们需要采用完全的相对论量子场理论而不是量子力学．

5.11 再论空间量子化

正如 1.8 节中所讨论的，量子体系的角动量被量子化为$\hbar$的整数倍或半整数倍（对自

旋).我们仅仅采用以$\hbar$为单位的角动量(比较(4.34)式和(4.68)式);仍将无量纲的轨道角动量矢量表示为 $\boldsymbol{l}$.如果从实验上,比如用 Stern-Gerlach 装置,挑选出一个空间方向 z 并测量出角动量在该方向上的投影 $l_z = m$,则 m 的值从 $-l$ 变化到 $+l$,共有 $2l+1$ 种可能的结果.由于空间的各向同性,对量子化轴的**任意选择**显示出相同的量子化.因为最大的可能投影为 l,假设角动量的长度为$\sqrt{\boldsymbol{l}^2}=l$ 是很自然的.但是,这会与不确定性关系不相容.

让我们假定所研究的粒子没有内在的特定方向.应用具有各种取向的 Stern-Gerlach 场,我们等概率地得到角动量投影的所有可能值(当然,对每个粒子只有一个给定的投影能测量到).由于各向同性,大量测量(这里,测量指的是不同的实验装置)得到的 $\boldsymbol{l}^2$ 的平均值等于

$$\overline{\boldsymbol{l}^2} = \overline{l_x^2 + l_y^2 + l_z^2} = 3\,\overline{l_z^2} \tag{5.88}$$

因为可能的结果都是量子化的,该平均值为

$$\overline{\boldsymbol{l}^2} = \frac{3}{2l+1}\sum_{m=-l}^{l} m^2 = \frac{6}{2l+1}\sum_{m=1}^{l} m^2 \tag{5.89}$$

通过计算整数的平方和,我们求得

$$\overline{\boldsymbol{l}^2} = \frac{6}{2l+1}\,\frac{l(l+1)(2l+1)}{6} = l(l+1) \tag{5.90}$$

我们得出如下结论:角动量矢量的"长度"平均值等于$\sqrt{l(l+1)}$,因而总是超过该矢量在任何方向上的最大投影,如图 5.13 所示.

这一结果(对于角动量的半整数量子化,它也适用)看起来很奇怪.它应该本着不确定性关系的精神来解释.假如存在一个态,其中矢量 $\boldsymbol{l}$ 精确地沿某个方向,则人们或许就可以选择这个方向作为量子化轴,并且测量将会给出,在该方向的投影等于与$\sqrt{\boldsymbol{l}^2}$一致的最大可能值.现实中,这样一种态并不存在.这里,我们有一对新的互补变量 l_z 和方位角 φ.在经典力学中,它们是正则共轭量,类似于线动量 p_x 和坐标 x.在量子力学中,我们有线动量算符((4.29)式)和角动量算符((4.34)式和(4.68)式)之间的类似性.它们二者都呈现为对于坐标(分别是对于线坐标和角坐标)的导数,并且在更深层次的处理中,它们是平移生成元和转动生成元.因而,我们预期类似于 $\Delta(\hbar l_z)\cdot\Delta\varphi\sim\hbar$的一个不确定性关系成立.假如真是这样的话,具有完全沿着量子化轴指向的角动量矢量的态就会类似于具有精确确定动量 p 的平面波态.在该态中,方位角将会是不确定的.然而,以下两种相互关联的情况使这个推测是不正确的.

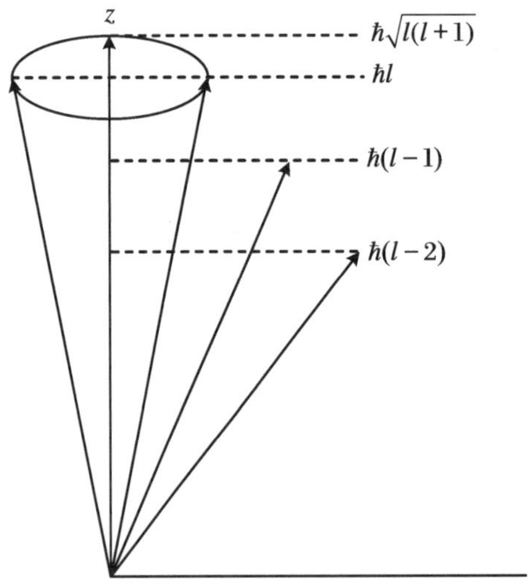

图 5.13　角动量的空间量子化及进动图

首先,在这种极限情况下,分量 l_x 和 l_y 也会是被完全确定的(等于零),这会与这些分量的不确定性原理相矛盾,因为极角也有确定的值 $\theta=0$. 其次,不确定度 $\Delta\varphi$ 不可能如上面所建议的不确定性关系的形式所要求的无限大. 的确,角度是只在 2π 区间内被定义的**紧致**坐标,它使得谈及其无限大的不确定度是没有意义的. 此外,φ 的任意单值函数必须对于 2π 是**周期性的**,正如我们在构建方位角函数的完备集(4.72)式时曾经遇到过的那样. 对所有此类函数,角度的不确定度无疑是有限的(等于 $\pi/\sqrt{3}$,与长度 2π 的间隔选取无关).

在有着无穷大的笛卡儿坐标范围的线动量和具有紧致域的共轭角度的角动量之间的几何学或拓扑学的差异是决定性的. 形式上,这点也可以从如下事实中看出:线动量的分量算符 $\hat{p}_k$ 之间对易((4.57)式),而同时角动量分量 $\hat{l}_k$ 之间却不对易((4.37)式). 沿任意方向的两个连续平移的结果与操作顺序无关. 与之相反,绕不同轴的两个转动的结果确实依赖于操作顺序;三维空间中的转动群是**非阿贝尔群**. 它的许多推论将在本课程的后面出现.

由于矢量 $\boldsymbol{l}$ 完全沿着轴向排列是不可能的,而且其"长度"总是大于其最大投影,因此这种情况的最接近的经典类比是角动量矢量绕量子化轴进动的图像,如图 5.13 所示. 进动圆锥的角度与投影 l_z 一起都是固定的. 横向分量的平均值均为零,$\langle l_x\rangle=\langle l_y\rangle=0$,但它们的均方涨落永远不为零,即

$$\langle l_x^2\rangle=\langle l_y^2\rangle=\frac{1}{2}[\langle \boldsymbol{l}^2\rangle-\langle l_z^2\rangle]=\frac{1}{2}[l(l+1)-m^2]>0 \tag{5.91}$$

这里，我们通过确认早先关于量子力学期待值时所讨论过的对可能取向求平均向前跳了一步．稍后，我们将更详细地考虑角动量代数，并且严格地推导在这里粗略讨论的一些性质．

如果人们取一个形式上的极限过渡$\hbar \to 0$，则不确定性关系不再会对可观测量给出任何限制．波包扩散((5.26)式)将停下来，所有的物理量都可能同时具有确定值．正如前面提到过的，Planck 常数只是对基于对称性的量子规律的表现形式提供了数值尺度．如果这一尺度远小于物理测量可以达到的尺度，则不确定性变得无关紧要．对于角动量，这一极限以如下方式达到：人们需要趋向大的（宏观的）量子数，$l \to \infty$，$l(l+1) \approx l^2 = (l_z^2)_{\max}$，经典的定位方式得到恢复．那时，我们以保持角动量的物理大小$\hbar l$ 为有限值的这种方式取$\hbar \to 0$．粒子的自旋角动量没有宏观极限，其值为$\hbar/2$，并且

$$\mathbf{s}^2 = s(s+1) = \frac{3}{4} \tag{5.92}$$

的自旋矢量$\hbar \mathbf{s}$ 在经典极限下消失了．但是，例如，在宏观上大量自旋的铁磁的定向排列作用中，它留存了下来．

要结束这长长的一章，我们强调指出量子理论基于互补物理量和互补实验的存在．反过来，这种互补性反映了可观测量的特殊对称性．互补实验可以被认为是一个微观客体的同一状态在不同物理情况上的不同投影．从某种意义上说，这类似于相对论中的不同参考系，而且对应 Lorentz 变换，各种不同测量之间的量子振幅存在某种变换规则．但是，结果的解释是概率性的，以致全波函数只能在一系列全同条件下的实验中探讨．不确定性关系是对互补原理（即量子层次上基本对称性的相互影响）的数值表示式．

第 6 章

Hilbert 空间和算符

量子现象并非发生于 Hilbert 空间，而是发生在实验室中.

——Asher Peres

6.1 概率幅

在前面导言性的几章中品尝量子思想的滋味之后，我们可尝试从更普遍的观点处理量子理论.一些专题已经陈述过了.不过在这里，通过引入量子理论的实用数学，我们将以一种更为形象的方式重新讨论它们.

应该由理论回答的问题可以用各种实验结果的概率公式化表述.假设在 t_0 时刻制备了(相容的)变量 A 的集合具有确定值的一个量子态 Ψ_A(正如一直所做的那样，我们将处于无扰动演化的量子体系称为一个"态").我们感兴趣的是，在 t 时刻测量一个(也彼此相容但一般不同于 A 的)变量 B 集合取某确定值的概率 $P(B,t;A,t_0)$. 如果集合 B 的变量具有其可能值的一个连续谱,我们需要谈到各种 B 值的概率密度 $P(B)$,使得发现 B 处于 $B \sim B+\mathrm{d}B$ 区间的概率等于 $P(B)\mathrm{d}B$. 为简单起见,我们将采用对于分立谱的标记方法,不过其扩展是直截了当的. 通常,可以只考虑分立谱,最后再完成到连续谱的极限过渡. 这一做法将经常被采用而不给出进一步的理由.

我们要寻求的这个概率是一个实的、非负的量,可以用一个**复概率幅** $\langle B,t \mid A,t_0\rangle$ 表示:

$$P(B,t;A,t_0) = |\langle B,t \mid A,t_0\rangle|^2 \tag{6.1}$$

该概率幅的**整体相位**不影响实验的可观测量. 定义式(6.1)应当由右向左读:初始时由集合 A 表征的一个态按照量子力学规律随时间演化,然后对其测量变量 B 的分布. (6.1)式中出现的振幅被称为态 A 在 B **表象**中的概率幅. 表象的选择取决于我们的目的(感兴趣的量 B 以及相应的实验装置的选择). 振幅 $\langle B \mid A\rangle$(如果不重要的话,时间宗量可以省略)是与经典波动振幅类似的.

对 B 的每一次测量都将产生某个结果,即一个数. 通过在全同条件下的重复测量,我们抽取出概率分布. 一个很自然的做法是尝试将概率((6.1)式)以这种方式归一化,使得它们对 B 的所有可能值的和(在连续谱情况下是一个积分)等于 1:

$$\sum_B P(B,t;A,t_0) = 1 \tag{6.2}$$

如果这个和(积分)收敛,我们总可以通过把所有的振幅乘以一个不依赖 B 的数值因子求得归一化((6.2)式). 在发散的情况下,该振幅是不可归一化的,但是各个 B 值的相对概率仍然是有意义的.

6.2 叠加与干涉

让我们考虑可以通过若干独立的非重叠中间态发生(可以通过不同的路径得到)的一个事件的概率. 经典的方法将会如下进行. 设 A 为一个高中毕业生. 我们感兴趣的是,他或她成功地通过一所大学 C 获得学士学位 B 的概率. 于是,显然有

$$P(B;A) = \sum_C P(B;C)P(C;A) \tag{6.3}$$

其中，$P(C;A)$为 A 进入大学 C 的概率，而 $P(B;C)$为从这所大学取得学位的概率．这是经典概率的加法和乘法．

在波动力学中，经典规则（(6.3)式）是不成立的．例如，取一个如光子干涉仪之类的设备，如图 6.1 所示．令 R 为从中央薄板 O 反射的那部分强度，T 为透射系数．于是，我们有

$$P(C_1;A)=T,\quad P(B;C_1)=R,\quad P(C_2;A)=R,\quad P(B;C_2)=T \tag{6.4}$$

根据(6.3)式，到达 B 点的总概率为

$$P(B;A)=2RT \tag{6.5}$$

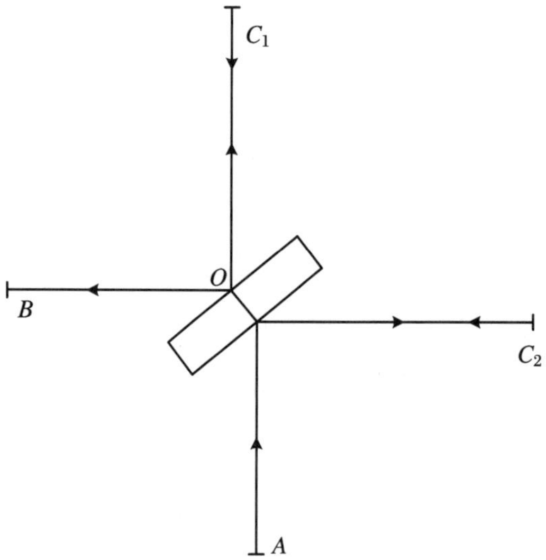

图 6.1　劈裂束流干涉仪的示意图

与劈裂束流的路程差无关．很显然，(6.3)式的做法没有考虑依赖束流路径长度的**相位差**，因而未能显示出干涉效应．劈裂束流之间的相对相位不应该与该振幅$\langle B|A\rangle$确实不重要的总相位混淆．

习题 6.1　推导出正确的波动结果：

$$P(B;A)=2RT\left(1+\cos\frac{E\tau}{\hbar}\right) \tag{6.6}$$

其中，$E/\hbar$是光子的频率，$c\tau$ 是通过 C_1 和通过 C_2的路径之间的长度差．注意，在某些条件下，最终的概率可以是经典结果（(6.5)式）的两倍．但该概率也可以为零．这就是可以利用已知光的频率测量长度的干涉比较仪的概略原型．

用量子语言讲，本例中的入射光束对应于具有一个(就其大小和方向)确定的动量矢量的光子态.在束流被劈裂后，光子态的动量方向会改变，动量的大小及能量保持不变(宏观仪器吸收了反冲动量，而我们忽略反冲能量，见 5.9 节).由于光子和干涉仪的组合体系是封闭的，我们仍然有该系统的一个在本节开始时曾提到过的那种意义上的态.但现在，该态是一种组合，是对应于两个确定传播方向的态的**叠加**.如果将一个额外探测器插入干涉仪的双臂中，则有可能在其中一个臂中捕捉到光子——它绝不会是光子的一个"碎片".然而，类似于我们在双缝实验中所看到的(见 5.2 节)，这种额外的测量通过固定可能性中的一种而完全破坏了两个成分的干涉.

这样，**叠加原理**得到了满足:作为态的集合的一个成员，这个态可以被认为是不同集合的一些态的一种叠加.相反，任何叠加都仍然是该体系的一个可以允许的态.叠加原理的正确的数学表达式可以由图 6.2 所示的一个简单例子求得.设光沿偏振器 A 方向偏振，而我们感兴趣的是穿过检偏振器 B 透射的光的强度.按照已知的光学定律(或者也可以说"根据实验")，该光强为

$$P(B;A) = \cos^2(\alpha + \beta) \tag{6.7}$$

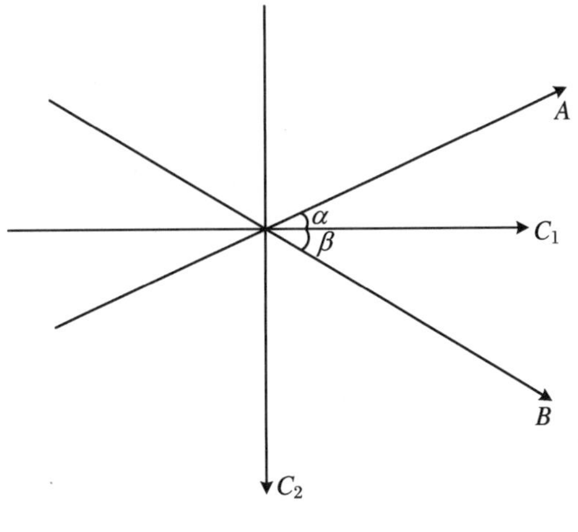

图 6.2　来自利用一个偏振器 A 和一个检偏振器 B 的简单实验的叠加原理

依据叠加原理，入射光可以表示为沿两个互相垂直的基的方向 C_1 和 C_2 极化波的组合.对应于这两个方向的检偏振器所透射的光强为

$$P(C_1;A) = \cos^2\alpha \quad \text{和} \quad P(C_2;A) = \cos^2(\alpha + \pi/2) = \sin^2\alpha \tag{6.8}$$

由于这些概率，通过最后的检偏振器 B 透射的那部分光的强度为

$$P(B;C_1) = \cos^2\beta \quad \text{和} \quad P(B;C_2) = \cos^2(\pi/2 - \beta) = \sin^2\beta \tag{6.9}$$

我们再一次看到,关系式(6.3)与(6.7)~(6.9)式相矛盾.如果引进具有相应的**相对相位的振幅**(6.1)式,即

$$\langle C_1 \mid A\rangle = \cos\alpha,\quad \langle C_2 \mid A\rangle = \cos(\alpha+\pi/2) = -\sin\alpha \tag{6.10}$$

$$\langle B \mid C_1\rangle = \cos\beta,\quad \langle B \mid C_2\rangle = \cos(\pi/2-\beta) = \sin\beta \tag{6.11}$$

则

$$\begin{aligned}\langle B \mid C_1\rangle\langle C_1 \mid A\rangle + \langle B \mid C_2\rangle\langle C_2 \mid A\rangle &= \cos\alpha\cos\beta - \sin\alpha\sin\beta \\ &= \cos(\alpha+\beta) = \langle B \mid A\rangle\end{aligned} \tag{6.12}$$

于是正确的结果(6.7)式可以重新得到.

我们看到,具有相对相位的概率幅而不是概率本身以适当的方式组合产生出正确的干涉图样.因此,代替经典规则(6.3)式,叠加原理可写为

$$\langle B \mid A\rangle = \sum_C \langle B \mid C\rangle\langle C \mid A\rangle \tag{6.13}$$

或者以一种更完整的形式,对于连续谱,有

$$\langle B,t \mid A,t_0\rangle = \int \mathrm{d}C\langle B,t \mid C,t'\rangle\langle C,t' \mid A,t_0\rangle \tag{6.14}$$

此处,t'是任意的中间时刻(不对 t'积分).要得到概率 $P(B;A)$,我们取求和式(6.13)的平方.这给出了每条路径连同路径之间干涉项一起的分概率.如果存在许多其振幅有着**无序相位**的中间态 C,则经典规则((6.3)式)得以恢复.这时,我们可能会有交叉项之间的强烈相消.在这一限制下,只有各个振幅的平方存留下来,因此我们返回到了概率的经典加法((6.3)式).这样,经典理论作为量子振幅完全退相干的结果得到恢复.

6.3 态矢量

利用所研究的同样的态 Ψ_A,我们可寻求一组不同于 B 的动力学变量集合(例如 D)的测量结果.这导致同一个 A 态在 D 表象中的振幅$\langle D \mid A\rangle$.如果叠加原理((6.13)式)是普遍适用的,则通过使用新表象但同样的基中间态 C 的集合,我们得到

$$\langle D \mid A \rangle = \sum_C \langle D \mid C \rangle \langle C \mid A \rangle \tag{6.15}$$

我们断定，无论何种表象，均有

$$\langle \cdots \mid A \rangle = \sum_C \langle \cdots \mid C \rangle \langle C \mid A \rangle \tag{6.16}$$

其中，代替那些点，我们可以放入任何表象的特征.

最后一个表达式类似于一个矢量 $\boldsymbol{a}$ 在 N 维矢量空间中借助基$\{\boldsymbol{c}_n\}$的展开，即

$$\boldsymbol{a} = \sum_n \boldsymbol{c}_n (\boldsymbol{c}_n \cdot \boldsymbol{a}) \tag{6.17}$$

表象 B，D，…的选择可看作是将矢量 $\boldsymbol{a}$ 投影到一个固定矢量$\boldsymbol{b}$，$\boldsymbol{d}$，…上，类比于(6.13)式和(6.15)式：

$$\boldsymbol{b} \cdot \boldsymbol{a} = \sum_n (\boldsymbol{b} \cdot \boldsymbol{c}_n)(\boldsymbol{c}_n \cdot \boldsymbol{a}) \tag{6.18}$$

不同的表象起到了对同一个态 A 的不同坐标系或不同视图的作用. 中间态 C 实际上是用作基矢量的同一系统的态. 在(6.16)式中，原始态被表示为这些基矢量的一种线性组合(叠加原理)，出现在该叠加中的每一个分量的振幅由该起始矢量在相应基矢量上的投影给出(与图 6.2 比较).

现在，对一个量子体系的每个态 A，我们可将其对应于包含了体系所有可能状态的抽象**矢量空间**中的一个**态矢量**，记为$|A\rangle$. 这一流形(manifold)称为 **Hilbert 空间**. 矢量$|A\rangle$的分量是对变量 B 的测量中所有可能输出 B_i 的概率幅$\langle B_1 | A\rangle$，$\langle B_2 | A\rangle$，…(B 表象)，或者是在另一个参考系(D 表象)中的概率幅$\langle D_1 | A\rangle$，$\langle D_2 | A\rangle$，…. 存在可用作基的中间矢量$|C\rangle$的**完备集**，而叠加原理(6.16)式本质上是表述允许我们用这一集合作为基的**完备性**，即

$$|A\rangle = \sum_C |C\rangle \langle C \mid A \rangle \tag{6.19}$$

它与通常矢量的(6.17)式类似.

在态$|A\rangle$上，于 t 时刻在点 $\boldsymbol{r}$ 附近找到粒子的概率幅就是**坐标**表象中老的波函数 $\Psi_A(\boldsymbol{r}, t)$. 利用新的语言，它就是态矢量$|A\rangle$的一个“位置”分量：

$$\Psi_A(\boldsymbol{r}, t) = \langle \boldsymbol{r}, t \mid A \rangle \tag{6.20}$$

按同样的方式，同一个态矢量的“动量”分量是**动量表象**中的波函数 $\Phi(\boldsymbol{p}, t)$：

$$\Phi_A(\boldsymbol{p}, t) = \langle \boldsymbol{p}, t \mid A \rangle \tag{6.21}$$

我们早前的很多结果都可用态矢量之间的关系改写. 例如，态 $\Psi(x, t)$的时间演化方程

((3.38)式)与坐标表象中的叠加原理((6.14)式)是一样的,其中的中间态也都取自坐标表象:

$$\langle x, t \mid \Psi \rangle = \int \mathrm{d}x' \langle x, t \mid x', t' \rangle \langle x', t' \mid \Psi \rangle \tag{6.22}$$

用这些符号,传播子为

$$G(x, t; x', t') \equiv \langle x, t \mid x', t' \rangle \tag{6.23}$$

Hilbert 空间是**复空间**,因为振幅通常都是复的. 独立分量$\langle B | A \rangle$的数目可以是有限的,或者是无限的,取决于相应的动力学变量的谱.

6.4 Hilbert 空间几何学*

把叠加原理((6.19)式)与普通矢量的基展开((6.17)式)对比表明,概率幅$\langle C | A \rangle$是矢量$| A \rangle$在另一个矢量$| C \rangle$(在这种情况下,属于所选的基)上的投影. 用更为数学的术语来说,这些振幅是所研究的矢量$| A \rangle$与另一个用来标识初始态演化的一条可能路径的矢量$| C \rangle$的**内积**(**标量积**). 在实矢量空间中,这的确是一个"标准的"标量积$(\boldsymbol{c}_n \cdot \boldsymbol{a}) = (\boldsymbol{a} \cdot \boldsymbol{c}_n)$,见(6.17)式. 但是,在量子力学中,这些振幅都是复的. 概率$|\langle C | A \rangle|^2$是这两个态矢量的**重叠**,因此应该等于逆实验的概率$|\langle A | C \rangle|^2$,在那里我们从固定为$| C \rangle$的态开始,并借助变量$A$,即在$A$表象中,测量其特征. 相应的振幅可能有相位的差别,并且假设二者是**复共轭**. 正如我们很快就会看到的,这与我们在坐标表象和动量表象的具体实例中已经用过的相符. 在所有情况下,复共轭反映了事件的逆演化,因而它与时间反演变换有关,见 8.1 节.

Hilbert 空间中两个矢量的**内积**为

$$(\boldsymbol{\Psi}_B, \boldsymbol{\Psi}_A) \equiv \langle B \mid A \rangle \tag{6.24}$$

上式中我们使用了两套等价的符号. 对于每个有序的对$| B \rangle$和$| A \rangle$,该内积可定义为满足如下规则的泛函:

(1) 倒易条件:

$$(\boldsymbol{\Psi}_B, \boldsymbol{\Psi}_A) = (\boldsymbol{\Psi}_A, \boldsymbol{\Psi}_B)^* \tag{6.25}$$

(2) 对**第二**宗量为线性:

$$(\boldsymbol{\Psi}_B, \alpha\boldsymbol{\Psi}_A + \alpha'\boldsymbol{\Psi}_{A'}) = \alpha(\boldsymbol{\Psi}_B, \boldsymbol{\Psi}_A) + \alpha'(\boldsymbol{\Psi}_B, \boldsymbol{\Psi}_{A'}) \tag{6.26}$$

其中我们用了态$|A\rangle$和$|A'\rangle$以任意复系数 α, α'的一个叠加；以及

(3) 所有矢量$|\boldsymbol{\Psi}\rangle$的标量平方（模）的非负定性（作为(6.25)式的推论，所有的平方$(\boldsymbol{\Psi}, \boldsymbol{\Psi})$都是实的）：

$$(\boldsymbol{\Psi}, \boldsymbol{\Psi}) \geqslant 0 \tag{6.27}$$

其中，等式$(\boldsymbol{\Psi}, \boldsymbol{\Psi}) = 0$ 仅对**零矢量**成立，而零矢量是所有分量（即与任意基矢量进而与任意其他矢量的标量积）均为零的矢量. 由条件(1)和(2)可以得到，标量积对**第一个**矢量是**反线性**的：

$$(\beta\boldsymbol{\Psi}_B, \boldsymbol{\Psi}_A) = (\boldsymbol{\Psi}_A, \beta\boldsymbol{\Psi}_B)^* = (\beta(\boldsymbol{\Psi}_A, \boldsymbol{\Psi}_B))^* = \beta^*(\boldsymbol{\Psi}_B, \boldsymbol{\Psi}_A) \tag{6.28}$$

按照 Dirac 符号，标量积((6.24)式)可称为**括号**，括号内左边的矢量称为**左矢**，右边的矢量称为**右矢**.

事实上，在本章之前我们已经用过了这个定义的特殊实现. 对于在其定义域 Γ 内**平方可积**的函数 $\boldsymbol{\Psi}$ 空间中，概率幅（如(3.14)式和(3.31)式）可由对适当体积元 $d\tau$ 的积分给出：

$$(\boldsymbol{\Psi}', \boldsymbol{\Psi}) = \int_{\Gamma} d\tau \boldsymbol{\Psi}'^* \boldsymbol{\Psi} \tag{6.29}$$

在有限维 d 的情况下，一个矢量$|\boldsymbol{\Psi}\rangle$可用由 d 个投影（分量）构成的一个**列**来表示，对比(6.17)式：

$$\boldsymbol{\Psi} = \begin{pmatrix} a_1 \\ a_2 \\ \vdots \\ a_d \end{pmatrix}, \quad a_j = (\boldsymbol{\Psi}_j, \boldsymbol{\Psi}), \quad j = 1, \cdots, d \tag{6.30}$$

在它们自己的表象中，基矢$|\boldsymbol{\Psi}_j\rangle$是只有一个（第 j 个）非零分量（等于 1）的列. 那时，左矢用一个具有复共轭分量的**行**表示，而且我们还将使用**共轭**矢量

$$\boldsymbol{\Psi}^\dagger = (a_1^*, a_2^*, \cdots, a_d^*) \tag{6.31}$$

结果，在(6.30)式中已经用过的标量积被定义为

$$\langle \boldsymbol{\Psi}_B | \boldsymbol{\Psi}_A \rangle = \boldsymbol{\Psi}_B^\dagger \boldsymbol{\Psi}_A = \sum_{j=1}^{d} b_j^* a_j \tag{6.32}$$

在这里我们假设了基矢量是**正交的**，即

$$\boldsymbol{\Psi}_{j'}^{\dagger}\boldsymbol{\Psi}_{j} = \delta_{j'j} \tag{6.33}$$

然而推广到非正交(但线性无关)的基矢量是很平常的. 标量积(6.32)式是**矩阵乘法**(行×列)的一种特殊情况. 易见,在(6.29)式和(6.32)式这两种情况下,内积的所有公理都得到满足.

若将模 $|\boldsymbol{\Psi}| = \sqrt{(\boldsymbol{\Psi}, \boldsymbol{\Psi})}$ 解释为矢量的长度,则人们可以给出 Hilbert 空间中距离的概念,即

$$|\boldsymbol{\Psi} - \boldsymbol{\Psi}'| = \sqrt{(\boldsymbol{\Psi} - \boldsymbol{\Psi}', \boldsymbol{\Psi} - \boldsymbol{\Psi}')} \tag{6.34}$$

并可以证明具有复矢量的多维 Euclidean 几何学的所有定理. 然后,我们可以考虑矢量序列,引入极限和收敛的概念,等等.

习题 6.2 证明**三角不等式**

$$|\boldsymbol{\Psi} - \boldsymbol{\Psi}'| \leqslant |\boldsymbol{\Psi} - \boldsymbol{\Psi}''| + |\boldsymbol{\Psi}'' - \boldsymbol{\Psi}'| \tag{6.35}$$

对任意三个矢量 $\boldsymbol{\Psi}$、$\boldsymbol{\Psi}'$ 和 $\boldsymbol{\Psi}''$ 都成立.

通过把概率幅认同为该体系量子态的 Hilbert 空间中相应矢量的标量积,我们可以将叠加原理(6.13)式改写为

$$(\boldsymbol{\Psi}_B, \boldsymbol{\Psi}_A) = \langle B \mid A \rangle = \sum_C (\boldsymbol{\Psi}_C, \boldsymbol{\Psi}_B)^* (\boldsymbol{\Psi}_C, \boldsymbol{\Psi}_A) \tag{6.36}$$

它完全类似于(6.18)式和(6.32)式. 例如,把一个粒子动量为 $\boldsymbol{p}$ 的平面波取为态 $\boldsymbol{\Psi}_B$,使得(6.36)式中的内积 $\langle B \mid A \rangle$ 是态 A 在动量表象中的波函数 $\Phi_A(\boldsymbol{p})$(6.21)式. 我们可取坐标具有确定值 $\boldsymbol{r}$ 的定域态集合作为中间态 C 的完备集,使 $\sum_C \to \int d^3 r$,以及按照(6.20)式,$(\boldsymbol{\Psi}_C, \boldsymbol{\Psi}_A) = \langle \boldsymbol{r} \mid A \rangle = \boldsymbol{\Psi}_A(\boldsymbol{r})$ 是态 A 的坐标波函数. 那时,$\langle C \mid B \rangle$ 是在平面波态中找到坐标 $\boldsymbol{r}$ 的概率幅,即平面波的坐标波函数

$$(\boldsymbol{\Psi}_C, \boldsymbol{\Psi}_B) = \langle C \mid B \rangle = \langle \boldsymbol{r} \mid \boldsymbol{p} \rangle = e^{(i/\hbar)(\boldsymbol{p}\cdot\boldsymbol{r})} \tag{6.37}$$

考虑到(6.36)式中的复共轭,我们得到 Fourier 变换(4.4)式的标准形式:

$$\Phi_A(\boldsymbol{p}) = \int d^3 r e^{-(i/\hbar)(\boldsymbol{p}\cdot\boldsymbol{r})} \boldsymbol{\Psi}_A(\boldsymbol{r}) \tag{6.38}$$

如果作为中间态的集合 C,我们取态 $|A'\rangle$ 的完备集,其中 A' 为用来标识初始态 $|A\rangle$ 的同样的变量 A 的所有可能值,则叠加原理取如下形式:

$$\langle B \mid A \rangle = \sum_{A'} \langle B \mid A' \rangle \langle A' \mid A \rangle \tag{6.39}$$

仅当振幅 $\langle A' | A \rangle$ 从对 A' 的全部积分域中只挑出一个点 $A' = A$,即

$$\langle A' \mid A\rangle = \delta(A', A) \tag{6.40}$$

时等式(6.39)才能在任意表象 B 中都能被满足. 其中 δ 对变量 A 的分立谱而言是 Kronecker符号,而对变量 A 的连续谱而言是 Dirac δ 函数. 这意味着,类似于(6.33)式,对于一个给定的表象但变量取不同值的态矢量一定是**正交的**. 在分立谱情况下,概率是归一化的:

$$P(A;A) = |\langle A \mid A\rangle|^2 = 1 \tag{6.41}$$

由(6.27)式所示的性质(3),有

$$\langle A \mid A\rangle = 1 \tag{6.42}$$

这与(6.40)式相一致. 另一方面,对于 $A' \neq A$,在具有 $A \neq A'$ 值的态 $|A\rangle$ 中找到 A' 值的概率必为零,这也可以从(6.40)式得到. 连续谱的不可归一化的态可以借助极限过程考虑——回想一下,δ 函数本身就应该以这种方式来理解,见 3.3 节.

当归一化条件被满足时,独立的中间态 $|C\rangle$ 的最大集合构成一个正交完备基,可用于一个任意态矢量 $|A\rangle$ 的展开,如(6.19)式. 集合 $|C\rangle$ 的**完备性条件**,正如从(6.19)式见到的,可以形式上写为**单位 1 的分解**:

$$\sum_C |C\rangle\langle C| = 1 \tag{6.43}$$

上式应该理解为如下说法:(6.43)式左边的**算符**对任意态矢量的作用整体地重现该矢量——它收集了原始态的**所有投影**. 如果我们把(6.43)式**夹在**两个局域态**中间**,则得到

$$\sum_C \langle \boldsymbol{r}' \mid C\rangle\langle C \mid \boldsymbol{r}\rangle = \langle \boldsymbol{r}' \mid \boldsymbol{r}\rangle = \delta(\boldsymbol{r}' - \boldsymbol{r}) \tag{6.44}$$

上式是在新标记中的旧的完备性条件((3.16)式). 若集合 B 是完备的,则对于一个给定的(归一化的)态 A,对变量 B 进行测量得到的所有可能结果的总概率合计为 1:

$$\begin{aligned}\sum_B P(B;A) &= \sum_B |\langle B \mid A\rangle|^2 = \sum_B \langle B \mid A\rangle^* \langle B \mid A\rangle = \sum_B \langle A \mid B\rangle\langle B \mid A\rangle \\ &= \langle A \mid A\rangle = 1\end{aligned} \tag{6.45}$$

完备性要求本质上等价于把所有可能过程的概率都考虑进来.

总而言之,我们假设,对于每一个量子系统,我们可以引入一个矢量空间. 每一个可能的状态都是该空间中的一个矢量,可以表示为属于独立态的一个完备集的基矢量的线性组合. 可观测的物理量将由作用在该矢量空间中的线性算符来描写. 严格地讲,我们可以采用射线而不是全矢量,因为态矢量的归一化是任意的.

6.5 线性算符*

线性算符 $\hat{Q}$ 将任意态变换为同一空间内另一个态，且该变换对于一个叠加的任意复系数是线性的：

$$\hat{Q}(a\Psi_A + b\Psi_B) = a\hat{Q}\Psi_A + b\hat{Q}\Psi_B \tag{6.46}$$

一个矢量在给定态上的投影((6.26)式)就是线性算符的一个例子.

如果作为一个算符作用的结果，态 $|\Psi\rangle$ 并未改变，只是被乘以一个数值的(一般来说是复的)因子，即

$$\hat{Q}|\Psi\rangle = q|\Psi\rangle \tag{6.47}$$

则这个态是算符 $\hat{Q}$ 对应于**本征值**(特征值，固有值)q 的**本征矢量**(特征矢量). 一个给定算符的全部本征值形成该算符的**谱**. 一个本征矢量属于一个特定的本征值，然而，对于一个给定的本征值，可能存在几个线性无关的本征矢量. 在这种情况下，该本征值被称为是**简并的**. 对于一个线性算符，所有属于同一本征值的矢量形成一个子空间，并且这些矢量的任意线性组合也属于该子空间. 这个子空间的维数是**简并度**(或**简并的多重性**).

让我们考虑态 $|n\rangle$ 的一个正交完备集. 正如前面所讨论的，这些态满足条件(6.40)式(或(6.33)式)和(6.43)式：

$$\langle n|m\rangle = \delta(n,m) \tag{6.48}$$

$$\sum_n |n\rangle\langle n| = 1 \tag{6.49}$$

在(6.49)式的右边实际上是**单位算符** $\hat{1}$，它对任意态的作用是平凡的：

$$\hat{1}|\Psi\rangle = |\Psi\rangle \tag{6.50}$$

通常，我们将省略单位算符上的帽子. 任意一个矢量可以表示为基矢量的叠加：

$$|\Psi\rangle = \sum_n c_n|n\rangle \tag{6.51}$$

其中的展开系数(广义的 Fourier 振幅)可由正交性(6.48)式得到，为

$$c_n = \langle n | \Psi \rangle \tag{6.52}$$

由于线性((6.46)式),线性算符的作用完全由其对基矢量$|n\rangle$的作用决定:

$$\hat{Q} | \Psi \rangle = \sum_n c_n \hat{Q} | n \rangle \tag{6.53}$$

由 $\hat{Q}$ 作用在基矢量$|n\rangle$上所得到的矢量仍可表示为基矢量$|m\rangle$带有一些系数 Q_{mn} 的组合:

$$\hat{Q} | n \rangle = \sum_m Q_{mn} | m \rangle \tag{6.54}$$

这些数值系数 Q_{mn} 构成算符 $\hat{Q}$ 在**一个给定的基中的一个矩阵**,这使得(6.54)式可以用两种方式解释:

(1) 作为基的变换("转动"),这时转动后基矢用旧的基矢进行展开;

(2) 作为在固定基$|n\rangle$中与任意算符并用的矩阵.类似于(6.52)式中 Fourier 系数的定义,**矩阵元** Q_{mn}可以用左矢$\langle m|$乘(6.54)式得到:

$$Q_{mn} = \langle m | \hat{Q} | n \rangle \tag{6.55}$$

在不同的基中,同一算符将会有不同的矩阵.

算符的**积**($\hat{S} = \hat{Q}\hat{R}$)是对应于先用 $\hat{R}$ 后用 $\hat{Q}$ 相继作用的算符.积的矩阵元可用直接的方法得到:

$$S_{mn} = (QR)_{mn} = \langle m | \hat{Q}\hat{R} | n \rangle = \langle m \left| \hat{Q} \sum_l R_{ln} \right| l \rangle = \sum_l Q_{ml} R_{ln} \tag{6.56}$$

即算符乘积的矩阵就是算符因子的矩阵之间的传统矩阵乘积(行乘列).当然,我们需要注意算符的顺序,因为算符通常**不对易**,所以它们的**对易子**不为零,见 4.3 节.注意,(6.56)式还可以写成利用中间态$|l\rangle$集合的完备性条件((6.49)式)得到的结果.可以在任何算符关系式内插入单位算符:

$$\langle m | \hat{Q}\hat{R} | n \rangle = \sum_l \langle m | \hat{Q} | l \rangle \langle l | \hat{R} | n \rangle = \sum_l Q_{ml} R_{ln} \tag{6.57}$$

与矩阵关系相比,算符关系式具有一种普适形式,它不要求关于基的明确说明,因为它们是一些与坐标系的选取无关的量之间的关系.

6.6 Hermitian 算符*

对应于物理可观测量的算符应该具有一些特殊的性质.问题在于将算符的(通常是复的)矩阵元与物理测量的真实结果建立起联系.

首先,对于每个线性算符 $\hat{Q}$,通过下述要求我们定义一个**复共轭**(complex conjugate)算符 $\hat{Q}^*$,即要求在任何基中这两个算符的矩阵元互为复共轭:

$$\hat{Q}^*: \quad (\hat{Q}^*)_{mn} = (Q_{mn})^* \tag{6.58}$$

另一个与 $\hat{Q}$ 相联系的算符是其**转置**(transpose)$\hat{Q}^{\mathrm{T}}$,利用该矩阵的行和列互换来定义:

$$\hat{Q}^{\mathrm{T}}: \quad (\hat{Q}^{\mathrm{T}})_{mn} = Q_{nm} \tag{6.59}$$

借助(6.57)式,很容易对算符的积建立一些简单规则:

$$(\hat{Q}\hat{R})^* = \hat{Q}^*\hat{R}^* \tag{6.60}$$

$$(\hat{Q}\hat{R})^{\mathrm{T}} = \hat{R}^{\mathrm{T}}\hat{Q}^{\mathrm{T}} \tag{6.61}$$

现在,通过结合前面的两个特性,我们引入**厄米共轭**(Hermitian conjugate)或**伴算符**(adjoint operator)$\hat{Q}^\dagger$ 的概念.对于任何一个算符 $\hat{Q}$,其厄米共轭是这样定义的:对两个任意矢量$|\Psi\rangle$和$|\Psi'\rangle$,有

$$(\hat{Q}\Psi, \Psi') = (\Psi, \hat{Q}^\dagger\Psi') \tag{6.62}$$

$\hat{Q}^\dagger$ 对右矢的作用与 $\hat{Q}$ 对左矢的作用给出相同的结果.显然,$(\hat{Q}^\dagger)^\dagger = \hat{Q}$.利用倒易关系((6.25)式),并将(6.62)式用于基矢量,得到

$$(\Psi_m, \hat{Q}^\dagger\Psi_n) = (\hat{Q}\Psi_m, \Psi_n) = (\Psi_n, \hat{Q}\Psi_m)^* \rightsquigarrow (Q^\dagger)_{mn} = Q_{nm}^* \tag{6.63}$$

或者通过利用(6.58)式和(6.59)式,有

$$\hat{Q}^\dagger = (\hat{Q}^{\mathrm{T}})^* = (\hat{Q}^*)^{\mathrm{T}} \tag{6.64}$$

由(6.60)式和(6.61)式,对于算符的积我们得到

$$(\hat{Q}\hat{R})^\dagger = \hat{R}^\dagger\hat{Q}^\dagger \tag{6.65}$$

若算符 $\hat{Q}$ 与其厄米共轭相同，即 $\hat{Q}=\hat{Q}^\dagger$，则算符 $\hat{Q}$ 是**厄米的**（**自伴的**）. 厄米算符的矩阵元满足

$$Q_{mn} = Q_{nm}^* \tag{6.66}$$

对角的矩阵元 Q_{nn} 总是实的，而任意**非对角**的矩阵元均是其关于主对角线镜像反射的矩阵元的复共轭. 只有当两个厄米算符相互对易时，它们的积才是厄米的：

$$(\hat{Q}\hat{R})^\dagger = \hat{R}^\dagger\hat{Q}^\dagger = \hat{R}\hat{Q} \tag{6.67}$$

一般而言，上式并不等于 $\hat{Q}\hat{R}$. 然而，总可以构造两个厄米的组合，即**反对易子**

$$[\hat{Q},\hat{R}]_+ \equiv \hat{Q}\hat{R} + \hat{R}\hat{Q} \tag{6.68}$$

和（带有因子 i 的）**对易子**(4.26)式

$$\mathrm{i}[\hat{Q},\hat{R}] \equiv \mathrm{i}(\hat{Q}\hat{R} - \hat{R}\hat{Q}) \tag{6.69}$$

习题 6.3 证明：(1) 对任意算符 $\hat{Q}$，算符 $\hat{Q}+\hat{Q}^\dagger$ 是厄米的；

(2) 对任意厄米算符 $\hat{Q}$ 及任意矢量 $|\Psi\rangle$ 和 $|\Psi'\rangle$，(6.66)式的类似等式成立，即

$$\langle\Psi'|\hat{Q}|\Psi\rangle = \langle\Psi|\hat{Q}|\Psi'\rangle^* \tag{6.70}$$

(3) 对任意算符 $\hat{Q}$，算符 $\hat{Q}^\dagger\hat{Q}$ 是厄米的，且对任意态矢量，有

$$\langle\Psi|\hat{Q}^\dagger\hat{Q}|\Psi\rangle \geqslant 0 \tag{6.71}$$

在第 4 章中，我们曾碰到与最简单的动力学变量（位置、线动量、轨道角动量）相对应的算符. 这些算符的厄米性依赖它们所作用的函数的类型，即依赖 Hilbert 空间. 经过一些谨慎处理，厄米算符的性质被扩展至无限维空间（我们不深入数学细节）. 我们通过坐标表象（态矢量的位置分量(6.20)式）定义对于一个粒子的 Hilbert 空间. 内积可写成对无穷大体积或对有限体积 V 的积分，如 3.8 节中所做的那样. 如果我们采用无穷大体积并希望积分收敛，则应限于**平方可积**函数. 定域态(4.41)式不属于这种类型，虽然我们将 δ 函数作为确实属于 Hilbert 空间的“好”函数的**极限**. 一个平方可积函数的Fourier变换给出动量表象中的平方可积函数，在那里的内积可用完全类似的方法定义. 对有限体积，我们需要指出确定函数类型的边界条件. 类似于平面波的函数可以考虑在表面是零或具有周期性边界条件. 或许很方便的做法是，添加一个具有 $\eta\to+0$ 极限的正规化因子

$e^{-\eta|x|}$，使函数平方可积.

习题 6.4 (1) 证明：在坐标表象和动量表象中，对于平方可积函数类，算符 $\hat{x}$ 是厄米的.

(2) 对算符 $\hat{p}$ 作同样的证明.

习题 6.5 证明：绕一个确定轴的轨道角动量算符(4.68)式对于周期为 2π 的角 φ 的周期函数类是厄米的.

6.7 厄米算符的性质*

厄米算符的本征值(6.47)式和相应的本征函数在量子理论中起着独特的作用.对位置算符和动量算符，我们在 4.4 节中引入了它们的本征值和本征态.理所当然的是，与它们的物理意义一致，这些本征值都是实数.事实上，这一性质将厄米算符从所有可能的线性算符当中挑选了出来.

让我们回到定义算符 $\hat{Q}$ 的本征矢 $|\Psi\rangle$ 和本征值 q 的(6.47)式.我们考虑两个矢量 $|\Psi_q\rangle$ 和 $|\Psi_{q'}\rangle$，它们具有同一个算符 $\hat{Q}$ 的本征值 q 和 q'：

$$\hat{Q}|\Psi_q\rangle = q|\Psi_q\rangle,\quad \hat{Q}|\Psi_{q'}\rangle = q'|\Psi_{q'}\rangle \tag{6.72}$$

以左矢 $\langle\Psi_q|$ 乘第二个方程，并取复共轭，得到

$$\langle\Psi_q|\hat{Q}|\Psi_{q'}\rangle^* = q'^*\langle\Psi_q|\Psi_{q'}\rangle^* \tag{6.73}$$

对于一个厄米算符 $\hat{Q}=\hat{Q}^\dagger$，借助(6.72)式的第一个方程，(6.73)式的左边可改写为

$$\langle\Psi_q|\hat{Q}|\Psi_{q'}\rangle^* = \langle\Psi_{q'}|\hat{Q}^\dagger|\Psi_q\rangle = \langle\Psi_{q'}|\hat{Q}|\Psi_q\rangle = q\langle\Psi_{q'}|\Psi_q\rangle \tag{6.74}$$

(6.74)式右边的内积与(6.73)式右边的内积相同，因此，如果取(6.73)式和(6.74)式的差，我们求得

$$(q'^* - q)\langle\Psi_{q'}|\Psi_q\rangle = 0 \tag{6.75}$$

如果 $|\Psi_{q'}\rangle$ 是和 $|\Psi_q\rangle$ 相同的(非零)矢量，$q'=q$，则它的模为正((6.27)式)，且由(6.75)式得到 $q^*=q$.这表明，**一个厄米算符的所有本征值都是实的**.如果这两个本征值不同，$q'\neq q$，则我们得到

$$\langle \Psi_q \mid \Psi_{q'} \rangle = 0 \tag{6.76}$$

于是,**一个厄米算符属于不同本征值的本征矢量都是正交的**.

习题 6.6 求算符 $\hat{A} = \zeta\hat{x} + \hat{p}$ 的本征值谱,其中 ζ 是具有适当量纲的任意复数($\hat{A}$ 中的两项必须有相同的量纲).在坐标表象和动量表象中求出相应的本征函数.在什么条件下这些本征函数是物理上可接受的?

解 坐标表象的本征函数为(译者注:这里更正了一个明显的错误,添加了"表象"二字)

$$\psi_A(x) = e^{-(i/\hbar)[(\zeta/2)x^2 - Ax]} \tag{6.77}$$

其中,A 是 $\hat{A}$ 的本征值,且已采用 $\hat{x} = x$,$\hat{p} = -i\hbar d/dx$.如果概率密度

$$|\psi_A|^2 = e^{[(\mathrm{Im}\zeta)x^2 - 2(\mathrm{Im}A)x]/\hbar} \tag{6.78}$$

对于大的$|x|$不是无限增长,则函数(6.77)式可描写一个粒子的物理态.这要求$\mathrm{Im}\zeta<0$.如果 ζ 是实的,则算符 $\hat{A}$ 是厄米的;于是,(6.78)式明确要求本征值 A 是实的,否则$|\psi_A|^2$ 将在一边无限地增长.从动量表象得到同样的结果.

有一种可能的情况还没有讨论过,即本征值 q **简并的**情况.这些矢量的任意叠加还是一个具有同样本征值的本征态.也就是说,它们形成了一个由几个线性独立的本征矢量所张成的**子空间**.从我们之前的考虑不能推断出这些本征矢量都是正交的.但是,我们总可以找到能取作为该子空间基的相互正交矢量的一个最大集合.从线性代数熟知的**正交化**标准手续将用于实现这一目标.如果厄米算符 $\hat{Q}$ 的有相同本征值且线性无关的矢量$|\Psi_j\rangle$的最大数目为 d,则这个数目给出该子空间的**维度**.取原始矢量中的一个,记为$|1\rangle \equiv |\Psi_1\rangle$,将其归一化为$\langle 1|1\rangle = 1$,然后构建该矢量与其余 $d-1$ 个矢量中的任意一个$|\Psi_2\rangle$的线性组合,$|2\rangle = |\Psi_2\rangle + \alpha|1\rangle$.系数 α 可以用如下方法确定:

$$\langle 1 \mid 2\rangle = 0 \Rightarrow \alpha = -\langle 1 \mid \Psi_2\rangle, \quad |2\rangle = |\Psi_2\rangle - \langle 1 \mid \Psi_2\rangle |1\rangle \tag{6.79}$$

也就是说,我们从第二个矢量中减去了与第一个矢量非正交的部分,如图 6.3 所示.把$|2\rangle$归一化,并以相同的方式继续做下去,则我们构建了 d 个正交矢量——该简并子空间的新的基.

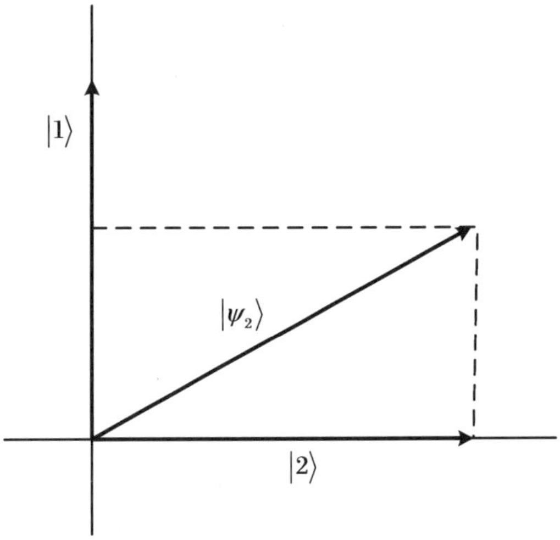

图 6.3 正交化过程的示例

6.8 对角化*

现在我们可以讨论在**有限维空间**中求一个给定的厄米算符的本征值和本征矢量的实际算法. 我们要求**本征值问题**

$$\hat{Q} \mid \Psi\rangle = q \mid \Psi\rangle \tag{6.80}$$

的解,其中算符的本征矢量集合$\{|\Psi\rangle\}$和谱$\{q\}$都是未知的. 可用代数方法求解该问题:把未知的本征矢量用任意正交基$|n\rangle(n=1,\cdots,d)$展开,即

$$\mid \Psi\rangle = \sum_{n=1}^{d} c_n \mid n\rangle \tag{6.81}$$

在(6.80)式中利用这个拟设(ansatz),我们得到

$$\sum_n c_n \hat{Q} \mid n\rangle = q \sum_n c_n \mid n\rangle \tag{6.82}$$

或者通过将(6.82)式投影在一个任意的基左矢$\langle m|$上,利用基态的正交性((6.48)式),并引入矩阵元((6.55)式),得到

$$\sum_n c_n(Q_{mn}-q\delta_{mn})=0,\quad m=1,\cdots,d \tag{6.83}$$

我们得到了对于该本征矢在给定的基中的振幅$\{c_n\}$满足的d个齐次线性代数方程的方程组.所有的$c_n=0$的平凡解总是存在的.若(6.82)式中的系数矩阵的行列式为零,即

$$\mathrm{Det}(\hat{Q}-q\hat{1})=0 \tag{6.84}$$

则存在非平凡解.上式中$\hat{1}$是单位算符(6.50)式,在任意正交基中的它都有矩阵元δ_{mn}.所谓**特征方程**或**久期方程**的方程(6.84)约化为一个d次幂的多项式$P(q)$,它有d个根$q_\alpha(\alpha=1,2,\cdots,d)$,这些根正是我们欲求的本征值.对一个厄米算符,其所有的本征值q_α都是实的.对于每个本征值q_α,通过回到方程组(6.83),利用最后一个振幅求得其余的$d-1$个振幅$C_n^{(\alpha)}$,并且利用如下归一化最终确定这最后一个振幅:

$$\langle\Psi^{(\alpha)}\mid\Psi^{(\alpha)}\rangle=\sum_n|c_n^{(\alpha)}|^2=1 \tag{6.85}$$

由于不同本征值的本征矢是正交的,并且对于简并的本征值,其本征矢量可以被正交化,因此,上述的整个求解过程给出了d维空间中可作为新的基的d个正交矢量的集合.在这组新的基中,算符$\hat{Q}$是**对角**的,本征值q_α处于主对角线上:

$$\langle\Psi^{(\alpha)}\mid\hat{Q}\mid\Psi^{(\beta)}\rangle=q_\alpha\delta_{\alpha\beta} \tag{6.86}$$

如果像(4.17)式中的那样,将一个算符在任意态上的期待值定义为对该态的对角矩阵元,则在本征态中期待值与本征值相同.从一个任意的原始基$|n\rangle$变换到以某个算符的本征矢构建的基$|\Psi^{(\alpha)}\rangle$,这种变换称为**对角化**.我们将推迟到第10章再给出一些具有重要物理意义的例子.

习题6.7 证明:具有有限个本征值$q_\alpha(\alpha=1,2,\cdots,d)$完备集的任一算符$\hat{Q}$满足多项式方程

$$P_d(\hat{Q})\equiv(\hat{Q}-q_1)(\hat{Q}-q_2)\cdots(\hat{Q}-q_d)=0 \tag{6.87}$$

方程(6.87)应当理解为如下说法:让这个算符位于左边则湮灭Hilbert空间中的任意矢量.由这一结果得出,d维空间中的厄米算符的任意正则函数都可以表示为一个幂次不高于$d-1$的多项式.

6.9 基的变换*

我们已经讨论了从一个任意的基到一个厄米算符本征基的变换.这两组基都是正交的和完备的.对于基的选择有无穷多种可能性,类似于坐标空间中三个基矢量的转动.所有这样的变换具有一些共同的性质,我们将在本节中概述.

我们记得,一个算符完全被它对基矢的作用确定.通过以某种方式将基矢排序,我们考虑变换 $\hat{U}$,它使新基矢$|n\rangle'$代替旧基矢$|n\rangle$:

$$\hat{U}|n\rangle=|n\rangle' \tag{6.88}$$

令这个新矢量在旧的基中具有如下表示:

$$|n\rangle'=\sum_m C_m^n|m\rangle \tag{6.89}$$

系数 C_m^n 的集合定义了态$|n\rangle'$在旧表象中的波函数,同时也确定了 $\hat{U}$ 在旧的基中的矩阵元:

$$U_{mn}=\langle m|\hat{U}|n\rangle=\langle m|n\rangle'=C_m^n \tag{6.90}$$

因此,在旧表象中的新波函数$|n\rangle'$可以仅作为变换矩阵U_{mn}的第 n 列读出.

如果变换 $\hat{U}$ 是**非奇异的**(不会把任何旧矢量转换为零矢量),则从新的基到旧的基的逆变换 U^{-1}也存在:

$$\hat{U}^{-1}|n\rangle'=|n\rangle,\quad \hat{U}\hat{U}^{-1}=\hat{U}^{-1}\hat{U}=\hat{1} \tag{6.91}$$

如果零属于算符 $\hat{Q}$ 的谱,则存在非零矢量$|\Psi\rangle$,使 $\hat{Q}|\Psi\rangle=0$,这使得算符 $\hat{Q}$ 是奇异的,因而其逆不存在.对非奇异算符 $\hat{Q}$ 和$\hat{R}$,有

$$(\hat{Q}\hat{R})^{-1}=\hat{R}^{-1}\hat{Q}^{-1} \tag{6.92}$$

如果两个基的集合$|n\rangle'$和$|n\rangle$都是正交的,即

$$'\langle m|n\rangle'=\delta_{mn}=\langle m|n\rangle \tag{6.93}$$

则变换具有特殊的性质.由(6.88)式及其厄米共轭$'\langle m| = \langle m|\hat{U}^{\dagger}\rangle$,可得到

$$'\langle m \mid n\rangle' = \langle m|\hat{U}^{\dagger}\hat{U}|n\rangle \tag{6.94}$$

结果,若实施两组正交基之间变换的算符满足

$$\hat{U}^{\dagger}\hat{U} = \hat{1} \rightsquigarrow \hat{U}^{\dagger} = \hat{U}^{-1} \tag{6.95}$$

则等价性(6.93)式对任意一对基矢都成立.这样的变换称为**幺正变换**.两个幺正算符 $\hat{U}$ 和 $\hat{V}$ 的乘积(相继作用)还是幺正的:

$$(\hat{U}\hat{V})^{\dagger} = \hat{V}^{\dagger}\hat{U}^{\dagger} = \hat{V}^{-1}\hat{U}^{-1} = (\hat{U}\hat{V})^{-1} \tag{6.96}$$

单位算符$\hat{1}$显然是幺正的.因此,群的所有特征(见 4.6 节)都得到了满足,故作用于一个给定的有限的 d 维空间的幺正算符构成**幺正群**$\mathcal{U}(d)$.

一个幺正变换保持了表示为两个态矢重叠的所有物理振幅不变.的确,在这种变换 $\hat{U}$ 的作用下,一个任意态$|\Psi\rangle$变成$|\Psi'\rangle$,并且这个新矢量在新基中的振幅与旧矢量在老基中的振幅相同,即

$$|\Psi\rangle = \sum_n c_n|n\rangle \quad \rightsquigarrow \quad \hat{U}|\Psi\rangle = \sum_n c_n|n\rangle' = |\Psi'\rangle \tag{6.97}$$

则

$$\langle\Psi_1|\Psi_2\rangle \to \langle\Psi_1'|\Psi_2'\rangle = \langle\hat{U}\Psi_1|\hat{U}\Psi_2\rangle = \langle\Psi_1|\hat{U}^{\dagger}\hat{U}\Psi_2\rangle = \langle\Psi_1|\Psi_2\rangle \tag{6.98}$$

态矢之间的算符关系在不同的表象中通常会不同.设两个原始矢量$|\Psi_1\rangle$和$|\Psi_2\rangle$通过算符 $\hat{Q}$ 联结起来,即

$$|\Psi_2\rangle = \hat{Q}|\Psi_1\rangle \tag{6.99}$$

将一个非奇异变换 $\hat{T}$ 作用于上式两边,得到

$$|\Psi_2\rangle' = \hat{T}|\Psi_2\rangle = \hat{T}\hat{Q}|\Psi_1\rangle = \hat{T}\hat{Q}\hat{T}^{-1}\hat{T}|\Psi_1\rangle = \hat{T}\hat{Q}\hat{T}^{-1}|\Psi_1\rangle' \tag{6.100}$$

这意味着,经过变换 $\hat{T}$ 之后,算符 $\hat{Q}$ 的作用由**变换后的算符**

$$\hat{Q}' = \hat{T}\hat{Q}\hat{T}^{-1} \tag{6.101}$$

承担(**相似变换**).我们可以发现,厄米算符的条件 $\hat{Q}=\hat{Q}^\dagger$ 仍保持厄米性 $\hat{Q}'=\hat{Q}'^\dagger$.最后的这个等式导致

$$\hat{T}\hat{Q}\hat{T}^{-1} = (\hat{T}\hat{Q}\hat{T}^{-1})^\dagger = (\hat{T}^{-1})^\dagger\hat{Q}^\dagger\hat{T}^\dagger \tag{6.102}$$

易证

$$(\hat{T}^{-1})^\dagger = (\hat{T}^\dagger)^{-1} \tag{6.103}$$

于是,若

$$(\hat{T}^\dagger)^{-1}\hat{Q}\hat{T}^\dagger = \hat{T}\hat{Q}\hat{T}^{-1} \tag{6.104}$$

则 $\hat{Q}$ 的厄米性得以保持.对上式的两边均用 $\hat{T}^\dagger$ 左乘和用 $\hat{T}$ 右乘,得到

$$\hat{Q}\hat{T}^\dagger\hat{T} = \hat{T}^\dagger\hat{T}\hat{Q} \tag{6.105}$$

则算符 $\hat{T}^\dagger\hat{T}$ 必与任意的厄米算符都对易.根据习题 6.8,有 $\hat{T}^\dagger\hat{T}=$ 常数 $\cdot\hat{1}$.这样,幺正变换 $\hat{U}$ 保持算符的厄米性;在新的基中,算符

$$\hat{Q}' = \hat{U}\hat{Q}\hat{U}^{-1} = \hat{U}\hat{Q}\hat{U}^\dagger \tag{6.106}$$

具有与之前完全相同的矩阵元,即

$$Q'_{m'n'} = Q_{mn} \tag{6.107}$$

习题 6.8 证明:在有限维矢量空间中,与任何其他线性算符都对易的算符是一个常数乘以单位算符.

证明 由于对任意 $\hat{A}$ 都有$[\hat{X},\hat{A}]=0$,我们可以取 $\hat{A}$ 只具有一个非零矩阵元 A_{kl},使得 $A_{mn}=\delta_{mk}\delta_{nl}$.于是,对任意的 i,j,应该有

$$[\hat{X},\hat{A}]_{ij} = \sum_n (X_{in}A_{nj} - A_{in}X_{nj}) = X_{ik}\delta_{lj} - \delta_{ik}X_{lj} = 0 \tag{6.108}$$

唯一的解是 $X_{ik}=c\delta_{ik}$ 或 $\hat{X}=c\cdot\hat{1}$.当 $\hat{A}$ 为任意一个厄米算符时(独立的厄米算符的数目等于 d^2,与独立算符的总数精确地相同),以上证明可以重复.

6.10 连续变换与生成元*

幺正算符 $\hat{U}$ 的本征值是具有单位绝对值的复数 u:如果

$$\hat{U} \mid \Psi\rangle = u \mid \Psi\rangle \tag{6.109}$$

则对于 $|\hat{U}^\dagger \hat{U}| = \hat{1}$,有

$$\langle\Psi \mid \Psi\rangle = \langle\Psi|\hat{U}^\dagger \hat{U}|\Psi\rangle = |u|^2\langle\Psi \mid \Psi\rangle \tag{6.110}$$

因而

$$|u|^2 = 1, \quad u = e^{i\gamma} \tag{6.111}$$

其中 γ 是实的.我们可以通过标准程序对角化一个幺正算符,并发现其所有的本征值 exp($i\gamma_n$)都定位于一个单位圆上.如果我们引入本征值为 γ_n 的**厄米算符** $\hat{G}$,则得到一个算符恒等式

$$\hat{U} = e^{i\hat{G}} \tag{6.112}$$

在任意基中均成立.(6.112)式中的算符函数可以被理解为一个对应的幂级数.

重要的结论是,任何幺正算符可以用一个厄米算符 $\hat{G}$ 展示为(6.112)式的形式.在许多情况下,幺正变换 $\hat{U}(\alpha)$依赖一个**连续的**实参数 α(或依赖几个参数),并形成一个**变换群**.每一个变换 $\hat{U}(\alpha)$都有一个逆$(\hat{U}(\alpha))^{-1}$,并且单位变换 $\hat{U}(\alpha_0) = \hat{1}$通过改变 α 的标度,可以变到原点 $\alpha_0 = 0$.在 α_0 附近,参数 α 很小,因此在线性近似下,有 $\hat{G}(\alpha) \approx \alpha\hat{g}$.在变换 $\hat{U}(\alpha)$接近于单位算符(**无穷小变换**)的情况下,得到

$$\hat{U}(\alpha) \approx \hat{1} + i\alpha\hat{g} \tag{6.113}$$

厄米算符 $\hat{g}$ 是该变换的**生成元**(见 4.5 节和 4.7 节),而具有相同精度的逆变换为

$$\hat{U}^{-1}(\alpha) = \hat{U}^\dagger(\alpha) \approx \hat{1} - i\alpha\hat{g} \tag{6.114}$$

算符变换的一般规则(6.106)式可以应用于无穷小变换,则

$$\delta\mid\Psi\rangle=\hat{U}\mid\Psi\rangle-\mid\Psi\rangle=\mathrm{i}\alpha\hat{g}\mid\Psi\rangle \tag{6.115}$$

和

$$\delta\hat{Q}=\hat{Q}'-\hat{Q}=\hat{U}\hat{Q}\hat{U}^{-1}-\hat{Q} \tag{6.116}$$

通过使用线性化形式的(6.113)式和(6.114)式变换后的算符,我们得到

$$\delta\hat{Q}=(1+\mathrm{i}\alpha\hat{g})\hat{Q}(1-\mathrm{i}\alpha\hat{g})-\hat{Q}\approx\mathrm{i}\alpha(\hat{g}\hat{Q}-\hat{Q}\hat{g})=\mathrm{i}\alpha[\hat{g},\hat{Q}] \tag{6.117}$$

在线性近似下,算符的变换由该算符与变换的**生成元**之间的**对易子**确定.

在第4章中,我们已经考虑过了平移和转动变换.这两种变换都是幺正的,这一点从二者的物理意义显然可见:如果两个函数都在空间中移动相等的距离或者旋转同样的角度,则波函数之间的重叠不变.在这两种情况下,我们都找到了具有连续参数的指数表达式(6.112)以及相应的厄米的生成元,即线动量算符和角动量算符.习题4.7和习题4.8的结果表明,在平移一个矢量 $\boldsymbol{a}$ 的操作下,位置算符和动量算符被变换为

$$\hat{\boldsymbol{r}}'=\hat{\boldsymbol{r}}-\boldsymbol{a},\quad \hat{\boldsymbol{p}}'=\hat{\boldsymbol{p}} \tag{6.118}$$

在绕 z 轴旋转角度 α 的操作下,任意**矢量**算符的分量按下式变换:

$$\hat{V}'_x=\hat{V}_x\cos\alpha+\hat{V}_y\sin\alpha,\quad \hat{V}'_y=\hat{V}_y\cos\alpha-\hat{V}_x\sin\alpha,\quad \hat{V}'_z=\hat{V}_z \tag{6.119}$$

注意,在(6.119)式中,我们得到了客体旋转角度 $-\alpha$ 的通常变换,完全类似于平移下的坐标变换((6.118)式).这与变换的**主动**图像(客体被变换)和**被动**图像(坐标系以相反的方式变换)之间的差别有关.

6.11 投影算符*

为了将完整的算符形式体系明确地应用于特定的量子变量,我们必须首先引入一类**投影算符**.我们可将具有全部的基 $|n\rangle$ 的 Hilbert 空间再分成两个部分:由一部分基矢 $\{n\}\in\Gamma$ 所张成的子空间 Γ 及其正交补空间 $\bar{\Gamma}$.任意矢量 $|\Psi\rangle$ 唯一地表示为一个叠加:

$$|\Psi\rangle = |\Psi\rangle_\Gamma + |\Psi\rangle_{\bar{\Gamma}}, \quad |\Psi\rangle_\Gamma = \sum_{n\in\Gamma} |n\rangle\langle n|\Psi\rangle \tag{6.120}$$

投影算符(**投影子**)$\hat{\Lambda}_\Gamma$ 是把任意矢量中不属于 Γ 集合的部分切除的一个算符:

$$\hat{\Lambda}_\Gamma |\Psi\rangle = |\Psi\rangle_\Gamma \tag{6.121}$$

显然,有

$$\hat{\Lambda}_\Gamma + \hat{\Lambda}_{\bar{\Gamma}} = \hat{1} \tag{6.122}$$

投影算符形式上可写为

$$\hat{\Lambda}_\Gamma = \sum_{n\in\Gamma} |n\rangle\langle n| \tag{6.123}$$

算符

$$\hat{\Lambda}_n = |n\rangle\langle n| \tag{6.124}$$

投影出一个矢量的第 n 个分量.如果 Γ 与整个空间相重合,则 $\hat{\Lambda}_\Gamma = \hat{1}$.在这种情况下,$\bar{\Gamma}$ 是一个空集,而(6.123)式正好是原来的基的完备性的条件((6.43)式和(6.49)式).有时,为方便起见,将在某个基中的矩阵元为 Q_{mn} 的任何一个算符 $\hat{Q}$ 表示为

$$\hat{Q} = \sum_{mn} Q_{mn} |m\rangle\langle n| \tag{6.124}$$

矩阵元 Q_{mn} 对应于 $n\to m$ 的**跃迁**,因为我们提取出矢量的第 n 个分量并让它重新指向沿 m 方向.

投影算符的任意次幂仍等于这同一个算符:

$$(\hat{\Lambda}_\Gamma)^k = \hat{\Lambda}_\Gamma \tag{6.126}$$

矢量的 Γ 投影已经完全在子空间 Γ 中,使得接下来的投影不会改变结果.由此可以得出,算符 $\hat{\Lambda}_\Gamma$ 的本征值或者是1(任意的矢量 $|\Psi\rangle_\Gamma$ 都是这样的一个本征矢量),或者是0(任意的矢量 $|\Psi\rangle_{\bar{\Gamma}}$ 都是这样的一个本征矢量).因此,投影算符是奇异的,它们都没有逆算符:通过投影将矢量的一些分量切除之后,不可能唯一地复原整个原始矢量.

习题 6.9 证明投影算符是线性的和厄米的.

习题 6.10 确定两个投影算符 Λ_Γ 与 $\Lambda_{\Gamma'}$ 的和 $\Lambda_\Gamma + \Lambda_{\Gamma'}$、差 $\Lambda_\Gamma - \Lambda_{\Gamma'}$、积 $\Lambda_\Gamma\Lambda_{\Gamma'}$ 仍为投影算符的条件.它们投影所在的流形是什么?

习题 6.11 对于本征值集合为 $\{q_n\}$ 的一个算符 $\hat{Q}$,构造能投影出沿非简并基矢 $|k\rangle$ 的分量的投影算符 $\hat{\Lambda}_k$.

解

$$\hat{\Lambda}_k = \prod_{n(\neq k)} \frac{\hat{Q} - q_n}{q_k - q_n} \tag{6.127}$$

6.12 可观测量的算符

现在,我们能构造一个算符,它把动力学变量 A 的测量过程用符号表现出来. 设态 $|a\rangle$ 具有变量 A 的一个确定值 a(同时,它可由其他变量的确定值来表征). 设 $\hat{\Lambda}(a')$ 是投影到 A 具有给定值 a' 的态的子空间上的投影算符:

$$\hat{\Lambda}(a') \mid a\rangle = \mid a\rangle \delta(a', a) \tag{6.128}$$

如果 a 与给定值 a' 相一致,则矢量 $|a\rangle$ 的投影是这整个矢量;如果 $a \neq a'$,则该投影为零. 我们将力学量 A 的**算符** $\hat{A}$ 定义为对于该力学量所有可能值 a'(A 的整个的谱)的投影算符乘这个量对应的值之和:

$$\hat{A} = \sum_{a'} a' \hat{\Lambda}(a') = \sum_{a'} a' \mid a'\rangle\langle a' \mid \tag{6.129}$$

习题 6.12 按照(6.129)式这个一般定义,坐标算符和动量算符可表示为

$$\hat{x} = \int \mathrm{d}x x \mid x\rangle\langle x \mid, \quad \hat{p} = \int \frac{\mathrm{d}p}{2\pi\hbar} p \mid p\rangle\langle p \mid \tag{6.130}$$

其中,我们使用定域态 $|x\rangle$ 和平面波态 $|p\rangle$ 作为两个完备集,而且动量空间的归一化选择如(4.2)式. 证明这些定义决定了标准对易子(4.28)式.

解 利用平面波的坐标波函数 $\langle x | p\rangle = \exp[(\mathrm{i}/\hbar) px]$,算符(6.130)式的对易子为

$$[\hat{x}, \hat{p}] = \int \mathrm{d}x \frac{\mathrm{d}p}{2\pi\hbar} xp[\mathrm{e}^{(\mathrm{i}/\hbar)px} \mid x\rangle\langle p \mid - \mathrm{e}^{-(\mathrm{i}/\hbar)px} \mid p\rangle\langle x \mid] \tag{6.131}$$

通过把 $|p\rangle$ 态变换到坐标表象并对 p 积分,得到

$$\begin{aligned} [\hat{x}, \hat{p}] &= \int \mathrm{d}x\mathrm{d}y \frac{\mathrm{d}p}{2\pi\hbar} p\mathrm{e}^{(\mathrm{i}/\hbar)p(x-y)} \mid x\rangle\langle y \mid (x - y) \\ &= \int \mathrm{d}x\mathrm{d}y \mid x\rangle\langle y \mid (x - y)\mathrm{i}\hbar \frac{\partial}{\partial y}\delta(x - y) \end{aligned} \tag{6.132}$$

于是，该对易子在任意态之间的矩阵元由下式给出：

$$\langle n \mid [\hat{x},\hat{p}] \mid m\rangle = \int \mathrm{d}x\mathrm{d}y\psi_n^*(x)\psi_m(y)(x-y)\mathrm{i}\hbar\frac{\partial}{\partial y}\delta(x-y) \tag{6.133}$$

先利用 δ 函数对 x 积分，我们得到

$$\begin{aligned}\langle n \mid [\hat{x},\hat{p}] \mid m\rangle &= \mathrm{i}\hbar\int \mathrm{d}y\psi_m(y)\left[\frac{\partial}{\partial y}(y\psi_n^*(y)) - y\frac{\partial \psi_n^*}{\partial y}\right] \\ &= \mathrm{i}\hbar\int \mathrm{d}y\psi_n^*(y)\psi_m(y)\end{aligned} \tag{6.134}$$

这证明$[\hat{x},\hat{p}]=\mathrm{i}\hbar$.

利用定义(6.129)式，算符 $\hat{A}$ 作用在变量 A 具有某确定值 a 的状态$|a\rangle$上的结果约化为该态与这个变量的值之积：

$$\hat{A} \mid a\rangle = \sum_{a'} a'\hat{\Lambda}(a') \mid a\rangle = \sum_{a'} a'\delta(a,a') \mid a\rangle = a \mid a\rangle \tag{6.135}$$

因此，如果在给定的态中，变量 A 具有某一确定值 a，则这个态是算符 $\hat{A}$ 的**本征态**，其本征值正好等于 a. 作为对 A 测量的结果，人们可以得到任何可能值 a，并且只得到这些可能值中的一个. 因此，每个可能的实验结果都是 $\hat{A}$ 的一个**本征值**；反之，任何本征值都可以在某些情况下作为测量结果出现. 对于一个与给定可观测量相对应的算符，它的谱预先确定了对这个量测量的所有可允许的结果.

现在，很容易得知算符 $\hat{A}$ 是如何作用在任意态$|\Psi\rangle$上的，而不是作用在 A 具有某个确定值的态上的. 一般而言，变量 A 在态$|\Psi\rangle$中没有一个确定的值. 但是，涵盖了 $\hat{A}$ 的所有可能本征矢的态$|a\rangle$的集合是完备的，我们可以用这个集合作为基对$|\Psi\rangle$进行展开：

$$\mid \Psi\rangle = \sum_a \mid a\rangle\langle a \mid \Psi\rangle \tag{6.136}$$

如(6.129)式和(6.128)式所示的算符 $\hat{A}$ 的作用由下式给出：

$$\hat{A} \mid \Psi\rangle = \sum_a \hat{A} \mid a\rangle\langle a \mid \Psi\rangle = \sum_a a \mid a\rangle\langle a \mid \Psi\rangle \tag{6.137}$$

假设我们有许多全同的体系，它们都制备在$|\Psi\rangle$态上. 在对变量 A 的测量中，每次试验给出一个确定的结果，即本征值 a 中的一个. 大量测量的平均值是**期待值**$\langle A\rangle_\Psi$. 根据 A 的各种值的概率$P(a;\Psi)$的定义，期待值为

$$\langle A\rangle_\Psi = \sum_a aP(a;\Psi) \tag{6.138}$$

而概率是振幅$\langle a|\Psi\rangle$的平方,即

$$\langle A\rangle_{\Psi} = \sum_{a} a\,|\langle a|\Psi\rangle|^2 \tag{6.139}$$

或者利用倒易性(6.25)式和线性(6.26)式,有

$$\langle A\rangle_{\Psi} = \sum_{a} a\,\langle a|\Psi\rangle^{*}\langle a|\Psi\rangle = \sum_{a} a\langle\Psi|a\rangle\langle a|\Psi\rangle = \langle\Psi\sum_{a} a|a\rangle\langle a|\Psi\rangle \tag{6.140}$$

对比(6.140)式和(6.137)式我们看到,变量 A 在态$|\Psi\rangle$中的期待值由算符 $\hat{A}$ 的对角矩阵元给出:

$$\langle A\rangle_{\Psi} = \langle\Psi|\hat{A}|\Psi\rangle \equiv (\Psi,\hat{A}\Psi) \tag{6.141}$$

正如之前我们曾使用过的(4.17)式.由于测量的所有结果及其平均值都是实的,可观测量的算符须是**厄米的**.还要注意,在 A 具有某个确定值a 的归一化本征态$|a\rangle$中,期待值必与该本征值相一致:

$$\langle A\rangle_{a} = a \tag{6.142}$$

期待值并不能独自完全描写实验结果的分布.态$|\Psi\rangle$的下一个重要的特征是测量值偏离能准确地定义这个量:

$$\begin{aligned}(\Delta A)_{\Psi} &= \sqrt{\langle(A-\langle A\rangle_{\Psi})^2\rangle_{\Psi}} \\ &= \sqrt{\langle A^2-2A\langle A\rangle_{\Psi}+\langle A\rangle_{\Psi}^2\rangle_{\Psi}} = \sqrt{\langle A^2\rangle_{\Psi}-\langle A\rangle_{\Psi}^2}\end{aligned} \tag{6.143}$$

当且仅当态$|\Psi\rangle$是算符 $\hat{A}$ 的本征态时,不确定度$(\Delta A)_{\Psi}$ 为零.否则,不可能唯一地预言测量 A 的输出,量子理论只给出各种结果的概率.

6.13 同时可测性

我们已经假定,每一个动力学变量 A 均可纳入与作用于一个体系的 Hilbert 空间中的一个厄米算符 $\hat{A}$ 的对应关系中.算符 $\hat{A}$ 的本征矢$|a\rangle$的集合是正交的和完备的.然而,态的完备性表征要求有关可以同时具有确定值的量的最大集合的知识.如果在$|\Psi\rangle$态

上，量 A 和 B 中每一个量的测量都给出唯一的结果，则称量 A 和 B 是在 $|\Psi\rangle$ 态上**同时可测的**. 因此，$|\Psi\rangle$ 必为 $\hat{A}$ 和 $\hat{B}$ 两个算符的本征态：

$$\hat{A}|\Psi\rangle = a|\Psi\rangle, \quad \hat{B}|\Psi\rangle = b|\Psi\rangle \tag{6.144}$$

若(6.144)式被满足，则我们有

$$\hat{A}\hat{B}|\Psi\rangle = \hat{A}b|\Psi\rangle = ba|\Psi\rangle, \quad \hat{B}\hat{A}|\Psi\rangle = ab|\Psi\rangle \tag{6.145}$$

即量 A 和 B 同时可以测量的态 $|\Psi\rangle$ 是**对易子** $[\hat{A},\hat{B}]$ 的本征态，本征值等于零，即

$$(\hat{A}\hat{B} - \hat{B}\hat{A})|\Psi\rangle = [\hat{A},\hat{B}]|\Psi\rangle = 0 \tag{6.146}$$

对任意一对 A,B，条件(6.145)式只能被特定的 $|\Psi\rangle$ 态满足，而且该条件常常根本不能成立. 然而，存在一些**对易**的变量对，它们满足**算符**恒等式

$$[\hat{A},\hat{B}] = 0 \tag{6.147}$$

可以证明，(6.147)式是存在算符 $\hat{A}$ 和 $\hat{B}$ 的共同本征态完备集的充分且必要条件.

(6.147)式作为必要条件这一事实立即可以证明. 假设态 $|\Psi_{ab}\rangle \equiv |ab\rangle$ 的这样一个体系确实存在，那么任意矢量 $|\Psi\rangle$ 可展开为

$$|\Psi\rangle = \sum_{ab}|ab\rangle\langle ab|\Psi\rangle \tag{6.148}$$

因为

$$\hat{A}\hat{B}|\Psi\rangle = \sum_{ab}ab|ab\rangle\langle ab|\Psi\rangle = \hat{B}\hat{A}|\Psi\rangle \tag{6.149}$$

所以对任意态 $|\Psi\rangle$，我们都有

$$[\hat{A},\hat{B}]|\Psi\rangle = 0 \tag{6.150}$$

因此，该式等价于(6.147)式.

反之，设(6.147)式成立. 我们首先证明，算符 $\hat{A}$ 的任何一个具有**非简并本征值** a 的本征矢 $|\Psi\rangle$ 都同时是 $\hat{B}$ 的一个本征矢. 由 $\hat{A}|\Psi\rangle = a|\Psi\rangle$ 和对易性 $\hat{A}\hat{B} = \hat{B}\hat{A}$ 得到

$$\hat{A}\hat{B}|\Psi\rangle = \hat{B}\hat{A}|\Psi\rangle = \hat{B}a|\Psi\rangle = a\hat{B}|\Psi\rangle \tag{6.151}$$

即 $\hat{B}|\Psi\rangle$ 也是 $\hat{A}$ 的具有相同的本征值 a 的本征矢. 由于 a 是非简并的，矢量 $|\Psi\rangle$ 和 $\hat{B}|\Psi\rangle$ 是线性相关的，即 $\hat{B}|\Psi\rangle = b|\Psi\rangle$，这意味着 $|\Psi\rangle$ 也是 $\hat{B}$ 的一个本征矢. 现在，假设

算符 $\hat{A}$ 的本征值 a 是 d 重简并的. 正如前面所讨论的(见 6.8 节), 在这个有限的 d 维空间中, 我们总是可以把算符 $\hat{B}$ 对角化. 这将给出作为 $\hat{B}$ 的本征矢的一些线性组合, 然而该子空间中的矢量的任何线性组合都自动地是 $\hat{A}$ 的本征矢.

习题 6.13 设 $\hat{B}$ 和 $\hat{C}$ 是与 $\hat{A}$ 对易的两个算符, $|a\rangle$ 是 $\hat{A}$ 的本征态, 其本征值为 a, 且 $[\hat{B},\hat{C}]|a\rangle \neq 0$. 证明本征值 a 是简并的.

上题所描写的情况表明为了在关于某个算符(此处为 $\hat{A}$)的简并的态之间作出区分而寻找一些**附加量子数**的方法. 由此得出, 矢量 $\hat{B}|a\rangle$ 和 $\hat{C}|a\rangle$ 中至少一个是(或二者都是)与 $|a\rangle$ 线性无关的. 例如, 设 $|a\rangle$ 与 $\hat{B}|a\rangle$ 是线性独立的. 我们可在 $\hat{A}$ 的简并子空间中将算符 $\hat{B}$ 对角化. 新的基矢具有与 $\hat{A}$ 相同的本征值 a, 但 $\hat{B}$ 的本征值 b 不可能全部都相等(证明之!). 这样, 本征值 b_i 就可以用于对具有相同值 a 的不同的态进行分类.

习题 6.14 算符 $\hat{A}$ 和 $\hat{B}$ 反对易, $\hat{A}\hat{B}+\hat{B}\hat{A}=0$. 它们能同时有确定值吗? 给出反对易算符的一个例子.

6.14 定量化不确定性关系

考虑这样的一对厄米算符 $\hat{A}$ 和 $\hat{B}$ 以及态 $|\Psi\rangle$, 使得

$$[\hat{A},\hat{B}]|\Psi\rangle \neq 0 \tag{6.152}$$

根据前一节, 在态 $|\Psi\rangle$ 上这两个算符不可能同时具有确定值; 两个不确定度中至少有一个($(\Delta A)_\Psi$ 或 $(\Delta B)_\Psi$)一定不为零.

由于两个厄米算符的对易子在厄米共轭变换下改变其符号, 见(6.69)式, 我们总可以以这样的方式引入一个厄米算符 $\hat{C}$, 使得

$$[\hat{A},\hat{B}] = \mathrm{i}\hat{C}, \quad \hat{C}^\dagger = \hat{C} \tag{6.153}$$

我们还可减去 $\hat{A}$ 和 $\hat{B}$ 在给定态中的实的期待值, 使用新的但仍是厄米的算符:

$$\hat{A}' = \hat{A} - \langle A\rangle_\Psi, \quad \hat{B}' = \hat{B} - \langle B\rangle_\Psi \tag{6.154}$$

减去一个常数不会改变对易子：

$$[\hat{A}', \hat{B}'] = \mathrm{i}\hat{C} \tag{6.155}$$

现在，构造一个新的态

$$|\tilde{\Psi}\rangle = (\hat{A}' + \mathrm{i}\alpha\hat{B}')|\Psi\rangle \tag{6.156}$$

其中，α 是一个任意的实参数.根据条件(6.27)式，有

$$\langle\tilde{\Psi}|\tilde{\Psi}\rangle \geqslant 0 \tag{6.157}$$

我们得到

$$0 \leqslant \langle(\hat{A}' + \mathrm{i}\alpha\hat{B}')\Psi|(\hat{A}' + \mathrm{i}\alpha\hat{B}')|\Psi\rangle = \langle\Psi|(\hat{A}' + \mathrm{i}\alpha\hat{B}')^{\dagger}(\hat{A}' + \mathrm{i}\alpha\hat{B}')|\Psi\rangle \tag{6.158}$$

或

$$0 \leqslant \langle\Psi|(\hat{A}' - \mathrm{i}\alpha\hat{B}')(\hat{A}' + \mathrm{i}\alpha\hat{B}')|\Psi\rangle = \langle\Psi|(\hat{A}' + \mathrm{i}\alpha[\hat{A}', \hat{B}'] + \alpha^2\hat{B}'^2)|\Psi\rangle \tag{6.159}$$

根据定义(6.143)式，像$\langle\hat{A}'^2\rangle$这样的量就是给定态中的不确定度平方$(\Delta A)^2_\Psi$.因此，最后一个不等式可写为非对易可观测量的不确定度之间的关系：

$$(\Delta A)^2_\Psi - \alpha\langle C\rangle_\Psi + \alpha^2(\Delta B)^2_\psi \geqslant 0 \tag{6.160}$$

对任意实的 α 值，该二次型都必须为正.若根是复的或者

$$4(\Delta A)^2_\Psi \cdot (\Delta B)^2_\Psi \geqslant \langle C\rangle^2_\Psi \tag{6.161}$$

则这种情况就会发生.我们得到了**不确定性关系**的定量公式：

$$(\Delta A)_\Psi \cdot (\Delta B)_\Psi \geqslant \frac{1}{2}|\langle C\rangle_\Psi| \tag{6.162}$$

对于一个量子态，不确定度乘积的下限由对应的算符对易子在该态上的期待值决定.

利用前面关于对易子的结果(见 4.3 节)，我们得到在 5.1 节中只是以定性说法使用的不确定性关系的精确公式：

$$\Delta x \cdot \Delta p_x \geqslant \frac{\hbar}{2} \tag{6.163}$$

$$(\Delta l_x)_\Psi \cdot (\Delta l_y)_\Psi \geqslant \frac{\langle l_z\rangle_\Psi}{2} \tag{6.164}$$

注意,(6.163)式给出了一个**普适的**下限,而同时(6.164)式却依赖态.正如我们在习题5.10中所看到的,高斯型波包(5.32)式使不确定性关系(6.163)式取**最小值**.

习题6.15 定义归一化波函数 $\psi(x)$ 的**信息熵**为泛函:

$$I[\psi] = -\int_{-\infty}^{\infty} \mathrm{d}x \rho \ln \rho, \quad \rho = |\psi(x)|^2 \tag{6.165}$$

证明:在满足如下归一化和给定的位置的不确定度,即

$$\int \mathrm{d}x \rho = 1, \quad \int \mathrm{d}x \rho (x - \langle x \rangle)^2 = \Delta^2 \tag{6.166}$$

附加条件的所有函数中,高斯型波包(5.32)式使泛函(6.165)式取最大值.

证明 我们将积分(6.166)式用 Lagrange 乘子 λ 和 λ' 加到泛函(6.165)式中,并要求对于变分 $\delta\rho$ 取最大值.之后,通过要求(6.166)式给出

$$\rho_{\max} = \frac{1}{\sqrt{2\pi\Delta^2}} \mathrm{e}^{-(x-\langle x \rangle)^2/(2\Delta^2)} \tag{6.167}$$

来确定这两个乘子,则最大熵等于

$$I_{\max} = \ln \sqrt{2\pi e \Delta^2} \tag{6.168}$$

这个类熵表达式提供了一种比(6.163)式更强的对不确定性关系的估算[8].然而,该证明需要更高等的数学工具.对于通过 Fourier 变换联系起来的坐标波函数和动量波函数的对称定义,即

$$\psi(x) = \int \frac{\mathrm{d}k}{\sqrt{2\pi}} \mathrm{e}^{\mathrm{i}kx} \phi(k), \quad \phi(k) = \int \frac{\mathrm{d}x}{\sqrt{2\pi}} \mathrm{e}^{-\mathrm{i}kx} \psi(x) \tag{6.169}$$

我们可引入广义的模

$$\mathcal{N}_n^{(x)} = \left(\int \mathrm{d}x \, |\psi(x)|^n \right)^{1/n} \tag{6.170}$$

以及类似的 $\mathcal{N}_n^{(x)}$ 表达式.假设标准归一化,即

$$\mathcal{N}_2^{(x)} = \mathcal{N}_2^{(k)} = 1 \tag{6.171}$$

取 n 和 n' 为满足

$$\frac{1}{n} + \frac{1}{n'} = 1 \tag{6.172}$$

的正数,使 $n \geqslant 2$ 和 $n' \leqslant 2$,则如下不等式成立[9]:

$$F(n) \equiv \left(\frac{2\pi}{n}\right)^{1/(2n)} \mathcal{N}_n^{(k)} - \left(\frac{2\pi}{n'}\right)^{1/(2n')} \mathcal{N}_n^{(x)} \geqslant 0 \tag{6.173}$$

其中，n'是由(6.172)式定义的 n 的函数. 在 $n = n' = 2$ 时，由于归一化(6.171)式，有 $F(2)=0$. 因此，由(6.173)式得到，在 $n=2$ 时，导数 $dF/dn \geqslant 0$. 对这个导数的简单计算得到下面这个包含对于坐标函数和动量函数信息熵的引人注目的不等式：

$$I[\psi(x)] + I[\phi(k)] \geqslant 1 + \ln \pi = \ln(e\pi) \tag{6.174}$$

以上证明可扩展到包含多个变量的函数，这时要对所有的变量作 Fourier 变换；在这种情况下，(6.174)式的右边要乘维度 d. 由于高斯函数给出了最大熵((6.168)式)，我们可以把不确定度 Δ_k 和 Δ_x 通过不等式链关联起来[8]：

$$\Delta_k^2 \geqslant \frac{1}{2\pi e} e^{2I[\phi(k)]} \geqslant \frac{\pi e}{2} e^{-2I[\psi(x)]} \geqslant \frac{1}{4\Delta_x^2} \tag{6.175}$$

对于高斯函数，这些不等式变成等式；(6.175)式中两边的量给出了标准的不确定性关系(6.163)式.

习题 6.16 考虑一个质量为 m 的粒子，处于宽度为 a 的不可穿透势箱的第 n 个定态. 求粒子的坐标和动量的分布函数、平均值以及坐标和动量的均方涨落，并检验不确定性关系；求平均动能及其均方涨落.

解 被限制在势箱 $0 \leqslant x \leqslant a$ 内部的一个粒子的归一化定态波函数(3.6)式确定了坐标在第 n 个定态中的分布：

$$|\psi_n(x)|^2 = \frac{2}{a} \sin^2\left(\frac{n\pi}{a}x\right) \tag{6.176}$$

Fourier 变换得到动量表象中的波函数：

$$\begin{aligned} \phi_n(p) &= \int_0^a dx e^{-(i/\hbar)px} \psi_n(x) \\ &= \sqrt{2}a[1-(-)^n e^{-(i/\hbar)pa}] \frac{(\pi n/a)}{(\pi n/a)^2 - (p/\hbar)^2} \end{aligned} \tag{6.177}$$

由此，我们求出了动量的分布函数：

$$w_n(p) = |\phi_n(p)|^2 = \frac{4}{a}[1-(-)^n \cos(pa/\hbar)] \frac{(\pi n/a)^2}{[(\pi n/a)^2 - (p/\hbar)^2]^2} \tag{6.178}$$

在点 $p = \pm n\pi\hbar/a$ 处的表观发散被第一方括号的零点抵消.

对接下来的计算，我们需要如下积分：

$$\int dx x \sin^2 x = \frac{1}{4}\left[x^2 - x\sin(2x) - \frac{1}{2}\cos(2x)\right] \tag{6.179}$$

$$\int dx x^2 \sin^2 x = \frac{x^3}{6} - \left(\frac{x^2}{4} - \frac{1}{8}\right)\sin(2x) - \frac{x\cos(2x)}{4} \tag{6.180}$$

显然,坐标的平均值是在箱的中间:

$$\langle n \mid x \mid n \rangle = \int_0^a dx x \mid \psi_n(x) \mid^2 = \frac{a}{2} \tag{6.181}$$

坐标的均方值等于

$$\langle n \mid x^2 \mid n \rangle = a^2\left[\frac{1}{3} - \frac{1}{2(\pi n)^2}\right] \tag{6.182}$$

坐标的弥散为

$$(\Delta x)_n^2 = \langle n \mid x^2 \mid n \rangle - \langle n \mid x \mid n \rangle^2 = \frac{a^2}{12}\left[1 - \frac{6}{(\pi n)^2}\right] \tag{6.183}$$

对于大的 n,这些结果趋近于在 $x=0$ 和 $x=a$ 之间概率的经典均匀分布的结果.的确,量子概率(6.176)式急剧振荡,因此可将 $\sin^2(\pi n/x)$ 用其平均值 1/2 取代,使得 $|\psi_n(x)|^2 \Rightarrow 1/a$,可与(3.7)式相比.

为了计算 p 和 p^2 的期待值,使用坐标表象和相应的算符 $\hat{p} = -i\hbar(d/dx)$ 会更容易.这样,我们立即看到

$$\langle n \mid \hat{p} \mid n \rangle = 0 \tag{6.184}$$

正如对**驻波**所预期的.均方动量为

$$\langle n \mid \hat{p}^2 \mid n \rangle = (\Delta p)_n^2 = \left(\frac{\pi \hbar n}{a}\right)^2 \tag{6.185}$$

由已知的能量(在箱内,总能量是动能)

$$E_n = \langle n \mid \hat{K} \mid n \rangle = \frac{\pi^2 \hbar^2 n^2}{2ma^2} = \frac{\langle n \mid \hat{p}^2 \mid n \rangle}{2m} \tag{6.186}$$

计算出这个量是很容易的.不确定度的乘积可由(6.183)式和(6.185)式得到:

$$(\Delta x)_n^2 (\Delta p)_n^2 = \frac{\hbar^2}{12}\left[(\pi n)^2 - 6\right] \tag{6.187}$$

不确定性关系成立:即使对于最小的 $n=1$ 情况,也有

$$(\Delta x)_n(\Delta p)_n = \hbar\frac{\sqrt{\pi^2-6}}{2\sqrt{3}} > \frac{\hbar}{2} \tag{6.188}$$

当我们开始考虑动能的涨落时，情况似乎是矛盾的. 天真地认为，在箱内总能量被简化为动能($E\to K$)，而能级 E_n 上的能量值是固定的，因而动能并不涨落，$\langle n|\hat{K}^2|n\rangle = \langle n|\hat{K}|n\rangle^2$. 另一方面，如果用动量概率密度(6.178)式来计算：

$$\langle n|\hat{K}^2|n\rangle = \int_{-\infty}^{\infty}\frac{dp}{2\pi\hbar}w_n(p)\frac{p^4}{4m^2} \tag{6.189}$$

我们看到，这一积分在大动量处**发散**. 确实，在 $|p|\to\infty$ 处，这个分布密度 $w_n(p)\propto p^{-4}$，因此，对于来自算符 $\hat{K}^2$ 的 p^4 积分是**发散**的.

为解决这个争议，我们需要讨论物理的测量过程：要测量关在箱内的粒子态的动能大小，我们需要立即去除箱壁，允许粒子自由运动. 在一个突然的扰动下，如习题 3.3，波函数没有时间改变，动量变成一个运动常数(势壁不再存在)，使得每个动量分量独立地传播并能以概率 $w_n(p)$ 被记录下来. 通过多次重复实验，我们可提取动量或动能的这个分布函数. 这时，结果就应当与按照(6.189)式的计算相一致，并给出$\langle K^2\rangle\to\infty$. 事实上，例如，在 **Bose-Einstein 凝聚**的研究中，这就是测量处于阱内原子动量分布的一种实际的方法. 阱被突然移除，自由原子的动量被测量(在那些实验中，阱的势接近于谐振子势).

在坐标表象的一种正确考虑导致同样的发散结论. 的确，考虑到测量过程，我们需要考虑**整个空间中**的波函数. 在势壁处 $\psi=0$ 的条件是从一个有限势壁到无穷高势壁的极限过渡的结果. 在这个过程中，因为壁的存在，动能不等于总能量. 作为全空间中的函数，箱内的波函数在势壁处是连续的，一阶导数有一个有限的间断(在外部为零，在内部是有限的)，并且作为具有无穷大势的结果，二阶导数是**无穷大**的. 这一无穷大产生了非常高的 Fourier 分量，导致动量表象中的积分发散. 因而，对$\langle p^4\rangle$的计算应该如下进行：

$$\langle n|\hat{p}^4|n\rangle = \int_{-\infty}^{\infty}dx\psi_n^*(x)\hat{p}^4\psi_n(x) = \int_{-\infty}^{\infty}dx\,|\hat{p}^2\psi_n(x)|^2 \tag{6.190}$$

其中我们利用了算符 $\hat{p}^2$ 的厄米性. 现在我们看到，积分包含了波函数的二阶导数的平方. 二阶导数在边界处是无穷大的，即它包含了正比于无穷大势的 $\delta(x)$和 $\delta(x-a)$的贡献. 积分$\int dx[\delta(x)]^2=\delta(0)$是无穷大的. 当然，所有这一切都是无限高势壁这一理想化模型的结果.

习题 6.17 所有的实际测量都有其自身的与量子限制无关的误差. 假设粒子处于量

子态 $\psi(x)$，其坐标 x 的平均值为 $\langle x\rangle$，量子不确定度为 $(\Delta x)^2$. 实验装置以测量结果与实际位置的偏差 ξ 的概率 $w(\xi)$ 表征. 求多次测量的平均结果及其方差 $\mathrm{Var}(x)=\overline{x^2}-\bar{x}^2$.

解 获得结果 x 的概率由下式给出：

$$P(x)=\int \mathrm{d}x' w(x-x')\,|\psi(x')|^2 \tag{6.191}$$

其中 $\psi(x)$ 归一化为 1. 利用这一概率分布，得到

$$\bar{x}=\langle x\rangle+\int \mathrm{d}\xi w(\xi)\xi \equiv \langle x\rangle+\bar{\xi} \tag{6.192}$$

$$\mathrm{Var}(x)=(\Delta x)^2+\int \mathrm{d}\xi w(\xi)\xi^2-(\bar{\xi})^2 \equiv (\Delta x)^2+\mathrm{Var}(\xi) \tag{6.193}$$

量子不确定度和实验不确定度是平方相加的.

第 7 章

量子动力学

人们将永远要求一个合理的理论把经典力学作为一种极限情况包含在内.

——Pauli

7.1 哈密顿量和 Schrödinger 方程

在前面的论证中已经出现过限定量子力学态的时间演化规则的一些原理.

(1) 波函数包含了关于系统可能测量的概率(被量子不确定性关系所允许)的**完整信息**.

(2) **叠加原理**告诉我们运动方程解的和也一定是一个可能的解.

(3) **一个定态**(一个具有确定能量 E 的态)**单色地演化**$\sim \exp[-(\mathrm{i}/\hbar)Et]$,它只能获得相位,因而保持了所有的概率.

由(2)得知,运动方程对态矢量或波函数必须是**线性**的.按照(1),初始时刻($t=0$)波函数$|\Psi(0)\rangle$的知识已经预先确定了它的量子(未受测量扰动的)演化.特别是在一个非常接近的时刻,波函数或它的时间导数也由$|\Psi(0)\rangle$确定.因为这种依赖关系是线性的,导数是函数自身的一个线性泛函.这个泛函的信息被编码到一个线性**哈密顿算符**或**哈密顿量** $\hat{H}$ 中,使得

$$i\hbar\frac{\partial}{\partial t}|\Psi(t)\rangle=\hat{H}|\Psi(t)\rangle \tag{7.1}$$

这是主宰任意量子系统随时间演化的 **Schrödinger 方程**形式.由条件(3),我们知道对于一个定态,其时间依赖性是

$$|\Psi(t)\rangle=|\psi\rangle e^{-(i/\hbar)Et},\quad |\psi\rangle=|\Psi(0)\rangle \tag{7.2}$$

现在,我们由(7.1)式看到,定态的能量 E 是哈密顿量的**本征值**,并且时间无关的态矢$|\psi\rangle$是相应的本征矢:

$$\hat{H}|\psi\rangle=E|\psi\rangle \tag{7.3}$$

作为一个实际可观测量的算符,哈密顿量是一个**厄米算符**.

如果哈密顿量 $\hat{H}$ 不明显依赖于时间,则我们所谈及的是一个**封闭的**或孤立的系统.这并不意味着系统的实际状态是稳定的——这取决于初始的制备.然而,在这种情况下,Schrödinger 方程(7.1)允许有形式解

$$|\Psi(t)\rangle=e^{-(i/\hbar)\hat{H}t}|\Psi(0)\rangle \tag{7.4}$$

对于一个初始的定态该式变成(7.2)式.在一般情况下,初始状态是一些定态$|n\rangle$的任意叠加,$|n\rangle$属于一个离散谱或连续谱,经常是它们二者的组合:

$$|\Psi(0)\rangle=\sum_n c_n|n\rangle \tag{7.5}$$

这些$|n\rangle$态构成作为一个厄米算符本征态的正交完备基.因此,(7.5)式中的展开系数为

$$c_n=\langle n|\Psi(0)\rangle \tag{7.6}$$

现在,Schrödinger 方程的形式解(7.4)式可写成(对比 3.4 节)

$$|\Psi(t)\rangle=\sum_n c_n|n\rangle e^{-(i/\hbar)E_n t} \tag{7.7}$$

习题 7.1 一维的谐振子具有一个分立的能谱

$$E_n = \hbar\omega\left(n + \frac{1}{2}\right) \tag{7.8}$$

该谐振子被制备处于初态 $\Psi(0) = A(\psi_1 + \psi_2 + \psi_3)$，$A \neq 0$，其中 ψ_n 是 n 个量子的归一化定态波函数. 在某个 $t>0$ 的时刻，波函数将会取下列哪种形式？

A. $\psi = B[\psi_1 + (1/\sqrt{2})(\psi_2 + \psi_3)]$

B. $\psi = C(\psi_1 + \psi_2 + \psi_3 + \psi_4)$

C. $\psi = D(\psi_1 - \psi_2 + \psi_3)$

D. $\psi = F(\psi_1 - \psi_2 - \psi_3)$

E. $\psi = G(\psi_1 + \psi_2 - \psi_3)$

在这些例子中，系数都是一些常数.

解 可能的选择为 C 和 E.

找到能量为 E_n 分量的概率幅 c_n 定义了**能量表象**中的波函数. 对任意的封闭系统，相应的概率 $|c_n|^2$ 是时间无关的. 不显含时间的任意算符 $\hat{A}$ 在 $|\Psi_1(t)\rangle$ 和 $|\Psi_2(t)\rangle$ 两个态之间可以有非零的、时间相关的矩阵元，不过可能的依赖性完全是由能谱确定的：

$$\langle \Psi_2(t) \mid \hat{A} \mid \Psi_1(t)\rangle = \sum_{mn} c_n^{(2)*} c_m^{(1)} A_{nm} \mathrm{e}^{-\mathrm{i}\omega_{mn}t} \tag{7.9}$$

在这里，我们使用了两个态的能量表象振幅 $c_m^{(1)}$ 和 $c_n^{(2)}$、矩阵元 A_{nm} 的标准定义((6.55)式)和定态之间的跃迁频率 w_{mn}((1.41)式). 因此，矩阵元(7.9)式的傅里叶频谱只包含那些在该系统定态之间可能跃迁的频率.

形式解(7.4)式是**幺正变换**(6.9 节)的一个新例子. 与动量算符生成的空间平移((4.54)式)类似，我们也有通过内禀动力学自然实现的系统时间平移. 的确，态矢量的内积不依赖时间(习题 4.1)：对算符 $\hat{A} \Rightarrow \hat{1}$，$A_{nm} = \delta_{nm}$，有

$$\langle \Psi_2(t) \mid \Psi_1(t)\rangle = \sum_{mn} c_n^{(2)*} c_m^{(1)} \delta_{nm} \mathrm{e}^{-\mathrm{i}\omega_{mn}t} = \sum_{n} c_n^{(2)*} c_n^{(1)} = \langle \Psi_2(0) \mid \Psi_1(0)\rangle \tag{7.10}$$

因此，一个封闭系统的量子演化是一个幺正变换：

$$\hat{U}(t) = \mathrm{e}^{-(\mathrm{i}/\hbar)\hat{H}t} \tag{7.11}$$

这里时间作为一个连续参数，而哈密顿量作为一个相应的生成元(6.112)式.

7.2 单粒子哈密顿量

一个特定量子系统的哈密顿量的具体形式不可能被“推导”出来.在经典力学中,Lagrange量或哈密顿量基本上取自遵从一些普遍原理的实验.在量子理论中,仅有的指南可以是对称性论证、与经典极限的对应(1.7 节)和实验的结果.

在 4.2 节中,我们明确地引入了作用于坐标表象和动量表象波函数的坐标算符和动量算符.现在,我们需要用这些知识去处理具有确定哈密顿量的 Schrödinger 方程.首先,我们需要把一个抽象态矢量的方程(7.1)变换成一个在固定表象中波函数的方程.

在一个单粒子系统的坐标表象中,波函数是态矢量在定域于给定点的态上的投影:

$$\Psi(\boldsymbol{r},t) = \langle \boldsymbol{r} \mid \Psi(t)\rangle \tag{7.12}$$

在这里,基的态 $|\boldsymbol{r}\rangle$ 是时间无关的,而态矢量 $|\Psi(t)\rangle$ 按照(7.1)式演化.借助完备性条件(6.49)式,通过插入定域态 $|\boldsymbol{r}'\rangle$ 的完备集,我们得到

$$\int \mathrm{d}^3 r' \mid \boldsymbol{r}'\rangle \, \mathrm{i}\hbar \frac{\partial}{\partial t}\langle \boldsymbol{r}' \mid \Psi(t)\rangle = \int \mathrm{d}^3 r' \hat{H} \mid \boldsymbol{r}'\rangle\langle \boldsymbol{r}' \mid \Psi(t)\rangle \tag{7.13}$$

它能用坐标波函数写成

$$\int \mathrm{d}^3 r' \mid \boldsymbol{r}'\rangle \, \mathrm{i}\hbar \frac{\partial}{\partial t}\Psi(\boldsymbol{r}',t) = \int \mathrm{d}^3 r' \hat{H} \mid \boldsymbol{r}'\rangle \Psi(\boldsymbol{r}',t) \tag{7.14}$$

现在,我们把这个方程投影到一个固定的、定域的左矢 $\langle \boldsymbol{r}|$.使用正交性

$$\langle \boldsymbol{r} \mid \boldsymbol{r}'\rangle = \delta(\boldsymbol{r} - \boldsymbol{r}') \tag{7.15}$$

我们得到时间相关的坐标波函数的方程

$$\mathrm{i}\hbar \frac{\partial \Psi(\boldsymbol{r},t)}{\partial t} = \int \mathrm{d}^3 r' \langle \boldsymbol{r} \mid \hat{H} \mid \boldsymbol{r}'\rangle \Psi(\boldsymbol{r}',t) \tag{7.16}$$

一般来说,这个方程是积分(**非定域**)方程.

假定我们从经典类似的势场中粒子的哈密顿函数借来量子哈密顿量的形式,并用量子算符替换经典动力学变量 $\boldsymbol{r}$ 和 $\boldsymbol{p}$,就能找到矩阵元 $\langle \boldsymbol{r}|\hat{H}|\boldsymbol{r}'\rangle$(算符 $\hat{H}$ 的**核**).在 4.2 节的坐标表象中,有

$$\boldsymbol{r} \Rightarrow \hat{\boldsymbol{r}}, \quad \boldsymbol{p} \Rightarrow \hat{\boldsymbol{p}} = -\mathrm{i}\hbar\nabla \tag{7.17}$$

让我们寻找这些算符的矩阵元$\langle \boldsymbol{r} | \cdots | \boldsymbol{r}' \rangle$. 对我们暂时记为 $\hat{x}$ 的坐标算符来说，它很简单. 通过明确地引入定域的波函数，得到

$$\langle \boldsymbol{r} | \hat{\boldsymbol{x}} | \boldsymbol{r}' \rangle = \int \mathrm{d}^3 x \delta(\boldsymbol{x} - \boldsymbol{r}) \boldsymbol{x} \delta(\boldsymbol{x} - \boldsymbol{r}') = \boldsymbol{r} \delta(\boldsymbol{r} - \boldsymbol{r}') \tag{7.18}$$

对动量算符，有如下结果：

$$\langle \boldsymbol{r} | \hat{\boldsymbol{p}} | \boldsymbol{r}' \rangle = \int \mathrm{d}^3 x \delta(\boldsymbol{x} - \boldsymbol{r})(-\mathrm{i}\hbar\nabla_x) \delta(\boldsymbol{x} - \boldsymbol{r}') \tag{7.19}$$

利用 δ 函数的对称性，可把微商放到积分符号之外：

$$\begin{aligned} \langle \boldsymbol{r} | \hat{\boldsymbol{p}} | \boldsymbol{r}' \rangle &= \mathrm{i}\hbar\nabla_{r'} \int \mathrm{d}^3 x \delta(\boldsymbol{x} - \boldsymbol{r}) \delta(\boldsymbol{x} - \boldsymbol{r}') = \mathrm{i}\hbar\nabla_{r'} \delta(\boldsymbol{r} - \boldsymbol{r}') \\ &= -\mathrm{i}\hbar\nabla_r \delta(\boldsymbol{r} - \boldsymbol{r}') \end{aligned} \tag{7.20}$$

对任何一个解析函数 $F(\hat{\boldsymbol{p}})$，我们导出

$$\langle \boldsymbol{r} | F(\hat{\boldsymbol{p}}) | \boldsymbol{r}' \rangle = F(-\mathrm{i}\hbar\nabla_r) \delta(\boldsymbol{r} - \boldsymbol{r}') \tag{7.21}$$

把这套方法用到哈密顿量

$$\hat{H} = H(\hat{\boldsymbol{r}}, \hat{\boldsymbol{p}}) \tag{7.22}$$

并对(7.16)式中$\boldsymbol{r}'$求积分，就得到了坐标表象中的 Schrödinger 方程：

$$\mathrm{i}\hbar \frac{\partial \Psi(\boldsymbol{r}, t)}{\partial t} = \hat{H}(\hat{\boldsymbol{r}}, \hat{\boldsymbol{p}}) \Psi(\boldsymbol{r}, t) \tag{7.23}$$

其中，$\hat{\boldsymbol{r}}$ 和 $\hat{\boldsymbol{p}} = -\mathrm{i}\hbar\nabla$ 像前面 4.2 节中的一样作用于坐标 $\boldsymbol{r}$ 的函数上.

在一般情况下，由于非对易算符 $\hat{\boldsymbol{r}}$ 和 $\hat{\boldsymbol{p}}$ 可能的不同排序，这套方法无法精确定义. 在非相对论量子力学中，我们假定一个质量为 m、处于势场 $U(\boldsymbol{r})$ 中粒子的单粒子哈密顿量 $\hat{H}(\hat{\boldsymbol{r}}, \hat{\boldsymbol{p}})$ 能用算符替换(7.17)式从经典力学取得：

$$\hat{H} = \hat{K} + \hat{U} \tag{7.24}$$

其中，非相对论动能由

$$\hat{K} = \frac{\hat{\boldsymbol{p}}^2}{2m} \tag{7.25}$$

给出，或在坐标表象(7.17)式中由

$$\hat{K} = -\frac{\hbar^2}{2m}\nabla^2 \tag{7.26}$$

给出.动能算符的本征函数是平面波;由于能量仅依赖动量 $\boldsymbol{p}$ 的绝对值,能量的每个非零本征值都是无限多重简并的,这是因为 $\boldsymbol{p}$ 的所有方向都是等价的.

在位势存在的情况下,平面波不再是哈密顿量的本征函数.坐标表象中的势能 $\hat{U} = U(\hat{\boldsymbol{r}})$ 就是一个经典函数 $U(\boldsymbol{r})$.因此,我们可把外势场中一个粒子的量子力学问题公式化表示成偏微分方程问题:

$$\mathrm{i}\hbar\frac{\partial\Psi(\boldsymbol{r},t)}{\partial t} = \left[-\frac{\hbar^2}{2m}\nabla^2 + U(\boldsymbol{r})\right]\Psi(\boldsymbol{r},t) \tag{7.27}$$

在(7.27)式中,势 U 一般来说也可能是时间相关的.对静态势,我们可以寻找一个用能量 E(7.2)式表征的、纯单色的时间相关定态.对于坐标波函数 $\psi(\boldsymbol{r})$,有

$$\Psi(\boldsymbol{r},t) = \psi(\boldsymbol{r})\mathrm{e}^{-(\mathrm{i}/\hbar)Et}, \quad \psi(\boldsymbol{r}) = \langle \boldsymbol{r} \mid \psi\rangle \tag{7.28}$$

相应的定态 Schrödinger 方程(7.3)为

$$\left[-\frac{\hbar^2}{2m}\nabla^2 + U(\boldsymbol{r})\right]\psi(\boldsymbol{r}) = E\psi(\boldsymbol{r}) \tag{7.29}$$

与事先未知的能谱一起,(7.29)式设置了一个本征值问题.

习题 7.2 对于**动量表象**中的波函数 $\Phi(\boldsymbol{p},t)$((4.4)式),有

$$\begin{aligned}\Phi(\boldsymbol{p},t) &= \int \mathrm{d}^3 r\, \mathrm{e}^{-(\mathrm{i}/\hbar)(\boldsymbol{p}\cdot\boldsymbol{r})}\Psi(\boldsymbol{r},t) \\ \Psi(\boldsymbol{r},t) &= \int \frac{\mathrm{d}^3 p}{(2\pi\hbar)^3}\mathrm{e}^{(\mathrm{i}/\hbar)(\boldsymbol{p}\cdot\boldsymbol{r})}\Phi(\boldsymbol{p},t)\end{aligned} \tag{7.30}$$

推导单粒子 Schrödinger 方程.

解 因为函数 $U(\boldsymbol{r})$ 一般由一个无穷的算符级数 $U(\mathrm{i}\hbar\nabla_p)$ 给出,我们得到积分方程:

$$\mathrm{i}\hbar\frac{\partial\Phi(\boldsymbol{p},t)}{\partial t} = \frac{\boldsymbol{p}^2}{2m}\Phi(\boldsymbol{p},t) + \int \frac{\mathrm{d}^3 p'}{(2\pi\hbar)^3}U_{\boldsymbol{p}'-\boldsymbol{p}}\Phi(\boldsymbol{p}',t) \tag{7.31}$$

其中,势能的 Fourier 分量定义为

$$U_{\boldsymbol{p}} = \int \mathrm{d}^3 r\, \mathrm{e}^{-(\mathrm{i}/\hbar)(\boldsymbol{p}\cdot\boldsymbol{r})}U(\boldsymbol{r}) \tag{7.32}$$

我们可把(7.31)式中的积分项解释为对该过程的一种描述,如图 7.1 所示,在那里粒子

通过把 $\Phi(\boldsymbol{p}')$ 转换成 $\Phi(\boldsymbol{p})$，将动量 $\boldsymbol{p}-\boldsymbol{p}'$ 转移到外势的源中，并且把所有的可能性都叠加在一起.

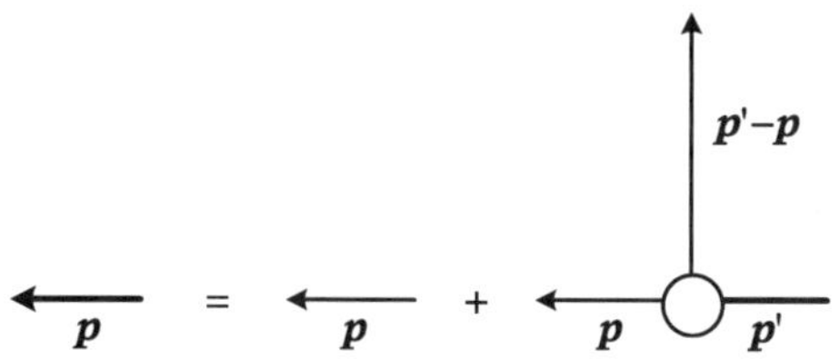

图 7.1　动量表象中波函数演化的图解

在第 3 章和第 4 章中讨论过的最简单的量子问题与分段常数势相关. 在 $U(\boldsymbol{r})=U_0$ 为常数的区域，定态方程(7.29)变成

$$-\frac{\hbar^2}{2m}\nabla^2\psi(\boldsymbol{r})=(E-U_0)\psi(\boldsymbol{r}) \tag{7.33}$$

对给定的能量 E，其通解是具有各种波矢 $\boldsymbol{k}$ 但能量相同的平面波的任意叠加：

$$\psi(\boldsymbol{r})=\sum_k C_k \mathrm{e}^{\mathrm{i}(\boldsymbol{k}\cdot\boldsymbol{r})},\quad \frac{\hbar^2\boldsymbol{k}^2}{2m}=E-U_0 \tag{7.34}$$

这使我们能在不实际求解任何方程的情况下，仅利用量子波的概念求解很多问题. 按照问题的具体特点，可求得(7.34)式的叠加系数. 在各段势的边界，为保持能量的固定，我们把问题的解连接到一起. 函数及其一阶导数的匹配是通过要求 Schrödinger 方程处处(包括势的不连点在内)都得到满足而证明其合理性的. 按照方程，波函数的二阶导数具有与势相同的跃变. 对于一个光滑位势的方程，像在 2.7 节中我们为了获得隧穿概率所做的那样，可以通过把运动区域划分成很小的碎段并把每段的势近似看作一个常数"推导"出来.

习题 7.3　(1) 某些分子可以用一个平面**转子**建模，它是用一个转动哈密顿量

$$\hat{H}=\frac{\hbar^2\hat{l}_z^2}{2I} \tag{7.35}$$

描述的只有一个自由度(方位角)的系统，其中的转动是由角动量在旋转轴上的投影 $\hat{l}_z$ 生成的. 在这里，I 是转动惯量. 求这个平面转子的归一化本征函数、能量的本征值和它们的简并度. 构造简并本征函数的组合，使其在平面内对 x 轴的反射下具有确定宇称.

(2) 考虑具有以下角度波函数的转子的态：

$$\psi(\varphi) = A\cos^n\varphi, \quad 整数\ n \geqslant 0 \tag{7.36}$$

求投影 $m = l_z$ 与能量的概率分布以及这些量的期待值.

解 (1) 该转子的本征函数是算符 $\hat{l}_z$ 的本征函数((4.72)式). 其能量本征值是通过 $\hat{l}_z$ 的本征值 m 来表示的:

$$E_m = \frac{\hbar^2 m^2}{2I} \tag{7.37}$$

所有 $|m| \neq 0$ 的能量都是二重简并的;只有 $m = 0$ 的基态($E_0 = 0$)是非简并的. 对 x 轴的反射,使 $\varphi \to -\varphi$. 具有确定 x 宇称的函数是:具有正 x 宇称的 $\cos(m\varphi)$ 和具有负 x 宇称的 $\sin(m\varphi)$. 因为来自原始态的集合((4.72)式)的变换是在简并的多重态内部进行的,这些函数仍然都表示定态,只不过是它们的不同叠加(驻波). 正如我们在第 8 章中将要看到的,这些新的态在时间反演下都是不变的,而原来的态在某种旋转的意义上对应(转动的)行波那个;在时间反演下,它们彼此相互转换.

(2) 利用二项式公式,我们把该函数展成 Fourier 级数:

$$\begin{aligned}\psi(\varphi) &= A\left(\frac{e^{i\varphi} + e^{-i\varphi}}{2}\right)^n = A\frac{e^{in\varphi}}{2^n}(1 + e^{-2i\varphi})^n \\ &= A\frac{e^{in\varphi}}{2^n}\sum_{k=0}^{n}\frac{n!}{k!(n-k)!}e^{-2ik\varphi}\end{aligned} \tag{7.38}$$

这只不过是用完备集(4.72)式的展开:

$$\psi(\varphi) = \frac{A\sqrt{2\pi}}{2^n}\sum_{k=0}^{n}\frac{n!}{k!(n-k)!}\psi_{n-2k}(\varphi) \tag{7.39}$$

用同样的方法计算 $|\psi|^2$,很容易把该函数归一化:

$$1 = |A|^2\int_0^{2\pi} d\varphi \cos^{2n}\varphi = \frac{|A|^2}{2^{2n}}\int_0^{2\pi} d\varphi e^{2in\varphi}(1 + e^{-2i\varphi})^{2n} \tag{7.40}$$

再次用二项式展开,我们得到

$$1 = \frac{|A|^2}{2^{2n}}\sum_{k=0}^{2n}\frac{(2n)!}{k!(2n-k)!}\int_0^{2\pi} d\varphi e^{2i(n-k)\varphi} \tag{7.41}$$

借助 $\psi_m(\varphi)$ 的正交性,我们看到只有 $k = n$ 的项保留下来,并且

$$1 = |A|^2\frac{2\pi}{2^{2n}}\frac{(2n)!}{(n!)^2} = |A|^2\frac{2\pi(2n-1)!!}{2^n n!} \tag{7.42}$$

由(7.39)式得知,该波函数显示了所有轨道角动量投影 $m=n-2k$ 的非零概率,其中 k 可从 $k=n,m=-n$ 取到 $k=0,m=n$.因此,所允许的 m 值,即

$$m=-n,-n+2,\cdots,n-2,n \tag{7.43}$$

与态的宇称是一致的.通过重新命名 $k=(n-m)/2$ 并由(7.42)式提取归一化常数,我们得到概率分布

$$\begin{aligned} P(m) &= \frac{|A|^2 2\pi}{2^{2n}}\left\{\frac{n!}{[(n+m)/2]![(n-m)/2]!}\right\}^2 \\ &= \frac{n!}{2^n(2n-1)!!}\left\{\frac{n!}{[(n+m)/2]![(n-m)/2]!}\right\}^2 \end{aligned} \tag{7.44}$$

由于相对于 m 符号的对称性(实际上是时间反演对称性),有

$$\langle \hat{l}_z \rangle = 0 \tag{7.45}$$

这个结果或许我们不用计算就可以理解,因为该波函数是实的.

为求得能量分布,我们需要考虑态 ψ_m 和 ψ_{-m} 是简并的.因此,对 $m\neq 0$,找到能量 E_m 的概率是

$$P_E(m)=P(m)+P(-m)=2P(m) \tag{7.46}$$

其中,我们必须只取与 n 的宇称相同的正 m 值.对于只对偶数 n 允许的零投影,即

$$P_E(0)=P(0) \tag{7.47}$$

可以用很多方法找到能量的期待值,例如直接计算

$$\langle H\rangle=\int_0^{2\pi}\mathrm{d}\varphi\psi^*(\varphi)\hat{H}\psi(\varphi) \tag{7.48}$$

在这里,我们需要

$$\frac{\mathrm{d}^2}{\mathrm{d}\varphi^2}\cos^n\varphi=[n(n-1)-n^2\cos^2\varphi]\cos^{n-2}\varphi \tag{7.49}$$

则(7.48)式取如下形式:

$$\langle H\rangle=\frac{\hbar^2|A|^2}{2I}\int_0^{2\pi}\mathrm{d}\varphi[n^2\cos^{2n}\varphi-n(n-1)\cos^{2n-2}\varphi] \tag{7.50}$$

利用从(7.42)式得到的 $|A|^2$ 值,沿着上面展示的途径的简单计算得到

$$\langle H\rangle=\frac{\hbar^2}{2I}\frac{n^2}{2n-1} \tag{7.51}$$

当然，$n=0$ 值只允许 $m=0$ 和 $E=0$.

7.3 连续性方程

在 r 点附近找到粒子的**概率密度**((2.5)式)随时间演化.演化由 Schrödinger 方程(7.23)与其复共轭方程

$$- i\hbar\frac{\partial \Psi^*}{\partial t} = \hat{H}^* \Psi^* \tag{7.52}$$

一起确定.通过把这两个方程结合起来，我们得到

$$\frac{\partial \rho}{\partial t} = \frac{\partial}{\partial t}(\Psi^* \Psi) = \frac{1}{i\hbar}[\Psi^*(\hat{H}\Psi) - (\hat{H}^* \Psi^*)\Psi] \tag{7.53}$$

这个结果不依赖于我们所用的表象.只有当波函数有一个非平凡的(依赖变量的)复相位，或者哈密顿量是一个复函数，或者两者皆有时，概率密度才会改变.

哈密顿量可以是复的，但仍然是厄米的——回想一下厄米的动量算符(7.17)式在坐标表象中是虚的.有时，借助人为引入的复势 $U = V + iW$ 来描述这种情况是方便的.在概率密度的时间导数(7.53)式中，虚部 W 带来了新的项$(2/\hbar)\mathrm{Im}(W)\rho \equiv -\Gamma\rho$.如果 $\mathrm{Im}(W)<0$，则密度随时间按$\sim\exp(-\Gamma t)$的指数规律衰变，见 5.8 节.这样，人们就可以描述系统的衰变或系统与其他未被明确计入部分的耦合.$\mathrm{Im}(W)>0$ 的情况对应一个粒子源的存在.

对具有实位势的一个单粒子哈密顿量((7.24)式)，只有动能项对时间演化((7.53)式)有贡献

$$\frac{\partial \rho}{\partial t} = -\frac{\hbar}{2mi}[\Psi^*(\nabla^2\Psi) - (\nabla^2\Psi^*)\Psi] = -\frac{\hbar}{2mi}\nabla\cdot[\Psi^*(\nabla\Psi) - (\nabla\Psi^*)\Psi] \tag{7.54}$$

这就是具有特定形式的**概率流**

$$j = \frac{\hbar}{2mi}[\Psi^*(\nabla\Psi) - (\nabla\Psi^*)\Psi] \tag{7.55}$$

的**连续性方程**((2.11)式).如同在 2.2 节中讨论过的，连续性方程描述了的总概率(和波

函数归一化)守恒((2.12)式).对平面波 $\Psi = A(t)e^{i(\boldsymbol{k}\cdot\boldsymbol{r})}$,概率流(7.55)式约化成原来的表达式(2.13).使用动量算符 $\hat{\boldsymbol{p}} = -i\hbar\nabla$,我们也能把概率流(7.55)式写成

$$\boldsymbol{j} = \mathrm{Re}\left[\Psi^*\left(\frac{\hat{\boldsymbol{p}}}{m}\Psi\right)\right] \tag{7.56}$$

这让人想起流(2.8)式的流体动力学的意义.

习题 7.4 一个粒子在一个厄米但非定域的外部势 $\hat{U}$ 中运动,该势按照

$$\hat{U}\Psi(\boldsymbol{r}) = \int d^3r' U(\boldsymbol{r},\boldsymbol{r}')\Psi(\boldsymbol{r}') \tag{7.57}$$

通过一个**核** $U(\boldsymbol{r},\boldsymbol{r}')$来定义.

在这种情况下,这个连续性方程适用吗?波函数的归一化对时间守恒吗?

解 利用具有通常的动能 $\hat{K}$ 和由(7.57)式给出的 $\hat{U}$ 的哈密顿量 $\hat{H} = \hat{K} + \hat{U}$,我们得到连续性方程的类似方程:

$$\begin{aligned}\frac{\partial\rho(\boldsymbol{r},t)}{\partial t} + \mathrm{div}\,\boldsymbol{j}(\boldsymbol{r},t) = -\frac{i}{\hbar}\Big[\Psi^*(\boldsymbol{r},t)\int d^3r' U(\boldsymbol{r},\boldsymbol{r}')\Psi(\boldsymbol{r}',t)) \\ - \Psi(\boldsymbol{r},t)\int d^3r' U^*(\boldsymbol{r},\boldsymbol{r}')\Psi^*(\boldsymbol{r}',t)\Big]\end{aligned} \tag{7.58}$$

其中,ρ 和 $\boldsymbol{j}$ 具有标准的定义.传统定域的连续性方程不再满足,概率密度不仅被定域的流改变,而且也通过场 $\hat{U}$ 被超距作用所改变.然而,由于势的厄米性,$U(\boldsymbol{r},\boldsymbol{r}') = U^*(\boldsymbol{r}',\boldsymbol{r})$,**总概率**(归一化)是守恒的:

$$\int d^3r\rho(\boldsymbol{r},t) = 常数 \tag{7.59}$$

可以进一步探索这个流的**流体力学类似**.可以利用振幅 $A(\boldsymbol{r},t)$(它应该是密度 ρ 的平方根)和相位 $S(\boldsymbol{r},t)$两个实函数,把复函数 Ψ 写成

$$\Psi = \sqrt{\rho}e^{(i/\hbar)S} \tag{7.60}$$

按照(7.55)式计算流,我们得到

$$\boldsymbol{j} = \frac{\rho}{m}\nabla S \tag{7.61}$$

也就是说,$\nabla S/m$ 起到了与波函数相关联的速度的作用,该波函数不仅可以是平面波,也可以是一个一般的态的波函数.我们再次看到,对于概率流的存在,一个非平庸相位的存在是必要的.

通过在 Schrödinger 方程中利用表达式(7.60)并且分离实部和虚部,我们能够得到相位 S 和振幅 $A=\sqrt{\rho}$ 的两个耦合方程.虚部的方程与连续性方程(2.11)是一致的.实部的方程约化为

$$\frac{\partial S}{\partial t}=-\left[\frac{(\nabla S)^2}{2m}+U-\frac{\hbar^2}{2m}\frac{\nabla^2 A}{A}\right] \tag{7.62}$$

在 $\hbar\to 0$ 的极限下,(7.62)式趋向经典的 **Hamilton-Jacobi 方程**:

$$H\Rightarrow -\frac{\partial S}{\partial t},\quad \boldsymbol{p}\Rightarrow \nabla S \tag{7.63}$$

其中,波函数的相位 S 与沿着轨迹[1,§47]的经典作用量是一致的.就像几何光学中的光线一样,各种各样的经典轨迹与 $S=$ 常数的表面正交.在每个点,射线具有由 S 的梯度确定的方向,该梯度的确起到了速度(7.61)式的作用.与经典力学相反,作用量的方程(7.62)不是封闭的,因为存在还依赖波包振幅的、自洽的量子"势" $-\dfrac{\hbar^2}{2m}\dfrac{\nabla^2 A}{A}$.这一项是包括量子不确定性、弥散等(D. Bohm 的量子力学解释[10])量子"流体"运动特定性质的原因.

习题 7.5 两块金属彼此靠得很近,以致电子波函数的尾巴能够重叠,如图 7.2 所示.假设这些波函数在交界面 $x=0$ 附近为

$$\psi_1(x)=A(x)e^{i\alpha}\quad 和\quad \psi_2(x)=B(x)e^{i\beta} \tag{7.64}$$

其中,$A(x)$和 $B(x)$都是实函数,α 和β 是常数,但表示不同的相位.求通过界面的电流.对一个特定的情况:

$$A(x)=ae^{-\lambda x},\quad B(x)=be^{\lambda x} \tag{7.65}$$

其中,a、b 和$\lambda(\lambda>0)$是实常数,求可能通过这个界面的最大的电流.

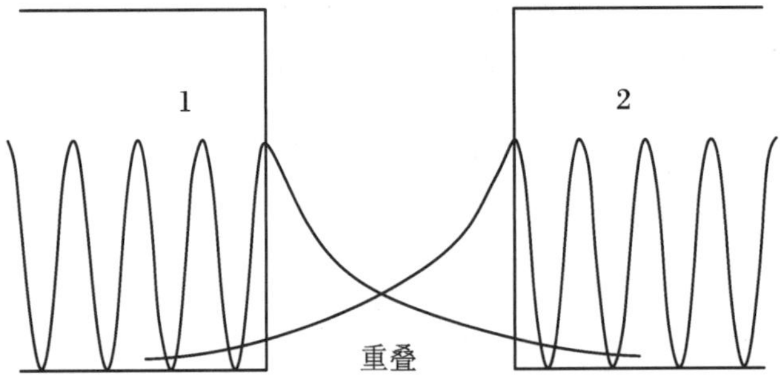

图 7.2 习题 7.5 的图解

解 在重叠区,波函数为

$$\psi(x) = \psi_1(x) + \psi_2(x) \tag{7.66}$$

电流为概率流(7.55)式乘电子的电荷 e.经过简单的代数运算,我们发现(撇的意思是对 x 求导数)

$$j_e = \frac{e\hbar}{m}(BA' - AB')\sin(\alpha - \beta) \tag{7.67}$$

在由一小薄层真空或绝缘体分隔开的超导中观测到了这样的一个通过隧道结的电流(**Josephson效应**,14.5 节).这个电流在结两端没有任何电压的情况下是超导的.驱动力是相位差 $\alpha-\beta$;在平衡态时,相位相等,电流就消失了.(在超导中,电流由关联的电子对($e\to 2e$)运载.)利用波函数尾巴的给定形式(7.65)式,有

$$j_e = -\frac{2e\hbar ab\lambda}{m}\sin(\alpha - \beta) \tag{7.68}$$

在结的内部电流为常数.对于相位差 $|\alpha-\beta| = \pi/2$,电流密度达到极大值:

$$|j_e^{\max}| = \frac{2e\hbar ab\lambda}{m} \tag{7.69}$$

电流密度乘接触的面积就可得到总电流.

概率密度和概率流密度可看作下述对应算符的期待值:

$$\hat{\rho}(\boldsymbol{r}) = \delta(\hat{\boldsymbol{x}} - \boldsymbol{r}) \tag{7.70}$$

$$\hat{\boldsymbol{j}}(\boldsymbol{r}) = \frac{1}{2m}[\hat{\boldsymbol{p}}, \delta(\hat{\boldsymbol{x}} - \boldsymbol{r})]_+ \tag{7.71}$$

其中,反对易子由(6.68)式定义,$\boldsymbol{r}$ 是观测点的坐标,而 $\hat{\boldsymbol{x}}$ 是量子位置算符.对一个多粒子系统,这个形式被平凡地扩充,见习题 7.1 和 14.1.

7.4 Wigner 分布

在经典力学,特别是经典动理学理论中,六维**相空间**中的分布函数 $f(\boldsymbol{r}, \boldsymbol{p}, t)$ 是一个非常有用的概念.若归一化到总粒子数,

$$\int d^3 r d^3 p f(\boldsymbol{r},\boldsymbol{p},t) = N \tag{7.72}$$

则这个函数包含了粒子的坐标和动量二者的分布信息.对动量积分给出空间密度:

$$\int d^3 p f(\boldsymbol{r},\boldsymbol{p},t) = \rho(\boldsymbol{r}) \tag{7.73}$$

反之,对坐标积分就确定了动量分布:

$$\int d^3 r f(\boldsymbol{r},\boldsymbol{p},t) = n_p \tag{7.74}$$

构建所谓的 Wigner 分布是可能的,它在量子力学中能起到类似于经典统计中的相空间分布函数的作用.我们从坐标空间的**单粒子密度矩阵**出发:

$$f(\boldsymbol{r}_1,\boldsymbol{r}_2) = \Psi(\boldsymbol{r}_1)\Psi^*(\boldsymbol{r}_2) \tag{7.75}$$

其中,没有明确地表明时间依赖性((7.75)式中的两个函数都是取自同一时刻的).我们引入(7.75)式中两个点的质心坐标和它们的相对距离:

$$\boldsymbol{R} = \frac{\boldsymbol{r}_1 + \boldsymbol{r}_2}{2},\quad \boldsymbol{r} = \boldsymbol{r}_1 - \boldsymbol{r}_2 \tag{7.76}$$

Wigner 分布 $W(\boldsymbol{R},\boldsymbol{p})$是密度矩阵(7.75)式对相对坐标 $\boldsymbol{r}$ 的 Fourier 变换:

$$W(\boldsymbol{R},\boldsymbol{p}) = \int d^3 r e^{-(i/\hbar)(\boldsymbol{p}\cdot\boldsymbol{r})}\Psi\left(\boldsymbol{R}+\frac{\boldsymbol{r}}{2}\right)\Psi^*\left(\boldsymbol{R}-\frac{\boldsymbol{r}}{2}\right) \tag{7.77}$$

让我们检查一下 $W(\boldsymbol{R},\boldsymbol{p})$的积分性质.对 $\boldsymbol{p}$ 积分给出$\delta(\boldsymbol{r})$,于是波函数是在提供了坐标密度的同一个点取的:

$$\int \frac{d^3 p}{(2\pi\hbar)^3} W(\boldsymbol{R},\boldsymbol{p}) = |\Psi(\boldsymbol{R})|^2 \equiv \rho(\boldsymbol{R}) \tag{7.78}$$

反之,通过对坐标积分,我们能够把波函数 Ψ 和 Ψ^* 用它们的动量对应量表示为

$$\begin{aligned}\int d^3 R W(\boldsymbol{R},\boldsymbol{p}) = &\int d^3 R \int d^3 r e^{-(i/\hbar)(\boldsymbol{p}\cdot\boldsymbol{r})}\\ &\times \int \frac{d^3 p'}{(2\pi\hbar)^3} e^{(i/\hbar)\boldsymbol{p}'\cdot[(\boldsymbol{R}+\boldsymbol{r})/2]}\Phi(\boldsymbol{p}')\\ &\times \int \frac{d^3 p''}{(2\pi\hbar)^3} e^{-(i/\hbar)\boldsymbol{p}''\cdot[(\boldsymbol{R}-\boldsymbol{r})/2]}\Phi^*(\boldsymbol{p}'')\end{aligned} \tag{7.79}$$

或者通过对 $\boldsymbol{R}$ 和 $\boldsymbol{r}$ 积分,并利用出现的 δ 函数,得到

$$\int d^3 R W(\boldsymbol{R},\boldsymbol{p}) = |\Phi(\boldsymbol{p})|^2 \equiv n_p \tag{7.80}$$

的确,这些 Wigner 分布的性质类似于经典分布函数(7.73)式和(7.74)式的性质.

关键的区别是:经典函数 $f(\boldsymbol{r},\boldsymbol{p},t)$ 总是正的,因此能被解释为相空间的概率密度.定义(7.77)式表明 Wigner 分布是实的, $W(\boldsymbol{R},\boldsymbol{p})^* = W(\boldsymbol{R},\boldsymbol{p})$. 然而,不可能确保 Wigner 函数将是正的. 正是因为量子相干性,所以才发生了正定性的破坏.

习题 7.6 证明对两个平面波的叠加:

$$\Psi(\boldsymbol{r}) = A e^{i(\boldsymbol{k}\cdot\boldsymbol{r})} + B e^{i(\boldsymbol{q}\cdot\boldsymbol{r})} \tag{7.81}$$

其中, $\boldsymbol{k}\neq\boldsymbol{q}$, Wigner 分布包含正比于 $\delta(\boldsymbol{p}-(\hbar/2)(\boldsymbol{k}+\boldsymbol{q}))AB\cos[(\boldsymbol{k}-\boldsymbol{q})\cdot\boldsymbol{R}]$ 的振荡项(假定 A 和 B 都是实的).

7.5 Heisenberg 绘景

在前面的公式体系中,我们考虑了由哈密顿量 $\hat{H}$ 所支配的态矢量 $|\Psi(t)\rangle$ 的演化((7.4)式). 算符 $\hat{A}$ 的矩阵元随时间的演化由(7.9)式给出. 这种量子动力学的语言构成了 **Schrödinger 绘景**. 还有一些可供选择的表示动力学的方法. 在 **Heisenberg 绘景**中,态矢量被固定成与初始态一样,而算符是演化的. 两个绘景中的物理结果是完全一样的,不过在很多应用中,Heisenberg 绘景看起来更像经典的图像.

一个任意的矩阵元((7.9)式)可以用初始态矢的幺正变换 $\hat{U}(t)$(7.11)式表示成

$$\langle \Psi_2(t) | \hat{A} | \Psi_1(t)\rangle = \langle \hat{U}\Psi_2(0) | \hat{A} | \hat{U}\Psi_1(0)\rangle = \langle \Psi_2(0) | \hat{U}^\dagger \hat{A}\hat{U} | \Psi_1(0)\rangle \tag{7.82}$$

这是基变换的另一个例子(见 6.9 节),这样在新的基中(在我们的情况中取 $t=0$),新算符具有完全一样的矩阵元. 即使原始的算符不依赖时间,变换后的算符还是依赖时间的. 我们把它们称为 **Heisenberg 算符**:

$$\hat{A}_{\mathrm{H}}(t) = \hat{U}^\dagger \hat{A}\hat{U} = \hat{U}^{-1}\hat{A}\hat{U} = e^{(i/\hbar)\hat{H}t}\hat{A}e^{-(i/\hbar)\hat{H}t} \tag{7.83}$$

现在,我们能够用不同的方法描述动力学了. 初始情况的态矢量是固定的(表盘),而算符

(测量工具)像表针一样地运动.测量的结果与以前的表达方式(表盘被强制地逆时针运动)的结果是一模一样的.注意,哈密顿量与演化算符 $\hat{U}$ 对易,因此它不改变:

$$\hat{H}_{\mathrm{H}}(t) = \hat{H} \tag{7.84}$$

定义(7.83)式允许我们通过直接微分导出 Heisenberg 算符的运动方程:

$$\mathrm{i}\hbar\frac{\mathrm{d}\hat{A}_{\mathrm{H}}}{\mathrm{d}t} = \hat{U}^{\dagger}\left(-\hat{H}\hat{A} + \mathrm{i}\hbar\frac{\partial\hat{A}}{\partial t} + \hat{A}\hat{H}\right)\hat{U} \tag{7.85}$$

在这里,中间的项考虑了原始算符 $\hat{A}$ 的可能的显式时间依赖性.这样,算符的运动方程由这个算符与系统哈密顿量的**对易子**确定:

$$\mathrm{i}\hbar\frac{\mathrm{d}\hat{A}_{H}}{\mathrm{d}t} = [\hat{A},\hat{H}]_{\mathrm{H}} + \mathrm{i}\hbar\left(\frac{\partial A}{\partial t}\right)_{\mathrm{H}} \tag{7.86}$$

与哈密顿量的对易子$[\hat{A},\hat{H}]_{\mathrm{H}}$ 直接用 Schrödinger 算符计算,然后将其夹在演化算符之间.最好记住在实际使用时,对任何一对算符 $\hat{A}$ 和 $\hat{B}$ 都有

$$[\hat{A}_{\mathrm{H}},\hat{B}_{\mathrm{H}}] = [\hat{U}^{-1}\hat{A}\hat{U},\hat{U}^{-1}\hat{B}\hat{U}] = \hat{U}^{-1}[\hat{A},\hat{B}]\hat{U} = [\hat{A},\hat{B}]_{\mathrm{H}} \tag{7.87}$$

也就是说,对易子总能先用 Schrödinger 算符计算,只是在那之后再做变换,这是变换 $\hat{U}$ 的幺正性的结果.

7.6 算符动力学

作为一个重要的例子,我们考虑一个质量为 m、处于势场 $U(\boldsymbol{r})$中的粒子的标准哈密顿量((7.24)式):

$$\hat{H} = \frac{\hat{\boldsymbol{p}}^2}{2m} + U(\hat{\boldsymbol{r}}) \tag{7.88}$$

借助 4.3 节中的简单技巧,可以很容易地得到算符的运动方程(7.86):

$$\dot{\hat{\boldsymbol{r}}}_{H} = \frac{\hat{\boldsymbol{p}}_{\mathrm{H}}}{m} \tag{7.89}$$

$$\dot{\hat{\boldsymbol{p}}}_{\mathrm{H}}=\hat{\boldsymbol{F}}_{\mathrm{H}}\equiv-\nabla U(\hat{\boldsymbol{r}}_{\mathrm{H}})\tag{7.90}$$

这些算符不含任何明显的时间相关性.方程(7.89)和(7.90)与经典力学中动力学变量的运动方程有完全相同的形式.

此外,在经典力学中,存在一个与对易子完全类似的形式体系[1,§42].在一个由经典哈密顿函数 $H(q,p)$ 描述的系统中,对于动力学变量(坐标 $q_i(t)$ 和共轭动量 $p_i(t)$)的经典哈密顿方程为

$$\dot{q}_i=\frac{\partial H}{\partial p_i},\quad \dot{p}_i=-\frac{\partial H}{\partial q_i}\tag{7.91}$$

即非常类似于量子对易子(4.33)式.对任意函数 $A(q,p,t)$,沿着轨迹的完全时间演化能通过与哈密顿量的 Possion 括号$\{A,H\}$描述:

$$\dot{A}=\sum_i\left(\frac{\partial A}{\partial q_i}\dot{q}_i+\frac{\partial A}{\partial p_i}\dot{p}_i\right)+\frac{\partial A}{\partial t}\equiv\{A,H\}+\frac{\partial A}{\partial t}\tag{7.92}$$

在这里,用哈密顿方程(7.91),该 Possion 括号可写为

$$\{A,H\}=\sum_i\left(\frac{\partial A}{\partial q_i}\frac{\partial H}{\partial p_i}-\frac{\partial A}{\partial p_i}\frac{\partial H}{\partial q_i}\right)\tag{7.93}$$

动力学方程(7.92)是量子方程(7.86)的类似表达式.对任意一对能表示成坐标和动量函数的动力学变量,我们能定义 Possion 括号为

$$\{A,B\}=\sum_i\left(\frac{\partial A}{\partial q_i}\frac{\partial B}{\partial p_i}-\frac{\partial A}{\partial p_i}\frac{\partial B}{\partial q_i}\right)\tag{7.94}$$

并验证它们所有的代数性质与量子对易子对应的性质((4.31)式和(4.32)式)是一致的.正如从(4.28)式和(4.30)式看到的,可将这种对应确立为

$$[\hat{A},\hat{B}]\Leftrightarrow \mathrm{i}\hbar\{A,B\}\tag{7.95}$$

然而,量子方程是对算符写出的,并且我们能够取这些方程的任意矩阵元.在任意态$|\Psi\rangle$上求(7.89)式和(7.90)式的期待值(我们还记得,这就是初态$|\Psi(0)\rangle$,而得到的期待值就像用时间无关的算符在 Schrödinger 波函数$|\Psi(t)\rangle$上求得的期待值一样),我们就得到了 1927 年的 Ehrenfest 定理:

$$\langle\dot{\hat{\boldsymbol{r}}}\rangle_t=\frac{\langle\hat{\boldsymbol{p}}\rangle_t}{m}\tag{7.96}$$

$$\langle\dot{\hat{\boldsymbol{p}}}\rangle_t=-\langle\nabla U(\hat{\boldsymbol{r}})\rangle_t\tag{7.97}$$

(7.96)式左边的量是波包形心的速度；它通过一个正规的经典表达式与动量分布的形心关联起来.方程(7.97)通过力的期待值确定了形心的加速度.这是此图像可能不同于经典图像的地方.

(7.97)式中的力是作用于波包的平均力而不是作用于形心的力.如果这些力相互吻合，则形心的轨迹将与经典路径一致.当对波函数取平均得到像力作用在形心处同样的值时，会有三种情况：① 自由运动，根本没有力——形心处于静止或匀速运动状态；② 当 $F=$ 常数时的线性势，就像在匀强场中，因此经典条件被满足；以及③ 位势由一个线性力产生的**谐振子**情况，例如一维情况，有

$$U(\hat{x}) = \frac{1}{2}\kappa\hat{x}^2, \quad \hat{F} = -\kappa\hat{x} \tag{7.98}$$

在所有的三种情况中，有

$$\langle F(\hat{x})\rangle = F(\langle\hat{x}\rangle) \tag{7.99}$$

在其他的情况下，Ehrenfest 方程与 Newton 方程并不完全相同.(7.99)式两边的区别依赖于微观力 $\boldsymbol{F}(\boldsymbol{r})$ 在波包的尺度内有多强的改变，如果改变是平滑的，我们能够利用展开：

$$F(\hat{\boldsymbol{r}}) \approx F(\langle\hat{\boldsymbol{r}}\rangle) + (\hat{\boldsymbol{r}} - \langle\hat{\boldsymbol{r}}\rangle)\cdot\nabla F(\langle\hat{\boldsymbol{r}}\rangle) + \frac{1}{2}(\hat{x}_i - \langle\hat{x}_i\rangle)(\hat{x}_j - \langle\hat{x}_j\rangle)\frac{\partial^2 F(\langle\hat{\boldsymbol{r}}\rangle)}{\partial x_i \partial x_j} + \cdots \tag{7.100}$$

其中，所有的微商都是在形心点取的.在求平均时，$\hat{\boldsymbol{r}} - \langle\hat{\boldsymbol{r}}\rangle$ 的项消失了：

$$\langle F(\hat{\boldsymbol{r}})\rangle \approx F(\langle\hat{\boldsymbol{r}}\rangle) + \frac{1}{2}\langle(\hat{x}_i - \langle\hat{x}_i\rangle)(\hat{x}_j - \langle\hat{x}_j\rangle)\rangle\frac{\partial^2 F(\langle\hat{\boldsymbol{r}}\rangle)}{\partial x_i \partial x_j} + \cdots \tag{7.101}$$

如果力在波包区域的涨落很小，则形心的移动接近于经典轨迹.尽管粒子的定位不可能比典型波长 λ 更好，但对一个小尺度的波包，这个机会还是很大的.这样，对于动量为 $p\sim\hbar/\lambda$ 的粒子，势场的经典特征条件是 $\lambda^2 F/R^2 \ll F$，其中 R 是场不均匀性的典型的尺度，或者

$$R^2 \gg \lambda^2, \quad \left(\frac{pR}{\hbar}\right)^2 \gg 1 \tag{7.102}$$

在典型尺度 $\sim pR$ 上的经典作用量必须远大于量子 $\hbar$.在几何光学中当衍射的波动现象能被忽略时，对短波的同样条件是人们熟知的.否则，量子涨落是重要的，并且经典轨迹的概念不再可用.

习题 7.7 考虑均匀的静电场 $\mathcal{E}$ 作用在一个电荷为 e 的粒子上.求解算符运动方程并建立不同时刻 Heisenberg 算符之间的对易关系.

解 力是 $F=e\mathcal{E}$,并且正如从(7.89)式和(7.90)式所得到的,形心就像在 Newton 定律中一样被加速:

$$\hat{p}(t) = \hat{p}(0) + e\mathcal{E}t, \quad \hat{x}(t) = \hat{x}(0) + \frac{\hat{p}(0)}{m}t + \frac{1}{2}\frac{e\mathcal{E}}{m}t^2 \tag{7.103}$$

在这里,$t=0$ 时刻的算符是标准的时间无关的 Schrödinger 算符.尽管形心 $\langle x(t)\rangle$ 沿着经典轨迹移动,即使在这里也能看到量子涨落的出现——不同时刻的位置算符不对易,因此有一个相互的不确定性:

$$[\hat{x}(t),\hat{x}(t')] = \frac{\mathrm{i}\hbar}{m}(t'-t), \quad (\Delta x)_t \cdot (\Delta x)_{t'} \geqslant \frac{\hbar|t'-t|}{2m} \tag{7.104}$$

不管怎样,这种不确定性与自由运动中波包的扩散是一样的,因为它不会因场的存在而改变.在任何时刻,动量算符都是对易的.

习题 7.8 这是与上面习题一样的问题,除了势改成线性谐振子势(7.98)式.

解 运动方程是线性的,并像在经典力学中一样能被求解:

$$\begin{aligned} \hat{x}(t) &= \cos(\omega t)\hat{x}(0) + \sin(\omega t)\frac{\hat{p}(0)}{m} \\ \hat{p}(t) &= \cos(\omega t)\hat{p}(0) - \sin(\omega t)m\omega\hat{x}(0) \end{aligned} \tag{7.105}$$

其中,振荡频率为 $\omega=\sqrt{\kappa/m}$.对易关系有一个周期性的时间相关性,例如

$$[\hat{x}(t),\hat{x}(t')] = \frac{\mathrm{i}\hbar}{m\omega}\sin(\omega(t'-t)) \tag{7.106}$$

7.7 维里定理

对于推导很多重要的结论,对易关系是很有帮助的.我们从回忆经典力学的一个结果开始:在有限运动的任意状态下,动力学变量全时间导数的时间平均值为零.时间平均定义为

$$\overline{A(t)} = \lim_{T\to\infty}\frac{1}{T}\int_{-T/2}^{T/2}\mathrm{d}tA(t) \tag{7.107}$$

如果 $A(t)=\dot{B}$,则该时间平均为零,因为(7.107)式约化成$[B(T/2)-B(-T/2)]/T$,并

且在这个态中所有动力学变量都在有限的间隔中变化，而 $T\to\infty$. 这个说法也与统计力学中的平衡概念有关：如果整个系统被限制在它的相空间内，则对“后退”和“前进”的运动，“速度型”的量应该有相等的可能值.

量子力学导致类似的结果. 考虑一个分立谱的定态. 分立谱作为约束边界条件的结果出现，并且用来描绘有限的运动，在那里找到系统处于远处的概率成指数地减小. 当对于能量为 E 的定态 $|\Psi\rangle$ 求平均时，如果期待值 $\langle\Psi|\hat{A}|\Psi\rangle$ 不是无限的，则不显含时间的量的算符运动方程给出了

$$\mathrm{i}\hbar\langle\Psi|\dot{\hat{A}}|\Psi\rangle=\langle\Psi|[\hat{A},\hat{H}]|\Psi\rangle=(E-E)\langle\Psi|\hat{A}|\Psi\rangle=0\tag{7.108}$$

这就解释了有关量子力学中的分立谱或者经典力学中的有限运动的特殊含义. 注意，这个定理与(7.96)式和(7.97)式一起直接地显示在分立谱的任意定态都有

$$\langle\hat{\boldsymbol{p}}\rangle=0,\quad\langle\hat{\boldsymbol{F}}\rangle=0\tag{7.109}$$

显然，在连续谱中，甚至对平面波，它都是错的，动量的期待值并不为零(从形式上讲，(7.108)式中的波函数是不能被归一化的).

如果我们取 $\hat{A}\Rightarrow(\hat{\boldsymbol{r}},\hat{\boldsymbol{p}})$ 作为我们的算符，则运动方程为

$$\frac{\mathrm{d}}{\mathrm{d}t}(\hat{\boldsymbol{r}}\cdot\hat{\boldsymbol{p}})=\frac{\hat{\boldsymbol{p}}}{m}\cdot\hat{\boldsymbol{p}}+\hat{\boldsymbol{r}}\cdot\hat{\boldsymbol{F}}\tag{7.110}$$

因为对一个分立谱的波函数，上式左边的期待值为零，所以我们可得到**维里定理**，它把平均动能和平均势能联系起来，完全类似于经典力学中相同的关系：

$$2\langle\hat{K}\rangle=\langle(\hat{\boldsymbol{r}}\cdot\nabla U)\rangle\tag{7.111}$$

在幂函数势 $U\sim r^s$ 的情况下，其中 r 是球坐标的半径，或者一般来说，如果势的**标度律**成立，即

$$U(\lambda x,\lambda y,\lambda z)=\lambda^s U(x,y,z)\tag{7.112}$$

其中 s 是一个实参数，则这个结果特别简单. 对 $\lambda=1+\epsilon,\epsilon\ll 1$，我们得到

$$U+\epsilon(\boldsymbol{r}\cdot\nabla)U=(1+s\epsilon)U\rightsquigarrow(\boldsymbol{r}\cdot\nabla)U=sU\tag{7.113}$$

因而维里定理(7.111)式简化成

$$\langle K\rangle=\frac{s}{2}\langle U\rangle,\quad E=\langle H\rangle=\langle K+U\rangle=\frac{2+s}{2}\langle U\rangle=\frac{s+2}{s}\langle K\rangle\tag{7.114}$$

在库仑势的情况下，$s=-1$，我们已经在(1.22)式的圆周轨道运动中使用了这个关系. 对于谐振子，$s=2$，我们有$\langle K\rangle=\langle U\rangle$. 当标度律(7.112)式对相互作用 $U(r)$成立时，其中 r 是相互作用粒子之间的距离，与(7.114)式形式一样的定理对多体系统是适用的.

7.8 存活概率

一个初始非定态$|\Psi(0)\rangle$按照哈密顿量动力学(7.1)式演化. 在厄米的哈密顿量 $\hat{H}$ 情况下，动力学是幺正的，且态矢量的归一保持不变. 然而，态矢量在 Hilbert 空间中“旋转”，经过一段时间之后，它变得完全不同于初始态.

在很多实际问题中，非常重要的是知道存活概率，这就是说，在演化了的态矢量$|\Psi(t)\rangle$中初态存活下来的份额：

$$P(t)=|\langle\Psi(0)\mid\Psi(t)\rangle|^2 \tag{7.115}$$

按照(7.4)式，这个概率是演化算符在初态上对角矩阵元的平方：

$$P(t)=|\langle\Psi(0)|e^{-(i/\hbar)\hat{H}t}|\Psi(0)\rangle|^2 \tag{7.116}$$

正如 5.8 节所讨论过的，通常假定一个不稳定态的衰变遵从指数律，$P(t)\propto\exp(-\gamma t)$. 但是，我们曾提到过，演化的初始阶段偏离于指数律. 我们可以通过把严格解(7.116)式简单展开来估算开始发生了什么.

这样的一个展开式到二阶给出

$$P(t)\approx\left|\langle\Psi(0)\left|1-\frac{i}{\hbar}\hat{H}t+\frac{1}{2}\left(-\frac{i}{\hbar}\right)^2\hat{H}^2t^2\right|\Psi(0)\rangle\right|^2 \tag{7.117}$$

在这里，零阶项等于 1，$\propto t$ 的项相消了，而$\propto t^2$ 的项被组合成初态的能量不确定度$\langle H^2\rangle-\langle H\rangle^2=(\Delta H)^2$，则

$$\frac{t^2}{\hbar^2}\langle\Psi(0)\mid\hat{H}\mid\Psi(0)\rangle^2-\frac{t^2}{\hbar^2}\langle\Psi(0)|\hat{H}^2|\Psi(0)\rangle=-\frac{t^2}{\hbar^2}(\Delta H)^2 \tag{7.118}$$

结果，在很短的时间有

$$P(t)=1-\frac{(\Delta H)^2t^2}{\hbar^2} \tag{7.119}$$

存活概率比指数律下降得更慢些;这个阶段的特征时间与不稳定态的能量不确定度成反比,$\tau\sim 1/(\Delta H)$.

借助算符运动方程(7.86),可以确定一个更强的结果[11].可以将形式为(6.162)式的不确定性关系用于(不显含时间的)Heisenberg 算符 $\hat{A}$ 的时间微商,给出

$$(\Delta A)(\Delta H)\geqslant\frac{1}{2}\left|\langle[\hat{A},\hat{H}]\rangle\right|=\frac{\hbar}{2}\left|\frac{\mathrm{d}\langle\hat{A}\rangle}{\mathrm{d}t}\right| \tag{7.120}$$

其中,所有 Heisenberg 算符的期待值都是对态$|\Psi(0)\rangle$取的.然而,同样的结果应该来自时间无关的 Schrödinger 算符在$|\Psi(t)\rangle$上的期待值(Ehrenfest 定理).如果我们取对于初态的投影算符((6.124)式),即

$$\hat{A}=|\Psi(0)\rangle\langle\Psi(0)| \tag{7.121}$$

则它的时间相关的期待值正是我们的存活概率(7.115)式:

$$\begin{aligned}\langle\Psi(t)|\hat{A}|\Psi(t)\rangle&=\langle\Psi(t)|\Psi(0)\rangle\langle\Psi(0)|\Psi(t)\rangle\\&=|\langle\Psi(0)|\Psi(t)\rangle|^2=P(t)\end{aligned} \tag{7.122}$$

因为投影算符(7.121)式满足性质(6.126)式,$\hat{A}^2=\hat{A}$,可以把它的不确定度表示成

$$(\Delta A)^2=\langle A^2\rangle-\langle A\rangle^2=\langle A\rangle-\langle A\rangle^2=P(1-P) \tag{7.123}$$

现在,用从右到左写出的不等式(7.120)式给出

$$\left|\frac{\mathrm{d}P}{\mathrm{d}t}\right|\leqslant\frac{2(\Delta H)}{\hbar}\sqrt{P(1-P)} \tag{7.124}$$

很容易看到,在这个过程的一开始,这个不等式在$\sim t$ 的线性近似下就变成一个与前面的结果(7.119)式一致的等式.如果我们把(7.124)式写成

$$\frac{1}{\sqrt{P(1-P)}}\leqslant\frac{2(\Delta H)}{\hbar}\left|\frac{\mathrm{d}t}{\mathrm{d}P}\right| \tag{7.125}$$

并且对左右两边都从初始值 $P=1$ 积分到任意值 P,就可得到

$$\int_1^P\frac{\mathrm{d}P}{\sqrt{P(1-P)}}\leqslant\frac{2(\Delta H)}{\hbar}t \tag{7.126}$$

或者,通过用替换 $P=\cos^2\alpha$ 计算这个积分,有

$$P(t)\geqslant\cos^2\left(\frac{(\Delta H)t}{\hbar}\right) \tag{7.127}$$

7.9 求和规则

在很多情况下，对易关系允许人们推导关于系统中物理过程的重要信息，而无须求解动力学问题.

让我们考虑由 N 个非相对论粒子构成的一个系统，这些粒子通过只依赖粒子坐标 $\boldsymbol{r}_a$(不依赖速度或动量)的位势的力 V 相互作用. 该系统的哈密顿量还可能包含外部势 $U_a(\boldsymbol{r}_a)$：

$$H = \sum_{a=1}^{N}\left[\frac{\boldsymbol{p}_a^2}{2m_a} + U_a(\boldsymbol{r}_a)\right] + V(\{\boldsymbol{r}_a\}) \tag{7.128}$$

令 $|n\rangle$ 是一组能量为 E_n 的、多体定态的完备基，并且

$$Q = \sum_a q_a, \quad q_a = q(\boldsymbol{r}_a) \tag{7.129}$$

是依赖质量为 m_a 的单个粒子坐标 $\boldsymbol{r}_a$ 的任意算符. 固定多体定态中的一个态 $|i\rangle$，并把对所有态 $|n\rangle$ 的下列求和

$$S_i[Q] \equiv \frac{1}{2}\sum_n (E_n - E_i)(|\langle n | Q | i\rangle|^2 + |\langle n | Q^\dagger | i\rangle|^2) \tag{7.130}$$

称为**能量加权的求和规则**. 这样的一些量是把从一个给定态 $|i\rangle$ 到所有(其能量既有向上的也有向下的)可能态 $|n\rangle$ 跃迁的能量加权强度求和.

为了计算这个和 $S_i[Q]$，我们借助对易关系把它改写一下. 把(7.130)式右边的项重新排列之后，我们把能量加权求和表示为一个**双重对易子**：

$$S_i[Q] = \frac{1}{2}\langle i | [[Q, H], Q^\dagger] | i\rangle \tag{7.131}$$

这个求和的计算需要关于**初态** $|i\rangle$ (而不是对所有中间态 $|n\rangle$)的期待值的知识.

对动量无关的相互作用，对易子只包括哈密顿量的动能部分，并能明确地求得：

$$[Q, H] = \sum_{ab}\frac{1}{2m_b}[q_a, \boldsymbol{p}_b^2] = \sum_a \frac{i\hbar}{2m_a}[(\nabla_a q_a), \boldsymbol{p}_a]_+ \tag{7.132}$$

其中,$[\cdots,\cdots]_+$ 表示反对易子(6.68)式(当然,对于不同粒子的变量,$a\neq b$,是对易的).第二个对易子把表达式(7.131)约化成

$$S_i[Q] = \sum_a \frac{\hbar^2}{2m_a}\langle i \mid |\nabla_a q_a|^2 \mid i\rangle \tag{7.133}$$

结果,整个能量加权求和规则只需要知道初态的一个特定性质.对单极子算符 $q=\boldsymbol{r}^2$,有

$$\nabla q = 2\boldsymbol{r}, \quad S_i\left[\sum r^2\right] = \sum_a \frac{2\hbar^2}{m_a}\langle i \mid r_a^2 \mid i\rangle \tag{7.134}$$

在 N 个质量为 m 的全同粒子系统中,它正比于在态 $|i\rangle$ 上的**均方半径**:

$$\langle R^2\rangle_i = (1/N)\sum_a \langle i \mid r_a^2 \mid i\rangle$$

结合(7.134)式得

$$S_i\left[\sum r^2\right] = \frac{2\hbar^2}{m} N \langle R^2\rangle_i \tag{7.135}$$

习题 7.9 对电荷为 $e_a, a=1,\cdots,N$ 的系统的**偶极矩**,即

$$\boldsymbol{d} = \sum_a e_a \boldsymbol{r}_a \tag{7.136}$$

推导能量加权求和规则.

在应用中,我们假定系统的质心处于坐标系的原点.

解 取矢量 $\boldsymbol{d}$ 的任意一个分量.偶极子的求和规则(7.133)式对所有的态 $|i\rangle$ 是**通用的**:

$$S_i[d_z] = \sum_a \frac{\hbar^2 e_a^2}{2m_a} \tag{7.137}$$

在一个原子中,质心系是取在原子核上的,并且对任意态 $|i\rangle$,Z 个电子的求和规则(Thomas-Reiche-Kuhn(TRK)求和规则)(7.137)式为

$$S_i[d_z] = \frac{\hbar^2 e^2}{2m} Z \tag{7.138}$$

习题 7.10 修改偶极子求和规则以描述具有 Z 个质子和 N 个中子的原子核内禀偶极激发(原子数 $A=Z+N$).

解 假定质子(p)和中子(n)有相等的质量 M,并在一个任意坐标系下引入质心(c.m.)的半径

$$\boldsymbol{R} = \frac{1}{A}\sum_{\mathrm{a}} \boldsymbol{r}_{\mathrm{a}} = \frac{1}{A}\left(\sum_{\mathrm{p}} \boldsymbol{r}_{\mathrm{p}} + \sum_{n} \boldsymbol{r}_{\mathrm{n}}\right) \tag{7.139}$$

我们得到相对质心的偶极子算符(7.136)式：

$$\boldsymbol{d} = e\sum_{\mathrm{p}}(\boldsymbol{r}_{\mathrm{p}} - \boldsymbol{R}) = e\left[\sum_{\mathrm{p}} \boldsymbol{r}_{\mathrm{p}} - Z\boldsymbol{R}\right] = e\left[\left(1 - \frac{Z}{A}\right)\sum_{\mathrm{p}} \boldsymbol{r}_{\mathrm{p}} - \frac{Z}{A}\sum_{\mathrm{n}} \boldsymbol{r}_{\mathrm{n}}\right] \tag{7.140}$$

这样，在质心系中，质子和中子都有**有效偶极荷**：

$$e_{\mathrm{p}} = \frac{N}{A}e, \quad e_{\mathrm{n}} = -\frac{Z}{A}e \tag{7.141}$$

这意味着通过施加电场并使原子核的中心保持静止，人们需要沿相反的方向移动质子和中子. 现在，TRK 求和规则(7.138)式取如下形式：

$$S_i[d_z] = \frac{\hbar^2}{2M}(e_{\mathrm{p}}^2 Z + e_{\mathrm{n}}^2 N) = \frac{\hbar^2 e^2}{2M}\frac{NZ}{A} \tag{7.142}$$

在这里，如果我们加上作为整体的(质量为 AM，电荷为 eZ)原子核的贡献，我们重新得到 TRK 的结果：

$$\frac{\hbar^2 e^2}{2M}\frac{NZ}{A} + \frac{\hbar^2 e^2}{2MA}\frac{Z^2}{A} = \frac{\hbar^2 e^2}{2M}Z \tag{7.143}$$

然而，只有(7.142)式的那部分与原子核的内禀激发联系在一起. 因子 NZ/A 可被解释为源于中子相对于质子运动的约化质量.

习题 7.11 全同粒子多体系统的概率密度算符能定义为(7.70)式的推广：

$$\hat{\rho}(\boldsymbol{r}) = \sum_{\mathrm{a}} \delta(\boldsymbol{r} - \hat{\boldsymbol{r}}_{\mathrm{a}}) \tag{7.144}$$

定义该密度算符的 Fourier 分量为

$$\hat{\rho}_k = \int \mathrm{d}^3 r \mathrm{e}^{-\mathrm{i}(\boldsymbol{k}\cdot\boldsymbol{r})}\hat{\rho}(\boldsymbol{r}) = \sum_{\mathrm{a}} \mathrm{e}^{-\mathrm{i}(\boldsymbol{k}\cdot\hat{\boldsymbol{r}}_{\mathrm{a}})} \tag{7.145}$$

推导对于算符 $\hat{\rho}_k$ 的能量加权求和规则.

解 在这种情况下，我们再次得到不依赖态 $|i\rangle$ 选择的普适求和规则：

$$S_i[\rho_k] = \frac{\hbar^2 k^2}{2m}N \tag{7.146}$$

在**长波极限**下，$kr_a \ll 1$，这等价于偶极求和规则(7.138)式.

7.10 守恒定律

不显含时间且**与哈密顿量对易的**算符是**守恒的**：

$$[\hat{A},\hat{H}] = 0 \rightsquigarrow \mathrm{i}\hbar\frac{\mathrm{d}\hat{A}_{\mathrm{H}}}{\mathrm{d}t} = 0 \tag{7.147}$$

对具有经典类比量的算符，守恒律与经典守恒律是一致的，并且有相同的物理基础. 这样，在自由运动的情况下，$\hat{H}=K(\hat{\boldsymbol{p}})$，动量 $\boldsymbol{p}$ 是守恒的：

$$\dot{\hat{\boldsymbol{p}}} = \boldsymbol{0} \tag{7.148}$$

在任何一个封闭系统中，哈密顿量不显含时间，因而

$$\dot{\hat{H}} = 0 \tag{7.149}$$

它是**能量守恒**的表述.

习题 7.12 对于在势场 $U(r)$ 中的一个粒子，求其轨道角动量(4.34)式的运动方程和轨道角动量守恒条件.

解 利用对易子(4.30)式和(4.33)式，该运动方程为

$$\dot{\hat{l}}_i = \frac{1}{\mathrm{i}\hbar}[\hat{l}_i,\hat{H}] = \epsilon_{ijk}\hat{x}_j\frac{1}{\mathrm{i}\hbar}[\hat{p}_k,\hat{U}] = -\epsilon_{ijk}\hat{x}_j\frac{\partial\hat{U}}{\partial\hat{x}_k} = (\hat{\boldsymbol{r}}\times\hat{\boldsymbol{F}})_i \tag{7.150}$$

就像在经典力学中一样，轨道角动量的改变需要存在一个力矩：

$$\hat{\boldsymbol{T}} = \hat{\boldsymbol{r}}\times\hat{\boldsymbol{F}} \tag{7.151}$$

在(7.150)式的推导中，$\hat{\boldsymbol{l}}$ 与**各向同性**的动能的对易子为零. 同样，当势是各向同性的，即 $\hat{U}=\hat{U}(r)$ 时，力是径向的，因此力矩不存在，故对易子(7.150)式也为零. 一般来说，轨道角动量与**坐标和动量**的任意**标量函数**对易.

在上述所有的例子中，**对称性**在守恒中起到了主要的作用. 三个基本的经典守恒律(能量、线动量和角动量守恒)是由系统的对称性，即它对某种整体变换的**不变性**所产生

的.这三个守恒量都是保持系统(更准确地说,它的哈密顿量)不变的**连续变换的生成元**.哈密顿量生成了动力学——7.1 节中所示的时间演化;线动量生成了 4.5 节中的空间移动;角动量生成了 4.7 节中的转动.这些对应的守恒定律分别对一个封闭系统、常数势和转动不变的势成立.因此,所有这三种变换都是对称性的变换,并且生成元都是守恒的.

一般来说,令 $\hat{U}$ 是一个保持哈密顿量不变的幺正变换.按照 6.9 节,该不变性能写成

$$\hat{H}' = \hat{U}\hat{H}\hat{U}^{-1} = \hat{H} \tag{7.152}$$

于是,哈密顿量与变换算符对易:

$$\hat{U}\hat{H} = \hat{H}\hat{U} \tag{7.153}$$

对于一个像这三种基本情况中的**连续**变换,变换(6.113)式中的生成元 $\hat{g}$ 是**厄米的**,并因此分别提供了一个可观测的**运动常数** $\hat{H}$、$\hat{\boldsymbol{p}}$ 和 $\hat{\boldsymbol{l}}$.对**分立**变换,生成元不存在,并且变换自身给出了一个运动常数.在下一章,我们将看到分立对称性和相应守恒律的一些例子.

要注意的是,守恒律并不意味相应的量有一个确定的值.这些量的期待值的确是时间无关的,尽管这个态仍可能是该守恒算符不同本征函数的一个叠加.类似于对算符时间导数的考虑(7.108)式,任意对易子$[\hat{A},\hat{H}]$在定态间的矩阵元等于

$$\langle m \mid [\hat{A},\hat{H}] \mid n\rangle = (E_n - E_m)\langle m \mid \hat{A} \mid n\rangle \tag{7.154}$$

对于守恒量,$[\hat{A},\hat{H}]=0$,我们得到**选择定则**:非零矩阵元 A_{mn} 只可能存在于相同能量($E_m = E_n$)的态之间的**能量面**上.然而,如果能量的本征值 E_n 是**简并**的,则存在几个这样的态.若用另外一个与 $\hat{A}$ 不对易的量 $\hat{B}$ 的量子数去分类(见 6.13 节),尽管有守恒律,在这些态上并没有确定的 $\hat{A}$ 值.由于按照(7.9)式,$\hat{A}$ 的任意一个矩阵元都是与**时间无关的**,并且 $\hat{A}$ 所允许的跃迁频率 w_{mn} 为零,即

$$\langle \Psi_2(t) \mid \hat{A} \mid \Psi_1(t)\rangle = \sum_{mn} c_m^{(2)*} c_n^{(1)} A_{mn} \tag{7.155}$$

故守恒律仍然成立.一般来说,一个算符在两个不同能量定态间的矩阵元有一个对应于那两个态之间跃迁频率的纯谐波时间依赖性:

$$\langle \Psi_{E'}(t) \mid \hat{A} \mid \Psi_E(t)\rangle = \langle \mathrm{e}^{-(\mathrm{i}/\hbar)E't}\psi \mid \hat{A} \mid \mathrm{e}^{-(\mathrm{i}/\hbar)Et}\psi\rangle = \mathrm{e}^{-(\mathrm{i}/\hbar)(E-E')t}\langle \psi \mid \hat{A} \mid \psi\rangle \tag{7.156}$$

角动量分量 $\hat{l}_i$ 给出了一个典型的例子.所有的三个分量与它们的平方和 $\hat{\boldsymbol{l}}^2$ 一起,在

一个转动不变的系统中都是守恒的.如果没有与其他 l 值的态的简并,这个平方和具有确定的值 $l(l+1)$((5.90)式).但是,只有其中的一个投影 l_i 在这个态能有确定的值,除非对于一个平庸的 $l=0$ 的情况,所有的投影全部为零.态的对称性低于哈密顿量对称性的情况称为**对称性自发破缺**.系统能够有一个确定的 $\hat{l}_z$ 值,虽然 x 轴和 y 轴在物理上都是等价的.这可由系统被制备的方式确定.然而,这一对称性由可能的转动加以恢复,这种转动不需要能量就会把系统变到另一个简并取向.与其相反,$\hat{\boldsymbol{p}}$ 的对易分量能够同时具有确定的值.

建立系统对称性的性质与守恒律之间的相互关系并不总是很容易的(也有一些"意外"守恒量的例子,比如,由参数的特定取值造成).然而,一般来说,这样一个相互关系确实存在.作为最后一个例子,我们提一下库仑场,除去对任意的各向同性势都守恒的轨道动量 $\hat{\boldsymbol{l}}$ 之外,在那里可找到另外一个所谓的**龙格-楞次矢量**(Runge-Lenz vector)[1,§15]的运动常数,事实上它很早就被 Laplace 知道了.

习题 7.13 证明矢量

$$\hat{\boldsymbol{M}}=\frac{\hbar}{2m}(\hat{\boldsymbol{p}}\times\hat{\boldsymbol{l}}-\hat{\boldsymbol{l}}\times\hat{\boldsymbol{p}})-\alpha\frac{\boldsymbol{r}}{r}\tag{7.157}$$

在场 $U=a/r$ 中是守恒的.

在经典的版本中,$\hbar l$ 是粒子的角动量,而(7.157)式的第一项中的两项可以被组合成一个向量积.经典矢量 $\boldsymbol{M}$ 指向椭圆的主轴,它表明了在转动的平面内封闭轨道的取向.作为任意矢量,$\hat{\boldsymbol{M}}$ 与轨道角动量不对易,回想一下习题 4.5:

$$[\hat{l}_i,\hat{M}_j]=\mathrm{i}\,\epsilon_{ijk}\hat{M}_k\tag{7.158}$$

因此,它在一个确定轨道角动量的态上没有确定的值.不过,另外一种具有确定的 $\boldsymbol{M}$ 投影值和不确定的轨道角动量的分类也是可能的.在考虑量子库仑问题时,我们将回到这个例子.

7.11 路径积分公式

存在一种基于**泛函积分**形式而不是算符和 Schrödinger 方程[12]的量子动力学的等

价方法.在非相对论量子力学中,这种方法极为罕见地提供对问题的更好的解法,不过在量子场论中,特别对获取超出微扰论(基于物理振幅按相互作用强度的幂次展开的一种标准方法,见第 19 章)以外的结果,它变得很有用.在这里,我们只举例说明在简单的一维情况下的路径积分方法.

如果我们找到作为 $t'<t$ 时刻从位置 x' 出发的粒子,于 t 时刻在位置 x 被发现的概率振幅 $\langle x,t|x',t'\rangle$,即 Green 函数(传播子)(6.23)式,则量子态的演化就能被确定下来.初态和末态都是 Heisenberg 算符 $\hat{x}(t')$ 和 $\hat{x}(t)$ 的本征态,其本征值分别为 x' 和 x.例如

$$\hat{x}(t)\mid x,t\rangle = e^{(i/\hbar)\hat{H}t}\hat{x}e^{-(i/\hbar)\hat{H}t}\mid x,t\rangle = x\mid x,t\rangle \tag{7.159}$$

态

$$e^{-(i/\hbar)\hat{H}t}\mid x,t\rangle = \mid x\rangle \tag{7.160}$$

是一个在 $t=0$ 时刻位于 x 点的 Schrödinger 态矢,它满足

$$\hat{x}\mid x\rangle = x\mid x\rangle \tag{7.161}$$

因此

$$\mid x,t\rangle = e^{(i/\hbar)\hat{H}t}\mid x\rangle \tag{7.162}$$

是(7.159)式的解.因为 $t=0$ 的时刻是任意的,我们能写出

$$\mid x,t\rangle = e^{(i/\hbar)\hat{H}(t-t')}\mid x,t'\rangle \tag{7.163}$$

现在让我们考虑在 t 到 $t+\Delta t$ 的无限小时间间隔内的时间演化.这个演化的传播子由 $\langle x,t+\Delta t|x',t\rangle$ 给出.按照(7.163)式,末态为

$$\mid x,t+\Delta t\rangle = e^{(i/\hbar)\hat{H}(\Delta t)}\mid x,t\rangle \tag{7.164}$$

并且

$$\langle x,t+\Delta t\mid x',t\rangle = \langle x,t|e^{-(i/\hbar)\hat{H}(\Delta t)}|x',t\rangle \tag{7.165}$$

由于 Δt 是无限小的,算符 $\hat{H}=H(\hat{x},\hat{p})$ 在矩阵元(7.165)式中**线性**地出现.因此,我们总能把它写成所有的 $\hat{x}$ 在所有 $\hat{p}$ 的左边;对我们标准的哈密顿量(7.24)式来说,这种排序问题并不出现.因为这个哈密顿量与 Heisenberg 绘景(7.84)式中的哈密顿量是一样的,我们可以认为它源于左矢中的时刻 t,并且算符 $\hat{x}$ 可用它的本征值 x 替代,所以 $H(\hat{x},\hat{p})$ 变成了 $H(x,\hat{p})$.如果我们变换到动量表象 $|p,t\rangle$,即

$$|x',t\rangle = \int \frac{\mathrm{d}p}{2\pi\hbar}\langle p,t|x',t\rangle|p,t\rangle = \int \frac{\mathrm{d}p}{2\pi\hbar}\mathrm{e}^{-(\mathrm{i}/\hbar)px'}|p,t\rangle \tag{7.166}$$

剩余 $\hat{p}$ 的相关性就能够类似地处理. 现在, $\hat{H}$ 中的算符 $\hat{p}$ 对(7.166)式中右矢作用就可用本征值 p 来替换, 而余下的内积 $\langle x,t|p,t\rangle$ 正是一个共轭的平面波 $\exp[(\mathrm{i}/\hbar)px]$. 结果, 传播子(7.165)式不再包含算符, 可用经典函数 $H(x,p)$ 表示成

$$\langle x,t+\Delta t|x',t\rangle = \int \frac{\mathrm{d}p}{2\pi\hbar}\mathrm{e}^{-(\mathrm{i}/\hbar)[H(x,p)(\Delta t)-(x-x')p]} \tag{7.167}$$

为了描述在从 t' 到 t 的有限时间内的整个过程, 我们把该时间间隔表示成 $N+1$ 个小段的 Δt 序列, 使得 $t'=t_0, t_1=t'+\Delta t, \cdots, t=t_{N+1}=t'+(N+1)\Delta t$. 按照最重要的性质(6.22)式, 全传播子等于对所有中间点的积分:

$$\langle x,t|x',t'\rangle = \int \mathrm{d}x_1\cdots\mathrm{d}x_N\langle x,t|x_N,t_N\rangle\langle x_N,t_N|x_{N-1},t_{N-1}\rangle\cdots\langle x_1,t_1|x',t'\rangle \tag{7.168}$$

每一个中间的内积都由(7.167)式类型的包含全动量积分的表达式给出. 有限时间传播子就变成

$$\langle x,t|x',t'\rangle = \int\prod_{n=1}^{N}\frac{\mathrm{d}x_n\mathrm{d}p_n}{2\pi\hbar}\mathrm{e}^{(\mathrm{i}/\hbar)S(\{x\},\{p\})} \equiv G(x,t;x',t') \tag{7.169}$$

其中, 我们回忆起符号(6.23)式, 并且指数中的函数

$$S = \sum_{n}^{N+1}[(x_n - x_{n-1})p_{n-1} - H(x_n,p_{n-1})\Delta t] \tag{7.170}$$

在 $N\to\infty$ 和 $\Delta t\to 0$ 的极限下, (7.170)式中的差 $x_n - x_{n-1}$ 可以由端点固定为 $x(t')=x'$ 和 $x(t)=x$ 的内插函数 $x(t_n)$ 的微分 $\dot{x}(t_n)\Delta t$ 来近似. 结果约化成

$$S = \sum_{n}[\dot{x}p - H(x,p)]_n\Delta t \to \int_{t'}^{t}\mathrm{d}\tau\,[\dot{x}p - H(x,p)]_\tau \tag{7.171}$$

现在(7.169)式中对 $\mathrm{d}x_n\mathrm{d}p_n$ 的积分跑遍**所有的函数** $x(\tau)$ 和 $p(\tau)$ 或者**所有的** (x',t') 和 (x,t) 之间的轨迹(**路径**), 并用各路径对于**作用量积分**(7.171)的贡献对这些路径**加权**. 总振幅表示所有可能路径的相干性:

$$\langle x,t|x',t'\rangle = \int \frac{\mathrm{D}x(\tau)\mathrm{D}p(\tau)}{2\pi\hbar}\mathrm{e}^{(\mathrm{i}/\hbar)\int_{t'}^{t}\mathrm{d}\tau[\dot{x}p-H(x,p)]_\tau} \tag{7.172}$$

其中, 我们引入了泛函微分符号 D.

7.12 与经典力学的关系

在经典力学中，运动方程是由**最小作用量原理**导出的[1]. 由坐标 x（为简单起见，我们只指定一个坐标）描述的系统用依赖于坐标和速度的 **Lagrange 函数** $\mathcal{L}(x,\dot{x})$表征. 对一个在势场 $U(x)$中质量为 m 的非相对论粒子，与实验相符的 Lagrange 函数为

$$\mathcal{L}(x,\dot{x}=\hat{v})=K(\hat{v})-U(x)=\frac{m\hat{v}^2}{2}-U(x) \tag{7.173}$$

沿着一条连接给定起点 $x'(t')$和终点$x(t)$的轨迹 $x(\tau)$的经典作用量是由作用量积分给出的：

$$S[x(\tau)]=\int_{t'}^{t}\mathrm{d}\tau\mathcal{L}(x(\tau),\dot{x}(\tau)) \tag{7.174}$$

在经典力学中实现的真实轨迹是一条对应作用量极值（对足够短的轨迹是极小值）的轨迹. 极值条件在 **Euler-Lagrange 方程**

$$\frac{\partial\mathcal{L}}{\partial x}=\frac{\mathrm{d}}{\mathrm{d}t}\frac{\partial\mathcal{L}}{\partial\dot{x}} \tag{7.175}$$

确定的轨迹上被满足. 在(7.173)式的简单情况中，它给出了 **Newton 方程**：

$$m\dot{v}=-\frac{\partial U}{\partial x}=F \tag{7.176}$$

Lagrange 函数与哈密顿函数的关系为

$$H(x,p)=\dot{x}p-\mathcal{L}(x,v(p)) \tag{7.177}$$

并且速度 $v=\dot{x}$ 必须通过

$$p=\frac{\partial\mathcal{L}}{\partial v} \tag{7.178}$$

表示成一个动量的函数.

尽管按照(7.177)式，作用量积分(7.171)式看起来类似于经典作用量(7.174)式，但事实上它们是不一样的. 在(7.172)式中，动量函数 $p(\tau)$是与 $x(\tau)$无关的积分变量. 不

过，就像在(7.24)式或(7.173)式中那样，在哈密顿量是一个动量二阶多项式的情况下，我们的确得到了经典作用量.那时，通过在指数中配成平方，我们能把动量变量$p(\tau)$积分掉.对于哈密顿量$H(x,p)=U(x)+p^2/(2m)$，二次型变换成$-(p-m\dot{x})^2/(2m)+m\dot{x}^2/2$，在积分之后余下的$m\dot{x}^2/2$项使$-U(x)$函数完成了经典拉氏量(7.173)式.经过对动量的高斯积分只剩下坐标的泛函积分：

$$\langle x,t \mid x',t'\rangle = \mathcal{N}\int_{x'(t')}^{x(t)} \mathrm{D}x(\tau)\mathrm{e}^{(\mathrm{i}/\hbar)S[x(\tau)]} \tag{7.179}$$

其中包含沿着有固定端点的轨迹$x(\tau)$的标准经典作用量(7.174)式.(7.179)式中的归一化系数$\mathcal{N}$(它也包括因子$1/(2\pi\hbar)$)是能够计算的，但正如下面将看到的，更为简单的做法是从与Schrödinger方程的直接比较中找到它.

注意，在泛函积分中对动量变量的积分等价于被积函数(7.171)式取极值的稳定相位点的选取：

$$\frac{\delta S[x(\tau),p(\tau)]}{\delta p(\tau)} = 0 \rightsquigarrow \dot{x} = \frac{\delta H}{\delta p} \tag{7.180}$$

在(7.173)式的简单情况下，稳定相位对应在每一个点有$p=p_{\text{class}}=m\dot{x}$.这样，这一步(精确地是在高斯型的情况下)选择了满足经典哈密顿方程(7.180)的动量，并因此，对泛函积分有贡献的众多轨迹的权重被约化成沿着极值轨迹的经典作用量.一条独特的经典轨迹满足导致Lagrange方程的最小作用量原理.

量子力学的一种可替代的公式化体系(R. Feynman[13])以路径积分作为出发点，它假定[12]具有在经典情况下实现不了的给定边界条件的所有**虚**轨迹都会对过程的总量子振幅有贡献.就像光学中的Huygens原理一样，一条轨迹的贡献由它的相位$S/\hbar$确定，该相位等于以$\hbar$为单位的沿着这条路径的经典作用量(我们以前强调过的**Planck常数**实质上提供了这个标度).

7.13 回到Schrödinger绘景

现在，通过稍许改变一下记号，对一个给定的初始条件，我们把t时刻在x点附近找到粒子的物理概率幅$\langle x,t\mid x_0,t_0\rangle$视为波函数，即

$$\langle x,t \mid x_0,t_0\rangle = \Psi(x,t;x_0,t_0) \tag{7.181}$$

并推导量子力学 Schrödinger 方程以证明这两类公式体系的等价性.

要使路径积分的符号定义生效,我们给它一个清晰的可操作含义,即再一次把每一条轨迹 $x(\tau)$分割成数目很大的 N 个小段,每个小段的时间间隔为 $\Delta t=(t-t_0)/N$,并且用 x_{n-1}和 x_n点间的直线来近似第 n 个小段内的轨迹,$n=1,\cdots,N$,如图 7.3 所示.在每一小步,坐标 x 能够在整个可用空间内变化.在 $N\to\infty$,$\Delta t\to 0$ 的极限下,我们完成对所有可能轨迹的全部计数,以致在极限过渡到最好的分辨率和无穷的维度情况下,泛函积分变成一个通常的多维积分:

$$\Psi(x,t;x_0,t_0)=\lim_{\Delta t\to 0}\int\frac{\mathrm{d}x_1\cdots\mathrm{d}x_{N-1}}{\xi^N}\mathrm{e}^{(\mathrm{i}/\hbar)\sum_n^{N-1}S[x_{n+1},x_n]}\tag{7.182}$$

其中,每个$\int\mathrm{d}x_j$ 都覆盖整个的空间,并且对每一步引入归一化因子 ξ,代替(7.179) 式中的因子 $\mathcal{N}$,应该依赖 Δt 以确保独立极限的存在.

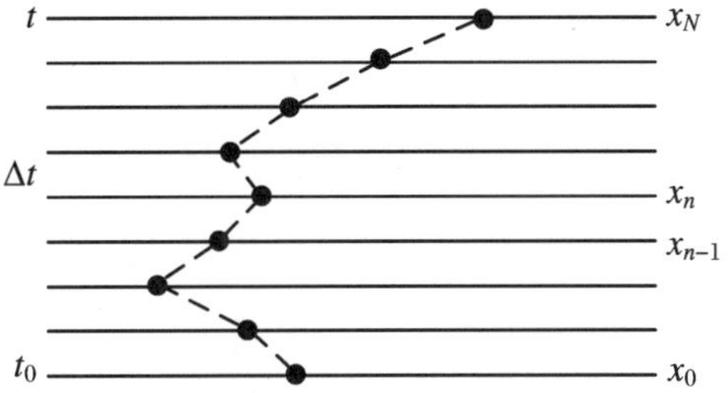

图 7.3　泛函积分的构建

从 t 到 $t+\Delta t$ 时段,如果由 $x=x_N$ 点多走一步,我们得到

$$\Psi(x_{N+1},t+\Delta t)=\int\frac{\mathrm{d}x_1\cdots\mathrm{d}x_N}{\xi^{N+1}}\mathrm{e}^{(\mathrm{i}/\hbar)\sum_n^{N}S[x_{n+1},x_n]}\tag{7.183}$$

在这里,我们获得了一个额外的对 $\mathrm{d}x_N/\xi$ 的积分和相应的指数中的额外项.这个新的相位不包含以前 $n<N$ 时刻的那些坐标.前面的这些坐标都可通过积分去掉.这就确定了振幅 $\Psi(x_N,t)$,并得到了递推关系:

$$\Psi(x_{N+1},t+\Delta t)=\int\frac{\mathrm{d}x_N}{\xi}\mathrm{e}^{(\mathrm{i}/\hbar)S[x_{N+1},x_N]}\Psi(x_N,t)\tag{7.184}$$

方程(7.184)在 Δt 的**一阶**时是成立的.为自洽起见,需要忽略所有的 Δt 的第二阶和更高阶的项.如果在每个 $N=T$(时间间隔)$/\Delta t$ 的小段上我们取一个$(\Delta t)^2$ 阶的误差,则

总的误差不会超过

$$(\Delta t)^2 N \sim (\Delta t)^2 \frac{T}{\Delta t} \sim T\Delta t \tag{7.185}$$

它在 T 为有限而 $\Delta t \to 0$ 的极限下为零. 我们假定：在 $\Delta t \to 0$ 的极限下，对积分的主要贡献来自 $|x_{N+1} - x_N| \propto \sqrt{\Delta t}$ 的路径，就像在扩散过程中一样. 稍后，我们将确认这个假设. 在这么小的距离上，势 $U(x)$ 不变，并且速度可被近似为 $(x_{N+1} - x_N)/\Delta t$，以致在一个小间隔上由 Lagrange 函数(7.173)式贡献的相位为

$$S[x_{N+1}, x_N] = \int_t^{t+\Delta t} \mathrm{d}t' \mathcal{L} \approx \Delta t \left[\frac{m}{2}\left(\frac{x_{N+1} - x_N}{\Delta t}\right)^2 - U(x_{N+1})\right] \tag{7.186}$$

使用简化的记号 $x_{N+1} = x, x_N = x - \eta$，(7.184)式变成

$$\Psi(x, t + \Delta t) = \int \frac{\mathrm{d}\eta}{\xi} \mathrm{e}^{\frac{\mathrm{i}}{\hbar} \cdot \frac{m}{2\Delta t}\eta^2} \mathrm{e}^{-\frac{\mathrm{i}}{\hbar} U(x)\Delta t} \Psi(x - \eta, t) \tag{7.187}$$

其中，已经取了 $\Delta t \to 0$ 的极限. 在这个极限下，被积函数中的第一个指数在有限的 η 处剧烈地振荡，而振幅 Ψ 则应给出一个有限的结果. 这将导致很强的相消，除去在一个狭窄的 $\eta \sim \sqrt{\hbar\Delta t/m}$ 值的区域，这与上述的假定一致. 在这个估算中，我们看到了原来在 5.5 节中对于波包量子扩散的结果. 对很小的 Δt，我们可把被积函数中的波函数展开成

$$\Psi(x - \eta, t) \approx \Psi(x, t) - \eta \frac{\partial \Psi(x, t)}{\partial x} + \frac{\eta^2}{2} \frac{\partial^2 \Psi(x, t)}{\partial x^2} \tag{7.188}$$

并把对 η 的积分延伸到 $\pm\infty$，因为只有在 $\eta = 0$ 附近的狭窄区域才有明显的贡献. 完成在对称的上下限间的积分之后，带有 Ψ 一阶导数的 η 的奇次幂项为零，而高斯型积分给出

$$\begin{aligned} \int \mathrm{d}\eta \mathrm{e}^{\frac{\mathrm{i}m}{2\hbar\Delta t}\eta^2} &= \sqrt{2\pi \mathrm{i} \frac{\hbar\Delta t}{m}} \\ \int \mathrm{d}\eta \eta^2 \mathrm{e}^{\frac{\mathrm{i}m}{2\hbar\Delta t}\eta^2} &= \frac{\mathrm{i}\hbar\Delta t}{m}\sqrt{2\pi \mathrm{i} \frac{\hbar\Delta t}{m}} \end{aligned} \tag{7.189}$$

由于宇称的原因，展开式(7.188)的下一个(立方)项仍为零，而 $\sim \eta^4$ 的项将给出带有一个额外 Δt 因子的、可与(7.189)式相比的结果.

类似地，我们把(7.187)式的左边展开：

$$\Psi(x, t + \Delta t) \approx \Psi(x, t) + \Delta t \frac{\partial \Psi(x, t)}{\partial t} \tag{7.190}$$

在相同的精度内，(7.187)式中位势的指数项给出

$$e^{-\frac{i}{\hbar}U(x)\Delta t} \approx 1 - \frac{i}{\hbar}U(x)\Delta t \tag{7.191}$$

现在,我们应该比较展开式(7.188)中的那些最低阶项.与(5.29)式相比,如果归一化因子选为

$$\xi = \sqrt{2\pi i\frac{\hbar\Delta t}{m}} \tag{7.192}$$

它们就一致了.之后,Δt 的第一阶的系数给出了正确的 Schrödinger 方程:

$$i\hbar\frac{\partial\Psi(x,t)}{\partial t} = \frac{1}{2m}\left(-i\hbar\frac{\partial}{\partial x}\right)^2\Psi(x,t) + U(x)\Psi(x,t) \tag{7.193}$$

使用 $\Delta t\to 0$ 的极限,我们已经把连续积分的求值约化成微分方程的求解.路径积分语言能够系统表述量子力学所有的概念,即引入算符、运动方程和对易关系.不管怎么样,它在量子场论中特别有用[14].

8

第 8 章

分立对称性

自从物理学诞生以来，在认识自然的努力中，对称性的考虑一直给我们提供一个极有力的和有用的工具. 渐渐地，它们变成了物理定律的理论形式的基石.

——李政道

8.1　时间反演不变性

按照 7.10 节，保持哈密顿量不变的对称变换引发守恒定律. 对于分立对称性，变换的幺正算符 $\hat{U}=\exp(\mathrm{i}\hat{G})$ 与哈密顿量(7.153)式对易，因此厄米可观测量 G 是守恒量. 时间反演算符 $\mathcal{T}$ 是个例外，因为它**并不引发一个守恒定律**. 然而，它对于量子体系的影响是绝对不可或缺的.

经典力学中，在常数势场中的运动方程**对于时间反演是不变的**. 这种说法可以这样来理解：经典方程的求解需要初始条件——在所取的某一个初始时刻，例如，$t=0$，我们给出坐标 $q(0)$和动量 $p(0)$的值．通过求解方程直到 $t>0$ 时刻，我们确定了相空间的轨迹 $q(t)$和 $p(t)$．如果对于任何"朝前"的解，我们能够从最后的时间点出发，以与终点的速度反向的速度，在同样时间间隔内经过所有的中间点走完全程返回到起始点，如图 8.1 所示，我们可以找到这种"倒退"的解，则这个系统是时间反演不变的．

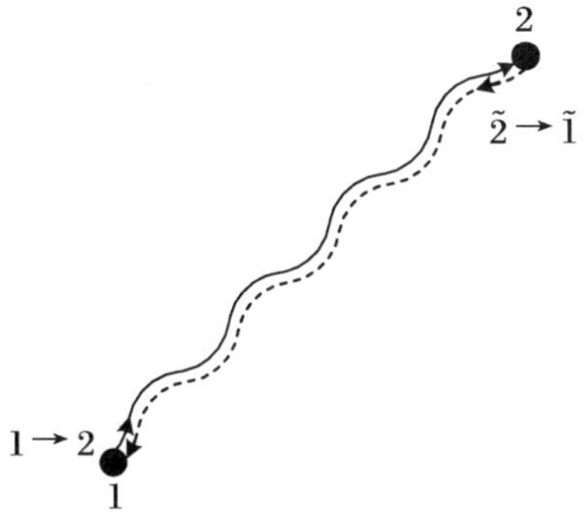

图 8.1　朝前和朝后的轨迹

一个封闭系统的经典哈密顿量是 $H(q,p)$，如果 $H(q,p)=H(q,-p)$，则这个哈密顿量是 $\mathcal{T}$ **不变的**．这正是在哈密顿量形式中在平等基础上出现的坐标和动量可区分的关键所在．尽管在经典力学中，这种差别并不重要（然而，请回忆 7.7 节对于有限运动的状态采用的论据）．

在一个外磁场中，$\mathcal{T}$ 不变性是被破坏的．通过 Lorentz 力，这个磁场辨别出速度的两个相反方向．静电场和静磁场的区别在于它们的源：电场是电荷产生的，而磁场是沿电荷运动方向的电流产生的．如果我们把磁场的源作为系统的一部分包括进来，则这个扩大的系统又是 $\mathcal{T}$ 不变的了，因为时间反演意味着在这个系统中所有的运动都应该反转过来．反向电流会产生反向磁场并且在系统中引起相反的运动，使得整个大的复合体恢复 $\mathcal{T}$ 不变性．同样的论证可以应用到转动系统，在那里角速度类似于磁场．

非相对论**量子力学**允许我们以接近经典力学的方式用公式表示时间反演，但是结果的形式取决于表象．让我们在某种表象中考虑波函数 $\Psi(t)$的 Schrödinger 方程（波函数中变量的数目是任意的）：

$$\mathrm{i}\hbar\frac{\partial\Psi(t)}{\partial t}=\hat{H}\Psi(t)\tag{8.1}$$

假定系统是封闭的（$\partial\hat{H}/\partial t=0$），让我们在形式上把时间反转（$t\to-t$）：

$$-\mathrm{i}\hbar\frac{\partial\Psi(-t)}{\partial t}=\hat{H}\Psi(-t) \tag{8.2}$$

为了把该方程变回(8.1)式的形式,我们取复共轭,得到

$$\mathrm{i}\hbar\frac{\partial\Psi^*(-t)}{\partial t}=\hat{H}^*\Psi^*(-t) \tag{8.3}$$

因此,**时间反演**后的函数

$$\widetilde{\Psi}(t)=\Psi^*(-t) \tag{8.4}$$

满足具有时间反演后的哈密顿量

$$\hat{\widetilde{H}}=\hat{H}^* \tag{8.5}$$

的 Schrödinger 方程.

代换 $\Psi\to\widetilde{\Psi}$,$\hat{H}\to\hat{\widetilde{H}}$ 描述了量子力学中的时间反演.这里复共轭有着类似于经典情况下轨迹反演的意思;对于平面波 $\mathrm{e}^{\mathrm{i}(\boldsymbol{k}\cdot\boldsymbol{r})}$,这等价于 $\boldsymbol{k}\to-\boldsymbol{k}$.哈密顿量的矩阵元:

$$H_{12}=\langle\Psi_1(t)\mid\hat{H}\mid\Psi_2(t)\rangle\equiv\int\mathrm{d}\tau\Psi_1^*(t)\hat{H}\Psi_2(t) \tag{8.6}$$

其中,函数 Ψ 和算符 $\hat{H}$ 都取自一个具有体积元 $\mathrm{d}\tau$ 的所选择表象,它们被变换成

$$\widetilde{H}_{12}=\int\mathrm{d}\tau\Psi_1(-t)\hat{H}^*\Psi_2^*(-t)=\int\mathrm{d}\tau(\hat{H}\Psi_2(-t))^*\Psi_1(-t) \tag{8.7}$$

或者利用哈密顿量 $\widetilde{H}$ 的厄米性(6.62)式,有

$$\widetilde{H}_{12}=\int\mathrm{d}\tau\Psi_2^*(-t)\hat{H}\Psi_1(-t) \tag{8.8}$$

我们看到,在保持过程的起点和终点相互交换的思想下,在变换后的矩阵元 $\widetilde{H}_{12}$ 中,不仅仅是"时间之箭"被反转了,而且与原始的矩阵元 H_{12} 相比,"初态"Ψ_2 和"末态"Ψ_1 的作用也相互对调了.

如果哈密顿量是实的,则变换后的哈密顿量(8.5)式与原始的哈密顿量是一样的.那时,我们说这个系统是 $\mathcal{T}$ 不变的,并且两个波函数 $\Psi(t)$ 和 $\widetilde{\Psi}(t)$(如(8.4)式)都是同一个 Schrödinger 方程的解.对于定态,有

$$\Psi(t)=\mathrm{e}^{-(\mathrm{i}/\hbar)Et}\psi,\quad \widetilde{\Psi}(t)=\mathrm{e}^{(\mathrm{i}/\hbar)E(-t)}\psi^* \tag{8.9}$$

ψ 和 ψ^* 都满足具有同样的实能量 E 的定态 Schrödinger 方程.如果这个本征值是非简并的,则只有一个独立的解具有这个 E 值,因此 ψ 和 ψ^* 是同一个解,至多差一个无关的相

位.如果本征值是简并的,那么 ψ 和 ψ^* 可能是独立的,而我们可以取它们的组合Re(ψ)和 Im(ψ)作为具有同样能量的新波函数.这样,在 $\mathcal{T}$ 不变的情况下,定态基波函数可以取为**实的**.

8.2 算符的时间反演变换

时间反演不是一个通常的幺正变换,因为它包括复共轭 $\hat{\mathcal{K}}$,见(8.4)式.它对态的叠加的作用并不像(6.46)式中所定义的那样是线性的.它也把叠加系数变成它们的复共轭(这种变换有时称为**反线性**).我们可以把时间反演算符定义为

$$\hat{\mathcal{T}} = \hat{U}_T\hat{\mathcal{K}}\hat{O}_t \tag{8.10}$$

这里,算符 $\hat{O}_t$ 对显含时间的依赖作 $t \to -t$ 的改变,$\hat{\mathcal{K}}$ 是复共轭,而 $\hat{U}_T$ 是为了保证在时间反演下物理可观测量的正确行为所需要的一个额外的幺正算符.

算符 $\hat{U}_T$ 依赖表象.相似变换(6.101)式定义时间反演后的算符:

$$\hat{\tilde{A}} = \hat{\mathcal{T}}\hat{A}\hat{\mathcal{T}}^{-1} \tag{8.11}$$

另一方面,在许多情况下,从经典经验(对应原理)我们知道时间反演的结果.位置算符不改变,而动量必须改变它的符号:

$$\hat{\tilde{\boldsymbol{r}}} = \hat{\boldsymbol{r}}, \quad \hat{\tilde{\boldsymbol{p}}} = -\hat{\boldsymbol{p}} \tag{8.12}$$

采用坐标表象(7.17)式,我们看到,在(8.10)式中不必添加一个特别的幺正算符就能得到所需要的结果,只需要取复共轭就足够了:

$$\hat{\tilde{\boldsymbol{p}}} = \hat{\mathcal{K}}\hat{\boldsymbol{p}}\hat{\mathcal{K}}^{-1} = \hat{\boldsymbol{p}}^* = (-\mathrm{i}\hbar\nabla)^* = \mathrm{i}\hbar\nabla = -\hat{\boldsymbol{p}} \tag{8.13}$$

轨道角动量也改变符号:

$$\hat{\tilde{\boldsymbol{l}}} = \frac{1}{\hbar}\hat{\mathcal{K}}(\hat{\boldsymbol{r}} \times \hat{\boldsymbol{p}})\hat{\mathcal{K}}^{-1} = -\hat{\boldsymbol{l}} \tag{8.14}$$

然而,当包含有非经典的自由度时,就需要一个额外的幺正算符.作为总角动量的一部分,自旋分量在时间反演下也必须改变符号,精确地与轨道角动量分量一样.这就需要带

有作用在自旋空间的额外的幺正算符来定义时间反演 $\hat{\mathcal{T}}$，见 20.5 节.

总结这两节，我们可以说，从初矢量 Ψ 通过 $\hat{\mathcal{T}}$ 算符作用得到的态矢量 $\widetilde{\Psi}$ 描述所具有的所有速度类型特征均被反转的**末态**：如果在态 Ψ 中所有的线动量和角动量是 $\boldsymbol{p}$ 和 $\boldsymbol{J}$，则在态 $\widetilde{\Psi}$ 中，它们分别变成 $\widetilde{\boldsymbol{p}}=-\boldsymbol{p}$ 和 $\widetilde{\boldsymbol{J}}=-\boldsymbol{J}$. 如果过程 $i\to f$ 按照 Schrödinger 方程演化为

$$|\Psi_f\rangle = \mathrm{e}^{-(\mathrm{i}/\hbar)\hat{H}t}|\Psi_i\rangle \tag{8.15}$$

则其时间反演过程是 $\widetilde{f}\to\widetilde{i}$，

$$|\widetilde{\Psi}_i\rangle = \mathrm{e}^{-(\mathrm{i}/\hbar)\hat{\widetilde{H}}t}|\widetilde{\Psi}_f\rangle \tag{8.16}$$

时间反演不变性（量子力学的**可逆性**）意味着 $\hat{\widetilde{H}}=\hat{H}$，所以，对于每一个直接过程(8.15)式，都存在一个按照同样定律演化的逆过程(8.16)式. 现在，我们知道，自然界中 $\mathcal{T}$ 不变性是被破坏的. 然而，这种破坏仅仅在中性 K 和 B 介子衰变的一些特殊过程中作为一个很小的效应被观测到了[15].

8.3 空间反演和宇称

哈密顿量的另一个分立对称对于定态的寻找和分类是重要的. **空间反演**操作 $\hat{\mathcal{P}}$ 改变空间坐标的符号，使得一个粒子的定域态 $|\boldsymbol{r}\rangle$ 变成

$$|\boldsymbol{r}\rangle\Rightarrow\hat{\mathcal{P}}|\boldsymbol{r}\rangle = |-\boldsymbol{r}\rangle \tag{8.17}$$

在坐标表象中，对于一个任意的态 $|\psi\rangle$，我们有

$$\begin{aligned}\langle\boldsymbol{r}|\hat{\mathcal{P}}|\psi\rangle &= \int \mathrm{d}^3x\langle\boldsymbol{r}|\hat{\mathcal{P}}|\boldsymbol{x}\rangle\langle\boldsymbol{x}|\psi\rangle = \int\mathrm{d}^3x\langle\boldsymbol{r}|-\boldsymbol{x}\rangle\langle\boldsymbol{x}|\psi\rangle \\ &= \int\mathrm{d}^3x\delta(\boldsymbol{r}+\boldsymbol{x})\psi(\boldsymbol{x}) = \psi(-\boldsymbol{r})\end{aligned} \tag{8.18}$$

因此，对一个坐标波函数的反演的作用简单地是

$$\hat{\mathcal{P}}\psi(\boldsymbol{r}) = \psi(-\boldsymbol{r}) \tag{8.19}$$

当作用于平面波 $\psi_{\boldsymbol{p}}(\boldsymbol{r})=\exp[(\mathrm{i}/\hbar)(\boldsymbol{p}\cdot\boldsymbol{r})]$时，这个操作等价于把运动的方向反转，

$\boldsymbol{p}\to-\boldsymbol{p}$,这正是空间反演所预期的.

容易检验,与时间反演不同,空间反演算符是**线性**的.算符 $\hat{\mathcal{P}}$ 是厄米的并且满足一个明显的几何关系:

$$\hat{\mathcal{P}}^2 = 1 \tag{8.20}$$

这表明 $\hat{\mathcal{P}}=\hat{\mathcal{P}}^{-1}$,因此厄米算符 $\hat{\mathcal{P}}$ 也是幺正的.该算符仅有两个不同的本征值 $\Pi=\pm1$.这些本征值定义了宇称量子数,它区分了偶函数

$$\hat{\mathcal{P}}\psi(\boldsymbol{r}) = \psi(-\boldsymbol{r}) = \psi(\boldsymbol{r}), \quad \Pi = +1 \tag{8.21}$$

和奇函数

$$\hat{\mathcal{P}}\psi(\boldsymbol{r}) = \psi(-\boldsymbol{r}) = -\psi(\boldsymbol{r}), \quad \Pi = -1 \tag{8.22}$$

任何函数都能够唯一地表示成这两种宇称本征函数的叠加:

$$\psi(\boldsymbol{r}) = \psi_{偶}(\boldsymbol{r}) + \psi_{奇}(\boldsymbol{r}) = \frac{\psi(\boldsymbol{r})+\psi(-\boldsymbol{r})}{2} + \frac{\psi(\boldsymbol{r})-\psi(-\boldsymbol{r})}{2} \tag{8.23}$$

习题 8.1 证明在坐标表象和动量表象中波函数(相对于它的对应的宗量)的宇称是一样的.

8.4 标量和赝标量,矢量和赝矢量

依照普遍规则(6.101)式,算符的空间反演变换是

$$\hat{Q}' = \hat{\mathcal{P}}\hat{Q}\hat{\mathcal{P}}^{-1} \tag{8.24}$$

一个不变量 $\hat{Q}'=\hat{Q}$ 与空间反演算符对易.这给出了对可观测量进行分类的一个判据.

把这种分类与基于转动性质的分类结合起来是有用的(以后我们会更详细地研究这些性质).转动不变的量称为**标量**.一个标量 $\hat{S}$ 的数学定义源自角动量 $\hat{\boldsymbol{J}}$ 作为转动生成元的含义:

$$[\hat{\boldsymbol{J}},\hat{S}] = 0 \tag{8.25}$$

然而,一个标量可能与空间反演不对易.我们可以把遵从(8.25)式的标量可观测量分成真标量和在空间反演下改变符号的**赝标量**.为了给出一个物理的例子,让我们首先考虑**矢量**.

在6.10节中我们已经讨论过,矢量 $\hat{\boldsymbol{V}}$ 的一般定义可以基于其在无穷小转动下的行为.现在我们可以区分两类矢量观测量:**真矢量**或**极矢量** $\boldsymbol{V}$,它的笛卡儿分量 $\hat{V}_i$ 在空间反射下改变符号:

$$\hat{\mathcal{P}}\hat{V}_i\hat{\mathcal{P}}^{-1} \equiv \hat{\mathcal{P}}\hat{V}_i\hat{\mathcal{P}} = -\hat{V}_i \tag{8.26}$$

赝矢量或**轴矢量** $\boldsymbol{A}$,它的分量 $\hat{A}_i$ 在空间反射下不改变符号:

$$\hat{\mathcal{P}}\hat{A}_i\hat{\mathcal{P}} = \hat{A}_i \tag{8.27}$$

坐标算符 $\boldsymbol{r}$ 和动量算符 $\boldsymbol{p}$ 都是真矢量.然而,由**两个极矢量的叉乘**构成的轨道角动量算符$[\boldsymbol{r}\times\boldsymbol{p}]$的分量在空间反演下不改变,因此轨道角动量是一个轴矢量.形式上的证明告诉我们,例如,对于位置算符,利用 $\hat{\mathcal{P}}$ 的厄米性,变换后算符 $\hat{\mathcal{P}}\hat{\boldsymbol{r}}\hat{\mathcal{P}}$ 的任意矩阵元由

$$\begin{aligned}\int \mathrm{d}^3 r\psi_1^*(\boldsymbol{r})\hat{\mathcal{P}}\hat{\boldsymbol{r}}\hat{\mathcal{P}}\psi_2(\boldsymbol{r}) &= \int \mathrm{d}^3 r\psi_1^*(-\boldsymbol{r})\hat{\boldsymbol{r}}\psi_2(-\boldsymbol{r}) \\ &= \int \mathrm{d}^3 r\psi_1^*(\boldsymbol{r})(-\hat{\boldsymbol{r}})\psi_2(\boldsymbol{r})\end{aligned} \tag{8.28}$$

给出.这意味着 $\hat{r}$ 是一个真矢量:

$$\hat{\mathcal{P}}\hat{\boldsymbol{r}}\hat{\mathcal{P}} = -\hat{\boldsymbol{r}} \tag{8.29}$$

类似地,有

$$\hat{\mathcal{P}}\hat{\boldsymbol{p}}\hat{\mathcal{P}} = -\hat{\boldsymbol{p}} \tag{8.30}$$

这与经典定义 $\boldsymbol{p}=m\dot{\boldsymbol{r}}$ 是一致的,它对量子运动方程也适用((7.89)式和(7.90)式).电场和磁场除了关于时间反演的不同之外,它们在空间反射下的行为也不同:电场矢量 $\mathcal{E}$ 和电流 $\boldsymbol{j}$ 是极矢量,而磁场矢量 $\mathcal{B}$ 是轴矢量.于是作为一个极矢量和一个轴矢量的叉积,Lorentz 力$\sim(\boldsymbol{v}\times\mathcal{B})$仍是一个极矢量(时间反演为偶).

注意,我们采用了一种**主动**变换的图像,变换作用在物体上,而同时坐标的单位矢量 $\boldsymbol{e}^{(i)}$ 原封不动.极矢量 $\boldsymbol{V}$ 变成 $-\boldsymbol{V}$,于是该极矢量相对于原来同样的集合 $\boldsymbol{e}^{(i)}$ 的坐标 V_i 改变符号.轴矢量的坐标与物体本身一起保持不变.在被动变换的描述中,我们把坐标系反转,$\boldsymbol{e}^{(i)}\Rightarrow-\boldsymbol{e}^{(i)}$.这就把按照 $\boldsymbol{e}^{(x)}\times\boldsymbol{e}^{(y)}=\boldsymbol{e}^{(z)}$ 定义的右手三个坐标轴变成了左手三个坐

标轴，并且对于在定义中包含所有涉及**手性**(handedness)或者转动相关(the sense of rotation)的那些量，这种变换改变它们的符号. 这里没有触及极矢量，尽管它们的坐标 V_i 仍要改变符号. 像轨道角动量这样的轴矢量改变它们的方向，虽然它们的坐标还是不变的.

现在我们可以构建一个赝标量作为一个极矢量和一个轴矢量的标量积. 然而，为此目的我们不能用上一段的例子. 的确

$$\boldsymbol{r} \cdot \boldsymbol{l} = \boldsymbol{p} \cdot \boldsymbol{l} = 0 \tag{8.31}$$

这个性质具有一个简单的含义：如果 $\boldsymbol{l}$ 是转动的生成元，它让粒子在垂直于矢径的方向运动. 可以利用角动量的另一部分，即自旋角动量 $\boldsymbol{s}$，构建一个被称为**螺旋度**(helicity)的赝标量，自旋像任何角动量一样也是一个轴矢量. 螺旋度 h 是自旋在运动方向的投影：

$$h = \boldsymbol{s} \cdot \frac{\boldsymbol{p}}{p} \tag{8.32}$$

相对于转动，螺旋度是一个标量；但是在空间反演时它的确改变符号，即

$$\hat{\mathcal{P}}\hat{h}\hat{\mathcal{P}} = -\hat{h} \tag{8.33}$$

8.5 宇称守恒

如果 Schrödinger 方程中的位势在空间反射下是不变的，

$$U(\boldsymbol{r}) = U(-\boldsymbol{r}) \tag{8.34}$$

则哈密顿量 $\hat{H} = \hat{K} + \hat{U}$ 作为一个整体与空间反演算符是对易的. 因此，我们可以认为定态具有一个宇称量子数.

换句话说，如果 $\psi(\boldsymbol{r})$是描写 $\hat{\mathcal{P}}$ 不变哈密顿量的一个能量为E 的定态，则空间反射后的函数 $\psi(-\boldsymbol{r})$也对应于具有同样能量的一个定态. 如果这个能量非简并，这两个函数可能仅相差一个常数因子，$\psi(-\boldsymbol{r}) = c\psi(\boldsymbol{r})$. 通过再一次反演，我们得到$\psi(\boldsymbol{r}) = c\psi(-\boldsymbol{r}) = c^2\psi(\boldsymbol{r})$，这意味着 $c^2 = 1, c = \pm 1$. 这与早前用算符语言得到的说法是一样的：在一个偶的位势(8.34)式情况下，非简并的定态解具有确定的宇称. 如果能量本征值是简并的，$\psi(\boldsymbol{r})$和

$\psi(-\boldsymbol{r})$可以是线性无关的.然而,那时它们的任何线性组合也描述一个具有同样能量的定态,而且我们总可以构建偶的和奇的叠加,$\psi(\boldsymbol{r})\pm\psi(-\boldsymbol{r})$.

因此,如果(8.34)式成立,或者更普遍地,满足

$$[\hat{\mathcal{P}},\hat{H}]=0 \tag{8.35}$$

则 Schrödinger 方程的定态解可以用宇称来分类.在第 2 章的简单的例子中,在一个盒子中或一个有限的势阱中(其中只有一维空间反演),如果我们使坐标原点与中间点重合来设置坐标轴,则束缚态能够得到确定的宇称.在连续的问题(反射和透射)中,当我们假定了波源位于观测区的一侧时,这种对称性就被这种边界条件破坏了.当把源放到相反的一侧时,由于存在具有同样能量的、等价的镜像反射解,对称性得到恢复.

习题 8.2 建立在下列两个势中一维运动的定态解之间的对应关系.其中一个势是对称势 $U_1(x)=U_1(-x)$,另一个势 $U_2(x)$在 $x>0$ 时与 $U_1(x)$一样,在 $x=0$ 处有一个不可穿透的势垒把势的左半边切掉.

一个复杂系统的宇称是一个**相乘的**量子数,它是各子系统或组成成分的宇称的乘积.在对于基本粒子的应用中,我们可以谈到它们的**内禀宇称**:在空间反射下,一个粒子的内部波函数也以一种确定的方式变换.质子和中子的内禀宇称是一样的(不论我们假定它是偶宇称或奇宇称都是没有关系的,因为在宇称守恒的所有核过程中,**核子的总数**即质子和中子的数目——所谓的**重子荷**——也是守恒的).但是,相对论理论表明,这个宇称与反质子和反中子的宇称是相反的.电子和正电子、夸克和反夸克的内禀宇称也是相反的.在介子的情况下,例如 π 介子或 K 介子,谈论绝对内禀宇称是有意义的,因为在某一时刻可以产生和吸收一个这种粒子,从而以某种方式改变了该状态的总宇称.这些介子的波函数在转动下是一个标量,但在空间反演下是赝标量.这是由具有相反内禀宇称的夸克和反夸克构成介子的内部结构决定的.

为了得到粒子内禀宇称的信息,我们需要观测它们的产生、湮灭和相互转换的过程,并比较初态和末态的宇称,除了考虑它们的相对运动波函数以外,还要考虑到粒子的内部波函数.实验表明,基本粒子的相互作用中绝大多数在空间反演下都是不变的.据我们所知,只有**弱相互作用**的哈密顿量不保持宇称守恒.这种作用发生在粒子之间非常小的距离,$\sim 10^{-16}$ cm;它们引起最缓慢的核过程,像中子衰变到质子、电子加上电子中微子的 β 衰变,或者复杂核的 β 衰变.自由中子的寿命是 $\sim 10^3$ s,比核过程的典型时间 $\sim 10^{-(21-23)}$ s 要长得多,后者的典型时间可以通过一个粒子以$\sim(0.1-1)c$ 的速度穿过原子核半径$\sim 10^{-(12-13)}$ cm 的飞行时间来估算.

粗略地说,如果在一个过程中宇称成立,则在一个镜像反射的实验室中,这个过程会完全相似地发生,并导致镜反射的结果.在 β 衰变中情况不是这样的.在吴健雄等

(C. S. Wu, et al.)设计的著名实验[16]中，如图 8.2 所示，他们研究了极化的(具有固定的角动量 $\boldsymbol{J}$ 的取向)^{60}Co 原子核的 β 衰变. 发射电子的分布决定于电子动量 $\boldsymbol{p}$ 或速度 $\boldsymbol{v}$ 与极化方向 $\boldsymbol{J}$ 之间的夹角. 结果是在 ϑ 角发射的电子数目

$$N(\vartheta) \propto 1 + \alpha \cos \vartheta \tag{8.36}$$

其中，$\alpha \approx - v/c$ 是不对称系数(相对论的电子多数在与核极化相反的方向发射). 在这个特殊情况下，这个结果是由所谓的左手流的性质引起的，这种流是包括 β 衰变在内的弱作用的原因；反中微子实际上完全沿着运动方向纵向极化(见下册 14.6 节). 那时，具有同样极化的反冲电子(总自旋必须守恒)由于动量守恒被迫沿相反方向运动. 由于 $\cos \vartheta$ 是由极矢量 $\boldsymbol{p}$ 和轴矢量 $\boldsymbol{J}$ 的标量积决定的(这是一个赝标量)，因此在这个镜像反射的实验室，这个量会改变符号，我们会得到 $\propto 1 - \alpha \cos \vartheta$ 的不同角分布，在实验结果(8.36)式中，标量和赝标量的存在使两个实验室的结果不等价，因而对应于在弱作用中**宇称不守恒**.

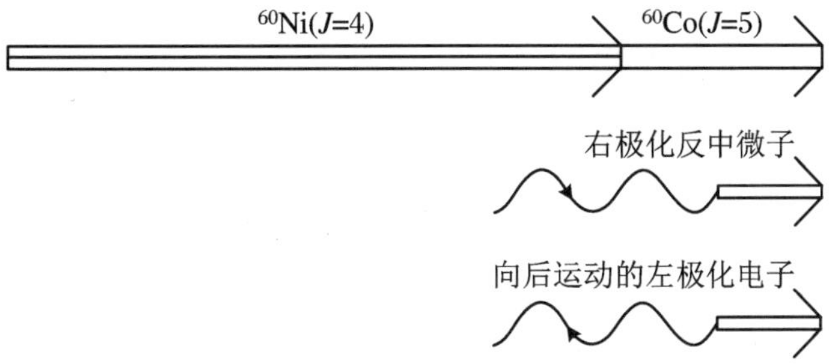

图 8.2　吴健雄等人的实验设计

对于宇称守恒系统，在空间反演下具有确定行为的算符显示特别的**选择定则**：对于一个给定的初态，它们的矩阵元仅仅能够连接到某一类末态. 在空间反演下改变符号的算符，改变状态的宇称，使得末态的宇称应该与初态的宇称相反. 例如，回忆习题 7.9，取由电荷分布的偶极矩引起的跃迁. 用矩阵元 $\langle f | \hat{\boldsymbol{d}} | i \rangle$ 描述的偶极跃迁只有在宇称相反的状态之间才是可能的. 如果宇称守恒，在具有确定宇称的任何态上 $\boldsymbol{d}$ 的期待值是被禁止的. 在一个**定态**上存在非零偶极矩表明宇称是不守恒的. 极性分子(如水分子或 NH_3)的存在表明，要么这个状态不是定态，尽管它的寿命可以很长，要么分子的取向被外场固定了. 在一个自由的定态中，分子具有一个确定的角动量，并且转动把内禀偶极子平均掉了.

迄今为止，长期寻找基本粒子、原子和原子核的电偶极矩(EDM)的实验并没有提供确切的结果. 然而，这些实验把 EDM 的上限推得越来越低. 同时，在弱作用中，宇称不守

恒是一个完全确立的事实.与偶极矩相关的问题由于这个算符的矢量特征而恶化.在一个定态,这个算符的期待值必须指向表征这个系统的唯一守恒矢量,即它的总角动量的方向.然而,在时间反演下,角动量改变符号,而偶极矩并不改变.因此,偶极矩的发现也会与 $\mathcal{T}$不变性[17]相矛盾.使 $\mathcal{P}$ 和 $\mathcal{T}$同时破坏的力比"正常"的弱相互作用要弱得多.

另外一个极矢量,即所谓的**环形磁偶极矩**(Anapole),正比于叉乘 $\boldsymbol{r}\times\boldsymbol{s}$,其中 $\boldsymbol{s}$ 是一个自旋算符.虽然它的存在与 $\mathcal{T}$不变性并不矛盾,但它改变状态的宇称.有人测量了在铯原子中宇称破坏的环形磁偶极矩[18].另一方面,磁偶极矩 $\boldsymbol{\mu}$ 是一个轴矢量,它正比于一个粒子的轨道或自旋角动量,见(1.74)式.磁矩不为零的预期与 $\mathcal{P}$ 和 $\mathcal{T}$不变性是一致的.

8.6 晶格的对称性

我们知道,动量算符生成空间平移.平面波是动量的本征函数,并且因此也是有限平移算符 $\hat{\mathcal{D}}(\boldsymbol{a})$的本征函数:在这个变换下,平面波仅仅得到一个额外的相位,见(4.61)式.位移 $\boldsymbol{a}$ 可以是任意的实矢量,并且不同的平移算符相互对易,形成阿贝尔群.

当不是自由运动,而是在一个**理想晶格**的场中的运动时,情况变得更有趣.在能够称为一个**晶格位移群**的情况下,仍然保持与自由运动的情况的相似性.这种无限大的晶格在一个整数周期的移动下不变,而自由空间在任意的移动下都不变.这里,我们仅保持前述的完整群的一个分立子群.这是固体物理世界的一个切入点.让我们用公式更精确地表述这个情况(但并不深入结晶学的细节).

我们把由任何晶格矢量$\boldsymbol{R}_i$引起的位移 $\hat{\mathcal{D}}(\boldsymbol{R}_i)$作用下哈密顿量保持不变的系统称为**理想晶体**.这些矢量标记晶格的节点,并可表示为如下三个基矢量$\boldsymbol{a}_j$($j=1,2,3$)的组合:

$$\boldsymbol{R}_i = n_i^{(1)}\boldsymbol{a}_1 + n_i^{(2)}\boldsymbol{a}_2 + n_i^{(3)}\boldsymbol{a}_3 \tag{8.37}$$

其中,整数系数 $n_i^{(j)}=0,\pm1,\cdots$.矢量 $\boldsymbol{a}_j$是线性独立的,尽管不必是正交的.在构建整块晶体时,可被重复的最小体积是单位晶格;这个体积等于

$$V^0 = |(\boldsymbol{a}_1\times\boldsymbol{a}_2)\cdot\boldsymbol{a}_3| \tag{8.38}$$

为了进一步的考虑,我们还需要**倒格子**(reciprocal lattice),它含有由三个矢量$\boldsymbol{b}_j$($j=1,2,3$)构成的基,它们由其与正点阵的矢量 $\boldsymbol{a}_j$的标量积所定义:

$$\boldsymbol{a}_j \cdot \boldsymbol{b}_{j'} = \delta_{jj'} \tag{8.39}$$

在一个立方晶格的最简单的情况下,矢量 $\boldsymbol{a}_j$是相互正交的,而且长度相等,$|\boldsymbol{a}_1| = |\boldsymbol{a}_2| = |\boldsymbol{a}_3| = a$,矢量 $\boldsymbol{b}_j$也形成一个周期为$b=1/a$ 的立方晶格.利用矢量族

$$\boldsymbol{K}_i = 2\pi(n_i^{(1)}\boldsymbol{b}_1 + n_i^{(2)}\boldsymbol{b}_2 + n_i^{(3)}\boldsymbol{b}_3) \tag{8.40}$$

很容易构建一个类似于(8.37)式的倒格子,它具有额外的 2π 因子.于是,对于任何一对矢量$\boldsymbol{R}_i$ 和$\boldsymbol{K}_i$,下列简单的恒等式成立:

$$e^{i(\boldsymbol{K}_j \cdot \boldsymbol{R}_i)} = 1 \tag{8.41}$$

严格来讲,一个晶体在平移 $\hat{\mathcal{D}}(\boldsymbol{R}_i)$下的不变性仅对一个**无限大**的晶格才成立.实际上,晶体具有有限尺寸 L_x, L_y, L_z.对于一个宏观的晶体,$L \gg a$,边界条件的细节并不重要(虽然在纳米晶体中它们可能是重要的).因此我们可以设想,晶体在所有的方向上都被周期地延拓.这样,整个空间均匀地填满了一个真实样品的无穷多个全同的复制品.用这种技巧,一个物体在晶体内部的运动的波函数满足像在 3.8 节所用的那样的周期边界条件.

8.7 准动量和 Bloch 函数

任意平移下的不变性导致自由运动中的动量守恒.虽然一个晶格仅仅对于把晶格映射到自身的平移 $\hat{\mathcal{D}}(R_i) \equiv \hat{\mathcal{D}}_i$是不变的,但我们仍可找到一个在这种情况下守恒的、与动量类似的量.

一个理想晶格的哈密顿量与所有的晶格平移都是对易的(周期边界条件把这种不变性传到一个有限的晶体):

$$[\hat{\mathcal{D}}_i, \hat{H}] = 0 \tag{8.42}$$

由于这些平移算符属于完整的平移群的一个子群,这些平移彼此之间也是对易的.因此,在一个定态,能量 E 和所有的平移 $\mathcal{D}_i$ 可以同时具有确定值.然而,在一个周期势中的波

函数一般不是平面波.

让我们考虑一个在理想晶体中运动的物体(称为一个准粒子)的本征值问题.所有 $\hat{\mathcal{D}}_i$ 的定态波函数 $\psi(\boldsymbol{r})$遵从

$$\hat{\mathcal{D}}_i\psi(\boldsymbol{r}) = c_i\psi(\boldsymbol{r}) \tag{8.43}$$

由于对任意的幺正算符,本征值是单位圆上的复数,$|c_i|^2 = 1$.另一方面,该结果应该正好是一个位移后的函数:

$$\hat{\mathcal{D}}_i\psi(\boldsymbol{r}) = \psi(\boldsymbol{r} - \boldsymbol{R}_i) \tag{8.44}$$

为了找到数 $c_i \equiv c(\boldsymbol{R}_i)$,我们可以利用在一个晶格上平移的群性质:平移的乘积 $\hat{\mathcal{D}}_i\ \hat{\mathcal{D}}_j$ 等价于用矢量 $\boldsymbol{R}_i + \boldsymbol{R}_j$ 的移动,$\hat{\mathcal{D}}_{(ij)} = \hat{\mathcal{D}}_{(ji)}$,即

$$\hat{\mathcal{D}}_{(ji)}\psi(\boldsymbol{r}) = c(\boldsymbol{R}_j + \boldsymbol{R}_i)\psi(\boldsymbol{r}) = \hat{\mathcal{D}}_j\hat{\mathcal{D}}_i\psi(\boldsymbol{r}) = c(\boldsymbol{R}_j)c(\boldsymbol{R}_i)\psi(\boldsymbol{r}) \tag{8.45}$$

或

$$c(\boldsymbol{R}_j + \boldsymbol{R}_i) = c(\boldsymbol{R}_j)c(\boldsymbol{R}_i) \tag{8.46}$$

满足幺正要求的解是

$$c(\boldsymbol{R}_j) = \mathrm{e}^{-\mathrm{i}(\boldsymbol{k}\cdot\boldsymbol{R}_j)} \tag{8.47}$$

其中,$\boldsymbol{k}$ 是一个任意的实矢量,它表示在晶格矢量的位移下本征函数相位的改变:

$$\hat{\mathcal{D}}_i\psi(\boldsymbol{r}) = \psi(\boldsymbol{r} - \boldsymbol{R}_i) = \mathrm{e}^{-\mathrm{i}(\boldsymbol{k}\cdot\boldsymbol{R}_i)}\psi(\boldsymbol{r}) \tag{8.48}$$

(8.48)式与对于一个空间均匀体系的类似的结果(4.61)式的比较表明:在一个晶格上的矢量 $\boldsymbol{k}$ 与在均匀情况下的波矢量 $\boldsymbol{p}/\hbar$起着同样的作用,两者都是通过在空间平移下本征函数的相移来定义的.因此,对于表征在晶体中一个准粒子波函数的矢量$\hbar\boldsymbol{k}$,我们很自然地用**准动量**或者**晶体动量**这个词(我们常常把波矢量 $\boldsymbol{k}$ 称为准动量).正如平面波本质上是由在平移下它的变换决定的那样,准粒子的波函数也是由矢量 $\boldsymbol{k}$ 来定义的.因此,我们将使用符号 $\psi_{\boldsymbol{k}}$.

让我们来寻找所有平移算符的本征函数,它被写成平面波和另一个函数的乘积:

$$\psi_{\boldsymbol{k}}(\boldsymbol{r}) = \mathrm{e}^{\mathrm{i}(\boldsymbol{k}\cdot\boldsymbol{r})}u_{\boldsymbol{k}}(\boldsymbol{r}) \tag{8.49}$$

那时,对于任何位移 $\boldsymbol{R}_i$,从(8.48)式我们得到

$$u_{\boldsymbol{k}}(\boldsymbol{r} - \boldsymbol{R}_i) = u_{\boldsymbol{k}}(\boldsymbol{R}) \tag{8.50}$$

这意味着振幅函数 $u(\boldsymbol{r})$在晶格平移下并不改变.我们得到 Bloch **定理**:在晶格上一个准粒子的定态波函数是用准动量 $\boldsymbol{k}$ 来表征的,并可以表示为(8.49)式,其中 $u_{\boldsymbol{k}}(\boldsymbol{r})$是**周期性**的函数,周期就是晶格的周期.从均匀介质中的平面波变成了**以晶格周期调制**的平面波.调制函数 $u_{\boldsymbol{k}}(\boldsymbol{r})$的具体形式不可能从一般性的讨论中找到.例如,在晶格的节点处它可以有极大或极小.

我们还没有满足周期性边界条件(3.93)式.由于在晶格上调制函数是周期性的,把它平移整个晶体的大小 L 时它并不改变.因此,这个周期性的条件被用到了函数(8.49)式的平面波因子,与均匀情况的(3.93)式是一样的.于是,准动量的分量是

$$k_i = \frac{2\pi}{L_i}n_i, \quad n_i = 0, \pm 1, \cdots \tag{8.51}$$

这意味着与具有周期性边界条件的盒子中通常的动量一样,准动量也是量子化的.

现在,我们来看看动量和准动量之间的差别.准动量不是唯一的.它是通过在晶格平移下波函数的相位(8.48)式的改变来定义的.然而,用一个与 $\boldsymbol{k}$ 相差一个任意矢量 $\boldsymbol{K}$ 的矢量 $\boldsymbol{k}'$,即倒格子的(8.40)式,能达到同样的目的.借助(8.41)式,矢量 $\boldsymbol{k}$ 和 $\boldsymbol{k}' = \boldsymbol{k} + \boldsymbol{K}$ 定义相同的相位(8.47)式.当矢量 $\boldsymbol{k}$ 跑遍整个 $\boldsymbol{k}$ 空间时,波函数 $\psi_{\boldsymbol{k}}(\boldsymbol{r})$周期性地重现,其周期就是倒格子的周期.我们得出结论,在倒格子上波函数 $\psi_{\boldsymbol{k}}(\boldsymbol{r})$和它的能量 $E_{\boldsymbol{k}}$都是周期性的函数.

用定义了所有不同波函数 $\psi_{\boldsymbol{k}}$的矢量 $\boldsymbol{k}$ 的最小集合去限制 $\boldsymbol{k}$ 空间是合乎情理的.显然,这样的一个集合填满倒格子的元胞.虽然这种元胞的选择不是唯一的,它的体积 $V^0_{\text{倒格子}}$是固定的.它有着一个正格子元胞体积(8.38)式倒数的值.按照(8.51)式计算量子化的分量 k_i,正像在(3.94)式中一样,我们得到对倒格子元胞的积分:

$$\sum_{n_x n_y n_z} \Rightarrow \int \frac{\mathrm{d}k_x}{2\pi/L_x}\frac{\mathrm{d}k_y}{2\pi/L_y}\frac{\mathrm{d}k_z}{2\pi/L_z} = \frac{V}{(2\pi)^3}\int \mathrm{d}^3 k \tag{8.52}$$

考虑到在定义(8.40)式中的 2π 因子,这个量等于

$$V \cdot V^0_{\text{倒格子}} = NV^0 V^0_{\text{倒格子}} = N \tag{8.53}$$

其中 N 是实际样品中元胞的数目.结果是准动量 $\boldsymbol{k}$ 有 N 个非平凡的不同数值.

当然,情况本该如此.我们可以通过一个一个地添加元胞来构建晶体,以保证在每个节点定位一个准粒子(形成晶格的原子)的可能性.这些节点是全同的并且所有的局域态也是全同的,导致相同的波函数的中心位于不同的点.因此,对于每一个节点重复的任何一个原子能级给出整个晶体的 N 个态.现在,我们允许准粒子到处跑,改变它们的驻地;代替局域态,我们得到作为晶体中定态的 Bloch 波.然而,独立态的数目不会由于变换到

另外一种基而发生改变——它仍然等于 N.

习题 8.3 在用准动量 $\boldsymbol{k}$ 表征的 Bloch 态中,真正的动量 $\boldsymbol{p}$ 一般没有确定值.证明具有概率不为零的仅有的 $\boldsymbol{p}$ 值是那些对应于 $\boldsymbol{p}=\hbar\boldsymbol{k}+\hbar\boldsymbol{K}$ 的动量,其中 $\boldsymbol{K}$ 是倒格子矢量中的一个.

解 首先,证明具有晶格周期的任何周期函数 $f(\boldsymbol{r})$,仅当 $\boldsymbol{q}=\boldsymbol{K}$ 时才可以具有非零的 Fourier 分量 $f_{\boldsymbol{q}}$.

习题 8.4 考虑在一个晶体中两个准粒子的一个稳定的散射态:它们开始时是相距很远的两个独立的物体,分别具有准动量 $\boldsymbol{k}_1$ 和 $\boldsymbol{k}_2$,相互靠近时发生相互作用,并且分别以渐近的准动量值 $\boldsymbol{k}_3$ 和 $\boldsymbol{k}_4$ 离开.证明存在如下形式的守恒定律:

$$\boldsymbol{k}_1+\boldsymbol{k}_2=\boldsymbol{k}_3+\boldsymbol{k}_4+\boldsymbol{K} \tag{8.54}$$

其中,$\boldsymbol{K}$ 是倒格子的矢量.$\boldsymbol{K}\neq\boldsymbol{0}$ 的情况称为**翻转过程**.

8.8 能带

在一个晶体中准粒子的能谱是由能带组成的.单个原子的相同的能级都是简并的.能带源自晶体中元胞之间的耦合.每一个能带现在仍然包括由 N 个准动量值表征的 N 个能级.

习题 8.5 考虑一个具有周期 a 的 N 个全同一维吸引势阱链,如图 8.3 所示.每一个势阱都有一个能量为 ϵ 的束缚态.粒子可以在相邻势阱之间通过隧道效应穿透,穿透振幅为 v,隧穿(跳跃)振幅应当处理为引起相邻元胞之间跃迁的哈密顿量矩阵元.求这个系统的定态和能谱.

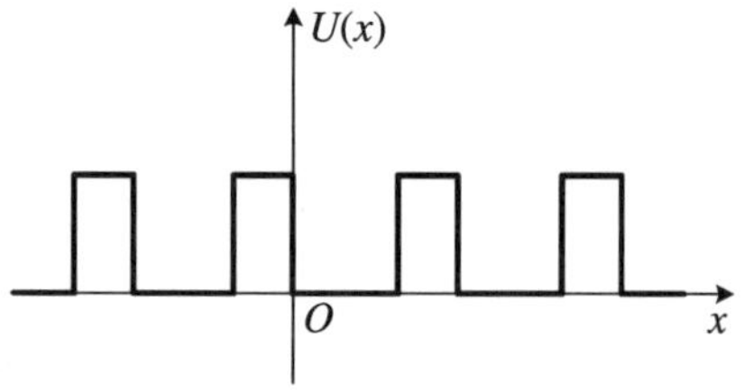

图 8.3 一维晶体

解 该哈密顿量(在用节点 $j=1,\cdots,N$ 标记的局域态 $|j\rangle$ 的基中)可以用它的矩阵元写成

$$H_{jj'} = \epsilon\delta_{jj'} + v(\delta_{j,j'+1} + \delta_{j,j'-1}) \tag{8.55}$$

我们需要对角化这个 $N\times N$ 矩阵.稳定的行波是局域态的叠加:

$$|\psi\rangle = \sum_j x_j |j\rangle \tag{8.56}$$

从 Schrödinger 方程

$$\hat{H}|\psi\rangle = E|\psi\rangle \tag{8.57}$$

得到振幅 x_j 的递推关系:

$$(\epsilon - E)x_j + v(x_{j+1} + x_{j-1}) = 0 \tag{8.58}$$

它的解是指数函数,$x_j \propto \exp(j\xi)$,但是,幺正条件选择了纯虚的指数 $\xi = \mathrm{i}ka$,其中 k 是准动量,而节点坐标是 aj,

$$x_j = X\mathrm{e}^{\mathrm{i}kaj} \tag{8.59}$$

使得在每下一个元胞,Bloch 波得到所需要的相位 ka,而准动量 k 区分不同的可能解.在我们的分立空间,(8.59)式这个量起着坐标波函数的作用;这里调制函数 u_k 是一个常数.把(8.59)式代入久期方程(8.58)确定能谱

$$E(k) = \epsilon + 2v\cos(ka) \tag{8.60}$$

N 重简并能级ϵ被展宽成从$\epsilon - 2v$ 到$\epsilon + 2v$ 的能带.准动量的量子化(8.51)式,$k = \dfrac{2\pi}{Na}n$,给出 N 个能级,其中 n 从$n = -N/2, k = -\pi/a$ 变到$n = N/2, k = -\pi/a$,而且

$$|\psi_n\rangle = X\sum_j \mathrm{e}^{\mathrm{i}(2\pi n/N)j} |j\rangle \tag{8.61}$$

起着分立情况下动量波函数的作用.函数(8.61)式的归一化确定了 $X = 1/\sqrt{N}$.

一般来说,准动量 $\boldsymbol{k}$ 并不唯一地决定准粒子态.具有不同调制 u_k 的波函数在平移下可以具有同样的相移.如果在每一个势阱中不是有单独一个能级,而是有两个,我们就会得到**两个能带**,每一个能带具有 N 个能级.具有同样 $\boldsymbol{k}$ 的能级应该用额外的量子数来区分,例如,用它们来自各单个原子的一个确定状态,或者就用按能量增加顺序中它们的编号.即使没有任何周期势,对于周期 a 的一个任意值和带的数目,能够人为地用准动量$|k|<\pi/a$ 来描述自由运动的态,见图 8.4(a).存在具有物理周期 a 的势在能带中会导致新的谱,见图 8.4(b).能谱的复杂性通常与能带在能量

上可能**重叠**的事实联系起来. 另一方面，在能带之间可能出现没有能级的禁戒能隙，如图 8.4(b)中的 $\Delta\epsilon$. 在固体中，这种能带的结构决定了导电的性质(金属、半导体和绝缘体).

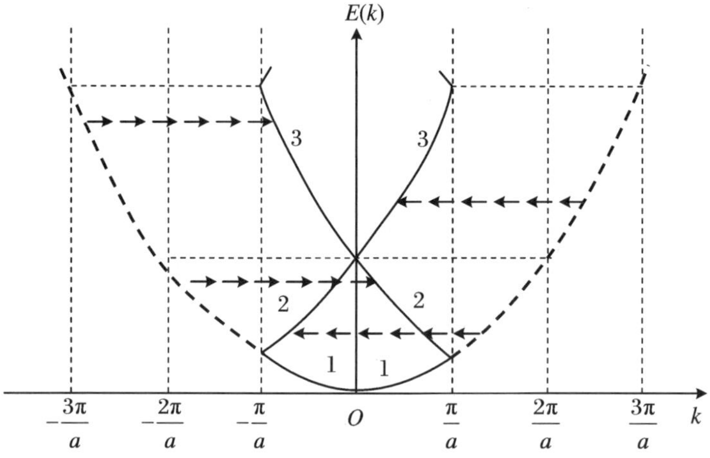

(a)

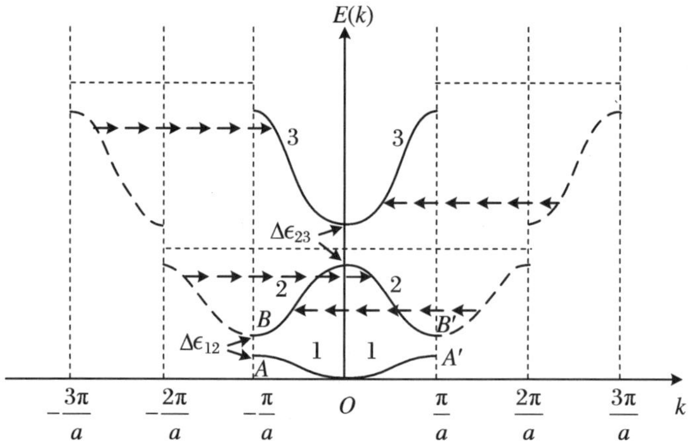

(b)

图 8.4 在能带图像中自由运动的能谱和受周期势扭曲的能谱((8.60)式)

8.9 分子的对称性

在 5.7 节,我们曾简单地提到了分子激发的分类.在分子中的原子核形成一个具有一种确定空间布局的骨架.由于原子核的零点振动振幅比它们之间的平均距离小得多,这种空间对称性是一个分子的特征性质,它允许人们去预言正常的振动模式和频率的简并程度.

我们知道,具有 N 个原子的一个分子的 $3N$ 个空间自由度中,3 个对应于平移,3 个对应于整体转动.剩下的 $3N-6$ 个自由度给出简正的振动模式.一些例外的线性分子仅有 $3N-5$ 个整体的自由度,我们可以把它们按照沿着轴的运动和垂直于轴的运动继续进一步分类.N 个原子的纵向运动给出 $N-1$ 个简正模式(必须排除沿着轴的整体平移).剩下的 $(3N-5)-(N-1)=2(N-2)$ 个自由度相应于横向振动.由于在两个垂直轴之间的对称性,有 $N-2$ 种模式有二重简并.因此,对于如图 8.5 所示的 $N=3$ 的线性 CO_2 分子,有两个纵向模式(1,2)和一个二重简并的横向模式(3,4).因为两个氧原子是全同的,我们能够进一步断言两个纵向模式对于氧的平移是对称的和反对称的.

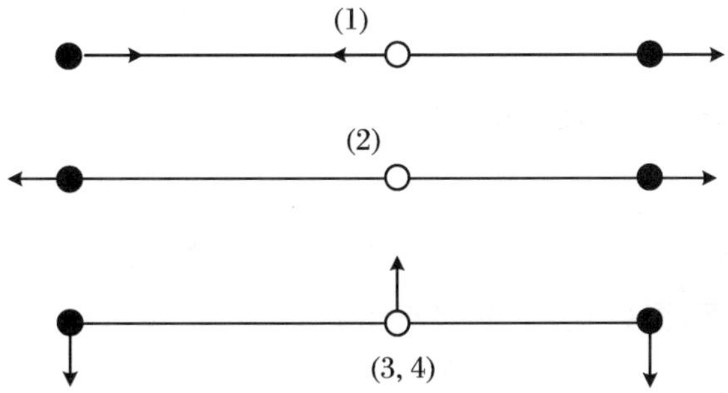

图 8.5　CO_2 分子的简正模式

习题 8.6　对在平面上有 N 个原子的分子的简正振动模式进行分类.作为例子,考虑平面分子 H_2O 和 BF_3.

解　在平面上的 N 个原子有 $2N$ 个平面自由度,它们中有两个平移和一个转动(沿着垂直轴),因此有 $2N-3$ 个平面振动.离开平面的振动数目为 $(3N-6)-(2N-3)=N-3$.$N=3$ 的水分子仅有三个平面振动.而对于 BF_3 分子,$N=4$,有 5 种平面模式和仅有的一种离开平面的模式(氟原子和硼原子位于平面的相反的两侧).

正如在CO_2的例子中那样,**全同**原子的存在给出额外的对称性.在这种情况下,垂直于分子轴的任何轴都允许 180°的转动,这种转动把这个分子变成一个全同的组态.因此,这种转动 $\hat{\mathcal{R}}(\pi)$属于把分子与其自身变换的**对称群**.合适的轴的存在是一个**对称要素**.如果通过绕某个轴转过角度

$$\alpha_k = \frac{2\pi}{n}k, \quad k = 1, \cdots, n \tag{8.62}$$

能得到 n 个等价的分立组态,则这就是一个 n 次对称轴 C_n.转过角度(8.62)式的转动 $\hat{\mathcal{R}}_n^k$ 形成一个**循环群**,其单位元为 $\hat{\mathcal{R}}_n^n = \hat{1}$(回顾问题 4.6 的解).在图 8.6 所示的苯分子中,我们有 C_6轴.它的化学映像包括两种配置方案的叠加,在这些配置中(位于六个角的)碳原子具有交替的普通键和双键,而且以这样的方式彼此相对位移,使得在绕 C_6轴转动 $2\pi/6$ 后,整个叠加恢复原状;这有时被称为化学结构的共振.

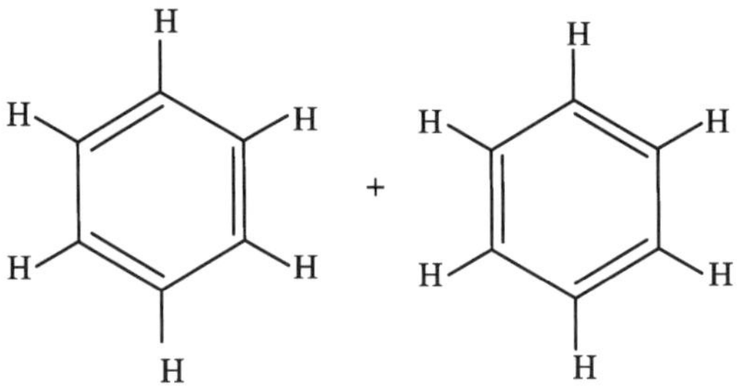

图 8.6　苯分子 6 次轴.水平平面也是一个对称元

在分子中遇到的对称群称为**点群**;在晶体中,我们处理包括平移的**空间群**.其他对称元素可以是:**对称平面**,相对于对称轴竖直的 σ_v或水平的 σ_h(在这个平面中的反射导致一个等价的组态);**对称中心**,相应的操作为前面讨论过的**空间反演** $\hat{\mathcal{P}}$(在分子物理中用 i 来表示);通常称为 S_n 的 n 次**镜反射轴**.在最后一种情况下,群操作 S_n^k 是绕着轴 S_n 转 $2\pi/n$角 k 次的组合系列,紧跟在垂直于这个轴的平面内进行反射的结果.这仅对于偶数 n 值是一个新的元素,而对于奇数的 n,S_n的存在意味对称轴 C_n和水平平面 σ_h同时存在.

在**线性**分子中,分子轴 ζ 保证在绕 C_∞ 轴的任何转动之下的对称性.除此之外,任何垂直平面都是对称平面 C_v.整个对称群称为 $C_{\infty v}$.当存在对称中心时,像具有全同原子的CO_2的情况,反射 σ_h被添加进来,这个群称为 $D_{\infty h}$.电子绕对称轴的转动保持哈密顿量不

变.在电子角动量的投影中,这种转动的生成元为 $\hat{J}_\zeta \equiv (\hat{\boldsymbol{J}} \cdot \boldsymbol{n})$,其中 $\boldsymbol{n}$ 是沿着对称轴的单位矢量.在一般的情况下,我们既要转动轨道又要转动自旋变量,使得需要两个生成元:

$$\hat{J}_\zeta = \hat{L}_\zeta + \hat{S}_\zeta \Rightarrow \Omega = \Lambda + \Sigma \tag{8.63}$$

其中引入了角动量在对称轴上投影的本征值这种传统符号.注意,这些是在一个与分子本身一起运动的本体轴上的投影,不要把这种投影与在实验室中任意选择的**空间固定**轴上的投影混淆.

投影 Λ 取整数值.它的绝对值 $|\Lambda|$ 通常用大写希腊字母标记,它们对应于对 l 值的标准光谱学符号:对于 $\Lambda = 0,1,2,3,\cdots$,分别标记为 $\Sigma,\Pi,\Delta,\Phi,\cdots$.对于对称群 $C_{\infty v}$,在竖直(对称)轴上的反射使哈密顿量不变,但如果 $\Lambda \neq 0$,则 Λ 的符号要改变.因此,$L_\zeta = \pm\Lambda$ 的态是简并的.按照轨道角动量是转动生成元的含义,在转动一个角度 φ 后,波函数得到 $e^{\pm i\Lambda\varphi}$ 的因子,它的符号由转动是左转或右转来决定.因为反射 σ_v 改变这个符号,$\Lambda \neq 0$ 的波函数变成复共轭.在反射 σ_v 下,Σ 能级($\Lambda = 0$)不再具有这个简并性,可以有 ± 1 的符号,相应的记为 $\Sigma^\pm$.

加上对称中心(换成 $D_{\infty v}$ 群),我们得到空间反演、反射 σ_h 和绕任何通过中心(C_2 对称)的水平轴转 180°.空间反演把状态用它们的宇称分开,在分子物理中符号是 g(偶态,$\Pi = +1$)和 u(非偶态,$\Pi = -1$).对于变形轴对称的原子核,可以定义类似的对称元素.

8.10 更多的群论知识:共轭类*

这里,我们从一种更抽象的群论的观点导论性地看一看对称性问题.

一个群可以用如下的办法细分成一些类(不是子群).一个类完全由单独一个元素 g 来定义.让 x 跑过这个群,并且把所有的元素 xgx^{-1} 放到同一类,称它们与 g **共轭**(用若干个不同的 x 都能得到同样的结果).如果 $f = xgx^{-1}$ 和 $h = ygy^{-1}$ 都属于这个类,则它们彼此共轭,因为

$$h = ygy^{-1} = yx^{-1}fxy^{-1} = (yx^{-1})f(yx^{-1})^{-1} \tag{8.64}$$

所以,到底最初取这个类的哪一个元素作为种子都无所谓.通过取不属于这个类的一个

元素并重复这个过程，我们形成第二个共轭类，而且沿着这条途径继续直到耗尽这个群. 单位元素 1 本身形成类，因为对于任意 x，$x1x^{-1}=1$. 这个类是一个(平庸的)子群. 其他类不包含这个单位元素，因此它们不是子群. 在一个阿贝尔群中，每一个元素都形成一个单独的类，$xgx^{-1}=g$.

作为共轭类的一个例子，我们可以取三维空间绕不同轴 $\boldsymbol{n}$ 转同样 α 角的转动 $R_n(\alpha)$. 的确，通过固定最初的方向 $\boldsymbol{n}_0$，我们可以找到一个转动 R^{-1}，它把任意方向 $\boldsymbol{n}$ 与 $\boldsymbol{n}_0$ 结合起来. 那么，我们转过所需要的 α 角，并最终通过变换 R 把转动轴转回最初的位置.

8.11 群表示*

让我们把对称性的概念与量子态的 Hilbert 空间联系起来. 我们把元素为$\{g\}$的一个群 $\mathcal{G}$ 映射到作用在 n 维线性空间 $\mathcal{L}$ 的线性算符 $\hat{g}$ 的一个群称为**表示**. 在这种情况下，n 是表示的维数. 假设$|k\rangle$是线性矢量空间的一个正交基，$k=1,\cdots,n$. 算符 $\hat{g}$ 是由它在基矢量上的作用来定义的，因此可以用它在给定的基中具有矩阵元 $D_{jk}(g)$的矩阵$D(g)$来表征：

$$\hat{g}\mid k\rangle=\sum_j\mid j\rangle D_{jk}(g),\quad D_{jk}(g)\equiv\langle j\mid\hat{g}\mid k\rangle \tag{8.65}$$

在这里，我们对矩阵元引入了等价的 Dirac 符号. 映射

$$g\to\hat{g}\to D(g) \tag{8.66}$$

应该是**同态的**，也就是说元素的群乘积 g_1g_2应该对应于这些元素的矩阵映像的矩阵乘积 $D(g_1)D(g_2)$：

$$D(g_1g_2)=D(g_1)D(g_2),\quad D(g^{-1})=D^{-1}(g),\quad D(e)=\mathbf{1} \tag{8.67}$$

其中，$\mathbf{1}$ 是单位 $n\times n$ 矩阵，e 是$\mathcal{G}$的单位元素.

考虑一个粒子在势 $U(\boldsymbol{r})$中的定态 Schrödinger 方程. 设场 $U(\boldsymbol{r})$具有某种空间对称性，即在坐标变换 $\boldsymbol{r}\to\boldsymbol{r}'=g\boldsymbol{r}$ 下是不变的，使得 $U(g\boldsymbol{r})=U(\boldsymbol{r})$. 这个变换可以是分立的，正像晶格的情况，或者是连续的，例如像转动. 我们把表示定义为在群元素 g 和按照如下方式作用在波函数$\psi(\boldsymbol{r})$上的算符 $\hat{g}$ 之间的对应关系：

$$\hat{g}\psi(\boldsymbol{r}) = \psi'(\boldsymbol{r}) = \psi(g^{-1}\boldsymbol{r}) \tag{8.68}$$

在 $\boldsymbol{r}$ 点,新的波函数 ψ' 具有与变换之前在 $g^{-1}\boldsymbol{r}$ 点看到的同样的数值.

如果 $\psi(\boldsymbol{r})$ 满足能量为 E 的定态 Schrödinger 方程,若取 $g^{-1}\boldsymbol{r}$ 点的方程并利用势的不变性,我们看到 $\psi'(\boldsymbol{r})$ 是具有同样能量的解(一般地,与开始的解是线性独立的). 它意味算符 $\hat{g}$ 或矩阵 $D(g)$ 作用在给定能量 E 的 Schrödinger 方程的解的子空间 $\mathcal{L}_E$ 上. 该矢量空间的维数是这个本征值的简并度. 换句话说,空间 $\mathcal{L}_E$ 按照群 $\mathcal{G}$ 的表示 D 变换成自己. 容易检验这种对应的同构:如果 $g = g_1g_2$,则

$$\begin{aligned}\hat{g}_1\hat{g}_2\psi(\boldsymbol{r}) &= \hat{g}_1\psi(g_2^{-1}\boldsymbol{r}) = \psi(g_2^{-1}(g_1^{-1}\boldsymbol{r})) = \psi((g_1g_2)^{-1}\boldsymbol{r}) \\ &= \psi(g^{-1}\boldsymbol{r}) = \hat{g}\psi(\boldsymbol{r})\end{aligned} \tag{8.69}$$

下面假定在 $\mathcal{L}_E$ 中基的某种选择,谈论矩阵 $D(g)$ 更为方便.

如果 $g \to D(g)$ 是群 G 的一个表示,我们可以借助任何非奇异算符 A 构建一个等价的表示 $g \to D_A(g) = AD(g)A^{-1}$. 下列对应仍然正确:

$$\begin{aligned}D_A(g_1g_2) &= AD(g_1g_2)A^{-1} = AD(g_1)D(g_2)A^{-1} \\ &= AD(g_1)A^{-1}AD(g_2)A^{-1} = D_A(g_1)D_A(g_2)\end{aligned} \tag{8.70}$$

等价于一个给定表示的所有表示彼此是等价的,而且形成一个等价表示类. 通常我们对寻找可能的不等价表示感兴趣.

方便的办法是从每一类中选取一个幺正表示作为它的主要映像,这个表示使矢量的标量积保持不变:

$$(D(g)\psi_1, D(g)\psi_2) = (\psi_1, \psi_2) \tag{8.71}$$

在有限群中,等价表示的每个类都包含幺正表示. 对于那些具有某种紧致性的无限群,这是成立的. 例如,转动群是用在有限范围内改变的角参数来表征的. Lorentz 群是非紧致的(这里我们不需要细致讨论).

如果线性空间 $\mathcal{L}$ 包括一个非平庸的(非空的而且也不与 $\mathcal{L}$ 本身相重合的)**不变子空间** $\mathcal{L}_1$,则作用在线性空间 $\mathcal{L}$ 的一个表示 $D(g)$ 是**可约**的. 这种不变性意味着,对于源自 $\mathcal{L}_1$ 的任何矢量 ψ 和任意群元素 g,变换后的矢量 $D(g)\psi$ 也属于 $\mathcal{L}_1$. 如果 $\mathcal{L}$ 不包含对所有的 $D(g)$ 是不变的非平庸的子空间,则表示是**不可约**的. 容易找到循环群 $\mathcal{C}_N$ 的不可约表示. 因为对于任何阿贝尔群,它们是一维的,而且每一个不可约表示由所有元素 $g, g^2, \cdots, g^N = e$(单位元素)的一个本征函数给出. g 的本征值是 $\epsilon_n = \exp(\mathrm{i}2\pi n/N)$,其中 $n = 1, 2, \cdots, N$,而且本征函数满足 $g^n\psi_n = \epsilon_n\psi_n$. 对于绕某个轴转动的一个点群 $\mathcal{C}_N$,本征函数作为方位角 φ 的函数可以写成 $\psi_n(\varphi) = \exp(\mathrm{i}n\varphi)$. 我们可以回顾 4.7 节,它们就是

角动量在对称轴上投影的本征函数.在这种情况下,这个投影的仅有的非不平庸数值是 $0,1,\cdots,N-1$.

以 D_n 为例,它是一个具有 n 次对称轴 z(转动角为 $2\pi k/n$ 的循环子群 $\mathcal{C}_n$)和一个垂直于 z 轴的二次对称轴系统的对称群.考虑所谓的**矢量**表示:在矢量空间(在这种情况下为三维空间)定义的变换群用被视为该矢量空间内算符(矩阵)的同样元素表示,显然,存在两个不变的子空间:一维的(所有的矢量都沿着 z 轴)和二维的(所有的矢量都在 xy 平面).

设 $\mathcal{L}_1$ 是关于 $D(g)$的一个非平庸的不变子空间.考虑 $D(g)$在 $\mathcal{L}_1$ 的矢量上的作用,并把原始算符的这部分称为 $D_1(g)$. $g\to D_1(g)$的对应仍为一个表示,但现在是在更小的 $\mathcal{L}_1$ 空间.如果 $D(g)$是幺正的,则 $D_1(g)$也是幺正的.我们说,可约表示 $D(g)$约化成在不变的 $\mathcal{L}_1$ 子空间内的表示 $D_1(g)$.如果 $D(g)$是幺正的,它保持在 $\mathcal{L}_1$ 空间和整个 $\mathcal{L}$ 空间的其余部分(正交的补空间 $\mathcal{L}_2\equiv\bar{\mathcal{L}}_1$)的矢量之间的正交性.因此,这个补空间 $\mathcal{L}_2$ 在 $D(g)$的变换下也是不变的.这意味 $\mathcal{L}$ 劈裂成两个相互正交的不变子空间,并且可约表示 $D(g)$实际上是作用在这些子空间的表示 D_1 和 D_2之和.这种约化可以继续进行下去,直到最初的可约的、幺正的有限维表示 D 被**分解成**幺正的不可约表示 D_j(用它们的和来表示).这些不可约表示中的一些可以是等价的.由于我们可以在子空间 $\mathcal{L}_j$ 中独立地选择基,它们并不重叠.在全部的基中,所有的矩阵 $D(g)$都是分块对角的,块的数目对应于表示 D_j的个数.

8.12 正交性和完备性*

许多重要结果都是基于 Schur 引理:一个与群 $\mathcal{G}$ 的所有不可约表示的矩阵都对易的线性算符 $\hat{A}$ 正比于该表示空间上的单位算符(比较习题 6.8).的确,如果$|a\rangle$是在这个空间中 $\hat{A}$ 的一个本征矢,则对于任意的 g,由于对易性$[D(g),\hat{A}]=0$,矢量 $D(g)|a\rangle$属于同样的本征值 a.因此,$\hat{A}$ 的简并本征矢的子空间 $\mathcal{L}_a$ 是一个不变子空间.然而,表示 $D(g)$是不可约的,它不可能有非平庸的不变子空间.因此,若 $\mathcal{L}_a$ 非空,则它与整个表示空间相重合.这意味着它是由 $\hat{A}$ 的简并本征态生成的,即在该空间 $\hat{A}=a\cdot\hat{1}$.

在 n 维空间 $\mathcal{L}$ 中,一个群 $\mathcal{G}$ 的任何表示 D 都按照在任意正交归一基$|j\rangle$中矩阵元

$D_{jk}(g)$的标准定义(6.54)式来定义矩阵 $D(g)$. 我们可以说，这个表示决定了定义在这个群上的 n^2 个函数 $D_{jk}(g)$. 这些函数不是独立的，因为它们由群的乘法规则联系在一起：

$$D_{jk}(fg) = \sum_l D_{jl}(f) D_{lk}(g) \tag{8.72}$$

这意味在矩阵元 $D_{jk}(g)$之间存在正交关系. 为了推导这个关系，取一个作用在这个表示空间的任意的算符 $\hat{A}$ 并且构建该算符对这个群的**平均**：

$$\bar{A} \equiv \frac{1}{N} \sum_g D(g) \hat{A} D(g^{-1}) \tag{8.73}$$

这里，N 是群元素的数目；对于无限群，通常有可能推广(8.73)式，用对群参数的积分来代替求和. 这个平均算符 $\bar{A}$ 与所有的$D(g)$都对易. 的确，对于任何群元素 $D(f)$，有

$$D(f)\bar{A} = \frac{1}{N} \sum_g D(f) D(g) \hat{A} D(g^{-1}) = \frac{1}{N} \sum_g D(fg) \hat{A} D(g^{-1}) \tag{8.74}$$

现在，我们可以改变变量 $g' = fg$ 并利用**重排**性质. 这意味新的变量也跑遍整个群. 这就导致

$$\begin{aligned} D(f)\bar{A} &= \frac{1}{N} \sum_{g'} D(g') \hat{A} D(g'^{-1} f) \\ &= \frac{1}{N} \sum_{g'} D(g') \hat{A} D(g'^{-1}) D(f) = \bar{A} D(f) \end{aligned} \tag{8.75}$$

按照 Schur 引理，对于任何算符 $\hat{A}$，结果表明平均算符(8.73)式正比于单位算符：

$$\frac{1}{N} \sum_g D(g) \hat{A} D(g^{-1}) = c(\hat{A}) \hat{1} \tag{8.76}$$

其中数值系数依赖于 $\hat{A}$ 的选择. 为了求得这个系数，我们取矩阵表达式(8.76)的迹. 利用迹的循环不变性，得到

$$\frac{1}{N} \sum_g \mathrm{tr}[D(g) \hat{A} D(g^{-1})] = \frac{1}{N} \sum_g \mathrm{tr}\hat{A} = \mathrm{tr}\hat{A} = c(\hat{A}) \mathrm{tr}\, \hat{1} = nc(\hat{A}) \tag{8.77}$$

或者 $c(\hat{A}) = \mathrm{tr}\hat{A}/n$. 因为算符 $\hat{A}$ 是任意的，我们可以选择它仅有一个非零的矩阵元，比方说(jk)矩阵元. 那么

$$A_{pq} = \delta_{jp} \delta_{kq} \Rightarrow \mathrm{tr}\hat{A} = \delta_{jk} \tag{8.78}$$

而且(8.76)式的 il 矩阵元的形式为

$$\frac{1}{N}\sum_{g} D_{ij}(g)D_{kl}(g^{-1}) = \frac{1}{n}\delta_{il}\delta_{jk} \tag{8.79}$$

对于一个幺正表示，$D^{-1}=D^{\dagger}$ 或者 $D_{kl}(g^{-1})=D_{lk}^{*}(g)$，因此最后

$$\frac{1}{N}\sum_{g} D_{lk}^{*}(g)D_{ij}(g) \equiv (D_{lk}, D_{ij}) = \frac{1}{n}\delta_{li}\delta_{kj} \tag{8.80}$$

这里，我们把这种正交性关系看成是矩阵元的一个**标量积**(D_{lk}, D_{ij})，而这些矩阵元被看作是定义在群上的函数. n^2 个函数 $D_{ij}(g)$是正交的，而在 N 个元素的群上线性独立的函数的最大数目是N，这样一个事实意味对于不可约表示的维数的限制为 $n^2 \leqslant N$.

借助一个类似的构建，利用算符

$$\widetilde{A}(1,2) = \frac{1}{N}\sum_{g} D^{(1)}(g)\hat{A}D^{(2)}(g^{-1}) \tag{8.81}$$

我们可以证明**不等价**不可约表示生成的函数 $D_{lk}^{(1)}(g)$和 $D_{ij}^{(2)}(g)$在标量积(8.80)式的意义上是正交的，并且对于 $1\neq 2$，$\widetilde{A}(1,2)\equiv 0$. 一般来说，对于表示 α 和β，我们可以把正交性条件写为

$$(D_{lk}^{(\alpha)}, D_{ij}^{(\beta)}) = \frac{1}{n_{\alpha}}\delta_{\alpha\beta}\delta_{li}\delta_{kj} \tag{8.82}$$

把**正规**表示 $g\rightarrow\Delta(g)$定义为按照下式作用于定义在群上的函数 $\psi(f)$的算符集合：

$$\Delta(g)\psi(f) = \psi(fg) \tag{8.83}$$

容易看出，这的确是一个表示：

$$\Delta(g_1)\Delta(g_2)\psi(f) = \Delta(g_1)\psi(fg_2) = \psi(fg_1g_2) = \Delta(g_1g_2)\psi(f) \tag{8.84}$$

这个表示是 N(依照在这个群上线性独立函数的数目)维的，尽管一般来说是可约的. 该函数空间可以分解成按不可约表示 $D^{(\alpha)}(g)(\alpha=1,\cdots,r)$变换的子空间的和，其基函数的完备集将被分割为属于每一个子空间的、维数为 n_{α} 的基$\{\psi_1^{(\alpha)},\cdots,\psi_{n_{\alpha}}^{(\alpha)}\}$的集合. 这些基函数在 $\Delta(g)$的作用下按照一般规则(8.65)式变换：

$$\Delta(g)\psi_j^{(\alpha)}(f) = \sum_{k=1}^{n_{\alpha}}\psi_k^{(\alpha)}(f)\Delta_{kj}(g) \tag{8.85}$$

然而，在正规表示(8.83)式中，对于任何 f 的结果应该是 $\psi_j^{(\alpha)}(fg)$. 取 $f=e$(单位元素)，在这个群上的基函数可以展开成级数：

$$\psi_j^{(\alpha)}(g) = \sum_{k=1}^{n_\alpha} C_k^{(\alpha)} D_{kj}^{(\alpha)}(g) \tag{8.86}$$

其中系数是 $C_k^{(\alpha)} = \psi_k^{(\alpha)}(e)$. 由于 $\psi_j^{(\alpha)}$ 集合是完备的，在这个群上的任何函数都可以用类似的办法来表示. 由所有的不可约表示生成的函数的总数是 N. 另一方面，在不可约表示 α 中有 n_α^2 个函数. 这导致了 **Bernside 定理**：所有不可约的不等价表示维数的平方和等于群的阶，即

$$n_1^2 + n_2^2 + \cdots + n_r^2 = N \tag{8.87}$$

8.13 特征标*

在表示 $D(g)$中，每一个群元素 g 都可以用一个数 $\chi(g)$来表征，它对在表示空间中基的选择是不变的(更精确的符号是 $\chi_D(g)$，但是我们常常略去下标 D). 这个数称为特征标，是相应矩阵的迹：

$$\chi(g) = \mathrm{tr}\{D(g)\} \tag{8.88}$$

它显然不依赖于基. 到任何等价表示的变换不改变这个特征标，因为

$$D'(g) = AD(g)A^{-1} \rightsquigarrow \chi'(g) = \mathrm{tr}\{D'(g)\} = \chi(g) \tag{8.89}$$

由于特征标是这个群上的函数，借助如(8.80)式和(8.82)式对群的求和(积分)，我们可以计算它们的标量积. 不等价不可约表示的元素是正交的，因此对于它们的特征标也是如此. 任何不可约表示的特征标是按照下式归一化的：

$$(\chi, \chi) = \sum_{jk}(D_{jj}, D_{kk}) = \sum_{jk}\frac{1}{n}\delta_{jk}\delta_{jk} = \frac{1}{n}\sum_j \delta_{jj} = 1 \tag{8.90}$$

对于任意一对表示 α 和β，特征标的正交性可以写为

$$(\chi^{(\alpha)}, \chi^{(\beta)}) = \delta_{\alpha\beta} \tag{8.91}$$

如果这个表示是可约的，则矩阵 $D(g)$可以变成分块对角形式，其中的每一块都对应一个不可约表示. 此外，每一个不可约表示 $D^{(\alpha)}$ 可以出现多次，如 m_α 次. 由于整个矩阵的迹是每一块矩阵迹的和，可约表示的特征标表示为

$$\chi(g) = \sum_{\alpha} m_{\alpha}\chi^{(\alpha)}(g) \tag{8.92}$$

这里，对于所有的元素 g，m_{α} 这个数都相同，它可以由正交性(8.91)式决定：

$$m_{\alpha} = (\chi, \chi^{(\alpha)}) \tag{8.93}$$

因此，特征标 χ 决定了所有的权重 m_{α}. 用这种办法，除了可能的等价性的不确定性外，整个可约表示实际上被确定了. 总特征标(8.92)式的模是

$$(\chi, \chi) = \left(\sum_{\alpha} m_{\alpha}\chi^{(\alpha)}, \sum_{\beta} m_{\beta}\chi^{(\beta)}\right) = \sum_{\alpha} m_{\alpha}^{2} \tag{8.94}$$

虽然特征标 $\chi(g)$ 被确定为一个群元素 g 的函数，但所有共轭元素的特征标是相等的：

$$\chi(xgx^{-1}) = \mathrm{tr}\{D(xgx^{-1})\} = \mathrm{tr}\{D(x)D(g)D^{-1}(x)\} = \mathrm{tr}\{D(g)\} = \chi(g) \tag{8.95}$$

因此，特征标实际上是**共轭类的函数**.

习题 8.7[19] (1) 求证：沿 x 轴平移 $T(a)$，$x \to x' = x + a$(其中 a 是一个实数)，与在垂直平面 $x = a$ 的反射 $S(a)$ 的集合 $\{T(a), S(a)\}$ 形成保持所有的距离不变的 x 轴变换群. 证明乘法规则：

$$T(a)T(b) = T(a + b) \tag{8.96}$$

$$S(0)T(a) = T(-a)S(0) \tag{8.97}$$

$$S(a) = T(a)S(0)T^{-1}(a) \tag{8.98}$$

$$S(a)S(b) = T(2a - 2b) \tag{8.99}$$

(2) 把这个群的元素分解成共轭类.

(3) 求这个群的一维幺正表示.

(4) 求该群的一个二维不可约表示 $D^{(k)}$，它具有由对角元为 $\exp(\mp ika)$ 的对角矩阵 $D^{(k)}[T(a)]$ 所表示的平移 $T(a)$，其中 k 是一个实的连续参数(波矢量).

(5) 证明维数为 n 的不可约表示的矩阵 $D(g)$ 和特征标 $\chi(g)$ 满足封闭性关系：

$$\frac{n}{N}\sum_{g} D(g)\chi(g^{-1}) = \mathbf{1} \tag{8.100}$$

其中 N 是群的阶数，(8.100)式右边的 $\mathbf{1}$ 是 $n \times n$ 的单位矩阵.

(6) 利用(8.100)式证明一个不可约表示的矩阵 $D(g)$ 满足附加的约束(线性相关)：

$$D(g) = \frac{n}{N}\sum_{h} D(h)\chi(gh^{-1}) \tag{8.101}$$

(7) 证明对于由波矢量 k 表征的点(4)的二维表示,(8.101)式给出

$$D^{(k)}[S(a)] = \frac{1}{\pi}\int_0^{2\pi}\mathrm{d}(kb)\cos[2k(a-b)]D^{(k)}[S(b)] \tag{8.102}$$

明确地检验这个方程.

(8) 证明在同一个表示 $D^{(k)}$ 中,任意三个反射矩阵 $D[S(a)]$ 都是线性相关的,特别是

$$D^{(k)}[S(a)] = \cos(2ka)D^{(k)}[S(0)] + \sin(2ka)D^{(k)}\left[S\left(\frac{\pi}{4k}\right)\right] \tag{8.103}$$

(9) 设平移算符的本征态 $|\pm k\rangle$ 被取作点(4)的二维表示的一个基,求反射 $D[S(0)]$ 的本征态 $|s\rangle$ 和本征值 s,并在这两个基中表示 $D[S(a)]$ 的本征态.

(10) 引入算符

$$\hat{Q} = \frac{1}{\sqrt{2}}\left[1 - \mathrm{i}S\left(\frac{\pi}{4k}\right)\right] \tag{8.104}$$

这是从原点移动了 1/8 波长的一个平面中透射和反射的叠加.证明这个算符是幺正的,而且它把平移算符的本征态 $|\pm k\rangle$ 变换成 $D[S(0)]$ 的本征态.求对应这个变换的群的等价表示($D[T(a)]$ 和 $D[S(a)]$ 的显示式).

习题 8.8 设 $\chi^{(\alpha)}(g^2)$ 是对应一个实表示 α 中群元素的平方 g^2 的特征标,计算在这个群上它的平均值 $(1/N)\sum_g \chi^{(\alpha)}(g^2)$.

(如果所有的矩阵 $D^{(\alpha)}(g)$ 都是实的,则表示 α 为实表示.)

8.9 节讨论的分子简正振动模式是由对称性质决定的.对于每一种简正模式,我们需要考虑原子核从它们的平衡位置 $\boldsymbol{r}_j^0$ 上小的位移 $\delta \boldsymbol{r}_j$.这些位移在属于一个对称群的变换 $\delta \boldsymbol{r}_j \rightarrow \delta \boldsymbol{r}_j'$ 的作用下被变换.该对称群的一个表示由一个用旧位移表示新位移的矩阵给出.每个群元的特征标(迹)是由这样的一些矩阵的对角元决定的.

习题 8.9 考虑有 N 个原子的一个分子,其中有 n 个原子位于对称轴上.求对应绕对称轴转 α 角的一个转动变换 $R(\alpha)$ 的特征标.

解 对角矩阵元仅对于在这个变换下平衡位置保持不变的那些原子核存在.特别是对于绕一个对称轴的转动,对角元仅出现于平衡位置处在这个轴上的原子核.对于作为对称轴的 z,这 n 个原子中的每一个的位移都变成 $\delta z' = \delta z$,而且

$$\delta x' = \delta x\cos\alpha + \delta y\sin\alpha, \quad \delta y' = \delta y\cos\alpha - \delta x\sin\alpha \tag{8.105}$$

导致这 n 个原子的对角元之和等于 $n(1+2\cos\alpha)$.剩下的 $N-n$ 个原子对这个特征标没

有贡献，因为为了保持分子的对称性，它们必须重新被定位到其他原子(没有对角元)的位置. 这是对于整个分子的结果，包括质心的位移和它的整体转动. 这些非振动自由度贡献 $2(1+\cos\alpha)$. 结果，这个振动表示具有特征标

$$\chi(\alpha) = (n-2)(1+2\cos\alpha) \tag{8.106}$$

单位元 $\alpha=0$，给出 $\chi(0)=3n-6$. 然而，在这种情况下，所有的原子对对角元素都有贡献，导致 $n=N$，于是我们得到 8.9 节讨论过的简正振动模式总数的结果 $3N-6$.

第 9 章

一维运动：连续谱

测量运动就像一个有生命的东西……

——W. Wordsworth

9.1 本征值问题

按照我们的定义，在 Schrödinger 绘景中，如果一个状态具有确定的能量 E，并因此以指数的时间依赖性演化，

$$|\Psi(t)\rangle = e^{-(i/\hbar)Et}|\psi\rangle \tag{9.1}$$

则它就是定态，时间无关的态矢量 $|\psi\rangle$ 是该系统哈密顿量 $\hat{H}$ 的一个本征矢量，其能量 E 是相应的本征值：

$$\hat{H} \mid \psi\rangle = E \mid \psi\rangle \tag{9.2}$$

在定态中,任何一个(不显含时间的)物理量的期待值都与时间无关:

$$\langle \Psi(t) \mid \hat{A} \mid \Psi(t)\rangle = \langle \mathrm{e}^{-(\mathrm{i}/\hbar)Et}\psi \mid \hat{A} \mid \mathrm{e}^{-(\mathrm{i}/\hbar)Et}\psi\rangle = \langle \psi \mid \hat{A} \mid \psi\rangle \tag{9.3}$$

这是定态的鲜明特征.当然,同样的结果也可以从 Heisenberg 绘景中的算符运动方程得到.

一个封闭系统的哈密顿量是一个厄米算符.它的本征值形成该系统**能谱**,都是实数,而本征矢量$|\psi\rangle$构成一个完备正交的状态集合.(我们记得,对应不同本征值的本征态是自动正交的,而具有相同本征值 E 的简并态可以正交化.)然而,能谱$\{E\}$不是事先给定的.于是,求解 Schrödinger 方程的问题实际上就是求这个哈密顿量的本征值及相应的本征函数.

能谱可以是分立的,也可以是连续的.实际的系统通常拥有这两种谱.连续谱出现在这个系统解体所需要的激发**阈能**以上.在一个粒子与系统的其余部分距离很远的**渐近区域**,这两种谱的坐标空间的本征函数的行为是不同的.在非常大的距离发现束缚粒子的概率密度下降,使得波函数可以归一化.这个边界条件确定了能谱,见第 3 章.实际上,在非相对论量子力学中所考虑的任何一个真实系统都具有有限体积.平面波是个例外,它可以通过把运动体积增加到无穷大的一种极限结构来加以考虑.在这种极限下,由于真正的分立谱的能级间距保持有限,我们可以区分两种类型的状态.正像我们在 3.8 节借助周期边界条件所看到的那样,在这种极限下,属于连续能谱的那些态变得任意的稠密.

在这一章我们仅限于考虑一个单粒子在一个实的静态势 $U(x)$中做一维运动.像第 2 章一样,具有分段常数势的问题可以在德布罗意波的层次上加以考虑.在第 2 章积累的各种方法对于更实际的情况将很有帮助.当一个势是一个光滑函数,而不是一组常数碎片时,我们得到微分方程(7.27).那么,对于一个定态和一维空间情况,微分方程的形式为

$$\hat{H}\psi(x) = \left[-\frac{\hbar^2}{2m}\frac{\mathrm{d}^2}{\mathrm{d}x^2} + U(x)\right]\psi(x) = E\psi(x) \tag{9.4}$$

其中,允许的能量本征值谱应该由所选择的物理上可接受的解来决定.或许方便的做法是把方程改写成如下形式(与(7.33)式相比较):

$$\frac{\mathrm{d}^2\psi}{\mathrm{d}x^2} + k^2(x)\psi = 0 \tag{9.5}$$

其中坐标相关的“波矢量”(波数)为

$$k(x)=\sqrt{\frac{2m[E-U(x)]}{\hbar^2}} \tag{9.6}$$

在经典允许区，$E>U(x)$，波数是实数；在经典禁戒区，$E<U(x)$，波数是虚数.

9.2 连续谱

我们需要再一次回顾，无限的运动总可以看成一个非常大但有限体积的一种极限. 物理算符的期待值$\langle\hat{F}\rangle$一般定义为

$$\langle\hat{F}\rangle=\frac{\int dx\psi^*(x)\hat{F}\psi(x)}{\int dx\,|\psi(x)|^2}\equiv\frac{1}{I}\int dx\psi^*(x)\hat{F}\psi(x) \tag{9.7}$$

即使对于无限空间所取的波函数是不可归一化的，如平面波的情况，这类量仍可以有一个有限的极限.

设 $U_{\min}$是势的绝对极小值. 对于任意态，势的期待值都大于这个数：

$$\langle U\rangle=\frac{1}{I}\int dxU(x)\,|\psi(x)|^2\geqslant U_{\min} \tag{9.8}$$

动能的期待值总是正的：

$$\langle K\rangle=-\frac{1}{I}\frac{\hbar^2}{2m}\int dx\psi^*(x)\frac{d^2\psi(x)}{dx^2}=\frac{1}{I}\frac{\hbar^2}{2m}\int dx\left|\frac{d\psi(x)}{dx}\right|^2\geqslant 0 \tag{9.9}$$

这里我们假定了动量算符是厄米的. 因此，这个微分算符的作用(通过分部积分)可以转移到作用于左边的函数上，同时对于任何有限体积，在极限过渡到无穷大的过程中，积分后的项为零. 对于具有波矢量 k 的平面波的渐近行为，(9.9)式的结果自然地为$\frac{\hbar^2k^2}{2m}$. 比较(9.8)式和(9.9)式，我们得出结论，可能的能谱**有下界**：

$$E=\langle H\rangle=\langle K+U\rangle\geqslant U_{\min} \tag{9.10}$$

记住这个极限过渡，下面的讨论中我们并不明显地给出归一化积分 I.

重要的信息来自连续性方程(2.11)，它在一维的情况下为

$$\frac{\partial \rho}{\partial t} + \frac{\partial j}{\partial x} = 0 \tag{9.11}$$

其中,在(7.55)式中求得流为

$$j = \frac{\hbar}{2m\mathrm{i}}\left(\psi^* \frac{\mathrm{d}\psi}{\mathrm{d}x} - \frac{\mathrm{d}\psi^*}{\mathrm{d}x}\psi\right) \tag{9.12}$$

在一个定态中,概率密度 $\rho = |\psi|^2$ 与时间无关,并且流 $j(x)$ 到处是常数:

$$\frac{\mathrm{d}j}{\mathrm{d}x} = 0 \rightsquigarrow j = 常数 \tag{9.13}$$

让我们假定,势 $U(x)$ 在 $x \to \pm\infty$ 从下方趋于零,如图 9.1 所示.那么,任何正的能量值都是允许的,因为我们可以在远离势的自由运动区域安放一个粒子源,产生具有一个任意实波数 k 和能量 $E = \hbar^2 k^2/(2m)$ 的粒子,正如我们在第 2 章的一些简单习题中所做的那样.在这个渐近区,方程的解仅能包括入射波和反射波.然而,由于能量 E 到处都是一样的,反射波具有同样的 E 值,因此 $k_{\mathrm{ref}} = -k$.这样,当 x 在左边很远处(在源的一侧)时有

$$\psi(x)\big|_{x\to-\infty} = A\mathrm{e}^{\mathrm{i}kx} + B\mathrm{e}^{-\mathrm{i}kx}, \quad k = \sqrt{\frac{2mE}{\hbar^2}} \tag{9.14}$$

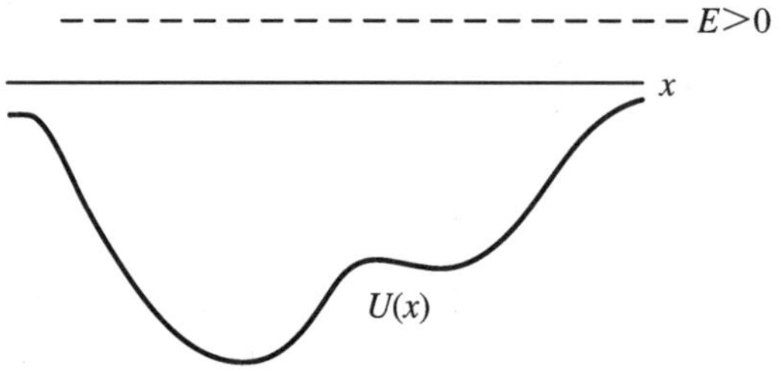

图 9.1　在 $x \to \pm\infty$ 时趋于零的势

其中振幅 A 是任意的,它由源确定,而 B 需要由存在势的区域内方程的解来确定;如果没有势,应该有 $B = 0$(没有反射的理由).

这个渐近波函数决定了流(9.12)式.相干项互相抵消,我们得到具有相同速度 $\hbar k/m$ 但强度不同的**入射流** j_{i} 和**反射流** j_{r}:

$$j = j_{\mathrm{i}} - j_{\mathrm{r}} = \frac{\hbar k}{m}(|A|^2 - |B|^2) \tag{9.15}$$

进入右边非常远的渐近区，我们仅能得到具有同样波数的**透射波**

$$\psi(x)\big|_{x\to+\infty} = Ce^{ikx} \tag{9.16}$$

和相应的流

$$j_t = \frac{\hbar k}{m} \mid C \mid^2 \tag{9.17}$$

现在，连续性方程(9.13)建立了三种波的强度之间的关系：

$$\mid A \mid^2 = \mid B \mid^2 + \mid C \mid^2 \tag{9.18}$$

这等价于反射系数和透射系数之间的关系(2.36)式：

$$R = \frac{j_r}{j_i}, \quad T = \frac{j_t}{j_i}, \quad R + T = 1 \tag{9.19}$$

如果像图 9.2 中 $E(a)$情况那样，势的右边极限渐近值 U_2和左边的值 $U_1 = 0$ 不同，尽管仍然考虑 $E > U_2$，我们需要修正上面的论述，因为透射流包含粒子的另一种渐近速度：

$$\psi(x)\big|_{x\to+\infty} = Ce^{ik'x}, \quad k' = \sqrt{\frac{2m(E - U_2)}{\hbar^2}}, \quad j_t = \frac{\hbar k'}{m} \mid C \mid^2 \tag{9.20}$$

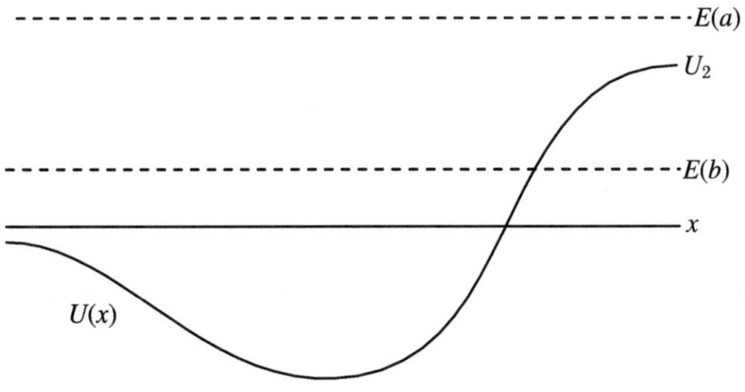

图 9.2　不对称势，能量足够透射的情况 $E(a)$和全反射的情况 $E(b)$

这时，流守恒给出

$$k(\mid A \mid^2 - \mid B \mid^2) = k' \mid C \mid^2 \tag{9.21}$$

这个式子仍然等价于(9.19)式. 注意，我们仅仅使用了势的**渐近性质**，并允许在中间具有任意行为. 为了分别求得 B 和C，我们需要把普适的渐近函数与存在势的区域内的特定解连接起来.

现在,我们可以考虑能量在透射阈以下的情况,$E<U_2$,即图 9.2 中的 $E(b)$. 在势垒以下直到最右边,波数是虚数,我们必须选择指数**衰减**的解:

$$\psi(x)\big|_{x\to+\infty} = Ce^{-\kappa x}, \quad \kappa = \sqrt{\frac{2m(U_2-E)}{\hbar^2}} \tag{9.22}$$

然而,这个函数没有一个坐标相关的相位(回忆 7.3 节),因此不产生流 $j_t=0$. 由于流到处都是常数,它在左边也为零. 而且,尽管事实上波函数(9.22)式穿透了势垒,我们有**全反射**:

$$j_r = j_i, \quad |B|^2 = |A|^2, \quad R = 1 \tag{9.23}$$

9.3 连续谱的简并

如果能量大于势 U_1 的最低的渐近值,那么对于能量就没有任何限制,任意的能量 $E>U_1$ 都是允许的,因此能谱是连续的. 然而,对于 $E>U_{1,2}$ 和 $U_2>E>U_1$ 这两种情况,能谱虽然都是连续的,但存在显著差别. 在第一种情况下,运动在两个方向都是无限的. 我们可以将右边的源作为出发点,它会给我们另一个具有同样能量的线性无关解——我们有**二重简并**. 在第二种情况下,运动只在左边是无限的,第二个解不存在,因而没有简并.

在无限运动的二重简并的情况下,为了比较分别在势的区域相反的两边有源的情况下的这两个解,我们考虑由这两个解构成的 Wronskian 行列式. 两个函数 $f(x)$ 和 $g(x)$ 的 Wronskian 行列式定义为

$$W[f,g] = \mathrm{Det}\begin{vmatrix} f & g \\ f' & g' \end{vmatrix} = fg' - f'g \tag{9.24}$$

其中,用撇号"$'$"标记导数 d/dx. 考虑一维 Schrödinger 方程(9.5)的任意两个解 ψ_1 和 ψ_2,其能量分别是 E_1 和 E_2:

$$\psi_1'' + k_1^2(x)\psi_1 = 0, \quad \psi_2'' + k_2^2(x)\psi_2 = 0, \quad k_{1,2}^2 = \frac{2m[E_{1,2}-U(x)]}{\hbar^2} \tag{9.25}$$

如果我们把第二个方程乘 ψ_1,把第一个方程乘 ψ_2,然后两式相减,势能消掉了,因而得到

$$\psi_1\psi_2'' - \psi_2\psi_1'' + (E_2 - E_1)\psi_1\psi_2 = 0 \tag{9.26}$$

这个式子其实就是这两个解的 Wronskian 行列式 $W_{12} = W[\psi_1, \psi_2]$所满足的方程式

$$\frac{\mathrm{d}W_{12}}{\mathrm{d}x} = (E_1 - E_2)\psi_1\psi_2 \tag{9.27}$$

特别是,对于两个简并解,$E_1 = E_2$,Wronskian 行列式是一个常数:

$$\frac{\mathrm{d}W_{12}}{\mathrm{d}x} = 0, \quad E_1 = E_2 \tag{9.28}$$

利用在任何一点确定的 Wronskian 行列式,例如在渐近区,条件 W = 常数是一个**一阶**微分方程.那么,如果已知 ψ_1,则可以用它来找到第二个线性无关的解 ψ_2.

对于连续谱中的简并能量,与前面得到的解(9.14)式和(9.20)式互补的这个解可以取作具有源在右边的渐近式:

$$\psi_2(x) = \begin{cases} C'\mathrm{e}^{\mathrm{i}k'x} + D\mathrm{e}^{-\mathrm{i}k'x}, & x \to \infty \\ B'\mathrm{e}^{-\mathrm{i}kx}, & x \to -\infty \end{cases} \tag{9.29}$$

其中,入射波、反射波和透射波的振幅分别是 D、C'和 B'.而且,我们考虑的是普遍情况,即势具有不同的渐近值,那么渐近波数 k 和 k'可以不同.

习题 9.1 证明源在右边时的反射系数 R_{r}和透射系数 T_{r}与源在左边时的反射系数 R_{l} 和透射系数 T_{l}是相同的.

证明 在两个渐近区内计算两个解的 Wronskian 行列式.

习题 9.2 考虑一个偶势 $U(x) = U(-x) > 0$,它在大距离时趋于零.定义具有能量 E 的 Schrödinger 方程两个基础解分别由偶函数和奇函数 $u_{\pm}(x) = \pm u_{\pm}(-x)$给出,在原点的值为

$$u_+(0) = 1, \quad u_+'(0) = 1; \quad u_-(0) = 0, \quad u_-'(0) = 1 \tag{9.30}$$

设这些解在势场之外一点 x_0 的无量纲对数导数为

$$\lambda_{\pm} = x_0 \frac{u_{\pm}'(x_0)}{u_{\pm}(x_0)} \tag{9.31}$$

考虑来自一边的波的散射,用 $\lambda_{\pm}$ 求反射概率和透射概率.这提供了对这个问题进行数值求解的一个方便途径.

解 取解 $u(x)$,它由左边的入射波和反射波、右边的透射波以及中间的两个实数解组合构成:

$$u(x)=\begin{cases}e^{ikx}+Be^{-ikx}, & -\infty<x\leqslant -x_0\\ C_+u_+(x)+C_-u_-(x), & -x_0<x\leqslant x_0\\ Fe^{ikx}, & x_0<x<\infty\end{cases} \tag{9.32}$$

其中,$E=\hbar^2k^2/(2m)$.通过在 $x=\pm x_0$ 处让它们连接,并考虑到基本解的对称性以及它们的 Wronskian 行列式 $W(u_+,u_-)=1$,我们发现

$$\begin{aligned}B&=-\frac{1}{2}\left(\frac{\lambda_++iq}{\lambda_+-iq}+\frac{\lambda_-+iq}{\lambda_--iq}\right)e^{-2iq}\\ F&=-\frac{1}{2}\left(\frac{\lambda_++iq}{\lambda_+-iq}-\frac{\lambda_-+iq}{\lambda_--iq}\right)e^{-2iq}\end{aligned} \tag{9.33}$$

其中,$q=kx_0$.利用 $\exp(i\alpha_\pm)=(\lambda_\pm+iq)/(\lambda_\pm-iq)$定义的相位 $\alpha_\pm$,透射系数为

$$T=|F|^2=\frac{q^2(\lambda_+-\lambda_-)^2}{(q^2+\lambda_+^2)(q^2+\lambda_-^2)}=\frac{1-2\cos(\alpha_+-\alpha_-)}{2} \tag{9.34}$$

反射系数为

$$R=|B|^2=\frac{1+2\cos(\alpha_+-\alpha_-)}{2} \tag{9.35}$$

9.4 转移矩阵

在二重简并连续谱中,Schrödinger 方程的通解是上面所考虑的源在左边和源在右边这两种情况的叠加.在这个解中,我们有四个渐近振幅:

$$\psi(x)=\begin{cases}Ae^{ikx}+Be^{-ikx}, & x\to-\infty\\ Ce^{ik'x}+De^{-ik'x}, & x\to\infty\end{cases} \tag{9.36}$$

给定系数 A 和 B,我们唯一地决定了该微分方程在各处的解.而且,方程的线性表明,振幅 C 和 D 是 A 和 B 的线性函数.可以把这种相互关联借助转移矩阵 M 写出来.这个矩阵把整个解按两个二分量集合间"出口-入口"线性相关的形式进行编码:

$$\begin{pmatrix}C\\ D\end{pmatrix}=M\begin{pmatrix}A\\ B\end{pmatrix},\quad M=\begin{pmatrix}\alpha & \alpha'\\ \beta & \beta'\end{pmatrix} \tag{9.37}$$

借助一般的论证，可以给出转移矩阵的某些性质. 如果势是实的，则**时间反演不变性**成立的要求对矩阵 M 强加了一个重要限制. 时间反演，如 8.1 节所示，等价于取复共轭加上把向右的行波和向左的行波的地位相互交换. 那么，转移矩阵应该是一样的. 这个操作给出

$$A \to B^*, \quad B \to A^*, \quad C \to D^*, \quad D \to C^* \tag{9.38}$$

因此，对于反演后的系统，我们有

$$\begin{pmatrix} D^* \\ C^* \end{pmatrix} = \begin{pmatrix} \alpha & \alpha' \\ \beta & \beta' \end{pmatrix} \begin{pmatrix} B^* \\ A^* \end{pmatrix} \tag{9.39}$$

把这个方程和(9.37)式的复共轭进行比较并要求对于任何 A 和 B 它们都完全一致，我们发现

$$\beta' = \alpha^*, \quad \alpha' = \beta^*, \quad M = \begin{pmatrix} \alpha & \beta^* \\ \beta & \alpha^* \end{pmatrix} \tag{9.40}$$

现在我们考虑流守恒，类似于(9.21)式，它给出

$$k(|A|^2 - |B|^2) = k'(|C|^2 - |D|^2) \tag{9.41}$$

这里，利用转移矩阵(9.40)式，我们可以把 C 和 D 用 A 和 B 表示出来，并得到

$$k(|A|^2 - |B|^2) = k'(|\alpha|^2 - |\beta|^2)(|A|^2 - |B|^2) \tag{9.42}$$

它给出

$$(|\alpha|^2 - |\beta|^2) = \mathrm{Det}\, M = \frac{k}{k'} \tag{9.43}$$

习题 9.3 利用转移矩阵的性质证明习题 9.1 的陈述.

习题 9.4 考虑一个对称势垒的情况，$k' = k$，求把入射波和出射波联系起来的散射矩阵 S：

$$\begin{pmatrix} B \\ C \end{pmatrix} = S \begin{pmatrix} A \\ D \end{pmatrix} \tag{9.44}$$

证明这个矩阵是幺正的：

$$SS^\dagger = S^\dagger S = \mathbf{1} \tag{9.45}$$

解 利用矩阵(9.40)式和 $|\alpha|^2 - |\beta|^2 = 1$，我们得到

$$S = \frac{1}{\alpha^*} \begin{pmatrix} -\beta^* & 1 \\ 1 & \beta \end{pmatrix} \tag{9.46}$$

在这种情况下，S 矩阵的幺正性表示弹性散射中（包括反射和透射）概率守恒.

9.5 延迟时间

流守恒仅仅确定了在反射和透射的过程中振幅的绝对值.然而，Schrödinger 方程的解所提供的信息并不局限于这一点，因为在存在一个流的情况下，波函数是复数.让我们简要地讨论反射波和透射波相位的意义.

考虑一个这样的入射波包（5.4 节）的反射和透射，该波包的振幅 $A(k)$ 在波矢的一个窄的间隔内异于零.对于每个单频分量，我们可以求得反射振幅 $B(k)$ 和透射振幅 $C(k')$.虽然原来的振幅 $A(k)$ 可以取为实的，但透射的振幅是复的并包含有相位 $\delta(k')$（不要与 δ 函数混淆）.与自由运动相比的这个相位差是作为在势的区域内传播条件发生了改变的结果求得的.带有时间依赖关系的波包，其相应部分在渐近区域可以写为

$$\Psi_t(x,t)=\int\frac{\mathrm{d}k'}{2\pi}\left|C(k')\right|\mathrm{e}^{\mathrm{i}k'x+\mathrm{i}\delta(k')-(\mathrm{i}/\hbar)E(k')t}\tag{9.47}$$

在波包的形心 k_0'附近，被积函数中的相因子可以写为

$$\frac{\mathrm{i}}{\hbar}[\hbar k_0'x-E(k_0')t]+\mathrm{i}\delta(k_0')+\mathrm{i}(k'-k_0)\left(x-\frac{\mathrm{d}E}{\hbar\mathrm{d}k'}t+\frac{\mathrm{d}\delta}{\mathrm{d}k'}\right)\tag{9.48}$$

由于 $\mathrm{d}E=\hbar^2(k'/m)\mathrm{d}k'=\hbar v'\mathrm{d}k'$，当邻近的一些分量相长干涉时，由稳定相位定义的透射波包的形心按照下式移动（见(9.48)式的最后一项）：

$$x-v'\left[t-\hbar\left(\frac{\mathrm{d}\delta}{\mathrm{d}E}\right)_{E=E(k_0')}\right]=0\tag{9.49}$$

我们得出结论，相移 $\delta(E)$ 对于能量的导数确定波包与自由运动相比的**延迟时间**：

$$\tau=\hbar\frac{\mathrm{d}\delta}{\mathrm{d}E}\tag{9.50}$$

负的 τ 定义运动的加速度.

习题 9.5 确定 2.5 节中有限高 U_0 的势垒的反射波的延迟时间.

解 方便的办法是利用(2.46)式和（对于 $A=1$）$|B|=1$ 的事实并引入一个如下式

定义的辅助角 θ：

$$\cos\theta = \frac{k}{k_0} = \sqrt{\frac{E}{U_0}}, \quad \sin\theta = \frac{\kappa}{k_0}, \quad k_0 = \sqrt{\frac{2mU_0}{\hbar^2}} \tag{9.51}$$

那么，从(2.49)式得到

$$B = \frac{k - \mathrm{i}\kappa}{k + \mathrm{i}\kappa} = \frac{k^2 - \kappa^2 - 2\mathrm{i}k\kappa}{k_0^2} = \cos(2\theta) - \mathrm{i}\sin(2\theta) = \mathrm{e}^{-\mathrm{i}2\theta} \tag{9.52}$$

这意味反射波的相位是 $\delta_r = -2\theta$，通过计算 $\mathrm{d}\theta/\mathrm{d}E$，我们得到延迟时间

$$\tau_r = 2\hbar\frac{\mathrm{d}\theta}{\mathrm{d}E} = \frac{\hbar}{\sqrt{E(U_0 - E)}} = \frac{2m}{\hbar k\kappa} = \frac{2}{\kappa v} \tag{9.53}$$

其中，$v = \hbar k/m$ 是粒子的经典速度.

习题 9.6 确定 2.6 节中有限宽度 a 的势垒(能量在势垒高度以下时)的反射波和穿过该势垒的透射波的延迟时间.

解 借助(9.51)式同样的角度 θ，习题 2.4 的振幅可以写为

$$B = -\mathrm{e}^{-\mathrm{i}\xi}\frac{1}{f}(1 - \mathrm{e}^{-2\kappa a}) \tag{9.54}$$

$$C = -\mathrm{e}^{\mathrm{i}(\theta-\xi)}\frac{2}{f}\cos\theta, \quad D = \mathrm{e}^{-\mathrm{i}(\theta+\xi)}\frac{2}{f}\cos\theta\,\mathrm{e}^{-2\kappa a} \tag{9.55}$$

$$F = -\mathrm{i}\mathrm{e}^{-\mathrm{i}(\kappa a+\xi)}\frac{2}{f}\sin(2\theta)\mathrm{e}^{-\kappa a} \tag{9.56}$$

其中

$$f = \sqrt{1 - 2\mathrm{e}^{-2\kappa a}\cos(4\theta) + \mathrm{e}^{-4\kappa a}} \tag{9.57}$$

和

$$\tan\xi = \cot h(\kappa a)\tan(2\theta) \tag{9.58}$$

在该势垒很小的可穿透性的极限下，$\kappa a \gg 1$，我们有 $\xi \to 2\theta$，因此反射波和透射波的延迟时间都与(9.53)式求得的一致.

结果(9.53)式是出乎预料的：在 $\kappa a \gg 1$ 的极限下，穿透的延迟时间与势垒的宽度 a 无关. 在很长一段时间内，这个奇怪的结果曾是许多讨论的话题[20]. 从字面上理解，它等价于在量子穿透的过程中存在任意高的速度(甚至超光速). 然而，人们可能注意到，延迟时间(9.50)式的整个推导过程假定了波包的实振幅，即(9.47)式中的$|C(k')|$，是能量的光滑函数，它可以简单地取在波包形心 $k = k_0$ 的值，而对稳定相位没有贡献. 在具有很低

可穿透性的势垒的情况下，$\kappa a \gg 1$，这个假定并不适用. 这里，势垒因子 $\exp(-\kappa a)$ 是虚波数的一个陡峭函数. 这个透射波包被证明与入射波包和反射波包很不一样. 在计算相位(9.48)式时若考虑这个势垒因子，则得到**复的**表达式：

$$\tau = \hbar\left(\frac{\mathrm{d}\delta}{\mathrm{d}E} + \mathrm{i}a\frac{\mathrm{d}\kappa}{\mathrm{d}E}\right) = \frac{1}{\kappa}\left(\frac{2}{v} - \mathrm{i}\frac{am}{\hbar}\right) \tag{9.59}$$

粗略地说，穿透发生在虚时间. 对于一个非常宽的势垒，稳定点跑到复的时间平面较深的地方. 显然，(9.59)式中的第二项与势垒下速度的不确定性 $\Delta v \sim \hbar / ma$ 有关. 假如我们想跟踪势垒内的运动，定域化条件导致 $\Delta x \ll a$ 以及 $\Delta p \gg \hbar / a$.

9.6 均匀场

作为一个重要的例子，我们考虑一个带电粒子在一个均匀静电场 $\mathcal{E}$ 中的运动，如图 9.3 所示. 势能是 $U(x) = -e\mathcal{E}x$，其中 e 是粒子的电荷，定态 Schrödinger 方程为

$$\psi'' + \frac{2m}{\hbar^2}(E + e\mathcal{E}x)\psi = 0 \tag{9.60}$$

能谱是连续的和非简并的，而且自由运动只有从一边是可能的. 我们可能还记得，这是波包形心沿经典轨道运动的特例之一(习题 7.7).

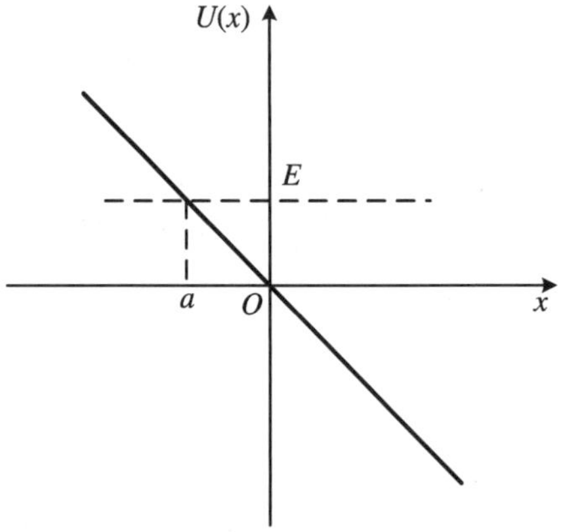

图 9.3　假定 $e\mathcal{E} > 0$，在静的均匀电场中带电粒子的单边运动

在这个问题中，方便的做法是通过标准的 Fourier 变换变到动量表象，见 4.1 节：

$$\psi(x)=\int\frac{\mathrm{d}p}{2\pi\hbar}\mathrm{e}^{(\mathrm{i}/\hbar)px}\phi(p),\quad \phi(p)=\int\mathrm{d}x\mathrm{e}^{-(\mathrm{i}/\hbar)px}\psi(x)\tag{9.61}$$

势能变成 $\hat{x}=\mathrm{i}\hbar(\mathrm{d}/\mathrm{d}p)$的一个线性函数，要解的方程是变量 p 的一阶微分方程：

$$\mathrm{i}\hbar e\mathcal{E}\frac{\mathrm{d}\phi}{\mathrm{d}p}=\left(\frac{p^2}{2m}-E\right)\phi\tag{9.62}$$

这个方程的解是显然的：

$$\phi(p;E)=C\mathrm{e}^{-\frac{\mathrm{i}}{\hbar e\mathcal{E}}\left(\frac{p^3}{6m}-Ep\right)}\tag{9.63}$$

容易检验，不同能量的本征函数是正交的. 对于所有的能量我们可以让 $C=(e\mathcal{E})^{-1/2}$，以便得到通常的归一化：

$$\begin{aligned}&\int\frac{\mathrm{d}p}{2\pi\hbar}\phi^*(p,E')\phi(p,E)\\&\quad=\frac{1}{e\mathcal{E}}\int\frac{\mathrm{d}p}{2\pi\hbar}\mathrm{e}^{\frac{\mathrm{i}}{\hbar e\mathcal{E}}\left(\frac{p^3}{6m}-Ep\right)}\mathrm{e}^{-\frac{\mathrm{i}}{\hbar e\mathcal{E}}\left(\frac{p^3}{6m}-E'p\right)}=\delta(E-E')\end{aligned}\tag{9.64}$$

这里 p 是该波函数的“坐标”，而从 $-\infty$ 到 ∞ 之间变化的 E 是标记这个态的一个量子数. 我们可以检验这一个函数集的完备性((3.16)式)：

$$\begin{aligned}\int\mathrm{d}E\phi(p;E)\phi^*(p';E)&=\mathrm{e}^{\frac{\mathrm{i}}{\hbar e\mathcal{E}}\frac{p'^3-p^3}{6m}}\int\frac{\mathrm{d}E}{e\mathcal{E}}\mathrm{e}^{\frac{\mathrm{i}}{\hbar e\mathcal{E}}(p-p')E}\\&=2\pi\hbar\delta(p-p')\end{aligned}\tag{9.65}$$

其中，因子 $2\pi\hbar$对应于我们对动量空间积分的定义.

现在，我们可以求坐标空间波函数((9.61)式)：

$$\psi_E(x)=\frac{1}{\sqrt{e\mathcal{E}}}\int\frac{\mathrm{d}p}{2\pi\hbar}\mathrm{e}^{(\mathrm{i}/\hbar)[p(x-a)-p^3/(6me\mathcal{E})]}\tag{9.66}$$

其中，$a=-E/(e\mathcal{E})$是图 9.3 中对于能量 E 的经典转折点. 正像从(9.60)式看到的，$\psi_E(x)$以 $x-a$ 的组合方式依赖于坐标和能量. 也就是说，不同的能量导致在离转折点相应的距离处的同样的行为. 通过引入无量纲动量

$$\eta=\frac{p}{b\hbar},\quad b=\left(\frac{2me\mathcal{E}}{\hbar^2}\right)^{1/3}\tag{9.67}$$

和以波长 $1/b$ 为单位测量的无量纲坐标

$$\xi = b(x - a) \tag{9.68}$$

我们求得积分形式的波函数：

$$\psi(\xi) = \frac{b}{\sqrt{e\mathcal{E}}}\int \frac{\mathrm{d}\eta}{2\pi}\mathrm{e}^{\mathrm{i}(\eta\xi - \eta^3/3)} \tag{9.69}$$

注意，得到的这个函数是实的. 正如所预计的，这告诉我们概率流为零，因为即使波函数穿透到 $\xi<0$ 的禁戒区，我们也有从势垒的全反射.

9.7 Airy 函数和 Bessel 函数*

Airy 函数定义为

$$\mathrm{Ai}(\xi) = \frac{1}{\pi}\int_0^\infty \mathrm{d}\eta \cos\left(\frac{\eta^3}{3} + \eta\xi\right) \tag{9.70}$$

于是，对所有的正 η 值求积分，我们得到

$$\psi(\xi) = \frac{b}{\sqrt{e\mathcal{E}}}\mathrm{Ai}(-\xi) \tag{9.71}$$

Airy 函数与应用中常常碰到的很广泛的一类**圆柱函数**有关. 这是一个很好的例子，由此我们能够得到一些在以后（特别是，对于半经典近似）有用的数学知识，正像从(9.60)式和代换(9.67)式、(9.68)式看到的，波函数 $\psi(\xi)$满足微分方程：

$$\frac{\mathrm{d}^2\psi}{\mathrm{d}\xi^2} + \xi\psi = 0 \tag{9.72}$$

其中，$\xi=0$ 是转折点，$\xi>0$ 的区域相应于经典允许的运动，而 $\xi<0$ 是在势垒下面的区域，这个方程总是有两个线性无关的解，物理解是它们的特定组合 $\mathrm{Ai}(-\xi)$. 在转折点，Airy 函数和它的导数是有限的数值，它们可以通过在定义(9.70)式中直接设 $\xi=0$ 而计算得到[21]：

$$\mathrm{Ai}(0) = \frac{3^{-2/3}}{\Gamma(2/3)}, \quad \left(\frac{\mathrm{d}}{\mathrm{d}\xi}\mathrm{Ai}(-\xi)\right)_{\xi=0} = \frac{3^{-4/3}}{\Gamma(4/3)} \tag{9.73}$$

这里，我们用了 Γ 函数，在一些特殊的点它们的取值分别为 $\Gamma(2/3)\approx1.354$，$\Gamma(4/3)=$

$(1/3)\Gamma(1/3)\approx 0.893$. 这些数值决定了我们要找的具体的组合.

如果我们以这样的方式引入新的变量 z,使得 $z=(2/3)\xi^{3/2}$(后面我们将看到做这个变量变换的理由)以及新的函数

$$C(z)=\left[\frac{\psi(\xi)}{\sqrt{\xi}}\right]_{\xi=(3/2)z^{2/3}} \tag{9.74}$$

经过简单的代数运算,我们得到微分方程

$$\frac{d^2C}{dz^2}+\frac{1}{z}\frac{dC}{dz}+\left(1-\frac{1}{9z^2}\right)C=0 \tag{9.75}$$

这是圆柱函数方程的一个特殊情况(**Bessel 函数** $J_v(z)$):

$$\frac{d^2J_v}{dz^2}+\frac{1}{z}\frac{dJ_v}{dz}+\left(1-\frac{v^2}{z^2}\right)J_v=0 \tag{9.76}$$

其中,v 是一个任意的实的或复的参数. 我们的函数 $C(z)$相应于 $v=\pm 1/3$. 让我们来寻找方程(9.76)的级数形式的解. 为开始这个级数,先考虑作为该系数奇点的原点 $z=0$ 的邻域. 在最后一项中,如果 $v\neq 0$,则与 v^2/z^2 相比我们可以略去括号中的 1. 这就得到Euler方程,其中所有的项都具有相同的幂次行为:$J_v(z)\propto z^\gamma$. 采用这种拟设,我们得到 $\gamma=\pm v$,由此我们得到在原点从 $z^{\pm v}$ 出发的两个解.

对于一种确定符号的 v,我们能够寻求整个级数:

$$J_v(z)=\sum_{n=0}^{\infty} z^{v+n}b_n \tag{9.77}$$

为了满足该方程,系数之间应该有如下的相互关系:

$$b_{n+2}(n+2)(2v+n+2)+b_n=0 \tag{9.78}$$

这个**二项递推关系**表明,从 $n=0$ 出发,我们仅能得到偶数 n 的系数. 而且,通过假定 $n=2k$和$a_k=b_{2k}$,得到

$$a_{k+1}=-\frac{a_k}{4(k+1)(v+k+1)} \tag{9.79}$$

利用 Γ 函数的递推关系(对于一个非整数宗量阶乘的推广)

$$\Gamma(x+1)=x\Gamma(x) \tag{9.80}$$

我们得到(9.79)式的解:

$$a_k=(-)^k\frac{a_0}{2^{2k}\Gamma(k+1)\Gamma(k+v+1)} \tag{9.81}$$

而且,采用一个共同因子的方便的选择 $a_0=2^{-v}$,我们得到 Bessel 函数的标准定义:

$$J_v(z)=\sum_{k=0}^{\infty}\frac{(-)^k(z/2)^{v+2k}}{\Gamma(k+1)\Gamma(k+v+1)} \tag{9.82}$$

如果 v 不是整数,正像从它们在原点邻域的行为可以看到的,$J_{\pm v}$这两个函数是线性无关的,所以(9.76)式的通解是它们的线性组合:

$$C_v(z)=AJ_v(z)+BJ_{-v}(z) \tag{9.83}$$

通过回到原来的变量 ξ 并且在原点把(9.83)式的叠加系数调节到(9.73)式的值,我们可以把 Airy 函数以及量子问题(9.71)式的解 $\psi(\xi)$用 Bessel 函数表示出来:

$$\mathrm{Ai}(-\xi)=\frac{\sqrt{\xi}}{3}\left[J_{1/3}\left(\frac{2}{3}\xi^{2/3}\right)+J_{-1/3}\left(\frac{2}{3}\xi^{2/3}\right)\right] \tag{9.84}$$

如果 $v=n$ 是一个整数,我们不能用这个办法得到两个线性无关的解. 的确,$v=-n$ 的解实质上与J_n是同样的函数,因为在级数(9.82)式中,由于在分母中的 Γ 函数有极点,前 n 项为零,级数实际上从 $k=n$ 开始. 那么,通过重新命名 $k-n=l$,我们看到

$$J_{-n}(z)=(-)^nJ_n(z) \tag{9.85}$$

这意味着,对于整数 v,我们需要寻找第二个无关的解. 在本课程稍后的适当地方,我们会寻找这个解.

习题 9.7 计算 Wronskian 行列式 $W[J_v,J_{-v}]$.

解 利用 9.3 节的方法,我们发现,对于任何两个圆柱函数 $C_1(z)$和 $C_2(z)$,

$$W[C_1,C_2]=\frac{\text{常数}}{z} \tag{9.86}$$

其中的常数依赖于解 $C_{1,2}$的选择. 通过比较下标为 $\pm v$ 的级数(9.82)式,我们发现,对于 $C_1=J_v$和 $C_2=J_{-v}$,有

$$\text{常数}=-\frac{2v}{\Gamma(v+1)\Gamma(1-v)} \tag{9.87}$$

通过利用恒等式(9.80)可得

$$\Gamma(x)\Gamma(1-x)=\frac{\pi}{\sin(\pi x)} \tag{9.88}$$

该式源自 Γ 函数定义

$$\Gamma(x)=\int_0^{\infty}\mathrm{d}t\,\mathrm{e}^{-t}t^{x-1} \tag{9.89}$$

我们发现

$$W[J_v(z),J_{-v}(z)]=-\frac{2\sin(v\pi)}{\pi z} \tag{9.90}$$

对于整数 v,Wronskian 行列式为零,它表明 J_n和J_{-n}是线性相关的.

9.8 渐近行为*

我们利用这个机会去理解用各种特殊函数[22]表示微分方程解的渐近形式的普遍数学途径的精髓.这一普遍途径要回溯到 Laplace,而最速下降法的具体形式要回溯到Riemann.

通常,这个问题可以简化为研究下列形式的**积分表示**:

$$I(\xi)=\int dz f(z;\xi) \tag{9.91}$$

这里我们对大参数值 ξ 时 $I(\xi)$的行为感兴趣,积分限也可以依赖 ξ.当 $\xi\to\infty$时,我们可能常常注意到对于积分的主要贡献来自某些点 z_i附近的区域.于是,我们可以研究在这些区域里函数 $f(z)$的行为,把相应的简化的表达式代入积分中,并且计算这个积分.

习题 9.8 如果在包含 $z=z_0$ 的积分区间内函数 $f(z)$没有奇点,而且同时在原点附近,这个函数的主项是 z^v,并可以用一个级数 $z^v(b_0+b_1z+b_2z^2+\cdots)$来表示,类似于 Bessel 函数(9.82)式,求下列积分在 $\xi\to\infty$ 的渐近行为:

$$I(\xi)=\int_0^{z_0} dz e^{-z\xi} f(z) \tag{9.92}$$

解 在 $\xi\to\infty$的极限下并且 $z>0$,除了在 $z=0$ 的邻域之外,$\exp(-z\xi)$变得很小.这个随着 ξ 增加而缩小的 $z=0$ 的邻域决定了积分的主要贡献.由于我们知道在这个区域被积函数的行为,可以逐项积分得到积分的渐近行为.第一步给出

$$I(\xi)\approx\int_0^{z_0} dz e^{-z\xi}(b_0z^v+b_1z^{v+1}+\cdots) \tag{9.93}$$

当然,这个展开式仅在原点的某些邻域严格适用,这使得,代替 z_0,将需要设置某个极限 z'.然而,由于对于积分的主要贡献是来自小的 z,我们把积分扩展到无穷大,允许误差小

于 $\exp(-z'\xi)$. 通过回忆 Γ 函数的定义(9.89)式，我们得到

$$I(\xi) \approx b_0 \frac{\Gamma(v+1)}{\xi^{v+1}} + b_1 \frac{\Gamma(v+2)}{\xi^{v+2}} + \cdots \tag{9.94}$$

我们有理由延拓这个级数，因为所忽略的部分与级数的各项相比呈指数减小.

用同样的方法，我们可以证明，在类似的积分

$$I(\xi) = \int_a^b \mathrm{d}z \mathrm{e}^{\xi g(z)} f(z) \tag{9.95}$$

中，在 $\xi \to \infty$ 的渐近行为是由函数 $g(z)$ 具有极大值的那些点 $z = z_m$ 的贡献确定的.

习题 9.9 证明：对于 Γ 函数((9.89)式)在 $x \to \infty$ 时的行为的 Stirling 公式，有

$$\Gamma(x+1) \sim \sqrt{2\pi x} x^x \mathrm{e}^{-x} \tag{9.96}$$

证明 对于 Γ 函数 $\Gamma(x+1)$，相应的函数 $g(x) = -z + x\ln(z)$ 在 $z = x$ 点有一个最大值，$\mathrm{d}g/\mathrm{d}z = 0$. 在这一点的邻域，有

$$g(z) \approx -x + x\ln(x) - \frac{1}{2x}(z-x)^2 \tag{9.97}$$

于是，在大 x 处，有

$$\Gamma(x+1) \approx \mathrm{e}^{-x+x\ln x} \int \mathrm{d}z \mathrm{e}^{-(z-x)^2/(2x)} \tag{9.98}$$

(9.98)式中剩余的积分可以被扩展到无穷远，它给出具有宽度为 $\sigma = \sqrt{x}$ 的高斯积分. 这个高斯积分导致 Stirling 公式(9.96). 现在，我们可以检验一下从(9.97)式中展开式的下一项，我们会得到什么. 展开式的下一项为

$$\frac{1}{6}(z-x)^3 \left(\frac{\mathrm{d}^3 g}{\mathrm{d}x^3}\right)_{z=x} = \frac{(z-x)^3}{3x^2} \tag{9.99}$$

在被积函数中的高斯权重用宽度 $|z-x| \sim \sqrt{x}$ 有效地限制了这个积分，使得修正(9.99)式添加了量级为 $\exp[1/(3\sqrt{x})]$ 的贡献，在大 x 极限下，它并不改变渐近行为(9.96)式. 记住，对于整数 n，$\Gamma(n+1) = n!$.

9.9 Airy 函数的渐近性*

利用上面积累的一点经验,我们转到解决在均匀场中运动的问题的 Airy 函数(9.71)式的渐近性.从一般的论证,我们预计在 $x>a$ 或 $\xi>0$((9.68)式)的经典允许区,这个解趋于振荡函数,它对应于函数 $\mathrm{Ai}(\xi)$ 的大的负宗量.在位垒下面很远的经典禁戒区 $x<a$ 或 $\xi<0$,Airy 函数的宗量很大且为正;在那里预期波函数呈指数衰减.注意,Airy 函数在转折点 $x=a$ 或 $\xi=0$ 没有奇异性,见(9.73)式.

为了进一步分析,方便的做法是把 Airy 函数(9.70)式表示为指数函数的实部:

$$\mathrm{Ai}(\xi)=\frac{1}{\pi}\mathrm{Re}\left[\int_0^\infty \mathrm{d}\eta \mathrm{e}^{-\mathrm{i}(\xi\eta+\eta^3/3)}\right] \tag{9.100}$$

注意,指数上的符号选取无关紧要.在经典允许区,我们有 $-\xi\gg1$,即 $\xi=-|\xi|,|\xi|\gg1$,则

$$\mathrm{Ai}(\xi)=\frac{1}{\pi}\mathrm{Re}\left[\int_0^\infty \mathrm{d}\eta \mathrm{e}^{\mathrm{i}(|\xi|\eta-\eta^3/3)}\right] \tag{9.101}$$

稳定相位点是由该指数的极大值决定的:

$$\frac{\mathrm{d}}{\mathrm{d}\eta}\left(|\xi|\eta-\frac{\eta^3}{3}\right)=|\xi|-\eta^2=0\rightsquigarrow\eta=\sqrt{|\xi|} \tag{9.102}$$

这的确是极大值,因为它的二阶导数是负的:

$$\frac{\mathrm{d}^2}{\mathrm{d}\eta^2}\left(|\xi|\eta-\frac{\eta^3}{3}\right)=-2\eta \tag{9.103}$$

如果 $|\xi|\gg1$,则这个极大值的邻域对积分作出主要贡献.通过取 $\eta=\sqrt{|\xi|}+\eta'$ 并把指数展开到 η' 的二阶项,我们得到

$$|\xi|\eta-\frac{\eta^3}{3}\approx\frac{2}{3}|\xi|^{3/2}-\sqrt{|\xi|}\eta'^2 \tag{9.104}$$

在积分(9.101)式中,下限是 $\eta'=-\sqrt{|\xi|}$;在这个渐近式中,我们可以把它变到 $-\infty$ 并得到

$$\mathrm{Ai}(\xi) \approx \frac{1}{\pi}\mathrm{Re}\left[\mathrm{e}^{\mathrm{i}(2/3)|\xi|^{3/2}}\int_{-\infty}^{\infty}\mathrm{d}\eta'\mathrm{e}^{-\mathrm{i}\sqrt{|\xi|}\eta'^2}\right] \tag{9.105}$$

最后的积分是高斯型的(虽然指数是振荡的),它给出$(-\mathrm{i}\pi)^{1/2}|\xi|^{-1/4}$.最后,通过取复指数的实部并代替$|\xi|$变回到$-\xi$,我们得到欲求的渐近式:

$$\mathrm{Ai}(\xi) \approx \frac{1}{\sqrt{\pi}(-\xi)^{1/4}}\cos\left(\frac{2}{3}(-\xi)^{3/2}-\frac{\pi}{4}\right), \quad -\xi \gg 1 \tag{9.106}$$

这个具有缓慢下降振幅的振荡行为对应于我们所期待的那种在经典允许区传播的波的行为.

在$\xi \gg 1$的情况下,积分(9.100)式中指数的稳定点是由$\eta^2 = -\xi$给出的.如果$\mathrm{Im}(\eta)<0$,在$\xi>0$时,积分(9.100)式是收敛的.因此,我们可以把积分回路变到复平面η的下半部分,如图9.4所示.新的回路包括从原点沿着虚轴竖直下降到稳定点$\eta=-\mathrm{i}\sqrt{\xi}$的部分$A$和从该稳定点到$\infty$的水平部分$B$.沿着线$A$,其中$\eta=-\mathrm{i}y$,且$y$从0变到$\sqrt{\xi}$,对积分的贡献是纯虚的,因此它对渐近式没有贡献.在剩下的积分B中,我们可以设$\eta=-\mathrm{i}\sqrt{\xi}+x$,其中$x$在0和$\infty$之间,指数可以写为$\exp\{F(x;\xi)\}$,其中

$$F(x;\xi) = -\mathrm{i}\xi(-\mathrm{i}\sqrt{\xi}+x)-\mathrm{i}\frac{(-\mathrm{i}\sqrt{\xi}+x)^3}{3} = -\frac{2}{3}\xi^{3/2}-\sqrt{\xi}x^2-\frac{\mathrm{i}}{3}x^3 \tag{9.107}$$

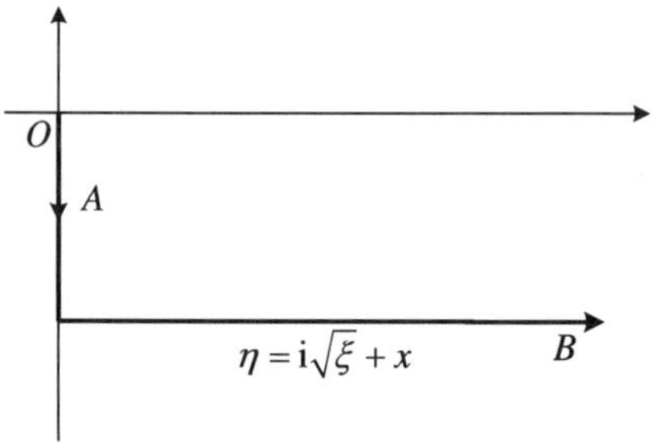

图9.4　在$\xi \gg 1$时,$\mathrm{Ai}(\xi)$渐近式的积分回路

对于很大的ξ,高斯项$-\sqrt{\xi}x^2$有效地截断了通过小的$x \sim \xi^{-1/4}$对积分作出贡献的x数值范围.于是,(9.107)式中的最后一项是$\xi^{-3/4} \ll 1$的量级.通过略去渐近式中的这一项,我们得到对x的高斯积分;标准的计算给出

$$\mathrm{Ai}(\xi) \approx \frac{1}{2\sqrt{\pi}\xi^{1/4}}\mathrm{e}^{-(2/3)\xi^{3/2}}, \quad \xi \gg 1 \tag{9.108}$$

这解释了在(9.74)式中变量的选择. 正如预期的,我们得到指数衰减地进入经典禁戒区内的解.

习题 9.10 对于在均匀场中的运动,在允许区 $x>a$ 引入经典动量,即

$$p(x) = \sqrt{2m(E + e\mathcal{E}x)} = \sqrt{2me\mathcal{E}(x - a)} \tag{9.109}$$

以及在禁戒区 $x<a$ 引入虚动量,即

$$|p(x)| = \sqrt{2m(-E - e\mathcal{E}x)} = \sqrt{2me\mathcal{E}(a - x)} \tag{9.110}$$

证明波函数(9.71)式的渐近式可以表示为

$$\psi_E(x) \approx 2\frac{A}{\sqrt{p(x)}}\cos(\varphi(x) - \pi/4), \quad x \gg a \tag{9.111}$$

其中,A 是归一化常数,并且

$$\psi_E(x) \approx A\mathrm{e}^{-\widetilde{\varphi}(x)}, \quad x \ll a \tag{9.112}$$

其中,在允许区自由运动的相位是

$$\varphi(x) = \frac{1}{\hbar}\int_a^x \mathrm{d}x' p(x') \tag{9.113}$$

而进入禁戒区内波函数的衰减是由虚相位决定的:

$$\widetilde{\varphi}(x) = \frac{1}{\hbar}\int_x^a \mathrm{d}x' |p(x')| \tag{9.114}$$

证明 利用 Airy 函数的渐近式和一些简单的积分:

$$\begin{aligned}
\int_a^x \mathrm{d}x' p(x') &= \frac{2\sqrt{2m}}{3e\mathcal{E}}(E + e\mathcal{E}x)^{3/2} \\
\int_x^a \mathrm{d}x' |p(x')| &= -\frac{2\sqrt{2m}}{3e\mathcal{E}}(-E - e\mathcal{E}x)^{3/2}
\end{aligned} \tag{9.115}$$

渐近式(9.111)由入射波和通过 $p(x)\to -p(x)$ 或取额外的相位 π 而得到的同样振幅的反射波(流必须守恒)组成. 禁戒区的衰变函数本质上是具有额外相位 $\pi/2$ 或 $p(x)\to \mathrm{i}|p(x)|$ 的相同的波. 在传播波(9.111)式中相位 $\pi/4$ 的出现说明在不包括任何奇异性的转折点附近区域存在光滑的变化,但它不能用渐近表达式来描述. 精确可解的均匀场问题可以作为在普遍的半经典考虑中的一个参考点,见第 15 章.

9.10 一维散射 Green 函数

这里，我们将发展一个求解连续谱 Schrödinger 方程的正规的方法；以后，我们会把它推广到三维问题.这个方法的价值在于对不能得到精确解的情况，构建一组自洽的近似序列的可能性.待解的方程具有标准形式(9.5)式，其中

$$k^2(x) = k_0^2 - V(x), \quad k_0^2 = \frac{2mE}{\hbar^2}, \quad V(x) = \frac{2mU(x)}{\hbar^2} \tag{9.116}$$

我们假定势 $V(x)$集中在 x 轴的一个有限的间隔，并且在$|x|>a$ 处可以完全被忽略，其中 a 可称为势的**力程**；在这个间隔以外 $V=0$；还可以略去下标，重新命名 $k_0 \to k$(渐近波数).

如果势不存在，在左边有一个源的解会简单地是一个平面波 e^{ikx}(归一化是任意的).在势存在的情况下，方程的解会包括反射波以及透射波的相移，见 9.5 节.我们可以寻找分离出入射波的(9.116)式的完整解：

$$\psi(x) = e^{ikx} + \psi_{sc}(x) \tag{9.117}$$

其中，**散射波** $\psi_{sc}(x)$积累了由势引起的所有效应.因为入射波满足自由运动的方程，所以对于散射的部分我们得到

$$\left(\frac{d^2}{dx^2} + k^2\right)\psi_{sc}(x) = V(x)\psi(x) \tag{9.118}$$

其右边是整个波函数.

假定我们知道(9.118)式左边中微分算符的 **Green 函数** $G(x,x')$，也就是下列方程的解：

$$\left(\frac{d^2}{dx^2} + k^2\right)G(x,x') = \delta(x-x') \tag{9.119}$$

注意，该 Green 函数依赖于能量 $E=\hbar^2k^2/(2m)$.从微分方程(9.118)转变到**积分**方程：

$$\psi_{sc}(x) = \int dx' G(x,x')V(x')\psi(x') \tag{9.120}$$

在某种意义上，这个方程比微分方程更完整，因为这个方程可以包括必要的边界条件.这

一点可以通过对 Green 函数的特殊选择做到. 的确,(9.119)式并没有唯一地确定 $G(x,x')$;我们总可以加上(没有右边的)齐次方程的任何一个解.

对于方程左边源的正确的选择应该保证,在距离势的左边很远,即 $x \ll -a$ 处,$\psi_{sc}(x)$仅包括反射波 e^{-ikx},而在 $x \gg a$ 处只有向右传播的波 e^{ikx}. 如果 Green 函数具有同样的性质,这种渐近性可以达到. 因为在(9.120)式中变量 x'是受势的力程所限制的,而变量 x 指的是在渐近式中的观测点. Green 函数(9.119)式在 $x \neq x'$时满足自由方程. 因此,我们来寻找这个由所要求的渐近性定义的如下形式的函数:

$$G(x,x') = \begin{cases} B(x')e^{-ikx}, & x < x' \\ C(x')e^{ikx}, & x > x' \end{cases} \tag{9.121}$$

为了在奇点的两边恰当地连接方程的解,我们在点 $x = x'$附近的一个小区间$|x - x'| < \eta$内求(9.119)式的积分. 积分结果给出

$$\left[\frac{dG}{dx}\right]_{x=x'-\eta}^{x=x'+\eta} + k^2\int_{x'-\eta}^{x'+\eta}dxG(x,x') = 1 \tag{9.122}$$

这个 Green 函数本身在 $x = x'$处不是奇异的(否则,它的二阶导数会更奇异,并且方程不可能被满足). 在 $\eta \to 0$ 的极限下,积分的区间缩小,G 的积分趋于零. 因此,与连接条件(3.63)式相比,在奇点处的连接条件由 Green 函数导数的**跳跃不连续性**给出:

$$\left(\frac{dG}{dx}\right)_+ - \left(\frac{dG}{dx}\right)_- = 1 \tag{9.123}$$

Green 函数的连续性和它的导数的不连续性导致(9.121)式中振幅 B 和 C 的方程组:

$$Be^{-ikx'} = Ce^{ikx'}, \quad ik(Ce^{ikx'} + Be^{-ikx'}) = 1 \tag{9.124}$$

这决定了 Green 函数

$$G(x,x') = \frac{1}{2ik}\begin{cases} e^{-ik(x-x')}, & x < x' \\ e^{ik(x-x')}, & x > x' \end{cases} \tag{9.125}$$

在 $x \to -\infty$ 处的反射波现在表示为

$$\psi_r(x) = \frac{1}{2ik}e^{-ikx}\int dx'e^{ikx'}V(x')\psi(x') \tag{9.126}$$

而对于 $x \to \infty$ 的透射波,我们得到

$$\psi_t(x) = e^{ikx}\left[1 + \frac{1}{2ik}\int dx'e^{-ikx'}V(x')\psi(x')\right] \tag{9.127}$$

这样，我们有反射系数和透射系数的精确表达式：

$$R = \frac{1}{4k^2}\left|\int dx e^{ikx} V(x)\psi(x)\right|^2 \equiv \frac{1}{4k^2}|I|^2 \tag{9.128}$$

$$T = \left|1+\frac{1}{2ik}\int dx e^{-ikx} V(x)\psi(x)\right|^2 \equiv \left|1+\frac{1}{2ik}I^*\right|^2 \tag{9.129}$$

这些精确的表达式仍然包含未知解 $\psi(x)$. 概率守恒的条件 $R+T=1$ 提供了反射率与波函数积分 I 的虚部之间有用的关系式：

$$R = -\frac{1}{2k}\mathrm{Im}I \tag{9.130}$$

它是在三维散射问题中将会重新出现的光学定理的类似结果.

习题 9.11 对于一个用 δ 函数模拟的非常窄的势

$$U(x) = g\delta(x) \tag{9.131}$$

求反射系数和透射系数.

解 (9.128)式和(9.129)式的结果提供了用未知的原点波函数 $\psi(0)$ 来表示的形式解：

$$R = \frac{f^2}{4k^2}|\psi(0)|^2,\quad T = \left|1+\frac{1}{2ik}f\psi(0)\right|^2,\quad f = \frac{2mg}{\hbar^2} \tag{9.132}$$

光学定理(9.130)式包含原点波函数的虚部：

$$R = -\frac{f}{2k}\mathrm{Im}(\psi(0)) \tag{9.133}$$

由于波函数在原点是连续的，我们可以从任何一边得到 $\psi(0)$ 的值. 在 $x<0$ 处的函数给出

$$\psi(0) = \left[e^{ikx}+\frac{f}{2ik}\psi(0)e^{-ikx}\right]_{x=0} \rightsquigarrow \psi(0) = \frac{2ik}{2ik-f} \tag{9.134}$$

最后，我们发现

$$T = |\psi(0)|^2 = \frac{4k^2}{f^2+4k^2},\quad R = \frac{f^2}{f^2+4k^2} \tag{9.135}$$

在低能的情况下，$R\to 1$；而在高能的情况下，$E\gg mg^2/(2\hbar^2)$，$T\to 1$.

习题 9.12 不用 Green 函数，直接求解势(9.130)式中连续谱波函数的 Schrödinger 方程.

解 在奇点两边写下解的一般形式并且推导类似于(9.123)式和(3.63)式的连接条件：

$$\psi_+ = \psi_-, \quad \left(\frac{\mathrm{d}\psi}{\mathrm{d}x}\right)_+ - \left(\frac{\mathrm{d}\psi}{\mathrm{d}x}\right)_- = f\psi(0) \tag{9.136}$$

习题 9.13 在宽度为 a 的势盒中央，如图 9.5(a)所示，加上一个可以用 $g\delta(x)(g<0)$ 模拟的额外的窄吸引势. 对于一个质量为 m 的粒子，求一个负能量态存在的条件.

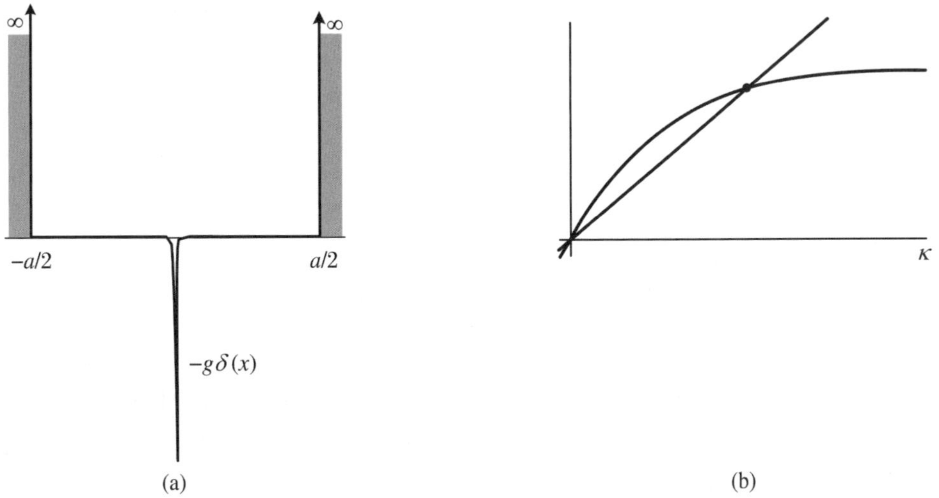

图 9.5 习题 9.13 的势和图解的说明

解 若没有这个盒子，吸引的 δ 势存在一个且仅有一个束缚态，见 3.5 节. 有了这个盒子，该状态的能量增高，并且能量 $E<0$ 的束缚态有可能消失. 由这种 δ 势束缚的态，其波函数应该为偶，且在 $x=\pm a/2$ 的壁处为零，在中间相应的解是连续的：

$$\psi(x) = A\begin{cases} \sinh(\kappa(x+a/2)), & x<0 \\ -\sinh(\kappa(x-a/2)), & x>0 \end{cases} \tag{9.137}$$

其中

$$\kappa = \sqrt{\frac{2m\epsilon}{\hbar^2}}, \quad \epsilon = -E > 0 \tag{9.138}$$

像(9.136)式中的那样，在 δ 势处导数是不连续的：

$$-\frac{\hbar^2}{2m}[\psi'(+0) - \psi'(-0)] + g\psi(0) = 0 \tag{9.139}$$

它给出

$$\tanh\frac{\kappa a}{2} = \frac{\hbar^2\kappa}{m|g|}, \quad g = -|g| \tag{9.140}$$

如图 9.5(b)所示,如果右边作为 κ 函数的直线与曲线 $\tanh(\kappa a/2)$相交,即该直线在原点的斜率必须小于 $\kappa a/2$,则解存在:

$$\frac{\hbar^2}{m|g|}<\frac{a}{2}\rightsquigarrow|g|>\frac{2\hbar^2}{ma} \tag{9.141}$$

δ 势的强度必须足够大;在没有盒子的情况下,$a\to\infty$,(9.141)式是满足的,因此束缚态总存在.从而与 3.5 节一致.

9.11 势作为微扰

纳入适当边界条件的 Green 函数(9.125)式的形式解(9.120)式开辟了实用的近似方法.如果势是弱的,我们预计反射概率很小,几乎全部透射.在这种情况下,波函数应该接近稍微受到势的扭曲的入射波.

Schrödinger 方程的求解可以比(9.120)式再往前延伸一步.如果我们对于被积函数中的波函数用同样的表达式迭代这个方程,则

$$\begin{aligned}\psi(x)&=\mathrm{e}^{\mathrm{i}kx}+\int\mathrm{d}x'G(x,x')V(x')\\&\quad\times\left[\mathrm{e}^{\mathrm{i}kx'}+\int\mathrm{d}x''G(x',x'')V(x'')\psi(x'')\right]\end{aligned} \tag{9.142}$$

这个过程可以继续做下去,导致无限的玻恩级数:

$$\psi(x)=\mathrm{e}^{\mathrm{i}kx}+\sum_{n=1}^{\infty}\psi^{(n)}(x) \tag{9.143}$$

$$\psi^{(n)}(x)=\int\mathrm{d}x_1\cdots\mathrm{d}x_nG(x,x_1)V(x_1)G(x_1,x_2)V(x_2)\cdots V(x_n)\mathrm{e}^{\mathrm{i}kx_n} \tag{9.144}$$

这个级数的结构在图 9.6 中展示出来.

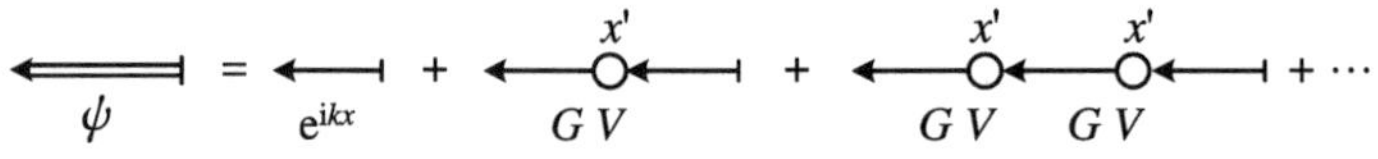

图 9.6 作为相互作用(V)和自由传播子(G)序列的玻恩级数

第 n 级近似的函数(9.144)式对应于从右向左传播的平面波到达 x_n 点，与在这一点的势 $V(x_n)$ 发生作用，然后自由传播($G(x_{n-1},x_n)$)到 x_{n-1} 点，再一次发生相互作用 $V(x_{n-1})$，接着自由传播到 x_{n-2} 点……直到在观测点 x 发生 n 次相互作用之后结束.于是，整个波函数展示为对具有多步相互作用的各种路径的求和.在像反射系数这样的可观测量中，所有这些路径相互干涉.对 x 的积分相应于发生在不同位置并具有不同势强度的相互作用过程的干涉.在相当普遍的条件下，这个级数是收敛的[23].

实际上，当势作为弱的微扰来处理时，我们使用这个办法.级数按照势的幂次展开，使得我们期望这个级数的最低的几项对精确解给出一个好的近似.通过限制只取一步散射，得到一级 **Born 近似**：

$$\psi(x) \approx e^{ikx} + \int dx' G(x,x')V(x')e^{ikx'} \tag{9.145}$$

方程(9.128)确定反射系数：

$$R = \frac{1}{4k^2}\left|\int dx e^{2ikx}V(x)\right|^2 \tag{9.146}$$

反射概率是由势对于波矢量为 $q=-2k$ 的 Fourier 分量决定的：

$$V_q = \int dx V(x) e^{-iqx}, \quad q = -2k \tag{9.147}$$

外势给入射波提供了动量 $-2\hbar k$，以便反转它的运动并把它转换成弹性反射波.在**多步过程**中，所需要的动量转移是由许多相互作用的效应构成的.

为了在同样的近似下求得透射系数 T，我们不能用(9.129)式；这个式子会给出一个 $T>1$ 的不可能结果.这样的企图是错的，因为我们已经丢掉了所有高于一阶的那些项(因而违反了光学定理).因此，我们不能在(9.129)式中取二级项.然而，我们可以用在(9.146)式得到的 R，利用 $T=1-R$ 求 T.波函数中的下一项是二级项，它给出对 R 的第三级修正(与一级项相干)而不改变 T 中的二级项.

正如玻恩近似所假定的，如果 $|V_{2k}|^2 \ll 4k^2$，则反射系数很小，$R\ll 1$.这个势有一个有限的力程 a 并且对于 $q\sim 1/a$ 有相当大的 Fourier 分量 V_q，这可以从不确定性关系得到.**低能**情况可以定义为粒子的波长大于势的力程 $ka\ll 1$.在这种情况下，Fourier 分量 V_{2k} 与下式有同样的量级：

$$V_0 = \int dx V(x) \approx \frac{2m}{\hbar^2}\bar{U}a \tag{9.148}$$

其中，$\bar{U}$ 是在其力程内势的典型值.那么 $R\ll 1$ 的条件可以写成

$$\frac{\bar{U}^2 a^2 m^2}{\hbar^2 k^2} \sim \frac{\bar{U}}{\hbar^2/(ma^2)} \frac{\bar{U}}{\hbar^2 k^2/m} \sim \frac{\bar{U}}{\bar{K}} \frac{\bar{U}}{E} \ll 1 \tag{9.149}$$

第一个因子是势与动能 $\bar{K}$ 的比值，按照不确定性关系(5.45)式，这对于把粒子定位在相互作用区间是必需的，而第二个因子是势与实际动能 E 的比值. 因此，为使玻恩近似适用，最好是势比 $\bar{K}$ 和 E 都弱. 在**高能**情况下波长很短($qa \gg 1$)，因此这种高 Fourier 分量很小，有利于玻恩近似的应用.

习题 9.14 考虑图 2.4 所示的势垒，比较精确解和玻恩近似解.

9.12 准稳态

在 5.8 节，我们已经讨论了亚稳态，涉及其能级宽度和有限的寿命. 这样一个态的波函数具有如(5.74)式所示的时间相关性：

$$\Psi(t) = \psi e^{-(i/\hbar)(E - i\Gamma/2)t} \tag{9.150}$$

这就是说，形式上类似于具有**复能量**

$$\mathcal{E} = E - i\frac{\Gamma}{2} \tag{9.151}$$

定态的时间依赖性. 正如我们所知道的，厄米算符仅能有实的本征值. 一个粒子的哈密顿量((9.4)式)在那种可归一化的波函数上是厄米的. 在那里，我们只能有实能量的 Schrödinger 方程的解. 在我们的散射问题中，波函数不是可归一化的，而被认为是在处于一个无限大体积的极限中. 然而，能量的数值由远处产生能量 $E>0$ 的稳定粒子束流的源决定.

现在我们考虑 Schrödinger 方程能够有(9.150)式类型的解的条件. 一个经典的例子由**放射性衰变**(G. Gamow, 1928)给出. 当然，实际问题是三维的，不过它可以定性地认为是(与习题 2.6 相比)一个由 $r=0$ 处无限高的势壁限制的一维径向运动 $0<r<\infty$(见图 2.8). 这种考虑将与轨道角动量 $l=0$ 的三维情况本质上是一样的. 对于正规解的合适的边界条件是 $\psi(r=0)=0$.

正能区属于连续谱. 这个问题的"标准"定态公式对应于从 $r\to\infty$ 的源发射的具有实能量 $E>0$ 的向左运动的粒子在势 $U(r)$ 中的散射. 粒子(即使其能量低于势垒的高度

($E<U_m$))穿透到内部区域并且在穿透后形成一个向后的反射波.在渐近区[$r\to\infty$,$E\gg U(r)$],定态波函数是从右边来的入射波和从中心来的反射波的叠加:

$$\psi(r) \propto e^{-ikr} - S(k)e^{ikr} \tag{9.152}$$

其中波矢量为 $k=\sqrt{2mE/\hbar^2}$,而 $S(k)$是散射波的振幅,它是与习题 9.4 中 S 矩阵类似的.由于流守恒,反射系数为

$$R(k) = |S(k)|^2 = 1 \tag{9.153}$$

这意味 $S(k)$可以写成

$$S(k) = e^{2i\delta(k)} \tag{9.154}$$

其中 $\delta(k)$是由于势 $U(r)$的存在而产生的散射相移,见 9.5 节;$\delta(k)$是在通向中心的路上积累的相位,而 2δ 是总相位.在(9.152)式中的负号是这样选择的,它使得对于自由运动 $U\equiv0$ 时,我们不会有任何相移,$S(k)=1$.则

$$\psi(r) \to \psi_0(r) \propto e^{-ikr} - e^{ikr} \propto \sin(kr) \tag{9.155}$$

它满足在原点的奇点处 $\psi(0)=0$ 的边界条件.在存在势的情况下(但在很远的外边),

$$\psi(r) \propto e^{-ikr} - e^{2i\delta}e^{ikr} \propto \sin(kr+\delta) \tag{9.156}$$

在渐近区,我们仅看到波包的自由运动,这使得决定波包(9.50)式时间延迟的相移完全表征散射的结果.

这种公式体系描述不了放射性衰变,那时在无穷大处不存在衰变产物的远距离来源,例如 α 粒子.α 粒子(^{4}He 原子核)是由原子核内部的一对中子和一对质子因系统中的强吸引力而形成的.总的正能量使 α 粒子有非零的概率(2.63)式穿透出库仑势垒之下的经典禁戒区.在离中心很远的地方,我们只有出射波:

$$\psi(r) \propto e^{ikr} \tag{9.157}$$

于是,这个问题获得了类似于对负能的束缚态的问题的一些特征,这一点会在第 11 章中讨论.对于 $E=-\epsilon<0$,在 $r\to\infty$ 的情况下波函数必须是指数衰减的:

$$\psi(r) \propto e^{-\kappa r}, \quad \kappa = \sqrt{\frac{2m\epsilon}{\hbar^2}} \tag{9.158}$$

这样的解仅对束缚能ϵ的特殊值是可能的,并且束缚态的谱是分立的.同样的方式,边界条件(9.157)式仅对某些能量值 $E=\hbar^2k^2/(2m)$可以满足.与真正的束缚态相反,这里的边界条件是**复的**,允许的能量值也是复的,就像(9.151)式中一样.这些衰变态称为**Gamow态**.假如把图 2.8 的势垒延伸到 $r\to\infty$,则能量为 E 的态就会是一个正常的束缚

态.势垒的有限性导致隧穿的概率、有限的寿命 $\tau\sim\hbar/\Gamma$ 和能量向复平面的下半部移动,见(9.151)式.

仅当这个态的寿命足够长,至少达到几个周期($\hbar/E$)时,一个亚稳态的概念才是有用的.那么,宽度比实的能量小得多,$\Gamma\ll E$,而且本征值 $\mathcal{E}$ 离能量实轴很近.波数 k 也获得虚部:

$$k=\sqrt{\frac{2m}{\hbar^2}\left(E-\frac{\mathrm{i}}{2}\Gamma\right)} \tag{9.159}$$

对于一个小的宽度,我们发现

$$k\approx\sqrt{\frac{2mE}{\hbar^2}}\left(1-\mathrm{i}\frac{\Gamma}{4E}\right)=k_0-\frac{\mathrm{i}}{4}\frac{\Gamma}{\hbar}\sqrt{\frac{2m}{E}} \tag{9.160}$$

在远处,除了包含向外的振荡波外,波函数(9.157)式中还包括一个增长的指数:

$$\psi\propto \mathrm{e}^{[\mathrm{i}k_0+(\Gamma/4\hbar)\sqrt{2m/E}]r}=\mathrm{e}^{[\mathrm{i}k_0+\Gamma/(2\hbar v_0)]r} \tag{9.161}$$

其中

$$v_0=\frac{\hbar k_0}{m}=\sqrt{\frac{2E}{m}} \tag{9.162}$$

是超出势垒之外自由运动的粒子速度.我们看到,总的波函数(9.150)式有一个渐近形式:

$$\Psi(r,t)\propto \mathrm{e}^{\mathrm{i}(k_0r-Et/\hbar)}\mathrm{e}^{(\Gamma/2\hbar)(r/v_0-t)} \tag{9.163}$$

由此可见,在 $r\to\infty$ 时亚稳态波函数的增长是在远距离发现衰变粒子的概率累积的结果;所有的穿透势垒的粒子都跑到无穷远处.对于由经典运动方程

$$\frac{r}{v_0}-t=常数=t_0 \tag{9.164}$$

联系起来的所有点(r,t),其概率幅都是一样的.

第 10 章

变分法和对角化

在物理学中没有一个问题可以精确求解.

——A. B. Migdal, V. P. Krainov

10.1 变分原理

分立谱的定态 Schrödinger 方程(9.2)与一种泛函极小化的**变分问题**联系在一起.设 ψ 是任何一个以任意方式归一化的平方可积函数.把这个态上的能量期待值

$$\langle E\rangle = \frac{\Omega}{I}, \quad \Omega = \int d\tau \psi^* \hat{H}\psi, \quad I = \int d\tau \psi^* \psi \tag{10.1}$$

视为 ψ 的泛函.让我们来寻找给出这个泛函极值的函数 ψ.在这个极值的邻域附近,泛函的一阶变分

$$\delta\langle E\rangle = \frac{\delta\Omega}{I} - \frac{\Omega}{I^2}\delta I = \frac{1}{I}(\delta\Omega - \langle E\rangle\delta I) \tag{10.2}$$

为零.我们使积分中的函数 ψ 和 ψ^* 变化,并且利用哈密顿量的厄米性,以便得到

$$\delta\langle E\rangle = \frac{1}{I}\int \mathrm{d}\tau\{(\delta\psi^*)[\hat{H}\psi - \langle E\rangle\psi] + [(\hat{H}\psi)^* - \langle E\rangle\psi^*]\delta\psi\} \tag{10.3}$$

从(10.3)式看到,如果函数 ψ 满足 Schrödinger 方程

$$\hat{H}\psi = \langle E\rangle\psi \tag{10.4}$$

则极值条件 $\delta\langle E\rangle = 0$ 被满足,而且在这个态上的期待值 $\langle E\rangle$ 正是哈密顿量的本征值.反之,我们可以证明,如果函数 ψ 提供了 $\langle E\rangle$ 的这个极值,则它遵从 Schrödinger 方程.这种变分方法表明,哈密顿量的可能的最低本征值 $E_{\min}$ 给出泛函 $\langle E\rangle$ 的**绝对极小**.因此,它对应于系统的**基态**波函数 ψ_0.

习题 10.1 证明:$\hat{H}$ 的紧接 $E_{\min}$ 的次最低本征值在与 ψ_0 正交的那类函数上给出 $\langle E\rangle$ 的极小值.(假定 ψ_0 是非简并的.)

证明 人们可以发现,这个条件极值是附加了包含 Lagrange 乘子额外项的能量泛函的一个绝对极小.在这种情况下,我们需要寻找新泛函

$$E_1(\lambda) = \langle E\rangle - \lambda\langle\psi_0 \mid \psi\rangle \tag{10.5}$$

的极值.拉氏乘子 λ 的值应该通过使泛函(10.5)式最小化得到的函数 $\psi_1(\lambda)$ 与前面找到的基态函数 ψ_0 的正交条件得到:

$$\langle\psi_0 \mid \psi_1(\lambda)\rangle = 0 \tag{10.6}$$

在用新的拉氏乘子表示的附加正交性要求下,对于更高的态可以用同样的方法继续这个过程.

习题 10.2 考虑处在外部静场 f 中的一个系统,该外场作用在这个系统的一个变量 $\hat{F}$ 上,使得添加到系统哈密顿量上的相应项是

$$\hat{h} = f\hat{F} \tag{10.7}$$

证明:在场存在的情况下,对基态波函数 $|\psi_0\rangle$(假定为非简并的)得到的期待值 $\langle\hat{F}\rangle$,唯一地确定这个场 f[24].

证明 让基态 $|\psi_0^{(1)}\rangle$ 对应于作用场 f_1,而且

$$\langle\hat{h}_1\rangle = f_1\langle\psi_0^{(1)} \mid \hat{F} \mid \psi_0^{(1)}\rangle \tag{10.8}$$

是算符(10.7)式在这个态上的期待值.如果 $\hat{H}$ 是系统没有场 f 时的哈密顿量,则基态能量由

$$E_0^{(1)} = f_1\langle\psi_0^{(1)} \mid \hat{F} \mid \psi_0^{(1)}\rangle + \langle\psi_0^{(1)} \mid \hat{H} \mid \psi_0^{(1)}\rangle \tag{10.9}$$

给出.把场从 f_1 变成 f_2,得到另外一个基态 $|\psi_0^{(2)}\rangle$ 以及能量

$$E_0^{(2)} = f_2\langle\psi_0^{(2)} \mid \hat{F} \mid \psi_0^{(2)}\rangle + \langle\psi_0^{(2)} \mid \hat{H} \mid \psi_0^{(2)}\rangle \tag{10.10}$$

假定 f_2 导致同样的 $\langle\hat{F}\rangle$ 值.按照变分原理,作为 $\hat{h}_1 + \hat{H}$ 的基态本征值,$E_0^{(1)}$ 低于同样的算符在任何其他线性无关的态上的期待值,特别是 $|\psi_0^{(2)}\rangle$ 上的期待值:

$$E_0^{(1)} < \langle\psi_0^{(2)} \mid \hat{h}_1 + \hat{H} \mid \psi_0^{(2)}\rangle = f_1\langle\hat{F}\rangle + \langle\psi_0^{(2)} \mid \hat{H} \mid \psi_0^{(2)}\rangle \tag{10.11}$$

该式还可以等价地写为

$$E_0^{(1)} < E_0^{(2)} + (f_1 - f_2)\langle\hat{F}\rangle \tag{10.12}$$

然而,状态 $\psi_0^{(2)}$ 类似地给出场 f_2 的能量极小值.用同样的办法,我们推得

$$E_0^{(2)} < E_0^{(1)} + (f_2 - f_1)\langle\hat{F}\rangle \tag{10.13}$$

方程(10.12)和(10.13)是不相容的.这表明这个假定是错的,而这个响应 $\langle\hat{F}\rangle$ 的确唯一地确定了所作用的场 f,尽管 $\hat{F}$ 的任意的期待值确定某种场 f 并不是必然的.

10.2 直接变分法

在实践中,对于一些实际的情况(复杂原子、分子、原子核、凝聚态系统),当不可能找到 Schrödinger 方程精确解时,变分法可以作为寻找分立谱的基态和低激发态近似解的一个方便途径.存在各种办法应用这个想法.**直接变分法**包括基于物理论据和似乎合理的预期,选择带有少数自由参数 a_i 和形式相对简单的基态**试探函数** ψ.然后,我们计算哈密顿量在该试探波函数上的期待值 $\langle E\rangle \equiv \langle\psi \mid \hat{H} \mid \psi\rangle / \langle\psi \mid \psi\rangle$,并对这个作为自由参数 a_i 的函数的结果求极小值,即 $\partial\langle E\rangle / \partial a_i = 0$.这种做法确定下来的参数值保证了在所选择的这类试探波函数范围内是对基态波函数最好的可能的近似.

如果试探波函数的选择是合理的，则结果通常接近精确解. 因此，当选择一个试探波函数时，人们需要考虑所处理问题的特点. 例如，如果试探波函数已经满足正确的边界条件，则结果会好一些. 然而，对于运用直接变分法，这并不是必要的. 我们必须记住，实际的基态能量总是低于用变分法找到的值（如果我们选到了精确解为试探波函数，则两者能量是相等的）.

习题 10.3 利用高斯试探波函数

$$\psi(x) \sim \mathrm{e}^{-\alpha x^2} \tag{10.14}$$

估算质量为 m 的粒子在线性谐振子势(5.55)式中的基态能量.

习题 10.4 对于束缚在 $x=0$ 和 $x=a$ 之间的势盒中的一个粒子（见 3.1 节），借助下面的一些试探波函数（仅在盒子内取值）估算基态能量：

$$\psi_1(x) = x + \alpha x^2 \tag{10.15}$$

$$\psi_2(x) = \mathrm{e}^{-|x-\alpha|} \tag{10.16}$$

$$\psi_3(x) = \sin(\alpha x) \tag{10.17}$$

把结果与精确解作比较.

习题 10.5 在 5.6 节我们所做的论述支持这样的想法：任何一个在 $\pm\infty$ 具有对称极限的一维吸引势中至少存在一个束缚态. 假定势 $U(x)$ 满足条件 $\int_{-\infty}^{\infty} \mathrm{d}x U(x) < 0$，借助变分原理证明这个论述.

证明 最值得怀疑的情况是一个浅势阱（习题 3.4）. 在那里，我们发现形式为(3.50)式的解总是存在的. 这是试探函数的一个好的候选者. 最方便的做法是（尽管并不是必需的）从一开始就把这个函数归一化：

$$\psi(x) = \sqrt{\kappa}\,\mathrm{e}^{-\kappa|x|} \tag{10.18}$$

这个函数（注意，它有偶宇称）在原点的导数具有一个跳跃的不连续性. 因此，当计算动能的期待值时，必须特别小心. 对于平方可积函数，最简单的办法是利用动量算符的厄米性进行分部积分，比较(9.9)式有

$$\begin{aligned} -\frac{\hbar^2}{2m}\int_{-\infty}^{\infty} \mathrm{d}x \psi(x)\, \nabla^2 \psi(x) &= \frac{\hbar^2}{2m}\int_{-\infty}^{\infty} \mathrm{d}x \mid \nabla\psi(x) \mid^2 \\ &= 2\,\frac{\hbar^2}{2m}\int_{0}^{\infty} \mathrm{d}x \mid \nabla\psi(x) \mid^2 = \frac{\hbar^2\kappa^2}{2m} \end{aligned} \tag{10.19}$$

因此

$$\langle E\rangle = \frac{\hbar^2\kappa^2}{2m} + \kappa\int_{-\infty}^{\infty} dx e^{-2\kappa|x|} U(x) \tag{10.20}$$

对于任何 κ,这个能量都比实际的 E_0 高. 虽然在 $\kappa\to 0$ 时(这正是具有大的穿透长度的浅势阱情况),对 κ 呈线性的势能项大于对 κ 呈平方关系的动能项. 因为对于吸引势,这一项是负的,所以(10.20)式给出 $\langle E\rangle<0$. 于是,实际的能级一定是负的,态是束缚的. 通过忽略被积函数中的指数,我们得到的估算实质上与在 5.6 节基于不确定性关系的估算是相同的. 参数 κ 相应于(5.46)式中穿透长度 L 的倒数. 代替(5.48)式,对于任何形状浅的吸引势,通过对参数 κ 求极小,我们得到对基态能量的改进的估算:

$$E_0 \approx -\frac{m}{2\hbar^2}\left(\int dx U(x)\right)^2 \tag{10.21}$$

10.3 在截断的基中对角化

采用一个**被截断的基**,试探波函数也可以被选作最好的解(**Rayleigh-Ritz 变分法**). 假定某正交基 $|n\rangle$ 定性上接近哈密顿量的实际本征基,我们选择态 $|n\rangle$ 的一组有限的子集,并取所挑选的有限的 d 个态的组合

$$|\psi\rangle = \sum_{n=1}^{d} c_n |n\rangle \tag{10.22}$$

作为一个试探波函数. 然后,就像在 6.8 节对于任意的厄米算符所做的那样,通过在这个截断的空间把哈密顿量对角化,我们就把问题简化为**久期方程**(6.84):

$$\mathrm{Det}(\hat{H} - E\cdot\hat{1}) = 0 \tag{10.23}$$

这个方程的解给出 d 个本征值 E_i,而相应的波函数被表示为叠加式(10.22)中的系数 $c_n^{(i)}$ 的集合. 用这种办法找到的最低本征值就是用(10.22)式这类函数求得的可能的实际基态能量值最好的近似. 如果截断的选择在物理上被证明是合理的,接下来得到的那些本征值也可能是相当好的,尽管这一点不能由变分原理得到保证. 对于激发态(或多个激发态),最好是对完备基作不同的截断,然后把这些由不同的截断所得到的解正交化.

习题 10.6 通过在最初选择的 d 维基上添加一些新的正交基矢量,证明我们得到绝不会高于先前近似值的基态能量值(试探函数的种类越宽,结果越接近精确解). 因此,在

扩展变分基的过程中,基态能量单调地下降.

习题 10.7 推导利用一组非正交基的久期方程.

解 利用所选基的**重叠矩阵** $\hat{O}$ 的矩阵元

$$O_{mn} = \langle m \mid n \rangle \tag{10.24}$$

我们得到如下久期方程:

$$\mathrm{Det}(\hat{H} - E\hat{O}) = 0 \tag{10.25}$$

10.4 双态系统

在代表常见的物理条件的不同情况中,双态的情况是特殊的.在 Feynman **讲义**[25]中,量子理论的整个构建几乎都依靠对双态系统的研究.或许,最重要的例子是一个自旋为 1/2 的系统.正像 1.9 节和 5.11 节所讨论的,在任意选取的量子化轴(用 z 表示)情况下,一个自旋为 1/2 的客体仅有以自旋投影 $s_z = \pm 1/2$ 区分的两个态.当然,这两个态正好形成一组基,它们的任何叠加也是可能的态.在这种情况下,这种系统确实仅有两个态.在许多情况下,由两个态所加的限制是由物理论证所要求的一个近似.我们可以把它看成变分原理的最简单的应用:通过在截断的二维基上取试探波函数来寻找量子问题的解.

一个二能级系统必然会成为未来量子计算机的一个基本单元,**量子比特**(量子位)代表二进制算法中两种可能的基本状态:0 和 1.不幸的是,对于用来构建量子计算机所建议的绝大多数候选者,二能级近似并不是精确的.其他状态的存在对于计算机的运行可能是有害的,它们提供了破坏工作于二维空间的量子干涉的一个额外的来源(**退相干**).

在双态近似下,最一般的时间无关的厄米哈密顿量可以表示为 2×2 矩阵:

$$\hat{H} = \begin{pmatrix} H_{11} & H_{12} \\ H_{21} & H_{22} \end{pmatrix} = \begin{pmatrix} \epsilon_1 & V \\ V^* & \epsilon_2 \end{pmatrix} \tag{10.26}$$

其中,我们使用基$|1\rangle$和$|2\rangle$表示**未微扰态**,把实的对角矩阵元$\epsilon_{1,2}$称为**未微扰能量**,而把非对角矩阵元 $H_{12} = V$ 和$H_{21} = H_{12}^* = V^*$ 称为未微扰态之间的**相互作用**.在相互作用不存在时,未微扰态都是具有未微扰能量的哈密顿量本征态.符号

$$\Delta = \epsilon_2 - \epsilon_1, \quad s = \sqrt{\Delta^2 + 4|V|^2} \tag{10.27}$$

将会是有用的;我们假定 $\Delta \geqslant 0$.

定态波函数$|\psi\rangle$是作为基的未微扰态的叠加(10.22)式:

$$|\psi\rangle = c_1|1\rangle + c_2|2\rangle \tag{10.28}$$

其中振幅 $c_{1,2}$是要在归一化条件

$$|c_1|^2 + |c_2|^2 = 1 \tag{10.29}$$

下求解的.定态 Schrödinger 方程

$$\hat{H}|\psi\rangle = E|\psi\rangle \tag{10.30}$$

被简化为对于振幅 $c_{1,2}$的代数方程组(6.83):

$$c_1\epsilon_1 + c_2 V = Ec_1, \quad c_1 V^* + c_2\epsilon_2 = Ec_2 \tag{10.31}$$

而其非平凡解出现于久期方程(6.84)的根 $E_\pm$ 处:

$$(E - \epsilon_1)(E - \epsilon_2) - |V|^2 = 0 \tag{10.32}$$

$$E_\pm = \frac{1}{2}(\epsilon_2 + \epsilon_1 \pm \sqrt{\Delta^2 + 4|V|^2}) \equiv \frac{1}{2}(\epsilon_1 + \epsilon_2 \pm s) \tag{10.33}$$

为了找到定态本征矢$|\psi_\pm\rangle$,我们需要对于一个正确的 E 值求解(10.31)式中的方程.如果微扰在最初的基中是复的,$V = |V|e^{i\alpha}$,或许最方便的是,例如,借助如下新振幅,把这些相位吸收进来:

$$c_1 = a_1 e^{(i/2)\alpha}, \quad c_2 = a_2 e^{-(i/2)\alpha} \tag{10.34}$$

它们满足

$$(\epsilon_1 - E)a_1 + |V|a_2 = 0, \quad (\epsilon_2 - E)a_2 + |V|a_1 = 0 \tag{10.35}$$

并且可以取为实的.

习题 10.8 求这些本征函数的振幅.

解 选取 $\Delta > 0$,由(10.35)式得到,对于+的解,a_1 和 a_2有同样的符号,而对于-的解,它们的符号相反.共同的符号是任意的.这样,可以把解记为

$$a_2^{(+)} = \sqrt{\frac{s+\Delta}{2s}}, \quad a_1^{(+)} = \sqrt{\frac{s-\Delta}{2s}} \tag{10.36}$$

$$a_2^{(-)} = -\sqrt{\frac{s-\Delta}{2s}}, \quad a_1^{(-)} = \sqrt{\frac{s+\Delta}{2s}} \tag{10.37}$$

很容易检验这些解的正交归一性.

在无微扰极限下 $V\to 0$,上能级 $|\psi_+\rangle$ 与 $|2\rangle$ 一致,而下能级 $|\psi_-\rangle$ 与 $|1\rangle$ 一致:

$$a_2^{(+)}\to 1,\quad a_1^{(+)}\to 0,\quad a_2^{(-)}\to 0,\quad a_1^{(-)}\to 1 \tag{10.38}$$

10.5 能级推斥与避免交叉

从(10.33)式我们能够看到,一个任意的厄米的微扰 V 导致能级推斥,如图 10.1 所示——新的能级 $E_\pm$ 的间距 s 大于未微扰的能级间距:

$$E_+ - E_- = s = \sqrt{\Delta^2 + 4|V|^2} \geqslant \Delta \tag{10.39}$$

即使对于简并的未微扰能级,$\Delta=0$,也会出现一个 $s=2|V|$ 的劈裂.

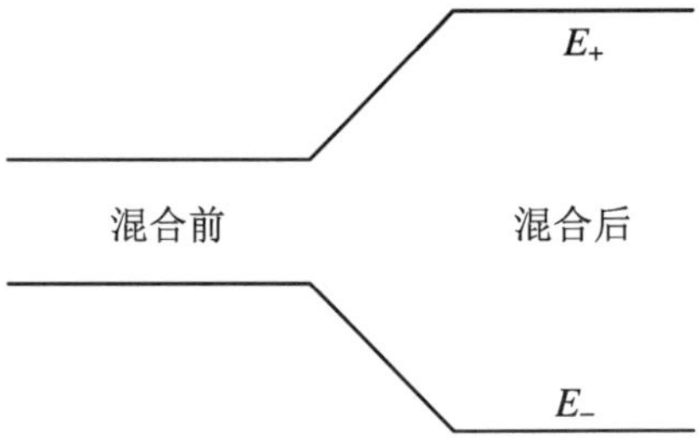

图 10.1 能级推斥

注意,在简并的情况下,所有的本征态振幅都有绝对值 $1/\sqrt{2}$,这就是说,最初的那些态等量的混合与混合强度 V 无关.例如,对于实的 V 和 $\Delta=0$,本征态均为基态的**对称叠加**和**反对称叠加**:

$$|\psi_\pm\rangle = \frac{1}{\sqrt{2}}(|1\rangle \pm |2\rangle) \tag{10.40}$$

所以,我们得到的是基能级的推斥和最大的混合,而不是它们的交叉;如果把混合系数(10.34)式用一个平面基的转角参数化,$a_1=\cos\theta$,$a_2=\sin\theta$,最大的混合对应于 $\theta=45^\circ$.

能级推斥在形式上正是变分性质的另一种表现:通过把试探空间的维数从 $d=1$ 增加到 $d=2$,我们把较低的能级移到甚至更低的位置(同时,较高的态更高),交叉就避免了.然而,这种形式的性质导致一些重要的物理后果.让我们首先考虑弱微扰 V 的情况.

为了找到弱的程度的度量是什么，通过对 V/Δ 展开，我们考虑二能级的解. 在这种情况下，上能级的小分量 $a_1^{(+)}$ 并不为零，但保持很小：

$$a_1^{(+)} = \sqrt{\frac{\sqrt{\Delta^2 + 4|V|^2} - \Delta}{2\sqrt{\Delta^2 + 4|V|^2}}} \approx \frac{|V|}{\Delta} \tag{10.41}$$

这里我们忽略了二级修正. 大分量 $a_2^{(+)}$ 与 1 的差别仅在于二级项. 非对角矩阵元与未微扰能级间隔的无量纲比值可以作为弱混合的一个参数(后面将详细考虑**微扰论**的限制). 一般来说，即使在一个多能级系统，混合主要发生在能量接近的未微扰能级之间.

经典的**非交叉定理**(E. Wigner，J. von Neumann，1929)告诉我们，**相同对称性**的能级作为一个参数的函数几乎总可以避免交叉. 让哈密顿量依赖于一个实参数 λ，并且作为这个参数的一个函数，两个未微扰的能级 $\epsilon_1(\lambda)$ 和 $\epsilon_2(\lambda)$ 在 $\lambda=\lambda_c$ 处交叉，使得 $\Delta(\lambda_c)=0$. 如果存在一个一般还依赖于 λ 的混合相互作用 V，则实际的本征态的交叉会避免，如图 10.2 所示. 因此，在 $\lambda=\lambda_c$ 附近，

$$s(\lambda) \approx \sqrt{(\lambda-\lambda_c)^2\left(\frac{d\Delta}{d\lambda}\right)^2_{\lambda=\lambda_c} + 4|V(\lambda_c)|^2} \tag{10.42}$$

仅当这个混合相互作用在同样的点精确为零时，$V(\lambda_c)=0$，真正的交叉才能出现. 两个不同的函数 $\Delta(\lambda)$ 和 $V(\lambda)$ 不大可能有一个共同的零点，尽管可能会偶然发生.

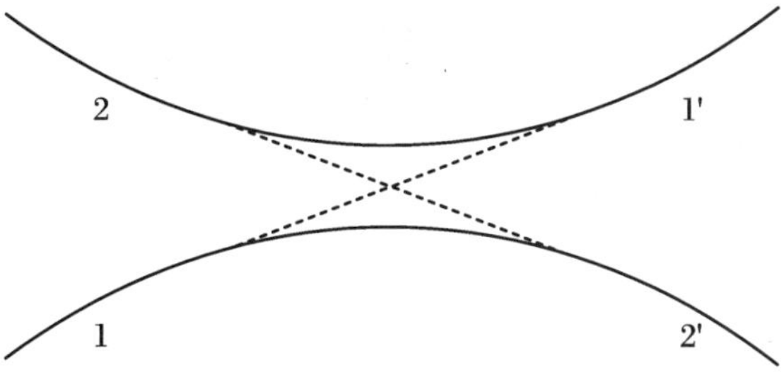

图 10.2　避免能级交叉

如果在态 $|1\rangle$ 和态 $|2\rangle$ 属于不同对称性类型的情况下，该系统在交叉点具有某种精确的对称性，则例外情况发生了. 这时，哈密顿量 $H(\lambda_c)$ 不能把这些态混合，而且 $V(\lambda_c)=0$. 依赖于参数的能级通常称为**项**. 我们得出结论，不同对称的项可能交叉. 然而，在对称性的内部，能级的交叉被避免了.

习题 10.9　对具有许多状态的一个系统，把成对的未微扰能级间距 Δ 和实的混合矩阵元 $V \equiv y/2$ 视为具有概率分布函数 $f(\Delta)$ 和 $g(y)$ 的**随机量**. 证明：若在它们的宗量为零处函数 f 和 g 没有奇点，则两个相邻能级之间的间距为 s 的概率 $P(s)$ 在小间距 $s \to 0$

时线性地趋于零(没有交叉).

解 按照(10.33)式,两个最邻近能级间距的分布可以写为

$$P(s) = \int d\Delta f(\Delta) \int dy g(y) \delta(s - \sqrt{\Delta^2 + y^2}) \tag{10.43}$$

在(Δ, y)平面上,这个积分在极坐标 $\Delta = r\cos\varphi$, $y = r\sin\varphi$ 中可以改写为

$$P(s) = \int d\varphi \int r dr f(r\cos\varphi) g(r\sin\varphi) \delta(s - r) = s \int d\varphi f(s\cos\varphi) g(s\sin\varphi) \tag{10.44}$$

如果函数 f 和 g 在原点没有奇点,则我们得到线性推斥:

$$P(s \to 0) = Cs, \quad C = 2\pi f(0) g(0) \tag{10.45}$$

从几何学上讲,我们正在寻找精确地处于二维平面原点的概率,它将要求两个笛卡儿坐标同时为零.从8.1节我们知道,在一个时间反演不变的系统中,矩阵元 V 总可以取为实数.如果时间反演不变性不存在,矩阵元 V 一般是复数,而且 $V = 0$ 意味着 $\mathrm{Re}V = \mathrm{Im}V = 0$.因此,能级交叉会要求三个独立的参数同时为零,这是更加不可能的.利用前一个习题的论证,我们会得出结论:得到小间距 s 的概率$\propto s^2$.因而,原则上,在小能级间距的能谱统计学有可能提供关于存在破坏时间反演不变性的力的信息.在最靠近时的强混合情况下,多重避免交叉导致能级的推斥和相当均匀的能谱图案的形成.在这个图案中,相邻能级之间没有大的能隙,并且没有复杂系统中的融合能级.在几个交叉以后,波函数变成原始态的非常复杂的叠加.它导致量子混沌的一种普遍图像,见下册第24章.

10.6 双态系统的时间演化

如果哈密顿量与时间无关,则双态系统的时间演化相对简单.任何初态都是两个定态的叠加:

$$|\Psi(t = 0)\rangle = b_+ |\psi_+\rangle + b_- |\psi_-\rangle \tag{10.46}$$

它随时间按照下式演化:

$$|\Psi(t)\rangle = b_+(t) |\psi_+\rangle + b_-(t) |\psi_-\rangle \tag{10.47}$$

其中

$$b_{\pm}(t) = b_{\pm}\, e^{-(i/\hbar)E_{\pm} t} \tag{10.48}$$

同样的演化可以用未微扰基(10.28)式表示：

$$|\Psi(t)\rangle = [b_{+}(t)c_1^{(+)} + b_{-}(t)c_1^{(-)}]|1\rangle + [b_{+}(t)c_2^{(+)} + b_{-}(t)c_2^{(-)}]|2\rangle \tag{10.49}$$

习题 10.10 假设系统最初($t=0$)处于状态$|1\rangle$.求在 t 时刻发现系统处于态$|2\rangle$的概率 $P_2(t)$.

解 对于这些初始条件,有

$$b_{+} = -c_2^{(-)}, \quad b_{-} = c_2^{(+)} \tag{10.50}$$

于是,要寻找的概率为

$$P_2(t) = |c_2^{(+)} c_2^{(-)} [e^{-(i/\hbar)E_+ t} - e^{-(i/\hbar)E_- t}]|^2 = \frac{4|V|^2}{s^2}\sin^2\left(\frac{st}{2\hbar}\right) \tag{10.51}$$

这个概率以 Rabi **频率**振荡,该频率等于两个精确能级频率的间距 $s/\hbar$.如果未微扰的能级是简并的,$\Delta=0$,则最大的概率 $4|V|^2/s^2$ 达到 1.在最初阶段,$st \ll 2\hbar$,系统处于态$|2\rangle$的概率随时间的**二次方**增长(比较(7.119)式并见下册 2.6 节):

$$P_2 \approx \frac{|V|^2}{\hbar^2} t^2 \tag{10.52}$$

习题 10.11 证明:(10.49)式表征在未微扰态和时间相关态之间变换的幺正性.

在简并的情况下,系统从未微扰状态$|1\rangle$开始的时间演化

$$|\Psi(t)\rangle = \frac{1}{2}[e^{-(i/\hbar)E_+ t} + e^{-(i/\hbar)E_- t}]|1\rangle + \frac{1}{2}[e^{-(i/\hbar)E_+ t} - e^{-(i/\hbar)E_- t}]|2\rangle \tag{10.53}$$

是特别简单的.到$|\psi_{\pm}\rangle \equiv |\pm\rangle$基(为简单起见,假定相位 $\alpha=0$)的变换显示为

$$|1\rangle = \frac{1}{\sqrt{2}}(|+\rangle + |-\rangle), \quad |2\rangle = \frac{1}{\sqrt{2}}(|+\rangle - |-\rangle) \tag{10.54}$$

所以时间演化(10.53)式可以改写为

$$|\Psi(t)\rangle = \frac{1}{\sqrt{2}}[e^{-(i/\hbar)E_+ t}|+\rangle + e^{-(i/\hbar)E_- t}|-\rangle] \tag{10.55}$$

让我们假定,靠上的那个态的能量高于某种衰变的阈能,因而事实上它是亚稳态,见 5.8 节和 9.12 节.可以把 E_+ 换成复能量 $E = E_+ - (i/2)\gamma$ 来描写这个态.在许多半衰期

以后，$t \gg 1/\gamma$，这个二能级粒子的束流将只包含靠下的态$|-\rangle$的组合，其强度是原始强度的 1/2：

$$|\Psi(t)\rangle \Rightarrow \frac{1}{\sqrt{2}} e^{-(i/\hbar)E_- t}|-\rangle = \frac{1}{2} e^{-(i/\hbar)E_- t}(|1\rangle - |2\rangle) \tag{10.56}$$

现在，如果这个束流受到与环境的某种相互作用(例如，被介质吸收)，而这种相互作用对于未微扰态$|1\rangle$和$|2\rangle$是不同的，使得分量$|1\rangle$和$|2\rangle$分别获得振幅 ξ_1 和 ξ_2，则态(10.56)式按下式变换：

$$\frac{1}{2}(|1\rangle - |2\rangle) \Rightarrow \frac{1}{2}(\xi_1|1\rangle - \xi_2|2\rangle) \tag{10.57}$$

引人注目的是，这意味着尽管以较小的振幅，不稳定的已衰变分量$|+\rangle$又重新产生了出来：

$$|\Psi\rangle = \frac{1}{2\sqrt{2}}[(\xi_1 - \xi_2)|+\rangle + (\xi_1 + \xi_2)|-\rangle] \tag{10.58}$$

在关于自旋 1/2、K 介子衰变和中微子振荡的应用中，我们将回到二维系统.

10.7 亮态与碎裂

尽管在多维问题中精确的对角化很少能做到，我们将考虑两个模型例子，它们容易精确求解而且其基本物理相当普遍并极具启发性.

让我们假定对于哈密顿量 $\hat{H}$ 的一级近似是基于$N-1$个正交基的态. 作为对角化的结果，这个近似下 $\hat{H}$ 的$N-1$个本征态$|k\rangle(k=1,\cdots,N-1)$与它们的本征值$\epsilon_k$一起被求得了. 这些态被用作一组新的基 $\mathcal{B}(N-1)$. 对于进一步的近似，我们添加了第 N 个态，在这个态上 $\hat{H}$ 的期待值是$\langle N|\hat{H}|N\rangle = h$；在 $\mathcal{B}(N-1)$基中，把这个态与前面的$N-1$个态耦合起来的哈密顿量矩阵元等于 V_k，并且为简单起见我们认为 V_k 是实数. 这个新的态可以放在原来能谱的边缘或者中间. 出现这种问题的一个典型情况是**亮态**的情况：状态$|N\rangle$可以具有特别有趣的物理特征. 该态与**本底态**$|k\rangle$耦合，耦合的结果是亮态的强度被打散了，仿佛被弥散到 N 维全哈密顿量的许多精确解中.

在基$\{|k\rangle,|N\rangle\}$中,矩阵 $\hat{H}$ 如下所示:

$$\hat{H} = \begin{pmatrix} \epsilon_1 & 0 & \cdots & V_1 \\ 0 & \epsilon_2 & \cdots & V_2 \\ \cdots & \cdots & \cdots & \cdots \\ V_1 & V_2 & \cdots & h \end{pmatrix} \tag{10.59}$$

我们要在这个 N 维的完全基中寻找作为如下叠加的本征态$|\psi\rangle$:

$$|\Psi\rangle = \sum_{l=1}^{N} C_l |l\rangle \tag{10.60}$$

把算符 $\hat{H}$ 作用在这个态上,则

$$\hat{H}|\Psi\rangle = \sum_{l=1}^{N} C_l \hat{H}|l\rangle = \sum_{l=1}^{N} C_l \Big(\sum_{k=1}^{N-1} H_{kl}|k\rangle + H_{Nl}|N\rangle\Big) \tag{10.61}$$

该式应等于

$$E|\Psi\rangle = E\Big(\sum_{k=1}^{N-1} C_k|k\rangle + C_N|N\rangle\Big) \tag{10.62}$$

其中,E 是被寻求的 $\hat{H}$ 在全空间的本征值.把(10.60)~(10.62)式投影到各个正交态上,我们得到关于振幅 C_k 和本征值 E 的 N 个齐次线性方程的方程组:

$$\epsilon_k C_k + V_k C_N = E C_k, \quad k = 1,\cdots,N-1 \tag{10.63}$$

$$h C_N + \sum_{k=1}^{N-1} V_k C_k = E C_N \tag{10.64}$$

利用(10.63)式,我们把所有的系数 C_k 用最后一项 C_N 表示出来:

$$C_k = \frac{V_k}{E - \epsilon_k} C_N \tag{10.65}$$

把这个结果代入(10.64)式中,作为对非平凡解的一个条件,我们得到特征方程:

$$E - h = \sum_{k=1}^{N-1} \frac{V_k^2}{E - \epsilon_k} \equiv F(E) \tag{10.66}$$

如图 10.3 所示,可以很容易用图解的办法对这个方程进行分析,其中我们把最后的态放在比其他态都低的位置.(10.66)式的右边作为能量的函数 $F(E)$ 在未微扰本征值ϵ_k处有 $N-1$ 个极点.因为

$$\frac{\mathrm{d}F}{\mathrm{d}E} = -\sum_k \frac{V_k^2}{(E - \epsilon_k)^2} < 0 \tag{10.67}$$

在每个不包含极点 $E=\epsilon_k$ 的间隔内，$F(E)$单调下降. 方程(10.66)的左边作为能量 E 的一个函数是一条斜率等于 1 的直线，这条直线在最后添加的态 $E=h$ 的点与横轴相交. 这条直线与 $F(E)$所有分支的截距精确地给出 N 个新本征值. 正如在变分法中应有的特征，在所有的情况下，最低的本征值都在先前近似的最低能级下. 同样，最高的本征值变得更高，其他 $N-2$ 个本征值总是位于先前一步所求得的数值之间.

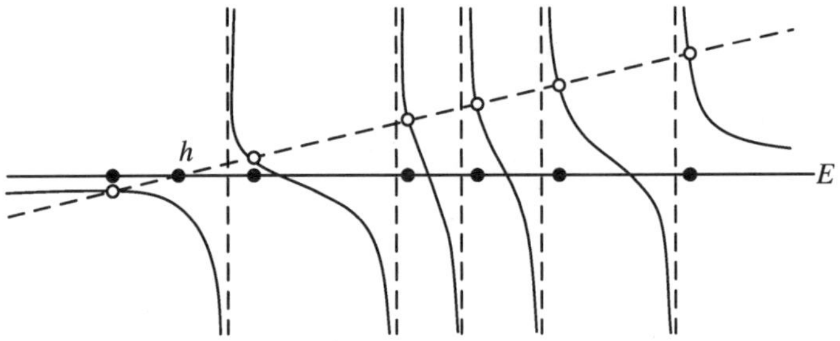

图 10.3 在前面 $N-1$ 维谱的下面添加了第 N 个态的特征方程(10.66)的图解法

现在，我们把本征态标记为$|\Psi^{(\alpha)}\rangle$，新的本征值为 E_α，(10.60)式中叠加的振幅为 C_k^α，则可以把这些波函数归一化为

$$|\Psi^{(\alpha)}\rangle=\sum_{k=1}^{N-1}C_k^\alpha|k\rangle+C_N^\alpha|N\rangle \tag{10.68}$$

其归一化条件为

$$\sum_{k=1}^{N-1}|C_k^\alpha|^2+|C_N^\alpha|^2=1 \tag{10.69}$$

与(10.65)式一起，该式确定

$$|C_N^\alpha|^2=\frac{1}{1+\sum_{k=1}^{N-1}V_k^2/(E_\alpha-\epsilon_k)^2} \tag{10.70}$$

借助(10.67)式，(10.70)式还可以写为

$$|C_N^\alpha|^2=[1-(\mathrm{d}F/\mathrm{d}E)_{E_\alpha}]^{-1} \tag{10.71}$$

其中，对于每一个本征态，导数是在对应解的能量 E_α 处取的.

习题 10.12 Green 函数算符

$$\hat{G}(E)=\frac{1}{E-\hat{H}} \tag{10.72}$$

在本征值 $E=E_\alpha$ 处有极点.求算符(10.72)式的矩阵元并证明在极点处的留数正是亮态的权重(10.71)式.

亮态的强度被碎裂分到所有 N 个定态.对于弱耦合,能量的本征值接近它们的未微扰值,这种碎裂也会弱一些,对于最接近的根 $|C_N|\approx 1$,而对于其他的根 $|C_N|\ll 1$.在非常强微扰的相反极限下,这时求和的耦合强度 $I=\sum_k V_k^2$ 很大,使得 $\sqrt{I}$ 大于未微扰能谱所覆盖的区间 $\Delta\epsilon$,最低态和最高态被推斥到离这个 $\Delta\epsilon$ 区域很远,并且均匀地分享整个强度:

$$(E_{\text{low}}-h)^2\approx(E_{\text{high}}-h)^2=I,\quad |C_N(E_{\text{low}})|\approx|C_N(E_{\text{high}})|\approx\frac{1}{2}\tag{10.73}$$

这标志着转变成量子光学、核物理和凝聚态物理中已知的**倍增状态**(doubling regime)[26].

习题 10.13 证明亮态的总强度保持不变:

$$\sum_{\alpha\text{所有的根}}|C_N^\alpha|^2=1\tag{10.74}$$

10.8 集体态

这里我们将考虑一个表面上看来与集中许多未微扰态的强度形成一个亮态(**集体态**)相反的问题.设 N 个正交态 $|k\rangle$ 具有未微扰能量 ϵ_k, $k=1,\cdots,N$.它们之间通过等于 $\beta t_k t_{k'}$ 的因子化的 $\hat{H}$ 矩阵元相互耦合,其中 β 是一个**耦合常数**.(这是一种集体**巨共振**或**超辐射**模型;这种因子化的相互作用有时称为多极-多极相互作用,因为 t_k 可能是多极算符的矩阵元.)

在未微扰态的基中,哈密顿量矩阵 $\hat{H}$ 有非零矩阵元:

$$H_{kk'}=\epsilon_k\delta_{kk'}+\beta t_k t_{k'}\tag{10.75}$$

类似于求解前面习题的办法,我们要寻找作为 N 个基的态叠加的 $\hat{H}$ 本征态:

$$|\Psi\rangle=\sum_{k=1}^{N}C_k|k\rangle\tag{10.76}$$

这里把所有的基的态都看成是平等的.和前面一样,我们得到对角化方程的矩阵形式:

$$\sum_{k'} C_{k'} H_{kk'} = C_k \epsilon_k + \beta t_k \sum_{k'} C_{k'} t_{k'} = EC_k \tag{10.77}$$

我们可以立即写出这个方程的一个形式解:

$$C_k = \frac{\beta t_k}{E - \epsilon_k} A, \quad A = \sum_{k'} t_{k'} C_{k'} \tag{10.78}$$

首先,让我们假定所有的多极振幅 t_k 都不等于零.通过把(10.78)式的两边都乘 t_k 并对 k 求和,我们得到

$$A\left(1 - \beta \sum_k \frac{t_k^2}{E - \epsilon_k}\right) = 0 \tag{10.79}$$

如果在(10.78)式中 A 的求和为零,则所有的系数 C_k 也均为零,这导致本征函数的平凡(零)解,而非平凡解由本征值 E 的特征方程决定:

$$\frac{1}{\beta} = \sum_k \frac{t_k^2}{E - \epsilon_k} \tag{10.80}$$

图 10.4 显示了对于正 β 值和负 β 值的图形解法.一般的模式与图 10.3 中的那些类似. $N-1$ 个根被局限在原来的能量ϵ_k之间,而第 N 个解从原来的谱向下($\beta<0$)或向上($\beta>0$)移动.在简并的情况下,取$\epsilon_k = \bar{\epsilon}$ = 常数,则 $N-1$ 个"内禀"根仍然保持在未微扰值 $\bar{\epsilon}$ 的简并,而被推斥的**集体态**具有本征值

$$E_{\text{coll}} = \bar{\epsilon} + \beta \sum_k t_k^2 \tag{10.81}$$

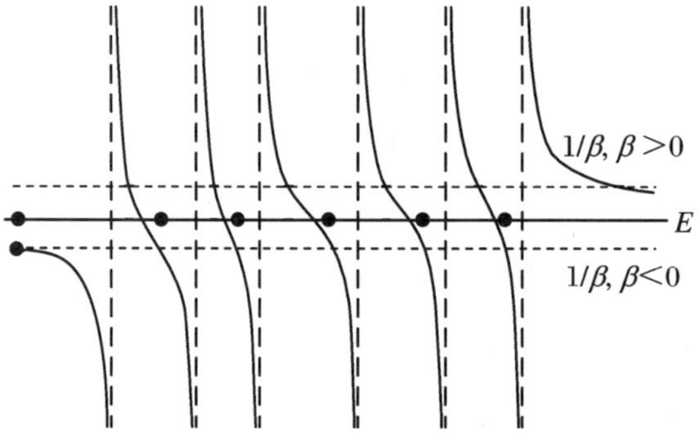

图 10.4 方程(10.80)的图解法

本质上,在非简并的情况下,这个同样的值发生在非常强的耦合时, $|\beta| \to \infty$.从

图 10.4可以看出，在这种情况下，能级被推斥得很远，能移可能大于原始谱的大小 $\Delta\epsilon$. 如果是这样，我们可以引入一个未微扰能级的“重心” $\bar{\epsilon}$ 并让$\epsilon_k \approx \bar{\epsilon} + \xi_k$，其中与重心的所有偏离 ξ_k 都位于 $\Delta\epsilon$之内. 那么，当保留到 $\Delta\epsilon$与集体能级的大能移之比的二级项时，(10.80)式近似地给出

$$\frac{1}{\beta} \approx \frac{1}{E-\bar{\epsilon}} \sum_k t_k^2 \left[1 - \frac{\xi_k}{E-\bar{\epsilon}} + \frac{\xi_k^2}{(E-\bar{\epsilon})^2}\right] \tag{10.82}$$

现在，我们通过要求

$$\sum_k \xi_k t_k^2 = 0 \rightsquigarrow \bar{\epsilon} = \frac{\sum_k t_k^2 \epsilon_k}{\sum_k t_k^2} \tag{10.83}$$

可以固定中心点 $\bar{\epsilon}$ 的选取(未微扰本征值以它们的强度 t_k^2 加权). 利用这种选取，对于集体本征值，(10.82)式的迭代解给出

$$E - \bar{\epsilon} \approx \beta \left[\sum_k t_k^2 + \frac{\sum_k t_k^2 \xi_k^2}{(E-\bar{\epsilon})^2}\right] \approx \beta \sum_k t_k^2 + \frac{\sum_k t_k^2 \xi_k^2}{\beta\left(\sum_k t_k^2\right)^2} \tag{10.84}$$

如果 t^2 是一个未微扰态的典型(平均)强度，并且(10.84)式中的最后一项满足

$$\frac{\sum_k t_k^2 \xi_k^2}{\beta^2\left(\sum_k t_k^2\right)^2} \approx \frac{(\Delta\epsilon)^2}{(\beta N t^2)^2} \ll 1 \tag{10.85}$$

则解(10.84)式与简并情况下的(10.81)式是一致的，修正是 $\Delta\epsilon$与集体能移之比的二级项.

注意，集体本征值 E_{coll}的集体振幅 C_k^{coll}(10.78)式与对应的振幅 t_k具有相同的符号. 而对于剩下的内禀根，不同振幅的相对符号是变化不定的并且依赖于在密集的能谱内能量本征值的精确位置. 这正是那个特殊态具有**集体性**的根源：这里，许多内禀态的贡献是相干的. 在强耦合的极限下，集体叠加的振幅是

$$C_k^{\mathrm{coll}} \approx \beta A \frac{t_k}{E_{\mathrm{coll}} - \bar{\epsilon}} \approx \text{常数} \cdot t_k \tag{10.86}$$

或归一化后

$$C_k^{\mathrm{coll}} \approx \frac{t_k}{\left(\sum_k t_k^2\right)^{1/2}} \tag{10.87}$$

我们可以考虑一个 N 维耦合矢量 $\boldsymbol{t}$，其分量为 $\{t_k\}$. 那么，在这个极限下，振幅矢量 $\boldsymbol{C}^{\text{coll}}=\{C_k^{\text{coll}}\}$ 不是别的，正是这个归一化的耦合矢量——利用这个耦合把该集体态排列起来. $\boldsymbol{C}^{\text{coll}}$ 的每一个分量都是小的，是 $1/\sqrt{N}$ 的量级，但它们是相干的. 我们可以想象，这些态可以辐射，使得一个原始态 $\langle \text{rad}|k\rangle$ 的辐射振幅比例于 t_k. 该集体态的辐射由集体振幅决定：

$$\langle \text{rad}\mid \text{coll}\rangle = \langle \text{rad}\left|\sum_k C_k^{\text{coll}}\right|k\rangle \propto \sum_k C_k^{\text{coll}} t_k \propto N(t/\sqrt{N}) \propto t\sqrt{N} \quad (10.88)$$

其中，求和的估算是基于求和中所有的项都具有同样的符号这一事实.

在(10.88)式中的辐射振幅是**相干增强**的 $\sim\sqrt{N}$，而辐射概率增强一个因子 $\sim N$(**超辐射**)[27]. 这种现象是各种量子系统中许多集体效应的核心. 例如，原子核或原子团中所谓的巨共振，这时粒子间通过多极-多极作用发生相互作用. 像下册 2.9 节要讨论的，处于一个尺寸比一个单原子的辐射波长小的体积中的 N 个二能级原子系统，当它们通过共同的辐射场(t_k 与辐射振幅成正比)耦合起来的时候，就会发生这种原始的 Dicke 超辐射. 于是，这种耦合产生原子态的新的组合，包括一个宽度比各个原子辐射宽度大 N 倍的超辐射态(5.8 节).

对于这种效应和类似效应的数学基础通过矩阵(10.75)式的因子化结构显示出来：在强耦合状态(或接近简并的内禀态)，矩阵元的主要部分是 $t_k t_{k'}$. 这样一个矩阵的**秩**为 1，即只有一个非零的本征值，等于矩阵 $\boldsymbol{t}^2$ 的迹. 这正是我们在这个极限(10.81)式所看到的.

上文中，我们曾提到分波振幅 $t_k\neq 0$ 的假定. 如果其中的某一个(例如 t_l)为零，正如从最初的方程(10.77)所看到的，相应的态 $|l\rangle$ 就会逐渐离开集体化过程，而本征值 ϵ_l 不变；这个解只有一个非零振幅 $C_l=1$，其本征值 $E=\epsilon_l$.

10.9 Lanczos 算法

在实际问题中，特别是在多体物理中，即使对于那些有希望反映实际情形主要特征的最简单近似，动力学的复杂性常常要求一个非常大的基. 例如，甚至对于可以分布在许多单粒子轨道上的少数几个粒子，可能的多体组态组合的增长极大地增加基的维数. 这样大规模的计算只能通过数值计算来进行. 这里，我们简单地讨论一种具有独立价值的有效办法.

假定 $\hat{H}$ 是一个复杂系统的厄米的哈密顿量.为简单起见,我们考虑它的所有矩阵元都是实数,使得该哈密顿量矩阵在任何正交基中都是对称的,$H_{ij}=H_{ji}$.我们的目标是找到一种以最简短的可能方式构建几个低激发态的途径.我们从任意一个矢量 $|\psi_1\rangle$ 出发,在实践中,这个态应该基于我们关于基态结构的物理思想来选取.我们假定这个态归一化到 1.把 $\hat{H}$ 作用到 $|\psi_1\rangle$ 上,得到这个同样的态加上另外我们称之为 $|\widetilde{\psi_2}\rangle$ 的态,后者完全属于与 $|\psi_1\rangle$ 正交的子空间:

$$\hat{H}|\psi_1\rangle=\epsilon_1|\psi_1\rangle+|\widetilde{\psi_2}\rangle,\quad \epsilon_1=H_{11} \tag{10.89}$$

让我们归一化这个新矢量,即

$$|\widetilde{\psi_2}\rangle=V_1|\psi_2\rangle,\quad \langle\psi_2|\psi_2\rangle=1 \tag{10.90}$$

使得 $V_1=H_{12}=H_{21}$,并且

$$\hat{H}|\psi_1\rangle=\epsilon_1|\psi_1\rangle+V_1|\psi_2\rangle \tag{10.91}$$

我们把 $\hat{H}$ 作用到 $|\psi_2\rangle$ 上来继续这个过程.这就把我们带回到具有同样振幅 V_1 的 $|\psi_1\rangle$,出现一个具有系数 $H_{22}\equiv\epsilon_2$ 的对角部分,并产生了与前面两个矢量都正交的部分.假定第三个矢量 $|\psi_3\rangle$ 是归一化的,我们有

$$\hat{H}|\psi_2\rangle=V_1|\psi_1\rangle+\epsilon_2|\psi_2\rangle+V_2|\psi_3\rangle \tag{10.92}$$

在下一步,我们得到

$$\hat{H}|\psi_3\rangle=V_2|\psi_2\rangle+\epsilon_3|\psi_3\rangle+V_3|\psi_4\rangle \tag{10.93}$$

从此以后,不可能再回到第一个矢量,我们还会有与(10.91)式同样振幅的 $|\psi_3\rangle$ 的贡献.矢量 $|\psi_4\rangle$ 又与 $|\psi_1\rangle$、$|\psi_2\rangle$ 和 $|\psi_3\rangle$ 正交.

因此,代替完全对角化,同样的过程的重复进行,把哈密顿量变成一种三对角形式:

$$\hat{H}=\begin{pmatrix}\epsilon_1 & V_1 & 0 & 0 & \cdots\\ V_1 & \epsilon_2 & V_2 & 0 & \cdots\\ 0 & V_2 & \epsilon_3 & V_3 & \cdots\\ 0 & 0 & V_3 & \epsilon_4 & \cdots\\ \cdots & \cdots & \cdots & \cdots & \cdots\end{pmatrix} \tag{10.94}$$

对角化这种形式的矩阵不仅容易得多，而且收敛也常常快得多. 寻找矩阵(10.94)式的本征值的实用办法之一是利用通过把矩阵在 n 维截断得到的行列式 Δ_n 的递推关系：

$$\Delta_n = \epsilon_n \Delta_{n-1} - V_n^2 \Delta_{n-2} \tag{10.95}$$

这立即从(10.94)式的结构得到.

习题 10.14[28] 考虑一个(10.94)式类型的无限大矩阵，其对角元按照增加的序列排序，而且下述极限存在：

$$\lim_{n\to\infty} \frac{V_n^2}{\epsilon_n \epsilon_{n+1}} \equiv \lambda \tag{10.96}$$

让我们在不同的增长的维数 n 处，截断这个矩阵，而且提取一系列最低本征值 E_0 的近似值 $E_0^{(n)}$. 按照变分原理，这些行列式 Δ_n 的根的序列是单调下降的(我们从上面逐步增加压力). 利用(10.95)式和(10.96)式，证明在不断截断的过程中，能量**指数**收敛到它的实际值，使得当 n 足够大时，有

$$E_0^{(n)} = E_0 + 常数 \cdot e^{-\gamma n} \tag{10.97}$$

其中，如果极限(10.96)式满足 $\lambda < 1/2$，则指数 γ 由

$$\gamma = -\ln\left[\frac{1}{2\lambda^2}\left(1 - 2\lambda^2 - \sqrt{1 - 4\lambda^2}\right)\right] \tag{10.98}$$

给出. 在 $\lambda = 0$ 处，收敛非常快(阶乘的收敛，这可以用谐振子加上一个 $\propto x$ 的线性微扰来检验)；在 $\lambda = 1/2$ 处，收敛要慢得多，像 λ 的一个负幂次的收敛；对于太强的情况，$\lambda > 1/2$，这个过程是发散的，这可以与(12.87)式中也关系到一个三对角矩阵的类似不稳定性相比较. 对于参数 λ 通常很小的一些大的哈密顿量矩阵的数值对角化，这种指数收敛可能是非常有用的.

第 11 章

分立谱与谐振子

……与谐振子相关的问题为量子理论的普遍原理和形式体系提供了一个极好的例证.

——A. Messiah

11.1 一维束缚态

一维束缚态具有无穷远处趋于零的归一化坐标波函数.这种情况仅发生在势 $U(x)$ 在两个方向上都对运动加以限制时.这两个条件

$$\psi(x \to \pm \infty) \to 0 \tag{11.1}$$

仅对某些特定的能量值才能满足.这些能量值形成**分立谱**.正如在 3.9 节中由半经典估计所显示的,该能谱可以有任何数目的束缚态,从零到无穷多个.

习题 11.1 证明：在一维的情况下束缚能级的简并是不可能的.

证明 假定存在具有相同能量的两个束缚态，把边界条件(11.1)应用到 9.3 节的 Wronskian 行列式，并证明这两个函数相互成比例.

从 Schrödinger 方程(9.5)的形式可以看出，在**经典禁戒**区，$E<U(x)$，曲率 $\psi''=-k^2(x)\psi$ 与波函数具有同样的符号. 因此，在势垒下面该函数不会振荡，而是单调地趋于零(是从上面还是从下面趋于零都没有关系，因为波函数共同的符号是任意的). 然而，正像我们从分段常数势的经验所知道的，在经典允许区会出现振荡. 这样的波函数类似于驻波，它在经典允许范围外的衰变区之间有多次振荡.

两个解的 Wronskian 行列式的一阶微分方程((9.27)式)对分立谱也是成立的. 这就允许我们建立有助于排序束缚态的**比较规则**. 任何束缚解都至少有两个零点(在无穷远处，见(11.1)式). 如果函数没有其他的零点(**节点**)，我们可以假定它到处都是正的. 然而，为了与这第一个解正交，任何其他的解在中间至少还要有一个零点. 事实上，这个**振荡定理**是成立的，它告诉我们，能量上紧接在后面的每一个束缚态波函数与前面一个较低能量的解相比都精确地多一个节点；第 n 个解的节点与前面第 $n-1$ 个解的节点是交错的，如图 11.1 所示.

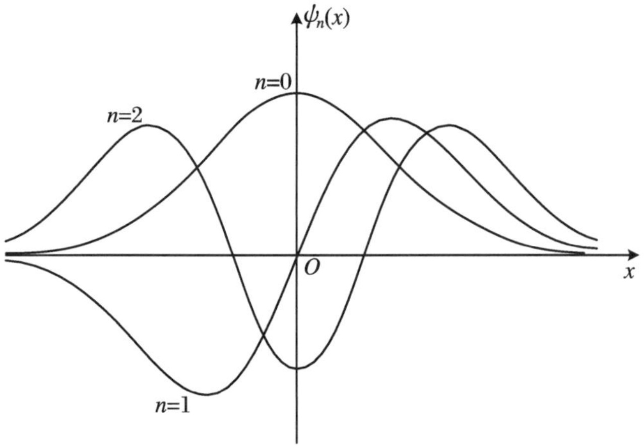

图 11.1 $n=0,1,2$ 的相继束缚态波函数 ψ_n

让我们考虑分别具有能量 E_1 和 E_2 的解 $\psi_1(x)$ 和 $\psi_2(x)$，且 $E_2>E_1$. 让 $x=a$ 和 $x=b$ 是具有较低能量的波函数 ψ_1 的相邻的零点，在这两个零点之间，比方说函数 ψ_1 是正的，即

$$\psi_1(a)=\psi_1(b)=0;\quad \psi_1>0,\text{在 } a<x<b \text{ 处} \tag{11.2}$$

在点 a 和点 b 处，这两个解的 Wronskian 行列式(9.24)分别为

$$W_{12}(a) = -\psi_1'(a)\psi_2(a), \quad W_{12}(b) = -\psi_1'(b)\psi_2(b) \tag{11.3}$$

在这两个零点之间，正的函数 ψ_1 先增加后下降.因此，$\psi_1'(a)>0$ 且 $\psi_1'(b)<0$，使得 $W_{12}(a)$的符号与 $\psi_2(a)$的符号是相反的，而 $W_{12}(b)$的符号与 $\psi_2(b)$的符号是相同的.另一方面，具有 $E_1<E_2$ 的(9.27)式表明，在 a 和 b 之间导数 $\mathrm{d}W_{12}/\mathrm{d}x$ 的符号与 ψ_2 的符号相反.如果 ψ_2 在这个区域内不改变符号，比方说是正的，则 W_{12}一定单调下降.然而，按照前面的叙述，W_{12}的符号从负变到正，即 W_{12}是增加的.这种矛盾的唯一解释是在$[a,b]$区间内 ψ_2 不可能处处都有一样的符号.这意味着在所有较低能量的本征函数的任何相邻两个零点之间 ψ_2 至少有一个零点.

于是，能谱以这种方式排序：基态波函数 ψ_0 在有限的 x 处没有零点，第一激发态 ψ_1 有一个零点(除 $\pm\infty$ 以外)，ψ_n 有 n 个有限的零点，如图 11.1 所示.从这个结果还可以看出，如果势 $U(x)$具有确定的宇称(8.5 节)，基态波函数(假定是束缚的)有正宇称；奇函数必须在原点有一个附加的节点.在下面重要的例子中，这些规律会看得更清楚.

11.2 线性谐振子

我们已经处理过谐振子势的一些方面.现在，我们能够精确地求解相应的 Schrödinger 方程：

$$\frac{\mathrm{d}^2\psi}{\mathrm{d}x^2} + k^2(x)\psi = 0, \quad k^2(x) = \frac{2m}{\hbar^2}\left(E - \frac{1}{2}m\omega^2x^2\right) \tag{11.4}$$

当然，这种势仅有分立的能谱，如图 1.5 所示($s=2$).该势的这种特点是非物理的；在实际情况中，$\sim x^2$ 的二次方势在某个地方被切断了，允许这个系统在高能时离解.然而，对于低激发态能级，谐振子近似可能非常好.实际上，有一些系统，像维持许多束缚态的分子就类似于简谐振动.在平衡位置附近的小振幅振动不管在经典力学或者量子力学中都是极其重要的.在下册第 20 章我们将会看到，在许多情况下一个多体系统的激发态可以用小振动近似.另外，把电磁场用一套简正振动模式来表示是量子电动力学的基石，见下册第 4 章.

在这一节，我们将研究微分方程(11.4)的完整解.我们把这个信息详细地展现是为了演示基本要点和相关的技术方法.然后，我们将引入对于应用和推广更简单的代数求

解方法.作为一般的技巧,从方程的**奇点**附近开始求解是合理的,请比较 9.7 节.对于线性谐振子势的情况,唯一的危险来自 $|x| \to \infty$.在大 $|x|$ 处,即势垒下面很深的地方,(11.4)式中的能量项可以忽略,因此我们得到解的渐近形式:

$$\psi(x) \propto \mathrm{e}^{\pm \alpha x^2}, \quad \alpha = \frac{m\omega}{2\hbar} \tag{11.5}$$

当然,只有指数上的符号为负的衰减解可以对应一个物理的束缚态.方程(11.5)表明,典型的穿透长度是 $x \sim 1/\sqrt{a} \sim \sqrt{\hbar/(m\omega)}$.从习题 5.12(1)我们已经知道这个估算.若利用这个长度作为这个问题的一个自然标度,则引入无量纲变量

$$\xi = \sqrt{\frac{m\omega}{\hbar}}x \tag{11.6}$$

是很方便的.用 ξ 作为新坐标,我们改写 $\psi(\xi)$ 的 Schrödinger 方程:

$$\left(\frac{\mathrm{d}^2}{\mathrm{d}\xi^2} - \xi^2 + \epsilon\right)\psi(\xi) = 0, \quad \epsilon = \frac{E}{\hbar\omega/2} \tag{11.7}$$

其中,还另外引入了无量纲的能量 ϵ.按照(11.5)式,$\psi(\xi)$ 的渐近行为由 $\exp(-\xi^2/2)$ 确定.完整的解应该包含这个指数,有可能乘上另一个不改变渐近式衰减特征的函数:

$$\psi(\xi) = v(\xi)\mathrm{e}^{-\xi^2/2} \tag{11.8}$$

利用这个拟设,我们可以计算对 ξ 的导数,

$$\begin{aligned}
\psi' &= \left(\frac{v'}{v} - \xi\right)\psi \\
\psi'' &= \left[\left(\frac{v''}{v} - \frac{v'^2}{v^2} - 1\right) + \left(\frac{v'}{v} - \xi\right)^2\right]\psi = \left(\frac{v''}{v} - 1 - 2\xi\frac{v'}{v} + \xi^2\right)\psi
\end{aligned} \tag{11.9}$$

得到

$$v'' - 2\xi v' + (\epsilon - 1)v = 0 \tag{11.10}$$

这是**超几何方程**(hypergeometric equation)的一个特殊形式,它不含任何奇点,而且可以用一个简单的多项式拟设求解.

我们立刻看到,一些最低阶多项式满足这个方程:如果 $\epsilon = 1$,则 $v = c_0 =$ 常数是解;在 $\epsilon = 3$ 的情况下,$v = c_1\xi$ 满足方程.这两个解是最低的偶解和最低的奇解.由于该势具有反演对称性,这些定态函数具有确定的宇称,这使得在这两个解之后的下一个解必须是一个二阶的偶多项式,$v = c_1\xi^2 +$ 常数,它的确是一个 $\epsilon = 5$ 和常数 $= -c_2/2$ 的解.理所应当,更高的解一个跟着一个地增加节点,而且有交替变化的宇称.由最低阶多项式的启

发，我们寻求(11.10)式的**幂级数**形式的通解：

$$v(\xi)=\sum_n c_n \xi^n \tag{11.11}$$

把这个式子代入(11.10)式，得出

$$\sum_n c_n\left[n(n-1)\xi^{n-2}-2\xi n\xi^{n-1}+(\epsilon-1)\xi^n\right]=0 \tag{11.12}$$

如果 ξ 的每一个幂次的系数都相互抵消，则上式同样是成立的.通过把所有的 $\propto \xi^n$ 的项都收集在一起，我们得到

$$c_{n+2}(n+1)(n+2)-c_n 2n+(\epsilon-1)c_n=0 \tag{11.13}$$

于是，我们得到**二元递推关系**：

$$c_{n+2}=\frac{2n-(\epsilon-1)}{(n+2)(n+1)}c_n \tag{11.14}$$

取任意的 c_0 值，我们计算所有的偶数系数 c_{2k}；同样，从任何一个 c_1 出发，我们找到所有奇数项 c_{2k+1}.这就自动确定了偶解和奇解.

如果在某一点我们有 $c_n \neq 0$ 但 $c_{n+2}=0$，则该解由一个有限的多项式给出.那么，级数所有更高的项都为零.如果能量参数是

$$\epsilon=2n+1 \rightsquigarrow E=E_n=\hbar\omega\left(n+\frac{1}{2}\right) \tag{11.15}$$

就会发生这种情况，它对于偶的和奇的 n 都确定了步长等于 $\hbar\omega$ 的**等距能谱**.最低解($n=0$)是偶的，多项式正好是一个常数.因此，我们得到一个像(11.5)式的高斯函数：

$$\psi_0(\xi)=A_0 e^{-\xi^2/2} \tag{11.16}$$

较高的解用阶次增加的多项式 v_n 表示，与振荡定理一致，它有 n 个有限的节点.

为了确认不存在其他的非多项式的解，我们需要理解如果级数(11.11)式在第 n 步时不中断会怎么样.那样的话，我们有一个无穷级数，而由(11.14)式可知，在它的相继两个系数之间有极限关系 $c_{n+2}/c_n \approx 2/n$.这与增长的指数函数具有同样的行为：

$$e^{\xi^2}=\sum_{k=0}^{\infty}\frac{\xi^{2k}}{k!} \tag{11.17}$$

的确，在该级数中，对于 $2k=n$，有 $c_n=1/(n/2)!$，而对于 $2k=n+2$，有 $c_{n+2}=1/(n/2+1)!$.这给出同样的渐近关系 $c_{n+2}/c_n=1/(n/2+1)\approx 2/n$.因此，这个无穷级

数的渐近行为像 $\exp(+\xi^2)$. 这种增长压倒了(11.8)式中下降的指数,结果使得波函数渐近地增大 $\propto\exp(+\xi^2/2)$. 我们得到一个从一开始就已经被抛弃的发散解((11.8)式). 于是,只有**有限的多项式**解才满足对一个束缚态的物理要求,完整的分立谱由(11.15)式给出.

习题 11.2 (1) 对处于图 11.2 所示的势场

$$U(x) = U_0\left(\frac{a}{x} - \frac{x}{a}\right)^2, \quad U_0 > 0, \quad a > 0 \tag{11.18}$$

中的一个质量为 m 的粒子,求能谱 E_n 并构建相应的本征函数 $\psi_n(x)$.

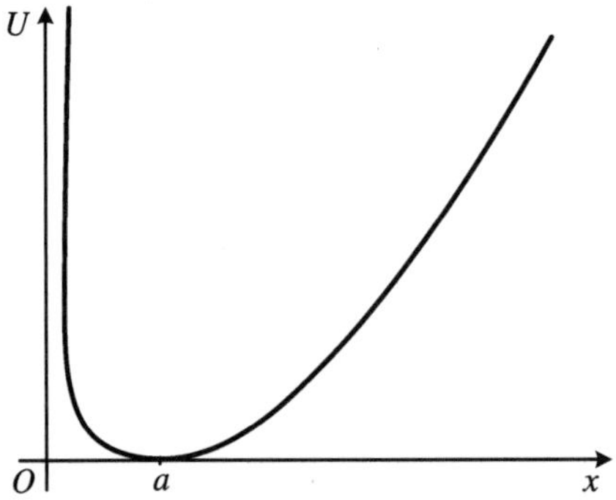

图 11.2 习题 11.2 的势曲线

(2) 若把这个势在经典平衡点附近展开,将其近似为一个抛物线,并且求解由此产生的谐振子,考虑同样的问题. 把这个近似解的能谱与精确能谱作比较.

解 (1) 求解定态 Schrödinger 方程

$$-\frac{\hbar^2}{2m}\frac{\mathrm{d}^2\psi}{\mathrm{d}x^2} + U_0\left(\frac{a}{x} - \frac{x}{a}\right)^2\psi = E\psi \tag{11.19}$$

图 11.2 所示的势具有左壁渐近地逼近纵轴而右边为抛物线的势阱形式. 这里,只有 $E>0$ 的分立谱是可能的. 引入无量纲的正变量

$$y = \frac{x}{a}, \quad q = \frac{2mU_0a^2}{\hbar^2}, \quad s = \frac{2mEa^2}{\hbar^2} \tag{11.20}$$

我们把 $\psi(y)$ 的方程改写为

$$\frac{\mathrm{d}^2\psi}{\mathrm{d}y^2} - q\left(y^2 + \frac{1}{y^2}\right)\psi + (2q + s)\psi = 0 \tag{11.21}$$

现在,我们要看一看在 $y \to +\infty$ 和 $y \to 0$ 两个奇点附近方程的行为.在 y 很大时,我们有一个振子类行为:

$$\frac{\mathrm{d}^2\psi}{\mathrm{d}y^2} \approx qy^2\psi, \quad y \to +\infty \tag{11.22}$$

解的行为如同

$$\psi \sim \mathrm{e}^{\alpha y^2} \tag{11.23}$$

于是,我们发现

$$\psi' = 2\alpha y\psi, \quad \psi'' = (2\alpha + 4\alpha^2 y^2)\psi \approx 4\alpha^2 y^2 \psi \tag{11.24}$$

并且与(11.22)式进行比较,表明

$$4\alpha^2 = q \rightsquigarrow \alpha = -\frac{1}{2}\sqrt{q} \tag{11.25}$$

其中我们选择了在远距离衰减的解.在原点附近,方程中的主要项是

$$\frac{\mathrm{d}^2\psi}{\mathrm{d}y^2} \approx \frac{q}{y^2}\psi, \quad y \to 0 \tag{11.26}$$

这是一个 Euler 型的方程,其解是变量的一个幂级数(两项都降低了幂次 2):

$$\psi \sim y^\gamma, \quad \gamma(\gamma - 1) = q \tag{11.27}$$

在这个二次方程中,我们需要选择 γ 的正根,以避免在小 y 处波函数无限增长:

$$\gamma = \frac{1}{2}(\sqrt{4q + 1} + 1) \tag{11.28}$$

最后,我们引入变量

$$\xi = \sqrt{q}y^2 \tag{11.29}$$

并寻找能导致奇点附近行为的那种形式的完整解

$$\psi = \mathrm{e}^{-\xi/2}\xi^{\gamma/2}u(\xi) \tag{11.30}$$

其中,$u(\xi)$ 应该是一个不改变渐近行为的正则函数.把这个形式代入(11.21)式,经过一些代数运算,确认奇点项都抵消了,因此我们得到 $u(\xi)$ 的方程:

$$\xi u'' + (A - \xi)u' - Bu = 0 \tag{11.31}$$

其中

$$A = \gamma + \frac{1}{2}, \quad B = \frac{\gamma}{2} + \frac{1}{4} - \frac{s + 2q}{4\sqrt{q}} \tag{11.32}$$

由于在(11.31)式中没有奇点,我们将寻找它的幂级数解:

$$u(\xi) = \sum_k c_k \xi^k \tag{11.33}$$

系数 c_k 必须满足二元递推关系:

$$c_{k+1} = \frac{k + B}{k(k + 1 + A)} c_k \tag{11.34}$$

如果这个级数是无穷级数,高阶项的行为 $c_{k+1} \sim c_k / k$,与指数级数 $\exp(\xi)$ 的行为是一致的.它会胜过(11.30)式中的衰减指数,导致波函数不可接受的增长.这就意味着,这个级数实际上必须是一个有限的多项式.如果 $c_n \neq 0$,但 $c_{k>n} = 0$,则我们有一个 $\xi(\propto x^2)$ 的 n 次幂多项式.这要求 $B = -n$,它是对于能量 $s = s_n$ 的量子化条件:

$$\frac{s_n + 2q}{4\sqrt{q}} = n + \frac{\gamma}{2} + \frac{1}{4} \tag{11.35}$$

或者回到 s 和 γ 的原始符号:

$$E_n = \hbar\omega\left(n + \frac{1}{2} + \frac{1}{4}\sqrt{1 + 4q} - \frac{\sqrt{q}}{2}\right) \tag{11.36}$$

这个问题的谱是谐振子谱,其频率为

$$\omega = \sqrt{\frac{8U_0}{ma^2}} \tag{11.37}$$

基态从 $\hbar\omega/2$ 移动了

$$\Delta E = \hbar\omega\left(\frac{1}{4}\sqrt{1 + 4q} - \frac{\sqrt{q}}{2}\right) \tag{11.38}$$

这个移动总是正的,仅在 $q \gg 1$ 时,它为零.

可以用这种依次得到的多项式 $u_n(\xi)$ 把波函数明确地构建出来.波函数的普遍表达式可以写为

$$\psi_n(x) = N_n x^\gamma e^{-[\sqrt{q}/(2a^2)]x^2} F\left(-n, \gamma + \frac{1}{2}; \sqrt{q}\frac{x^2}{a^2}\right) \tag{11.39}$$

这里,N_n 是归一化因子;F 是所谓的**合流超几何函数**,它满足(11.31)式,一般可以表示为一个无穷级数:

$$F(B,A;\xi) = 1 + \frac{B}{A}\frac{\xi}{1!} + \frac{B(B+1)}{A(A+1)}\frac{\xi^2}{2!} + \frac{B(B+1)(B+2)}{A(A+1)(A+2)}\frac{\xi^3}{3!} + \cdots \quad (11.40)$$

对于 $B=-n$(n 是一个大于等于零的整数),这个级数变成一个有限的多项式.许多已知的特殊函数都可以表示为合流超几何函数的特殊情况.例如:

Bessel 函数	$A = 2B$
抛物柱面函数	$A = 1/2$
不完全 Γ 函数	$B = 1$
Laguerre 多项式	$B = -n$

最后一种情况是我们的解.

(2) 在经典平衡点 $x=a$ 附近,该势接近具有等效频率的谐振子势,这个频率可以通过把该势在这一点附近展开并且用 $m\omega^2/2$ 来逼近其曲率找到:

$$U(x) \approx \frac{1}{2}\frac{\mathrm{d}^2 U}{\mathrm{d}x^2}(x-a)^2 \equiv \frac{1}{2}m\omega^2(x-a)^2, \quad \omega = \sqrt{\frac{8U_0}{ma^2}} \quad (11.41)$$

可见,频率(11.37)式与在平衡点 $x=a$ 附近经典振动的频率严格相符.然而,在这种近似下,由(11.38)式给出的能谱作为整体的移动消失了.这个移动的出现是因为实际的势形状比一个振子的势要窄,而且所有的能级都被推高了.

11.3 厄米多项式*

现在我们将回到谐振子的解(11.8)式.(11.11)式的函数 $v_n(\xi)$正比于**厄米多项式**,其定义为

$$\mathcal{H}_n(\xi) = (-)^n e^{\xi^2}\frac{\mathrm{d}^n}{\mathrm{d}\xi^n}e^{-\xi^2} \quad (11.42)$$

从这个定义可以直接得到,这些函数的确是具有确定宇称 $\Pi_n=(-1)^n$的多项式.最低的几个厄米多项式是

$$\mathcal{H}_0(\xi) = 1, \quad \mathcal{H}_1(\xi) = 2\xi, \quad \mathcal{H}_2(\xi) = 4\xi^2 - 2, \quad \mathcal{H}_3(\xi) = 8\xi^3 - 12\xi \quad (11.43)$$

许多性质可以借助**生成函数** $F(\xi,t)$导出，这个函数对于 t 的 Taylor 展开系数正比于 ξ 的多项式：

$$F(\xi,t)=e^{2\xi t-t^2}=\sum_{n=0}^{\infty}\frac{\mathcal{H}_n(\xi)}{n!}t^n \tag{11.44}$$

如果

$$\mathcal{H}_n(\xi)=\left(\frac{\partial^n F}{\partial t^n}\right)_{t=0} \tag{11.45}$$

则上述选择是正确的.

通过把生成函数(11.44)式写为

$$F(\xi,t)=e^{\xi^2}e^{-(t-\xi)^2} \tag{11.46}$$

我们看到

$$\frac{\partial^n F}{\partial t^n}=e^{\xi^2}(-)^n\frac{\partial^n}{\partial \xi^n}e^{-(t-\xi)^2} \tag{11.47}$$

在 $t=0$ 时，它给出厄米多项式的定义(11.42)式.

习题 11.3 证明递推关系

$$\frac{d\mathcal{H}_n(\xi)}{d\xi}=2n\mathcal{H}_{n-1}(\xi) \tag{11.48}$$

和

$$2\xi\mathcal{H}_n(\xi)=2n\mathcal{H}_{n-1}(\xi)+\mathcal{H}_{n+1}(\xi) \tag{11.49}$$

证明 取生成函数 $F(\xi,t)$的导数$\partial F/\partial\xi$和$\partial F/\partial t$.

从(11.48)式和(11.49)式得到，在正确的能谱$\epsilon=2n+1$ 的条件下，厄米多项式与 $v_n(\xi)$相一致.因此，线性谐振子的定态本征函数是

$$\psi_n(\xi)=A_n e^{-\xi^2/2}\mathcal{H}_n(\xi) \tag{11.50}$$

其中，常数 A_n可以由归一化确定.厄米多项式是**有权重正交**的：

$$I_{nm}\equiv\int d\xi e^{-\xi^2}\mathcal{H}_n(\xi)\mathcal{H}_m(\xi)=2^n n!\sqrt{\pi}\delta_{mn} \tag{11.51}$$

而且这显然是波函数(11.50)式的正交条件.为了证明这一点，利用 $\mathcal{H}_n(\xi)$的定义(11.42)，对于 $n\geqslant m$，我们考虑积分 I_{nm}：

$$I_{nm}=\int d\xi e^{-\xi^2}(-)^n e^{\xi^2}\frac{d^n e^{-\xi^2}}{d\xi^n}\mathcal{H}_m(\xi)=(-)^n\int d\xi\frac{d^n e^{-\xi^2}}{d\xi^n}\mathcal{H}_m(\xi) \tag{11.52}$$

利用 n 重分部积分，我们消掉$(-1)^n$，并且，由于在无穷远处被积分的项为零，上式中的求导转换成了对多项式 $\mathcal{H}_m$ 的求导：

$$I_{nm} = \int d\xi e^{-\xi^2} \frac{d\xi^n \mathcal{H}_m(\xi)}{d\xi^n} \tag{11.53}$$

然而，对于 $n>m$，由于求导的次数多于多项式 $\mathcal{H}_m$ 的幂次，被积函数为零. 因此，具有不同能量的波函数是正交的.

对于归一化情况，$n=m$，我们有

$$I_{nn} = \int d\xi e^{-\xi^2} \frac{d\xi^n \mathcal{H}_n(\xi)}{d\xi^n} \tag{11.54}$$

只有多项式 $\mathcal{H}_n(\xi)$的最高次项(ξ^n 的系数)有贡献. 按照(11.42)式，这个系数是

$$(-)^n e^{\xi^2}(-2\xi)^n e^{-\xi^2} = 2^n \xi^n \tag{11.55}$$

从该式可得

$$I_{nn} = \int d\xi e^{-\xi^2} \frac{d^n}{d\xi^n}(2^n\xi^n) = 2^n n! \int d\xi e^{-\xi^2} = 2^n n! \sqrt{\pi} \tag{11.56}$$

这就确认了(11.51)式.

习题 11.4 求厄米多项式在原点的值.

解 从生成函数得到

$$\mathcal{H}_{n=\mathrm{odd}}(0) = 0, \quad \mathcal{H}_{n=2k}(0) = (-)^k \frac{(2k)!}{k!} \tag{11.57}$$

习题 11.5 (1) 证明厄米多项式的下列积分表达式：

$$\mathcal{H}_n(\xi) = (-)^n \frac{2^n}{\sqrt{\pi}} e^{\xi^2} \int_{-\infty}^{\infty} ds e^{-s^2+2i\xi s} s^n \tag{11.58}$$

(2) 计算无限求和，其中$|q|<1$：

$$K(\xi,\eta;q) = \sum_{n=0}^{\infty} \frac{\mathcal{H}_n(\xi)\mathcal{H}_n(\eta)}{2^n n!} q^n \tag{11.59}$$

(1) **证明** (11.58)式中的积分是由对于 $n=0$ 的该积分(它是高斯积分)对 ξ 求导 n 次产生的结果. 因此，我们得到了定义(11.42)式.

(2) **解** 利用表达式(11.58)并且把两个积分相乘，得到

$$K(\xi,\eta;q) = \frac{1}{\pi} e^{\xi^2+\eta^2} \sum_{n=0}^{\infty} \frac{(-2q)^n}{n!} \int ds ds' (ss')^n e^{-s^2-s'^2+2i(s\xi+s'\eta)} \tag{11.60}$$

对于$|q|<1$所有的表达式都是收敛的.我们先对n求和,然后计算高斯积分.最后得到

$$K(\xi,\eta;q)=\frac{1}{\sqrt{1-q^2}}e^{[2\xi\eta q-(\xi^2+\eta^2)q^2]/(1-q^2)} \tag{11.61}$$

(对于$\int d\xi$)归一化的谐振子波函数是

$$\psi_n(\xi)=\frac{1}{\pi^{1/4}\sqrt{2^n n!}}e^{-\xi^2/2}\mathcal{H}_n(\xi) \tag{11.62}$$

或者利用原始变量,

$$\psi_n(x)=\left(\frac{m\omega}{\pi\hbar}\right)^{1/4}\frac{1}{\sqrt{2^n n!}}e^{-m\omega x^2/(2\hbar)}\mathcal{H}_n\left(\sqrt{\frac{m\omega}{\hbar}}x\right) \tag{11.63}$$

它有标准的归一化:

$$\int dx\psi_n(x)\psi_m(x)=\delta_{mn} \tag{11.64}$$

几个典型的波函数如图11.3所示.

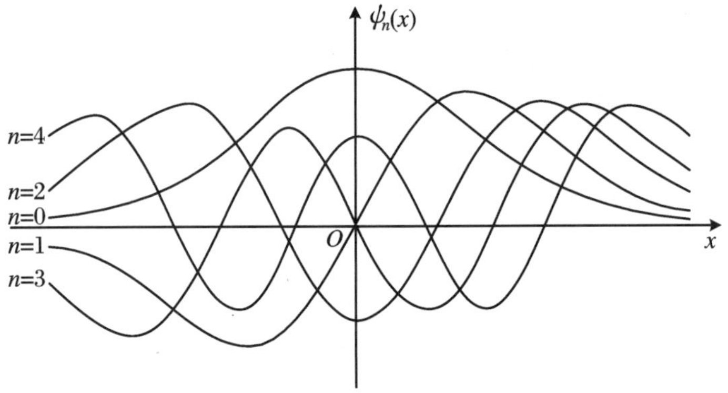

图11.3 谐振子定态波函数

习题11.6 对于线性谐振子场中的一个粒子,计算Green函数(传播子)(3.37)式.

解 利用波函数(11.63)式以及结果(11.59)式和(11.61)式,我们得到

$$G(x,t;x',t')=\sqrt{\frac{m\omega}{2\pi i\hbar\sin[\omega(t-t')]}}\\ \times\exp\left\{\frac{m\omega[2xx'-(x^2+x'^2)\cos(\omega(t-t'))]}{2i\hbar\sin[\omega(t-t')]}\right\} \tag{11.65}$$

利用(3.24)式，容易检验正确的极限(3.36)式.

11.4 平面中的谐振子：变量的分离

尽管这一节的主题是一维运动，但可以利用这个场合展示如何把我们的考虑推广到多维谐振子.在二维(x,y)中，哈密顿量

$$\hat{H}=\frac{\hat{p}_x^2}{2m_x}+\frac{1}{2}m_x\omega_x^2x^2+\frac{\hat{p}_y^2}{2m_y}+\frac{1}{2}m_y\omega_y^2y^2 \tag{11.66}$$

只不过是两个独立的线性振子哈密顿量之和：

$$\hat{H}=\hat{H}_x+\hat{H}_y \tag{11.67}$$

由于与独立变量相关事件的概率是因子化的，可以发现波函数是各独立自由度波函数的乘积：

$$\psi(x,y)=X(x)Y(y) \tag{11.68}$$

这种方法称为**分离变量**.

利用拟设(11.68)式，该定态 Schrödinger 方程可以写为

$$\frac{1}{X}\hat{H}_xX+\frac{1}{Y}\hat{H}_yY=E \tag{11.69}$$

(11.69)式的左边两项依赖于不同的变量，且仅当它们中的每一项都为常数时，它们的和才能是常数.显然，这意味总能量被分解为分离运动的能量：

$$\hat{H}_xX(x)=E_xX(x),\quad \hat{H}_yY(y)=E_yY(y),\quad E_x+E_y=E \tag{11.70}$$

我们注意到，分离变量带来了新的量子数，在这种情况下，它们是子系统的能量.对 x 振子和 y 振子分离后的方程给出像(11.15)式一样的能谱，即

$$E_x=\hbar\omega_x\left(n_x+\frac{1}{2}\right),\quad E_y=\hbar\omega_y\left(n_y+\frac{1}{2}\right) \tag{11.71}$$

使得系统的总能级用两个整数量子数 n_x 和 n_y 标记：

$$E(n_x,n_y)=E_x(n_x)+E_y(n_y)=\hbar\omega_x\left(n_x+\frac{1}{2}\right)+\hbar\omega_y\left(n_y+\frac{1}{2}\right) \tag{11.72}$$

相应的波函数是谐振子波函数(11.63)式的乘积(11.68)式：

$$\psi_{n_x n_y}(x,y) = \psi_{n_x}(x)\psi_{n_y}(y) \tag{11.73}$$

把这种方法扩充到任何数目的独立振子自由度只是简单的练习.

11.5 各向同性谐振子

对于任意的频率 ω_x 和 ω_y，能谱由一些数字的明显随机组合给出.然而，如果这两个频率通过一个简单的比例关系相联系，例如 $u=\omega_x/\omega_y=p/q$，这里 p 和 q 都是整数，则能谱依赖量子数的一个简单组合 $N=qn_x+pn_y$.所有具有相同 N 的态是简并的，并且能谱获得**壳层结构**，见图 11.4.这样的**共振**可以借助经典 Lissajou **图形**清楚地解释，平面上的周期轨迹具有周期 $T=qT_y=pT_x$.

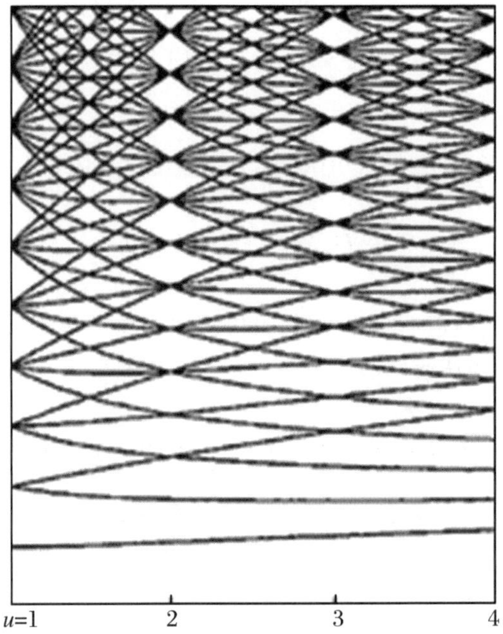

图 11.4　作为变形参数 $u=\omega_x/\omega_y$ 的一个函数的二维谐振子能谱

如果沿着不同轴的频率相等，$\omega_x=\omega_y\equiv\omega$，则会出现特别有趣的情况. 在这种情况下，我们可以引入共同的量子数 $N=n_x+n_y$. 能量

$$E=\hbar\omega\left(n_x+\frac{1}{2}+n_y+\frac{1}{2}\right)=\hbar\omega(N+1) \tag{11.74}$$

仅依赖 N，而不依赖两个独立的量子数，使得 $d=N+1$ 个具有同样的 N 而在n_x 和n_y 之间分布不同的能级都具有同样的能量. 这个壳层结构如下所示：

N	$d=N+1$	(n_x,n_y)	(n,m)
0	1	(0,0)	(0,0)
1	2	(1,0),(0,1)	(0, ±1)
2	3	(2,0),(1,1),(0,2)	(0, ±2),(1,0)
3	4	(3,0),(2,1),(1,2),(0,3)	(0, ±3),(1, ±1)

(11.75)

在这里，简并出现只是由于频率相等. 作为两个振子模式之间最简单的共振，振子的质量 $m_{x,y}$和恢复力可以不同，但频率一致. 如果频率并不精确相等，但仍然接近，以至于**失谐** $\Delta\omega\ll\omega_{x,y}$，则不存在精确的简并. 然而，能谱中仍然展示靠近的能级的一些组，组间能隙大于组内能级间距. 这种**准简并**或那种包括更复杂 p/q 情况的近似共振是诸如原子、原子核、原子团以及所谓量子点的人造凝聚态系统[5, § 29]等多体系统中壳层结构的核心. 作为经典周期轨道[2]的量子残余，在不同于谐振子的势场中也出现壳层.

这种相同对称性的另一种表现形式是一种新的运动常数的出现. 的确，类似于经典力学[1]中二次哈密顿量形式的讨论，我们总可以通过变量变换

$$p_a=\sqrt{m_a}p'_a,\quad x_a=\frac{x'_a}{\sqrt{m_a}} \tag{11.76}$$

把动能部分简化成(1/2)$(p_1'^2+p_2'^2)$形式. 这种正则变换使坐标和动量之间的经典Poisson括号保持不变，从而使整个哈密顿动力学不变. 类似地，量子算符的同样的正则变换保持它们的对易关系(7.95)式以及算符的运动方程((7.96)式和(7.97)式)不变. 在这样变换之后，具有相同频率的两个振子的哈密顿量(11.66)式在平面中变成明显**各向同性**：

$$\hat{H}=\frac{1}{2}\hat{\boldsymbol{p}}'^2+\frac{1}{2}\omega^2\hat{\boldsymbol{r}}'^2 \tag{11.77}$$

其中，我们引入了二维矢量 $\boldsymbol{r}'$和 $\boldsymbol{p}'$. 哈密顿量(11.77)式在 xy 平面转动下是不变的. 因此，这种转动的生成元(用新的坐标(11.76)式)，即沿着 z 轴的轨道角动量(见 4.5 节)是守恒的：

$$[\hat{l}_z, \hat{H}] = 0 \tag{11.78}$$

除了能量,轨道动量守恒提供了用 $\hat{l}_z$ 的本征值(即量子数 m)标志定态的可能性,见 7.10 节.然而,算符 $\hat{l}_z$ 与整个哈密顿量对易,但与 $\hat{H}_x$ 和 $\hat{H}_y$ 部分并不对易,因为绕 z 轴的转动把 x 坐标和 y 坐标混到一起了.定态按照 n_x 和 n_y 的分类与一个确定的 l_z 值是不相容的.这类似于习题 6.13 的情况,也类似于 7.10 节讨论 Runge-Lenz 矢量的例子.我们有一个常见的量子两难困境:量子态既可以用笛卡儿量子数来描述,也可以用轨道角动量来描述,不过不能同时用这二者.从习题 6.13 我们知道,在这种情况下定态一定是简并的.结果,二维各向同性的振子问题允许在两套坐标中分离变量.

11.6 在极坐标中求解该问题

让我们在这个平面内引入极坐标((4.64)式),那么轨道角动量算符 $\hat{l}_z$ 由角度微商((4.68)式)给出.省略在变量上的撇号,哈密顿量(11.77)式在动能部分中包含二维 Laplace算符,这个算符可以用(ρ, φ)变量写为

$$\nabla_2^2 = \frac{\partial^2}{\partial \rho^2} + \frac{1}{\rho}\frac{\partial}{\partial \rho} + \frac{1}{\rho^2}\frac{\partial^2}{\partial \varphi^2} \tag{11.79}$$

角度部分正比于 $\hat{l}_z^2$,使得在极坐标下哈密顿量取如下形式:

$$\hat{H} = -\frac{\hbar^2}{2}\left(\frac{\partial^2}{\partial \rho^2} + \frac{1}{\rho}\frac{\partial}{\partial \rho}\right) + \frac{\hbar^2 \hat{l}_z^2}{2\rho^2} + \frac{1}{2}\omega^2 \rho^2 \tag{11.80}$$

这里 φ 的依赖关系仅在轨道角动量部分,它可以被解释为具有转动惯量 $I = m\rho^2$ 的**转动能或离心能**.

新的变量分离暗示解的形式为

$$\psi(\rho, \varphi) = R(\rho)\Phi(\varphi) \tag{11.81}$$

对于角函数,我们取对应于量子化的整数值 m 的轨道角动量投影本征函数(4.72)式(m 不要与通过标度变换(11.77)式去掉的质量混淆):

$$\Phi_m(\varphi) = \frac{1}{\sqrt{2\pi}}e^{im\varphi}, \quad m = 0, \pm 1, \cdots \tag{11.82}$$

这个函数集合是普适的，它仅仅由平面中的转动不变性决定. 能谱必须从依赖 m 的函数 $R_m(\rho)$所满足的剩余径向方程去寻求：

$$\left[-\frac{\hbar^2}{2}\left(\frac{\partial^2}{\partial\rho^2} + \frac{1}{\rho}\frac{\partial}{\partial\rho}\right) + \frac{\hbar^2 m^2}{2\rho^2} + \frac{1}{2}\omega^2\rho^2\right]R_m(\rho) = ER_m(\rho) \tag{11.83}$$

注意，对于 $m\neq 0$ 的能量不能依赖 m 的符号，这是时间反演不变性的结果，它使这两种方向的转动是等价的. 对于每一个$|m|$，运动发生在有效势 U_m中：

$$U_m(\rho) = \frac{\hbar^2 m^2}{2\rho^2} + \frac{1}{2}\omega^2\rho^2 \tag{11.84}$$

这个势的极小值从原点移动到 $\rho_0(m) = (\hbar|m|/\omega)^{1/2}$点，因此该有效势的底是

$$(U_m)_{\min} = \hbar\omega\,|\,m\,| \tag{11.85}$$

习题 11.7 求解微分方程(11.83)，求径向本征函数 $R_{nm}(\rho)$的完备集，并证明能谱由

$$E(n,m) = \hbar\omega(2n + |\,m\,| + 1) \tag{11.86}$$

给出，其中 n 是**径向量子数**，即 $R_m(\rho)$在 $\rho\neq 0$ 处的节点数. $\hbar\omega|m|$项对应于给定$|m|$时有效势的新的底(11.85)式.

解 要解的方程为(用新单位(11.76)式，质量等于 1)

$$\left(\frac{d^2}{d\rho^2} + \frac{1}{\rho}\frac{d}{d\rho} - \frac{m^2}{\rho^2} - \frac{\omega^2}{\hbar^2}\rho^2 + k^2\right)R_m = 0 \tag{11.87}$$

其中，$k^2 = 2E/\hbar^2$. 类似对于线性谐振子和习题 11.2 求解. $\rho\to\infty$ 的渐近解由导数和主要的振子势决定；与前面一样，

$$R_m \propto e^{-\alpha\rho^2}, \quad \alpha = \frac{\omega}{2\hbar} \tag{11.88}$$

新的情况是在 $m\neq 0$ 时，在原点 $\rho\to 0$ 出现一个转动奇点. 这个奇点是几何性质的，即在原点处方位角不确定. 因此，如果这个函数在这一点有一个单值的含义，则对 φ 的依赖必须消失. 在原点邻域的这种行为是由导数和离心项决定的；对应的 Euler 方程具有$\propto\rho^\gamma$的解，而且该方程定义了轨道角动量的投影 $\gamma = \pm m$. 对于 $m = 0$，在原点附近没有角度依赖的波函数为一个常数；对于 $m\neq 0$，为了得到径向函数的节点，我们需要取正幂次，使得选择是

$$R_m \propto \rho^{|m|}, \quad \rho \to 0 \tag{11.89}$$

现在，类似(11.8)式和(11.30)式，我们明显地纳入这种渐近行为，寻找如下形式的解：

$$R_m(\rho) = v_m(\rho)\rho^{|m|} e^{-\alpha\rho^2} \tag{11.90}$$

用这个式子代入，我们得到 $v_m(\rho)$满足的新方程：

$$\left[\frac{d^2}{d\rho^2} + \left(\frac{2|m|+1}{\rho} - 4\alpha\rho\right)\frac{d}{d\rho} + k^2 - 4\alpha(|m|+1)\right]v_m = 0 \tag{11.91}$$

由于在 $\rho \to -\rho$ 形式变换下方程不变，解是 ρ^2 的函数.最方便的是引入新的变量

$$\eta = 2\alpha\rho^2 \tag{11.92}$$

它导致所谓的 **Kummer 方程**，与(11.31)式相比较：

$$\eta v''_m + (|m|+1-\eta)v'_m - \frac{1}{2}\left(|m|+1-\frac{k^2}{4\alpha}\right)v_m(\eta) = 0 \tag{11.93}$$

其中撇号(′)表示对 η 求导.量子化条件 $B=-n$ 决定了能谱(11.86)式.这个解再一次由 Laguerre 多项式 $v_m(\eta)=F(B,A;\eta)$给出.

在新的坐标中，我们成功地分离了变量，并用确定的 $l_z=m$ 值构建了本征态和同样的能谱，然而现在主量子数为 $N=2n+|m|$.(11.75)式的最后一行表明，怎样把笛卡儿表象的波函数与正确的转动线性组合对应起来.很明显，$m\neq0$ 的态总是成对出现的，并且对于偶数的 N，$|m|$是偶数，而对于奇数的 N，$|m|$是奇数.每一个沿着 x 轴或 y 轴的量子都提高相应的厄米多项式的幂次并改变函数的宇称，使得 N 和$|m|$的宇称与笛卡儿量子总数的宇称相同.然后，我们需要看一看 φ 的依赖性并且用 $\exp(\pm im\varphi)$来表示它.对于真空态，$n_x=n_y=N=0$，显然 $m=0$，而且这是唯一在两种表示中相同的波函数.对于下一个壳层，$N=1$，两个笛卡儿函数包含比例于 x 和 y 的多项式，其正确的转动组合是

$$x \pm iy = \rho(\cos\varphi + i\sin\varphi) = \rho e^{\pm i\varphi} \tag{11.94}$$

这就决定了两种表示之间翻译的字典：

$$\begin{aligned} |n=0;m=\pm1\rangle &\propto (x\pm iy)|n=0,m=0\rangle \\ &\propto |n_x=1,n_y=0\rangle \pm i|n_x=0,n_y=1\rangle \end{aligned} \tag{11.95}$$

组合(11.95)式可以通过乘 $1/\sqrt{2}$归一化.进入 $N=2$ 并从

$$(x\pm iy)^2 = \rho^2 e^{2i\varphi} = x^2 - y^2 \pm 2ixy \tag{11.96}$$

出发，我们得到

$$|n=0,m=\pm 2\rangle \propto (x^2-y^2\pm 2\mathrm{i}xy)|n=0,m=0\rangle \qquad (11.97)$$

对于$|n=1,m=0\rangle$态，我们需要一个转动不变的函数，它把坐标的两个幂加在一起，但不包含角度依赖. 自然的因子 $x^2+y^2=\rho^2$ 是不够的，因为函数 $\rho^2|n=0,m=0\rangle$与真空函数不正交. 我们需要构成一个确保正交性的相应的二级多项式 ρ^2 + 常数. 利用作为下一个主题的算符方法，所有这种机制都会极大地简化.

11.7 阶梯结构

当与一个分立能谱打交道时，如果在处置过程中能找到可以激发或退激发这个系统，从而实施从一个能级到另一个能级的跃迁的一些算符，那会是很有用的. 在谐振子的情况下，这是特别容易的.

让我们假定算符 $\hat{A}$ 和 $\hat{B}$ 满足对易关系：

$$[\hat{A},\hat{B}]=\lambda\hat{A} \qquad (11.98)$$

其中 λ 是某个数. 那么，我们可以把算符 $\hat{A}$ 称为 $\hat{B}$ 的本征算符，λ 为其本征值，不过它不是常规意义上的一个本征值. 考虑把(11.98)式作用到算符 $\hat{B}$ 的一个本征态$|b\rangle$上，其本征值为 b，利用

$$\hat{B}|b\rangle=b|b\rangle \qquad (11.99)$$

和(11.98)式，我们得到

$$\hat{B}(\hat{A}|b\rangle)=([\hat{B},\hat{A}]+\hat{A}\hat{B})|b\rangle=(b-\lambda)(\hat{A}|b\rangle) \qquad (11.100)$$

于是，将 $\hat{A}$ 作用在本征态$|b\rangle$上，产生一个新的矢量 $\hat{A}|b\rangle$，它仍是 $\hat{B}$ 的一个本征矢量，但具有移动了的本征值 $b'=b-\lambda$.

我们可以说，本征算符 $\hat{A}$ 把 $\hat{B}$ 的谱向下移动，每作用一次就把 $\hat{B}$ 的本征值降低同样的数λ(与通常的本征值不同，λ 度量本征值的间距). 从算符关系(11.98)式看到，$\hat{B}$ 的谱包含一个**等距阶梯**：

$$
\begin{aligned}
&|\,b\rangle \to b\\
&\hat{A}\,|\,b\rangle \to b-\lambda\\
&\hat{A}^2\,|\,b\rangle \to b-2\lambda\\
&\cdots
\end{aligned}
\tag{11.101}
$$

(11.98)式的厄米共轭表明，以相同的方式，$\hat{A}^\dagger$ 算符在 $\hat{B}^\dagger$的谱中构建一个上升的梯子，其本征值为 b^*，$b^*+\lambda^*$，….如果 $\hat{B}$ 是厄米的，则这两个阶梯应该是相同的，使得 b 和 λ 都是实数.对于两个厄米算符，对易子是反厄米的，见(6.155)式，出发条件(11.98)式并不能满足，$\lambda=0$ 是个例外，这时 $\hat{A}$ 和 $\hat{B}$ 两个算符对易，而且 $\hat{A}$ 的作用只局限在对于 $\hat{B}$ 是简并态的子空间，见 6.13 节.这种阶梯结构也可以表示为对于算符 $\hat{A}$ 的选择定则：它在 $\hat{B}$ 的两个本征值为 b 和 b'的本征态之间的矩阵元必须遵从

$$
\langle b'\,|\,[\hat{A},\hat{B}]-\lambda\hat{A}\,|\,b\rangle = 0 = (b-b'-\lambda)\langle b'\,|\,\hat{A}\,|\,b\rangle \tag{11.102}
$$

这意味着在 $\hat{B}$ 的本征基中，仅在满足 $b'=b-\lambda$ 的状态之间，$\hat{A}$ 的矩阵元才不为零.

作为一个简单的例子，我们可以回忆矢量 $\hat{V}$ 与轨道角动量 $\hat{l}$ 的对易关系(4.35)式～(4.37)式，有

$$
[\hat{l}_i,\hat{V}_j] = \mathrm{i}\,\epsilon_{ijk}\hat{V}_k \tag{11.103}
$$

对照(11.94)式，通过构成转动组合

$$
V_\pm \equiv V_x \pm \mathrm{i}V_y \tag{11.104}
$$

我们找到阶梯关系式

$$
[\hat{V}_\mp,\hat{l}_z] = \pm\hat{V}_\mp \tag{11.105}
$$

因此，对于**任何矢量算符** $\hat{V}$，$\hat{V}_-$ 把角动量投影降低 1，而 $\hat{V}_+$ 把这个投影升高 1.这就是我们能在上一节用简单的升算符 $x+\mathrm{i}y\equiv r_+$ 作用构建 $\Delta m=+1$ 态的原因.

到底这个阶梯算符是无限的还是有限的(在一个方向或者两个方向)，依赖下面我们将会看到的特定情况.

11.8 产生和湮灭算符

线性算符与它们的乘积和对易子一起构成一个**算符代数**. 由坐标 $\hat{x}$ 和动量 $\hat{p}$(以及单位算符)的正则共轭算符所构成的 **Heisenberg-Weyl 代数**是最简单的可能性. 正如我们已经知道的,这里唯一的非平凡对易子是

$$[\hat{x},\hat{p}] = \mathrm{i}\hbar \tag{11.106}$$

在经典力学中,一个粒子的瞬时位置可以用相空间(x,p)中的一个点来定义. 方便的办法是:以这样的方式引入无量纲的相互厄米共轭的算符 $\hat{a}$ 和 $\hat{a}^{\dagger}$,使得它们的经典映像是复变量 a 的平面上的一个点,而这个复变量的实部和虚部分别正比于 x 和 p. 到新变量的变换标度是任意的,而我们将以这样的方式使用一个正的具有量纲 $\sqrt{m\omega}$ 的尺度参数 v,它使得

$$\hat{a} = \frac{1}{\sqrt{2\hbar}}\left(v\hat{x} + \frac{\mathrm{i}}{v}\hat{p}\right), \quad \hat{a}^{\dagger} = \frac{1}{\sqrt{2\hbar}}\left(v\hat{x} - \frac{\mathrm{i}}{v}\hat{p}\right) \tag{11.107}$$

变量 $\hat{a}$ 和 $\hat{a}^{\dagger}$ 的对易子为 1,即

$$[\hat{a},\hat{a}^{\dagger}] = 1 \tag{11.108}$$

逆变换得到

$$\hat{x} = \sqrt{\frac{\hbar}{2}}\,\frac{1}{v}(\hat{a} + \hat{a}^{\dagger}), \quad \hat{p} = -\mathrm{i}\sqrt{\frac{\hbar}{2}}\,v(\hat{a} - \hat{a}^{\dagger}) \tag{11.109}$$

为了构建一个阶梯,我们首先引入算符

$$\hat{N} = \hat{a}^{\dagger}\hat{a} \tag{11.110}$$

按照习题 6.3(3),这个算符是厄米的,并且对于任何态$|\psi\rangle$是非负的:

$$\langle\psi|\hat{N}|\psi\rangle \geqslant 0 \tag{11.111}$$

只有对于在算符 $\hat{a}$ 作用下湮灭的态,上述期待值才能为零. 如果这个态存在的话,它将被称为真空,用$|\mathrm{vac}\rangle$来表示:

$$\hat{a} \mid \mathrm{vac}\rangle = 0 \tag{11.112}$$

从(11.108)式得到与算符(11.110)式的对易子为

$$[\hat{a},\hat{N}] = \hat{a}, \quad [\hat{a}^{\dagger},\hat{N}] = -\hat{a}^{\dagger} \tag{11.113}$$

用上一节的经验,我们看到算符 $\hat{N}$ 的谱形成一个步长为 $\lambda=1$ 的阶梯,$\hat{a}$ 是相对于 $\hat{N}$ 的降算符,$\hat{a}^{\dagger}$ 是升算符.如果 $|n\rangle$ 是 $\hat{N}$ 的本征态,则像(11.101)式那样,我们有

$$\begin{gathered}\hat{N} \mid n\rangle = n \mid n\rangle, \quad \hat{N}(\hat{a} \mid n\rangle) = (n-1)(\hat{a} \mid n\rangle), \\ \hat{N}(\hat{a}^{\dagger} \mid n\rangle) = (n+1)(\hat{a}^{\dagger} \mid n\rangle)\end{gathered} \tag{11.114}$$

通过用降算符 $\hat{a}$ 继续沿梯子下行,与(11.111)式的要求发生了矛盾,因为 $\hat{N}$ 的本征值可能变成负的.如果在某一点我们到达梯子的底 $|n_{\min}\rangle$,那么,进一步应用降算符会给出一个零矢量,则上述矛盾将可以避免.根据定义(11.112)式,这个阶梯的最低态正是真空态 $|n_{\min}\rangle=|\mathrm{vac}\rangle$.由于状态 $\hat{a}|\mathrm{vac}\rangle$ 的模为零,我们得到

$$\langle\mathrm{vac} \mid \hat{N} \mid \mathrm{vac}\rangle = n_{\min} = 0 \tag{11.115}$$

梯子在状态 $|\mathrm{vac}\rangle=|n=0\rangle\equiv|0\rangle$ 处从下面终止.通过借助升算符 $\hat{a}^{\dagger}$ 往回作用,我们可以以整数梯级 $n=0,1,2,\cdots$ 恢复整个梯子.在向上的方向梯子是无限的,我们把态 $|n\rangle$ 称为**数目态**(译者注:这里泛指量子的数目,而一般称为粒子数).

为了完成这个构建,假定梯子态 $|n\rangle$ 是适当归一化的,$\langle n|n'\rangle=\delta_{nn'}$,我们需要找到有关算符的矩阵元.降算符和升算符作用到 $|n\rangle$ 上,分别有

$$\hat{a} \mid n\rangle = \mu_n \mid n-1\rangle, \quad \hat{a}^{\dagger} \mid n\rangle = \tilde{\mu}_n \mid n+1\rangle \tag{11.116}$$

这里,μ_n 和 $\tilde{\mu}_n$ 简单地关联起来:

$$\tilde{\mu}_n = \langle n+1|\hat{a}^{\dagger}|n\rangle = \langle n \mid \hat{a} \mid n+1\rangle^{*} = \mu_{n+1}^{*} \tag{11.117}$$

为了找到这些矩阵元,我们需要一个**非线性关系式**,例如

$$\begin{aligned}\langle n \mid \hat{N} \mid n\rangle = n &= \langle n|\hat{a}^{\dagger}\hat{a}|n\rangle = \langle n|\hat{a}^{\dagger}|n-1\rangle\langle n-1 \mid \hat{a} \mid n\rangle \\ &= \tilde{\mu}_{n-1}\mu_n = |\mu_n|^2\end{aligned} \tag{11.118}$$

矩阵元的相位是任意的,我们可以把它们取为实数:

$$\mu_n = \sqrt{n}, \quad \tilde{\mu}_n = \sqrt{n+1} \tag{11.119}$$

现在,所有的矩阵元都确定了:

$$\hat{a}\mid n\rangle=\sqrt{n}\mid n-1\rangle,\quad \hat{a}^{\dagger}\mid n\rangle=\sqrt{n+1}\mid n+1\rangle \tag{11.120}$$

习题 11.8 证明从真空态$|0\rangle$出发,归一化粒子数态阶梯的构建由下式给出:

$$\mid n\rangle=\frac{(\hat{a}^{\dagger})^{n}}{\sqrt{n!}}\mid 0\rangle \tag{11.121}$$

现在是引入**振子量子**语言的合适的时机.量子数 n 指的是在态$|n\rangle$中可用的全同量子的数目,所以 $\hat{N}$ 是**量子数目算符**.降算符 $\hat{a}$ 描述一个量子的**吸收**;n 个量子都是全同的,因此吸收概率正比于$|\mu_n|^2=n+1$,即正比于可用的量子数目.升算符 $\hat{a}^{\dagger}$描述一个量子的发射;相应的概率正比于$|\tilde{\mu}_n|^2=n+1$,这个概率由不依赖现存量子数目的**自发**发射概率和正比于 n 的**诱导**的或**受激**的发射概率非相干地相加构成.诱导发射的概率是激光物理的基础.使用量子的语言,我们把升算符和降算符分别称为**产生算符**和**湮灭算符**.

习题 11.9 对于任何函数 F,证明算符恒等式:

$$e^{\lambda\hat{a}}F(\hat{a}^{\dagger})e^{-\lambda\hat{a}}=F(\hat{a}^{\dagger}+\lambda) \tag{11.122}$$

11.9 谐振子的算符解

基于 Heisenberg-Weyl 代数构建是量子化一维运动相空间的一种方法.将这种方法应用于谐振子,会导致比通过二阶微分方程更简单的问题完全解.

习题 11.10 推导不确定性关系的一种可供选择的形式:

$$\left\langle v^{2}x^{2}+\frac{p^{2}}{v^{2}}\right\rangle\geqslant\hbar \tag{11.123}$$

其中期待值是在任意一个态求得的,v^2 是量纲为$[m\omega]$的一个任意的正参数.

解 把算符 $\hat{N}$ 用位置和动量算符(11.107)式表示:

$$\hat{N}=\frac{1}{2\hbar}\left(v^{2}\hat{x}^{2}+\frac{\hat{p}^{2}}{v^{2}}\right)-\frac{1}{2} \tag{11.124}$$

习题 11.11 证明对于一个粒子的任何归一化的态,下述不等式都成立:

$$\langle(\hat{x}-x_0)^2\rangle\langle(\hat{p}-p_0)^2\rangle-\langle(\hat{x}-x_0)(\hat{p}-p_0)\rangle^2\geqslant\frac{\hbar^2}{4} \tag{11.125}$$

其中

$$x_0=\langle\hat{x}\rangle,\quad p_0=\langle\hat{p}\rangle \tag{11.126}$$

对实际质量为 m 和频率为 ω 的谐振子，通过选择标度参数 $v=\sqrt{m\omega}$，从(11.124)式得到凭借具有这些参数的量子数目算符的谐振子哈密顿量表达式：

$$\hat{H}=\frac{1}{2m}\hat{p}^2+\frac{1}{2}m\omega^2\hat{x}^2=\hbar\omega\left(\hat{N}+\frac{1}{2}\right) \tag{11.127}$$

量子数目算符的量子化等价于谐振子能谱的量子化(11.15)式. 定态就是上面找到的粒子数态.

现在，很容易找到坐标表象或者动量表象中的本征函数 ψ_n. 在坐标表象，湮灭算符(11.107)式具有如下形式($v=\sqrt{m\omega}$)：

$$\hat{a}=\frac{1}{\sqrt{2\hbar m\omega}}(\mathrm{i}\hat{p}+m\omega\hat{x})=\frac{1}{\sqrt{2\hbar m\omega}}\left(-\hbar\frac{\mathrm{d}}{\mathrm{d}x}+m\omega x\right) \tag{11.128}$$

真空态 $|0\rangle$ 被这个算符湮灭，或者在坐标表象中关于 $\langle x|0\rangle\equiv\psi_0(x)$ 的方程是

$$\left(-\hbar\frac{\mathrm{d}}{\mathrm{d}x}+m\omega x\right)\psi_0(x)=0 \tag{11.129}$$

求解这个一阶方程比求解二阶 Schrödinger 本征值问题要简单得多(在(11.127)式和(11.118)式中已经找到了能谱). 除了一个归一常数，(11.129)式的解是明显的：

$$\psi_0(x)=\text{常数}\cdot\mathrm{e}^{-m\omega^2x^2/(2\hbar)} \tag{11.130}$$

我们从(11.6)式和(11.16)式就已经知道它了. 利用普遍的结果(11.121)式以及与(11.128)式共轭的产生算符，我们能够构建激发态：

$$\psi_n(x)=\frac{1}{\sqrt{n!}}\frac{1}{(2\hbar m\omega)^{n/2}}\left(\hbar\frac{\mathrm{d}}{\mathrm{d}x}+m\omega x\right)^n\psi_0(x) \tag{11.131}$$

如果通过选择(11.130)式中的常数使真空态归一化，则所有的态都自动地归一化. 我们也可以把(11.131)式视为推导厄米多项式的一个具有建设性的办法.

习题 11.12 寻找作用在真空态上产生定域态 $|x\rangle$ 的算符.

解 利用坐标波函数 $\psi_n(x)=\langle x|n\rangle$ 的完备集(11.63)式、态矢量 $|n\rangle$ 的算符表示(11.121)式以及厄米多项式的生成函数(11.44)式，我们发现

$$
| x \rangle = \sum_n | n \rangle \langle n | x \rangle = \left(\frac{m\omega}{\pi \hbar} \right)^{1/4} \mathrm{e}^{-[m\omega x^2/(2\hbar)] + \sqrt{2m\omega/\hbar} x \hat{a}^\dagger - (\hat{a}^\dagger)^2/2} | 0 \rangle \quad (11.132)
$$

这种用产生算符和湮灭算符的整个架构很容易转移到多维情况.对于每一个笛卡儿自由度,算符 $\hat{a}_i$ 和 $\hat{a}_i^\dagger$ 被定义为(11.107)式,具有对易规则:

$$
[\hat{a}_i, \hat{a}_j] = [\hat{a}_i^\dagger, \hat{a}_j^\dagger] = 0, \quad [\hat{a}_i, \hat{a}_j^\dagger] = \delta_{ij} \quad (11.133)
$$

例如,在二维情况下,哈密顿量(11.66)式取如下形式:

$$
\hat{H} = \hbar\omega_x \left(\hat{N}_x + \frac{1}{2} \right) + \hbar\omega_y \left(\hat{N}_y + \frac{1}{2} \right) \quad (11.134)
$$

其中,具有非负整数谱的数目算符是

$$
\hat{N}_i = \hat{a}_i^\dagger \hat{a}_i \quad (11.135)
$$

习题 11.13 对于一个在 xy 平面具有不同频率($\omega_x \neq \omega_y$)的二维谐振子,用产生算符和湮灭算符表示角动量算符 $\hat{l}_z$.考虑各向同性的极限($\omega_x = \omega_y$)过渡的情况,并证明这个算符变成一个运动常数,这与 11.6 节是一致的.

12

第 12 章

相干态与压缩态

已经预言和观测到了诸如所谓的“压缩光”这样的光的一些状态，它们导致了在经典波动理论的框架内完全无法解释的关联效应.

——M. P. Silverman

12.1　引入相干态

在第 11 章用到的产生算符和湮灭算符是与经典相平面(x,p)的映像相联系的.假如它们是一些复数 α 和 α^* 而不是算符 $\hat{a}$ 和 $\hat{a}^\dagger$，我们就可以引入绝对值和相位 $\alpha=|\alpha|\exp(\mathrm{i}\varphi)$，并且发现经典坐标和共轭动量((11.109)式)就像它们在复平面上的代表点的实部和虚部：

$$x=\frac{\sqrt{2\hbar}}{v}|\alpha|\cos\varphi,\quad p=\sqrt{2\hbar}v|\alpha|\sin\varphi \tag{12.1}$$

该相平面的面元可以表示为

$$dS = dx dp = 2\hbar d(\mathrm{Re}\alpha)d(\mathrm{Im}\alpha) = 2\hbar d^2\alpha \tag{12.2}$$

使得量

$$\frac{d^2\alpha}{\pi} = \frac{dx dp}{2\pi\hbar} \tag{12.3}$$

的明显意思是计数半经典面元 $dx dp$ 上的量子态的数目，见 3.8 节．因此，复平面 α 本质上是经典相平面．现在我们的目的是寻找它的量子映像．

与经典运动最接近的是定义为**湮灭算符** $\hat{a}$ 的本征态的**相干态**．这样一个态 $|\alpha\rangle$ 可以和作为算符 $\hat{a}$ 本征值的一个任意复数 α 地位相当：

$$\hat{a}\,|\,\alpha\rangle = \alpha\,|\,\alpha\rangle \tag{12.4}$$

现在我们证明，对于任意的 α 都可以构建一个好的（可归一化的）态（12.4）式．所有的这类态都可以对粒子数态的完备集展开，即

$$|\,\alpha\rangle = \sum_n C_n(\alpha)\,|\,n\rangle \tag{12.5}$$

而且

$$\sum_n |\,C_n(\alpha)\,|^2 = 1 \tag{12.6}$$

容易看出，级数（12.5）式必须是无穷的，算符 $\hat{a}$ 使级数的每一项下移一步，并且只有无穷级数在这之后才能够重新产生它自身．这立即表明，可归一化的产生算符 $\hat{a}^\dagger$ 的本征态不存在：在 $\hat{a}^\dagger$ 的作用下，级数所有的项都上移一步，而最低的那一梯级绝不可能被恢复．

习题 12.1　证明：除了一个不依赖 n 的共同相位以外，（12.4）式～（12.6）式的解是

$$C_n(\alpha) = \frac{\alpha^n}{\sqrt{n!}}C_0(\alpha) = e^{-|\alpha|^2/2}\frac{\alpha^n}{\sqrt{n!}} \tag{12.7}$$

对于所有复的点 α，态（12.4）式被称为一维运动的**相干态**．把（11.121）式和（12.7）式结合起来，我们能够从真空产生这些态：

$$|\,\alpha\rangle = e^{-|\alpha|^2/2}\sum_n \frac{\alpha^n}{\sqrt{n!}}\,|\,n\rangle = e^{-|\alpha|^2/2}\sum_n \frac{\alpha^n(\hat{a}^\dagger)^n}{n!}\,|\,0\rangle = e^{-|\alpha|^2/2+\alpha\hat{a}^\dagger}\,|\,0\rangle \tag{12.8}$$

注意，（12.7）式中振幅 $C_n(\alpha)$ 的相位是 $n\varphi$．其中 φ 是本征值 α 的相位．波包（12.8）式的那些分量是完全同步的，所有相邻的分量之间都具有相等的相位差 φ．这就解释了“**相干**

态"这个术语.

12.2 相平面中的位移

我们(在 4.5 节)已经研究过沿着坐标轴的位移算符 $\hat{\mathcal{D}}(\alpha)$. 这个算符的推广允许我们在相平面的任何方向上实施位移. 相应的位移参数 α 是复数,并且该算符可以定义为

$$\hat{\mathcal{D}}(\alpha) = \mathrm{e}^{\alpha\hat{a}^\dagger - \alpha^* \hat{a}} \tag{12.9}$$

对于实的 α,这就是我们的旧算符(4.54)式,它具有移动参数 $\sqrt{2/\hbar}(\alpha/v)$. 具有复的 α 的一般移动算符(12.9)式仍然是幺正的:

$$\hat{\mathcal{D}}^\dagger(\alpha) = \hat{\mathcal{D}}^{-1}(\alpha) = \hat{\mathcal{D}}(-\alpha) \tag{12.10}$$

在(12.9)式的形式中,产生算符和湮灭算符纠缠在一起,导致一个复杂的幂级数. 这可以通过 $\hat{a}$ 和 $\hat{a}^\dagger$ 的退纠缠简化,也就是说借助分别包括 $\hat{a}$ 和 $\hat{a}^\dagger$ 的指数来表示这个同样的算符.

习题 12.2 证明将(12.9)式作用于变换后的算符,会移动一个复常数:

$$\hat{\mathcal{D}}(\alpha)\hat{a}\,\hat{\mathcal{D}}^{-1}(\alpha) = \hat{a} - \alpha,\quad \hat{\mathcal{D}}(\alpha)\hat{a}^\dagger\,\hat{\mathcal{D}}^{-1}(\alpha) = \hat{a}^\dagger - \alpha^* \tag{12.11}$$

证明 处理这类问题的标准方法是引入一个辅助参数 τ,使得

$$\hat{a}(\tau) \equiv \hat{\mathcal{D}}(\tau\alpha)\hat{a}\,\hat{\mathcal{D}}^{-1}(\tau\alpha),\quad \hat{a}(0) = \hat{a} \tag{12.12}$$

现在我们能够计算对 τ 的导数. 右边的导数包括对易子

$$[\alpha\hat{a}^\dagger - \alpha^*\hat{a}, \hat{a}] = -\alpha \tag{12.13}$$

结果为

$$\frac{\mathrm{d}\hat{a}(\tau)}{\mathrm{d}\tau} = -\alpha \quad \rightsquigarrow \quad \hat{a}(\tau) = \hat{a}(0) - \alpha\tau = \hat{a} - \alpha\tau \tag{12.14}$$

在 $\tau = 1$ 时,我们得到(12.11)式的第一个等式.

习题 12.3 推导平移算符(12.9)式的退纠缠形式:

$$\hat{\mathcal{D}}(\alpha) = e^{-|\alpha|^2/2} e^{\alpha \hat{a}^\dagger} e^{-\alpha^* \hat{a}} = e^{|\alpha|^2/2} e^{-\alpha^* \hat{a}} e^{\alpha \hat{a}^\dagger} \tag{12.15}$$

(12.15)式的第一个公式对应于产生算符和湮灭算符的**正规序**,则所有的算符 $\hat{a}$ 都放在算符 $\hat{a}^\dagger$ 的右边;第二个公式产生**反正规序**.

习题 12.4 证明两个复平移的乘法规则:

$$\hat{\mathcal{D}}(\alpha)\hat{\mathcal{D}}(\beta) = e^{i\mathrm{Im}(\beta^*\alpha)}\hat{\mathcal{D}}(\alpha+\beta) \tag{12.16}$$

回到相干态波函数的(12.8)式形式,我们看到,相应于相空间原点的相干态 $|\alpha=0\rangle$ 与粒子数真空态 $|n=0\rangle$ 是一样的.任意一个相干态 $|\alpha\rangle$ 都是真空态平移 $\hat{\mathcal{D}}(\alpha)$ 的结果.的确,通过利用(12.15)式的第一种(正规序)形式,那时所有的湮灭算符都位于右边,它们作用在真空态上为零,于是我们得到

$$|\alpha\rangle = \hat{\mathcal{D}}(\alpha)|0\rangle \tag{12.17}$$

按照(12.16)式,任何复的平移都把一个相干态变换成另一个具有固定相位的相干态:

$$|\alpha+\beta\rangle = \hat{\mathcal{D}}(\alpha+\beta)|0\rangle = e^{-i\mathrm{Im}(\beta^*\alpha)}\hat{\mathcal{D}}(\alpha)|\beta\rangle = e^{i\mathrm{Im}(\beta^*\alpha)}\hat{\mathcal{D}}(\beta)|\alpha\rangle \tag{12.18}$$

实际上,在平移算符的定义(12.9)式中,相位一开始就确定了,因此在乘积(12.18)式中它已经不是任意的了.用我们的定义,平移算符在真空态的期待值是

$$\langle 0|\hat{\mathcal{D}}(\alpha)|0\rangle = e^{-|\alpha|^2/2} \tag{12.19}$$

12.3 相干态的性质

首先,我们注意到,如果算符约化成正规形式,则各种算符在一个相干态上的期待值可以立即求得.这种例子已经在(12.19)式中看到了.通过一系列对易子,把所有的算符 $\hat{a}$ 都搬到右边,$\hat{a}$ 和 $\hat{a}^\dagger$ 的任何算符函数的正规形式都可以推导出来.结果我们得到 $\sum_{kl} f_{kl}(\hat{a}^\dagger)^k \hat{a}^l$.那么,期待值变为

$$\langle\alpha\left|\sum_{kl} f_{kl}(\hat{a}^\dagger)^k \hat{a}^l\right|\alpha\rangle = \sum_{kl} f_{kl}(\alpha^*)^k \alpha^l \tag{12.20}$$

特别地,量子数目的期待值就是

$$\langle n \rangle \equiv \langle \alpha \mid \hat{N} \mid \alpha \rangle = \mid \alpha \mid^2 \tag{12.21}$$

它仅仅依赖从原点移动的大小，而不依赖角度.

习题 12.5 证明对于算符乘积在一个相干态上期待值的恒等式：

$$\langle \alpha \mid \hat{N}(\hat{N}-1)(\hat{N}-2)\cdots(\hat{N}-k+1) \mid \alpha \rangle = \langle \alpha \mid (\hat{a}^\dagger)^k (\hat{a})^k \mid \alpha \rangle = \mid \alpha \mid^{2k} \tag{12.22}$$

从主要结果(12.8)式，我们发现在相干态$|\alpha\rangle$中量子数目的概率分布 P_n是

$$P_n(\alpha) = \mid C_n(\alpha) \mid^2 = \mathrm{e}^{-|\alpha|^2} \frac{\mid \alpha \mid^{2n}}{n!} \tag{12.23}$$

这是具有 Possion 分布的波包：

$$P_n = \mathrm{e}^{-\langle n \rangle} \frac{\langle n \rangle^n}{n!} \tag{12.24}$$

习题 12.6 计算在相干态$|\alpha\rangle$中量子数目的不确定性.

解 作为 Possion 分布的一个典型特征，这种弥散等于平均数$\langle n \rangle$：

$$(\Delta n)^2 = \langle n^2 \rangle - \langle n \rangle^2 = \langle n \rangle \tag{12.25}$$

对于定位远离原点的相干态，量子的平均数很大，$\langle n \rangle = |\alpha|^2 \gg 1$，而且，尽管它的不确定性还是随着量子数目增加，但变得相对小了：

$$\frac{\Delta n}{\langle n \rangle} = \frac{\sqrt{\langle n \rangle}}{\langle n \rangle} = \frac{1}{\sqrt{\langle n \rangle}} \tag{12.26}$$

对于具有大量的组元但涨落的作用相对被压低的宏观系统的统计现象，这种 $1/\sqrt{n}$的依赖性是典型的.

习题 12.7 对于一个任意的相干态，求位置和动量的弥散，并证明位置和动量之间的不确定性关系(6.163)式达到最小值.

定位不同的点的相干态不是正交的. 两个相干态的重叠由下式给出：

$$\langle \beta \mid \alpha \rangle = \mathrm{e}^{-(|\beta|^2+|\alpha|^2)/2} \sum_{nn'} \frac{\beta^{*n}}{\sqrt{n!}} \frac{\alpha^{n'}}{\sqrt{n'!}} \langle n \mid n' \rangle \tag{12.27}$$

由于粒子数态的正交性，有

$$\langle \beta \mid \alpha \rangle = \mathrm{e}^{-(|\beta|^2+|\alpha|^2)/2} \sum_n \frac{(\beta^*\alpha)^n}{n!} = \mathrm{e}^{-(|\beta|^2+|\alpha|^2)/2+\beta^*\alpha} \tag{12.28}$$

重叠的平方为

$$|\langle\beta|\alpha\rangle|^2 = \mathrm{e}^{-|\beta|^2-|\alpha|^2+\beta^*\alpha+\beta\alpha^*} = \mathrm{e}^{-|\beta-\alpha|^2} \tag{12.29}$$

随着在复平面上相应点之间距离的平方呈指数衰减，位置相距甚远的相干态几乎是正交的.

由于非正交性，我们有太多的独立相干态；通过构建，这些态分属于每个复的点. 它们的集合是**过完备的**. 类似于完备性条件(6.49)式，我们仍然可以写出一个**单位算符的分解式**. 从粒子数态的完备集出发，我们可以计算对整个复平面的积分，

$$\int \mathrm{d}^2\alpha\,|\alpha\rangle\langle\alpha| = \int \mathrm{d}^2\alpha\,\mathrm{e}^{-|\alpha|^2}\sum_{nn'}\frac{\alpha^{n'}\alpha^{*n}}{\sqrt{n!n'!}}\,|n'\rangle\langle n| \tag{12.30}$$

或者变到极坐标，$|\alpha|\equiv A$ 和 φ，

$$\int \mathrm{d}^2\alpha\,|\alpha\rangle\langle\alpha| = \int_0^\infty A\mathrm{d}A\,\mathrm{e}^{-A^2}\sum_{nn'}\frac{A^{n+n'}}{\sqrt{n!n'!}}\int_0^{2\pi}\mathrm{d}\varphi\,\mathrm{e}^{\mathrm{i}(n'-n)\varphi}\,|n'\rangle\langle n| \tag{12.31}$$

角度积分给出 $2\pi\delta_{nn'}$，而对 A 的积分是

$$\int_0^\infty \mathrm{d}A\,\mathrm{e}^{-A^2}A^{2n+1} = \frac{1}{2}\int_0^\infty \mathrm{d}t\,\mathrm{e}^{-t}t^n = \frac{1}{2}n! \tag{12.32}$$

最后

$$\int \mathrm{d}^2\alpha\,|\alpha\rangle\langle\alpha| = \pi\,|n\rangle\langle n| = \pi\hat{1} \tag{12.33}$$

于是单位算符用相干态的分解式为

$$\int \frac{\mathrm{d}^2\alpha}{\pi}\,|\alpha\rangle\langle\alpha| = \hat{1} \tag{12.34}$$

这和在本节开始我们曾讨论的经典相空间的映像(12.3)式是一致的：用经典变量(x,p)，同样的结果等价于

$$\int \frac{\mathrm{d}x\mathrm{d}p}{2\pi\hbar}\,|x,p\rangle\langle x,p| = \hat{1} \tag{12.35}$$

如果我们愿意用对应的相干态的定位中心表征半经典量子态的话，则对于这种过完备集的正确计数的处理技巧应该是把(x,p)平面的面积 $\mathrm{d}S=2\pi\hbar$ 取做一个单独的代表性的态. 这是我们已经再三遇到过的处理技巧.

12.4 谐振子的相干态

通过把产生算符和湮灭算符的定义(11.107)式中的标度参数 v 视为一个物理谐振子的量 $\sqrt{m\omega}$,我们确定它的相干态为波包(12.8)式.

这些态的主要特征是简单的时间相关性.按照一般规则,这种相干态,即振子的一个非定态

$$|\Psi(t=0)\rangle = |\alpha\rangle \tag{12.36}$$

的演化是通过其各单能分量独立的相位动力学进行的:

$$|\Psi(t)\rangle = e^{-|\alpha|^2/2}\sum_n \frac{\alpha^n}{\sqrt{n!}} e^{-(i/\hbar)E_n t}|n\rangle \tag{12.37}$$

对于谐振子它约化为

$$|\Psi(t)\rangle = e^{-|\alpha|^2/2-(i/2)\omega t}\sum_n \frac{(\alpha e^{-i\omega t})^n}{\sqrt{n!}}|n\rangle \tag{12.38}$$

因此,该相干态演化为

$$|\alpha;t\rangle = e^{-(i/2)\omega t}|\alpha e^{-i\omega t};0\rangle \tag{12.39}$$

除不重要的共同的相位以外,该相干态的中心只不过绕着原点转过半径为 $A=|\alpha|$ 的圆,其角速度等于该振子的频率 ω.这个态利用一个转动相位**保持相干**.它是与谐振子相平面中的经典轨迹最接近的类似物.

坐标和动量的期待值像在经典力学中那样振荡:

$$\langle\Psi(t)|\hat{x}|\Psi(t)\rangle = \sqrt{\frac{2\hbar}{m\omega}}|\alpha|\cos(\varphi-\omega t) \tag{12.40}$$

$$\langle\Psi(t)|\hat{p}|\Psi(t)\rangle = \sqrt{2\hbar m\omega}|\alpha|\sin(\varphi-\omega t) \tag{12.41}$$

该波包永远使不确定性关系最小化.

12.5 线性源

物理上,相干态可以由一个接一个地发射单个量子的线性源的作用产生.在厄米情况下,该源应能吸收这些具有共轭振幅的量子.作用于谐振子的这样一种源的模型可以用下列哈密顿量描写:

$$\hat{H} = \hbar\omega\left(\hat{a}^{\dagger}\hat{a} + \frac{1}{2}\right) + \lambda\hat{a} + \lambda^{*}\hat{a}^{\dagger} \tag{12.42}$$

很自然地假定这样一个振子的定态将会有一个与无源情况相比不同的平衡点.数学上,我们把这种想法表示为作一个到新算符$\hat{b}$和$\hat{b}^{\dagger}$的正则变换,新算符遵从同样的代数:

$$\hat{a} = \hat{b} + \alpha, \quad \hat{a}^{\dagger} = \hat{b}^{\dagger} + \alpha^{*} \tag{12.43}$$

其中 α 是一个未知的复常数,而且上述变换的正则特征是明显的,因为增加常数不改变对易关系.

变换后哈密顿量为

$$\begin{aligned}\hat{H} =& \hbar\omega\left(\hat{b}^{\dagger}\hat{b} + \frac{1}{2}\right) + \hat{b}(\hbar\omega\alpha^{*} + \lambda) + \hat{b}^{\dagger}(\hbar\omega\alpha + \lambda^{*}) \\ &+ \hbar\omega|\alpha|^{2} + \lambda\alpha + \lambda^{*}\alpha^{*}\end{aligned} \tag{12.44}$$

为了把这个源纳入新的定态中,我们这样选择参数 α:它抵消**危险项**并且使新量子的数目固定不变.显然,如果

$$\alpha = -\frac{\lambda^{*}}{\hbar\omega}, \quad \alpha^{*} = -\frac{\lambda}{\hbar\omega} \tag{12.45}$$

就可以做到这一点.把这个新哈密顿量代回到不包括源的谐振子形式:

$$H = \hbar\omega\left(\hat{b}^{\dagger}\hat{b} + \frac{1}{2}\right) - \frac{|\lambda|^{2}}{\hbar\omega} \tag{12.46}$$

新的定态是具有确定 b 量子数目的定态.特别是,基态作为对 b 量子的真空,满足

$$\hat{b}|0_b\rangle = 0 \tag{12.47}$$

那么,(12.43)式表明,新的真空是定域在点 α 附近的老量子的相干态,这个点是通过(12.45)式由源的强度决定的:

$$\hat{a} \mid 0_b\rangle = \alpha \mid 0_b\rangle \tag{12.48}$$

虽然描述围绕新中心振动的固定量子(b 量子)的频率没有改变,但整个谱的能量总是降低了

$$\Delta E = -\frac{|\lambda|^2}{\hbar\omega} \tag{12.49}$$

而且向新的平衡点 α 的移动使系统更加稳定.

习题 12.8 一个均匀静电场 $\mathcal{E}=\mathcal{E}_x$ 作用于带电荷 e 的谐振子.求新的基态,证明这个态是相干态,并且计算粒子的平衡电偶极矩($e\hat{x}$)和极化率(感应偶极矩与场的比值).

解 这个场起到一个线性源的作用:在哈密顿量中的微扰是

$$-e\mathcal{E}\hat{x} = -e\mathcal{E}\sqrt{\frac{\hbar}{2m\omega}}(\hat{a}+\hat{a}^{\dagger}) \tag{12.50}$$

它定义了(12.42)式中 λ 的实际值.结果使平衡位置以及整个能谱移动:

$$\hat{H} = \frac{\hat{p}^2}{2m} + \frac{1}{2}m\omega^2\hat{x}^2 - e\mathcal{E}\hat{x} = \frac{\hat{p}^2}{2m} + \frac{1}{2}m\omega^2(x-x_0)^2 - \frac{e^2\mathcal{E}^2}{2m\omega^2} \tag{12.51}$$

$$x_0 = \frac{e\mathcal{E}}{m\omega^2} \tag{12.52}$$

这与普遍的结果是一致的.新的基态是相干态,有

$$\alpha = \frac{e\mathcal{E}}{\sqrt{2\hbar m\omega^3}} \tag{12.53}$$

这对应于被场吸收的原始 a 量子的平均数,

$$\langle n\rangle = \alpha^2 = \frac{e^2\mathcal{E}^2}{2m\hbar\omega^3} \tag{12.54}$$

而且它们的能量正是在(12.49)式中所获得的,

$$\Delta E = -\frac{e^2\mathcal{E}^2}{2m\omega^2} = -\langle n\rangle\hbar\omega \tag{12.55}$$

感应偶极矩由平移(12.52)式给出:

$$d = ex_0 = \frac{e^2\mathcal{E}}{m\omega^2} \tag{12.56}$$

它对应于电极化率

$$\chi = \frac{d}{\mathcal{E}} = \frac{e^2}{m\omega^2} \tag{12.57}$$

所获得的能量(12.55)式可以用电场的源对平衡点的位移 $x_0(\mathcal{E})$所做的功经典地解释：

$$\Delta E = -\int_0^{\mathcal{E}} \mathrm{d}\mathcal{E} x_0(\mathcal{E}) \tag{12.58}$$

12.6 半经典极限，量子的数目和相位

即使对于一个任意的(非谐振子的)哈密顿量 $H(\hat{x},\hat{p})$，至少在一个较短的时间间隔内相干态常常能够对半经典运动提供一个好的近似. 对于产生算符和湮灭算符，精确的算符运动方程可以用符号形式写出：

$$\mathrm{i}\hbar\frac{\mathrm{d}}{\mathrm{d}t}\hat{a} = [\hat{a},\hat{H}] = \frac{\delta\hat{H}}{\delta\hat{a}^{\dagger}},\quad \mathrm{i}\hbar\frac{\mathrm{d}}{\mathrm{d}t}\hat{a}^{\dagger} = [\hat{a}^{\dagger},\hat{H}] = -\frac{\delta\hat{H}}{\delta\hat{a}} \tag{12.59}$$

其中，代替经典哈密顿量方程中常用的导数，我们使用了符号 δ，它表示对在 $\hat{H}$ 中遇到的每一个算符求导，但保持所有其余算符的顺序不变. 例如，在谐振子情况下，这将导致

$$\frac{\mathrm{d}}{\mathrm{d}t}\hat{a} = -\mathrm{i}\omega\hat{a},\quad \frac{\mathrm{d}}{\mathrm{d}t}\hat{a}^{\dagger} = \mathrm{i}\omega\hat{a}^{\dagger} \tag{12.60}$$

使得这些算符代表了具有本征频率 $\pm\omega$ 的**简正模式**：

$$\hat{a}(t) = \hat{a}\mathrm{e}^{-\mathrm{i}\omega t},\quad \hat{a}^{\dagger}(t) = \hat{a}^{\dagger}\mathrm{e}^{\mathrm{i}\omega t} \tag{12.61}$$

这与(12.39)式是一致的.

在很大的半经典区域 $|\alpha|\gg 1$，对易子(11.113)式的右边比 $\hat{a}^{\dagger}\hat{a} = \hat{N}$ 或 $\hat{a}\hat{a}^{\dagger} = \hat{N}+1$ 的期待值小得多. 通过略去具有误差 $\sim 1/\langle n\rangle$ 的对易子，我们总可以把算符以正常形式放到运动方程中并对具有

$$\alpha = \sqrt{N}\mathrm{e}^{\mathrm{i}\varphi} \tag{12.62}$$

的试探相干态 $|\alpha\rangle$ 求矩阵元，其中我们用了一个经典变量 $N(N\gg 1)$ 代替 $\langle n\rangle$. 这样，

(12.59)式中的变分导数可以用相对于经典变量的普通导数来代替.

习题 12.9 用 N 和 φ 表示 H 并把后者视为时间的经典函数,推导运动方程:

$$\dot{N} = \frac{1}{\hbar}\frac{\partial H}{\partial \varphi} \tag{12.63}$$

$$\dot{\varphi} = -\frac{1}{\hbar}\frac{\partial H}{\partial N} \tag{12.64}$$

方程(12.63)和(12.64)表明,变量 N 和 φ,即量子的数目和相位,是对于半经典波包的**正则共轭**.正像对于谐振子那样,任何不依赖相位 φ 的哈密顿量 $H = H(N)$ 都使相位成为一个**循环变量**(cyclic variable),保持量子的数目守恒.这种情况仅在产生算符和湮灭算符等量地进入哈密顿量的每一项中时才可能发生.正像在任何整体守恒定律(见7.10节)中那样,这个守恒也是与保持哈密顿量不变的连续幺正变换相联系的.在这种情况下,我们需要考虑算符的**相位变换**:

$$\hat{a} \rightarrow \hat{b} = \hat{a}e^{i\vartheta}, \quad \hat{a}^{\dagger} \rightarrow \hat{b}^{\dagger} = \hat{a}^{\dagger}e^{-i\vartheta} \tag{12.65}$$

这个变换是**正则的**,它保持对易关系(11.113)式不受影响.一个算符表达式 $F(\hat{a},\hat{a}^{\dagger})$ 当且仅当它平等地包含产生算符和湮灭算符时,在相位变换下才是不变的.

习题 12.10 求导致(12.65)式结果的幺正变换 $\hat{U}$:

$$\hat{U}\hat{a}\hat{U}^{-1} = \hat{b}, \quad \hat{U}\hat{a}^{\dagger}\hat{U}^{-1} = \hat{b}^{\dagger} \tag{12.66}$$

解 从6.10节可知,数目算符 $\hat{N}$ 是这种变换的生成元:

$$\hat{U}(\vartheta) = e^{-i\vartheta\hat{N}} \tag{12.67}$$

在这种情况下,一个连续对称变换的生成元总是守恒的.

由于正则共轭变量$(N,\hbar\varphi)$对和(p,x)对在形式上相似,这引诱人们引入相应的**量子算符** $\hat{N}$ 和 $\hat{\varphi}$.它们的对易关系将是

$$[\hat{\varphi},\hat{N}] = i \tag{12.68}$$

然而,这是不可能的:我们知道量子算符 $\hat{N}$ 和它的本征态 $|n\rangle$.通过取算符等式(12.68)的矩阵元 $\langle n|\cdots|n'\rangle$,我们得到

$$\langle n|\hat{\varphi}|n'\rangle(n'-n) = i\delta_{nn'} \tag{12.69}$$

对于 $n = n'$,上式的右边等于i,而除了 $\hat{\varphi}$ 的无穷大对角矩阵元的可能性之外,左边为零.

然而，相位是一个**紧致变量**，仅具有一个从 0 到 2π 的非平凡域. 因此，形式的不确定性关系

$$\Delta\varphi \cdot \Delta N \geqslant \frac{1}{2} \tag{12.70}$$

也没有意义，这是由于当我们会有一个 N 为确定值的态时，相位的不确定性不能无限增大. 对于一个具有确定相位 $\Delta\varphi = 0$ 和量子数目为有限弥散((12.25)式)的相干态，方程(12.70)就已经被破坏了.

在 4.7 节，我们已经讨论了一个涉及轨道角动量和共轭角度的类似情况. 在我们的处理中，没有一个具有无限大值域的相位变量. 本质上，我们必须局限在具有周期为 2π 的相位周期函数. 尽管如此，在半经典的情况下，我们可以谈论与相干态类似的状态，它们具有差不多精确定义的相位和小的**相对**数目涨落(12.26)式. 激光场是一个接近这种情况的例子.

12.7　成对的源

用一个成对地产生和吸收量子的源可以生成一个与相干态不同的状态. 类似于(12.42)式，我们可以把一个模型哈密顿量写成

$$\hat{H} = \hbar\omega\left(\hat{a}^{\dagger}\hat{a} + \frac{1}{2}\right) + \lambda\hat{a}\hat{a} + \lambda^{*}\hat{a}^{\dagger}\hat{a}^{\dagger} \tag{12.71}$$

其中 λ 反映源的强度. 事实上，这是一个由产生算符和湮灭算符构成的最一般的厄米齐次(没有线性项)二次型；通过(12.43)式的位移变换总可以把线性项消除.

(12.71)式类型的哈密顿量可以通过算符的 **Bogoliubov 正则变换**精确地**对角化**. 这里，对角化意味着约化成对新量子的一个简谐振子形式，即对于**原始振子加上源**的系统确定定态. 这个变换以一种普遍形式把产生算符和湮灭算符组合成

$$\hat{a} = u\hat{b} + v\hat{b}^{\dagger}, \quad \hat{a}^{\dagger} = u^{*}\hat{b}^{\dagger} + v^{*}\hat{b} \tag{12.72}$$

这里，u 和 v 是未知的复振幅，并且这个变换还保持厄米性关系. 为了使这个变换是**正则**的，我们需要保证对新算符同样的对易关系：

$$[\hat{b}, \hat{b}^{\dagger}] = [\hat{a}, \hat{a}^{\dagger}] = 1 \tag{12.73}$$

那么，容易发现，对变换振幅选择的自由度受到下述条件的限制：

$$|u|^2 - |v|^2 = 1 \tag{12.74}$$

习题 12.11 证明(12.72)式的逆变换为

$$\hat{b} = u^* \hat{a} - v\hat{a}^\dagger, \quad \hat{b}^\dagger = u\hat{a}^\dagger - v^* \hat{a} \tag{12.75}$$

变换后的哈密顿量包含那些具有新的产生算符和湮灭算符不同组合的项：

$$\hat{H} = \hat{H}_{20} + \hat{H}_{02} + \hat{H}_{11} + \frac{1}{2}\hbar\omega \tag{12.76}$$

其中

$$\hat{H}_{20} = \hat{H}_{02}^\dagger = \hat{b}\,\hat{b}(\hbar\omega v^* u + \lambda u^2 + \lambda^* v^{*2}) \tag{12.77}$$

和

$$\hat{H}_{11} = \hat{b}^\dagger\,\hat{b}(\hbar\omega\,|u|^2 + \lambda uv + \lambda^* u^* v^*) + \hat{b}\,\hat{b}^\dagger(\hbar\omega\,|v|^2 + \lambda uv + \lambda^* u^* v^*) \tag{12.78}$$

如果产生新量子和湮灭新量子对的那些危险项都抵消了，具有确定数目的新量子的态将是定态.这导致条件

$$\hat{H}_{20} = \hat{H}_{02} = 0 \tag{12.79}$$

或者明确地写成

$$\hbar\omega v^* u + \lambda u^2 + \lambda^* v^{*2} = 0 \tag{12.80}$$

如果我们引入复振幅的相位，

$$\lambda = \Lambda e^{i\gamma_\lambda}, \quad u = U e^{i\gamma_u}, \quad v = V e^{i\gamma_v} \tag{12.81}$$

则补偿条件(12.80)式取如下形式：

$$\hbar\omega U V e^{i(\gamma_u - \gamma_v)} + \Lambda U^2 e^{i(\gamma_\lambda + 2\gamma_u)} + \Lambda V^2 e^{-i(\gamma_\lambda + 2\gamma_v)} = 0 \tag{12.82}$$

于是，我们可以把相位选为

$$\gamma_u = \gamma_v = -\frac{1}{2}\gamma_\lambda \tag{12.83}$$

然后去处理实振幅 Λ、U 和 V.

为了求解得到的这些方程，方便的办法是把归一化条件(12.74)式考虑进来，从而将

振幅参数化,即

$$U = \cosh\left(\frac{\chi}{2}\right), \quad V = \sinh\left(\frac{\chi}{2}\right) \tag{12.84}$$

双曲角度(hyperbolic angle)χ 由(12.82)式确定:

$$\begin{aligned} &\Lambda\cosh\chi + \frac{\hbar\omega}{2}\sinh\chi = 0 \rightsquigarrow \tanh\chi = -\frac{2\Lambda}{\hbar\omega} \\ &\chi = \frac{1}{2}\ln\frac{\hbar\omega - 2\Lambda}{\hbar\omega + 2\Lambda} \end{aligned} \tag{12.85}$$

这决定了

$$\sinh\chi = -\frac{2\Lambda}{\sqrt{(\hbar\omega)^2 - 4\Lambda^2}}, \quad \cosh\chi = \frac{\hbar\omega}{\sqrt{(\hbar\omega)^2 - 4\Lambda^2}} \tag{12.86}$$

注意,如果源不是太强,定态是可能的,

$$\Lambda^2 < \frac{(\hbar\omega)^2}{4} \tag{12.87}$$

在稳定区,(12.78)式的剩余项 $\hat{H}_{11}$ 决定新的频率和能谱的移动(算符 $\hat{b}\hat{b}^\dagger$ 必须写成 $\hat{b}^\dagger\hat{b}+1$),

$$\hbar\omega_b = 4\Lambda UV + \hbar\omega(U^2 + V^2) = 2\Lambda\sinh\chi + \hbar\omega\cosh\chi \tag{12.88}$$

利用(12.84)式和(12.85)式,简单的代数运算确定

$$\hbar\omega_b = \sqrt{(\hbar\omega)^2 - 4\Lambda^2} \tag{12.89}$$

我们再一次看到,定态能谱要求同样的稳定性条件(12.87)式.用类似的代数运算,我们还可以计算新能谱的零点能量:

$$E_0 = \hbar\omega\left(\frac{1}{2} + V^2\right) + 2\Lambda UV = \frac{1}{2}\hbar\omega_b \tag{12.90}$$

习题 12.12 在(x,p)表象考虑同样的问题(12.71)式,并且解释当(12.87)式被破坏时不稳定性的物理原因.

习题 12.13 写出 $\hat{a}$ 和 $\hat{a}^\dagger$ 的算符运动方程,类似于没有外源的振子(12.60)式,求作为哈密顿量的本征算符具有单色时间依赖关系的简正模式 $\hat{b}(t)$ 和 $\hat{b}^\dagger(t)$,并且建立与正则变换结果的等价性.

习题 12.14 考虑具有两个全同谐振子**线性耦合**的一个系统:

$$\hat{H} = \hbar\omega(\hat{a}^\dagger\hat{a} + \hat{b}^\dagger\hat{b}) + \lambda(\hat{a}^\dagger\hat{b} + \hat{b}^\dagger\hat{a}) \tag{12.91}$$

求该系统的能谱并用原始算符表示定态.

解 利用到新简正模式的变换

$$\hat{a} = \frac{\hat{c} + \hat{d}}{\sqrt{2}}, \quad \hat{b} = \frac{\hat{c} - \hat{d}}{\sqrt{2}} \tag{12.92}$$

对角化该哈密顿量.变换后的哈密顿量有两个独立的振子模式：

$$\hat{H} = (\hbar\omega + \lambda)\hat{c}^\dagger\hat{c} + (\hbar\omega - \lambda)\hat{d}^\dagger\hat{d} \tag{12.93}$$

通过能级的相互推斥，即$\hbar\omega \Rightarrow \hbar\omega \pm \lambda$，解除了简并.注意，当$|\lambda| > \hbar\omega$时，新频率中有一个是负的(不稳定系统).在稳定区，新的定态是

$$|n_c n_d\rangle = \frac{(\hat{c}^\dagger)^{n_c}(\hat{d}^\dagger)^{n_d}}{\sqrt{n_c!n_d!}}|0_c 0_d\rangle \tag{12.94}$$

但c模式和d模式的真空与原a和b模式的真空是一样的.因此，

$$|n_c n_d\rangle = \frac{(\hat{a}^\dagger + \hat{b}^\dagger)^{n_c}(\hat{a}^\dagger - \hat{b}^\dagger)^{n_d}}{2^{(n_c+n_d)/2}} \frac{1}{\sqrt{n_c!n_d!}}|00\rangle \tag{12.95}$$

而且，因为产生算符是相互对易的，我们可以用代数方法展开这些二项式.

12.8 压缩态

正则变换(12.72)式和(12.74)式被用于由一个成对的源生成的态，即所谓的压缩态.正如文献[30]所说的，与准经典相干态相反，“光的压缩态处于场的任何经典理论的范围之外”.我们可以考虑由(12.72)式给出的算符$\hat{b}$的本征态$|\xi\rangle$：

$$\hat{b}|\xi\rangle = \xi|\xi\rangle \tag{12.96}$$

它具有复本征值ξ.这是一个相干态，不过是对新算符的，它与原始算符$\hat{a}$的相干态$|\alpha\rangle$是截然不同的.

诸如(12.96)式这样的态是相对于由产生算符$\hat{a}^\dagger$产生的原始谐振子态的**压缩态**.坐

标和动量都经受了**标度变换**：

$$\hat{x} = \sqrt{\frac{\hbar}{2m\omega}}[(u + v^*)\hat{b} + (u^* + v)\hat{b}^\dagger]$$
$$\hat{p} = -\mathrm{i}\sqrt{\frac{\hbar m\omega}{2}}[(u - v^*)\hat{b} + (-u^* + v)\hat{b}^\dagger] \tag{12.97}$$

类似于相干态，$\hat{x}$ 和 $\hat{p}$ 在一个压缩态上的期待值可利用代换 $\hat{b}\to\xi$ 和 $\hat{b}^\dagger\to\xi^*$ 由(12.97)式给出.这样，x 和 y 的不确定度如下所示：

$$\Delta x = \sqrt{\frac{\hbar}{2m\omega}}\,|u + v|,\quad \Delta p = \sqrt{\frac{\hbar m\omega}{2}}\,|u - v| \tag{12.98}$$

这些结果来自对易子(12.73)式，因此对于压缩态(ξ 值)的任何选择都适用.不确定性乘积为

$$(\Delta x)(\Delta p) = \frac{\hbar}{2}|u^2 - v^2| \tag{12.99}$$

相干态极限对应于 $|u| = 1, v = 0$，这时状态具有一个最小的不确定性 $\hbar/2$.对于复的 u 和 v 的普遍情况，

$$|u^2 - v^2| \geqslant |u|^2 - |v|^2 = 1 \tag{12.100}$$

(如果在 u 和 v 之间明显地引入一个相对相位，这会变得很清楚；在 12.7 节的例子中，这个相位被消掉了，见(12.8)式.)这样，在一般的压缩态中，不确定性乘积(12.99)式超过了 $\hbar/2$ 的量子极限.然而，通过选择 u 和 v，位置(或动量)的不确定性可以单独做到小于在一个谐振子基态中的结果，这个不确定性被**压缩**了.

压缩态 $|\alpha;z\rangle$ 的一般定义既包含移动 $\hat{\mathcal{D}}(\alpha)$ 又包括由下述算符引起的压缩：

$$\hat{\mathcal{S}}(z) = \mathrm{e}^{z\hat{K}_+ - z^*\hat{K}_-} \tag{12.101}$$

其中

$$z = |z|\,\mathrm{e}^{\mathrm{i}\vartheta} \equiv r\mathrm{e}^{\mathrm{i}\vartheta} \tag{12.102}$$

是一个任意的复数，并且在这里我们引入了成对的源算符：

$$\hat{K}_- = \frac{1}{2}\hat{a}\hat{a},\quad \hat{K}_+ = \frac{1}{2}\hat{a}^\dagger\hat{a}^\dagger \tag{12.103}$$

于是，由两个复参数 z 和 α 定义的压缩态为

$$|\alpha;z\rangle = \hat{\mathcal{S}}(z)|\alpha\rangle = \hat{\mathcal{S}}(z)\hat{\mathcal{D}}(\alpha)|0\rangle \tag{12.104}$$

$z=0$ 相应于相干态，$|\alpha;0\rangle=|\alpha\rangle$. 通过构建 $\hat{\mathcal{S}}^{\dagger}(z)=\hat{\mathcal{S}}^{-1}(z)=\hat{\mathcal{S}}(-z)$，算符(12.101)式是幺正的，因此由压缩

$$\hat{\mathcal{S}}\begin{pmatrix}\hat{a}\\ \hat{a}^{\dagger}\end{pmatrix}\hat{\mathcal{S}}^{\dagger}=\begin{pmatrix}\hat{b}\\ \hat{b}^{\dagger}\end{pmatrix} \tag{12.105}$$

得到的新算符 $\hat{b}$、$\hat{b}^{\dagger}$ 与 $\hat{a}$、$\hat{a}^{\dagger}$ 满足同样的正则对易关系.

习题 12.15 证明：算符(12.103)式和算符

$$\hat{K}_0=\frac{1}{2}\left(\hat{a}^{\dagger}\hat{a}+\frac{1}{2}\right)\equiv\frac{1}{2}\left(\hat{N}+\frac{1}{2}\right) \tag{12.106}$$

一起，满足对易关系的封闭代数

$$[\hat{K}_0,\hat{K}_{\pm}]=\pm\hat{K}_{\pm},\quad[\hat{K}_-,\hat{K}_+]=2\hat{K}_0 \tag{12.107}$$

即所谓的 $\mathcal{SU}(1,1)$ 代数，它类似于但不同于第 16 章要讨论的角动量代数.

现在，很明显，由变换(12.105)式得到的算符 $\hat{b}$ 的确以状态 $|\alpha;z\rangle$ 为其本征态，本征值为 $\xi=\alpha$，见(12.96)式，

$$\hat{b}\,|\alpha;z\rangle=\hat{\mathcal{S}}(z)\hat{a}\,\hat{\mathcal{S}}^{\dagger}(z)\hat{\mathcal{S}}(z)\,|\alpha\rangle=\hat{\mathcal{S}}(z)\hat{a}\,|\alpha\rangle=\alpha\,|\alpha;z\rangle \tag{12.108}$$

然而，正像我们在(12.99)式中已经看到的，压缩态不是一个具有最小不确定度的态.

习题 12.16 求由(12.101)式、(12.102)式和(12.105)式定义的变换得到的新算符 $\hat{b}$ 的显示形式.

解 利用 4.8 节讨论的解开退纠缠算符的代数方法，对照(12.75)式，求相应的正则变换的系数：

$$\hat{b}=\cosh(r)\hat{a}-\sinh(r)e^{-i\vartheta}\hat{a}^{\dagger} \tag{12.109}$$

习题 12.17 求在状态 $|\alpha;r\exp(i\theta)\rangle$ 中不确定性的乘积.

解

$$(\Delta x)^2(\Delta p)^2=\frac{\hbar^2}{4}[1+\sinh^2(2r)\sin^2\mathcal{O}] \tag{12.110}$$

对于 $r=0$，该乘积约化为最小值，在一个相干态中理应如此. 对实的压缩参数，$\theta=n\pi$，(12.110)式也达到最小值.

习题 12.18 证明：对于实的 $z=r$，变换 $\hat{\mathcal{S}}(r)$ 等价于沿着相空间坐标轴的压缩，

$$\hat{x} \Rightarrow \hat{x} e^{r}, \quad \hat{p} \Rightarrow \hat{p} e^{-r} \tag{12.111}$$

12.9 关于压缩态的进一步讨论

让我们考虑一个纯压缩态

$$\hat{\mathcal{S}}(z) \mid 0\rangle = \mid 0; z\rangle \tag{12.112}$$

成对的源把真空$|0\rangle$变成一个不同的不过只是偶的量子数目状态的复杂叠加：

$$\mid 0; z\rangle = \sum_{n} C_{n}(r, \vartheta) \mid 2n\rangle \tag{12.113}$$

这个组合是新算符$\hat{b}$的真空，也就是说，它满足

$$\hat{b} \mid z\rangle = 0 \tag{12.114}$$

不用系数 C_n 的精确形式，我们就可以求得平均量子数目$\langle \hat{N}\rangle$，

$$\langle 0; z | \hat{a}^{\dagger} \hat{a} | 0; z\rangle = \langle 0 | \hat{\mathcal{S}}^{\dagger}(z) \hat{a}^{\dagger} \hat{\mathcal{S}}(z) \hat{\mathcal{S}}^{\dagger}(z) \hat{a} \hat{\mathcal{S}}(z) | 0\rangle \tag{12.115}$$

这与(12.109)式区别在 $z \rightarrow -z$ 的变换，由此我们发现

$$\begin{aligned} \langle 0; z \mid \hat{N} \mid 0; z\rangle = \langle 0 \mid & [\hat{a}^{\dagger} \cosh(r) - \hat{a} e^{i\vartheta} \sinh(r)] \\ & \times [\hat{a} \cosh(r) - \hat{a}^{\dagger} e^{-i\vartheta} \sinh(r)] \mid 0\rangle \end{aligned} \tag{12.116}$$

并且最后得到

$$\langle 0; z \mid \hat{N} \mid 0; z\rangle \equiv \langle n\rangle = \sinh^{2}(r) \tag{12.117}$$

利用同样的技巧我们可以计算量子数目的不确定性，结果显示，它比在具有 Possion 分布(12.25)式的相干态中的值要大得多. 的确，

$$\langle 0; z | \hat{N}^{2} | 0; z\rangle = \langle 0; z | \hat{a}^{\dagger} \hat{a} \hat{a}^{\dagger} \hat{a} | 0; z\rangle \tag{12.118}$$

利用变换 $\hat{\mathcal{S}}(r)$的显示式并转换到变换后的算符在原真空态$|0\rangle$中的期待值，我们发现

$$\langle 0; z | \hat{N}^{2} | 0; z\rangle \equiv \langle n^{2}\rangle = \sinh^{2}(r)[\sinh^{2}(r) + 2\cosh^{2}(r)] \tag{12.119}$$

与(12.117)式相比,它显示了量子数目增强的涨落:

$$(\Delta n)^2 = \langle n^2\rangle - \langle n\rangle^2 = 2\langle n\rangle(\langle n\rangle + 1) \tag{12.120}$$

习题 12.19 确定叠加式(12.113)中的系数并检验归一化和平均的量子数目(12.117)式.

解 用显示式(12.113),我们求得归一化系数

$$C_n(r,\vartheta) = \frac{\sqrt{(2n)!}}{\sqrt{\cosh(r)}\,n!2^n}\left[-\mathrm{e}^{-\mathrm{i}\vartheta}\tanh(r)\right]^n \tag{12.121}$$

类似于相干态,系数 C_n 的相位是 $-n\vartheta$,使得该组合的各分量也是精确同步的.从(12.121)式得知,压缩的波包可能包括偶数 $2n$ 个量子,其概率为

$$W_{2n} = |C_n|^2 = \frac{(2n)![\tanh(r)]^{2n}}{\cosh(r)(n!)^2 2^{2n}} \tag{12.122}$$

要检验条件

$$\sum_n W_{2n} = 1,\quad \sum_n 2nW_{2n} = \sinh^2(r) \tag{12.123}$$

我们可以利用 Taylor 级数($x\to\tanh(r)$)

$$\sum_{n=0} \frac{(2n)!}{(n!)^2 2^{2n}}x^{2n} = \frac{1}{\sqrt{1-x^2}} \tag{12.124}$$

最初构建的谐振子压缩态的时间依赖比简单的相位转动(12.39)式要复杂一些.利用压缩态按数目态的显示展开式,我们得到

$$|\alpha;z\rangle_t = |\alpha\mathrm{e}^{-\mathrm{i}\omega t};z\mathrm{e}^{-2\mathrm{i}\omega t}\rangle \tag{12.125}$$

原始的振子压缩态保持它的压缩特性.在时刻 $t_n = \dfrac{n\pi-\vartheta}{2\omega}$,压缩参数周期地穿过实轴,而且振子回到具有最小不确定性的态.

按照构建,压缩态的一种稍微不同的看法对应于计数新的 b 量子的探测器.设 $\langle\hat{a}^\dagger\hat{a}\rangle = n_a$ 是在所研究状态中原 a 量子的数目;按照(12.109)式,该 b 探测器将记录

$$n_b = \langle\hat{b}^\dagger\hat{b}\rangle = \cosh^2(r)\langle\hat{a}^\dagger\hat{a}\rangle + \sinh^2(r)\langle\hat{a}\hat{a}^\dagger\rangle \tag{12.126}$$

或者利用对易关系,

$$n_b = \sinh^2(r) + [\sinh^2(r) + \cosh^2(r)]n_a \tag{12.127}$$

特别是对于真空态,$n_a = 0$,

$$n_b = \sinh^2(r) = \frac{1}{\coth^2(r) - 1} \tag{12.128}$$

我们总可以用**热平衡**量子数目的形式写出这个结果，

$$n_b = \frac{1}{e^{\hbar\omega/T_{\text{eff}}} - 1} \tag{12.129}$$

而且把探测器的输出解释为量子源的**有效温度** T_{eff}的标记，确认

$$\tanh(r) = e^{-\hbar\omega/(2T_{\text{eff}})} \tag{12.130}$$

这种情况出现在广义相对论中[31]，这时一个均匀加速的观察者(例如，在引力场中的自由落体)把(对于一个静止的观察者的)真空态记录为具有有效温度 $T_{\text{eff}} = \hbar g/(2\pi c)$的光子的平衡态，其中 g 是加速度，此即 Unruh 效应[32]. 两个参考系之间量子的变换与(12.72)式相符. 在应用到黑洞时，这个光子场对应于所谓的 Hawking **辐射**，具有由黑洞质量确定的温度. 但是，常规的黑体辐射是由 Planck **分布**表征的：

$$W_n^{\text{Pl}} = e^{-n\hbar\omega/T}(1 - e^{-\hbar\omega/T}), \quad \sum_n W_n^{\text{Pl}} = 1 \tag{12.131}$$

其中所有的偶数 n 和奇数 n 平等地出现. 因此，尽管 Planck 分布(12.131)式的平均数 $\langle n\rangle_{\text{Pl}}$的确由温度为 T 的(12.129)式给出，这个数的涨落

$$(\Delta n)^2 = \sum_n n^2 W_n^{\text{Pl}} - \langle n\rangle_{\text{Pl}}^2 = \langle n\rangle_{\text{Pl}}(\langle n\rangle_{\text{Pl}} + 1) \tag{12.132}$$

是压缩态中的(12.119)式的一半.

依赖于确定的振子模式的坐标和动量的任何算符，或等价地依赖于算符 $\hat{a}$ 和 $\hat{a}^\dagger$ 的任何算符，都可以用厄米的**正交**(quadrature)算符写成普遍的形式：

$$\hat{X}_+ = \frac{1}{\sqrt{2}}(\hat{a} + \hat{a}^\dagger), \quad \hat{X}_- = -\frac{i}{\sqrt{2}}(\hat{a} - \hat{a}^\dagger) \tag{12.133}$$

它满足对易关系

$$[\hat{X}_+, \hat{X}_-] = i \tag{12.134}$$

和不确定性关系

$$(\Delta X_+)(\Delta X_-) \geqslant 1/2 \tag{12.135}$$

特别是，正如我们将在下册 4.3 节关于电磁场的量子化中要看到的，场的分量变成产生算符和湮灭算符的线性组合. 在一个具有时间依赖关系(12.61)式的相干态中，对于一个频率为 ω 的模式，电场的振幅可以表示为

$$\hat{\mathcal{E}} = \mathcal{E}_0[\hat{X}_+ \cos(\omega t) + \hat{X}_- \sin(\omega t)] \tag{12.136}$$

相干态具有最小的不确定性,而且相位移动 π/2 的两个相互正交分量具有相等的方差.在这种具有周期性的最小不确定性的压缩态中,一个正交分量具有减小的方差.例如(12.111)式.这可以在**误差椭圆**的时间演化中看到,这个误差椭圆是相干态的误差圆压缩的结果,如图 12.1 所示.这个图显示了电场振幅(12.136)式的期待值和它的方差[33]随时间的变化,见习题 12.20.椭圆围绕着它自己的中心转动,而中心又围绕着一个通常的相干态的原点转动.在压缩态中的一个正交分量的涨落减小,这一点被用在要求特别精

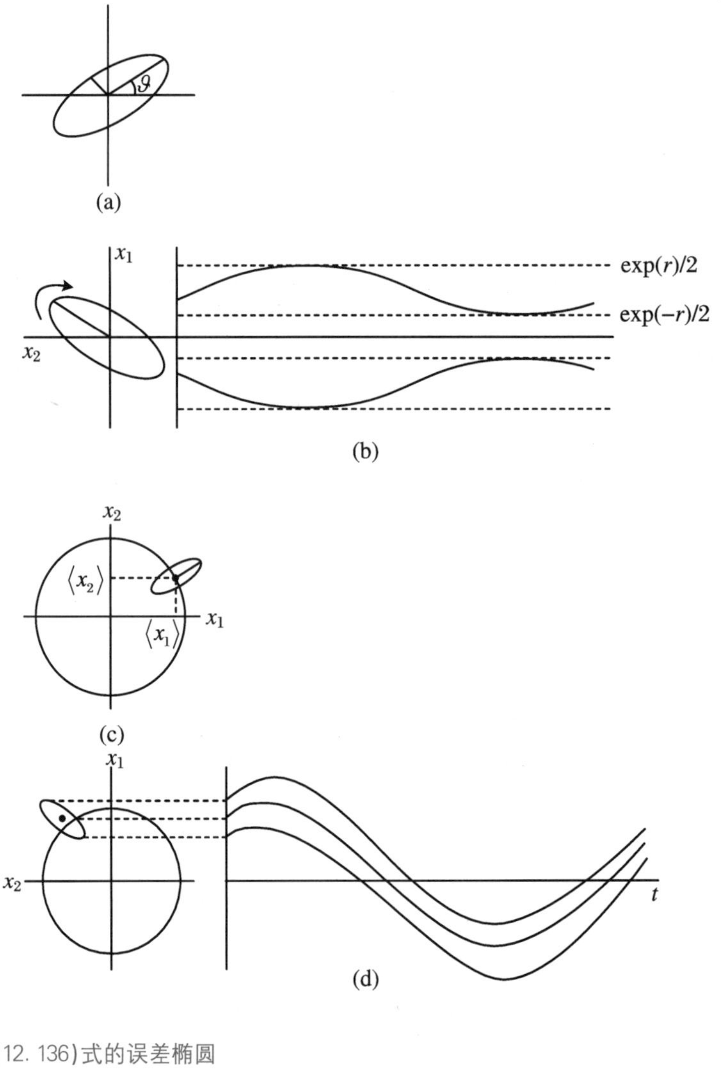

图 12.1　电场(12.136)式的误差椭圆

图(a)、(b)相应于一个纯压缩态 $a=0$,图(c)、(d)相应于一个 $a\neq0$ 的一般的压缩态

确的现代实验中.压缩态能以不同的方式通过量子光学的方法产生出来,其中包括所谓的**参量下转换**[30],这时,在一个光学腔中,频率为 2ω 的光子转换成频率为 ω 的相互关联的光子对.

习题 12.20 求在一般的压缩态 $|\alpha;z=r\exp(\mathrm{i}\vartheta)\rangle$ 中 $\langle\mathcal{E}\rangle$ 和 $(\Delta\mathcal{E})^2$ 的时间依赖.

解 如图 12.1 所示,这个期待值与在一个纯相干态中的期待值是一样的:

$$\langle\alpha;z\mid\hat{\mathcal{E}}\mid\alpha;z\rangle=\langle\alpha;0\mid\hat{\mathcal{E}}\mid\alpha;0\rangle=\sqrt{2}\mathcal{E}_0[\mathrm{Re}(\alpha)\cos(\omega t)+\mathrm{Im}(\alpha)\sin(\omega t)] \tag{12.137}$$

场的均方涨落与在一个 $a=0$ 的纯压缩态中是一样的,并且可以借助矩阵乘法表示:

$$(\Delta\mathcal{E})^2_{\alpha;z}=(\Delta\mathcal{E})^2_{0;z}=2\mathcal{E}_0^2[\cos(\omega t)\sin(\omega t)]\sigma\begin{pmatrix}\cos(\omega t)\\ \sin(\omega t)\end{pmatrix} \tag{12.138}$$

其中压缩矩阵为

$$\sigma=\frac{\cosh^2(r)+\sinh^2(r)}{4}+\frac{\cosh(r)\sinh(r)}{2}\begin{pmatrix}\cos\vartheta & \sin\vartheta\\ \sin\vartheta & -\cos\vartheta\end{pmatrix} \tag{12.139}$$

当 $\vartheta=0$ 时,可以清楚地看到压缩:

$$\sigma=\frac{1}{4}\begin{pmatrix}\mathrm{e}^{2r} & 0\\ 0 & \mathrm{e}^{-2r}\end{pmatrix} \tag{12.140}$$

13

第 13 章

引入磁场

有些东西几乎不能用一种独特的生命来解释，如铁和磁铁间的引力要用磁性来解释.

——J. M. Schleiden

13.1 经典力学中的磁场

到此为止，我们用势场 $U(\boldsymbol{r})$研究了量子问题. 与静电场不同，磁场不能用这种方法包括进来. 相反，我们必须推广在经典 Lagrange 力学中用过的包括电磁场的**最小原理**.

对于一个质量为 m、电荷为 e 的非相对论带电粒子，通过下面的 **Lagrange 函数**[6]把电磁场引进来：

$$\mathcal{L}(\boldsymbol{r},\boldsymbol{v}) = \frac{m\boldsymbol{v}^2}{2} - e\phi(\boldsymbol{r}) + \frac{e}{c}[\boldsymbol{A}(\boldsymbol{r})\cdot\boldsymbol{v}] \tag{13.1}$$

电磁场在这里用**标量势** ϕ 和**矢量势** $\boldsymbol{A}$ 定义. 利用 Lagrange 函数(13.1),我们发现**正则动量**为

$$\boldsymbol{p} = \frac{\partial\mathcal{L}}{\partial\boldsymbol{v}} = m\boldsymbol{v} + \frac{e}{c}\boldsymbol{A} \tag{13.2}$$

现在,这个动量与**动力学**动量

$$m\boldsymbol{v} = \boldsymbol{p} - \frac{e}{c}\boldsymbol{A} \tag{13.3}$$

是不一样的. Lagrange 运动方程为

$$\frac{\mathrm{d}\boldsymbol{p}}{\mathrm{d}t} = \frac{\partial\mathcal{L}}{\partial\boldsymbol{r}} \tag{13.4}$$

对于(13.3)式的第 i 个分量,我们得到

$$m\frac{\mathrm{d}v_i}{\mathrm{d}t} = -\frac{e}{c}\frac{\partial A_i}{\partial t} - e\frac{\partial\phi}{\partial x_i} + \frac{e}{c}v_j\left(\frac{\partial A_j}{\partial x_i} - \frac{\partial A_i}{\partial x_j}\right) \tag{13.5}$$

在这里,我们通过对势求导引入电场 $\mathcal{E}$ 和磁场 $\mathcal{B}$:

$$\mathcal{E} = -\nabla\phi - \frac{1}{c}\frac{\partial\boldsymbol{A}}{\partial t} \tag{13.6}$$

$$\mathcal{B} = \mathrm{curl}\,\boldsymbol{A} \equiv \nabla\times\boldsymbol{A} \tag{13.7}$$

(13.5)式中的最后一项包括 $\epsilon_{ijk}\mathcal{B}_k$(像往常一样,两个重复的下标意味求和),而且运动方程为具有 **Lorentz 力**的常规形式:

$$m\frac{\mathrm{d}\boldsymbol{v}}{\mathrm{d}t} = e\mathcal{E} + \frac{e}{c}(\boldsymbol{v}\times\mathcal{B}) \tag{13.8}$$

常常要强调的是,在运动方程中仅包括电场 $\mathcal{E}$ 和磁场 $\mathcal{B}$,使得势场 ϕ 和 $\boldsymbol{A}$ 可以视为辅助量,而不是可观测量. 这一点由理论的**规范不变性**强调:我们可以通过**规范变换**变成另一套不同的势:

$$\boldsymbol{A}\to\boldsymbol{A}' = \boldsymbol{A} + \nabla f,\quad \phi\to\phi' = \phi - \frac{1}{c}\frac{\partial f}{\partial t} \tag{13.9}$$

其中,f 是坐标和时间的一个任意的单值函数. 因而,场和运动方程都是不变的:

$$\mathcal{E}' = -\nabla\phi' - \frac{1}{c}\frac{\partial \mathbf{A}'}{\partial t} = \mathcal{E}, \quad \mathcal{B}' = \text{curl}\,\mathbf{A}' = \mathcal{B} \tag{13.10}$$

习题 13.1 证明,一个均匀的静磁场 $\mathcal{B}$ 可以特别地用如下几种选择的矢量势描述:对称规范,

$$\mathbf{A} = \frac{1}{2}(\mathcal{B} \times \mathbf{r}) \tag{13.11}$$

把场固定为沿 z 轴的规范,

$$\mathbf{A} = (-\mathcal{B}y, 0, 0) \tag{13.12}$$

或

$$\mathbf{A} = (0, \mathcal{B}x, 0) \tag{13.13}$$

求在这些选择之间进行变换的规范函数 f.

我们可以按照经典力学的规则确定**哈密顿函数**

$$H = \frac{\partial \mathcal{L}}{\partial \boldsymbol{v}} \cdot \boldsymbol{v} - \mathcal{L} \tag{13.14}$$

结果为

$$H = \frac{m\boldsymbol{v}^2}{2} + e\phi = \frac{[\boldsymbol{p} - (e/c)\mathbf{A}]^2}{2m} + e\phi \tag{13.15}$$

在磁场存在的情况下,这个采用动力学动量(或速度)和标量势的表达式并不改变,而在动力学动量和正则动量之间的关系发生了变化.

13.2 量子公式体系与规范不变性

假定在量子力学的哈密顿量公式体系中,我们仍然可以用(13.15)式,只是把正则动量 $\boldsymbol{p}$ 和位置矢量 $\boldsymbol{r}$ 代之以具有正常对易关系(4.30)式的算符.像往常一样,量子公式体系比经典公式体系更普遍,因此不能从后者推导出来;这种量子化的处理方法应该由实验去检验.

这样,我们从在任意电磁场中的一个粒子的如下量子哈密顿量出发:

$$\hat{H} = \frac{[\hat{\boldsymbol{p}} - (e/c)\boldsymbol{A}(\hat{\boldsymbol{r}})]^2}{2m} + e\phi(\hat{\boldsymbol{r}}) \tag{13.16}$$

可以粗略地把这个步骤称为动量“延伸”：

$$\hat{\boldsymbol{p}} \Rightarrow \hat{\boldsymbol{p}} - \frac{e}{c}\hat{\boldsymbol{A}} \tag{13.17}$$

这个**最小原理**也将被用到多粒子系统；在没有场的哈密顿量中的每一个动量算符都必须按照(13.17)式改变为添加局域的矢量势.

Heisenberg 算符的运动方程可以按常规方法从这里推导出来：

$$\frac{\mathrm{d}}{\mathrm{d}t}\hat{\boldsymbol{r}} \equiv \hat{\boldsymbol{v}} = \frac{1}{\mathrm{i}\hbar}[\hat{\boldsymbol{r}}, \hat{H}] = \frac{1}{m}\left(\hat{\boldsymbol{p}} - \frac{e}{c}\hat{\boldsymbol{A}}\right) \tag{13.18}$$

这与经典定义(13.3)式是一致的.因为正则动量算符 $\hat{p}$ 与矢量势的宗量中的坐标不对易，所以速度算符(13.18)式的分量之间并不对易：

$$[\hat{v}_i, \hat{v}_j] = -\frac{e}{m^2 c}([\hat{p}_i, \hat{A}_j] + [\hat{A}_i, \hat{p}_j]) \tag{13.19}$$

这个对易子与磁场成正比：

$$[\hat{v}_i, \hat{v}_j] = \frac{\mathrm{i}e\hbar}{m^2 c}\left(\frac{\partial A_j}{\partial x_i} - \frac{\partial A_i}{\partial x_j}\right) = \frac{\mathrm{i}e\hbar}{m^2 c}\epsilon_{ijk}\mathcal{B}_k \tag{13.20}$$

垂直于磁场方向的两个速度分量不能同时具有确定的数值.这反映粒子围绕改变相空间中轨迹特性的磁场做**回旋运动**.

规范不变性被证明是量子物理中一个更基本的要素.实际上，在相对论中，这个原理定义了电磁场和传递内部粒子相互作用的其他矢量场的整体特征[14].在非相对论性理论中，规范不变性是一个指导原则.然而，与(13.9)式和(13.10)式相比，情况变得更复杂.现在，如果 Schrödinger 方程

$$\mathrm{i}\hbar\frac{\partial \Psi}{\partial t} = \frac{1}{2m}\left(\hat{\boldsymbol{p}} - \frac{c}{c}\hat{\boldsymbol{A}}\right)^2\Psi + e\phi\Psi \tag{13.21}$$

在势的变换(13.9)式下不变的话，规范不变性就存在.然而，如果我们不同时改变波函数 $\Psi \Rightarrow \Psi'$，这是做不到的.新方程是

$$\mathrm{i}\hbar\frac{\partial \Psi'}{\partial t} = \frac{1}{2m}\left(\hat{\boldsymbol{p}} - \frac{e}{c}\hat{\boldsymbol{A}} - \frac{e}{c}\nabla f\right)^2\Psi' + \left(e\phi - \frac{e}{c}\dot{f}\right)\Psi' \tag{13.22}$$

容易看出，如果波函数得到一个额外的非平庸相位 $\Psi' = \Psi\exp(\mathrm{i}\gamma)$，则(13.22)式就等价

于前面的(13.21)式.那么

$$\left(\hat{\boldsymbol{p}}-\frac{e}{c}\hat{\boldsymbol{A}}-\frac{e}{c}\nabla f\right)\Psi'=\left[\left(\hat{\boldsymbol{p}}-\frac{e}{c}\hat{\boldsymbol{A}}\right)\Psi\right]\mathrm{e}^{\mathrm{i}\gamma}-\frac{e}{c}(\nabla f)\Psi\mathrm{e}^{\mathrm{i}\gamma}$$
$$-\mathrm{i}\hbar(\mathrm{i}\nabla\gamma)\Psi\mathrm{e}^{\mathrm{i}\gamma} \tag{13.23}$$

使得选择

$$\gamma=\frac{e}{\hbar c}f \tag{13.24}$$

时抵消了额外项并得到由延伸动量作用的结果:

$$\left(\hat{\boldsymbol{p}}-\frac{e}{c}\hat{\boldsymbol{A}}'\right)\Psi'=\left[\left(\hat{\boldsymbol{p}}-\frac{e}{c}\hat{\boldsymbol{A}}\right)\Psi\right]\mathrm{e}^{\mathrm{i}\gamma} \tag{13.25}$$

同样的情况发生在延伸动量的重复作用下.采用(13.24)式的选择,在方程的标量势部分中的额外项也抵消了.于是,我们可以抵消在所有项中的 $\exp(\mathrm{i}\gamma)$ 并且得到在规范变换以前存在的方程.我们得出结论:规范变换(13.9)式在量子理论中也适用,只是要辅以用比例于规范函数 f 的相位对波函数进行变换:

$$\Psi\Rightarrow\Psi'=\Psi\mathrm{e}^{\mathrm{i}ef/(\hbar c)} \tag{13.26}$$

这样,规范变换被转变为局域地改变波函数相位的量子态的一个幺正变换,把它们调节成外场的一种改变的测度.

事实上,现代相对论量子场论遵从一个相反的论证方式:相对于一个局域的相位变换的不变性要求通过运动学项(13.17)式的重新定义引入矢量规范场.正如后面会看到的,仅当像光子那样,场的量子都无质量时,矢量场的规范不变性才会保持.

习题 13.2 在存在外部电磁场的情况下,求概率流的表达式并检验连续性方程的规范不变性.

解 标准的推导导致

$$\boldsymbol{j}=\boldsymbol{j}_0+\boldsymbol{j}_{\mathrm{d}} \tag{13.27}$$

其中 $\boldsymbol{j}_0$ 是对于一个势场中的流的原表达式(7.55),而新的项**抗磁流** $\boldsymbol{j}_{\mathrm{d}}$ 正比于矢量势以及在一个给定的点发现这个粒子的概率密度 $\rho=|\Psi|^2$:

$$\boldsymbol{j}_{\mathrm{d}}(\boldsymbol{r})=-\frac{e}{mc}|\Psi(\boldsymbol{r})|^2\boldsymbol{A}(\boldsymbol{r}) \tag{13.28}$$

利用流 $\boldsymbol{j}_0$ 借助波函数相位的表达式(7.61),我们看到在规范变换下 ρ 和 $\boldsymbol{j}$ 都是不变的,因为通过相位的变化(13.26)式,抗磁流的改变被 $\boldsymbol{j}_0$ 的改变补偿了.

注意，定义为 $\boldsymbol{j}/\rho$ 的速度场**不再是无旋的**；它的旋度比例于磁场，

$$\mathrm{curl}\,\frac{\boldsymbol{j}_{\mathrm{d}}}{\rho} = -\frac{e}{mc}\mathrm{curl}\,\boldsymbol{A} = -\frac{e}{mc}\boldsymbol{\mathcal{B}} \tag{13.29}$$

Stokes 定理给出速度场沿一个被磁力线穿透的封闭回路的**环流**：

$$\begin{aligned} C &= \oint \mathrm{d}\boldsymbol{l}\cdot\boldsymbol{v} = -\frac{e}{mc}\oint \boldsymbol{A}\cdot\mathrm{d}\boldsymbol{l} = -\frac{e}{mc}\int \mathrm{curl}\,\boldsymbol{A}\cdot\mathrm{d}\boldsymbol{S} \\ &= -\frac{e}{mc}\int \mathcal{B}\cdot\mathrm{d}\boldsymbol{S} = -\frac{e\Phi}{mc} \end{aligned} \tag{13.30}$$

其中，Φ 是穿过被回路包围的面的磁通量. 由于单值的规范函数 f 的梯度对回路积分(13.30)式没有贡献，上述结果也是规范不变的.

13.3 电磁势是可观测量吗?

在 5.2 节，我们利用一个静电的例子讨论了电磁势在量子理论和经典理论中起着不同的作用. 为了得到与习题 5.2 中不确定性关系相容的结果，势的可观测效应是必需的. 这些效应通过波函数相位的改变表现出来，它们是非经典性的现象.

在波包不同部分的波函数的相位改变不一样的情况下，矢量势的效应可以通过量子干涉观测到. 最惊人的表现之一是 **Aharonov-Bohm 效应**[34]（事实上，更早就有人预期到了这种效应[35]），它触发了大量涌现的相互矛盾的研究，却得到了实验完全的证实（见评述的书籍[36]）.

让我们修改双缝实验，在束流分开后的区间插入一个垂直于图 13.1 所示平面的长螺线管. 轴向磁场局限在螺线管的内部并携带总的通量 Φ. 在螺线管的外面粒子可以到达的区域场为零. 所有的经典磁效应都被排除了，因为粒子穿透非零磁场区的概率为零. 然而，内部磁场在外面产生矢量势 $\boldsymbol{A}$，尽管 $\mathcal{B} = \mathrm{curl}\,\boldsymbol{A} = \boldsymbol{0}$. 对于环绕螺线管一圈的任何路径，

$$\oint \boldsymbol{A}\cdot\mathrm{d}\boldsymbol{l} = \Phi \tag{13.31}$$

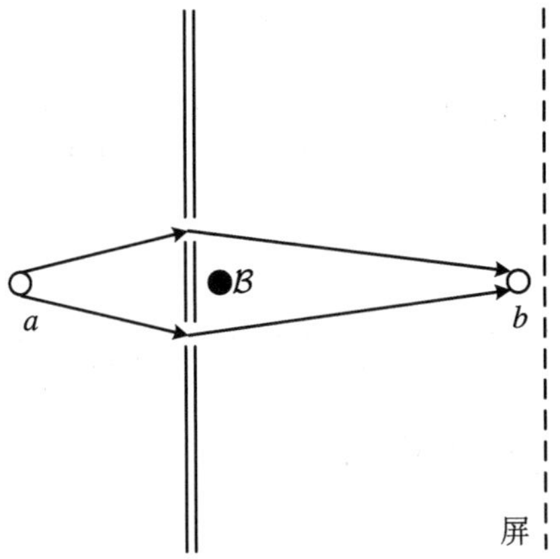

图 13.1　Aharonov-Bohm 效应示意图:在具有磁场的螺线管外面的散射

因为在外部区域矢量势 $\boldsymbol{A}$ 无旋,我们可以尝试把 $\boldsymbol{A}$ 表示为磁标量势 χ 的一个梯度:

$$\boldsymbol{A} = -\nabla\chi \tag{13.32}$$

现在,利用变换(13.9)式并取 $f=\chi$,我们可以消去矢量势(13.32)式.然而,这给波函数(13.26)式引入了一个额外的相位.则沿着任何路径 ab,波函数相位 φ 的增量为

$$\Delta_{ab}\varphi = \int_a^b \nabla\varphi \cdot \mathrm{d}\boldsymbol{l} = \frac{e}{\hbar c}\int_a^b \nabla\chi \cdot \mathrm{d}\boldsymbol{l} = -\frac{e}{\hbar c}\int_a^b \boldsymbol{A} \cdot \mathrm{d}\boldsymbol{l} \tag{13.33}$$

这个增量并不依赖 a 和 b 两点之间路径的选择,只要这条路径不穿过其内部有磁场的螺线管.比较穿过上面狭缝和下面狭缝的波相位差,我们发现

$$\Delta\varphi = -\frac{e}{\hbar c}\left(\int_1 \boldsymbol{A} \cdot \mathrm{d}\boldsymbol{l} - \int_2 \boldsymbol{A} \cdot \mathrm{d}\boldsymbol{l}\right) = \frac{e}{\hbar c}\oint \boldsymbol{A}_{(2+1)} \cdot \mathrm{d}\boldsymbol{l} = \frac{e\Phi}{\hbar c} \tag{13.34}$$

这个相位差产生了由通过螺线管的磁通量决定的干涉条纹可观测的移动.尽管事实上粒子从来没有进入磁场的范围,但这种现象还是要发生.

实际上,我们并没有完全消掉矢量势.与规范函数相反,在(12.32)式中引入的磁势不是一个**单值函数**,因为它的增量记录我们环绕螺线管回路的次数.数学上,我们需要谈及拓扑改变,因为现在的波函数是在排除了螺线管区域以外的一个**双连通域**定义的.对于任何一个**单值**函数的规范不变性仍然保持,因为这样一个函数给出的相移(13.34)式为零.注意,即使在内部有场的螺线管的情况下,如果取的磁通量数值使 $\Delta\varphi$ 等于 2π 的整倍数,干涉条纹的移动也可能消失.这相应于磁通量

$$\Phi = n\Phi_0 \tag{13.35}$$

它精确地包含整数 n 个**磁通量量子**：

$$\Phi_0 = \frac{2\pi\hbar c}{e} = \frac{hc}{e} = 4.14 \times 10^{-7}\ \text{Gs} \cdot \text{cm}^2 = 4.14 \times 10^{-15}\ \text{Wb} \tag{13.36}$$

$(\text{Wb} = \text{T} \cdot \text{m}^2)$. 这样我们可以看到，在量子力学中势的影响不只是场，而是通过诸如相位积分这样的**规范不变**特征.

13.4 Landau 能级：能谱

由 Landau[37] 最先求解的均匀静磁场中带电粒子的问题对于量子理论及其大量的应用是极为重要的. 让我们首先回顾一下其经典解.

设 z 轴是磁场方向，$\mathcal{B} = \mathcal{B}_z$. 运动方程(13.8)可以写为

$$\dot{\boldsymbol{v}} = \boldsymbol{\omega} \times \boldsymbol{v} \tag{13.37}$$

它描写了在垂直于角速度矢量

$$\boldsymbol{\omega} = -\frac{e}{mc}\mathcal{B} \tag{13.38}$$

的平面上粒子的圆周运动以及沿着场的轴，即几何学中 z 轴方向上的自由运动. 转动具有的**回旋频率**为

$$\omega_c = |\boldsymbol{\omega}| = \frac{|e|\mathcal{B}}{mc} \tag{13.39}$$

把(13.37)式对时间积分，得到

$$\boldsymbol{v} = \boldsymbol{\omega} \times (\boldsymbol{r} - \boldsymbol{r}_0) + \boldsymbol{v}_0 \tag{13.40}$$

其中，假定轨迹具有在 $\boldsymbol{r}_0 = (x_0, y_0)$ 点的中心和纵向速度 $v_0 = v_z$. 用坐标写出来，该解为

$$v_x = \frac{e\mathcal{B}}{mc}(y - y_0), \quad v_y = -\frac{e\mathcal{B}}{mc}(x - x_0), \quad v_z = v_0 \tag{13.41}$$

为了用正则动量(13.2)式表示该结果，我们需要选择矢量势的规范. 例如取(13.12)式规范，我们有

$$mv_x = p_x + \frac{e\mathcal{B}}{c}y, \quad mv_y = p_y, \quad mv_z = p_z \tag{13.42}$$

或者对照(13.41)式,

$$\frac{p_x}{m} + \frac{e\mathcal{B}}{mc}y = \frac{e\mathcal{B}}{mc}(y - y_0), \quad \frac{p_y}{m} = -\frac{e\mathcal{B}}{mc}(x - x_0) \tag{13.43}$$

其中,轨道中心的固定坐标现在可以与运动的坐标和动量分量联系起来,

$$x_0 = x + \frac{cp_y}{e\mathcal{B}}, \quad y_0 = -\frac{cp_x}{e\mathcal{B}} \tag{13.44}$$

因此,(13.44)式中的这些组合在(13.12)式的规范下都是**运动常数**.

至于量子描述,我们有既可以用正则动量(13.16)式,也可以等价地用速度算符(13.15)式写出的哈密顿量

$$\hat{H} = \frac{m\hat{\boldsymbol{v}}^2}{2} \tag{13.45}$$

这个形式允许人们很容易地确定能谱.哈密顿量的纵向部分

$$\hat{H}_z = \frac{m\hat{v}_z^2}{2} = \frac{\hat{p}_z^2}{2m} \tag{13.46}$$

单独定义了沿场方向具有守恒动量 p_z 和**连续谱**的自由运动:

$$E_z = \frac{p_z^2}{2m} \tag{13.47}$$

哈密顿量的横向部分

$$H_\perp = \frac{m}{2}(\hat{v}_x^2 + \hat{v}_y^2) \tag{13.48}$$

包括非对易的算符 $\hat{v}_x$ 和 $\hat{v}_y$.按照(13.20)式,

$$[\hat{v}_x, \hat{v}_y] = \frac{\mathrm{i}e\hbar}{m^2c}\mathcal{B} \tag{13.49}$$

沿用文献[37],我们可以定义有效坐标 $\hat{Q}$ 和有效动量 $\hat{p}$:

$$\hat{Q} = \frac{mc}{e\mathcal{B}}\hat{v}_x, \quad \hat{p} = m\hat{v}_y \tag{13.50}$$

它们满足正则对易关系

$$[\hat{Q},\hat{p}] = \mathrm{i}\hbar \tag{13.51}$$

那么，横向哈密顿量简化为谐振子哈密顿量：

$$\hat{H}_{\perp} = \frac{\hat{\boldsymbol{p}}^2}{2m} + \frac{1}{2}m\omega_c^2\hat{Q}^2 \tag{13.52}$$

具有回旋频率(13.39)式.横向运动的能谱是分立的，

$$E_{\perp}(n) = \hbar\omega_c\left(n + \frac{1}{2}\right) \tag{13.53}$$

并且这些量子化的态称为 **Landau 能级**.

13.5 Landau 能级：简并性和波函数

因此，整个能谱由两个**量子数**定义：分立的 n 和连续的 p_z. 然而，在不存在磁场的情况下，我们会有具有三个运动常数 $p_{x,y,z}$ 的自由运动三维连续谱. 如图 13.2 所示，这意味着在横向平面的自由运动状态合并成与分立的 Landau 能级对应的一些组. 能量本征值(13.53)式实际上是简并的.

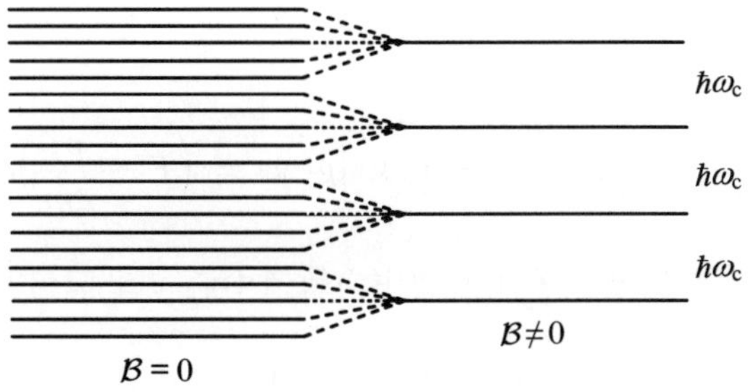

图 13.2　Landau 能级简并性的根源

为了找到丢失的量子数，我们明确地选择一个特殊的规范，例如，先前在经典解(13.42)式中用过的(13.12)式. 正像在(13.44)式中那样，我们定义算符 $\hat{x}_0$ 和 $\hat{y}_0$ 对应于轨道的中心.

习题 13.3　证明：算符 $\hat{x}_0$ 和 $\hat{y}_0$ 是量子的运动常数(与哈密顿量对易)，但彼此并不对易：

$$[\hat{y}_0, \hat{x}_0] = \frac{\mathrm{i}\hbar c}{e\mathcal{B}} \tag{13.54}$$

中心的 x 和 y 坐标不可能同时具有确定的数值. 仅仅在一个非常强的磁场 $\mathcal{B}$ 的极限下，与(13.54)式有关的不确定性才小到可以忽略；在经典的情况下，这将对应于一个零回旋半径. 回旋轨道中心坐标之一提供丢失的第三个量子数(这个选择不是唯一的，属于一个给定的 Landau 能级的简并态的任意组合也是一个可能的定态). 在所选定的规范下，直接求解 $\psi(x,y,z)$ 的 Schrödinger 方程，可以清楚地看到这一点.

利用在磁场中的哈密顿量(13.16)式(没有静电场，$\phi=0$)，需要求解的方程为

$$\frac{1}{2m}\left[\left(\hat{p}_x + \frac{e\mathcal{B}}{c}\hat{y}\right)^2 + \hat{p}_y^2 + \hat{p}_z^2\right]\psi = E\psi \tag{13.55}$$

在这个规范下，z 坐标是循环坐标，且共轭动量 p_z 守恒. x 和 y 坐标的分离导致波函数成为一个乘积(译者注：该段原文中坐标的分析有明显错误，已订正)：

$$\psi(x,y,z) = \mathrm{e}^{(\mathrm{i}/\hbar)(p_z z + p_x x)} g(y) \tag{13.56}$$

其中，p_z 和 p_x 现在是相应的守恒算符的本征值，而 $g(y)$ 是一个谐振子的本征函数. 我们看到，在这个规范下丢失的量子数是 p_x 或轨道中心的 y 坐标：

$$y_0 = -\frac{cp_x}{e\mathcal{B}} \tag{13.57}$$

函数 $g(y)$ 满足

$$\left[\frac{1}{2m}\hat{p}_y^2 + \frac{1}{2}m\omega_c^2(y-y_0)^2\right]g(y) = \left(E - \frac{p_z^2}{2m}\right)g(y) \tag{13.58}$$

我们证实了具有回旋频率的谐振子能谱和作为轨道中心 y 坐标(13.57)式 y_0 的解释，

$$g_n(y) = \psi_n^{\text{harm. osc.}}(y-y_0) \tag{13.59}$$

在 y 方向轨道的大小为

$$|y-y_0| \sim \sqrt{\frac{\hbar}{m\omega_c}} = \sqrt{\frac{\hbar c}{|e|\mathcal{B}}} \approx 3\times 10^{-4}\ \mathrm{cm}/\sqrt{\mathcal{B}_{\mathrm{Gs}}} \tag{13.60}$$

在所选择的规范中这个解对应于固定的 y_0 和沿着 x 方向的匀速运动(平面波). 由于动量 p_x 和坐标 y_0 通过(13.57)式关联在一起，我们得到描述共同的回旋转动图形，如图 13.3 所示. 最后，我们有三个量子数以及依赖其中两个量子数而不依赖 p_x 或 y_0 的

能谱：

$$E(n,p_x,p_z)=\hbar\omega_c\left(n+\frac{1}{2}\right)+\frac{p_z^2}{2m} \tag{13.61}$$

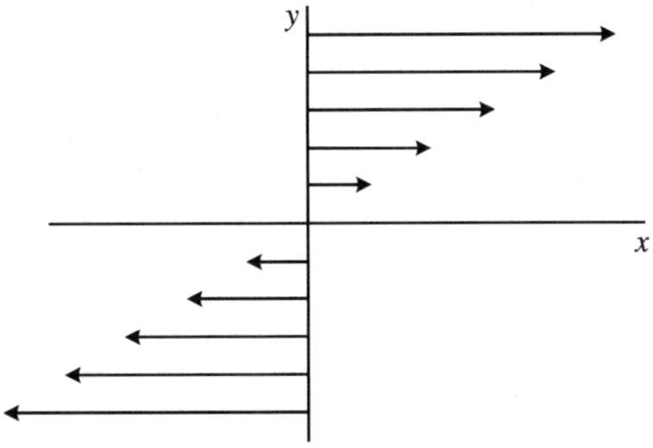

图 13.3 轨道中心的 y 位置与 x 动量之间的对应(假定 $e<0$)

为了估算 Landau 能级的简并度，像 3.8 节一样，我们想象一个粒子处在一个比轨道的尺寸(13.60)式大得多的、边长为 $L_{x,y,z}$ 的大盒子中. 在 Δp_x 间隔内，p_x 不同的量子化值的数目为 $L_x\Delta p_x/(2\pi\hbar)$. 然而，可能的 p_x 值的整个区间要受到坐标 y_0 处于盒子内 $0<y_0<L_y$ 的要求限制. 按照(13.57)式，这意味着 $0<|cp_x/(e\mathcal{B})|<L_y$，即量子数 p_x 值的间隔 Δp_x 是 $|e|\mathcal{B}L_y/c$，而且我们可以估算可能的量子化 p_x 值的数目为

$$N_\perp=\frac{L_x}{2\pi\hbar}\frac{|e|\mathcal{B}L_y}{c}=\frac{|e|\mathcal{B}S}{2\pi\hbar c} \tag{13.62}$$

其中，$S=L_xL_y$ 是横向运动的面积. 此外，考虑到用每个态的相空间体积 $L_z\Delta p_z/(2\pi\hbar)$ 量子化的纵向动量间隔 Δp_z，我们发现，对应于给定的 Landau 能级和体积 V 中间隔 Δp_z 的简并态总数(结果对于任何能级 n 都一样)为

$$\Delta N=\frac{V}{(2\pi\hbar)^2}\frac{|e|\mathcal{B}}{c}\Delta p_z \tag{13.63}$$

该简并度随场强线性增长. 注意，横向运动的量子化(13.62)式对应于穿过这个面积的总磁通量

$$\Phi=\mathcal{B}S=N_\perp\frac{2\pi\hbar c}{|e|}=N_\perp\Phi_0 \tag{13.64}$$

横向运动的每一个态都覆盖被磁通量的一个单量子(13.36)式穿透的面积. 对于足够大的体积 V，上述估算的结果很好，这时可以忽略相对少数的几个撞到边界或定位在表面

附近的轨迹的贡献.然而,这样的一些表面态在某些应用中特别有趣.

习题 13.4 一个带电粒子在均匀静磁场 $\mathcal{B}=\mathcal{B}_z$ 和均匀静电场 $\mathcal{E}=\mathcal{E}_x$ 中运动,求能谱和定态波函数.

解 在这种几何中,规范的方便选择由(13.13)式给出.粒子的哈密顿量取如下形式:

$$\hat{H}=\frac{1}{2m}\left(\hat{\mathbf{p}}-\frac{e}{c}\hat{\mathbf{A}}\right)^2-e(\mathcal{E}\cdot\hat{\mathbf{r}})=\frac{\hat{p}_z^2+\hat{p}_x^2}{2m}+\frac{1}{2m}\left(\hat{p}_y-\frac{e}{c}\mathcal{B}\hat{x}\right)^2-e\mathcal{E}\hat{x} \tag{13.65}$$

在这个规范中,哈密顿量并不包括 y 坐标和 z 坐标.因此,波函数对这些坐标的依赖可以分离成平面波的形式:

$$\psi(x,y,z)=e^{(i/\hbar)(p_z z+p_y y)}g(x) \tag{13.66}$$

其中,p_z 和 p_y 是相应动量分量 $\hat{p}_z$ 和 $\hat{p}_y$ 的本征值.通过引入(**Larmor 圆**)中心的 x 坐标

$$x_0=\frac{cp_y}{e\mathcal{B}} \tag{13.67}$$

和回旋频率(13.39)式,我们可以把函数 $g(x)$ 的 Schrödinger 方程重新写为

$$\left\{\frac{\hat{p}_x^2}{2m}+\frac{1}{2}m\omega_c^2(x-x_0)^2-e\mathcal{E}x\right\}g(x)=\left\{E-\frac{p_z^2}{2m}\right\}g(x) \tag{13.68}$$

该轨道的新中心被电场移动了

$$\bar{x}=x_0+\frac{e\mathcal{E}}{m\omega_c^2}=x_0+\frac{mc^2}{e}\frac{\mathcal{E}}{\mathcal{B}^2} \tag{13.69}$$

我们得到谐振子方程

$$\left[\frac{\hat{p}_x^2}{2m}+\frac{1}{2}m\omega_c^2(x-\bar{x})^2\right]g(x)=\left[E-\frac{p_z^2}{2m}+e\mathcal{E}x_0+\frac{mc^2}{2}\left(\frac{\mathcal{E}}{\mathcal{B}}\right)^2\right]g(x) \tag{13.70}$$

因此,本征函数的完备集与在中心点处于 $x=\bar{x}$ 的 x 方向的谐振子叠加上沿 z 和 y 轴的自由运动是一样的:

$$\psi_{np_yp_z}=e^{(i/\hbar)(p_y y+p_z z)}\psi_n^{\text{harm. osc.}}(\xi),\quad \xi=\sqrt{\frac{e\mathcal{B}}{\hbar c}}(x-\bar{x}) \tag{13.71}$$

对于函数(13.71)式,能量本征值等于

$$E(n,p_y,p_z) = \hbar\omega_c\left(n+\frac{1}{2}\right)+\frac{p_z^2}{2m} - e\mathcal{E}x_0 - \frac{mc^2}{2}\left(\frac{\mathcal{E}}{\mathcal{B}}\right)^2 \tag{13.72}$$

与 $\mathcal{E}=0$ 的纯磁场情况相反，这里没有关于 p_y 的简并.的确，这个数值决定了轨道(13.67)式的中心的 x 坐标，并且不同的 x_0 位置在电场中具有不同的静电能.正如从(13.71)式看到的，围绕半径 x_0 的经典轨道的一个典型的量子涨落大小为 $\xi\sim1$，即 $\Delta x\sim\sqrt{\hbar c/(e\mathcal{B})}$，而且通过增大磁场可以抑制涨落.仅当 $\mathcal{E}\ll\mathcal{B}$ 时，我们的非相对论考虑才是适用的.

13.6 量子 Hall 效应

在有一些移动电荷载体的导体或半导体中，当磁场使载体的轨迹弯曲时，线电流得到横向分量，然而这个分量并不能穿过样品的边界.这导致在边界上的电荷堆积，直到由此产生的额外电压抵消该横向电流为止(**Hall 电压** V_H).

通常，欧姆定律，即稳恒电流与作用在样品上的电场成比例的关系 $\boldsymbol{j}=\sigma\boldsymbol{\mathcal{E}}$，在存在磁场 $\boldsymbol{\mathcal{B}}$ 的情况下要被修正，其中 σ 是样品的导电率.对于在无磁场的情况下各向同性的介质，电流极矢量可以利用极矢量 $\boldsymbol{\mathcal{E}}$ 和轴矢量 $\mathcal{B}$ 构建：

$$\boldsymbol{j} = \sigma\boldsymbol{\mathcal{E}} + \sigma_m(\boldsymbol{\mathcal{E}}\times\boldsymbol{\mathcal{B}}) \tag{13.73}$$

其中，另一个与磁阻率有关的唯象常数 σ_m 出现了.磁场引进了一个有效的各向异性——电场，它通过 Lorentz 力以及由此产生的粒子轨迹的弯曲，在一个垂直方向上感生出电流.

习题 13.5 在稳恒电流由正比于粒子速度的摩擦力(在介质中的碰撞)决定的一个经典模型中，计算参数 σ 和 σ_m.

解 质量为 m 的电荷的运动方程为

$$m\dot{\boldsymbol{v}} + \gamma\boldsymbol{v} = e\mathcal{E} + \frac{e}{c}(\boldsymbol{v}\times\mathcal{B}) \tag{13.74}$$

其中，$\gamma=m/\tau$ 是摩擦系数，τ 是平均自由程时间(碰撞频率的倒数).沿着磁场方向 z 的电流分量 $j_z=nev_z$ 不受这个磁场的影响，其中 n 是载流子密度，

$$j_z = \sigma_{zz}\mathcal{E}_z,\quad \sigma_{zz} = \frac{ne^2\tau}{m}\equiv\sigma_0 \tag{13.75}$$

对于在 xy 平面上矢量的“转动”分量，$v_+ = v_x + \mathrm{i}v_y$（回顾(11.94)式），借助回旋频率 $\omega_c = e\mathcal{B}/(mc)$，我们发现

$$j_+ = nev_+ = \frac{ne^2}{\gamma - \mathrm{i}m\omega_c}\mathcal{E}_+ = \frac{\sigma_0}{1 - \mathrm{i}\omega_c\tau}\mathcal{E}_+ \tag{13.76}$$

通过把 x 和 y 分量分离，我们得到横向电导率的二维张量：

$$\begin{pmatrix} \sigma_{xx} & \sigma_{xy} \\ \sigma_{yx} & \sigma_{yy} \end{pmatrix} = \frac{\sigma_0}{1 + (\omega_c\tau)^2}\begin{pmatrix} 1 & -\omega_c\tau \\ \omega_c\tau & 1 \end{pmatrix} \tag{13.77}$$

作为磁场的一个函数，这个张量的对称性 $\sigma_{ik}(\mathcal{B}) = \sigma_{ki}(-\mathcal{B})$ 与磁场的时间反演有关（运动学系数的 **Onsager 对称原理**[38]）. 定义(13.73)式确定

$$\sigma = \frac{\sigma_0}{1 + (\omega_c\tau)^2}, \quad \sigma_m = -\frac{\sigma_0}{1 + (\omega_c\tau)^2}\frac{\omega_c\tau}{\mathcal{B}} \tag{13.78}$$

在一个以导体为电路的一部分且稳恒电流沿 x 轴的实际装置中，

$$j_y = 0 \rightsquigarrow \mathcal{E}_y = -\frac{\sigma_{yx}}{\sigma_{yy}}\mathcal{E}_x = -\omega_c\tau\mathcal{E}_x \tag{13.79}$$

这个垂直于驱动场 $\mathcal{E}_x$ 和磁场的**补偿 Hall 场**源于磁场的弯曲作用在样品的 y 边界造成的电荷堆积，如图 13.4 所示. 在这种条件下，主电流可以写成比例于 Hall 场的形式：

$$j_x = \frac{\sigma_0}{1 + (\omega_c\tau)^2}\left(\frac{-\mathcal{E}_y}{\omega_c\tau} - \omega_c\tau\mathcal{E}_y\right) = -\frac{\sigma_0}{\omega_c\tau}\mathcal{E}_y \tag{13.80}$$

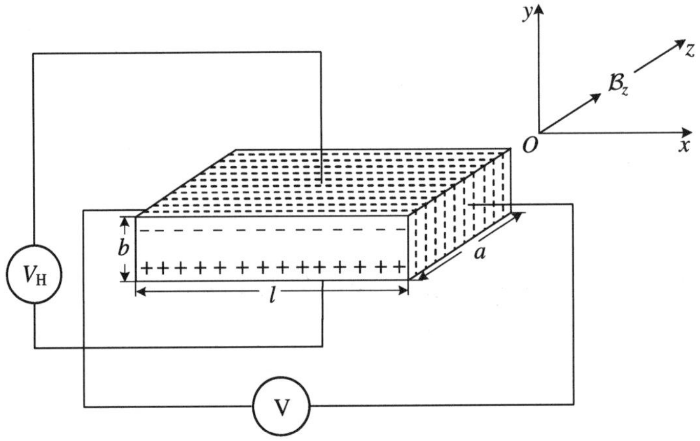

图 13.4 Hall 效应的几何学

Hall 效应通常按照出现在 σ_0 定义(13.75)式中的**Hall 常数** R_{H}和 ω_{c}量化：

$$j_x = nec\frac{\mathcal{E}_y}{\mathcal{B}} \equiv \frac{\mathcal{E}_y}{R_{\mathrm{H}}\mathcal{B}} \tag{13.81}$$

正像在交叉的电场 $\mathcal{E}_y$ 和磁场 $\mathcal{B}_z$ 中那样[6]，沿 x 轴的有效输运速度是经典的**漂移速度**：

$$v_{\mathrm{d}} = \frac{j_x}{ne} = c\frac{\mathcal{E}_y}{\mathcal{B}} \tag{13.82}$$

Hall 常数 $R_{\mathrm{H}} = \mathcal{E}_y/(\mathcal{B}j_x)$的直接测量确定电荷载流子的密度以及它们(电子或空穴)的符号.由于正常的电导率 σ_0 可以独立测量，有关浓度 n 的知识也提供了 τ/m 的信息，其中 m 可以是**有效质量**.当然，假定所有的电子都有同样的速度、有效质量和碰撞频率的这个模型是过于简化了.

在具有甚低温度 $T\sim1$ K 和强磁场 $\mathcal{B}\sim10$ T 的量子区域，人们发现了新的效应.在这样的条件下，回旋频率的量子具有量级为$\hbar\omega_{\mathrm{c}}\sim10^{-3}$ eV$\gg T$ 的能量，使得热运动不会抹掉 Landau 能级的分立图形.**量子 Hall 效应**可以在诸如 GaAs 和 $\mathrm{Al}_x\mathrm{Ga}_{1-x}\mathrm{As}$ 的两个半导体之间的界面处的**反转层**(inversion layer)观测到，在那里人们可以做到高纯度和低碰撞率，$\omega_{\mathrm{c}}\tau\gg1$.

按照图 13.4 的几何特性，有

$$n = \frac{N}{Sa}, \quad S = bl, \quad I = j_x ab, \quad V_{\mathrm{H}} = b\mathcal{E}_y \tag{13.83}$$

其中，S 是垂直于磁场的样品表面面积，Hall 电流为

$$I = \frac{N}{S}\frac{ec}{\mathcal{B}}V_{\mathrm{H}} \tag{13.84}$$

Hall 电导是电阻的倒数，即

$$G = \frac{I}{V_{\mathrm{H}}} = \frac{Nec}{S\mathcal{B}} \tag{13.85}$$

实验家们常常画出 hG/e^2 作为变量

$$v = \frac{Nhc}{Se\mathcal{B}} \tag{13.86}$$

的函数图，其中 h 是 Planck 常数.按照(13.85)式，预计这些量是相等的.相反，如图 13.5 所示，在参数 v 的整数值处，观测到了阶梯，即**整数量子 Hall 效应**[40].

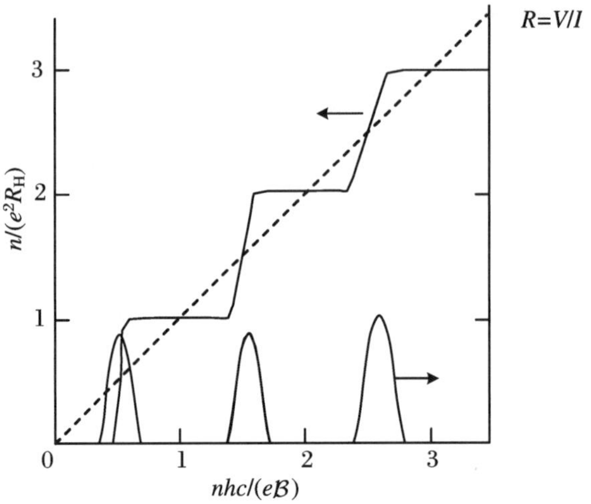

图 13.5 量子 Hall 效应的一个观测例子[39]

整数 v 值相应于精确填满 v 个 Landau 能级. 从(13.62)式的确可得

$$v=\frac{N}{N_{\perp}(\mathcal{B})} \tag{13.87}$$

在这样的一些磁场数值处,不依赖几何形状,电导(13.85)式以 e^2/h 为单位按

$$G=v\frac{e^2}{h} \tag{13.88}$$

量子化. 这个测量提供了有关基本常数组合的最精确数值之一.

在整数的填充因子(13.87)式中,纵向电阻不见了,因为在不消耗能量的情况下,总有可能构建一个简并占据的 Landau 能级的非定域化线性组合,对应于在 x 方向的平面波. 在某种意义上,这是**超导电性**的一个例子. 仅当磁场的大小处于填充因子 v 和 $v+1$ 之间的中间区域时,纵向电阻才是显著的. 当填充因子 v 为小的分数值时,人们观测到涉及电子之间库仑相互作用的更复杂的现象[41]. 这些效应与对应于彼此排斥的封闭电子轨道定域化波函数的空间结构有关[42].

13.7 任意色散定律

用半经典论证可以把我们的想法扩展到一些实用情况,特别是固体物理. 这时,粒子或一般称为**准粒子**(quasiparticles)的任何客体总可以借助可能异于 $\mathbf{p}^2/(2m)$ 的色散定律(它们的能量 $E(\mathbf{p})$ 对于动量或晶体中的**准动量**的依赖关系,见 8.7 节)描述.

我们再次从一个准粒子在均匀静磁场 $\mathcal{B}$ 中的经典运动出发.为了推导运动方程,我们把 $E(\mathbf{p})$ 处理为哈密顿函数,通过代换(13.17)式用**最小**的方式启动磁场,使得

$$H = E(\mathbf{p} - (e/c)\mathbf{A}) \tag{13.89}$$

把 E 中的宗量称为**动力学动量**,$\mathbf{p}^{\text{kin}}$,我们发现哈密顿方程为

$$\frac{\mathrm{d}\mathbf{r}}{\mathrm{d}t} \equiv \mathbf{v} = \frac{\partial H}{\partial \mathbf{p}} = \frac{\partial E}{\partial \mathbf{p}^{\text{kin}}} \tag{13.90}$$

对于**正则动量** $\mathbf{p}$,我们得到

$$\frac{\mathrm{d}p_i}{\mathrm{d}t} = -\frac{\partial H}{\partial x_i} = -\frac{\partial E}{\partial p_j^{\text{kin}}}\left(-\frac{e}{c}\right)\frac{\partial A_j}{\partial x_i} \tag{13.91}$$

或利用(13.90)式,有

$$\frac{\mathrm{d}p_i}{\mathrm{d}t} = \frac{e}{c}(\mathbf{v} \times \mathcal{B})_i + \frac{e}{c}\frac{\partial A_i}{\partial x_j}v_j \tag{13.92}$$

用动力学动量得到

$$\frac{\mathrm{d}\mathbf{p}^{\text{kin}}}{\mathrm{d}t} = \frac{\mathrm{d}\mathbf{p}}{\mathrm{d}t} - \frac{e}{c}\frac{\partial \mathbf{A}}{\partial x_j}v_j = \frac{e}{c}(\mathbf{v} \times \mathcal{B}) \tag{13.93}$$

于是,Lorentz 力具有它的常规形式,只是速度 $\mathbf{v}$ 和动力学动量(13.90)式之间的关系可能比(13.3)式中的复杂得多.

当然,因为 Lorentz 力是垂直于速度的,所以能量仍然守恒:

$$\frac{\mathrm{d}E}{\mathrm{d}t} = \frac{\partial E}{\partial \mathbf{p}^{\text{kin}}} \cdot \frac{\mathrm{d}\mathbf{p}^{\text{kin}}}{\mathrm{d}t} = 0 \tag{13.94}$$

和以前一样,第二个运动常数是动力学动量沿磁场方向 z 的投影 p_z^{kin}.我们看到,在动量空间的运动是沿着位于 $E(\mathbf{p}^{\text{kin}})$ = 常数的能量面和 $\mathbf{p}^{\text{kin}} \cdot \mathcal{B}$ = 常数的平面交叉处的轨迹进行的.方程(13.93)还表明,动量和坐标的小的横向位移相互关联如下:

$$\mathrm{d}\mathbf{p}^{\text{kin}} = \frac{e}{c}(\mathrm{d}\mathbf{r} \times \mathcal{B}) \tag{13.95}$$

它们彼此类似,其差别在于在垂直平面内转了 $\pi/2$ 以及标度因子 $e\mathcal{B}/c$.

与平常具有各向同性能谱 $E = \mathbf{p}^2/(2m)$ 的情况不同,具有任意色散定律的粒子的轨迹并不一定是封闭的.然而,在封闭的轨道上,运动是周期性的,而且我们可以计算它的

频率，即(13.39)式的类似量. 考虑动量空间的横向平面(x, y)以及在这个平面上如图 13.6 所示的两个相邻的封闭轨道. 这两个轨道分别是能量为 E 和 $E+\mathrm{d}E$ 的能量面的踪迹. 对于在这个平面上动量的切向分量 $p_{/\!/}$，从(13.93)式得到(这里，专门处理 $\boldsymbol{p}^{\text{kin}}$，因此上标 kin 可以略去)

$$\frac{\mathrm{d}p_{/\!/}}{\mathrm{d}t}=\frac{e}{c}v_{\perp}\mathcal{B}=\frac{e}{c}\frac{\mathrm{d}E}{\mathrm{d}p_{\perp}}\mathcal{B} \tag{13.96}$$

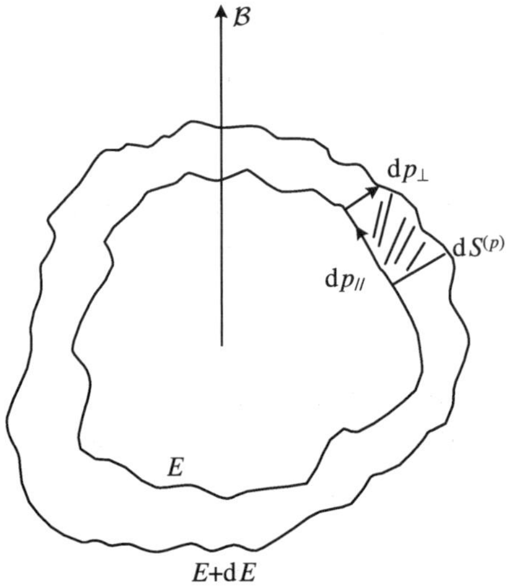

图 13.6　对于具有一个任意色散定律的封闭轨迹所定义的回旋频率

其中，$p_{\perp}$ 和 $v_{\perp}$ 分别是 xy 平面上垂直于轨迹的动量和速度的分量. 从(13.96)式得到

$$\mathrm{d}t=\frac{\mathrm{d}p_{/\!/}\,\mathrm{d}p_{\perp}}{\mathrm{d}E}\frac{c}{e\mathcal{B}} \tag{13.97}$$

使运动的周期为

$$T=\frac{c}{e\mathcal{B}}\frac{\oint \mathrm{d}p_{/\!/}\,\mathrm{d}p_{\perp}}{\mathrm{d}E}=\frac{c}{e\mathcal{B}}\frac{\mathrm{d}S^{(p)}}{\mathrm{d}E} \tag{13.98}$$

其中，$\mathrm{d}S^{(p)}$ 是在动量空间被能量 $\mathrm{d}E$ 隔开的两个轨道之间环的面积. 因此，沿封闭轨道旋转频率

$$\omega=\frac{2\pi}{T}=\frac{2\pi e\mathcal{B}}{c}\left(\frac{\mathrm{d}S^{(p)}}{\mathrm{d}E}\right)^{-1} \tag{13.99}$$

正比于场 $\mathcal{B}$ 且借助能谱特征表示. 在 $E = \mathbf{p}^2/(2m)$ 的情况下，轨道是圆形，其面积为

$$S^{(p)} = \pi(p^2 - p_z^2) = 2\pi m\left(E - \frac{p_z^2}{2m}\right) \tag{13.100}$$

于是，$\mathrm{d}S^{(p)}/\mathrm{d}E = 2\pi m$，并且频率(13.99)式与通常的表达式(13.39)是一致的.

在相应的量子问题中，对于一个任意色散定律，我们不可能得到精确的解. 然而，对于**半经典量子化**我们可以推导出一个一般的处理方法. 类似于(13.20)式，我们发现动力学动量的分量的对易子为

$$[\hat{p}_i, \hat{p}_j] = \frac{\mathrm{i}e\hbar}{c}\epsilon_{ijk}\mathcal{B}_k \tag{13.101}$$

把 $E(\hat{\mathbf{p}})$ 看成一个在磁场中的粒子的量子哈密顿量 $\hat{H}$，借助(13.101)式我们得到算符的运动方程：

$$\mathrm{i}\hbar\frac{\mathrm{d}\hat{\mathbf{r}}}{\mathrm{d}t} = [\hat{\mathbf{r}}, E(\hat{\mathbf{p}})] = \mathrm{i}\hbar\frac{\partial E}{\partial\hat{\mathbf{p}}} \tag{13.102}$$

$$\mathrm{i}\hbar\frac{\mathrm{d}\hat{p}_i}{\mathrm{d}t} = [\hat{p}_i, E(\hat{\mathbf{p}})] = [\hat{p}_i, \hat{p}_j]\frac{\partial E}{\partial\hat{p}_j} = \frac{\mathrm{i}e\hbar}{c}\epsilon_{ijk}\hat{v}_j\mathcal{B}_k \tag{13.103}$$

这些方程与经典的方程(13.92)和(13.93)在形式上是一致的，并且，因此具有同样的运动常数 E 和 $\hat{\mathbf{p}}\cdot\mathcal{B}$.

对于动力学动量的垂直分量，对易子(13.101)式是

$$[\hat{p}_x, \hat{p}_y] = \frac{\mathrm{i}e\hbar}{c}\mathcal{B} \tag{13.104}$$

Landau 变量(13.50)式为

$$\hat{Q} = \frac{c\hat{p}_x}{e\mathcal{B}}, \quad \hat{p} = \hat{p}_y \tag{13.105}$$

具有正则对易关系(13.51)式. 现在，我们可以把半经典的 Bohr-Sommerfeld 量子化规则应用到在横平面(1.17)上沿着一个封闭轨道的周期运动. 这导致以如下形式挑选稳定量子态：

$$\oint p\,\mathrm{d}Q = 2\pi\hbar(n + \gamma) \tag{13.106}$$

其中 n 是一个整数，γ 是一个相位，类似于谐振子的情况，它通常等于 1/2，由精确的边界条件所决定，见第 15 章. 对于我们的目的，γ 的精确值无关紧要. 用动量变量，量子化条

件(13.106)式为

$$\oint p_y \mathrm{d}p_x = 2\pi\hbar\frac{e\mathcal{B}}{c}(n+\gamma) \tag{13.107}$$

然而,(13.107)式的左边不是别的,正是给定能量的经典轨道所包围的动量空间的面积$S^{(p)}$.在我们的经典解(13.95)式～(13.100)式中,遇到的正是这个量.结论是,对于一个任意色散定律,量子化的特征是动量空间一个**封闭轨道的面积**

$$S^{(p)} = 2\pi\hbar\frac{e\mathcal{B}}{c}(n+\gamma) \tag{13.108}$$

对于$\epsilon=\boldsymbol{p}^2/(2m)$和$\gamma=1/2$,这与 Landau 的结果(13.53)式是一致的.

作为动量空间和坐标空间轨道之间的标度对应(13.95)式的一个推论,结果表明在坐标空间的封闭轨迹的面积$S^{(r)}$也是量子化的:

$$S^{(r)} = \left(\frac{c}{e\mathcal{B}}\right)^2 S^{(p)} = 2\pi\hbar\frac{c}{e\mathcal{B}}(n+\gamma) \tag{13.109}$$

正像前面的(13.64)式,在两个相邻的封闭轨道之间,磁通量$\Phi=\int \mathrm{d}S^{(r)}\cdot\mathcal{B}$增加一个单个的通量量子:

$$\Delta\Phi = \mathcal{B}\frac{\mathrm{d}S^{(r)}}{\mathrm{d}n} = \frac{2\pi\hbar c}{e} = \Phi_0 \tag{13.110}$$

习题 13.6 证明量子化轨道的简并度是由(13.63)式给出的,与色散定律无关.

证明 每单个 Landau 轨道和纵向动量间隔Δp_z的状态数等于

$$\Delta N = \frac{\mathrm{d}S^{(p)}}{\mathrm{d}n}\frac{\Delta p_z}{(2\pi\hbar)^3} \tag{13.111}$$

13.8 对称规范

在一个均匀静磁场矢量势的各种可能的选择中,对称的选择(13.11)式被挑选出来是因为它不破坏问题的对称性.用这样的一种选择,绕磁场z轴的轴对称性得以保持,轨道动量l_z是一个运动常数.

像往常处理具有角动量的问题一样，引入矢量(11.94)的升和降的组合是很方便的. 在这种情况下，我们利用位置 $\boldsymbol{r}$ 和动量矢量(注意，是正则动量 $\boldsymbol{p}$，而不是动力学动量 $m\boldsymbol{v}$)：

$$x_{\pm} = x \pm \mathrm{i}y, \quad p_{\pm} = p_x \pm \mathrm{i}p_y \tag{13.112}$$

于是，绕场轴的轨道角动量被表示为

$$\hat{l}_z = \frac{1}{\hbar}(\hat{x}\hat{p}_y - \hat{y}\hat{p}_x) = \frac{\mathrm{i}}{2\hbar}(\hat{x}_+\hat{p}_- - \hat{x}_-\hat{p}_+) \tag{13.113}$$

习题 13.7 (1) 证明算符

$$\hat{X}_{\pm} = \frac{1}{2}\hat{x}_{\pm} \pm \frac{\mathrm{i}}{m\omega_{\mathrm{c}}}\hat{p}_{\pm}, \quad \hat{P}_{\pm} = \hat{p}_{\pm} \pm \frac{\mathrm{i}m\omega_{\mathrm{c}}}{2}\hat{x}_{\pm} \tag{13.114}$$

被分成具有对易关系

$$[\hat{X}_+, \hat{X}_-] = \frac{2\hbar}{m\omega_{\mathrm{c}}}, \quad [\hat{P}_-, \hat{P}_+] = 2\hbar m\omega_{\mathrm{c}} \tag{13.115}$$

的对，而算符 $\hat{X}_{\pm}$ 与算符 $\hat{P}_{\pm}$ 是对易的.

(2) 为确定起见，假定电荷 $e<0$ 和 $\omega_{\mathrm{c}} = -e\mathcal{B}/(mc)$，证明

$$\hat{a} = \sqrt{\frac{1}{2\hbar m\omega_{\mathrm{c}}}}\hat{P}_-, \quad \hat{a}^{\dagger} = \sqrt{\frac{1}{2\hbar m\omega_{\mathrm{c}}}}\hat{P}_+ \tag{13.116}$$

和

$$\hat{b} = \sqrt{\frac{m\omega_{\mathrm{c}}}{2\hbar}}\hat{X}_+, \quad \hat{b}^{\dagger} = \sqrt{\frac{m\omega_{\mathrm{c}}}{2\hbar}}\hat{X}_- \tag{13.117}$$

是两对独立的产生算符和湮灭算符，每一对都具有代数(11.133)式. (对于 $e>0$，按照转动的方向相反，需要把 $\hat{P}_-$ 和 $\hat{P}_+$ 对调以及 $\hat{X}_-$ 和 $\hat{X}_+$ 对调.)

(3) 证明算符(13.116)式和(13.117)式将横向运动的哈密顿量(13.48)式和轨道角动量(13.113)式同时对角化：

$$\hat{H}_{\perp} = \hbar\omega_{\mathrm{c}}\left(\hat{a}^{\dagger}\hat{a} + \frac{1}{2}\right) \tag{13.118}$$

$$\hat{l}_z = \hat{a}^{\dagger}\hat{a} - \hat{b}^{\dagger}\hat{b} \tag{13.119}$$

这里，定态 Landau 能级用两个振子量子数 n_a 和 n_b 表征，能谱是 $E_n = \hbar\omega_{\mathrm{c}}\left(n + \frac{1}{2}\right)$，$n =$

n_a，并且轨道动量 $l_z = n - n_b$ 标记具有同样能量的简并能级. 量子数 $l = l_z$ 取 $l = -\infty$ 到 $l = n$ 之间的整数值.

习题 13.8 使用对称规范(13.11)式，求解 Schrödinger 方程并寻找定态的坐标波函数.

13.9 磁场中的相干态

在把问题精确地映射到两个独立谐振子的系统以后，我们可以利用第 12 章的标准方法构建相干态[43]. 两个对易的湮灭算符 $\hat{a}$ 和 $\hat{b}$ 的本征态 $|\alpha,\beta\rangle$ 可以分别用两个复量子数 α 和 β 标记. 方便的做法是按下面的办法给出这两个量的长度量纲：

$$\hat{X}_+ |\alpha,\beta\rangle = \beta|\alpha,\beta\rangle, \quad \hat{P}_- |\alpha,\beta\rangle = -\mathrm{i}\hbar\frac{\alpha}{R^2}|\alpha,\beta\rangle \tag{13.120}$$

这里，$R = \sqrt{\hbar/(m\omega_c)}$ 是最低 Landau 轨道(13.60)式的半径.

利用对于振子算符 $\hat{a}$ 和 $\hat{b}$ 生成相干态(13.120)式的算符定义(13.116)式和(13.117)式，我们发现，类似于习题 12.1，在对称规范下相干态按照 Landau 能级 $|n;l\rangle$ 的展开为

$$|\alpha,\beta\rangle = \sum_{n=0}^{\infty}\sum_{l=-\infty}^{n} C_{nl}(\alpha,\beta)|n;l\rangle \tag{13.121}$$

该展开式的系数(与(12.7)式比较)很容易找到，为

$$C_{nl}(\alpha,\beta) = \mathrm{e}^{-(|\alpha|^2+|\beta|^2)/(4R^2)}\frac{(-\mathrm{i}\alpha)^n\beta^{n-l}}{(2R^2)^{n-l/2}\sqrt{n!(n-l)!}} \tag{13.122}$$

与(12.8)式相似，我们利用建立在基态 $|0;0\rangle \equiv |n=0;l=0\rangle$ 上的阶梯来表示相干态：

$$|\alpha,\beta\rangle = \mathrm{e}^{-(|\alpha|^2+|\beta|^2)/(4R^2)}\mathrm{e}^{[-\mathrm{i}\alpha/(2\hbar)]\hat{P}_+ + [\beta/(2R^2)]\hat{X}_-}|0;0\rangle \tag{13.123}$$

下面的习题确立磁场中相干态的主要特性，显示它们与经典情况密切的同源关系.

习题 13.9 求相干态 $|\alpha,\beta\rangle$ 的时间演化.

解 与(12.39)式类似，该状态保持为相干态：

$$|\Psi(t)\rangle = \mathrm{e}^{-\mathrm{i}(\omega_c/2)t}|\alpha,\beta\mathrm{e}^{-\mathrm{i}\omega_c t}\rangle \tag{13.124}$$

当 α 固定时,复数 β 以回旋频率匀速转动(与具有固定的轨道速度、绕一个给定中心回旋转动类似的运动).

习题 13.10 求处于相干态 $|\alpha,\beta\rangle$ 中的粒子坐标 x、y 和动量 p_x、p_y 的期待值.

解 结果对应于 α 的含义是相空间轨迹的一个固定中心,而 β 是在一个回旋轨道上的跑动变量,

$$\langle \hat{x}(t)\rangle = \mathrm{Re}(\alpha + \beta \mathrm{e}^{-\mathrm{i}\omega_c t}),\quad \langle \hat{y}(t)\rangle = \mathrm{Im}(\alpha - \beta \mathrm{e}^{-\mathrm{i}\omega_c t}) \tag{13.125}$$

$$\langle \hat{p}_x(t)\rangle = \frac{\hbar}{2R^2}\mathrm{Im}(\alpha + \beta \mathrm{e}^{-\mathrm{i}\omega_c t}),\quad \langle \hat{p}_y(t)\rangle = -\frac{\hbar}{2R^2}\mathrm{Re}(\alpha - \beta \mathrm{e}^{-\mathrm{i}\omega_c t}) \tag{13.126}$$

习题 13.11 求相干态(13.121)式的坐标波函数.

解 结果是被平移到这个复平面中变量为 $x_\pm$ 的一个高斯波包:

$$\langle x,y \mid \alpha,\beta\rangle = \frac{1}{\sqrt{2\pi R^2}}\mathrm{e}^{-[(x_+ - 2\beta)(x_- - 2\alpha)+|\alpha|^2+|\beta|^2-2\alpha\beta]/(4R^2)} \tag{13.127}$$

对于中心态,$\alpha=\beta=0$,它也是基态 $n=l=0$,我们有一个简单的二维高斯波包:

$$\langle x,y \mid 0,0\rangle = \frac{1}{\sqrt{2\pi R^2}}\mathrm{e}^{-(x^2+y^2)/(4R^2)} \tag{13.128}$$

习题 13.12 证明相干态使关于变量 x 和 y 的两个不确定性关系最小化:

$$(\Delta x)\cdot(\Delta p_x) = (\Delta y)\cdot(\Delta p_y) = \frac{\hbar}{2} \tag{13.129}$$

习题 13.13 证明:类似于(12.34)式,在这里恒等算符的分解为

$$\int \frac{\mathrm{d}^2\alpha\,\mathrm{d}^2\beta}{4\pi^2 R^2}\mid \alpha,\beta\rangle\langle\alpha,\beta\mid = \hat{1} \tag{13.130}$$

第 14 章

宏观的量子相干性

在紧随 Planck 的发现之后的那个世纪，人们非常清楚，无论对于微观还是宏观的自然现象，量子理论都是至关重要的.

——J. Sewell

14.1 宏观相干性概念

在一个多体系统中，坐标表象中的波函数依赖所有粒子的坐标 $\boldsymbol{r}_a, a=1,\cdots,N$. 在由电磁势 ϕ 和 $\boldsymbol{A}$ 定义的外电磁场中，质量为 m_a 和电荷为 e_a 的非相对论相互作用粒子的哈密顿量可以写成

$$\hat{H}=\sum_a \frac{[\hat{\boldsymbol{p}}_a-(e_a/c)\boldsymbol{A}(\hat{\boldsymbol{r}}_a)]^2}{2m_a}+\sum_a e_a\phi(\hat{\boldsymbol{r}}_a)+\frac{1}{2}\sum_{a\neq b}\hat{U}_{ab} \tag{14.1}$$

其中，$\hat{U}_{ab}$ 描述的是粒子成对之间的相互作用. 然而，在某些情况下，我们也可以用它描写假定整个宏观体系处在一个明确定义的量子态的现象. 当一个系统具有**长程序**(long-range order)[44]时，诸如**超流性**和**超导性**，这种现象就会发生.

在一个宏观体系中，我们可以考虑在**物理上小的**一个体积元 ΔV，一般来说，它包含了大量的粒子($N \gg 1$). 我们把所考虑的现象局限于这样的一些情况，即当所有的宏观尺度过程由空间和时间的光滑变化所表征的情况. 这时，即使对于 $N \gg 1$，这个体积元的大小比起宏观量显著变化的尺度可能仍然很小. 因此，对于这些宏观过程，整个体积元可以用它的形心坐标 $\boldsymbol{R}$ 和共同的时刻 t 表示，使得同一体积元中不同部分之间的推迟效应和相位差可以忽略. 这种描述是不完备的，可以应用于光滑的**流体力学**过程；在该体积元内一个粒子或少数几个粒子的激发不能用这种方法描述.

到现在为止，我们用了一些半经典术语，并没有引入量子相干性. 由于要集中于量子力学，我们可以尝试定义一个宏观的态矢量 $|\Phi(\boldsymbol{R}, t)\rangle$，其中代替 N 个单独的坐标，我们只用了共同的矢量 $\boldsymbol{R}$. 在 ΔV 内的粒子数不可能精确地固定；由于与邻近体积元中粒子的交换，粒子数围绕着平均数 $\bar{N}$ 涨落. 然而对于足够大的 ΔV，表面效应跟体积效应相比起着次要的作用，这时通过表面的涨落 ΔN 是相当小的，因此我们可以假设 $1 \ll \Delta N \ll \bar{N}$. 尽管态矢量 $|\Phi\rangle$ 是具有不同粒子数的态 $|N\rangle$ 的叠加，但相对弥散仍然很小($\Delta N/\bar{N} \ll 1$). 这种情况已经在 12.6 节讨论了而且曾经说明过，适当的描写可以由**相干态**给出，它们可以是具有不同的量子数但有小的相对弥散的一些态的叠加.

此外(这是区分通常的流体动力学与宏观量子相干性的主要之处)，某些量对于尺寸比粒子之间距离大得多的体积的平均应当保持非零的结果. 为了使这种想法形式化，类似于我们曾对量子振子用过的，引入**粒子**的产生算符和湮灭算符 $\hat{a}^\dagger$ 和 $\hat{a}$. 这种形式体系的细节将在本课程后面讨论(见下册第 17 章). 然而，这里我们将仅仅假设，对于任何点 $\boldsymbol{r}$，这样的一些算符都存在，并且在 ΔV 内总粒子数算符由**密度算符**(对照公式(11.110))

$$\hat{n}(\boldsymbol{r}) = \hat{a}^\dagger(\boldsymbol{r})\hat{a}(\boldsymbol{r}) \tag{14.2}$$

对该体积的积分确定：

$$\hat{N} = \int_{\Delta V} d^3 r \hat{n}(\boldsymbol{r}) \tag{14.3}$$

如果态 $|\Phi\rangle$ 类似于一个相干态，期待值 $\langle\Phi|\hat{a}(\boldsymbol{r})|\Phi\rangle$ 应当存在，就像在原始的相干态(12.4)式上一样. 不过，我们只对**宏观相干性**的特性感兴趣，这时这个期待值在对体积元求平均之后不为零. 我们可以把这样的**双平均**(double average)称为宏观波函数.

14.2 宏观波函数[45, 46]

函数

$$\Psi(\boldsymbol{R},t)=\frac{1}{\Delta V}\int_{\Delta V(\boldsymbol{R})}\mathrm{d}^3r\langle\Phi\mid\hat{a}(\boldsymbol{r})\mid\Phi\rangle \tag{14.4}$$

依赖该体积中心的坐标 $\boldsymbol{R}$ 和时间. 在**正常的**系统中,只要体积的大小超过粒子间的距离,该体积的平均为零. 如果这个系统是**超流**(**超导**)的,那么体积内的量子关联使各个粒子的运动同步,这个平均存留了下来.

正如所介绍过的,态矢量是具有确定粒子数的态的叠加:

$$\mid\Phi\rangle=\sum_N C_N\mid N\rangle \tag{14.5}$$

因为湮灭算符使我们从 N 变到 $N-1$,这个平均(14.4)式变成

$$\Psi(\boldsymbol{R},t)=\sum_N C_{N-1}^*C_N\frac{1}{\Delta V}\int_{\Delta V(\boldsymbol{R})}\mathrm{d}^3r\langle N-1\mid\hat{a}(\boldsymbol{r})\mid N\rangle \tag{14.6}$$

如果振幅 C_N 的相位**不是随机的**,则内禀的相干性可能存在. 像 12.1 节在常规相干态中一样,让我们强加**相位同步**(phase synchronization):

$$C_N=\sqrt{\rho_N}\mathrm{e}^{\mathrm{i}N\varphi} \tag{14.7}$$

这里权重 ρ_N 在典型的涨落间隔 $\Delta N\ll\bar{N}$ 内有足够大的值,并且在这个间隔内几乎是常数. 那时

$$\Psi(\boldsymbol{R},t)=\overline{\langle\hat{a}\rangle}\mathrm{e}^{\mathrm{i}\varphi} \tag{14.8}$$

其中,矩阵元 $\langle N-1|\hat{a}(\boldsymbol{r})|N\rangle$ 对具有概率 $\sqrt{\rho_{N-1}\rho_N}\approx\rho_N$ 的波包和 ΔV 内的位置 $\boldsymbol{r}$ 额外求平均.

当所有粒子都处于相同的量子态(Bose-Einstein 凝聚态)时,按照定义(14.2)式和(14.3)式,在空间均匀的情况下,$\langle\hat{a}(\boldsymbol{r})\rangle$ 可以达到最大可能值,$\sqrt{n}=(\bar{N}/\Delta V)^{1/2}$. 在正常(非超流)的体系,这个平均矩阵元很小. 然而在超流的体系,例如液氦 4,长程序导致

$$\langle \hat{a}(\boldsymbol{r}) \rangle \sim \sqrt{n_s}, \quad n_s = \frac{N_s}{\Delta V} \tag{14.9}$$

其中 n_s是**超流密度**[45]，N_s是与总平均粒子数 $\bar{N}$ 同样量级的一个宏观数. 事实上，这或许可以作为**非对角长程序**(off-diagonal long-range order)的定义. 类似的情况也发生在超导体中，那里关联的**电子对**起着粒子的作用，见下册第 22 章. 当引入超流密度时，我们记录下宏观波函数(14.6)式，它类似单粒子的 Schrödinger 方程的流体力学形式(7.60)式：

$$\Psi(\boldsymbol{R}, t) = \sqrt{n_s(\boldsymbol{R}, t)}\mathrm{e}^{\mathrm{i}\varphi(\boldsymbol{R}, t)} \tag{14.10}$$

即用了密度 $n_s(\boldsymbol{R}, t)$和相位 $\varphi(\boldsymbol{R}, t)$两个实函数.

14.3 流体力学描述

具有多粒子和平滑改变的宏观性质的情况是半经典的. 我们可以应用仅仅依靠粒子数和波函数的相位表述的半经典动力学((12.62)式～(12.64)式). 如果 $E = \langle H \rangle$是这个体积元的平均能量，它在添加一个额外粒子后的变化是**化学势**

$$\frac{\partial E}{\partial N} = \mu \tag{14.11}$$

在习题 12.9 中没有明确地涉及哈密顿量的具体形式，推导了一个相干态的动力学方程. 因此，相位 $\varphi(R, t)$随时间的变化按照

$$\hbar\dot{\varphi} = -\frac{\partial E}{\partial N} = -\mu \tag{14.12}$$

当$\partial E/\partial N$ 变成$\partial F/\partial N$(F 是**自由能**)时，该式可以扩展到具有非零温度的热平衡情况；用这种方法，宏观波函数的相位变成了一个**热力学变量**.

当这个相位不依赖坐标且波函数(14.10)式在全空间以频率 $\mu/\hbar$简谐振荡时，总的平衡对应 $\mu =$ 常数. 即使外场存在，当 E 和μ 都包含一些额外的贡献，但平衡依然由恒定的化学势给出时，这个结果依然适用. 通过把这种考虑扩展到宏观量在空间和时间中平滑变化而且 $\mu = \mu(\boldsymbol{R}, t)$这种**局域**平衡情况，从(14.12)式我们得到

$$\hbar\frac{\mathrm{d}\,\nabla\varphi}{\mathrm{d}t} = -\nabla\mu \equiv f \tag{14.13}$$

由化学势的梯度确定作用在粒子上的变力 $\boldsymbol{f}$,在平衡条件下这个力为零.

现在,宏观波函数的相位成了一个力学变量.力的存在一定引起每个粒子超流运动的平均局域动量 $\boldsymbol{p}_s = m\boldsymbol{v}_s$变化 $\mathrm{d}\boldsymbol{p}_s/\mathrm{d}t$.这导致超流体速度等同于相位梯度:

$$\boldsymbol{v}_s = \frac{\hbar}{m}\nabla\varphi \tag{14.14}$$

正如我们由 7.3 节记起的,这符合量子流密度的**微观**定义,推广该定义到宏观波函数(14.10)式,可写成

$$\boldsymbol{j} = \frac{\hbar}{2m\mathrm{i}}(\Psi^*\nabla\Psi - \Psi\nabla\Psi^*) = n_s\frac{\hbar}{m}\nabla\varphi = n_s\boldsymbol{v}_s \tag{14.15}$$

这里我们只谈及**超流**运动,它能够用相位动力学(14.13)式而不用元激发描写.后者会从超流中借来能量,导致摩擦和损耗.如果这样的**正常**运动与超流一起存在,我们需要添加相应的正常流.

当超流运动是平移运动,至少是局域的平移运动时,方程(14.14)是可以用的.如果体积元以总动量 $\boldsymbol{P} = N\boldsymbol{p}$ 作为整体运动,微观波函数 $\Psi_0(\boldsymbol{r}_1,\cdots,\boldsymbol{r}_N)$变成

$$\Psi = \Psi_0\exp[(\mathrm{i}/\hbar)(\boldsymbol{P}\cdot\boldsymbol{R})]$$

其中,$\boldsymbol{R} = (1/N)\sum_{a=1}^{N}\boldsymbol{r}_a$ 是质心位置.这里完全微观相位的改变为 $\delta\varphi = (m\boldsymbol{v}/\hbar)\sum_a\boldsymbol{r}_a$,也就是说,对于所有的 a 粒子,$\partial\delta\varphi/\partial\boldsymbol{r}_a = m\boldsymbol{v}_s/\hbar$,与(14.14)式相符.如果运动有旋涡特征,这些论证是不适用的.于是,不管怎样,(14.14)式都被破坏了,因为它预言了无旋运动

$$\mathrm{curl}\,\boldsymbol{v}_s = 0 \tag{14.16}$$

一个利用速度矢量 $\boldsymbol{v}(\boldsymbol{R})$分量的**非对易算符**的更普遍**量子流体力学**公式体系是可能的[45].速度矢量的旋度($\mathrm{curl}\,\boldsymbol{v}$)的存在,起的作用类似于磁场(13.29)式.

习题 14.1 (1) 对全同粒子的多体系统,定义密度与流的微观算符分别为

$$\hat{n}(\boldsymbol{R}) = \sum_a\delta(\hat{\boldsymbol{r}}_a - \boldsymbol{R}) \tag{14.17}$$

和

$$\hat{\boldsymbol{j}}(\boldsymbol{R}) = \frac{1}{2m}\sum_a[\hat{\boldsymbol{p}}_a,\delta(\hat{\boldsymbol{r}}_a - \boldsymbol{R})]_+ \tag{14.18}$$

(方程(14.18)包含使流成为厄米算符所需要的反对易子(6.68)式).易见,对不同点的密度算符(14.17)式对易.推导对易关系

$$[\hat{\boldsymbol{j}}(\boldsymbol{R}),\hat{n}(\boldsymbol{R}')] = -\mathrm{i}\hbar\hat{n}(\boldsymbol{R})\nabla_{\boldsymbol{R}}\delta(\boldsymbol{R}-\boldsymbol{R}') \tag{14.19}$$

(2) 微观速度场(在密度 n 异于零的点)可以定义为

$$\hat{\boldsymbol{v}}(\boldsymbol{R}) = \frac{1}{2}\left[\frac{1}{\hat{n}(\boldsymbol{R})},\hat{\boldsymbol{j}}(\boldsymbol{R})\right]_+ \tag{14.20}$$

推导对易关系

$$[\hat{\boldsymbol{v}}(\boldsymbol{R}),\hat{n}(\boldsymbol{R}')] = -\mathrm{i}\frac{\hbar}{m}\nabla_{\boldsymbol{R}}\delta(\boldsymbol{R}-\boldsymbol{R}') \tag{14.21}$$

$$[\hat{v}_i(\boldsymbol{R}),\hat{v}_j(\boldsymbol{R}')] = -\mathrm{i}\hbar\epsilon_{ijk}\frac{1}{\hat{n}(\boldsymbol{R})}(\mathrm{curl}\,\hat{\boldsymbol{v}}(\boldsymbol{R}))_k\delta(R-R') \tag{14.22}$$

注意(14.21)式的一个推论:密度算符与速度的旋度对易:

$$[\hat{n}(\boldsymbol{R}),\mathrm{curl}\,\hat{\boldsymbol{v}}(\boldsymbol{R}')] = 0 \tag{14.23}$$

由此得出结论:存在一类无旋态($\mathrm{curl}\,\hat{\boldsymbol{v}}\equiv 0$),速度分量对易,(14.14)式定义相位算符 $\hat{\varphi}$(至多差一个附加常数),而且**速度势** $\hat{\zeta}=(\hbar/m)\hat{\varphi}$ 与这个密度正则共轭:

$$[\hat{\zeta}(\boldsymbol{R}),\hat{n}(\boldsymbol{R}')] = -\mathrm{i}\hbar\delta(\boldsymbol{R}-\boldsymbol{R}'),\quad \hat{\boldsymbol{v}}(\boldsymbol{R}) = \nabla\hat{\zeta}(\boldsymbol{R}) \tag{14.24}$$

14.4 宏观相干态的动力学

超流速度或流密度的大小是由正则方程(12.63)确定的,它表明在体积元中平均粒子数随时间的变化,

$$\hbar\frac{\mathrm{d}N}{\mathrm{d}t} = \frac{\partial E}{\partial\varphi} \tag{14.25}$$

在平衡态,相位是不变的,并且能量不依赖相位的具体值.所以,流是不存在的.

让我们考虑具有不同相位 φ_1 和 φ_2 的相干态中的两个体积元 ΔV_1 和 ΔV_2.如果这两个体积元相互作用(有一个共同边界或足够靠近以致它们的微观波函数重叠),则总能量依赖**相位差** $\varphi=\varphi_1-\varphi_2$.这个能量可以写为

$$E = E_1 + E_2 + W(\varphi) \tag{14.26}$$

其中，$W(\varphi)$描写体积元的相互作用.这时，(14.25)式表明这些体元之间的粒子流出现了：

$$\dot{N}_1 = -\dot{N}_2 = \frac{1}{\hbar}\frac{\partial W}{\partial \varphi} \tag{14.27}$$

相互作用函数 $W(\varphi)$不是普适的，并且不能仅从一般的论证中找到.显然，它是 φ 的一个周期函数.如果不存在产生流的优先方向的外场，$W(\varphi) = W(-\varphi)$，这个偶函数可以用 $\cos(n\varphi)$的 Fourier 级数来表示.这个级数的第 n 项是产生于作用在系数为(14.7)式的相干波包 $\sum_N C_N \mid N\rangle$ 上，并以 $\exp(\pm in\varphi) = \exp[\pm in(\varphi_1 - \varphi_2)]$乘所有分量的算符.我们从相干态的结构可以看到：这一项描述了 $\pm n$ 个粒子从体积元 ΔV_2 转换到 ΔV_1.如果仅限于单粒子跃迁的元过程(在超导体-单关联对中)，可以假定

$$W(\varphi) = -\hbar g \cos\varphi \tag{14.28}$$

其中，常数 $g>0$，因为在平衡态 $\varphi = 0$，能量要求极小.

在(14.28)式的近似下，粒子迁移的速率

$$\dot{N}_1 = -\dot{N}_2 = g\sin\varphi \tag{14.29}$$

因此，量 g 作为粒子迁移矩阵元确定了最大可能的流 $\dot{N}_1$.一个较大的流只有借助正常(非超流)的分量才可能达到.按照(14.29)式和(14.12)式，这个超流体的流靠化学势溢出的 $\Delta\mu$ 维持：

$$\dot{N}_1 = -\dot{N}_2 = g\sin\left(\int_0^t \mathrm{d}t' \frac{\Delta\mu}{\hbar} + \varphi_0\right) \tag{14.30}$$

其中，φ_0 是初始的相位差.两个相干体积元的接触部分的完整波函数可以写成

$$\Psi(\boldsymbol{R}) = \sqrt{n_1(\boldsymbol{R})}\mathrm{e}^{\mathrm{i}\varphi_1} + \sqrt{n_2(\boldsymbol{R})}\mathrm{e}^{\mathrm{i}\varphi_2} \tag{14.31}$$

其中，密度 $n_1(\boldsymbol{R})$和 $n_2(\boldsymbol{R})$在它们的各自体积之外陡降，尾部有微弱重叠.这样，通过接触区的量子流[47]和在习题 7.5 中求得的结果是一样的：

$$j = \frac{\hbar}{2m}\sqrt{n_1 n_2}\left(\nabla \ln\frac{n_1}{n_2}\right)\sin\varphi \tag{14.32}$$

这里，流的振幅由密度重叠程度的大小确定.

从分立的体积元过渡到**连续**介质时，我们需要用$\nabla\varphi$ 代替 $\varphi = \varphi_1 - \varphi_2$.于是，相互作用能 V 是这个梯度的泛函.当相位光滑地改变时，V 的梯度展开的第一项可以写作

$$W = \frac{\hbar}{2}\int \mathrm{d}^3 R c(\boldsymbol{R})(\nabla\varphi)^2 \tag{14.33}$$

流密度由(14.27)式的类似式给出

$$j = \frac{1}{\hbar}\frac{\delta W}{\delta(\nabla\varphi)} = c\,\nabla\varphi \tag{14.34}$$

从(14.34)式与(14.14)式 $\boldsymbol{j} = n_s \boldsymbol{v}_s$ 的对比，得到

$$c(\boldsymbol{R}) = \frac{\hbar}{m} n_s(\boldsymbol{R}) \tag{14.35}$$

在确认了该式的情况下，邻近体积元相互作用能(14.33)式约化成生成流的动能：

$$W = \frac{\hbar^2}{2m}\int \mathrm{d}^3 R n_s(\boldsymbol{R})(\nabla\varphi)^2 = \frac{m}{2}\int \mathrm{d}^3 R n_s(\boldsymbol{R})\boldsymbol{v}_s^2 \tag{14.36}$$

14.5 Josephson 效应

宏观量子相干在 Josephson 隧道效应中被明显地展示出来[48]. 这些效应出现在用薄层的真空、绝缘体或常规金属分开的两个超导体的弱接触中，如图 14.1 所示.

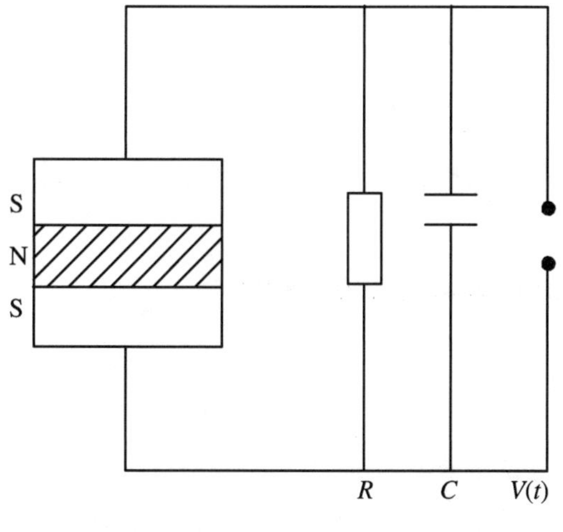

图 14.1 Josephson 效应和等价的电路的示意图

正如前面提到的，在超导体中电流的载体是关联电子对(Cooper 对，1956)，e⇒2e. 弱接触对电子对起了势垒的作用. 如果接触层的宽度足够小，小于电子对的干涉长度(见下册 22.9 节)，则配对的电子能够一对一对地穿过隧道，并保持它们的关联. 隧道效应产生电流 I. 只要电流大小不超过临界值 I_c，该电流保持超导性并且不要求在接触层的两端有任何电压. 临界值的大小由决定了隧穿振幅的势垒性质确定；当接触层太宽和隧穿电子失去了它们的干涉时，$I_c \to 0$.

正如在(14.29)式中一样，在一个稳定的 **Josephson 效应**中，电流 $I < I_c$，并且跨过势垒的相位差 φ 可以在这样的水平上确定，即

$$I = I_c \sin\varphi \tag{14.37}$$

若电路中电流超过 I_c，正常电流会补上这个不足. 于是，跨接在接触层的电压 V 应当会出现以维持这个正常电流. 对于这些电子对，这产生化学势的差 $\Delta\mu = 2eV$，并且 Josephson效应变成**不稳定的**，因为相位现在是时间相关的，见(14.30)式，其频率为

$$\omega = \frac{2eV}{\hbar} \tag{14.38}$$

电子对的隧穿伴随对的能量减少 $2eV$，它们转换成具有相应的能量 $\hbar\omega$ 的可变场的量子，如图 14.2 所示. 这里 Josephson 接触层作为一个微波辐射的发生器.

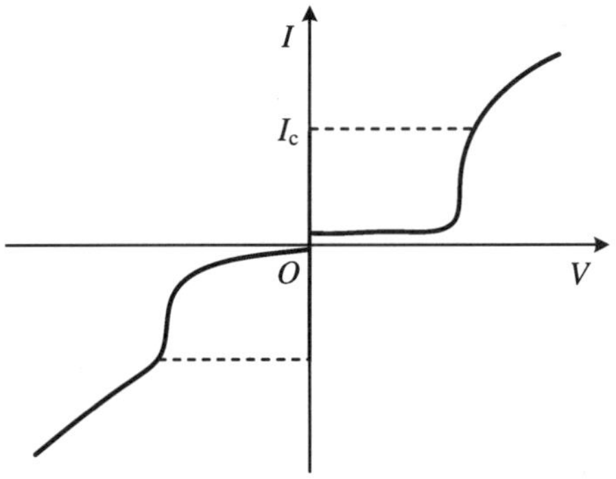

图 14.2　稳定的和不稳定的 Josephson 效应(伏安特性)

习题 14.2　考虑一个具有固定不变的电压 V_0 和交流外场 $\tilde{V}\cos(\tilde{\omega}t + \tilde{\varphi})$ 的 Josephson垫垒. 计算通过这个势垒的流.

解　波函数的相位可由(14.30)式求得，由(14.37)式求得电流

$$I = I_c \sin\left\{\frac{2e}{\hbar}\int_0^t \mathrm{d}t'\left[V_0 + \tilde{V}\cos(\tilde{\omega}t' + \tilde{\varphi})\right] + \varphi_0\right\} \tag{14.39}$$

或积分之后

$$I = I_c \sin\left[\frac{2eV_0 t}{\hbar} + \frac{2e\widetilde{V}}{\hbar\widetilde{\omega}}\sin(\widetilde{\omega}t + \widetilde{\varphi}) + \varphi_0\right] \tag{14.40}$$

该式可以用整数阶的 Bessel 函数 J_k 写成一个级数：

$$I = I_c \sum_{k=-\infty}^{\infty} (-)^k J_k\left(\frac{2e\widetilde{V}}{\hbar\widetilde{\omega}}\right)\sin\left[\left(\frac{2eV_0}{\hbar} - k\widetilde{\omega}\right)t - k\widetilde{\varphi} + \varphi_0\right] \tag{14.41}$$

这里我们用到了这些 Bessel 函数的积分表示：

$$J_k(z) = \frac{1}{\pi}\int_0^{\pi} d\theta \cos(z\sin\theta - k\theta) \tag{14.42}$$

有时候(14.42)式被取为整数阶 Bessel 函数的定义；可以证明它满足对于整数 $v = k$ 的 Bessel 方程(9.76). 通过对积分号下的 z 求导，我们发现

$$\frac{dJ_k}{dz} \equiv J'_k(z) = \frac{1}{\pi}\int_0^{\pi} d\theta \sin\theta\cos(z\sin\theta - k\theta) \tag{14.43}$$

和

$$(zJ'_k(z))' = \frac{1}{\pi}\int_0^{\pi} d\theta[-z\sin^2\theta\cos(k\theta - z\sin\theta) + \sin\theta\sin(k\theta - z\sin\theta)] \tag{14.44}$$

在(14.44)式的最后一项，用分部积分求得

$$(zJ'_k(z))' = \frac{1}{\pi}\int_0^{\pi} d\theta(-z + k\cos\theta)\cos(k\theta - z\sin\theta) \tag{14.45}$$

通过把这些结果组合在一起，我们得到

$$z(zJ'_k(z))' + (z^2 - k^2)J_k(z) = \frac{k}{\pi}\int_0^{\pi} d\theta(z\cos\theta - k)\cos(k\theta - z\sin\theta) \tag{14.46}$$

(14.46)式中的积分等于 $-\sin(k\theta - z\sin\theta)$，并且对于整数 k 的极限为零. 最后，函数(14.42)式满足

$$z^2 J''_k + zJ'_k + (z^2 - k^2)J_k = 0 \tag{14.47}$$

它正是 Bessel 方程(9.76). 比较在 $z = 0$ 附近的级数展开的第一项表明，Bessel 方程的这个解和作为我们的 Bessel 函数原始定义的级数(9.82)式是一致的.

在习题 14.2 的情况中预期的电流(14.41)式有一个**直流分量**

$$\overline{I}_k = I_c(-)^k J_k\left(k\frac{\widetilde{V}}{V_0}\right)\sin(\varphi_0 - k\widetilde{\varphi}) \tag{14.48}$$

倘若**共振条件**得到满足,

$$2eV_0 = k\hbar\widetilde{\omega} \tag{14.49}$$

这里,隧穿的电子对释放(或吸收)的能量严格等于发射(或吸收)k 个微波量子所要的能量.对一个给定的 V_0 值,存在电流的间隔

$$\Delta\overline{I}_k = 2I_c J_k\left(k\frac{\widetilde{V}}{V_0}\right) \tag{14.50}$$

其中,像在稳定的 Josephson 效应(14.37)式一样,V_0 不改变,而同时相位 φ_0 自身调整到满足条件(14.48)式;当它不可能做到时,电压跳变就会发生.在相互作用能(14.28)式中更高的谐波~$\cos(n\varphi)$ 当 $2eV_0=(k/n)\hbar\omega$ 时将会导致部分共振.在这个少有的可能过程中,n 个电子对隧穿伴随发射 k 个量子.

观察(14.38)式,我们看到电压和频率的测量,即一个完全的**宏观的**实验,允许人们求得自然界基本常数之比 $\hbar/e$ 的值[49].这个结果的精确性由伏打电流标准的精度确定(实际上,电压表只测量 $\Delta\mu$ 的量,它是迁移一个基本电荷载体所必须做的功的数量).这个方法和量子 Hall 效应(13.88)式一起,是测量世界常数最有效的方法之一.它的优点在于不包含与量子电动力学精细效应的计算相关的不确定性.

习题 14.3 证明:如图 14.1 所示,载有一个固定电流 $I>I_c$,并具有正常电阻 R 的 Josephson 结的两端电压是

$$V(t) = \frac{I^2 - I_c^2}{I + I_c\cos(\omega t)}R \tag{14.51}$$

其中

$$\omega = \frac{2e}{\hbar}\sqrt{I^2 - I_c^2}R \tag{14.52}$$

对电压(14.51)式振荡值周期的平均再次跟(14.38)式一致,$\overline{V}=\hbar\omega/(2e)$.

14.6 环流的量子化和量子旋涡

宏观量子效应对有效空间的拓扑学很敏感. 设超流速度用势的梯度(14.14)式描写的区域是多连通的,即存在一个回路 C,它不可能通过完全在超流区域内的连续变形而收缩成一个点. 这种连通性可以因为旋涡的存在,curl $\boldsymbol{v}\neq 0$,或被一个封闭的不能穿透的边界所破坏,如图 14.3 所示. 在这种情况下,相位 φ 不再是坐标$\boldsymbol{R}$ 的**单值函数**. 为了保持波函数的周期性,我们仍然要求在完全跟踪环绕这个回路之后,相位的改变 $\Delta\varphi$ 是 2π 的整倍数:

$$\Delta\varphi = \oint_C \nabla\varphi \cdot \mathrm{d}\boldsymbol{l} = 2\pi n, \quad n \text{ 为整数} \tag{14.53}$$

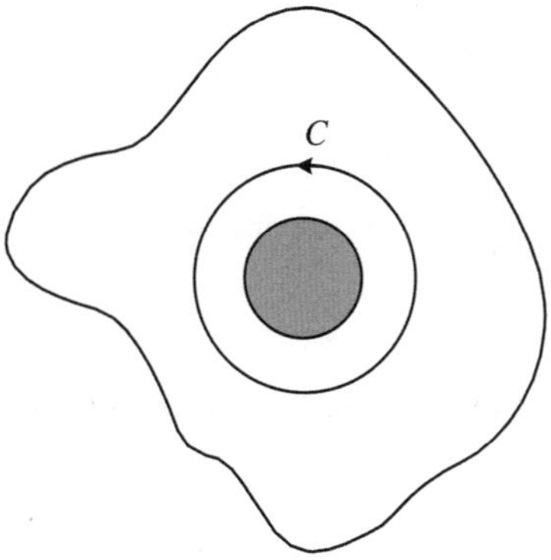

图 14.3 排除区和环流的量子化

因为回路 C 完全在(14.14)式适用的超流区域内,我们得到了超流速度的环流量子化. (14.53)式中 n 是整数.

$$\Gamma \equiv \oint_C \boldsymbol{v}_{\mathrm{s}} \cdot \mathrm{d}\boldsymbol{l} = \frac{2\pi\hbar}{m} n \equiv \Gamma_0 n \tag{14.54}$$

在单连通区,回路 C 能够连续地缩成一个点. 因为分立的量子数 n 不能连续地改变,它保持恒定不变,所以唯一的非奇异可能性是 $n=0$. 相反,如果回路 C 包围一个洞或者一个破坏了运动的无旋特征区域,则条件(14.54)式表明 $\boldsymbol{v}$ 的旋度(curl $\boldsymbol{v}$)通过依靠在回路上的表面的通量可以被量子化：

$$\int \mathrm{d}\boldsymbol{S} \cdot \operatorname{curl} \boldsymbol{v}_{\mathrm{s}} = \frac{2\pi\hbar}{m} n \tag{14.55}$$

特别是旋度 curl $\boldsymbol{v}_s$，可能被集中在一些薄的涡线(vortex lines)内，每一条涡线都携带整数个通量量子[50].

习题 14.4 考虑带有 n 个环流量子并定位于沿圆柱中心轴的一个孤立的涡线，通过忽略该涡线的小半径，证明：在该线的周围宏观波函数的相位正比于具有整数系数的方位角 α，$\varphi = n\alpha$，而速度场是

$$v = v_{\alpha}(r) = \frac{\hbar}{mr} n \tag{14.56}$$

由于运动的轴对称性，流体的总轨道角动量沿圆柱轴的分量 L_z 是守恒的. 对于有 n 个环流量子的态，每个粒子的轨道角动量是

$$l_z = \frac{L_z}{N} = m v_{\alpha}(r) r = n\hbar \tag{14.57}$$

要激发超流液体中的涡线，可以给这个容器装上曲柄. 我们可以估算它的临界角速度 Ω_c，这时在能量上它变得有利于产生如在超流氦 4 实验中所发现的第一个旋涡[51]. 转动流体的平衡态对应于在**转动参考架**中能量的极小值 $\widetilde{E}$[1]，有时候称其为 **Routhian 函数**：

$$\widetilde{E}(\boldsymbol{\Omega}) = E(0) + W - (\boldsymbol{\Omega} \cdot \boldsymbol{L}) \tag{14.58}$$

其中 $\boldsymbol{L}$ 是角动量矢量. 在转动容器的圆柱体几何中，我们绕对称轴转动，$\Omega = \Omega_z$ 和 $L = L_z$. 在临界速度 $\Omega = \Omega_c$ 处，具有能量 $\widetilde{E}(\Omega_c)$ 并位于中心的涡线的态变成基态，如图 14.4 所示. 它的代价是由表达式(14.36)给出的源于量子化速度场(14.56)式的液体动能 W 的增加：

$$W = \frac{m}{2} n_s \int \mathrm{d}^3 r \left(\frac{\hbar n}{mr}\right)^2 \tag{14.59}$$

这里积分是对转动的圆柱体的体积求的. 在高度为 Z、半径为 R 的情况下，我们得到

$$W = Z\pi n_s \frac{\hbar^2 n^2}{m} \int_0^R \frac{\mathrm{d}r}{r} \tag{14.60}$$

这个径向积分在积分下限是发散的. 物理上，该下限相应于旋涡核心的自然半径 ξ. 在核心内部超流受到了破坏，并且这个正常流的半径由粒子间相互作用(14.1)式确定. 这个

半径是原子尺度的，由于有弱的对数函数，其精确值并不重要，故

$$W = Z\pi n_s \frac{\hbar^2 n^2}{m} \ln \frac{R}{\xi} \tag{14.61}$$

像往常流体力学的涡流一样，这个能量正比于涡线长度 Z. 能量正比于环流量子数的平方 n^2. 因此，第一个旋涡将发生于单位环流 $n=1$ 时. 正如从(14.58)式得到的，随着曲柄速度的增加，当 $\Omega L = W$ 时，这个重组将会发生. 然而，单位旋涡的总角动量是 $N\hbar$，其中 $N = Z\pi R^2 n_s$ 是超流液体中的原子数. 它确定了临界速度

$$\Omega_c = \frac{W(n=1)}{N\hbar} = \frac{\hbar}{mR^2} \ln \frac{R}{\xi} \tag{14.62}$$

除了对数因子，这个估算可以借助按不确定性原理所做的一些简单论证算出来.

如果曲柄的速度增长得非常慢(绝热地增长)，由于角动量守恒，无旋态保持在基态. 要产生一个旋涡，该流体的角动量应当被破缺转动对称性的微扰破环. 实际上，这可能是由在圆柱体的侧面上任何小的不均匀性(擦伤)引发的. 于是，旋涡在一个表面上产生并且由速度场传输到中心. 通过进一步增加角速度，像实验上看到的，如果涡线的末端露出液体的表面并且能被拍照，那么新的旋涡产生，它们每个都带有一个环流量子和环绕相应的轴的速度场((14.56)式). 它们的平衡位置由它们的相互作用确定. 观察它们的速度场，我们看到它们将相互推斥. 因此，在有大量涡线的情况下，它们将形成某个确定密度 ρ_v 的转动格子(见图 14.4)，以及冷原子阱中旋涡格子的真实图像(见图 14.5).

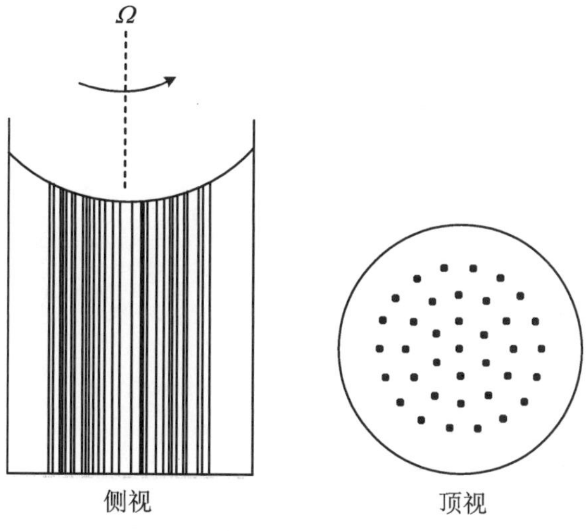

图 14.4　旋涡格子的转动[53]

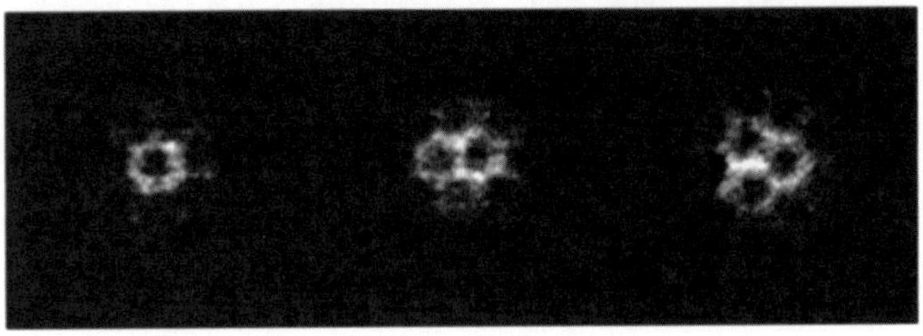

图 14.5　在铷原子的转动玻色凝聚中旋涡格子[54]

在每条线最邻近的地方，$\boldsymbol{r}\approx\boldsymbol{r}_0$，速度场仍然像在(14.56)式中那样增长. 在格子的周期比核心的半径 ξ 要大得多的情况下，我们可以假设那些线非常细，并且按照(14.55)式，对于 $n=1$，有

$$\operatorname{curl}\boldsymbol{v}_s = \frac{2\pi\hbar}{m}\delta^{(2)}(\boldsymbol{r}-\boldsymbol{r}_0)\boldsymbol{e}^{(z)} \tag{14.63}$$

其中，我们用了二维 δ 函数. 然而，在比线间距离更大的尺度处，格子的**平均速度场**(即作为一个整体转动)应当是能量上最有利的转动类型——刚体转动，其平均速度必须等于

$$-(\boldsymbol{r}) = \boldsymbol{\Omega}\times\boldsymbol{r} \tag{14.64}$$

如果对距中心半径为 r 处的任意一个旋涡，我们考虑使这个给定的旋涡向左边转动和向右边转动的其他旋涡的数目，并假设它们有均匀的平衡密度，则这个线性依赖可以很容易理解. 用这样一个平均速度场，我们有

$$\operatorname{curl}\bar{v} = 2\Omega \tag{14.65}$$

要产生这样一个旋涡，每单位面积上的旋涡数应当是

$$\rho_v = \frac{|\operatorname{curl}\bar{\boldsymbol{v}}|}{2\pi\hbar/m} = \frac{m}{\pi\hbar}\Omega \tag{14.66}$$

即随着曲柄的速度线性地增长.

14.7　类磁通量子化和 London 电动力学

另外，在带电粒子的一个超流系统(超导体)中我们还预期会发生相干的磁效应. 实

质上，这一系统作为一个整体的行为在许多方面类似于磁场中的单粒子，见第 13 章. 像在(13.28)式中一样，**规范不变性**要求修改流密度：

$$\boldsymbol{j}_s = n_s \boldsymbol{v}_s = \frac{\hbar}{m'} n_s \nabla \varphi - \frac{e'}{m'c} n_s \boldsymbol{A} \tag{14.67}$$

其中，$\boldsymbol{A}$ 是磁场的矢量势，m'和 e'分别是载流子的质量和电荷，$2m$ 和 $2e$ 分别是电子对的质量和电荷.

对于任何完全位于电流表达式(14.67)适用区内的封闭回路 C，类似于(14.53)式，关于波函数的周期性条件给出

$$\oint_C \boldsymbol{v}_s \cdot \mathrm{d}\boldsymbol{l} + \frac{e'}{m'c} \oint_C \boldsymbol{A} \cdot \mathrm{d}\boldsymbol{l} = \frac{2\pi\hbar}{m'} n \tag{14.68}$$

其中，n 是整数. 像早先一样，对于一个单连区域，$n = 0$. 那么，相位 φ 是单值的并且能够通过规范变换移除. 比较(13.9)式和(13.26)式，有

$$\boldsymbol{A} \Rightarrow \boldsymbol{A}' = \boldsymbol{A} + \nabla f, \quad \Psi \Rightarrow \Psi' = \Psi \mathrm{e}^{\mathrm{i}e'f/(\hbar c)}, \quad f = -\frac{\hbar c}{e'} \varphi \tag{14.69}$$

采用这个 London 规范，电流(14.67)式被简化成它的第二项，该项是抗磁流(13.28)式：

$$\boldsymbol{j}_s = -\frac{n_s e'}{m'c} \boldsymbol{A} \tag{14.70}$$

现在超导电流 $\boldsymbol{j}_e = e'\boldsymbol{j}_s$定域地连接到矢量势：

$$\boldsymbol{j}_e = -\Lambda \boldsymbol{A}, \quad \Lambda = \frac{n_s e'^2}{m'c} \tag{14.71}$$

这个关系式作为一个物质方程与 Maxwell 方程一起表征**定域的**(London)**电动力学**. 尤其是我们可以马上预言 Meissner 效应：静磁场从大块超导体中被推挤出去. 这个静磁场 $\mathcal{B} = \mathrm{curl}\, \boldsymbol{A}$ 满足 Maxwell 方程

$$\mathrm{curl}\, \mathcal{B} = \frac{4\pi}{c} \boldsymbol{j}_e \tag{14.72}$$

把这个旋度算符作用于(14.72)式，并考虑另一个 Maxwell 方程

$$\mathrm{div}\, \mathcal{B} = 0 \tag{14.73}$$

且假设在这个大块体积中 n_s和 Λ 都是常数，并在右手边利用(14.71)式所导出的

$$\mathrm{curl}\, \boldsymbol{j}_e = -\Lambda \mathcal{B} \tag{14.74}$$

我们得到对于磁场的方程

$$\nabla^2 \mathcal{B} = \frac{4\pi\Lambda}{c}\mathcal{B} \tag{14.75}$$

习题 14.5 考虑在平行于表面的外磁场 $\mathcal{B}_0$ 中一块超导体的平直边界，求超导内部的磁场.

解 在超导块内部磁场呈指数式下降：

$$\mathcal{B}(z) = \mathcal{B}_0 e^{-\delta_L z} \tag{14.76}$$

其中 London 穿透长度为

$$\delta_L = \sqrt{\frac{c}{4\pi\Lambda}} = \sqrt{\frac{m'c^2}{4\pi n_s e'^2}} \tag{14.77}$$

对于电流 $\boldsymbol{j}$ 也有同样的穿透规则.

在多连通区的情况下，(14.68)式导致了所谓**类磁通**(fluxoid)的量子化：

$$\Phi + \frac{m'c}{e'}\oint_C \boldsymbol{v}_s \cdot d\boldsymbol{l} = n\Phi'_0 \tag{14.78}$$

其中

$$\Phi = \oint_C \boldsymbol{A} \cdot d\boldsymbol{l} = \int \mathcal{B} \cdot d\boldsymbol{S} \tag{14.79}$$

是穿过回路 C 面积的磁通量，并且

$$\Phi'_0 = \frac{2\pi\hbar c}{e'} \tag{14.80}$$

是通量量子，其大小要比在(13.36)式中当 $e' = 2e$ 时的大小要小一半. 这个量的测量确认了在超导体中电流由电子对载运.

因为磁场和电流仅在靠近表面厚度～δ_L 的薄层中存在，对于整个在大块超导体内并远离表面的回路 C，其上的电流小到可以忽略. 于是，(14.78)式的类磁通的量子化简化为穿过回路内面积的磁通量的量子化 $\Phi = n\Phi'_0$.

在超导体中存在一个洞以及对于不完全的 Meissner 效应，多连通几何可以实现. 后一种效应也发生在足够强的磁场下的 London 超导体中. 这时，场以携带磁通量量子的涡线的形式渗透到这个体积，物理上类似于超流中的旋涡和以磁场代替外部曲柄. 当穿透长度 δ 与电子对的相干长度 ξ(关联的大小)相比很大时具有定域关系式(14.70)的 London电动力学是可用的. 例如，在超导合金和具有高的转变到超导态温度的陶瓷超导体中,情况就是如此.在 $\delta > \xi$ 的情况下,它变得在能量上有利于允许场的穿透和涡线的形成,因为这极大地减小了推挤出磁场所做的功(在涡线周围半径 $\sim \delta$ 的大区域,现在包含这个磁场),而同时失掉的仅是一小部分,因为超导相干的破坏正好发生在涡线内的小体积里(半径 $\sim \xi < \delta$).在诸如纯超导金属这样的超导体中所发生的 $\xi > \delta$ 的相反的情况,对应于 Pippard 电动力学,其中电流与矢量势之间有复杂的非定域关系.这里,涡线的形成在能量上并不是有利的,而且超导电性被在整个体积内的强磁场破坏了.

总之,我们可以作一个评论在后面(下册第 11 章)的相对论量子力学的介绍中以及(下册第 22 章)超导的微观理论的讨论中,我们将可以更清楚地理解它.在借助 London 方程(14.75)简化的处理中所描写的 Meissner 效应和在相对论波动方程中质量的出现是类似的.这里"质量" $\tilde{m}$ 对应于元激发能谱中的能隙——粒子从相干凝聚中抽取出来所需要的有限能量.这样的一个谱类似于相对论表达式 $E(p) = c\sqrt{p^2 + \tilde{m}^2 c^2}$;在超导体中有效质量正比于 London 常数 Λ,并且因此正比于凝聚密度 n_s.这个凝聚本身由初级粒子的相互作用自洽地产生.这类似于在现代理论中基本粒子质量起源的 Higgs 机制.

15

第 15 章

半经典近似

……半经典物理可能既是有用的又是有趣的……

——M. Brack，R. K. Bhaduri

半经典物理学不仅有用，而且有趣.

——D. Pines

15.1 启发式引言

在前面的几章中，我们反复地提到一些量子结果可用经典术语解释的半经典区域.我们也曾提到与 de Broglie 波和相空间量子化相联系的一些简单的量子假设.事实上，这样的途径是富有成效的，并且涵盖了许多重要的主题.从 Bohr-Sommerfeld 量子化开始，1926 年这个方法在数学上被 G. Wentzel、H. Kramers 和 L. Brillou 发展了，后来被

称为 **WKB 法**；有些作者将其称为 JWKB，增加了数学家 H. Jeffreys 的名字，虽然许多数学思想早先是由 G. Stokes 和其他一些人提出的. 最近，半经典方法产生了一波新的冲击[2,25].

我们从以往的经验和在一些直观论证的基础上建立的启发式公式体系开始. 考虑在如图 15.1 所示的位势 $U(x)$ 中一维运动的定态. 在 (a,b) 和 (b,c) 区域内，波函数的特征是不同的. 在经典转折点 a 和 b 之间的区域是经典力学允许区. 对于能量 E，经典动量是

$$p(x;E) = \sqrt{2m[E - U(x)]} \tag{15.1}$$

其在转折点为零，因为 $U(a) = U(b) = E$，在那里在势阱中运动的粒子被反射. 在量子力学中存在穿透转折点进入势垒下区域的概率；对有限势垒宽度，隧穿到外面变成可能. 然而对于一个足够宽的势垒，如 2.7 节所述，隧穿概率呈指数减小，因此粒子的寿命主要集中在经典区 (a,b) 内. 对于一个平滑变化的势场，7.6 节中的 Ehrenfest 定理表明，在经典允许区波包的运动规律接近 Newton 定律. 因此，对于这样的势我们能够预期：可以找到一种近似，它展示出从 Schrödinger 方程到经典动力学的极限过渡并同时解释主要的量子效应.

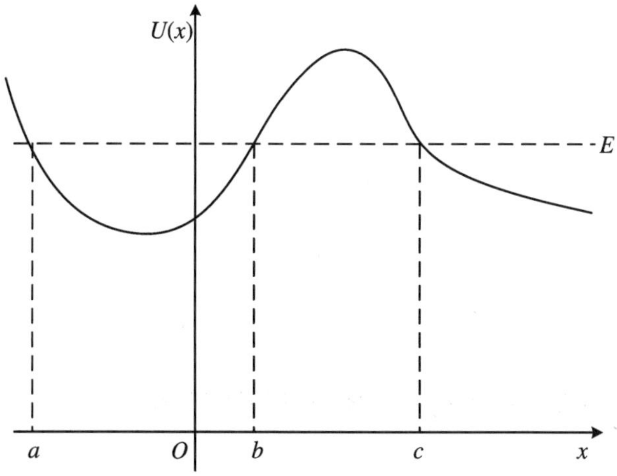

图 15.1　具有经典允许区和禁戒区的位势 $U(x)$ 及其转折点

在经典情况下，在 x 点的邻域 dx 发现粒子的稳定概率 dP（对于长的时间平均）正比于（比较(3.7)式和(6.176)式）通过 dx 这一小段所需要的时间 dt：

$$dP = \rho(x)dx \propto dt \tag{15.2}$$

因此概率密度 $\rho(x)$ 反比于局域速度或动量：

$$\rho(x) \propto \frac{1}{\mathrm{d}x/\mathrm{d}t} = \frac{1}{v(x)}, \quad v(x) = \frac{p(x)}{m} = \sqrt{\frac{2}{m}[E - U(x)]} \tag{15.3}$$

如果这个解具有半经典特征，量子概率密度$|\Psi(x)|^2$可能接近(15.3)式的$\rho(x)$.因为定态波函数的时间依赖是指数型的，我们可以预期求得以下形式的半经典波函数：

$$\Psi(x,t) = \frac{\text{常数}}{\sqrt{p(x)}}\mathrm{e}^{(\mathrm{i}/\hbar)[\pm S(x) - Et]} \tag{15.4}$$

其中，在未知相位$S(x)$前面的符号“±”对应于沿x轴的两个相反方向上传播的波.

经典密度$\rho(x)$及其假设的量子前身$\Psi(x)$似乎在转折点都有奇点，$p(x)\to 0$，而且粒子运动非常慢.然而Schrödinger方程在转折点没有奇异性，使得精确的量子解不可能有这样一种行为.例如，回顾9.9节的均匀场问题和Airy函数.(15.4)式仍然能给出一个合理的近似，因为平方根奇异性是可积的（$\int_a \mathrm{d}x/(x-a)^{1/2}$在点$x=a$附近收敛），甚至在近似(15.4)式中转折点的邻域对积分$\int_a \mathrm{d}x\ |\Psi(x)|^2$没有显著的贡献.

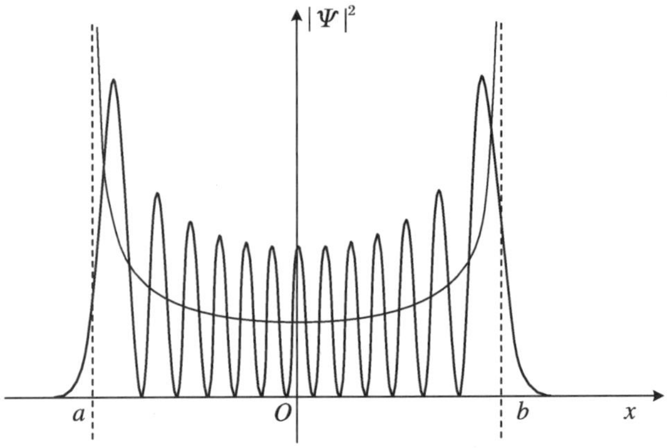

图 15.2 在光滑的、具有两个转折点的一个半经典(短波长)函数的定性行为

细线表示$1/v(x)$

仅当函数$p(x)$相当光滑地变化时，经典动量的概念才可以在量子理论中保持它的意义.这样，我们可以在相对宽的运动区域内不借助强使粒子定位的力定义它，如图15.2所示.平均概率$|\Psi(x)|^2$的行为类似于$1/v(x)$，在转折点附近取极大值(而不是奇点).采用同样的保留做法，可以利用可变波长的概念$\lambda(x)=h/p(x)$和波数$k(x)=p(x)/\hbar$.在距离$\mathrm{d}x$内量子波相位的增量$k(x)\mathrm{d}x$，而在(15.4)式的形式中这个变化记为$\pm\mathrm{d}S/\hbar$.因此，波函数的半经典的位相$S(x)/\hbar$应当满足$\pm\mathrm{d}S=\hbar k(x)\mathrm{d}x=p(x)\mathrm{d}x$，

并且

$$S(x) = \int^x \mathrm{d}x p(x) \tag{15.5}$$

我们的结论是:在经典允许区,一般的半经典解可以近似为

$$\Psi(x,t) = \frac{1}{\sqrt{p(x)}}\left[A\mathrm{e}^{(\mathrm{i}/\hbar)\int^x p\mathrm{d}x} + B\mathrm{e}^{-(\mathrm{i}/\hbar)\int^x p\mathrm{d}x}\right]\mathrm{e}^{-(\mathrm{i}/\hbar)Et} \tag{15.6}$$

其中,积分下限是任意的,因为它们的贡献可以被包括在振幅的相位里.现在,我们的任务是找到在什么条件下,Schrödinger 方程允许这样的解.

习题 15.1 近似表达式(15.6)产生了对 Schrödinger 方程解(9.5)式的严格但**非线性**的近似[56,57],即所谓的**相积分法**.假设这个解在形式上类似于(15.6)式,但具有振幅 $A(x)$和 $B(x)$,它们都是 x 的未知函数:

$$\psi(x) = \frac{1}{\sqrt{k(x)}}\left[A(x)\mathrm{e}^{\mathrm{i}S(x)} + B(x)\mathrm{e}^{-\mathrm{i}S(x)}\right], \quad S(x) = \int_{x_0}^{x}\mathrm{d}x'k(x') \tag{15.7}$$

由于有两个未知函数,我们可以强加另一个条件,即取其导数表达式为

$$\psi'(x) = \mathrm{i}\sqrt{k(x)}\left[A(x)\mathrm{e}^{\mathrm{i}S(x)} - B(x)\mathrm{e}^{-\mathrm{i}S(x)}\right] \tag{15.8}$$

它是以这种方式选取的,即仿佛只对拟设(15.7)式的相位指数取导数.证明:

(1) 函数 $A(x)$和 $B(x)$满足耦合方程组

$$A'(x) = f(x)\mathrm{e}^{-2\mathrm{i}S(x)}B(x), \quad B'(x) = f(x)\mathrm{e}^{2\mathrm{i}S(x)}A(x), \quad f(x) = \frac{k'(x)}{2k(x)} \tag{15.9}$$

(2) 在经典的允许区域内 $E > U(x)$,流守恒成立,即

$$|A(x)|^2 - |B(x)|^2 = 常数 \tag{15.10}$$

(3) 整个问题可以约化成对于反射函数 $R(x) = -B(x)/A(x)$的 **Riccati 方程**,即

$$R'(x) = -f(x)\mathrm{e}^{2\mathrm{i}S(x)} + f(x)\mathrm{e}^{-2\mathrm{i}S(x)}R^2(x) \tag{15.11}$$

(4) 定义反射相位 $\vartheta(x)$(不必是实的)为

$$R(x) = -\mathrm{e}^{-2\mathrm{i}\vartheta(x)} \tag{15.12}$$

我们得到方程

$$\vartheta'(x) = f(x)\sin\left\{2[S(x) + \vartheta(x)]\right\} \tag{15.13}$$

它对数值处理可能会更方便些.

15.2 半经典近似简介

我们在7.3节已经证明了对于用两个实函数——振幅 $A=\sqrt{\rho}$ 和位相 $S/\hbar$ 写出的波函数,Schrödinger方程等价于两个耦合的方程的组合:其一是连续方程,其二是添加了量子势的Hamilton-Jacobi方程.位相 S 类似于沿着这个轨迹的**经典作用量**,见7.12节.

现在,对于能量为 E 的静态波函数 $\psi(\boldsymbol{r})$,我们重复同样的做法,如果

$$\psi(\boldsymbol{r}) = A(\boldsymbol{r})\mathrm{e}^{(\mathrm{i}/\hbar)S(\boldsymbol{r})} \tag{15.14}$$

那么通过分离定态Schrödinger方程中的实部和虚部,类似于(7.62)式,我们得到

$$\text{虚部:}\quad 2(\nabla A \cdot \nabla S) + A\nabla^2 S = 0 \tag{15.15}$$

$$\text{实部:}\quad \hbar^2\nabla^2 A = A[(\nabla S)^2 - \boldsymbol{p}^2(\boldsymbol{r})] \tag{15.16}$$

方程(15.15)可以写成

$$\nabla(A^2\nabla S) = \boldsymbol{0} \tag{15.17}$$

借助(7.61)式,得到与时间无关的连续性方程

$$\nabla \boldsymbol{j} = \boldsymbol{0}$$

在**一维**情况($S=S(x)$, $\mathrm{d}S/\mathrm{d}x=S'$)下,这个方程确定

$$A = \frac{\text{常数}}{\sqrt{S'}} \tag{15.18}$$

现在假设(15.16)式的左边(与(7.62)式的量子势相关)和右边的每一项比都小.那么,大项必须抵消,且在一维问题中(不考虑小项 $\hbar^2\nabla^2 A$)我们得到

$$S'^2 = p^2,\quad S' = \pm p,\quad S = \pm\int^x p(x)\mathrm{d}x \tag{15.19}$$

相位对经典路径求积.方程(15.18)和(15.19)确定半经典形式(15.6)式的波函数.因

此，如果我们能够略去(15.16)式的左边，这个近似将被证实是合理的．注意，没有了这一项，解(15.19)式通过**经典量**被表示出来，这是自然的，因为这个近似在形式上对应于$\hbar\to 0$.

利用(15.19)式得到的相位 S，至多差一个无关紧要的常数，我们有

$$A(x)=\frac{1}{\sqrt{p(x)}} \tag{15.20}$$

略去的项是

$$\hbar^2 A''=\hbar^2\frac{\mathrm{d}^2}{\mathrm{d}x^2}\left(\frac{1}{\sqrt{p}}\right) \tag{15.21}$$

这个量必须比

$$Ap^2=p^2\frac{1}{\sqrt{p}}=\frac{\hbar^2}{\lambda^2}\frac{1}{\sqrt{p}} \tag{15.22}$$

小得多，其中波长定义为 $\lambda=\hbar/p$．设 R 为该场以及因此用这个场定义的所有量，比如 $p(x)$或 $\lambda(x)$的非齐性(non-homogeneity)特征尺度．这意味着，这些函数的所有导数都可以用大小为 $f'\sim f/R$ 的量级来估算．这样，(15.21)式的这一项小于(15.22)式的条件等价于

$$\left(\frac{\lambda}{R}\right)^2=\frac{\hbar^2}{(pR)^2}\ll 1 \tag{15.23}$$

我们再次得到用量子 Ehrenfest 定理描写运动的准 Newton 特征的条件(7.102)式，在非齐性长度上经典的作用量$\sim pR$ 必须比作用量量子$\hbar$大得多．

波长比场变化的典型长度小的条件是**几何光学**的判据．波长的平滑变化类似于介质中的折射率．在折射率迅速变化的地方，光的显著反射发生了．如果波长 $\lambda(x)$显著变化的距离 R 比波长本身大得多，那么以同样的方式，量子波包沿 Newton 轨迹以经典速度运动．于是，如图 15.2 所示，定域波长严格确定．在相反的情况下，位势变化很快或不连续的情况便产生了反射波，并且它们与初始波的相干引起主要的量子效应．条件

$$\lambda\ll R \tag{15.24}$$

表征像对于 de Broglie 波几何光学区的半经典区．注意，在解(15.6)式中略去的项是半经典参数 λ/R 的**第二阶项**.

在距离 $\delta x\sim\lambda$ 处，波长 $\lambda(x)=\hbar/p(x)$一个小变化 $\delta\lambda=(\partial\lambda/\partial x)\delta x$ 的要求可以写成

$$\left|\frac{\partial \lambda}{\partial x}\lambda\right| \ll \lambda \rightsquigarrow \left|\frac{\partial \lambda}{\partial x}\right| \ll 1 \tag{15.25}$$

或

$$\left|\frac{\hbar}{p^2}\frac{\partial p}{\partial x}\right| \ll 1 \tag{15.26}$$

用(15.1)式明确的定义,我们有一个等价条件链:

$$\left|\frac{\hbar m}{p^3}\frac{\partial U}{\partial x}\right| = \frac{\hbar}{p}\left|\frac{\partial U}{\partial x}\frac{1}{2(E-U)}\right| = \lambda\frac{|F|}{|E-U|} \ll 1 \tag{15.27}$$

其中,力 $F=-\partial U/\partial x$.在转折点附近 $p\to 0, E\approx U$,运动不是半经典的.势的尖锐变化,例如在不可穿透的壁处,对应一个非常小的或者等于零的 R 值,也破坏了半经典条件.

15.3 渐近展开

在形式上极限过渡到 Planck 常数趋于零($\hbar\to 0$)的情况下,任何没有不连续性的势($R\neq 0$)都满足我们的条件,我们预期得到经典的结果.然而,到经典力学的过渡,类似从波动光学过渡到几何光学,是相当独特的.波函数 ψ 没有直接的经典类比.作为$\hbar$的函数在$\hbar\to 0$ 时是**非解析**的.对于给定的能量,波函数的**相位**确实**趋于**经典作用量(15.5)式,但是 $S\gg\hbar$,故 ψ 剧烈振动.因此,对量子修正的正规方法是把相位展开成$\hbar$的级数.

让我们寻找以下形式的波函数:

$$\psi(x) = e^{(i/\hbar)\varphi(x)}, \quad \varphi = S + \frac{\hbar}{i}\ln A \tag{15.28}$$

相位 φ 可以用一个幂级数展示为

$$\varphi = S_0 + \hbar S_1 + \frac{\hbar^2}{2}S_2 + \cdots \tag{15.29}$$

把这个级数插入 Schrödinger 方程(9.4)中,并且孤立出具有相同$\hbar$的项:

$$\frac{S_0'^2}{2m} + U - E = 0, \quad S_0' = \pm p, \quad S_0 = \pm\int^x p\,dx \tag{15.30}$$

$$S'_0S'_1-\frac{\mathrm{i}}{2}S''_0=0,\quad S_1=\frac{\mathrm{i}}{2}\ln\left(\frac{\partial S_0}{\partial x}\right) \tag{15.31}$$

$$S'_0S'_2+S_1^2-\mathrm{i}S''_1=0,\quad S_2=\frac{m}{2p^3}\frac{\partial U}{\partial x}-\int^x \mathrm{d}x\,\frac{m^2}{4p^5}\left(\frac{\partial U}{\partial x}\right)^2 \tag{15.32}$$

结果(15.30)式和(15.31)式与早先得到的(15.19)式和(15.29)式相符，S_1 确定了振幅 A.

在(15.32)式修正项 S_2 中，两项数量级相同.在半经典区(15.23)式中，相位中的项 $\hbar S_2 \ll 1$.然而级数(15.29)式是渐近式.对于这个级数中任何 N 个项，存在这样一个小的 $\hbar$ 值，使得差

$$\Delta_N(\hbar)=\left|S-\sum_{n=0}^{N}\frac{\hbar^n}{n!}S_n\right| \tag{15.33}$$

像我们所想要的那样小；但是对 $\hbar$ 的固定的真实值和足够大的 N，这个差 Δ_N 开始增长.如果我们是在(15.23)式的半经典区，则级数的第一项给出好的近似，而且该近似的误差是第一个被忽略项的量级.

15.4 稳定相位

假设(15.6)式类型的解提供了一个好的近似，我们可以把传播方向相同并且能量集中于形心 E_0 附近的这些解组合起来构成一个波包：

$$\Psi(x,t)=\int_{E\sim E_0}\frac{\mathrm{d}E}{\sqrt{p(x;E)}}\mathrm{e}^{(\mathrm{i}/\hbar)[S(x;E)-Et]} \tag{15.34}$$

这个波包几乎显示了经典特性.的确，波包分量的相位

$$\varphi(x,t;E)=S(x;E)-Et \tag{15.35}$$

不过是能量为 E 的粒子的经典作用量，因为它满足(7.63)式

$$\frac{\partial\varphi}{\partial t}=-E,\quad \frac{\partial\varphi}{\partial x}=\frac{\partial S}{\partial x}=\pm p(x) \tag{15.36}$$

而在这些条件下，(7.62)式中量子势的项是很小的.在这个精度上，我们有关于相位(15.35)式的 Hamilton-Jacobi 方程：

$$-\frac{\partial\varphi}{\partial t}=\frac{1}{2m}\left(\frac{\partial\varphi}{\partial x}\right)^2+U(x) \tag{15.37}$$

我们预期,在短波长(高能)极限下,半经典近似很好用. 这时,波包(15.34)式的不同分量剧烈振荡,并且非常快地从一个分量变到另一个分量. 这一般会导致对被积函数的不同贡献强烈相消. 这种异常情况对应于**稳定相位**区,在那里邻近分量**同相**叠加. 这发生于当

$$\frac{\partial\varphi}{\partial E}=\frac{\partial S}{\partial E}-t=0 \tag{15.38}$$

时. 方程(15.38)决定波包形心的运动.

要看到在这个近似下,运动的确是经典的,只要明确地计算从(15.38)式导出的运动方程就足够了:

$$\begin{aligned}t&=\frac{\partial S}{\partial E}=\frac{\partial}{\partial E}\int_{x_0}^{x}\mathrm{d}x'\sqrt{2m[E-U(x')]}\\&=\int_{x_0}^{x}\mathrm{d}x'\sqrt{\frac{m}{2[E-U(x')]}}=\int_{x_0}^{x}\frac{\mathrm{d}x'}{v(x')}\end{aligned} \tag{15.39}$$

这里,$v(x)$是沿经典轨迹的速度,时间原点取在 $x=x_0$ 处,使得(15.39)式确定具有初始条件 $x(0)=x_0$ 的经典轨迹 $x(t)$. 量子涨落和波包的量子弥散被包含在展开式(15.29)的**高级项**中. 于是,依数学观点,该半经典近似是**稳定相位法**[22]的一个变种. 依 7.11～7.13 节的路径积分观点,有效轨迹的相干以及在**一种半经典情况**中彼此的相消使得只剩下稳定相位区,这就保证了经典轨迹占优势和量子修正很小. 在一般情况下,人们需要仔细地考虑所有的虚拟轨迹.

15.5 连接条件

因为如图 15.1 所示的一般位势不仅包含经典允许区,我们也需要在势垒下 $U(x)>E$ 的禁戒区的解. 采用同样的展开式(15.29),把动量视为一个虚量 $p(x)=\mathrm{i}|p(x)|\equiv \mathrm{i}\hbar\kappa(x)$就足够了,这导致半经典解

$$\Psi(x,t)=\frac{1}{\sqrt{|p(x)|}}\left[C\mathrm{e}^{-\int^{x}\mathrm{d}x\kappa(x)}+D\mathrm{e}^{\int^{x}\mathrm{d}x\kappa(x)}\right]\mathrm{e}^{-(\mathrm{i}/\hbar)Et} \tag{15.40}$$

事实上，像图 15.1 所示的(a,b)和(b,c)那样既有允许区又有禁闭区存在时，我们需要把在转折点两边的波函数中的系数连接起来. 正如第 2 章的一些最简单的例子，事实上这是一个解的主要部分. 先前，我们能够进行直接的连续匹配. 在这里，它是不可能的，因为半经典解在最接近转折点的附近是**不适用**的，非物理的奇异性破坏了不等式(15.27)，参见习题 15.2.

下面我们将研究几种避免这个困难的方法，并且进行适当的连接. 首先，如我们在 9.4 节已经看到的，在空间不同部分找到的解是由时间反演不变和流守恒连接起来的. 这里我们可以导出关于穿过转折点连接的转移矩阵(9.37)式的类似式. 利用半经典表达式(15.6)和(15.40)，我们由流守恒得到

$$|A|^2-|B|^2=2\mathrm{Im}(C^*D) \tag{15.41}$$

代替早先推导的(9.41)式，现在振幅 C 和 D 要通过转移矩阵(9.40)式表示：

$$|A|^2-|B|^2=2\mathrm{Im}(\alpha^*\beta)(|A|^2-|B|^2) \tag{15.42}$$

它最终导致

$$\mathrm{Im}(\alpha^*\beta)=\frac{1}{2} \tag{15.43}$$

然而这仍然不足以完全确定这个振幅.

让我们考虑找到连接条件的最简单方法，这种方法适用于势 $U(x)$的一个孤立的转折点附近，而势在这附近的行为是规则的. 因为在转折点，比如在 $x=0$，我们有 $U(0)=E$，在这一点附近我们可以用线性近似来表示这个势：

$$U(x)\approx E+x\left(\frac{\mathrm{d}U}{\mathrm{d}x}\right)_{x=0}\equiv E-F_0x \tag{15.44}$$

这样，在这个区域内，我们把任务简化为一个均匀场的精确可解问题，这个场在转折点展示非奇异行为以及趋近于如 9.9 节所述的渐近性. Airy 函数的渐近性质是所需要的半经典特征. 这里我们的计划是求得在(15.44)式区域内用 Airy 函数表示的精确解，然后把两边的半经典渐近式连续地连接起来.

习题 15.2 用习题 15.1 的相位积分法，证明精确解在转折点没有奇异性[58].

解 利用(15.11)式，在经典允许区内，例如从转折点 $x=0$ 到右边 $x\geqslant0$，导出

$$A(x)=-\frac{C}{\sqrt{k(x)}}W(x)\mathrm{e}^{\mathrm{i}\vartheta(x)},\quad B(x)=\frac{C}{\sqrt{k(x)}}W(x)\mathrm{e}^{-\mathrm{i}\vartheta(x)} \tag{15.45}$$

其中，C 是一个常数，并且

$$W(x) = \exp\left\{2\int_0^x dx' f(x')\sin^2[S(x') + \vartheta(x')]\right\} \tag{15.46}$$

在这个区域内，波函数和它的微商由下式给出：

$$\begin{aligned} \psi(x) &= \frac{C}{k(x)} W(x)\sin[S(x) + \vartheta(x)] \\ \psi'(x) &= CW(x)\cos[S(x) + \vartheta(x)] \end{aligned} \tag{15.47}$$

现在考虑 $x \to 0$，有

$$k(x) = a\sqrt{x}, \quad S(x) = \frac{2a}{3}x^{3/2}, \quad f(x) = \frac{1}{4x} \tag{15.48}$$

则相位函数 $\vartheta(x)$ 满足

$$\vartheta'(x) = f(x)\sin[2\vartheta(x)] \tag{15.49}$$

至多差一些 $\sim\sqrt{x}$ 的项，总相位(15.47)式的这部分比准经典的作用量 $S(x)$ 更重要. 在 $x \to 0$ 附近，这确定

$$\tan[\vartheta(x)] = \text{常数}\ k(x) \propto \sqrt{x} \tag{15.50}$$

在连接程序中可疑的问题是是否存在这样一个重叠区，在这个区间半经典解已经可用了，但展开式(15.44)仍然是适用的. 我们需要一个 $x \sim \bar{x}$ 这样的区间，它使得在 $\bar{x} \ll R$ 时势仍然是线性的，其中 R 是位势变化的典型距离，而且同时 $(d\lambda/dx)_{x=\bar{x}} \ll 1$，见(15.25)式. 在区域(15.44)式中，典型动量是

$$p = \sqrt{2mF_0 x} \sim \sqrt{\frac{2mxU(x=0)}{R}} \sim \sqrt{\frac{2mEx}{R}} \equiv p_0\sqrt{\frac{x}{R}} \tag{15.51}$$

这对应于波长

$$\lambda = \frac{\hbar}{p} \sim \frac{\hbar}{p_0}\sqrt{\frac{R}{x}}, \quad \frac{d\lambda}{dx} \sim \frac{\hbar}{p_0}\sqrt{\frac{R}{x^3}} \tag{15.52}$$

此时的半经典条件为

$$x^{3/2} \gg \sqrt{R}\frac{\hbar}{p_0} \rightsquigarrow x \gg R^{1/3}\left(\frac{\hbar}{p_0}\right)^{2/3} = R\left(\frac{\hbar}{p_0 R}\right)^{2/3} \tag{15.53}$$

由主要条件(15.23)式得 $\frac{\hbar}{p_0 R} \ll 1$，我们知道，选择 $x \sim \bar{x}$ 的邻域满足如下双不等式是可能的：

$$R\left(\frac{\hbar}{p_0 R}\right)^{2/3} \ll \bar{x} \ll R \tag{15.54}$$

于是，我们能够在 $x=\bar{x}$ 处实现连接.

习题 15.3 用转折点两边的半经典解如 9.9 节所示进行 Airy 函数的连接. 将结果用变换矩阵(9.40)式表示. 证明参数

$$\alpha = \frac{1}{2}e^{-i\pi/4}, \quad \beta = e^{i\pi/4} \tag{15.44}$$

与(15.43)式一致.

按照上题，当禁闭区在经典区右边时，典型图 15.3(b)所示转折点的连接公式由下式给出：

$$A = e^{i\pi/4}C + \frac{1}{2}e^{-i\pi/4}D, \quad B = e^{-i\pi/4}C + \frac{1}{2}e^{i\pi/4}D \tag{15.56}$$

而当势垒位于经典区的左边时，在典型图 15.3(a)所示转折点附近，我们可以用同样的方法处理，并且答案可以从(15.56)式通过代换 $A\Leftrightarrow B$, $C\Leftrightarrow D$ 得到. 现在，我们可以确立对于各种各样可能情况的**连接规则**.

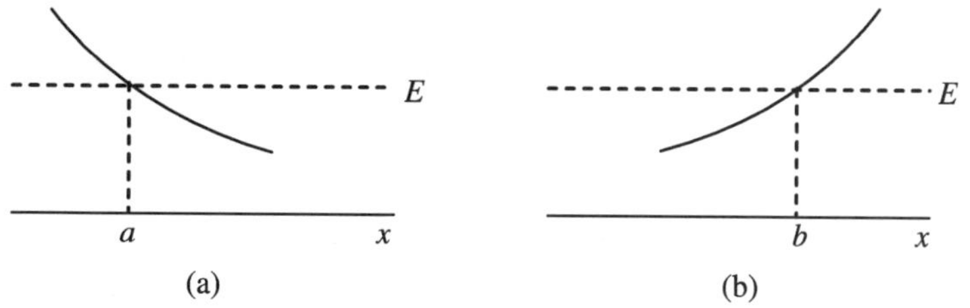

图 15.3 在转折点附近位势的两种情况

(a) 左边有一个势垒；(b) 右边有一个势垒

1. 典型图 15.3(b)的转折点

(1) 已知当 $x>b$ 时波函数是下降的($D=0$, $C=1$)，则点 $x=b$ 两边的解之间的对应关系为

$$\frac{2}{\sqrt{p}}\cos\left(\int_x^b dx\,\frac{p}{\hbar} - \frac{\pi}{4}\right) \Leftarrow\rightarrow \frac{1}{\sqrt{|p|}}\exp\left(-\int_b^x dx\,\frac{|p|}{\hbar}\right) \tag{15.57}$$

(2) 已知当 $x>b$ 时波函数是增长的($C=0$, $D=1$)：

$$\frac{1}{\sqrt{p}}\sin\left(\int_x^b dx\,\frac{p}{\hbar} - \frac{\pi}{4}\right) \leftarrow\Rightarrow -\frac{1}{\sqrt{|p|}}\exp\left(\int_b^x dx\,\frac{|p|}{\hbar}\right) \tag{15.58}$$

2. 典型图 15.3(a)的转折点

(1) 已知当 $x<a$ 时波函数是下降的：

$$\frac{1}{\sqrt{|p|}}\exp\left(-\int_x^a \mathrm{d}x\,\frac{|p|}{\hbar}\right)\leftarrow\Rightarrow\frac{2}{\sqrt{|p|}}\cos\left(\int_a^x \mathrm{d}x\,\frac{p}{\hbar}-\frac{\pi}{4}\right) \tag{15.59}$$

(2) 已知当 $x<a$ 时波函数是增长的：

$$-\frac{1}{\sqrt{|p|}}\exp\left(\int_x^a \mathrm{d}x\,\frac{|p|}{\hbar}\right)\Leftarrow\rightarrow\frac{1}{\sqrt{p}}\sin\left(\int_a^x \mathrm{d}x\,\frac{p}{\hbar}-\frac{\pi}{4}\right) \tag{15.60}$$

一般来说，这些连接公式仅能有把握地应用在一个方向上，即用粗箭头所指的方向．假设：在(15.57)式中，我们把这个解从左边延拓到右边，并且在 $x<b$ 的区域，允许相位中有一个小的误差．这等价于从(15.58)式到(15.57)式左边正弦的一个小混合．在进一步延拓的情况下，与(15.58)式相符，这个混合产生了一个**增长指数**．不管在这个**增长指数**前面的系数如何小，在离转折点足够远处，它将胜过主要(下降)指数．这意味着只有在增长的实指数方向上延拓得到了保证．

15.6 Bohr-Sommerfeld 量子化

作为普遍结果的一个应用，我们可以推导早先没有严格证明而在 1.6 节对氢原子的最简单形式和在 13.7 节对磁场中的粒子使用过的量子化规则．

我们正在求图 15.4 所示的半经典势阱中束缚态的能谱．在势垒下 $x<a$ 和 $x>b$ 的区域，波函数必须只有指数衰减的行为．在左势垒下，有

$$\psi(x)=\frac{c}{\sqrt{|p|}}\exp\left(-\int_x^a \mathrm{d}x\,\frac{|p|}{\hbar}\right),\quad x<a \tag{15.61}$$

按照(15.59)式，在势阱内我们一个半经典解为

$$\psi(x)=\frac{2c}{\sqrt{p}}\cos\left(\int_a^x \mathrm{d}x\,\frac{p}{\hbar}-\frac{\pi}{4}\right),\quad x<a<b \tag{15.62}$$

这个解必须延拓到 $x>b$ 区域．方便的做法是对(15.62)式进行改写，改变相位的参照点：

$$\psi(x)=\frac{2c}{\sqrt{p}}\cos\left(\int_a^b \mathrm{d}x\,\frac{p}{\hbar}-\int_x^b \mathrm{d}x\,\frac{p}{\hbar}-\frac{\pi}{4}\right) \tag{15.63}$$

或用简单的三角运算：

$$\psi(x)=\frac{2c}{\sqrt{p}}\left\{-\cos([a,b])\sin\left(\int_x^b \mathrm{d}x\,\frac{p}{\hbar}-\frac{\pi}{4}\right)\right.$$

$$\left.+\sin([a,b])\cos\left(\int_x^b \mathrm{d}x\,\frac{p}{\hbar}-\frac{\pi}{4}\right)\right\} \tag{15.64}$$

其中，允许区的相积分被表示为

$$[a,b]\equiv\frac{1}{\hbar}\int_a^b \mathrm{d}x p(x) \tag{15.65}$$

正如从(15.57)式和(15.58)式得到的，(15.64)式的第一项被延拓到势垒下的 $x>b$ 区域产生了错误的增长指数.而第二项产生了正确的下降指数.如果第一项的系数精确为零，则束缚态存在.对于这种情况，在细箭头的方向用(15.57)式是安全的，因此决定分立能谱的**量子化条件**呈现为

$$\cos([a,b])=\cos\left(\int_a^b \mathrm{d}x\,\frac{p(x;E)}{\hbar}\right)=0 \tag{15.66}$$

这等价于标准的 Bohr-Sommerfeld 规则：

$$\int_a^b \mathrm{d}x p(x;E)=\left(n+\frac{1}{2}\right)\pi\hbar,\quad n=0,1,2,\cdots \tag{15.67}$$

我们需要记住能量 E 不仅明确地进入动量 $p(x;E)$ 的定义里，而且也通过积分限 $E=U(a)=U(b)$ 进入.

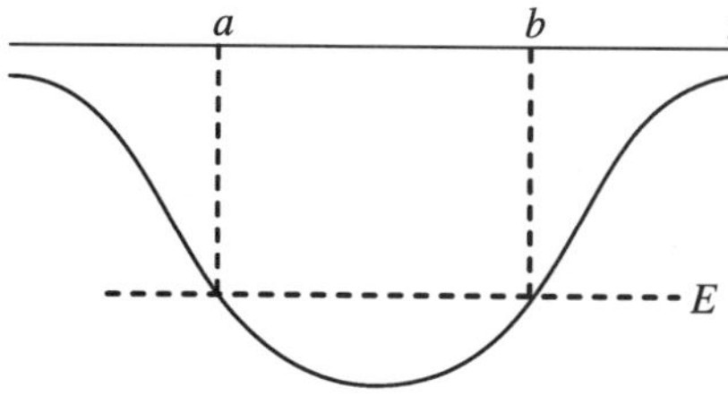

图 15.4　半经典量子化规则的推导

正如第 1 章定性讨论过的，半经典量子化的量等于对运动周期经典作用量的相积分(绝热不变量)：

$$S=\oint p\mathrm{d}x=2\pi\hbar\left(n+\frac{1}{2}\right) \tag{15.68}$$

严格地讲,半经典的量子化只能用于 $S \gg \hbar$,即对于高量子数 $n \gg 1$. 然而,对定性的估计,通常有可能把(15.68)式向下外推到基态 $n \sim 1$. 这个结果对所有的谐振子态都是严格的,比较(1.17)式和(11.15)式,并且对于在其他类似势阱中的能谱也能够给出一个好的近似.

半经典结果(15.67)式、(15.68)式与原始的 Bohr 假定(1.13)式相比,差别在于由额外项 1/2 给出的**零点能**. 我们有充分的权利接受这一项:它与典型的半经典区 $n \gg 1$ 中的 n 相比是很小的,这一项仍然适用,因为作为一级修正,它与早先忽略的二级项(15.21)式或(15.29)式相比是很大的. 在阱内许多可变的波长为

$$\frac{1}{2\pi}\int_a^b k\,\mathrm{d}x = \frac{1}{2}n + \frac{1}{4} \tag{15.69}$$

对于基态(如果半经典近似在 $n=0$ 时可用),我们仅有 $\lambda/4$ 在阱内,而不是如 3.1 节在深盒子情况下的 $\lambda/2$. 半波长的剩余部分被势垒下波函数的尾巴所占有. 但是,像在盒子势阱情况下一样,接着的每个态都增加 $\lambda/2$. 因此,按照 11.1 节的振荡定理,n 给出阱内波函数的节点数. 两个相邻的半经典束缚态之间的相空间面积是 $2\pi\hbar = n$,如图 1.4 所示. 在 13.7 节的磁场习题中我们利用了这种情况,它与磁通量量子化相联系,并在3.8 节和 3.9 节用于计算能级密度.

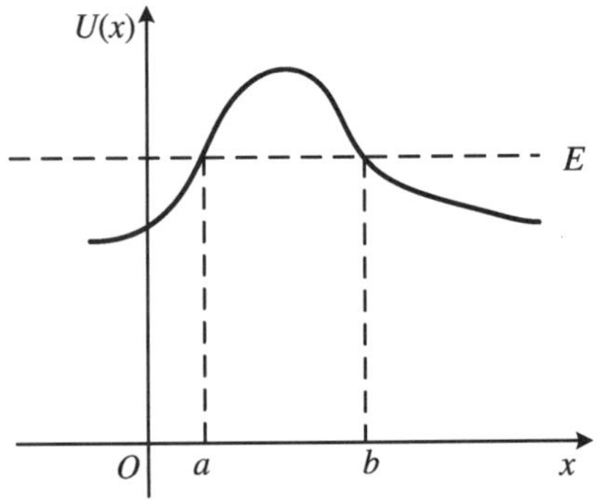

图 15.5　势垒穿透

习题 15.4　对图 15.5 所示的势垒穿透问题,用这个连接规则推导透射系数(2.59)式.

如果转折点 a 和 b 彼此相距较远,使得在这两点之间存在一个足够远离 a 和 b 的势垒下区域,则允许对波函数做半经典近似,标准的表达式(2.59)是令人满意的. 在这种情况下,$\int_a^b k\,\mathrm{d}x \gg 1$ 且透射系数很小 $T \ll 1$. 如果情况并非如此,且 $T \sim 1$,我们需要更有力

的方法同时考虑两个转折点而不是分开处理它们.这种情况发生在,例如,能量 E 接近势垒的顶部且转折点彼此趋近从而消除中间的半经典区时.经过改进的方法将从 15.8 节开始扼要叙述.

15.7 半经典矩阵元

在 $n\gg1$ 时,在经典允许区内半经典波函数急剧振荡,如图 15.2 所示.这种行为允许我们简化一些物理量的近似计算.

首先,我们通过将束缚态波函数归一化来计算 $\int dx\,|\psi(x)|^2$. 在势垒下,因为半经典的穿透长度很小,$l\sim1/k\approx\lambda/4\ll R$,波函数快速衰减.所以,我们在归一化积分中只保留经典允许区:

$$I=\int_a^b dx\left[\frac{1}{\sqrt{p}}\cos\left(\int_a^x k\,dx-\frac{\pi}{4}\right)\right]^2 \tag{15.70}$$

由于 $n\gg1$,快速振荡的余弦平方可以用它的平均值 1/2 来代替.于是,此积分很容易用经典的运动周期 T 或者用对于给定能量的频率 $\omega=2\pi/T$ 表示:

$$I\approx\int_a^b\frac{dx}{2p}=\frac{1}{2m}\int_a^b\frac{dx}{v}=\frac{1}{2m}\int_{t(a)}^{t(b)}dt=\frac{1}{2m}\frac{T}{2}=\frac{\pi}{2m\omega} \tag{15.71}$$

于是,第 n 个束缚态的归一化波函数可以近似地写为

$$\psi_n(x)=\sqrt{\frac{2m\omega_n}{\pi p_n}}\cos\left(\int_{a_n}^x k_n dx-\frac{\pi}{4}\right)\equiv\sqrt{\frac{2m\omega_n}{\pi p_n}}\cos\varphi_n(x) \tag{15.72}$$

通过重叠积分 $\int dx\psi_m\psi_n$ 的计算,我们将看到,如果略去势垒下的尾巴成指数的很小的贡献和急剧振荡的那些项,$m\neq n$ 时不同的半经典函数是正交的.让我们考虑一个更一般的量,即依赖粒子的坐标或动量的一个任意算符 $\hat{Q}$ 的矩阵元:

$$Q_{nm}=\int dx\psi^*\hat{Q}\psi_m\approx\frac{2m}{\pi}\sqrt{\omega_n\omega_m}\int dx\frac{\cos\varphi_n(x)}{\sqrt{p_n}}\hat{Q}\frac{\cos\varphi_m(x)}{\sqrt{p_m}} \tag{15.73}$$

这里我们用到了近似的半经典形式(15.72)式.例如,取 $\hat{Q}=Q(x)$,我们有

$$Q_{nm} = \frac{m}{\pi}\sqrt{\omega_n\omega_m}\int \mathrm{d}x\,\frac{Q(x)}{\sqrt{p_n p_m}}\{\cos[\varphi_n(x)-\varphi_m(x)]$$
$$+\cos[\varphi_n(x)+\varphi_m(x)]\} \tag{15.74}$$

如果两个相位都很大，正如我们所假定的处在半经典区的情况，在(15.74)式中第二个余弦项振荡得非常快，使得它与一个光滑函数的乘积的积分小到趋于零，按照和早先同样的思想，我们可以略去这一项.

对于靠近的能级的重要实际情况，这时 $n\gg1$ 和 $m\gg1$(半经典区)，但它们的差相对很小($|n-m|/n\ll1$)，我们进行进一步的计算.(更一般的情况在[59, §51]被处理.)

在这种情况中，我们可以在所有的光滑因子中设 $n=m$($\omega_n\approx\omega_m=\omega$，$p_n\approx p_m=p$)：

$$Q_{nm}\approx\frac{m\omega}{\pi}\int \mathrm{d}x\,\frac{\mathrm{d}x}{p(x)}\cos[\varphi_n(x)-\varphi_m(x)] \tag{15.75}$$

两个靠近态的相位差

$$\varphi_n(x)-\varphi_m(x)=\frac{1}{\hbar}\left[\int_{a_n}^{x}\mathrm{d}x p_n(x)-\int_{a_m}^{x}\mathrm{d}x p_m(x)\right] \tag{15.76}$$

可以表示为

$$\varphi_n(x)-\varphi_m(x)\approx\frac{1}{\hbar}\left[(a_n-a_m)\frac{\partial}{\partial a_n}\int_{a_n}^{x}p_n\mathrm{d}x\right.$$
$$\left.+(n-m)\int_{a_n}^{x}\mathrm{d}x\,\frac{\partial p_n}{\partial n}\right] \tag{15.77}$$

在(15.77)式花括号中第一项的导数等于在下限的被积函数，因此 $p_n(a_n)=0$，而第二项可以按照(1.57)式～(1.62)式表示. 于是，我们求得

$$\varphi_n(x)-\varphi_m(x)\approx\omega_n(n-m)t_n(x) \tag{15.78}$$

它把相位差表示为来自沿两个靠近的经典轨道的时间差. 从而得到以下形式的矩阵元：

$$Q_{nm}=\frac{\omega}{\pi}\int_{a_n}^{b_n}\frac{\mathrm{d}x}{v_n(x)}Q(x)\cos[(n-m)\omega_n t_n(x)] \tag{15.79}$$

在我们的近似下，这里的积分覆盖经典区. 取 $\mathrm{d}x/v=\mathrm{d}t$，转向沿经典路径的时间积分，我们得到

$$Q_{nm} = \frac{2}{T}\int_0^{T/2} \mathrm{d}t Q(x(t)) \cos\left(\frac{2\pi(n-m)t}{T}\right) \tag{15.80}$$

在半经典近似下，算符 $\hat{Q}(x)$ 在能量相差 $\hbar\omega$ 的两个靠近的分立态之间的矩阵元变成量 $Q(x(t))$ 的频率为 ω 的 Fourier 分量（与精确结果(7.9)式比较），其中 $x(t)$ 是沿对应经典轨迹的时间函数.

习题 15.5 证明：动量相关的算符 $Q(\hat{p})$ 在靠近的态之间的半经典矩阵元转化成经典函数 $Q(p(t))$ 的 Fourier 分量，其中 $p(t)$ 是在相应的轨道上的经典动量.

证明 用微分算符 $(-\mathrm{i}\hbar\partial/\partial x)$ 代替动量，并利用这样的事实：当这个算符作用到半经典波函数上时应当只对剧烈变化的相位求导，而略去对平滑因子 $1/\sqrt{p}$ 的微商.

15.8 在复平面上的解*

在 15.5 节，我们给出了在转折点不同的边求得的一维 Schrödinger 方程半经典解连接问题的公式体系. 对一个孤立的转折点，这个问题借助转折点附近找到的精确解在两个方向的连续性解决了. 这里，我们给出更一般的方法，它可以推广到几乎没有靠近转折点的问题[60]. 这个方法基于波函数通过**复平面**从一个区域到另一个区域的**解析延拓**，避免了实轴上半经典近似不适用的危险地带.

在变数 z 的复平面内，我们考虑微分方程

$$\psi'' + u(z)\psi = 0 \tag{15.81}$$

这里 $u(z)$ 是把函数

$$u(x) = k^2(x) = \frac{2m}{\hbar^2}[E - U(x)] \tag{15.82}$$

从实轴解析延拓. 我们假设转折点位于原点 $z=0$，这就是说，$u(0)=0$. 远离原点处，位势 U 证明半经典近似是合法的. 对于精确解的两个线性独立的近似(15.6)式，应该特别标记：

$$(0,z) \equiv u^{-1/4}\exp\left(\mathrm{i}\int_0^{\alpha} \sqrt{u}\,\mathrm{d}z\right)[1 + O(\hbar)] \tag{15.83}$$

$$(z,0) \equiv u^{-1/4}\exp\left(-\mathrm{i}\int_0^{z} \sqrt{u}\,\mathrm{d}z\right)[1 + O(\hbar)] \tag{15.84}$$

在孤立的转折点附近，对于 $u(z)$ 通常可以使用从线性项 $u(z)\approx\bar{c}\,z$ 开始的幂展开. 为确定起见，我们假设 $\bar{c}>0$，这对应于图 15.3(a)的情况. 我们已经在(15.54)式证明，如果 $kR\gg1$，则这种展开在与半经典近似的适用范围**重叠**的区域内是适用的. 在这附近，我们的函数取如下的形式：

$$(0,z)\propto z^{-1/4}\mathrm{e}^{\mathrm{i}cz^{3/2}},\quad (z,0)\propto z^{-1/4}\mathrm{e}^{-\mathrm{i}cz^{3/2}} \tag{15.85}$$

其中新的常数 $c=(2/3)\sqrt{\bar{c}}$ 仍然是正的. 我们能够从 9.8 节和 9.9 节的均匀场问题 Airy 函数的考虑中回忆起这些表达式.

由于分数幂次，转折点 $z=0$ 是分支点，因此我们需要从这一点起做一条割线，以便选择函数的一个分支. Schrödinger 方程(15.81)的精确解在 $z=0$ 处没有奇异性——该解是一个单值的解析函数. 奇异性仅出现在 $z=0$ 处不适用的解的半经典表示. 这决定了跨过分支割线的规则：因为一个解析函数没有跳变，如图 15.6 所示，这个跨越仅仅涉及宗量改变 2π.

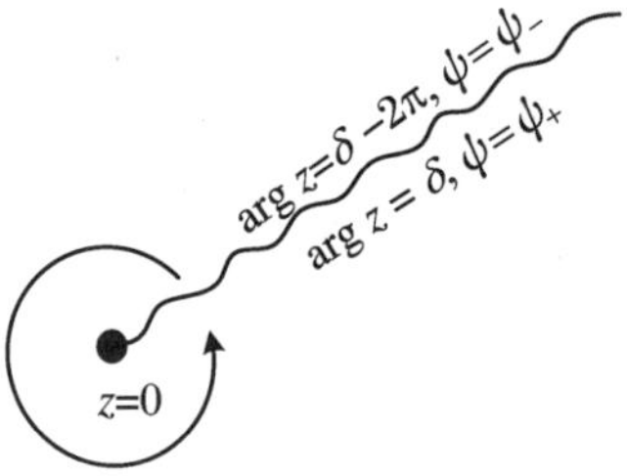

图 15.6　跨过分支割线

对于这条分支割线，取一条射线，其下沿对应 $\arg z=\delta$，而上沿对应 $\arg z=\delta-2\pi$(取逆时针方向为正方向)，我们对波函数的表达式分别标记下标 + 和 −. 让我们在下(+)沿，$z=|z|\exp(\mathrm{i}\delta)$，取第一个函数(15.85)式作为我们的解：

$$(0,z)_+\sim|z|^{-1/4}\mathrm{e}^{-\mathrm{i}\delta/4}\exp\left[\mathrm{i}c|z|^{3/2}\mathrm{e}^{\mathrm{i}(3/2)\delta}\right] \tag{15.86}$$

当运动回到转折点附近而不离开半经典范围时，在上(−)沿，$z=|z|\exp(\mathrm{i}\delta-2\pi\mathrm{i})$，我们有

$$(0,z)_-\sim|z|^{-1/4}\mathrm{e}^{-\mathrm{i}(\delta/4)+\mathrm{i}\pi/2}\exp\left[\mathrm{i}c|z|^{3/2}\mathrm{e}^{\mathrm{i}(3/2)(\delta-2\pi)}\right] \tag{15.87}$$

或

$$(0,z)_-\sim\mathrm{i}|z|^{-1/4}\mathrm{e}^{-\mathrm{i}\delta/4}\exp\left[-\mathrm{i}c|z|^{3/2}\mathrm{e}^{\mathrm{i}(3/2)\delta}\right] \tag{15.88}$$

另一方面，在下沿的第二个解(15.85)式具有以下形式：

$$(z,0)_+ \sim |z|^{-1/4}e^{-i\delta/4}\exp[-ic|z|^{3/2}e^{i(3/2)\delta}] = -i(0,z)_- \tag{15.89}$$

因此，通过逆时针穿过分支割线，解的形式改变：

$$(z,0) \to -i(0,z) \tag{15.90}$$

和类似的

$$(0,z) \to -i(z,0) \tag{15.91}$$

若顺时针运动，则得到在 $-i \to i$ 的改变情况下的结果(15.90)式和(15.91)式.

(15.90)式和(15.91)式的处理方法揭示，复平面包含具有依赖如下相位的解的不同行为的部分：

$$\varphi(z) = \int_0^z \sqrt{u}\,dz \tag{15.92}$$

如果 $\varphi(z)$是实的，则波函数$\propto\exp(i\varphi)$振荡. 这是经典允许区的类似公式，在这个区域两个解有相同的量级. 我们称这些实相位线为**等高线**. 相位是纯虚数的线称为 Stokes **线**，这里，当我们从转折点 $z=0$ 移开时，两个解中的一个指数式增长，而另一个下降(经典禁戒区的类似公式). 等高线有时称为**共轭** Stokes **线**.

利用显示式(15.85)，我们求得等高线

$$\mathrm{Im}\, z^{3/2} = 0 \rightsquigarrow \arg z = 0, \pm\frac{2\pi}{3} \tag{15.93}$$

和 Stokes 线

$$\mathrm{Re}\, z^{3/2} = 0 \rightsquigarrow \arg z = \pm\frac{\pi}{3}, \pi \tag{15.94}$$

如图 15.7 所示，在转折点处发出 7 条线：(15.93)式三条实的等高线、(15.94)式三条虚的 Stokes 线和波浪线的分支割线. 其上沿与等高线 1 相结合，并与实轴一致. 在穿过两个解都振荡的等高线时，解的形式不变，但相位的虚部跨过零并改变符号. 结果，增长的函数变成了衰减函数，反之亦然. 在 Stokes 线上，相位的实部为零，解的差别是最大的. 在分支割线上，是增长还是衰减的性质保持不变，而解的形式改变.

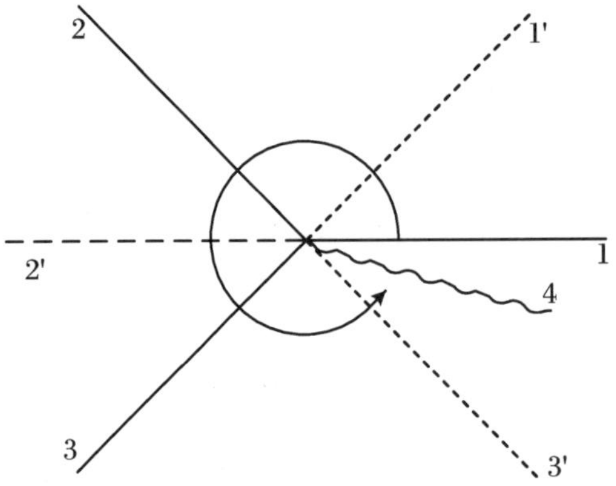

图 15.7　复平面的几何学

15.9　环绕复平面*

如果半经典近似适用，则 Schrödinger 方程(15.81)的通解由以下叠加给出：

$$\psi(z) = A(0,z) + B(z,0) \tag{15.95}$$

我们从(15.85)式看到，在 $c>0$ 的情况下，解$(0,z)$在 1-2 扇区是下降的，而解$(z,0)$是增长的. 如果增长函数的振幅 B 不为零，我们不应该在 Stokes 线 $1'$ 上保留衰减的项 $A(0,z)$，因为与已经略去的主(增长)项量级为$\hbar$的修正相比，它是指数的小量. 然而在等高线 2 上，这两个解都是振荡的，使得在线 2 附近，项$(0,z)$仍必须考虑. 因为在半经典近似的框架内我们不能沿着整个 1-2 扇区追踪这一项，一般而言，我们不知道到达线 2 时，项$(0,z)$的振幅应该是什么样的. 同时，项$(z,0)$支配整个部分，因此它应是仅仅以同样的振幅 B 从 1 延拓到 2. 结果表明，解$(0,z)$前面的系数在穿过 1-2 扇区之后将是不同的，这就是所谓的 Stokes 现象.

环绕图 15.7 所示的整个**复平面**时，可以找到完整解的关键是永远停留在半经典的有效范围内. 让我们从等高线 1 上的解开始：

$$\psi = A_1(0,z) + B_1(z,0) \tag{15.96}$$

绕着转折点并达到线 2 时，我们有

$$\psi = A_2(0,z) + B_2(z,0) \tag{15.97}$$

解$(z,0)$在 1-2 扇区内是增长的，因此连续地穿越这个扇区 $B_2 = B_1$. 如果解的增长部分不存在$(B_1 = 0)$，则解(15.96)式将只包含 $A_1(0,z)$部分，我们可以用 $A_2 = A_1$ 延拓这部分到线 2. 在存在大的指数时，情况就不是这样了. 振幅将是不同的，并且可以写成

$$A_2 = A_1 + \xi B_1 \tag{15.98}$$

其中，引入了未知的 **Stokes 常数** ξ.

在 2-3 扇区，函数$(0,z)$是增长的，我们用解

$$\psi = A_3(0,z) + B_3(z,0), \quad A_3 = A_2, \quad B_3 = B_2 + \eta A_2 \tag{15.99}$$

转到线 3，其中 η 是一个新常数. 最后，用第三个常数到达线 4(分支割线的下沿)：

$$\psi = A_4(0,z) + B_4(z,0), \quad B_4 = B_3, \quad A_4 = A_3 + \zeta B_3 \tag{15.100}$$

用规则(15.90)式和(15.91)式，我们把这个解转换到上沿

$$\psi = -\mathrm{i}A_4(z,0) - \mathrm{i}B_4(0,z) \tag{15.101}$$

由于解的解析性，在完全旋转之后在线 1 得到的结果(15.101)式必须与原始解(15.96)式一致. 因为解$(0,z)$和$(z,0)$是线性独立的，所以

$$B_4 = \mathrm{i}A_1, \quad A_4 = \mathrm{i}B_1 \tag{15.102}$$

或者利用中间结果(15.98)～(15.100)式，得到

$$B_1(1 + \xi\eta) + \eta A_1 = \mathrm{i}A_1, \quad A_1(1 + \zeta\eta) + B_1(\xi + \zeta + \xi\eta\zeta) = \mathrm{i}B_1 \tag{15.103}$$

对于任何初始叠加(15.96)式，即对于任意的 A_1 和 B_1，方程(15.103)必须满足. 则关于 Stokes 常数的解是唯一的：

$$\xi = \eta = \zeta = \mathrm{i} \tag{15.104}$$

在(15.103)式中，四个方程只有三个是独立的. 对于顺时针转动，Stokes 常数等于 $-\mathrm{i}$.

习题 15.6 证明：如果点 $z=0$ 是函数 $u(z)$的一个 n 重根，则所有的 Stokes 常数都等于 $2\mathrm{i}\cos[\pi/(n+2)]$. 在这种情况下，在 $z=0$ 附近 Schrödinger 方程(15.81)的精确解可以用 9.7 节的 Bessel 函数 $J_{1/(n+2)}$表示，在我们的情况下，$n=1$.

15.10 再论连接公式*

现在我们能利用 Stokes 常数推导 15.5 节的连接规则. 例如,考虑图 15.3(b)所示的转折点在势垒左边的情况,并假设在经典禁戒区($x>0$)仅有衰减函数. 我们需要找到在经典允许区($x<0$)的解.

在复平面上一些线的安排如图 15.8 所示. 以这样的方式计算函数 $u(z)$的相位是很方便的,即对于 $x<0$ 取 $\arg u=0$. 于是,$x>0$ 对应于 $\arg u=-\pi$,$u=|u|\exp(-\mathrm{i}\pi)$和 $|u|=-u$,因为对于 $x<0$ 有 $u>0$,而对于 $x>0$ 有 $u<0$. 因此,对于 $x>0$ 有

$$\begin{aligned}\int_0^x \mathrm{d}x\,\sqrt{u} &= \int_0^x \mathrm{d}x\,\sqrt{|u|\exp(-\mathrm{i}\pi)} \\ &= -\mathrm{i}\int_0^x \mathrm{d}x\,\sqrt{|u|} \equiv -\mathrm{i}\Phi, \quad \Phi>0\end{aligned} \tag{15.105}$$

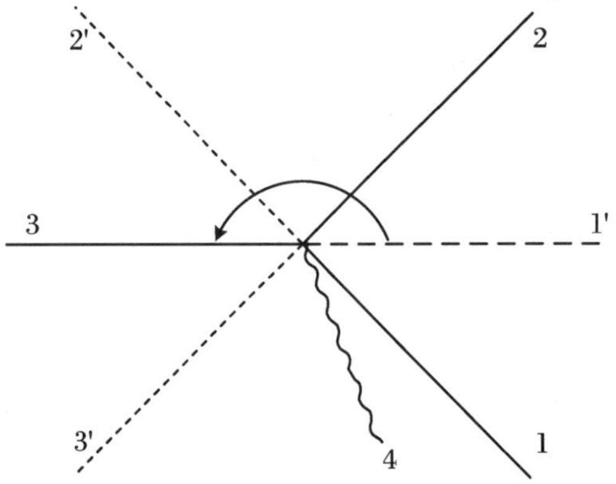

图 15.8 推导连接规则的复平面

而对于 $x<0$ 有

$$\int_0^x \mathrm{d}x\,\sqrt{u} = -\mathrm{i}\int_x^0 \mathrm{d}x\,\sqrt{u} \equiv -\Gamma, \quad \Gamma>0 \tag{15.106}$$

势垒下($x>0$)的解包含

$$\exp\left(\pm\mathrm{i}\int_0^x \mathrm{d}x\,\sqrt{u}\right) = \mathrm{e}^{\pm\Phi} \tag{15.107}$$

我们需要的解(指数下降的)是$(x,0)$,因为

$$(x,0) \propto \exp\left(\mathrm{i}\int_x^0 \mathrm{d}x\sqrt{u}\right) = \exp\left(-\mathrm{i}\int_0^x \mathrm{d}x\sqrt{u}\right) = \mathrm{e}^{-\Phi} \tag{15.108}$$

于是,在线1′上,$x>0$给出了下降的解$(x,0)$.这意味着在复平面z的整个1-2扇区内,仅有下降的函数$(z,0)$.转到正方向,在穿过等高线2并以相同的振幅,比如说等于1,达到等高线3之后,这个解开始增长.然而,沿着在2-3扇区内的路径,下降的解$(0,z)$发生了.按照(15.108)式,在线3附近,该解是

$$\psi = (z,0) + (0+\mathrm{i})(0,z) = (z,0) + \mathrm{i}(0,z) \to \psi = (x,0) + \mathrm{i}(0,x) \tag{15.109}$$

其中,写出了对实轴$x<0$的最后表达式.我们已确立了对应关系:

$$\begin{array}{ccccc} (x,0)+\mathrm{i}(0,x) & \Leftrightarrow & \psi(x) & \Leftrightarrow & (x,0) \\ \downarrow & & \downarrow & & \downarrow \\ x<0 & & \text{精确解} & & x>0 \\ & & \text{在 } x=0 \text{ 附近} & & \end{array} \tag{15.110}$$

或用(15.105)式和(15.106)式的标记以及所选择的相位,

$$u^{-1/4}\mathrm{e}^{\mathrm{i}\Gamma} + \mathrm{e}^{\mathrm{i}\pi/2}u^{-1/4}\mathrm{e}^{-\mathrm{i}\Gamma} \Leftrightarrow (|u|\mathrm{e}^{-\mathrm{i}\pi})^{-1/4}\mathrm{e}^{-\Phi} \tag{15.111}$$

从而

$$2u^{-1/4}\cos\left(\Gamma - \frac{\pi}{4}\right) \Leftrightarrow |u|^{-1/4}\mathrm{e}^{-\Phi} \tag{15.112}$$

这个连接公式与(15.56)式一致.

15.11 靠近转折点*

这里我们考虑两个转折点的一种更复杂的情况.如果它们互相靠得很近,例如,在势垒的顶部附近,以致在它们之间没有半经典区的余地,那么线性近似(15.44)式失效,并且我们不能把这两个转折点分开处理.在复平面上的延拓方法在这里也是适用的,不过我们需要环绕这两个点同时使路径保持在半经典的区域内.

我们假设一个图 15.5 所示一般形式的势垒，在复平面上的等高线方案如图 15.9 所示. 每一个转折点都隐含其自己的分支. 我们可以使用类似对单个转折点的处理方法，对这些特殊的解采用相同的标记，在 $x>b$(线 1)处，我们有

$$\psi = A_1(b,x) + B_1(x,b) \tag{15.113}$$

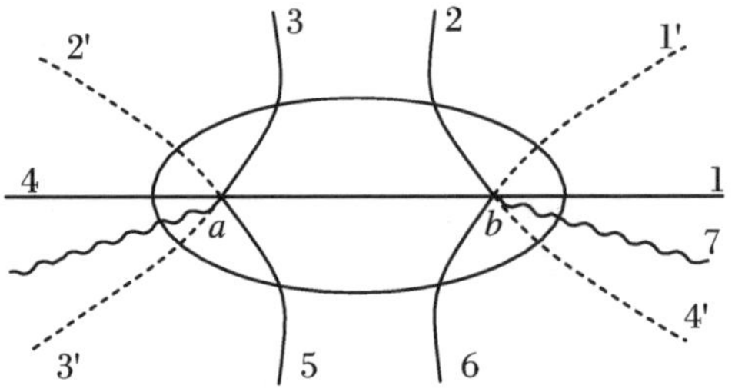

图 15.9　对于两个靠近的转折点，等高线和 Stokes 线的几何学

在 1-2 扇区，解(b,z)是衰减的，而解(z,b)是增加的. 在线 2 上我们得到

$$\psi = A_2(b,z) + B_2(z,b),\quad B_2 = B_1,\quad A_2 = A_1 + \xi_1 B_1 \tag{15.114}$$

其中，Stokes 常数 ξ_1 不同于在以前情况中所求得的.

从线 2 移动到线 3，没有穿过 Stokes 线，因此解仍然用叠加(15.113)式表示. 这里从 $x=a$ 起重新计数相位是很方便的，并且我们写出

$$\psi = (A_1 + \xi_1 B_1)(b,z) + B_1(z,b) = (A_1 + \xi_1 B_1)\mathrm{e}^{\gamma}(a,z) + B_1\mathrm{e}^{-\gamma}(z,a) \tag{15.115}$$

其中，相位积分

$$\gamma = \mathrm{i}\int_b^a \mathrm{d}x\,\sqrt{u} = \int_a^b \mathrm{d}x\,|\,p(x)\,| \tag{15.116}$$

是一个正实数. $\gamma\gg 1$ 的情况对应相隔很远的转折点，这时我们可以一个一个地环绕它们，因为在它们之间半经典近似是有效的. 对任何 γ 值，目前的方法都是可用的.

在 3-4 扇区，解(z,a)是衰减的，以致在线 4 上：

$$\begin{aligned}\psi &= A_4(a,z) + B_4(z,a)\\ &= (A_1 + \xi_1 B_1)\mathrm{e}^{\gamma}(a,z) + [B_1\mathrm{e}^{-\gamma} + \eta_1\mathrm{e}^{\gamma}(A_1 + \xi_1 B_1)](z,a)\end{aligned} \tag{15.117}$$

其中，η_1 是新的 Stokes 常数. 现在，我们在正方向上穿过分支割线，因此应用规则(15.90)式，得

$$\psi = -\mathrm{i}A_4(z,a) - \mathrm{i}B_4(a,z) \tag{15.118}$$

其余的延拓是显然的,不用详细地解释.

线 5 和 6:

$$\begin{aligned}\psi &= -\mathrm{i}(A_4 + \xi_2 B_4)(z,a) - \mathrm{i}B_4(a,z)\\ &= -\mathrm{i}\mathrm{e}^{\gamma}(A_4 + \xi_2 B_4)(z,b) - \mathrm{i}B_4\mathrm{e}^{-\gamma}(b,z)\end{aligned} \tag{15.119}$$

线 7:

$$\psi = -\mathrm{i}\mathrm{e}^{\gamma}(A_4 + \xi_2 B_4)(z,b) - \mathrm{i}[\mathrm{e}^{-\gamma}B_4 + \eta_2\mathrm{e}^{\gamma}(A_4 + \xi_2 B_4)](b,z) \tag{15.120}$$

线 1:

$$\psi = -\mathrm{e}^{\gamma}(A_4 + \xi_2 B_4)(b,x) - [\mathrm{e}^{-\gamma}B_4 + \eta_2\mathrm{e}^{\gamma}(A_4 + \xi_2 B_4)](x,b) \tag{15.121}$$

比较结果(15.121)式与开始的表达式(15.113),得到

$$-A_1 = \mathrm{e}^{\gamma}(A_4 + \xi_2 B_4), \quad -B_1 = \mathrm{e}^{\gamma}[\eta_2 A_4 + (\xi_2\eta_2 + \mathrm{e}^{-2\gamma})B_4] \tag{15.122}$$

(15.117)式和(15.121)式经简单的代数运算后,我们发现

$$1 + \xi_2\eta_1 = -\mathrm{e}^{-2\gamma}, \quad \xi_1 + \xi_2(\xi_1\eta_1 + \mathrm{e}^{-2\gamma}) = 0 \tag{15.123}$$

$$\eta_2 + \eta_1(\xi_2\eta_2 - \mathrm{e}^{-2\gamma}) = 0$$

$$\xi_1\eta_2 + (\xi_1\eta_1 + \mathrm{e}^{-2\gamma})(\xi_2\eta_2 + \mathrm{e}^{-2\gamma}) = -\mathrm{e}^{-2\gamma} \tag{15.124}$$

在这四个表达式(15.123)和(15.124)中只有三个是独立的,通解可以写成

$$\xi_1 = \xi_2 \equiv \xi, \quad \eta_1 = \eta_2 \equiv \eta, \quad -\xi\eta = 1 + \mathrm{e}^{-2\gamma} \tag{15.125}$$

为了求得透射系数,我们可利用转移矩阵的一般性质,请回顾 9.4 节和 15.5 节.我们的情况通常在 $x \ll a$ 处对应向右传播(振幅 A)和向左传播(振幅 B)的波,以及在 $x \gg b$ 处对应向右传播(振幅 C)和向左传播(振幅 D)的波.我们引入转移矩阵 $\widetilde{M}$(是在(9.37)式中我们所用过的矩阵的逆矩阵),则

$$\begin{pmatrix} A \\ B \end{pmatrix} = \widetilde{M}\begin{pmatrix} C \\ D \end{pmatrix} \tag{15.126}$$

习题 15.7 利用时间反演不变性、流的变换和(15.118)式,证明在现在的情况下,系数 A 和 B 的作用分别被 $-\mathrm{i}B_4$ 和 $-\mathrm{i}A_4$ 所代替,使得各振幅的联系((15.126)式)由下式给出:

$$\begin{pmatrix} B_4 \\ A_4 \end{pmatrix} = \mathrm{i}\begin{pmatrix} \alpha & \beta \\ \beta^* & \alpha^* \end{pmatrix}\begin{pmatrix} A_1 \\ B_1 \end{pmatrix} \tag{15.127}$$

其中

$$\operatorname{Det} \widetilde{M} = |\alpha|^2 - |\beta|^2 = 1 \tag{15.128}$$

另一方面,由(15.117)式和(15.125)式得到

$$\begin{pmatrix} B_4 \\ A_4 \end{pmatrix} = \begin{pmatrix} \eta e^{\gamma} & -e^{\gamma} \\ e^{\gamma} & \xi e^{\gamma} \end{pmatrix} \begin{pmatrix} A_1 \\ B_1 \end{pmatrix} \tag{15.129}$$

因此,转移矩阵由下式给出:

$$\widetilde{M} = -ie^{\gamma} \begin{pmatrix} \eta & -1 \\ 1 & \xi \end{pmatrix} \tag{15.130}$$

凭借(15.125)式,条件(15.128)式被满足,常数 ξ 和 η 的关系为 $\xi = -\eta^*$,或由(15.125)式得

$$|\xi|^2 = |\eta|^2 = 1 + e^{-2\gamma} \tag{15.131}$$

未知的相位在这里仍然保留,尽管我们知道对于 $\gamma \gg 1$,当所有的 Stokes 常数如(15.104)式所示都等于 i 时,我们达到了孤立转折点的极限.

要找到透射概率,假设入射波来自左边,虽然结果与入射波来自右边是相同的,见习题 9.1.则 $B_1 = 0$,并且矩阵 $\widetilde{M}$ 决定反射系数

$$R = \left|\frac{B}{A}\right|^2 = \left|\frac{\beta}{\alpha}\right|^2 = \frac{1}{|\eta|^2} = \frac{1}{1 + e^{-2\gamma}} = \frac{e^{2\gamma}}{1 + e^{2\gamma}} \tag{15.132}$$

和透射系数

$$T = \left|\frac{A_1}{A}\right|^2 = \frac{1}{|\alpha|^2} = \frac{1}{|\eta e^{\gamma}|^2} = \frac{1}{1 + e^{2\gamma}} \tag{15.133}$$

当然,由于(15.128)式,$R + T = 1$ 自动成立.对于任何势垒宽度,结果(15.132)式和(15.133)式都是适用的,而且具有简单的意义.对于分开且其间有半经典区 $\gamma \gg 1$ 的转折点,我们回到了简单的结果(2.59)式,$T \to T_1 = e^{-2\gamma}$.反射概率可以用一个无限级数表示:

$$R = 1 - e^{-2\gamma} + (e^{-2\gamma})^2 - \cdots = 1 - T_1 + T_1^2 - \cdots \tag{15.134}$$

这可以本着对路径求和的精神来解释:由于单次隧穿概率 T_1 的缘故,R 变得小于 1,但是在两次隧穿($+T_1^2$)之后我们可以返回,等等.更高阶的返回过程在(2.59)式的推导中被忽略了.

半经典的结果(15.133)式对反抛物线(inverted parabola)位势是精确的:

$$U(x) = U_B - \frac{1}{2}m\omega^2 x^2 \tag{15.135}$$

其中 U_B表示势垒高度.

习题 15.8 对于抛物线势垒(15.135)式,求穿透参数 γ.

解

$$\gamma(E) = \frac{\pi(U_B - E)}{\hbar\omega} \tag{15.136}$$

在这种情况下,我们可以使用以所谓的抛物柱面(parabolic cylinder)函数表示的Schrödinger方程精确解[61].它是非常有用的,因为在许多应用中势垒都可以用一个抛物线来近似.文献[62]提出了一个完全构建在连接矩阵应用之上的略微不同的近似.

15.12 路径积分方法

上面处理较为详细的半经典(WKB)近似,可以认为是对第7章路径积分精确理论的几何光学近似.在这里,我们处理沿经典轨迹或它们到复平面的延拓.在经典区,这些路径对应稳定相位,因而对泛函积分给出主要贡献.

要明确地把半经典方法转化成路径积分语言,我们记得量子传播子可以写成一个泛函积分(7.179)式(为了简单,采用一维运动的标记):

$$G(x,t;x',t') = \int \widetilde{D}x(\tau)\mathrm{e}^{(\mathrm{i}/\hbar)S[x(\tau)]} \tag{15.137}$$

其中 $\widetilde{D}$ 包含归一化因子(7.192)式的无穷乘积,而 S 是经典作用量((7.174)式)

$$S[x(t)] = \int_{t'}^{t} \mathrm{d}\tau \mathcal{L}(x(\tau),\dot{x}(\tau)) \tag{15.138}$$

沿着具有固定末端 $x(t')=x'$和$x(t)=x$ 的轨道$x(\tau)$求的.在半经典的情况下,这个作用量比作用量量子$\hbar$大得多,因此,除了给出作用量的极值和在积分(15.137)式中的稳定相位的那些轨道之外,剧烈振荡的轨道因干涉而彼此相消.

在时间无关的问题中,传播子(15.137)式仅依赖 $t-t'$:

$$G(x,t;x',t') = \sum_n \psi_n(x)\psi_n^*(x')\mathrm{e}^{-(\mathrm{i}/\hbar)E_n(t-t')} \tag{15.139}$$

其中，$\{\psi_n(x)\}$是一组能量为 E_n 定态波函数的完备集. 于是，我们可以设 $t'=0$，而且取能量表象，

$$G_E(x,x')=\int_0^{\infty}\mathrm{d}t\,\mathrm{e}^{(\mathrm{i}/\hbar)Et}G(x,t;x',0) \tag{15.140}$$

这里，出现了所谓**约化作用量**(reduced action) $S+Et$. 对于势 $U(x)$中的粒子，这个函数由经典动量沿着该轨迹的积分 $\int \mathrm{d}xp(x)$ 给出. 而 S 是波函数(15.34)式～(15.39)式的完全相位. 稳定相位条件(15.38)式确定了主要的轨迹和前面讨论过的波函数的半经典近似. 然而只在经典允许区域 $E>U(x)$内，这条轨迹作为经典运动的解才是唯一的. 相反，如果 $U(x)>E$，那么这个稳定相位(15.38)式(在实时 t)没有实数解.

习题 15.9 求粒子在反抛物线位势(15.135)式中经典作用量(15.138)式和在势垒之下、转折点 a 和 b 之间、能量为 E 的路径的稳定点.

解 利用经典的运动方程 $m\ddot{x}=-\mathrm{d}U/\mathrm{d}x$ 或 $\ddot{x}=\omega^2x$，凭借双曲函数并应用边界条件，$x(0)=x'$，$x(t)=x$，求通解 $x(\tau)$，得到

$$S(x,x';t)=\frac{m\omega}{2\sinh(\omega t)}\left[(x^2+x'^2)\cosh(\omega t)-2xx'\right]-U_Bt \tag{15.141}$$

通过求微商$\partial/\partial t$ 我们看到，在 $x'=a$，$x=b$ 的情况下，(15.36)式$\partial\varphi/\partial t=-E$ 只能对 $E>U_B$和实数的 t 满足，其中 $E=U(a)=U(b)$. 对于在势垒下的运动，我们发现有无穷多个复数解 t_n，它们沿着虚轴分隔成 $\mathrm{Im}(t_n)=-\mathrm{i}(2n+1)\pi/\omega$.

一般来说，借助经典轨道描写的隧穿要求**虚时间**：关于这一点我们可以回忆在9.5 节中对隧穿时间的讨论. 在 $t\to-\mathrm{i}\tau$ 情况下的经典运动方程(τ 为实数)与实时的方程一致，但是具有**反演势**. 在习题 15.9 中求得的虚时周期 $2\pi/\omega$ 对应经典的实时周期，因此可以被解释为波包经势垒**多重反射**的结果. 现在，所有这些轨迹对隧穿振幅都有贡献. 在复平面上的图像十分复杂，但是可以理解，所以这些贡献之和重新产生了(15.133)式[63]，对此我们已经在(15.134)式用多重反射解释了. 路径积分方法允许我们更进一步，不仅对这样的半经典轨迹予以解释，而且对描写偏离几何光学的邻近路径，例如在多维运动中，特别是在量子场论中的衍射效应也做出解释，在后者中反演势的轨迹类似物称为**瞬子**.

在势垒下过程的小振幅的半经典极限中，多重反射是不可能的，主要的轨迹产生最重要的贡献. 这个结果可以借助沿着这个“虚”轨迹的作用量估计出来. 若我们仅限于主要的指数上的小项，对于在(一般来说，多维的)组态 A 和 B 之间的跃迁概率我们有估算：

$$P_{BA} \sim \left| e^{(i/\hbar)S(B,A)} \right|^2 = e^{-(2/\hbar)\mathrm{Im}[S(B,A)]} \tag{15.142}$$

这个估算非常有用.例如,在化学反应中,有足够大动能的两个原子形成一个不稳定的分子,然后再衰变成处于激发态的原子(所谓**第二类碰撞**).此过程中总能量守恒,但是跃迁发生在内原子的相互作用有不同势函数 $U_{A,B}(r)$的两个组态之间.如果位势项在虚距离 r_0 处"相交",

$$U_A(r_0) = U_B(r_0) \tag{15.143}$$

则方程(15.142)可用.于是,跃迁概率可以估计为

$$P_{BA} \sim e^{-(2/\hbar)\mathrm{Im}[S(B,r_0)+S(r_0,A)]} \tag{15.144}$$

这个近似的一个重要推广是与量子系统**能级密度**的计算相关的.最简单的情况已在第 3 章介绍过.路径积分方法允许我们开发一个强有力的工具,至少对只有少数自由度的系统非常实用[2,§55].考虑一个具有分立能谱的系统(或者像在第 3 章那样,在一个大的量子化体积中),我们可以用(15.139)式的形式展示传播子并转到能量区(15.140)式.要使时间积分收敛,我们把它视为从上方趋近实轴的复能量极限,$E \to E + i0$,这里 i0 意味着一个无穷小虚部 $i\eta$,$\eta \to +0$.那么,这个时间积分给出

$$G_E(x,x') = i\hbar \sum_n \frac{\psi_n(x)\psi_n^*(x')}{E - E_n + i0} \tag{15.145}$$

其中,x 和 x' 是广义的多维坐标.该函数被视为 x 表象的一个算符,它的迹由下式给出:

$$\mathrm{tr} G_E = \int dx G_E(x,x) = i\hbar \sum_n \frac{1}{E - E_n + i0} \tag{15.146}$$

其中,我们用到了本征函数 $\psi_n(x)$的正交性.

在许多应用中,我们都遇到了像(15.146)式中的分母.明确地考虑其极限:对于任何实数 z,

$$\lim_{\eta \to +0} \frac{1}{z + i\eta} = \lim_{\eta \to +0} \frac{z - i\eta}{z^2 + \eta^2} \tag{15.147}$$

其中的实部

$$\lim_{\eta \to +0} \frac{z}{z^2 + \eta^2} \equiv \mathrm{P.v.} \frac{1}{z} \tag{15.148}$$

是**主值**(principal value),当 $z \neq 0$ 时它只不过是 $1/z$,而当 $z = 0$ 时它等于 0.如果这个表达式出现在 $\int dz$ 下,我们需要借助对称极限 $\lim_{\epsilon \to 0} \int_{-\epsilon}^{\epsilon} dz$,并从这个积分中排除 $z = 0$ 点.

(15.147)式的虚部给出

$$-\mathrm{i}\lim_{\eta\to+0}\frac{\eta}{z^2+\eta^2}=-\mathrm{i}\pi\delta(z) \tag{15.149}$$

其中,我们用到了 3.3 节的 δ 函数的性质,并且从归一化的(3.19)式找到了 π 因子.(15.149)式的确是 z 的一个偶函数,当 $z\neq0$ 时它在 $\eta\to+0$ 时等于零,当 $z=0$ 时它趋于 $+\infty$,最后

$$\lim_{\eta\to+0}\frac{1}{z+\mathrm{i}\eta}=\mathrm{P.v.}\frac{1}{z}-\mathrm{i}\pi\delta(z) \tag{15.150}$$

系统的能级密度(3.83)式现在被证明直接与传播子(15.146)式的迹关联:

$$\rho(E)=\sum_n\delta(E-E_n)=\frac{1}{\pi\hbar}\mathrm{Re}(\mathrm{tr}\ G_E) \tag{15.151}$$

在路径积分方法中,传播子 G_E 的迹是由**闭合**轨道(因为 $x'=x$)的贡献之和给出的.在半经典情况下,能级密度被约化为对**周期性**的经典轨道求和.因为领头的贡献来自具有最小作用量的轨道,在实践中我们经常只需要完全由系统对称性确定的最短周期轨道.这个广泛课题的仔细研究超出了我们课程的范围.

第 16 章

角动量和球谐函数

自然是一个无限的范围，中心无处不在、无边无际.

——B. Pascal

16.1 角动量作为转动的生成元

我们已经处理过轨道角动量算符 $\hat{l}$(4.34)式. 在习题 4.5 中推导了其分量之间的对易关系. 在 4.7 节我们引入了转动变换并看到了轨道角动量算符是一个转动的生成元. 后来，在 7.10 节我们简略地讨论了角动量守恒. 相对于固定轴的轨道角动量再一次出现在平面振子的问题中，见 11.5 节；我们还在(11.104)式中引入了矢量算符的阶梯分量 $\hat{V}_{\pm}$，它使轨道角动量投影 l_z 改变 ±1.

现在我们的目标是探查量子力学中角动量一般的几何和代数性质，并把它们与转动

16

的直观图像关联起来. 在没有外场的情况下,静止的有限大小的物体(在总的线性动量为零($\boldsymbol{P}=\mathbf{0}$)的参考架内)可以用守恒的总角动量矢量 $\boldsymbol{J}$ 表征;粒子的轨道角动量 $\boldsymbol{l}$(4.34)式是一种特殊情况.

如(6.10)节所述,一般的角动量算符 $\hat{\boldsymbol{J}}$ 是一个无穷小转动的**生成元**. 在三维空间内的转动要求三个角度作为它们的参数,例如转动轴相对于独立的固定坐标系的极角和方位角以及一个绕转动轴的转角. 考虑绕着由单位矢量 $\boldsymbol{n}$ 表征的轴转一个无穷小角度 $\delta\alpha$ 的转动. 在这一转动下波函数改变一个与 $\delta\alpha$ 成正比的量. 这个变换 $\hat{\mathcal{R}}_n(\delta\alpha)$ 是经过算符 $(\boldsymbol{J}\cdot\boldsymbol{n})$ 的作用而生成的,这个算符是角动量在转动轴上的投影:

$$\psi \to \psi' = [1 - \mathrm{i}(\hat{\boldsymbol{J}}\cdot\boldsymbol{n})\delta\alpha]\psi \tag{16.1}$$

在这里以及以后我们总是用 $\hbar$ 为单位量度所有角动量. 方程(16.1)只不过是对一个给定体系角动量算符的**定义**;我们应该明确地找到变换后的函数,并且把它与(16.1)式比较以便确定算符 $\hat{J}$. 尽管角动量算符的具体形式对不同的系统是不同的,但它作为三维空间转动生成元的作用导致**普适**代数.

比较(4.49)式和(4.52)式知,转角为 α 的**有限转动**可以看成绕同一轴进行的 N 次相继的小转动 $\delta\alpha=\alpha/N$,且取 $N\to\infty$ 的极限. 有限转动的算符是

$$\hat{\mathcal{R}}_n(\alpha) = \lim_{N\to\infty}\left[1 - \mathrm{i}(\hat{\boldsymbol{J}}\cdot\boldsymbol{n})\frac{\alpha}{N}\right]^N = \exp[-\mathrm{i}(\hat{\boldsymbol{J}}\cdot\boldsymbol{n})\alpha] \tag{16.2}$$

这里我们用到了绕同一个轴转不同角度的转动是对易的事实. 转动保持 Hilbert 空间中态矢量之间的关系,即在整个空间的任何转动 $\hat{\mathcal{R}}$ 之前和转动之后的振幅是一样的:

$$\langle\psi_2'|\psi_1'\rangle \equiv \langle\hat{\mathcal{R}}\psi_2|\hat{\mathcal{R}}\psi_1\rangle \equiv \langle\psi_2|\hat{\mathcal{R}}^\dagger\hat{\mathcal{R}}\psi_1\rangle = \langle\psi_2|\psi_1\rangle \tag{16.3}$$

因此,变换算符(16.2)式必须是**幺正**的:

$$\hat{\mathcal{R}}^\dagger\hat{\mathcal{R}} = 1 \Rightarrow \hat{\mathcal{R}}^\dagger = \hat{\mathcal{R}}^{-1} \tag{16.4}$$

如(6.112)式所示,任何幺正算符 $\hat{U}$ 都可以表示为

$$\hat{U} = \mathrm{e}^{\mathrm{i}\hat{G}} \equiv \sum_{n=0}^{\infty}\frac{(\mathrm{i}\hat{G})^n}{n!} \tag{16.5}$$

其中,指数是无穷级数的一种符号表示,幺正变换的生成元 $\hat{G}$,在我们的情况下是 $\hat{J}$,是厄米算符.

在粒子的**轨道角动量**的特殊情况下 $\hat{J}\Rightarrow\hat{l}$，用粒子波函数的直接坐标表示 $\psi(\boldsymbol{r})$ 来处理是方便的. $\psi(\boldsymbol{r})$ 的转动变换结果是知道的. 转动之后我们在 $\boldsymbol{r}$ 点看到的函数值是转动之前在 $\hat{\mathcal{R}}^{-1}\boldsymbol{r}$ 点的值，其中 $\hat{\mathcal{R}}^{-1}$ 表示逆转动：

$$\psi'(\boldsymbol{r}) = \hat{\mathcal{R}}\psi(\boldsymbol{r}) = \psi(\hat{\mathcal{R}}^{-1}\boldsymbol{r}) \tag{16.6}$$

正如在 4.7 节中证明的，这以一种标准的力学方法(4.34)式定义了轨道角动量.

转动的定义(16.6)式意味着我们转动一个物理实体(“**主动**”图像). 坐标架的转动(“**被动**”图像)从变换观点看等价于系统向相反方向的转动. 其相应的有限转动算符是(16.2)式的共轭. 这个差别着重指出了在(16.6)式中逆变换出现的理由. 采用Dirac符号，坐标波函数 $\psi(\boldsymbol{r})$ 是态矢量 $|\psi\rangle$ 在定域态 $|\boldsymbol{r}\rangle$ 上的投影 $\langle\boldsymbol{r}|\psi\rangle$. 我们感兴趣的是转动后的态 $\hat{\mathcal{R}}|\psi\rangle$ 的坐标波函数 $\langle\boldsymbol{r}|\hat{\mathcal{R}}\psi\rangle$. 对于一个幺正变换 $\hat{\mathcal{R}}$，我们有

$$\langle\boldsymbol{r}\mid\hat{\mathcal{R}}\psi\rangle = \langle\hat{\mathcal{R}}^{\dagger}\boldsymbol{r}\mid\psi\rangle = \langle\hat{\mathcal{R}}^{-1}\boldsymbol{r}\mid\psi\rangle \tag{16.7}$$

这正是我们在(16.6)式中所需要的. 这里，$\hat{\mathcal{R}}\psi$ 表示转动系统，而 $\hat{\mathcal{R}}^{-1}\boldsymbol{r}$ 表示沿相反方向转动观测点，它们的振幅一致.

16.2 自旋

转动的结果通常不能约化成明显的坐标变换(16.6)式. 波函数可能由几个分量组成，除了它们坐标依赖关系的变换(16.6)式，各分量之间要进行线性变换. 这些分量描述一个客体可能不同的**内禀**状态，通常被称为自旋自由度. 如果 $\hat{\boldsymbol{S}}$ 是这个变换的矢量生成元(16.1)式，那么在系统波函数上转动的整个效应用下列**总角动量**描述：

$$\hat{\boldsymbol{J}} = \hat{\boldsymbol{L}} + \hat{\boldsymbol{S}} \tag{16.8}$$

其中，$\hat{\boldsymbol{L}}$ 是(4.34)式的单粒子轨道角动量 $\boldsymbol{l}$ 对一个任意体系的推广. 对于一个多体系统，整体转动以同样的方式作用于所有的粒子，使得总动量是各单粒子的角动量相加的组合(一个粒子的总角动量 $\hat{\boldsymbol{j}}=\hat{\boldsymbol{l}}+\hat{\boldsymbol{s}}$ 由它的轨道和自旋角动量组成)：

$$\hat{\boldsymbol{J}} = \sum_a \hat{\boldsymbol{j}}_a, \quad \hat{\boldsymbol{L}} = \sum_a \hat{\boldsymbol{l}}_a, \quad \hat{\boldsymbol{S}} = \sum_a \hat{\boldsymbol{s}}_a; \quad \hat{\boldsymbol{j}}_a = \hat{\boldsymbol{l}}_a + \hat{\boldsymbol{s}}_a \tag{16.9}$$

作为一个自然的例子,我们考虑一个**矢量函数** $\boldsymbol{V}(\boldsymbol{r})$. 在每一个点 $\boldsymbol{r}$,我们有三个函数 $\boldsymbol{V}_i(\boldsymbol{r})$,它们是同一个矢量客体的分量. 在转动下,不仅这些函数的每一个像我们早些时候所看到的那样变换,而且,正如一个没有坐标依赖关系的常数矢量 $\boldsymbol{V}$ 也会发生的那样,分量 V_i 自身之间也被变换. 让我们明确地展示这种变换的组合.

对一个任意转动 $\hat{\mathcal{R}}$,我们有

$$\hat{\mathcal{R}}V_x(x,y,z) = V'_x(\hat{\mathcal{R}}^{-1}x, \hat{\mathcal{R}}^{-1}y, \hat{\mathcal{R}}^{-1}z) \tag{16.10}$$

其中,符号 $\boldsymbol{V}'$意味着这个矢量的分量也进行变换. 如我们在(4.88)式所看到的,对绕 z 轴的转一个 $\delta\alpha$ 角的无穷小转动 $\hat{\mathcal{R}}_z(\delta\alpha)$,

$$\hat{\mathcal{R}}^{-1}x = x + \delta\alpha y, \quad \hat{\mathcal{R}}^{-1}y = y - \delta\alpha x, \quad \hat{\mathcal{R}}^{-1}z = z \tag{16.11}$$

这显示了对于在(16.10)式右边作为坐标的函数的这个矢量所取的宗量. 另一方面,除了这种平行的输运之外,矢量 $\boldsymbol{V}$ 本身还绕 z 轴转一个角度 $\delta\alpha$,使其方位角 ϕ_0 变成 $\phi_0+\delta\alpha$(带有下标 0 的角度是 $\boldsymbol{V}$ 方向的角度而不是坐标点 $\boldsymbol{r}$ 方向的角度). 所以

$$V'_x = |\boldsymbol{V}| \sin\theta_0 \cos(\phi_0 + \delta\alpha) \approx V_x - \delta\alpha V_y \tag{16.12}$$

类似地,有

$$V'_y \approx V_y + \delta\alpha V_x, \quad V'_z = V_z \tag{16.13}$$

这些分量的变换(此外,它有一个相应于主动转动的符号,因此和对于波函数宗量的符号相反)结果可以用一个 3×3 矩阵 $\hat{\boldsymbol{S}}_z$ 作用在分量 V_i的列矢量上来表示:

$$\hat{\mathcal{R}}_z(\delta\alpha)\boldsymbol{V} = (1 - \mathrm{i}\delta\alpha\hat{S}_z)\boldsymbol{V}, \quad \hat{\boldsymbol{S}}_z = \begin{pmatrix} 0 & -\mathrm{i} & 0 \\ \mathrm{i} & 0 & 0 \\ 0 & 0 & 0 \end{pmatrix} \tag{16.14}$$

习题 16.1 构建矩阵 $\hat{\boldsymbol{S}}_x$ 和 $\hat{\boldsymbol{S}}_y$,证明矩阵 $\hat{\boldsymbol{S}}_j(j=x,y,z)$的所有矩阵元可以被写成

$$(\hat{\boldsymbol{S}}_j)_{kl} = -\mathrm{i}\,\epsilon_{jkl} \tag{16.15}$$

矢量函数总的无穷小变换由下式给出:

$$\begin{aligned} \hat{\mathcal{R}}_z(\delta\alpha)V_x(\boldsymbol{r}) &= V'_x(x + y\delta\alpha, y - x\delta\alpha, z) \\ &= V_x(x + y\delta\alpha, y - x\delta\alpha, z) - \delta\alpha V_y(x + y\delta\alpha, y - x\delta\alpha, z) \end{aligned} \tag{16.16}$$

或者把所有相对于 $\delta\alpha$ 的一阶项收集在一起：

$$\hat{\mathcal{R}}_z(\delta\alpha)V_x(\boldsymbol{r}) = V_x(x,y,z) - \delta\alpha V_y(x,y,z) - \delta\alpha\left(x\frac{\partial V_x}{\partial y} - y\frac{\partial V_x}{\partial x}\right) \tag{16.17}$$

用算符的形式，这意味着对矢量场，有

$$\hat{\mathcal{R}}_z(\delta\alpha) = 1 - \mathrm{i}\delta\alpha(\hat{S}_z + \hat{L}_z) = 1 - \mathrm{i}\delta\alpha\hat{J}_z \tag{16.18}$$

这里的轨道角动量 $\hat{\boldsymbol{L}}$ 是 $-\mathrm{i}(\boldsymbol{r}\times\nabla)$. 像在(16.2)式中一样，有限转动要求总角动量算符的指数. 需要强调的是，算符 $\hat{\boldsymbol{S}}$ 和 $\hat{\boldsymbol{L}}$ 作用在不同的变量上，因此总是对易的.

16.3 角动量多重态

只利用对易代数，我们求解角动量所有可能的本征态的分类问题. 这个推导可以作为对更复杂情况的一个范例.

从基本几何论证很显然：绕不同轴的两个相继转动的结果依赖于它们的顺序. 对应的转动算符不对易，见习题 4.5. 角动量的对易关系都是相同的，与系统的具体性质无关：它们反映了三维转动几何.

习题 16.2 证明：矢量分量转动变换的 3×3 自旋矩阵 $\hat{\boldsymbol{S}}_j$(16.15)式满足对易关系

$$[\hat{\boldsymbol{S}}_i, \hat{\boldsymbol{S}}_j] = \mathrm{i}\,\epsilon_{ijk}\hat{\boldsymbol{S}}_k \tag{16.19}$$

它们类似于轨道角动量的那些对易关系((4.37)式).

证明 借助(4.39)式，矩阵(16.15)式对易关系矩阵元的直接计算给出

$$\begin{aligned}[\hat{\boldsymbol{S}}_j, \hat{\boldsymbol{S}}_k]_{lm} &= (\boldsymbol{S}_j)_{ln}(\boldsymbol{S}_k)_{nm} - (\boldsymbol{S}_k)_{ln}(\boldsymbol{S}_j)_{nm} \\ &= -\epsilon_{jln}\epsilon_{knm} + \epsilon_{kln}\epsilon_{jnm} = \delta_{jl}\delta_{km} - \delta_{jm}\delta_{kl} \\ &= \epsilon_{jkn}\epsilon_{lmn} = \mathrm{i}\,\epsilon_{jkn}(S_n)_{lm}\end{aligned} \tag{16.20}$$

它等价于(16.19)式.

因为这些对易关系揭示了转动之间一种几何关系，它们对于任何角动量算符 $\hat{\boldsymbol{J}}$，自旋或轨道角动量、单粒子的或多体的，应当都是相同的.

$$[\hat{J}_i, \hat{J}_j] = \mathrm{i}\,\epsilon_{ijk}\hat{J}_k \tag{16.21}$$

有时候将该式写成符号形式：

$$\hat{\boldsymbol{J}} \times \hat{\boldsymbol{J}} = \mathrm{i}\hat{\boldsymbol{J}} \tag{16.22}$$

线动量分量 $\hat{p}_j$ 对易，因为这些算符生成笛卡儿坐标的平移(4.52)式，以不同顺序进行的两个相继平移结果是一致的(平移**阿贝尔群**，与**非阿贝尔**转动群相反). 正如从代数(16.21)式求得的，$\hat{\boldsymbol{J}}$ 的不同分量不可能同时具有确定值.

在这个代数中出现的最重要的新要素是，有可能构建一个与所有的生成元 $\hat{J}_k$ 都对易的算符 $\hat{C}$，即所谓的 Casimir 算符. 当然，$\hat{C}$ 的任何函数都满足这个条件，但是一个更复杂的代数可以有几个**独立**的 Casimir 算符. 易见，角动量绝对值的平方 $\hat{\boldsymbol{J}}^2$ 起着这个 Casimir 算符的作用，回顾习题 4.5(2)，

$$[\hat{J}_k, \hat{\boldsymbol{J}}^2] = [\hat{J}_k, \hat{J}_x^2 + \hat{J}_y^2 + \hat{J}_z^2] = 0 \tag{16.23}$$

角动量投影之一(如 $\hat{J}_z$)和 $\hat{\boldsymbol{J}}^2$ 可以同时有确定值. 正像我们曾经关于轨道角动量所看到的，这个特征是与量子化轴的选择相联系的，因此与转动对称性的明显破坏相关. 这种对称性可以借助另一个参考系转动的潜在可能性恢复.

代替在垂直于量子化轴的平面上角动量的两个厄米分量 $\hat{J}_x$ 和 $\hat{J}_y$，对照(11.104)式，我们引进两个彼此厄米共轭的新算符：

$$\hat{J}_\pm = \hat{J}_x \pm \mathrm{i}\hat{J}_y, \quad \hat{J}_+ = (\hat{J}_-)^\dagger \tag{16.24}$$

按照(16.21)式，这两个算符满足

$$[\hat{J}_\mp, \hat{J}_z] = \pm\hat{J}_\mp \tag{16.25}$$

$$[\hat{J}_-, \hat{J}_+] = -2\hat{J}_z \tag{16.26}$$

第一个关系式(16.25)是阶梯型的(11.105)式，实际上对任何一个矢量的 ± 分量(11.104)式，它都适用. 从投影 $\hat{J}_z$ 具有确定值 M 的一个态开始，算符 $\hat{J}_-$ 降低这个本征值，$M \to M-1$，而算符 $\hat{J}_+$ 升高 M，$M \to M+1$. 设初态除了 M 之外，还有 $\hat{\boldsymbol{J}}^2$ 的一个确定值. 这个 Casimir 算符与 $\hat{J}_+$ 对易，因此沿着各种 M 值的阶梯所遇到的所有的态都仍属于同一个 $\hat{C} = \hat{\boldsymbol{J}}^2$ 值. 几何上，它意味着算符 $\hat{J}_+$ 产生了绕垂直轴的一些小转动，它们改变角

动量矢量相对于量子化轴的取向(投影 $J_z = M$),但是不改变转动不变的而且表征该阶梯作为一个整体的绝对值.

考虑具有一个给定 $\hat{\boldsymbol{J}}^2$ 值和各种 M 值的**阶梯族**或**多重态**.因为对于该阶梯上的任何态

$$C = \langle \hat{\boldsymbol{J}}^2 \rangle = \langle \hat{J}_x^2 + \hat{J}_y^2 + \hat{J}_z^2 \rangle \geqslant \langle \hat{J}_z^2 \rangle = M^2 \tag{16.27}$$

阶梯不可能是无限的,它(在两个方向上)分别结束于某个极限值 $M_{\max}$ 和 $M_{\min}$.这些值由所考虑的阶梯族 Casimir 算符的 C 值决定.在多重态的上端(下端),升(降)算符的作用应该是零,类似于 Heisenberg-Weyl 代数的(11.112)式.利用从(16.24)式和(16.26)式得到的对 Casimir 算符的等价表达式,

$$\begin{aligned}\hat{\boldsymbol{J}}^2 &= \hat{J}_z^2 + \frac{1}{2}(\hat{J}_+ \hat{J}_- + \hat{J}_- \hat{J}_+) \\ &= \hat{J}_+ \hat{J}_- + \hat{J}_z^2 - \hat{J}_z = \hat{J}_- \hat{J}_+ + \hat{J}_z^2 + \hat{J}_z\end{aligned} \tag{16.28}$$

记住 C 的期待值对整个阶梯到处都是相同的,分别把(16.28)式的两个最后公式作用到具有 $M_{\max}$ 和 $M_{\min}$ 的态上,我们得到

$$C = M_{\min}^2 - M_{\min} = M_{\max}^2 + M_{\max} \tag{16.29}$$

合适的解是 $M_{\min} = -M_{\max}$.最大的可能投影 $M_{\max}$ 将用 J 表示,通常把这个数简单地称为**"角动量"**,并且

$$C = J(J+1) \tag{16.30}$$

正如在 5.11 节关于不确定性关系所讨论的,在多重态 $|JM\rangle$ 上,Casimir 算符 $\hat{\boldsymbol{J}}^2$ 的值比最大投影的平方 $M_{\max}^2 = J^2$ 大.在 $\hat{\boldsymbol{J}}^2$ 和 $\hat{J}_z$ 有确定值的态上,与 $\hat{J}_z$ 不对易的角动量横向分量 $\hat{J}_{x,y}$ 不可能有确定值,假如我们能让矢量 $\hat{\boldsymbol{J}}$ 沿着 z 轴,并且得到 $J^2 = J_z^2 = M_{\max}^2$ 的话,情况就会不同了.这种差别归因于 $J_x^2 + J_y^2$ 的量子涨落.换句话说,不可能构成一个角动量具有某一确定值并且沿着确定的空间取向,例如沿着量子化轴的态(从经典力学我们记得:角动量的分量与角坐标是共轭的).从方程(16.21)或(16.26)得到不确定性关系((6.164)式):

$$(\Delta J_x)(\Delta J_y) \geqslant |\langle J_z \rangle|/2$$

从最低的态 $M_{\min} = -M_{\max} = -J$ 开始并利用升算符 $\hat{J}_+$,我们可以构成整个阶梯.从 $M = -J$ 到 $M = +J$ 的步数 k 总是整数并等于 $2J$.所以只有**整数和半整数**的 J 值才是可

能的. 相应地,投影 M 沿着阶梯的值均为整数或均为半整数. 在该多重态中的态可以用共同的值 J(该族的姓)和各自的名称 M(该族成员的名字)标记为 $|JM\rangle$,其中 $-J\leqslant M\leqslant +J$. 在该族(多重态)$|JM\rangle$ 中态的总数是 $k+1=2J+1$.

习题 16.3 求自旋 $S=1$ 及其投影 $\hat{S}_z=\sigma$ 的本征函数 χ_σ 的显示表达式.

解 归一化的函数是

$$\chi_0 = \begin{pmatrix}0\\0\\1\end{pmatrix}, \quad \chi_{\pm1} = \frac{1}{\sqrt{2}}\begin{pmatrix}1\\ \pm \mathrm{i}\\0\end{pmatrix} \tag{16.31}$$

注意,这些三分量的函数(在这里我们采用笛卡儿基)可以被看作具有竖直书写的分量 (x,y,z) 的复矢量 $\boldsymbol{\chi}$. 如果笛卡儿坐标系的正交矢量是 $\boldsymbol{e}_i$,则(16.31)式的解是

$$\boldsymbol{\chi}_0 = \boldsymbol{e}_z, \quad \boldsymbol{\chi}_\pm = \frac{1}{\sqrt{2}}(\boldsymbol{e}_x \pm \mathrm{i}\boldsymbol{e}_y), \quad \boldsymbol{\chi}_\sigma^\dagger \cdot \boldsymbol{\chi}_{\sigma'} = \delta_{\sigma\sigma'} \tag{16.32}$$

习题 16.4 考虑具有角动量量子数 J 和 $J_z=M$ 的态 $|JM\rangle$,求角动量在一个任意单位矢量 $\boldsymbol{e}$ 上的投影$(\hat{\boldsymbol{J}}\cdot\boldsymbol{e})$的期待值和平均平方涨落.

解 在极轴沿着原来的量子化轴 z 的坐标系里,设方向 $\boldsymbol{e}$ 有极角 β 和方位角 α. 我们对如下算符感兴趣:

$$\hat{\boldsymbol{J}}\cdot\boldsymbol{e} = \hat{J}_x\sin\beta\cos\alpha + \hat{J}_y\sin\beta\sin\alpha + \hat{J}_z\cos\beta \tag{16.33}$$

因为横向分量 $\hat{J}_{x,y}$ 是 $\hat{J}_\pm$ 的线性组合,它在 $|JM\rangle$ 态的期待值是零,

$$\langle(\hat{\boldsymbol{J}}\cdot\boldsymbol{e})\rangle = \langle\hat{J}_z\rangle\cos\beta = M\cos\beta \tag{16.34}$$

为了计算这个算符的平均平方涨落,我们需要知道各分量的平方及交叉乘积的期待值(保持算符的顺序). 根据与 $\hat{J}_{x,y}$ 同样的原因,$\hat{J}_{x,y}\hat{J}_z+\hat{J}_z\hat{J}_{x,y}$ 项的平均值是零. 要求得其他的贡献,我们注意到 $\hat{J}_+^2$ 仅有 $\Delta M=2$ 的矩阵元,因此它的平均值等于零:

$$\langle(\hat{J}_x+\mathrm{i}\hat{J}_y)^2\rangle = \langle\hat{J}_x^2-\hat{J}_y^2+\mathrm{i}(\hat{J}_x\hat{J}_y+\hat{J}_y\hat{J}_x)\rangle = 0 \tag{16.35}$$

厄米算符的期待值是实数,导致这里的实数和虚数部分必须分别为零,因此

$$\langle\hat{J}_x^2\rangle = \langle\hat{J}_y^2\rangle \tag{16.36}$$

$$\langle\hat{J}_x\hat{J}_y\rangle = -\langle\hat{J}_y\hat{J}_x\rangle \tag{16.37}$$

与上述不确定性一致，方程(16.36)和(16.30)一起给出横向涨落的平均值(5.91)式：

$$\langle \hat{J}_x^2 \rangle = \langle \hat{J}_y^2 \rangle = \frac{1}{2}[J(J+1) - M^2] \tag{16.38}$$

对易关系(16.21)式确定

$$\langle \hat{J}_x\hat{J}_y - \hat{J}_y\hat{J}_x \rangle = \mathrm{i}M \rightsquigarrow \langle \hat{J}_x\hat{J}_y \rangle = -\langle \hat{J}_y\hat{J}_x \rangle = \frac{\mathrm{i}}{2}M \tag{16.39}$$

因此，$\langle (\hat{\boldsymbol{J}} \cdot \boldsymbol{e})^2 \rangle$所有的交叉项均为零，并且

$$\begin{aligned}\langle (\hat{\boldsymbol{J}} \cdot \boldsymbol{e})^2 \rangle &= \langle \hat{J}_x^2 \rangle \sin^2\beta\cos^2\alpha + \langle \hat{J}_y^2 \rangle \sin^2\beta\ \sin^2\alpha + \langle \hat{J}_z^2 \rangle \cos^2\beta \\ &= \frac{1}{2}[J(J+1) - M^2]\sin^2\beta + M^2\cos^2\beta \end{aligned} \tag{16.40}$$

作为该问题方位对称的结果，横向分量被平均掉了，因此没有对方位角 α 的依赖. 从(16.34)式和(16.40)式，我们得到投影(16.33)式的不确定性(方差)：

$$[\Delta(\boldsymbol{J} \cdot \boldsymbol{e})]^2 = \frac{1}{2}[J(J+1) - M^2]\sin^2\beta \tag{16.41}$$

在 $\beta=0$ 时(z 轴和 $\boldsymbol{e}$ 重合)这个涨落理所当然为零. 最小的涨落对应排得最齐的态 $M=J$.

习题 16.5 用一个偏振片把一束自旋 $J=1$ 的粒子制备在 $J_z=M$ 的态. 如图 16.1 所示，该偏振片允许在由极角 β 和方位角 α 表征的轴 $\boldsymbol{e}$ 上具有投影 M' 的粒子透射，求穿过偏振片透射强度的占比.

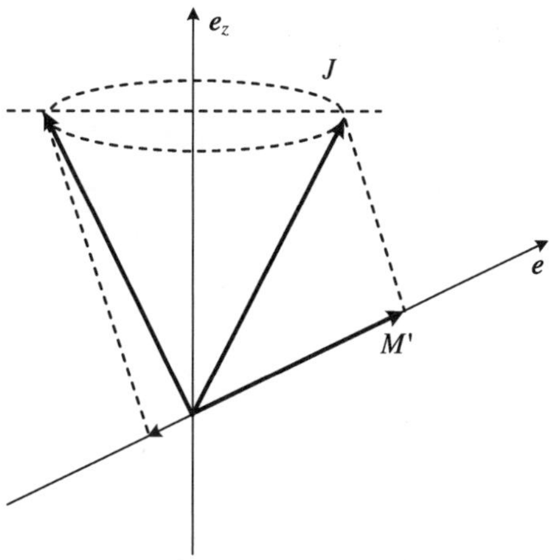

图 16.1　有关习题 16.5 的设置

解 经典的图像对应各种自旋方向从绕 e_z 的圆锥面投影到 e 轴上. 透射系数 $T(M'|M)$ 是发现一个具有投影 $\langle \boldsymbol{J}\cdot\boldsymbol{e}\rangle = M'$ 的粒子处在 $J_z = M$ 的概率. 这里, M 和 M' 可以取值 0 和 ± 1. 透射系数满足明显的方程

$$\begin{aligned}&\sum_{M'} T(M' \mid M) = 1, \quad \sum_{M'} M' T(M' \mid M) = \langle(\hat{\boldsymbol{J}}\cdot\boldsymbol{e})\rangle \\ &\sum_{M'} M'^2 T(M' \mid M) = \langle(\hat{\boldsymbol{J}}\cdot\boldsymbol{e})^2\rangle\end{aligned} \tag{16.42}$$

这里期待值是在(16.34)式和(16.40)式中求得的. 后两个方程不包含 $T(0|M)$,

$$T(1 \mid M) - T(-1 \mid M) = M\cos\beta \tag{16.43}$$

$$T(1 \mid M) + T(-1 \mid M) = M^2\cos^2\beta + \frac{1}{2}(2 - M^2)\sin^2\beta \tag{16.44}$$

由此确定

$$T(\pm 1 \mid M) = \frac{1}{2}\left\{\left(1 - \frac{M^2}{2}\right)\sin^2\beta + M^2\cos^2\beta \pm M\cos\beta\right\} \tag{16.45}$$

这个结果再次不依赖于 α, 而且对于 $\beta \to 0$, 简化为

$$T(\pm 1 \mid M) = \frac{1}{2}(M^2 \pm M) \tag{16.46}$$

对于 $M = \pm 1$, 该式等于 1; 而对于 $M = \mp 1$ 和 $M = 0$, 由于相应的态正交, 它等于零. 从第一个方程(16.42)和(16.44), 我们求得

$$T(0 \mid M) = 1 - M^2\cos^2\beta - \frac{1}{2}(2 - M^2)\sin^2\beta \tag{16.47}$$

在 $\beta \to 0$ 时, 对于 $M = 0$, 它等于 1; 而对于 $M = \pm 1$, 它等于 0.

16.4 角动量的矩阵元

现在, 我们可以求生成元在多重态 $|JM\rangle$ 内部的矩阵元. 我们使用类似 11.8 节的 Heisenberg-Weil 代数的做法.

作为厄米算符 $\hat{\boldsymbol{J}}^2$ 和 $\hat{J}_z$ 的本征态, $|JM\rangle$ 态是正交的, 并假设是归一的:

$$\langle J'M' \mid JM\rangle = \delta_{J'J}\delta_{M'M} \tag{16.48}$$

算符 $\hat{J}_\pm$ 把这个多重态中相邻的态联系起来：

$$\hat{J}_\pm \mid JM\rangle = \mu_\pm(JM) \mid JM \pm 1\rangle \tag{16.49}$$

其中，作为厄米共轭的一个结果，

$$\mu_-(JM) = \mu_+^*(JM - 1) \tag{16.50}$$

取 Casimir 算符(16.28)式在一个任意的态 $|JM\rangle$ 上的期待值，我们求得矩阵元 $\mu_\pm(JM)$ 的绝对值. 它们的相位依然是任意的，像我们早先在(11.119)式所做的，将它们取为实的：

$$\mu_\pm(JM) = \sqrt{(J \mp M)(J \pm M + 1)} \tag{16.51}$$

于是，角动量的笛卡儿分量相对于多重态中那些态的量子数有简单的**选择定则**：

$$\langle J'M' | \hat{J}_x | JM\rangle = \frac{1}{2}[\mu_+(JM)\delta_{M',M+1} + \mu_-(JM)\delta_{M',M-1}]\delta_{J'J} \tag{16.52}$$

$$\langle J'M' | \hat{J}_y | JM\rangle = \frac{1}{2\mathrm{i}}[\mu_+(JM)\delta_{M',M+1} - \mu_-(JM)\delta_{M',M-1}]\delta_{J'J} \tag{16.53}$$

$$\langle J'M' | \hat{J}_z | JM\rangle = M\delta_{M'M}\delta_{J'J} \tag{16.54}$$

最后，对于该多重态的所有态，

$$\langle J'M' | \hat{J}^2 | JM\rangle = J(J+1)\delta_{MM'}\delta_{JJ'} \tag{16.55}$$

所有这些算符都被限制在该多重态内部，它们既不改变 J 的值，也不改变可能存在但没有明确地在右矢和左矢中标明的任何其他(非转动)量子数.

如图 5.13 所示，对应于状态 $|JM\rangle$ 的经典图像是角动量矢量绕量子化 z 轴的**进动**(precession)：那时，$\boldsymbol{J}^2$ 和 J_z 都是确定的，期待值 $|\hat{J}_x\rangle$ 和 $|\hat{J}_y\rangle$ 都被平均掉了，因而均为零，而 $\hat{J}_x^2$ 和 $\hat{J}_y^2$ 的期待值都是正的.

习题 16.6 证明在多重态 $|JM\rangle$ 上，算符 $\hat{\boldsymbol{J}}$ 在任意一个单位矢量 $\boldsymbol{e}$ 上投影的矩阵 $(\hat{\boldsymbol{J}} \cdot \boldsymbol{e})$ 满足多项式矩阵方程

$$\prod_{M=-J}^{J}[(\hat{\boldsymbol{J}} \cdot \boldsymbol{e}) - M] = 0 \tag{16.56}$$

其中，M 应当理解为乘一个单位矩阵.

习题 16.7 构建一个**投影算符** $\hat{\Lambda}_M(\boldsymbol{e})$,它作用在多重态的任意叠加上,挑选具有投影 $\boldsymbol{J}\cdot\boldsymbol{e}=M$ 的分量.

解

$$\hat{\Lambda}_M(\boldsymbol{e}) = \prod_{M'\neq M}\frac{\hat{\boldsymbol{J}}\cdot\boldsymbol{e}-M'}{M-M'} \tag{16.57}$$

习题 16.8 Holstein-Primakoff 变换[64].证明定义为

$$\hat{J}_z=-J+\hat{a}^{\dagger}\hat{a},\quad \hat{J}_-=\hat{a}\sqrt{2J+1-\hat{a}^{\dagger}\hat{a}},\quad \hat{J}_+=\hat{a}^{\dagger}\sqrt{2J-\hat{a}^{\dagger}\hat{a}} \tag{16.58}$$

的算符给出了角动量代数(16.25)式和(16.26)式的一个实现,其中 $\hat{a}^{\dagger}$ 和 $\hat{a}$ 是标准的 Heisenberg-Weyl 代数的产生算符和湮灭算符.

解 在具有给定 J 的多重态内部,量子数 M 可以用从最低态 $|J-J\rangle$ 开始上升到 $|JM\rangle$ 态所要求的步数 n 代替:$M=-J+n$.用了这个代替,矩阵元(16.51)式为

$$\mu_-(JM)=\sqrt{n(2J+1-n)},\quad \mu_+(JM)=\sqrt{(n+1)(2J-n)} \tag{16.59}$$

在(16.59)式中因子$\sqrt{n}$和$\sqrt{n+1}$分别与算符 $\hat{a}$ 和$\hat{a}^{\dagger}$ 的矩阵元(11.119)式一致,并且有严格相同的意义.$\hat{J}_+$每提升一步都产生一个**自旋偏离量子**(quantum of spin deviation),逐渐改变角动量矢量的取向,通过所有的中间步骤,从 $J_z=-J$ 到$J_z=+J$;在(16.59)式根号下的第二个因子在所要求的末端中断了这个阶梯.步数 n 是算符 $\hat{N}=\hat{a}^{\dagger}\hat{a}$ 的本征值.利用明显的算符性质(证明它们!)

$$\hat{a}f(\hat{N})=f(\hat{N}+1)\hat{a},\quad \hat{a}^{\dagger}f(\hat{N}+1)=f(\hat{N})\hat{a}^{\dagger} \tag{16.60}$$

我们可以把(16.58)式写成另外一种形式:

$$\hat{J}_-=\sqrt{2J-\hat{N}}\hat{a},\quad \hat{J}_+=\sqrt{2J+1-\hat{N}}\hat{a}^{\dagger} \tag{16.61}$$

比较(16.61)式和(16.58)式表明:这种表示完整地保持算符 $\hat{J}_z$ 和$\hat{J}_{\pm}$的厄米性,因此是幺正的.

自旋偏离图像在宏观磁学理论中是非常有用的[65].在零温时一个铁磁体处于最大磁化的基态,具有宏观上大的 J 和磁矩(用我们的符号,它会沿 z 轴的反方向,$M=-J$).热运动引起在物质中作为自旋波的量子——**磁子**——传播的定域磁化的涨落(见下册 20.4 节).Holstein-Primakoff 变换非常适合描述这种情况.在基态附近(低温)$n/(2J+1)\ll1$,而升算符 $\hat{J}_+\propto\hat{a}^{\dagger}$ 是磁子的产生算符.随着 n 的增加,我们可以考虑从多

重态((16.58)式的平方根)内部的有限空间所产生的修正.

从 Heisenberg-Weyl 代数的观点,这里态$|n\rangle$的整个空间被分解成两个部分:一个**物理空间**($0\leqslant n\leqslant 2J$)和另一个对于角动量的非物理空间($n>2J$).这个物理空间有有限的维数 $2J+1$,与转动多重态$|JM\rangle$存在一一对应关系.仅在这个子空间内,三个 $\hat{J}_k$ 算符通过$\hat{\boldsymbol{J}}^2$ 的物理值相互关联,用两个算符 $\hat{a}$ 和$\hat{a}^\dagger$ 表示它们才是可能的:仅在这里表示是幺正的.试图延拓这个变换公式到多重态极限之外的企图失败了,因为平方根变成虚数,$\hat{J}_\pm$ 失去了厄米性,并且可以通过把平方根形式展开为 $\hat{N}/(2J+1)$的幂而得到级数,它在多重态的边界处发散.

习题 16.9 Dyson-Maleev **表示**.证明通过对产生算符和湮灭算符的下列变换重新产生角动量代数:

$$\hat{J}_z=-J+\hat{a}^\dagger\hat{a},\quad \hat{J}_-=\sqrt{2J}\hat{a},\quad \hat{J}_+=\sqrt{2J}\hat{a}^\dagger\left(1-\frac{\hat{a}^\dagger\hat{a}}{2J}\right)\tag{16.62}$$

这个表示是有限的(不包含平方根),因此不要求用量子的数目作任何展开——它也在多重态的结尾处以一种正确方式中断.然而,它不是幺正的,因为在 $\hat{J}_-$ 和 $\hat{J}_+$ 之间的厄米关系被破坏了.

16.5 轨道角动量代数的实现

我们可以直接把普遍的理论应用于一个无自旋粒子的运动.这里,我们只处理**轨道**转动,因此相应的生成元是轨道角动量 $\hat{\boldsymbol{l}}$ 的分量.

像往常一样,我们选择**量子化轴**(z 轴),并且从笛卡儿坐标变换到适于描写转动的球坐标(r,θ,φ):

$$x=r\sin\theta\cos\varphi,\quad y=r\sin\theta\sin\varphi,\quad z=r\cos\theta\tag{16.63}$$

现在,我们需要用球坐标表示动力学变量.

习题 16.10 用球坐标表示轨道角动量((4.28)式)的笛卡儿分量 $\hat{l}_i$ 和$\hat{\boldsymbol{l}}^2$.

解 $\hat{l}_z$ 分量在(4.68)式已经求出:

$$\hat{l}_z = -\mathrm{i}\frac{\partial}{\partial\varphi} \tag{16.64}$$

对于与量子化轴垂直的横向分量,我们发现

$$\hat{l}_x = \mathrm{i}\left(\sin\varphi\frac{\partial}{\partial\theta} + \cot\theta\cos\varphi\frac{\partial}{\partial\varphi}\right) \tag{16.65}$$

$$\hat{l}_y = \mathrm{i}\left(-\cos\varphi\frac{\partial}{\partial\theta} + \cot\theta\sin\varphi\frac{\partial}{\partial\varphi}\right) \tag{16.66}$$

在应用中我们将处理阶梯算符组合,类似(11.104)式和(16.24)式,得到

$$\hat{l}_\pm \equiv \hat{l}_x \pm \mathrm{i}\hat{l}_y = \mathrm{e}^{\pm\mathrm{i}\varphi}\left(\pm\frac{\partial}{\partial\theta} + \mathrm{i}\cot\theta\frac{\partial}{\partial\varphi}\right) \tag{16.67}$$

利用(16.64)式～(16.66)式,我们得到

$$\hat{\boldsymbol{l}}^2 = -\left(\frac{1}{\sin\theta}\frac{\partial}{\partial\theta}\sin\theta\frac{\partial}{\partial\theta} + \frac{1}{\sin^2\theta}\frac{\partial^2}{\partial\varphi^2}\right) \tag{16.68}$$

Laplace 算符在球坐标中分解成径向和角度两部分,后者实际上是轨道角动量的平方((16.68)式):

$$\nabla^2 = \frac{1}{r^2}\frac{\partial}{\partial r}r^2\frac{\partial}{\partial r} - \frac{1}{r^2}\hat{\boldsymbol{l}}^2 \tag{16.69}$$

习题 16.11 用直接的计算而不用球坐标证明(16.69)式.

解 用习题 4.5 的数学形式描述,我们有

$$\hat{\boldsymbol{l}}^2 = \hat{l}_i\hat{l}_i = -\epsilon_{ijk}\epsilon_{imn}x_j\nabla_k x_m\nabla_n \tag{16.70}$$

并借助(4.39)式

$$\hat{\boldsymbol{l}}^2 = -x_j\nabla_k x_j\nabla_k + x_j\nabla_k x_k\nabla_j \tag{16.71}$$

x_j和∇_k的对易子给出

$$\nabla_k x_j = \delta_{jk} + x_j\nabla_k,\quad \nabla_k x_k = 3 + x_k\nabla_k \tag{16.72}$$

因此,我们得到

$$\hat{\boldsymbol{l}}^2 = \boldsymbol{r}\cdot\nabla + (\boldsymbol{r}\cdot\nabla)^2 - r^2\nabla^2 \tag{16.73}$$

由于

$$\boldsymbol{r}\cdot\nabla = r\frac{\partial}{\partial r},\quad (\boldsymbol{r}\cdot\nabla)^2 = r\frac{\partial}{\partial r}r\frac{\partial}{\partial r} = r\frac{\partial}{\partial r} + r^2\frac{\partial^2}{\partial r^2} \tag{16.74}$$

我们发现

$$\hat{\boldsymbol{l}}^2=-r^2\nabla^2+2r\frac{\partial}{\partial r}+r^2\frac{\partial^2}{\partial r^2}=-r^2\nabla^2+\frac{\partial}{\partial r}r^2\frac{\partial}{\partial r} \tag{16.75}$$

它等价于(16.69)式.

对于在中心场中一个粒子问题的应用(见第 17 章),我们需要明确地找到在球极坐标中形成转动多重态的坐标波函数.它们依赖于角度 θ 和 φ(径向坐标 $\boldsymbol{r}$ 与转动无关).该多重态作为一个整体,即三维转动群的不可约表示,是用相应于 $\hat{\boldsymbol{l}}^2=l(l+1)$的量子数 l 表征的.在多重态内部的函数可以用在选定的量子化轴上的投影 l_z 的量子数 m 标记.相应的本征函数是**球谐函数**(spherical function)$\mathrm{Y}_{lm}(\theta,\varphi)$.它们可以被视为在单位半径的球上的函数.我们也将用符号 $\mathrm{Y}_{lm}(\boldsymbol{n})$表示,其中 $\boldsymbol{n}$ 是用极角 θ 和方位角 φ 定义的单位矢量.

按照(16.30)式,我们需要求解本征值问题

$$\hat{\boldsymbol{l}}^2\mathrm{Y}(\theta,\varphi)=l(l+1)\mathrm{Y}(\theta,\varphi) \tag{16.76}$$

我们可以马上把两个角度分离,设

$$\mathrm{Y}_{lm}(\theta,\varphi)=\Theta_{lm}(\theta)\Phi_m(\varphi) \tag{16.77}$$

用 Laplace 算符的角度部分的显示式(16.68),我们得到

$$\frac{\sin\theta}{\Theta}\frac{\mathrm{d}}{\mathrm{d}\theta}\sin\theta\frac{\mathrm{d}\Theta}{\mathrm{d}\theta}+l(l+1)\sin^2\theta=-\frac{1}{\Phi}\frac{\mathrm{d}^2\Phi}{\mathrm{d}\varphi^2}=m^2 \tag{16.78}$$

其中 m^2 是新分离出的常数的方便记号,因此是另一个量子数.这对角度函数的常微分方程是

$$\frac{\mathrm{d}^2\Phi}{\mathrm{d}\varphi^2}+m^2\Phi=0 \tag{16.79}$$

和

$$\sin\theta\frac{\mathrm{d}}{\mathrm{d}\theta}\sin\theta\frac{\mathrm{d}\Theta}{\mathrm{d}\theta}+[l(l+1)\sin^2\theta-m^2]\Theta=0 \tag{16.80}$$

(16.79)式表明 m^2 是 $\hat{l}_z^2$ 的本征值,在 11.5 节对于在平面上的问题我们曾经讨论过(16.79)式,并发现可通过方位角的周期性边界条件选择出具有整数 m 值的归一化指数解((11.82)式).因为 m 是整数,一般的角动量理论指出 l 的值也必须是**整数**.因此,轨道角动量是以整数量子化的,并且只有与空间坐标函数无关的自旋角动量才可能导致半

整数的量子化.函数 $\Theta(\theta)$依赖两个量子数 m 和 $l(l+1)$.正如下面我们将要看到的,对整数 l 的正规解限制了对一个给定 l 的 m 可能取值 $|m|\leqslant l$,对角动量和它的投影正应如此.

16.6 构建球谐函数集合*

通向球谐函数作为 Laplace 算符角度部分的本征函数最自然的方法来自静电学.一个位于原点的单位类点电荷(电荷密度 $\rho_{\mathrm{ch}}=\delta(\boldsymbol{r})$)产生一个球对称的静电势 $\phi=1/r$,相应的 Poisson **方程**是

$$\nabla^2\frac{1}{r}=-4\pi\rho_{\mathrm{ch}}(\boldsymbol{r})=-4\pi\delta(\boldsymbol{r})\tag{16.81}$$

原点以外,函数 $1/r$ 满足 Laplace 方程

$$\nabla^2\frac{1}{r}=0,\quad r\neq 0\tag{16.82}$$

从这个基本的**球对称**解出发,利用对 $1/r$ 的坐标微商,我们可以构建 Laplace 方程角度相关解的一个无限集合.

我们注意到

$$\frac{\partial}{\partial z}\frac{1}{r}=-\frac{1}{r^2}\frac{z}{r}=-\frac{z}{r^3}=-\frac{\cos\theta}{r^2}\tag{16.83}$$

$$\left(\frac{\partial}{\partial x}\pm\mathrm{i}\frac{\partial}{\partial y}\right)\frac{1}{r}\equiv\nabla_{\pm}\frac{1}{r}=-\frac{x\pm\mathrm{i}y}{r^3}=-\frac{\sin\theta\mathrm{e}^{\pm\mathrm{i}\varphi}}{r^2}\tag{16.84}$$

当依次连续求微商时,每次我们都在分子上添加上一个角度函数并在分母上增加 r 的幂次.对 z 的微商仅增加 $\cos\theta$ 的函数,而算符 $\nabla_{\pm}\equiv\partial/\partial x\pm\mathrm{i}\partial/\partial y$ 除了 θ 的函数,还带来因子 $\mathrm{e}^{\pm\mathrm{i}\varphi}$.因此,对于任意一组常矢量 $\boldsymbol{e}_1,\boldsymbol{e}_2,\cdots,\boldsymbol{e}_l$ 的集合 $\{\boldsymbol{e}_k\}$,l 重微商的结果可以写成

$$(\boldsymbol{e}_1\cdot\nabla)\cdots(\boldsymbol{e}_l\cdot\nabla)\frac{1}{r}=\frac{F_l(\theta,\varphi)}{r^{l+1}}\tag{16.85}$$

其中,分子中的角度函数 $\boldsymbol{F}_l$ 依赖于矢量 $\boldsymbol{e}_k$ 的选择.

显然,任何(16.85)式类型的函数都仍为 Laplace 方程的解.从而,用 Laplace 算符作

用于(16.85)式的 F_l/r^{l+1}，我们得到零.另一方面，用算符(16.69)式明显地作用在同样的函数上，我们得到

$$\hat{l}^2 F_l(\theta,\varphi) = l(l+1)F_l(\theta,\varphi) \tag{16.86}$$

这意味着函数 $F_l(\theta,\phi)$ 的确是轨道角动量平方的本征函数，本征值是 $l(l+1)$，其中，根据构建 $l=0,1,2,\cdots$：请回顾 5.11 节和(5.90)式.因为乘积 $\nabla_+\nabla_- = \nabla_-\nabla_+ = \nabla^2 - \nabla_z^2$ 不产生 φ 的新函数，通过在 l 的微商中选择某些次数的 ∇_+ 或 ∇_-，我们可以区分 $F_l(\theta,\phi)$ 所有类型可能的方位角依赖关系.用这种方法，我们构建 $2l+1$ 个不同的各种各样的角函数 F，称它们为 Y_{lm}，即 l 阶球谐函数：

$$Y_{l\pm m}(\theta,\varphi) = 常数 \times r^{l+1}\nabla_\pm^m \nabla_z^{l-m}\frac{1}{r} \tag{16.87}$$

这里，$m=0,1,\cdots,+l$，φ 的依赖关系从(16.84)式显然可见，$Y_{l\pm m} \propto \exp(\pm im\varphi)$，与(16.77)式和(11.82)式相符.为了保持与普遍理论一致，对一个给定的 l，我们将用正的和负的数 $m=-l,-l+1,\cdots,-1,0,1,\cdots,l-1,l$ 标记所有的 $2l+1$ 个球谐函数.通过把方位角部分各自归一化，我们把球谐函数写为

$$Y_{lm}(\theta,\varphi) = \Theta_{lm}(\theta)\frac{1}{\sqrt{2\pi}}e^{im\varphi} \tag{16.88}$$

多重态的各成员由空间的取向区分，因此可以通过 4.7 节所示的由轨道角动量生成的转动变换相互关联起来.这种多重态结构的后果连同另一种构建球谐函数的方法将在稍后考虑.

16.7 球谐函数最简单的性质*

球谐函数作为 θ 的函数是 $\sin\theta$ 和 $\cos\theta$ 的多项式，因此它们在间隔 $\theta=0,\pi$ 的末端是正则的.按照厄米算符的一般性质，具有不同量子数 (l,m) 的球谐函数是自动正交的，总的归一化((16.87)式中常数的选择)将常常取为

$$\begin{aligned}\int do\, Y_{l'm'}^*(\boldsymbol{n})Y_{lm}(\boldsymbol{n}) &\equiv \int_0^{2\pi}d\varphi\int_0^{\pi}\sin\theta d\theta Y_{l'm'}^*(\theta,\varphi)Y_{lm}(\theta,\varphi) \\ &= \delta_{l'l}\delta_{m'm}\end{aligned} \tag{16.89}$$

这里，我们用了符号 do 表示立体角元. 在Y_{lm}的定义中仍然有一个可以任意确定的相位因子. 我们假设虚数因子只是出自显著的方位角函数 $\exp(\mathrm{i}m\varphi)$，而函数 $\Theta_{lm}(\theta)$是实的，那么Y_{lm}和Y^*_{l-m}互成正比. 一种习惯的选择由下列条件给出：

$$\mathrm{Y}_{l-m}(\theta,\varphi) = (-)^m\mathrm{Y}^*_{lm}(\theta,\varphi) \tag{16.90}$$

稍后，与时间反演不变性相联系，我们将返回这个问题.

作为一组对易的厄米算符 $\hat{\boldsymbol{l}}^2$ 和 $\hat{l}_z$ 的本征函数，球谐函数 $\mathrm{Y}_{lm}(\theta,\varphi)$的集合对所有的 l 和 m 是**完备**的，使得角度的任何正则函数都可以用Y_{lm}展开. 借助正交条件(16.89)式，展开系数可以很容易求得. 对任意一个角度函数 $F(\boldsymbol{n})$，其展开是

$$F(\boldsymbol{n}) = \sum_{lm}F_{lm}\mathrm{Y}_{lm}(\boldsymbol{n}) \tag{16.91}$$

按照(16.89)式，

$$F_{lm} = \int \mathrm{d}o\,\mathrm{Y}^*_{lm}(\boldsymbol{n})F(\boldsymbol{n}) \tag{16.92}$$

把(16.92)式代入(16.91)式，我们得到恒等式

$$F(\boldsymbol{n}) = \int \mathrm{d}o' F(\boldsymbol{n}')\sum_{lm}\mathrm{Y}^*_{lm}(\boldsymbol{n}')\mathrm{Y}_{lm}(\boldsymbol{n}) \tag{16.93}$$

因此，球谐函数集合的完备性可以写为

$$\sum_{lm}\mathrm{Y}^*_{lm}(\boldsymbol{n}')\mathrm{Y}_{lm}(\boldsymbol{n}) = \delta(\boldsymbol{n}-\boldsymbol{n}') \tag{16.94}$$

正如我们从 8.3 节所知道的，除了转动不变性之外，一个系统可以有另一个重要的空间对称性，即坐标反演 $\boldsymbol{r}\to-\boldsymbol{r}$ 的对称性. 在笛卡儿坐标系中，反演变换意味着$(x,y,z)\to(-x,-y,-z)$，而在球极坐标中

$$(r,\theta,\varphi)\to(r,\pi-\theta,\varphi+\pi) \tag{16.95}$$

使得 $\sin\theta$ 不改变，$\cos\theta$ 改变符号. 函数 $\mathrm{e}^{-\mathrm{i}m\varphi}$得到因子$(-)^m$. 转动与反演对易，这很容易从形式上检验和从几何图像上理解. 它意味着，如果属于一个转动多重态的态有某一确定宇称，则这个量子数对于多重态的所有成员都应当是**相同**的. 因为每一个梯度算符∇_i和线动量算符的任何分量 $p_i=-\mathrm{i}\hbar\partial_i$改变函数的宇称，(16.87)式表明，对于所有允许的 m，函数Y_{lm}有宇称$(-)^l$：

$$\hat{\mathcal{P}}\mathrm{Y}_{lm}(\boldsymbol{n}) = \mathrm{Y}_{lm}(-\boldsymbol{n}) = (-)^l\mathrm{Y}_{lm}(\boldsymbol{n}) \tag{16.96}$$

16.8 标量和矢量*

任意一个坐标函数都可以用球谐函数的级数表示，其系数仅依赖于 r. 让我们考虑最低的展开项. 这一项 $l=0$ 或 s 波，它正比于球谐函数：

$$\mathrm{Y}_{00} = \text{常数} = \sqrt{\frac{1}{4\pi}} \tag{16.97}$$

并且不依赖于角度，也不受转动的影响，故 Y_{00} 是一个**标量**.

对于 p 波，$l=1$，有三个函数：

$$\mathrm{Y}_{10} = \sqrt{\frac{3}{4\pi}}\cos\theta, \quad \mathrm{Y}_{1\pm1} = \mp\sqrt{\frac{3}{8\pi}}\sin\theta \mathrm{e}^{\pm\mathrm{i}\varphi} \tag{16.98}$$

对于任何矢量 $\boldsymbol{V}$，代替笛卡儿分量 $V_i=(V_x, V_y, V_z)$，我们可以引进所谓球分量 V_m，$m=0, \pm1$：

$$V_0 = V_z, \quad V_{\pm1} = \mp\frac{1}{\sqrt{2}}(V_x \pm \mathrm{i}V_y) \tag{16.99}$$

球分量 $V_{\pm1}$ 仅以一个因子 $\mp1/\sqrt{2}$ 区别于(11.104)式的**阶梯分量** $V_{\pm}$，这对 16.6 节的梯度算符也适用. 从(16.98)式和(16.99)式我们可以看到，函数 $\mathrm{Y}_{1m}(\boldsymbol{n})$ 实际上就是矢量 $\boldsymbol{n}$ 的球分量：

$$\mathrm{Y}_{1m}(\boldsymbol{n}) = \sqrt{\frac{3}{4\pi}}n_m \tag{16.100}$$

利用单位笛卡儿矢量的"自旋"组合((16.32)式)，我们还可以发现，矢量的球分量作为标量积(其中对复矢量 $\boldsymbol{\chi}$ 的定义(6.32)式在这里与(16.90)式一致)：

$$V_m = (-)^m(\boldsymbol{\chi}_{-m}\cdot\boldsymbol{V}) = \boldsymbol{\chi}_m^\dagger\cdot\boldsymbol{V} \tag{16.101}$$

习题 16.12 (1) 证明：具有轨道角动量 $l=1$ 的粒子的任意的角度波函数可以表示成

$$\psi(\boldsymbol{n}) = \boldsymbol{a}\cdot\boldsymbol{n} \tag{16.102}$$

其中,$\boldsymbol{a}$ 是一个与方向 $\boldsymbol{n}=\boldsymbol{r}/r$ 无关的常数复矢量.

(2) 对于写成(16.102)形式的波函数,求轨道角动量分量 $\hat{l}_k$ 的期待值.

(3) 对于同样的态,能找到算符$(\hat{\boldsymbol{l}}\cdot\boldsymbol{e})$(轨道角动量在用单位矢量 $\boldsymbol{e}$ 表征的一个任意方向上的投影)期待值等于1的方向 $\boldsymbol{e}$ 吗?换句话说,一个 $l=1$ 粒子的任意态都是沿某一方向极化的吗?

(1) **证明** 把函数(16.102)式表示成具有任意系数 c_m 的球谐函数 Y_{1m} 的叠加,并用这些系数确定矢量 $\boldsymbol{a}$,取矢量 $\boldsymbol{a}$ 具有球分量

$$a_m = (-)^m C_{-m}\sqrt{\frac{3}{4\pi}} \tag{16.103}$$

或用笛卡儿形式表示为

$$\begin{aligned} a_z &= \sqrt{\frac{3}{4\pi}}C_0, \quad a_x = \sqrt{\frac{3}{8\pi}}(C_{-1}-C_{+1}) \\ a_y &= -\mathrm{i}\sqrt{\frac{3}{8\pi}}(C_{+1}+C_{-1}) \end{aligned} \tag{16.104}$$

一般来说,这些笛卡儿分量 a_k 一定是复的.

(2) **解** 因为函数 ψ 不是归一化的,需要的期待值应写成两个角积分的比(我们采用笛卡儿分量 $\hat{l}_i$):

$$\langle \hat{l}_i\rangle = \frac{\int \mathrm{d}o(\boldsymbol{a}^*\cdot\boldsymbol{n})\hat{l}_i(\boldsymbol{a}\cdot\boldsymbol{n})}{\int \mathrm{d}o(\boldsymbol{a}^*\cdot\boldsymbol{n})(\boldsymbol{a}\cdot\boldsymbol{n})} \tag{16.105}$$

这里重要的是,$\boldsymbol{a}$ 一般是个复矢量;算符 $\hat{\boldsymbol{l}}$ 在标准的表象中作为一个作用在 $\boldsymbol{n}=\boldsymbol{r}/r$ 角度上的一个微分算符.我们从(16.105)式分母的归一化积分开始:

$$\int \mathrm{d}o(\boldsymbol{a}^*\cdot\boldsymbol{n})(\boldsymbol{a}\cdot\boldsymbol{n}) = a_i^* a_k\int \mathrm{d}o\, n_i n_k \tag{16.106}$$

其中默认对两次重复出现的笛卡儿下标求和.我们遇到一个典型的积分

$$I_{ik} = \int \mathrm{d}o\, n_i n_k \tag{16.107}$$

这个二阶张量 I_{ik} 应当是对角的,因为对于 $i\neq k$,积分(16.107)式等于零(对于每个坐标正的和负的贡献彼此抵消).而且,对于 $i=k$,该积分对任何 i(x,y 或 z)都应是相同的,使得积分的结果正比于 Kronecker 符号:

$$I_{ik} = A\delta_{ik} \tag{16.108}$$

为了确定常数 A,我们计算矩阵 I_{ik} 的迹:

$$\mathrm{tr}I = I_{kk} = 3A = \int \mathrm{d}o\, \boldsymbol{n}^2 = \int \mathrm{d}o = 4\pi \tag{16.109}$$

因此

$$A = \frac{4\pi}{3} \tag{16.110}$$

并求得归一化积分(16.106)式等于

$$\int \mathrm{d}o(\boldsymbol{a}^* \cdot \boldsymbol{n})(\boldsymbol{a} \cdot \boldsymbol{n}) = \frac{4\pi}{3}\delta_{ik}a_i^* a_k = \frac{4\pi}{3} |\boldsymbol{a}|^2 \tag{16.111}$$

现在,要求的期待值变成

$$\langle \hat{l}_i \rangle = \frac{3}{4\pi} \frac{a_j^* a_k}{|\boldsymbol{a}|^2} I_{i;jk} \tag{16.112}$$

用相同类型的另一个积分,其中 $\hat{l}_i = -\mathrm{i}\,\epsilon_{ilm} x_l \nabla_m$:

$$I_{i;jk} = \int \mathrm{d}o n_j \hat{l}_i n_k = -\mathrm{i}\,\epsilon_{ilm} \int \mathrm{d}o n_j n_l (\delta_{km} - n_k n_m) \tag{16.113}$$

因为 $\epsilon_{ilm} n_l n_m = 0$(矢量 $\boldsymbol{n}$ 本身的叉乘),我们剩下

$$I_{i;jk} = -\mathrm{i}\,\epsilon_{ilk} \int \mathrm{d}o n_j n_l = -\mathrm{i}\,\epsilon_{ilk} I_{jl} = -\mathrm{i}\frac{4\pi}{3}\epsilon_{ijk} \tag{16.114}$$

使得

$$\langle \hat{l}_i \rangle = -\mathrm{i}\frac{\epsilon_{ijk} a_j^* a_k}{|\boldsymbol{a}|^2} \tag{16.115}$$

最后的结果可以写成矢量的形式:

$$\langle \hat{\boldsymbol{l}} \rangle = -\mathrm{i}\frac{\boldsymbol{a}^* \times \boldsymbol{a}}{|\boldsymbol{a}|^2} \tag{16.116}$$

角动量是一个轴矢量,借助两个可用的矢量 $\boldsymbol{a}$ 和 $\boldsymbol{a}^*$ 可以构成的唯一轴矢量是它们的叉乘.

(3) **解** 轨道角动量非零期待值要求 $\boldsymbol{a}$ 是一个**复矢量**;在(16.116)式中的叉乘是一个虚矢量,$\hat{\boldsymbol{l}}$ 的期待值是实的,对于一个厄米算符理应如此.如果我们用两个实矢量 $\boldsymbol{b}$ 和

c 写出一个复矢量 $\boldsymbol{a}$：

$$\boldsymbol{a} = \boldsymbol{b} + \mathrm{i}\boldsymbol{c} \tag{16.117}$$

则我们的答案变成

$$\langle \hat{\boldsymbol{l}} \rangle = \frac{2(\boldsymbol{b} \times \boldsymbol{c})}{\boldsymbol{b}^2 + \boldsymbol{c}^2} \tag{16.118}$$

对任何一对实矢量 $\boldsymbol{b}$ 和 $\boldsymbol{c}$，这个期待值的大小不可能超过 1，这与 l 分量的本征值是 0 和 ± 1 这一事实保持一致. 有两种特殊情况：当 $|\boldsymbol{b}| = |\boldsymbol{c}|$ 且这两个矢量互相垂直时，显示数值 1. 这是 $\boldsymbol{l}$ 在正交于 $\boldsymbol{b}$ 和 $\boldsymbol{c}$ 所形成的平面的投影的本征态，在沿法线方向上的投影是 +1，或在相反的方向上是 −1. 这样的描写类似于光子的极化. 这个特殊的态是圆偏振的(右或左). 矢量 $\boldsymbol{b}$ 和 $\boldsymbol{c}$ 平行的情况对应于 $\hat{\boldsymbol{l}}$ 在它们的共同轴上的投影为确定值(等于零)的态. 这样的态应对应于光子(沿波矢量方向)的纵极化，对于实光子这是禁戒的. 除这两种情况之外，对于 $l = 1$ 一般的态，不存在角动量投影会有一个确定值的方向. 对于任何角动量值 $J \geqslant 1$，有类似的情况发生. 只有自旋 1/2 的态永远是沿某个方向极化的.

在转动下，所有矢量的行为是一样的. 因此，我们能够得到结论：任何**矢量算符**的变换都像一个一秩球谐函数一样. 坐标矢量 $\boldsymbol{n}$ 是极矢量的一个例子，见 8.4 节. 它的分量与球谐函数 Y_{lm} 一起，在空间反演下变号. 通过用 Y_{lm} 乘一个有确定宇称的函数，我们就以相同的因子 $(-)^l$ 改变它的宇称. 像 $\boldsymbol{l}$ 那样的**轴矢量**在反演下不改变符号，因此作用在一个函数上不改变宇称，它与多重态的所有成员都具有相同的宇称的事实相一致.

16.9 二秩张量*

通过把两个或多个矢量组合在一起，我们可以构成更复杂的客体——**张量**，它们的行为像一些不同的球谐函数. 两个矢量的**标量积**

$$(\boldsymbol{a} \cdot \boldsymbol{b}) = a_x b_x + a_y b_y + a_z b_z \equiv a_i b_i \tag{16.119}$$

也可以用球分量(16.99)式表示：

$$(\boldsymbol{a} \cdot \boldsymbol{b}) = \sum_{m=0,\pm 1} (-)^m a_m b_{-m} \tag{16.120}$$

让我们考虑由两个矢量 $\boldsymbol{a}$ 和 $\boldsymbol{b}$ 的笛卡儿分量构成的 9 个量 $T_{ij}=a_ib_j$. 它们在转动下是**可约的**,并且可以分成一些更小的不可约集合. 首先,我们将具有不同对称性的两部分(两种子矩阵,在矩阵指标的交换下对称的 S 或反对称的 A)分开:

$$T_{ij}=S_{ij}+A_{ij}=\frac{1}{2}(a_ib_j+a_jb_i)+\frac{1}{2}(a_ib_j-a_jb_i) \tag{16.121}$$

习题 16.13 证明:转动保持置换对称性,使得 S_{ij} 和 A_{ij} 在转动下独立地变换.

因为迹 $\mathrm{tr}S=S_{ii}=(\boldsymbol{a}\cdot\boldsymbol{b})$ 是标量,在转动下不变,所以对称部分 S_{ij} 可以进一步约化. 我们可以用这样一个系数减去这个不变的标量,使得剩下的是无迹的:

$$S_{ij}=\frac{1}{3}(\boldsymbol{a}\cdot\boldsymbol{b})\delta_{ij}+Q_{ij} \tag{16.122}$$

对称张量

$$Q_{ij}=\frac{1}{2}\left[a_ib_j+a_jb_i-\frac{2}{3}(\boldsymbol{a}\cdot\boldsymbol{b})\delta_{ij}\right] \tag{16.123}$$

是无迹的, $\mathrm{tr}Q=Q_{ii}=0$, 并且是不可约的. 它有 5 个独立的分量.

反对称部分

$$A_{ij}=\frac{1}{2}(a_ib_j-a_jb_i)=\frac{1}{2}\epsilon_{ijk}(\boldsymbol{a}\times\boldsymbol{b})_k \tag{16.124}$$

有 3 个独立的分量.(相对于转动而言)它等价于一个**矢量**$(\boldsymbol{a}\times\boldsymbol{b})$. 如果 $\boldsymbol{a}$ 和 $\boldsymbol{b}$ 都是极矢量,在空间坐标反演下它们的矢量积的分量不改变符号. 这样一个矢量是**轴**矢量,见 8.4 节. 总而言之,可约张量 T_{ij} 分解为不可约部分 S_{ij}、A_{ij} 和 Q_{ij},可以用符号表示为

$$\underline{3}\otimes\underline{3}=\underline{1}+\underline{3}+\underline{5} \tag{16.125}$$

其中,带下划线的数字标出 l 阶多重态(转动群的不可约表示)的维数 $2l+1$.

为了理解对称张量(16.123)式的转动性质,我们必须把它的变换特征与球谐函数的变换特征作比较. 因为所有矢量都以同样方式变换,考虑情况 $\boldsymbol{a}=\boldsymbol{b}=\boldsymbol{n}(\theta,\varphi)$ 就足够了. 于是,我们能够建立在 5 个归一化的二秩球谐函数 $\mathrm{Y}_{2m}(\boldsymbol{n})$ 和 5 个分量 Q_{ij} 的线性组合之间的一一对应关系:

$$\mathrm{Y}_{20}(\boldsymbol{n})=\sqrt{\frac{5}{16\pi}}(2\cos^2\theta-\sin^2\theta)\Rightarrow\sqrt{\frac{5}{4\pi}}\frac{1}{2}(2Q_{zz}-Q_{xx}-Q_{yy}) \tag{16.126}$$

$$\mathrm{Y}_{2\pm1}(\boldsymbol{n})=\mp\sqrt{\frac{15}{8\pi}}\cos\theta\sin\theta\mathrm{e}^{\pm\mathrm{i}\varphi}\Rightarrow\sqrt{\frac{5}{4\pi}}\sqrt{\frac{3}{2}}(Q_{xz}\pm\mathrm{i}Q_{yz}) \tag{16.127}$$

$$\mathrm{Y}_{2\pm2}(\boldsymbol{n}) = \sqrt{\frac{15}{32\pi}}\sin^2\theta \mathrm{e}^{\pm 2\mathrm{i}\varphi} \Rightarrow \sqrt{\frac{5}{4\pi}}\sqrt{\frac{3}{8}}(Q_{xx} \pm 2\mathrm{i}Q_{xy} - Q_{yy}) \tag{16.128}$$

反之,分量 Q_{ij} 是 $\mathrm{Y}_{2m}(\boldsymbol{n})$的线性组合,因此对应于一个 $l=2$ 的二秩张量算符.(16.126)式~(16.128)式右边 5 个分量以这样一种形式安排,使它们形成一个球张量:

$$Q_{2m} \propto \sqrt{\frac{4\pi}{5}}\mathrm{Y}_{2m}(\boldsymbol{n}) \tag{16.129}$$

一个重要的例子是由电荷为 e_a 的一个系统的电四极矩张量[6,§41]给出的:

$$Q_{ij} = \sum_a e_a[3x_i(a)x_j(a) - r^2(a)\delta_{ij}] \tag{16.130}$$

这是有 5 个独立分量的对称无迹张量,$Q_{ii}=0$,并且从它的转动变换的观点来看,可以建立(16.129)式与 $\mathrm{Y}_{2m}(\boldsymbol{n})$之间的一一对应关系.

结论是:转动下作为两个矢量乘积变换的任何 9 个量 T_{ij} 的集合可以分解成标量、矢量(反对称张量)和对称的二秩张量三部分.这个处理过程可以扩展到任何更高秩张量 $T_{ijk\cdots} \sim a_i b_j c_k \cdots$.我们将在张量算符的一般讨论中回到这个主题.

习题 16.14 考虑一个矢量函数

$$\boldsymbol{\Psi}(\boldsymbol{r}) = \hat{\boldsymbol{V}}\mathrm{Y}_{lm}(\boldsymbol{n}), \quad \boldsymbol{n} = \frac{\boldsymbol{r}}{r} \tag{16.131}$$

其中,$\hat{\boldsymbol{V}}$ 是作用在球谐函数上的三个矢量算符 $\hat{\boldsymbol{r}}, \hat{\boldsymbol{p}}, \hat{\boldsymbol{l}}$ 之一.证明:$\boldsymbol{\Psi}(\boldsymbol{r})$是具有量子数 $J=l$ 和 $M=m$ 的总角动量 $\hat{\boldsymbol{J}}$ 的本征函数.

解 定义总角动量为 $\hat{\boldsymbol{J}} = \hat{\boldsymbol{l}} + \hat{\boldsymbol{S}}$,其中自旋算符 $\hat{\boldsymbol{S}}$ 像(16.15)式那样作用在矢量分量上:$\hat{S}_i\hat{V}_k = -\mathrm{i}\,\epsilon_{ikl}\hat{V}_l$.另一方面,对于任意矢量,$[\hat{l}_i, \hat{V}_k] = \mathrm{i}\,\epsilon_{ikl}\hat{V}_l$.因为

$$\hat{J}_i\hat{V}_k = (\hat{l}_i + \hat{S}_i)\hat{V}_k = [\hat{l}_i, \hat{V}_k] + \hat{S}_i\hat{V}_k + \hat{V}_k\hat{l}_i \tag{16.132}$$

把 $\hat{J}_i$ 应用于函数(16.131)式并利用(16.132)式,我们得到

$$\hat{J}_i\hat{\boldsymbol{V}}\mathrm{Y}_{lm} = \hat{\boldsymbol{V}}\hat{l}_i\mathrm{Y}_{lm} \tag{16.133}$$

因此,总角动量对整个函数(16.131)式的作用等价于轨道角动量仅对球谐函数的作用,而且转动量子数严格地与球谐函数 Y_{lm} 相同.特别是对于 $l=0$,具有梯度的算符 $\hat{\boldsymbol{V}} = \hat{\boldsymbol{p}}$ 和 $\hat{\boldsymbol{V}} = \hat{\boldsymbol{l}}$ 给出零,而剩下的矢量 $\boldsymbol{r}$ 结果给出一个标量.的确如此,在这里它不是一个粒子的坐标,而是一个径向场,$\boldsymbol{\Psi} \propto \boldsymbol{r}$(一个"刺猬"),显然具有转动对称性,因而转动不变.

16.10 球谐函数和 Legendre 多项式

球谐函数 $\mathrm{Y}_{lm}(\boldsymbol{n})$是对易的轨道角动量算符 $\hat{\boldsymbol{l}}^2$ 和 l_z 的共同本征函数.按照对任何矢量算符 $\hat{\boldsymbol{V}}$ 包括 $\hat{\boldsymbol{l}}$ 本身都适用的阶梯关系式(11.105),横向分量 $\hat{l}_\pm$ 沿着阶梯移动态,使 m 改变±1,但保持量子数 l 不变.当然,在(16.67)式中明确给出的升算符和降算符改变这个函数的 φ 依赖关系,添加了因子 $\exp(\pm\mathrm{i}\varphi)$.利用这些代数性质,我们将描述一种不同于在 16.6 节用过的球谐函数构建方法.

因为通过构建球谐函数,在多重态内部 m(z 轴投影)的最大可能的值是 l(轨道角动量矢量的"长度",回顾不确定性关系(5.91)式),具有 $m=l$ 的上端的态不能再进一步升高,它必须被升算符湮灭.因此我们有

$$\hat{l}_+\mathrm{Y}_{ll}=0 \tag{16.134}$$

这给出了由(16.67)式定义的 $\Theta_{ll}(\theta)$一个简单的一阶方程:

$$\frac{\mathrm{d}\Theta_{ll}}{\mathrm{d}\theta}=l\cot\theta\Theta_{ll} \tag{16.135}$$

(16.135)式与(16.89)式的归一化一致的解是

$$\Theta_{ll}(\theta)=\sqrt{\frac{(2l+1)!}{2}}\frac{1}{2^l l!}\sin^l\theta \tag{16.136}$$

l 越大,这个函数就变得越集中在赤道 $\theta=\pi/2$ 附近,它表征在垂直于角动量方向的平面上的半经典轨道.

现在,我们能够使用降算符 $\hat{l}_-$((16.67)式),一直向下直至得到多重态所有更低的成员.用这个方法,我们得到

$$\mathrm{Y}_{ll-1}=\frac{1}{\sqrt{2l}}\hat{l}_-\mathrm{Y}_{ll},\quad\cdots,\quad\mathrm{Y}_{lm}=\left[\frac{(l+m)!}{(l-m)!(2l)!}\right]^{1/2}(\hat{l}_-)^{l-m}\mathrm{Y}_{ll} \tag{16.137}$$

知道了降算符的矩阵元,我们避免了归一化的烦琐重复.结果可以用**缔合 Legendre 多项式** $\mathrm{P}_{lm}(x)$表示:

$$\Theta_{lm}(\theta) = (-)^m \left[\frac{2l+1}{2}\frac{(l-m)!}{(l+m)!}\right]^{1/2} \mathrm{P}_{lm}(\theta) \tag{16.138}$$

$$\mathrm{P}_{lm}(\theta) = (-)^{l-m} \frac{(l+m)!}{(l-m)!} \frac{1}{2^l l!} \frac{1}{\sin^m\theta} \frac{\mathrm{d}^{l-m}}{(\mathrm{d}\cos\theta)^{l-m}} \sin^{2l}\theta \tag{16.139}$$

注意,不同作者给出的定义可能在相位约定上不同.

对于向前角度,$\theta \to 0$,像 Y_{lm} 这样的正则角度函数不可能依赖于 φ,因为对于 $\theta = 0$,方位角没有定义.因此除了不携带任何 φ 依赖关系的 Y_{l0} 以外,所有函数 Y_{lm} 在 $\theta = 0$ 时为零.在 $m = 0$ 时,缔合 Legendre 多项式(16.139)约化成通常的 **Legendre 多项式**,即

$$\mathrm{P}_l(\cos\theta) \equiv \mathrm{P}_{l0}(\theta) \tag{16.140}$$

使得

$$\mathrm{Y}_{l0}(\boldsymbol{n}) = \sqrt{\frac{2l+1}{4\pi}} \mathrm{P}_l(\cos\theta) \tag{16.141}$$

从(16.139)式易见,所有 Legendre 多项式在向前方向都等于 1:

$$\mathrm{P}_l(\cos\theta = 1) = \mathrm{P}_l(\theta = 0) = 1 \tag{16.142}$$

因此,对于沿量子化轴方向,有

$$\mathrm{Y}_{lm}(\theta = 0) = \delta_{m0} \sqrt{\frac{2l+1}{4\pi}} \tag{16.143}$$

Legendre 多项式作为 $x = \cos\theta$ 的函数在从 -1 到 $+1$ 的线段上是正交的:

$$\int_0^\pi \mathrm{d}\theta \sin\theta \mathrm{P}_{l'}(\cos\theta) \mathrm{P}_l(\cos\theta) = \int_{-1}^1 \mathrm{d}x \mathrm{P}_{l'}(x) \mathrm{P}_l(x) = \frac{2}{2l+1} \delta_{l'l} \tag{16.144}$$

前 4 个多项式是

$$\mathrm{P}_0(x) = 1, \quad \mathrm{P}_1(x) = x, \quad \mathrm{P}_2(x) = \frac{1}{2}(3x^2 - 1),$$
$$\mathrm{P}_3(x) = \frac{1}{2}(5x^3 - 3x) \tag{16.145}$$

取 $\boldsymbol{n}' = \boldsymbol{e}_z$,即沿 z 轴的单位矢量并利用(16.93)式和(16.141)式,我们得到**完备性关系**:

$$\sum_l (2l+1) \mathrm{P}_l(x) = 4\pi\delta(x-1) \tag{16.146}$$

表明 Legendre 多项式除了向前方向外在所有方向上互相抵消.由于完备性,方位角无关的 $\cos\theta$ 的函数可以展开成 Legendre 多项式的级数.

关于宇称的结果(16.96)式对 P_l 是显然的,它们都是 $\cos\theta$ 的 l 阶多项式. 尤其是对向后方向,有

$$P_l(-1) = (-)^l \tag{16.147}$$

这导致(16.146)式的类似公式:

$$\sum_l (2l+1)(-)^l P_l(x) = 4\pi\delta(x+1) \tag{16.148}$$

习题 16.15 推导 Legendre 多项式 $P_l(\cos\theta)$的一般表达式:

$$P_l(x) = \frac{1}{2^l l!}\frac{d^l}{dx^l}(x^2-1)^l \tag{16.149}$$

解 函数(16.149)式确定了源自(16.80)式在 $m=0$ 时的 Legendre 多项式微分方程正则解:

$$\frac{1}{\sin\theta}\frac{d}{d\theta}\left(\sin\theta\frac{dP_l}{d\theta}\right)+l(l+1)P_l = 0 \tag{16.150}$$

(16.149)式的系数由要求(16.142)式确定.

习题 16.16 证明 Legendre 多项式的一些有用的性质:

(1) 递推关系(撇号表示微商 d/dx):

$$P'_{l+1}(x) - xP'_l(x) = (l+1)P_l(x), \quad xP'_l(x) - P'_{l-1}(x) = lP_l(x) \tag{16.151}$$

其中,在 $l=0$ 的第二个方程中,我们假设 $P_{-1}(x)=0$.

(2) 在 $x=0$ 处,偶的多项式的微商是

$$P'_{l偶数}(x=0) = 0 \tag{16.152}$$

(3) 在 $x=0$ 处和偶数的 l,有

$$P_l(x=0) = (-)^{l/2}\frac{(l-1)!!}{2^l l!}, \quad P'_{l+1}(x=0) = (-)^{l/2}\frac{(l+1)!!}{2^l l!} \tag{16.153}$$

习题 16.17 导出 Legendre 多项式的半经典的渐近式.

解 为了使(16.150)式变成 Schrödinger 形式,引入新函数

$$F_l(\theta) = \sqrt{\sin\theta}P_l(\cos\theta) \tag{16.154}$$

它满足

$$\frac{d^2F_l}{d\theta^2}+\left[\left(l+\frac{1}{2}\right)^2+\frac{1}{4\sin^2\theta}\right]F_l = 0 \tag{16.155}$$

从而，半经典渐近式由下式给出：

$$F_l(\theta) \approx f_l \sin\left[\left(l+\frac{1}{2}\right)\theta+\frac{\pi}{4}\right] \tag{16.156}$$

其中，常数因子 f_l 不可能从(16.155)式求得. 对 $l \gg 1$，当我们能用对于阶乘的斯特灵公式(9.96)时，(16.153)式的值确定了：

$$f_l \approx \sqrt{\frac{2}{\pi l}} \tag{16.157}$$

除了在极轴 $\theta=0$ 和 $\theta=\pi$ 附近的角度狭窄区域，半经典渐近式对大的 l 是适用的.

16.11 外场中的角动量

标量算符与系统的总角动量对易. 如果系统是各向同性的(没有外场)，那么当系统作为一个整体转动时，哈密顿量应该不变——它必须是标量算符，

$$[\hat{\boldsymbol{J}}, \hat{H}] = 0 \tag{16.158}$$

(在相对论中，它在质心系仍然是适用的；它也可以被推广到 Lorentz 变换)，因此对标量哈密顿量 $\hat{H}$，角动量 $\boldsymbol{J}$ 是一个运动常数. 我们需要强调的是，$\boldsymbol{J}$ 是系统的总角动量，包括所有粒子的轨道和自旋自由度. 仅当我们把系统**作为整体**转动，避免其内部结构的任何形变时，系统才是不变的. 正如在 7.10 节讨论的，角动量守恒(以及其他一些经典守恒规律)是系统的对称性(这里是转动对称性)的结果.

转动使状态在多重态 $|JM\rangle$ 内部变换. 因为这些状态仅区别于方向，在没有各向异性的外源情况下，它们不改变系统的内部结构，所有具有相同 J 和不同 M 的态是能量上**简并**的. 当外场破坏了转动对称性时，角动量就不再守恒了. 考虑静态均匀矢量场 $\mathcal{B}$ 的最简单例子，它与角动量通过如下相互作用耦合：

$$\hat{H}' = -g\hbar(\hat{\boldsymbol{J}} \cdot \mathcal{B}) \tag{16.159}$$

我们可以把 $\mathcal{B}$ 认为是一个磁场，则

$$\hat{\boldsymbol{\mu}} = g\hbar\hat{\boldsymbol{J}} \tag{16.160}$$

是磁矩算符，g 是该磁矩对力学角动量$\hbar \boldsymbol{J}$ 的回转磁比率，见 1.9 节.

哈密顿量(16.159)式只包含角动量在这个场的轴上的投影；取该轴为 z 轴. 这是物理上挑选出来的空间的唯一方向. 绕这个轴的转动仍保持系统不变：总的转动对称性被破坏的同时，**轴对称性**得以保持. 强调以下这点是有用的：我们总是假设该系统在固定的外场中的转动，如果外场 $\boldsymbol{\mathcal{B}}$ 被考虑成系统的一部分，而且也经受转动，则不变性被恢复. 在垂直于该场的平面上的转动生成元是守恒量 J_z.

Casimir 算符 $\hat{\boldsymbol{J}}^2$ 也和(16.159)式的 $\hat{H}$ 对易. 因此我们仍然可以采用与完全的转动对称性情况相同的量子数标记定态 $|JM\rangle$. 然而，场把多重态的能量**劈裂**，使其现在依赖于 M：

$$E_M = -g\hbar\mathcal{B}M \tag{16.161}$$

这个 Zeeman **劈裂**对场的大小呈线性，并且保持多重态的形心(centroid). 在 $g>0$ 时，我们得到角动量沿着外场的一种排列，最低态对应于 $M=J$.

在 13.4 节 Landau 问题中，我们没有考虑电子的自旋. 在 1.9 节中，自旋与磁场的相互作用由回转磁比率 $g_s=\dfrac{e}{mc}=2g_l$ 所表征. 相应的贡献为

$$H_s = -g_s\hbar(\hat{\boldsymbol{s}}\cdot\boldsymbol{\mathcal{B}}) = -\frac{e\hbar\mathcal{B}}{mc}\hat{s}_z \tag{16.162}$$

引入回旋频率(13.39)式并把自旋效应(16.162)式添加到轨道量子化(13.61)式，我们得到了在均匀静磁场中自旋为 1/2 粒子的完全能量谱(自旋投影 $s_z=\pm 1/2$)：

$$E(n,s_z) = \hbar\omega_c\left[n+\frac{1}{2}-(e\text{ 的符号})s_z\right] \tag{16.163}$$

Landau 能谱获得了附加的简并性. 对电子 $e=-|e|$，态 $(n,s_z=1/2)$ 和 $(n+1,s_z=-1/2)$ 是简并的，使得它们的容量(13.62)式增大一倍. 基态 $n=0,s_z=-1/2$是个例外.

(16.159)式中与球对称情况的重要差别是横向分量 $\hat{J}_{x,y}$ 现在与 $\hat{H}$ 不对易. 正如我们所知道的，它们以 ± 1 改变 M，因此改变能量(16.161)式. 算符 $\hat{J}_{x,y}$ 不是守恒量. 代替的是，它们产生了系统的激发. 如习题 7.12 所示，磁场施加了一个转矩，因此角动量分量的运动方程为

$$\mathrm{i}\hbar\dot{\hat{J}}_k = [\hat{J}_k,\hat{H}'] = -g\hbar\mathcal{B}_l\mathrm{i}\,\epsilon_{kln}\hat{J}_n \tag{16.164}$$

或用矢量标记法，有

$$\dot{\hat{\boldsymbol{J}}} = \boldsymbol{\Omega}\times\hat{\boldsymbol{J}},\quad \boldsymbol{\Omega} = -g\boldsymbol{\mathcal{B}} \tag{16.165}$$

从(16.165)式我们再一次看到 J_z 是守恒量,而横向分量以角速度 $\Omega=\Omega_z$ 转动:

$$\dot{\hat{J}}_x=-\Omega\hat{J}_y,\quad \dot{\hat{J}}_y=\Omega\hat{J}_x \tag{16.166}$$

对于轨道回转磁比率,$g=\dfrac{e}{2mc}$,这个 Larmor **频率** Ω 比回旋频率 ω_c 小两倍.升和降的组合(16.24)式是简正模式:

$$\dot{\hat{J}}_\pm=\pm\mathrm{i}\Omega J_\pm \tag{16.167}$$

它们的演化是一个纯粹相位转动:

$$\hat{J}_\pm(t)=\mathrm{e}^{\pm\mathrm{i}\Omega t}\hat{J}_\pm \tag{16.168}$$

其中,$\hat{J}_\pm$ 是时间无关的 Schrödinger 算符.如图 16.2 所示,这可以解释为绕场的轴以角速度 Ω 作经典进动的图像.用经典语言来说,$\hat{J}_\pm$ 没有对角矩阵元的事实对应横向分量的时间平均.有关定态 $|JM\rangle$ 早些时候曾提到过这种进动,那只是为了形象化具有给定 J 和 M 的态的图像,而没有任何实际的物理转动.

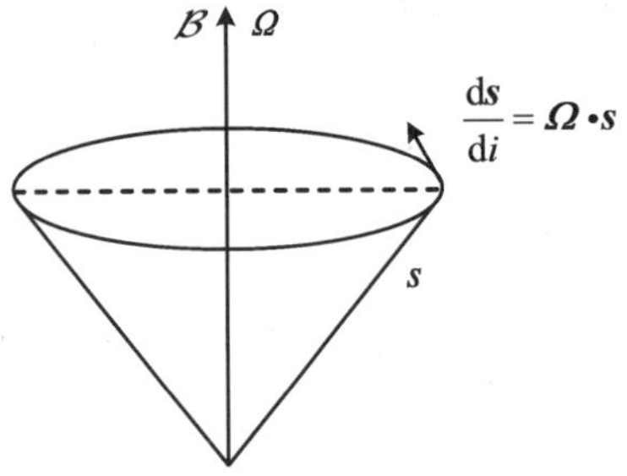

图 16.2　在外磁场中角动量的进动

哈密顿量(16.159)式是一个真正的标量.因为角动量、磁矩和磁场都是轴矢量,所以它们的乘积不仅在我们以前的讨论中曾用过的转动下不变,而且对空间反演也是不变的.类似地,假设的角动量或磁矩与电场的相互作用($\boldsymbol{\mu}\cdot\mathcal{E}$)将是导致宇称不守恒的赝标量.此外,哈密顿量(16.159)式显示出时间反演($\mathcal{T}$)不变性,因为 $\boldsymbol{J}$ 和磁场在时间反演下改变符号,而电场与磁矩的相互作用将会是 $\mathcal{T}$ 非不变的.与此相反,通常电偶极矩与电场的相互作用($\boldsymbol{d}\cdot\mathcal{E}$)既是 $\mathcal{P}$ 不变的又是 $\mathcal{T}$ 不变的.这样一个相互作用也会使多重态 $|JM\rangle$ 被由电场定义的自然量子化方向的投影 M 劈裂.然而,与 Zeeman 劈裂(16.161)式相反,它不能劈裂投影 $\pm M$,这在能被时间反演改变的转动的意义上讲是无关紧要的.

第 17 章

中心场中的运动

一圈又一圈，越来越大的旋涡；猎鹰听不到主人的呼唤；一切分崩离析，中心不再维持；只有混乱在世界到处弥漫……

——W. B. Yeats

17.1 约化到单体问题

在这一节我们将考虑在外部的势场 $U(\boldsymbol{r})$ 中运动的一个粒子. 在许多情况下，这是作为**两体**问题约化的结果出现的. 我们在习题 1.6 中已经用过这个事实，引入因重核的反冲而对氢原子谱的修正. 一般来说，这种约化过程就像在经典力学中所做过的一样[1].

设两个粒子通过仅依赖它们相对距离的势 $\hat{U} = U(\boldsymbol{r}_1 - \boldsymbol{r}_2)$ 相互作用. 两个粒子坐标

$\boldsymbol{r}_{1,2}$的波函数 Ψ 满足 Schrödinger 方程：

$$i\hbar\frac{\partial\Psi(\boldsymbol{r}_1,\boldsymbol{r}_2,t)}{\partial t}=(\hat{K}+\hat{U})\Psi(\boldsymbol{r}_1,\boldsymbol{r}_2,t) \tag{17.1}$$

其中，动能是由粒子的质量 m_1 和 m_2 决定的：

$$\hat{K}=\frac{\hat{\boldsymbol{p}}_1^2}{2m_1}+\frac{\hat{\boldsymbol{p}}_2^2}{2m_2}=-\frac{\hbar^2}{2}\left(\frac{\nabla_1^2}{m_1}+\frac{\nabla_2^2}{m_2}\right) \tag{17.2}$$

定义**质心**坐标 $\boldsymbol{R}$ 和相对坐标 $\boldsymbol{r}$ 为

$$\boldsymbol{R}=\frac{m_1\boldsymbol{r}_1+m_2\boldsymbol{r}_2}{M},\quad M=m_1+m_2,\quad \boldsymbol{r}=\boldsymbol{r}_1-\boldsymbol{r}_2 \tag{17.3}$$

相应的梯度算符按照

$$\nabla_1=\nabla+\frac{m_1}{M}\nabla_R,\quad \nabla_2=-\nabla+\frac{m_2}{M}\nabla_R,\quad \nabla\equiv\nabla_r \tag{17.4}$$

变换，并且粒子的动量 $\hat{\boldsymbol{p}}_{1,2}=-i\hbar\nabla_{1,2}$ 用相对动量 $\hat{\boldsymbol{p}}=-i\hbar\nabla$ 和质心动量 $\hat{\boldsymbol{P}}=-i\hbar\nabla_R$ 表示：

$$\hat{\boldsymbol{p}}_1=\hat{\boldsymbol{p}}+\frac{m_1}{M}\hat{\boldsymbol{P}},\quad \hat{\boldsymbol{p}}_2=-\hat{\boldsymbol{p}}+\frac{m_2}{M}\hat{\boldsymbol{P}} \tag{17.5}$$

如图 17.1 所示，坐标的逆变换是

$$\boldsymbol{r}_1=\boldsymbol{R}+\frac{m_2}{M}\boldsymbol{r},\quad \boldsymbol{r}_2=\boldsymbol{R}-\frac{m_1}{M}\boldsymbol{r} \tag{17.6}$$

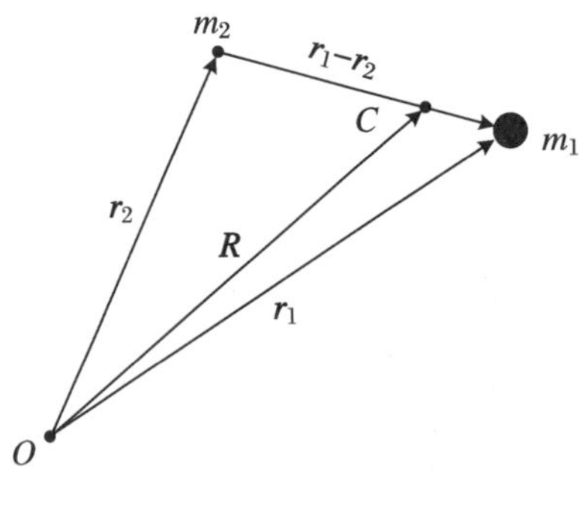

图 17.1　两体问题的坐标

这里，我们清楚地看到在习题 1.6 中提到的反冲效应. 对于动量算符，我们求得

$$\hat{\boldsymbol{P}} = \hat{\boldsymbol{p}}_1 + \hat{\boldsymbol{p}}_2, \quad \hat{\boldsymbol{p}} = \frac{m_2}{M}\hat{\boldsymbol{p}}_1 - \frac{m_1}{M}\hat{\boldsymbol{p}}_2 \tag{17.7}$$

习题 17.1 对于两个粒子的一个系统，把轨道角动量、电偶极矩和轨道磁矩的算符变换成质心变量和相对变量.

解 轨道角动量被分解成质心运动的轨道角动量和相对运动的轨道角动量：

$$\boldsymbol{L} = \boldsymbol{l}_1 + \boldsymbol{l}_2 = \boldsymbol{r}_1 \times \boldsymbol{p}_1 + \boldsymbol{r}_2 \times \boldsymbol{p}_2 = \boldsymbol{R} \times \boldsymbol{P} + \boldsymbol{r} \times \boldsymbol{p} \equiv \boldsymbol{L}_{\text{c.m.}} + \boldsymbol{l} \tag{17.8}$$

电偶极矩为

$$\boldsymbol{d} = e_1\boldsymbol{r}_1 + e_2\boldsymbol{r}_2 = (e_1 + e_2)\boldsymbol{R} + \frac{e_1 m_2 - e_2 m_1}{M}\boldsymbol{r} \tag{17.9}$$

在一个中性体系中 $e_1 + e_2 = 0$，因此偶极矩不依赖于质心的选择. 当 $e_1 = e_2$ 和 $m_1 = m_2$ 时，与质心运动无关的内禀部分对于**全同**粒子是不存在的. 事实上，具有相等比率 e/m 的任何粒子系统均发生同样的事情，因为在这种情况下，总偶极矩

$$\boldsymbol{d} = \sum_a e_a \boldsymbol{r}_a = \sum_a \frac{e_a}{m_a} m_a \boldsymbol{r}_a = \frac{e}{m}\sum_a m_a \boldsymbol{r}_a = \frac{e}{m}\boldsymbol{R}\sum_a m_a \tag{17.10}$$

正比于质心矢量 $\boldsymbol{R}$，见习题 7.10.

粒子的轨道磁矩正比于它的轨道角动量(见 1.8 节)：

$$\boldsymbol{\mu}_l = g_l \boldsymbol{l} \tag{17.11}$$

对于具有回旋磁比率 g_1 和 g_2 的两个粒子的系统，有

$$\boldsymbol{\mu} = g_1\boldsymbol{l}_1 + g_2\boldsymbol{l}_2 \tag{17.12}$$

而变换(17.5)式和(17.6)式得

$$\boldsymbol{\mu} = \frac{g_1 m_1 + g_2 m_2}{M}\boldsymbol{L}_{\text{c.m.}} + \frac{g_1 m_2 + g_2 m_1}{M}\boldsymbol{l} + (g_1 - g_2)\left(\boldsymbol{R} \times \boldsymbol{p} + \frac{m_1 m_2}{M^2}\boldsymbol{r} \times \boldsymbol{P}\right) \tag{17.13}$$

这个算符唯一专门依赖相对运动的部分($\boldsymbol{\mu}_{\text{rel}} = g_{\text{rel}}\boldsymbol{l}$)用下列回旋磁比率描写(译者注：下标“rel”表示“相对”，下同)：

$$g_{\text{rel}} = \frac{g_1 m_2 + g_2 m_1}{M} = \frac{1}{2c}\left(\frac{e_1}{m_1^2} + \frac{e_2}{m_2^2}\right)m \tag{17.14}$$

其中，我们假设了粒子的正常的轨道回旋磁比率((1.65)式)并引入了约化质量 m，请回忆习题 1.6：

$$\frac{1}{m}=\frac{1}{m_1}+\frac{1}{m_2},\quad m=\frac{m_1 m_2}{M} \tag{17.15}$$

动能(17.2)式的变换

$$\hat{K}=\frac{\hat{\boldsymbol{P}}^2}{2M}+\frac{\hat{\boldsymbol{p}}^2}{2m} \tag{17.16}$$

再一次导致相对运动和质心运动两个**独立的**项求和.如果没有势作用在质心上,总动量 $\boldsymbol{P}$ 是守恒的,则整体运动用与相对变量分离(**非相对论伽利略不变性**)的平面波描写.因此,用新坐标写的波函数 $\Psi(\boldsymbol{R},\boldsymbol{r},t)$被因子化为具有相应动能的不重要的质心平面波和相对运动的波函数:

$$\Psi(\boldsymbol{r}_1,\boldsymbol{r}_2,t)\Rightarrow\Psi(\boldsymbol{R},\boldsymbol{r},t)=\mathrm{e}^{(\mathrm{i}/\hbar)\left[(\boldsymbol{P}\cdot\boldsymbol{R})-\frac{P^2}{2M}t\right]}\Psi(\boldsymbol{r},t) \tag{17.17}$$

这里,$\boldsymbol{P}$ 是总动量的本征值,而用相同的符号 Ψ 表示的函数 $\Psi(\boldsymbol{r},t)$现在只描写简化为具有约化质量(17.15)式的单体问题的内部运动:

$$\mathrm{i}\hbar\frac{\partial\Psi(\boldsymbol{r},t)}{\partial t}=\left[-\frac{\hbar^2}{2m}\nabla^2+U(\boldsymbol{r})\right]\Psi(\boldsymbol{r},t) \tag{17.18}$$

这里势也可能是时间相关的.对于一个常数势,我们可以寻求定态解

$$\Psi(\boldsymbol{r},t)=\mathrm{e}^{-(\mathrm{i}/\hbar)Et}\psi(\boldsymbol{r}) \tag{17.19}$$

其中,定态波函数满足

$$\left[\nabla^2+k^2(\boldsymbol{r})\right]\psi(\boldsymbol{r})=0,\quad k^2(\boldsymbol{r})=\frac{2m}{\hbar^2}\left[E-U(\boldsymbol{r})\right] \tag{17.20}$$

17.2 角变量的分离

中心势只依赖 r 的绝对值,而不依赖矢量 $\boldsymbol{r}$ 的角度,$U(\boldsymbol{r})=U(|\boldsymbol{r}|)=U(r)$.**非中心**相互作用,像核物理里的张量力或两个磁矩之间的力,出现在粒子具有由它们内部自由度遴选出的特殊方向时.对于 $U=U(r)$,Schrödinger 方程(17.20)不含角度,哈密顿量是**转动不变的**.这样的情况曾在 7.10 节讨论过.轨道角动量 $\hat{\boldsymbol{l}}$ 是守恒的(与哈密顿量对

易).然而只有 $\hat{l}$ 的一个分量,例如 $\hat{l}_z$,在一个给定态可以有一个确定的值 m(不要把它与约化质量搞混).因为转动算符与 $\hat{H}$ 对易(见 4.7 节),通过改变系统的取向,我们可以改变这个投影,但是不改变能量的值,所以在中心场中能谱相对于轨道角动量的投影总是**简并的**.

通过取具有某一 m 值的解,我们限制了系统的取向.这样一个解的对称性**低于**哈密顿量的对称性.这是**自发对称性破缺**的最简单的表现.这个对称性因具有不同的 m 值简并态的存在而得到恢复.这些态的整个集合和在同一集合内改变取向以及从一个态变到另一个态的可能性表明了系统的转动不变性.我们在 11.5 节的二维系统中已经遇到过类似的例子,在那里对称性允许我们分离出方位角并求得**普适的**角度函数(11.82)式.现在,我们将对三维情况实现类似的处理程序.

要把径向和角度的变量分离,我们必须找到乘积形式的 Schrödinger 方程的解:

$$\psi(\boldsymbol{r}) = \psi(r,\theta,\varphi) = R(r)\mathrm{Y}(\theta,\varphi) \tag{17.21}$$

在这个拟设(ansatz)情况下,(17.20)式由依赖不同变量的两部分组成,因此每一部分都等于一个分离常数 C:

$$\frac{1}{R}\frac{\mathrm{d}}{\mathrm{d}r}\left(r^2\frac{\mathrm{d}R}{\mathrm{d}r}\right)+k^2(r)r^2 = \frac{1}{\mathrm{Y}}\hat{\boldsymbol{l}}^2\mathrm{Y} = C \tag{17.22}$$

其中,我们应用了在球坐标中的 Laplace 算符(16.69)式.分离常数必须由波函数边界条件决定.这正是量子化出现的地方,这样的常数引进了量子数,请对照 11.5 节.

角度方程

$$\hat{\boldsymbol{l}}^2\mathrm{Y}(\theta,\varphi) = C\mathrm{Y}(\theta,\varphi) \tag{17.23}$$

是算符 $\hat{\boldsymbol{l}}^2$ 的本征值问题.按照角动量代数,本征值 C 可以写成 $l(l+1)$,其中 l 是一个非负的半整数或整数.(16.77)式的变量进一步分离,得到了具有**整数** m 值的归一化的指数解((11.82)式),这些整数值是由方位角的周期性边界条件选择出来的.这决定了 l 也是一个**整数**,使得这些解都是球谐函数 $\mathrm{Y}_{lm}(\theta,\varphi)$.角度函数是普适的而且不依赖位势 $U(r)$,这一点非常重要.正因为如此,利用球谐函数的完备集,我们可以永久性地解决了角度问题.势的细节通过径向方程进入.

习题 17.2 证明:质量为 m 的粒子在一个球对称势 $U(r)$ 中的哈密顿量可以表示为

$$\hat{H} = \frac{\hat{p}_r^2}{2m}+\frac{\hbar^2\hat{\boldsymbol{l}}^2}{2mr^2}+U(r) \tag{17.24}$$

而定义为

$$\hat{p}_r = -\mathrm{i}\hbar \frac{1}{r}\frac{\partial}{\partial r} r \tag{17.25}$$

的径向动量与径向坐标 $\hat{r}$ 正则共轭.

证明 算符 $\hat{p}_r$ 不同于简单的 $-\mathrm{i}\hbar(\partial/\partial r)$,为

$$\hat{p}_r = -\mathrm{i}\hbar\left(\frac{\partial}{\partial r} + \frac{1}{r}\right) \tag{17.26}$$

差别来源于被限制在 $r\geqslant 0$ 区域内的径向运动不同的几何性质. 该算符(17.26)式的平方是

$$\hat{p}_r^2 = -\hbar^2\left(\frac{\partial}{\partial r} + \frac{1}{r}\right)\left(\frac{\partial}{\partial r} + \frac{1}{r}\right) = -\hbar^2\left(\frac{\partial^2}{\partial r^2} + \frac{\partial}{\partial r}\frac{1}{r} + \frac{1}{r}\frac{\partial}{\partial r} + \frac{1}{r^2}\right) \tag{17.27}$$

因为

$$\frac{\partial}{\partial r}\frac{1}{r} = -\frac{1}{r^2} + \frac{1}{r}\frac{\partial}{\partial r} \tag{17.28}$$

所以

$$\hat{p}_r^2 = -\hbar^2\left(\frac{\partial^2}{\partial r^2} + \frac{2}{r}\frac{\partial}{\partial r}\right) \tag{17.29}$$

它是径向动能算符的正确形式(Laplace 算符的径向部分). 对易关系

$$[\hat{p}_r, \hat{r}] = -\mathrm{i}\hbar \tag{17.30}$$

从(17.26)式求得,因为当 $r\neq 0$ 时额外项 $1/r$ 和 r 对易.

习题 17.3 推导 $\hat{r}$、$\hat{p}_r$ 和 $\hat{r}^q$ 算符的运动方程,并且证明它们在定态上期待值之间的关系为

$$\langle p_r r^{q-1}\rangle = -\frac{\mathrm{i}\hbar}{2}(q-1)\langle r^{q-2}\rangle \tag{17.31}$$

解 借助(17.29)式,类似经典力学,我们得到

$$\frac{\mathrm{d}\hat{r}}{\mathrm{d}t} = \frac{\hat{p}_r}{m} \tag{17.32}$$

$$\frac{\mathrm{d}\hat{p}_r}{\mathrm{d}t} = \frac{\hbar^2 \hat{\boldsymbol{l}}^2}{m\hat{r}^3} - \frac{\mathrm{d}U}{\mathrm{d}\hat{r}} \tag{17.33}$$

算符 $\hat{r}^q$ 与动能的径向部分不对易，则

$$[\hat{r}^q, \hat{p}_r^2] = [\hat{r}^q, \hat{p}_r]\hat{p}_r + \hat{p}_r[\hat{r}^q, \hat{p}_r] = \mathrm{i}\hbar q(\hat{r}^{q-1}\hat{p}_r + \hat{p}_r\hat{r}^{q-1}) \tag{17.34}$$

结合(17.32)式得

$$\frac{\mathrm{d}\hat{r}^q}{\mathrm{d}t} = \frac{q}{m}\hat{p}_r\hat{r}^{q-1} + \mathrm{i}\hbar\frac{q(q-1)}{2m}\hat{r}^{q-2} \tag{17.35}$$

如7.7节所示，在分立谱的定态中算符微商的期待值为零，我们得到所要求证的表达式(17.31).

17.3 Schrödinger 方程的径向部分

在分离常数取某一确定值 $C = l(l+1)$ 的情况下，(17.22)式的径向部分是

$$\frac{1}{r^2}\frac{\mathrm{d}}{\mathrm{d}r}\left(r^2\frac{\mathrm{d}R}{\mathrm{d}r}\right) + k^2(r)R = \frac{l(l+1)}{r^2}R \tag{17.36}$$

对于每一个轨道角动量值 l，应当确定解 $R_l(r)$ 和可能的能量 E 的谱，由于该位势转动不变性的结果，这个能谱对于 m 是简并的. 我们把这些解称为**分波**，并且对于 l 的各种值采用一些传统符号：

l	0	1	2	3	4
符号	s	p	d	f	g

(17.37)

接下去按字母表顺序排序.

借助 l 相关的有效势，方程(17.36)可以改写成

$$\frac{1}{r^2}\frac{\mathrm{d}}{\mathrm{d}r}\left(r^2\frac{\mathrm{d}R}{\mathrm{d}r}\right) + k_l^2(r)R = 0 \tag{17.38}$$

$$k_l^2(r) = \frac{2m}{\hbar^2}[E - U_l(r)], \quad U_l(r) = U(r) + \frac{\hbar^2 l(l+1)}{2mr^2} \tag{17.39}$$

从经典力学得知，在有效位势(17.39)式中的最后一项(离心项)表示具有惯性矩 mr^2 的动能转动部分. s 波方程不包含这一项.

在许多情况下，基于流守恒的简化是有帮助的. 在具有固定原点的三维几何中，流

量从中心通过其面积$\propto r^2$增加的表面传播. 因此,守恒流必须$\propto 1/r^2$减小. 如果波函数的绝对值与 l 无关,正比于 $1/r$,则情况就会是这样的. 让我们寻找下列形式的径向解:

$$R(r) = \frac{u(r)}{r} \tag{17.40}$$

Laplace 算符的径向部分(径向运动的动能)变成

$$\frac{1}{r^2}\frac{\mathrm{d}}{\mathrm{d}r}\left(r^2\frac{\mathrm{d}R}{\mathrm{d}r}\right) = \frac{u''}{r} \tag{17.41}$$

其中,撇号表示径向微商. 需要求解的方程变成了具有(17.39)式的有效波矢量 $k_l(r)$ 的**一维**形式:

$$u'' + k_l^2(r)u = 0 \tag{17.42}$$

对一大类位势,解的某些性质是共同的. 让我们求在大距离处和原点附近的这个解.

我们假设该势有一个有限力程 a,因此在 $r>a$ 的区域,我们可以忽略位势 $U(r)$. 离心项也减小,并且在足够大的 r 处,$\hbar^2 l(l+1)/(2mr^2) \ll E$. 在这样的距离,我们能够把运动视为具有波数 k 的自由运动,$k^2 = 2mE$,使我们得到了最简单的一维问题:

$$u'' + k^2 u = 0 \tag{17.43}$$

它的通解是从中心向外传播的波(+)和向中心传播的波(−)的任意叠加:

$$u(r) = A\mathrm{e}^{\mathrm{i}kr} + B\mathrm{e}^{-\mathrm{i}kr} \tag{17.44}$$

用原来的函数(17.40)式,则

$$R(r) = A\frac{\mathrm{e}^{\mathrm{i}kr}}{r} + B\frac{\mathrm{e}^{-\mathrm{i}kr}}{r} \tag{17.45}$$

我们得到**出射**和**入射**球面波的叠加. 方程(17.45)确认了我们关于流守恒的预期. 在具有角动量量子数 l 和 m 的单位振幅的球面波中,空间确定方向的径向流是

$$j_r = \frac{\hbar}{2m\mathrm{i}}|\mathrm{Y}_{lm}|^2\left(R^*\frac{\mathrm{d}R}{\mathrm{d}r} - R\frac{\mathrm{d}R^*}{\mathrm{d}r}\right) = \pm\frac{\hbar k}{mr^2}|\mathrm{Y}_{lm}|^2 \tag{17.46}$$

使通过面元的流量

$$j_r\mathrm{d}S = j_r r^2\mathrm{d}o = \pm\frac{\hbar k}{m}|\mathrm{Y}_{lm}|^2\mathrm{d}o \tag{17.47}$$

作为 r 的函数是守恒的. 这里我们已经假设了 $E>0$ 和在大距离处,在势 $U\to 0$ 情况下的

无限运动.对于一个**束缚态**,$E<0$,渐近波矢量是虚数,$k=\mathrm{i}\kappa$,因此函数 $u(r)$必须指数式衰减:

$$u(r)\propto \mathrm{e}^{-\kappa r},\quad \kappa=\sqrt{\frac{2m|E|}{\hbar^2}} \tag{17.48}$$

我们需要提醒的是,这个渐近解对衰减太慢($\propto 1/r$)的 Coulomb 势是不适用的.

球极坐标在 $r\to 0$ 时引入一个几何奇点,在那里角度是不确定的且(对 $l\neq 0$)转动能量趋于无穷.如果在 $r\to 0$ 时势 $U(r)$是有限的,没有物理奇点,则波函数在原点必须是正则的.在这种情况下,原点附近(17.42)式的主要项给出

$$u''-\frac{l(l+1)}{r^2}u=0 \tag{17.49}$$

这个方程是普适的,与能量值或真实势无关.这个 Euler 型方程有一个幂指数规律的解:

$$u=r^{\gamma},\quad \gamma(\gamma-1)=l(l+1) \tag{17.50}$$

存在 $\gamma=l+1$ 或 $\gamma=-l$ 两种可能性.它们决定了**正则**和**非正则**的解(译者注:在下式中分别用上角标 reg 和 irreg 标注):

$$u_l^{(\mathrm{reg})}\propto r^{l+1},\quad R_l\propto r^l \tag{17.51}$$

$$u_l^{(\mathrm{irreg})}\propto \frac{1}{r^l},\quad R_l\propto \frac{1}{r^{l+1}} \tag{17.52}$$

习题 17.4 假设中心势 $U(r)$满足半经典近似的适用条件,以纳入三维有效势(17.39)式的方式修改第 15 章的一维解.

解 与一维情况相比较,差别在于额外的边界条件 $R(0)=0$.通过借助下列代换把半轴 $r\geqslant 0$ 映射到整个 x 轴,可以消去奇点:

$$r=\mathrm{e}^x,\quad r=0\Rightarrow x=-\infty,\quad r=\infty\Rightarrow x=\infty \tag{17.53}$$

对于这个新变量,Schrödinger 方程取如下形式:

$$\frac{\mathrm{d}^2u}{\mathrm{d}x^2}-\frac{\mathrm{d}u}{\mathrm{d}x}+\mathrm{e}^{2x}\left[k^2-\frac{2m}{\hbar^2}U(\mathrm{e}^x)-l(l+1)\mathrm{e}^{-2x}\right]u=0 \tag{17.54}$$

通过按照下式引入新函数 $F(x)$的标准技巧,可以消去第一个微商:

$$u=\mathrm{e}^{x/2}F(x) \tag{17.55}$$

$F(x)$满足

$$\frac{d^2F}{dx^2} + e^{2x}\left[k^2 - \frac{2m}{\hbar^2}U(e^x) - \left(l + \frac{1}{2}\right)^2 e^{-2x}\right]F(x) = 0 \tag{17.56}$$

在 $x = \pm\infty$ 时确切表述的边界条件下,这个方程有一个常用的形式.这个新波函数的半经典相位是

$$S(x) = \int^x dx e^x \sqrt{k^2 - \frac{2m}{\hbar^2}U(e^x) - \left(l + \frac{1}{2}\right)^2 e^{-2x}} \tag{17.57}$$

或回到原来的变量 r((17.53)式),则

$$S(r) = \int^r dr \sqrt{k^2 - \frac{2m}{\hbar^2}U(r) - \frac{(l+1/2)^2}{r^2}} \tag{17.58}$$

(17.58)式与原来方程的比较表明:径向问题可以用半经典近似来研究,其唯一的改变为

$$l(l+1) \Rightarrow \left(l + \frac{1}{2}\right)^2 \tag{17.59}$$

在原点附近正则性的要求挑选了解(17.51)式.s 波没有离心势垒,而所有 $l>0$ 的波在原点附近都被禁戒了.这个事实强烈影响到粒子在近距离相互作用的性质.这个考虑甚至也适用于在原点附近比离心能更弱的 $\sim 1/r$ 的 Coulomb 相互作用.如果位势比 $1/r^2$ 更奇异,我们遇到了一种**落到中心点**的异常情况,使得系统可能没有有限的基态能量.实际上,一些其他的物理因素将会进入博弈,改变在非常短距离的位势.

17.4 自由运动

为了描写径向波函数,我们从 $U=0$ 的自由运动开始,在这种情况下解用类似于笛卡儿几何中平面波的球面波给出.因为它们形成备选的解的完备集,平面波和球面波的每一个都可以表示为另一类解的叠加.这个互补性有重要的实际价值:探测器在某一方向上测量到的从散射体发出的散射后球面波,实际上就是把这个波投影到具有一个确定方向动量上的平面波.因此,研究这一关联是非常必要的.

处于具有轨道角动量 l 的一个确定分波的自由运动波函数

$$\psi(\mathbf{r}) = \frac{u(r)}{r}Y_{lm}(\mathbf{n}), \quad \mathbf{n} = \frac{\mathbf{r}}{r} \tag{17.60}$$

满足径向方程

$$u'' + \left[k^2 - \frac{l(l+1)}{r^2}\right]u = 0 \tag{17.61}$$

(17.61)式的两个线性独立的解(17.51)式和(17.52)式区别于它们在原点的行为.对自由运动,我们必须选择正则解 $u(0)=0$.然而,对于在中心场里的运动,自由方程(17.61)仅在势的力程之外的渐近区中是适用的.这里,通解将是正则的和在相互作用区应该平滑地黏附在正则解之上的非正则解的一个叠加.因此我们需要知道两种解的性质.

引入无量纲的变量 $\rho = kr$,我们把(17.61)式改写为

$$\frac{d^2 u}{d\rho^2} + \left[1 - \frac{l(l+1)}{\rho^2}\right]u = 0 \tag{17.62}$$

这里能量依赖关系消失了.因此,如果距离用相应的波长来度量,则所有能量的解的行为类似.的确,自由运动没有任何外部的长度标度.

按照17.3节,在小的 ρ 处,正则解 f_l 和奇异解 g_l 表现为

$$f_l \sim C_l \rho^{l+1}, \quad g_l \sim \frac{D_l}{\rho^l}, \quad \rho \to 0 \tag{17.63}$$

在渐近区,$\rho \to \infty$,两个解都是出射波 $e^{i\rho}$ 和入射波 $e^{-i\rho}$ 的叠加.让我们用这样的方法(通过选择 C_l)渐近地归一化正则解,使得渐近地有

$$f_l \approx \sin(\rho + \beta_l), \quad \rho \to \infty \tag{17.64}$$

相位 β_l 将在下面被找到.为了研究这些解.我们可以应用**因子化方法**[66].

让我们定义两组微商算符:

$$\hat{A}_l^{(\pm)} = \frac{d}{d\rho} \pm \frac{l}{\rho} \tag{17.65}$$

那么,很容易验证(17.62)式可以用两组等价的形式来展示:

$$\hat{A}_{l+1}^{(+)} \hat{A}_{l+1}^{(-)} u_l = -u_l = \hat{A}_l^{(-)} \hat{A}_l^{(+)} u_l \tag{17.66}$$

借助正则解 f_l,让我们引入函数集合

$$w_{l-1} = \hat{A}_l^{(+)} f_l, \quad l = 1,2,\cdots \tag{17.67}$$

现在,我们可以证明函数 w_l 正比于 f_l 并且求比例系数.从(17.66)式的第二种形式,我们发现

$$\hat{A}_l^{(-)} w_{l-1} = \hat{A}_l^{(-)} \hat{A}_l^{(+)} f_l = - f_l \tag{17.68}$$

在这里我们作代换 $l \to l+1$,得

$$\hat{A}_{l+1}^{(-)} w_l = - f_{l+1} \tag{17.69}$$

再用 $\hat{A}_{l+1}^{(+)}$作用到(17.69)式的两部分上,得

$$\hat{A}_{l+1}^{(+)} \hat{A}_{l+1}^{(-)} w_l = - \hat{A}_{l+1}^{(+)} f_{l+1} = - w_l \tag{17.70}$$

它与定义(17.67)式一致.如果我们把(17.70)式的结果与(17.66)式的第一种形式比较,就会发现函数 w_l和f_l满足**相同的**方程.

要确定 w_l在原点是否是正则的,我们可利用取 $l-1 \to l$ 的(17.67)式及正则解 f_{l+1}的渐近式(17.63)式:

$$w_l = A_{l+1}^{(+)} f_{l+1} \sim A_{l+1}^{(+)} C_{l+1} \rho^{l+2} = (2l+3) C_{l+1} \rho^{l+1} \tag{17.71}$$

这意味着 w_l也属于这一类**正则**解.然而,至多差一个归一化,正则解是唯一的,即 w_l和f_l只不过是成比例的,它们的比例常数可以从(17.63)式和(17.71)式得到:

$$w_l = (2l+3) \frac{C_{l+1}}{C_l} f_l \tag{17.72}$$

于是,我们导出了一个**递推关系**:

$$f_{l+1} = - \hat{A}_{l+1}^{(-)} w_l = - (2l+3) \frac{C_{l+1}}{C_l} \hat{A}_{l+1}^{(-)} f_l \tag{17.73}$$

这允许我们相继地构建出所有正则函数 f_l.

对于 s 波,$l=0$,(17.62)式在 $\rho=0$ 的正则解是 $C_0 \sin\rho$.对我们的渐近选择(17.64)式,$C_0=1$,于是我们得到

$$f_0 = \sin\rho, \quad \beta_0 = 0 \tag{17.74}$$

下一步(p 波,$l=1$)按照(17.73)式和(17.74)式,得

$$f_1 = -3 \frac{C_1}{C_0} \left(\cos\rho - \frac{\sin\rho}{\rho} \right) \tag{17.75}$$

以及渐近形式($\rho \to \infty$)

$$f_1 \to -3 \frac{C_1}{C_0} \cos\rho = 3 \frac{C_1}{C_0} \sin\left(\rho - \frac{\pi}{2}\right) \tag{17.76}$$

与要求的渐近式(17.64)相比较表明：$C_1=(1/3)C_0=1/3$，

$$f_1=\frac{\sin\rho}{\rho}-\cos\rho,\quad \beta_1=-\frac{\pi}{2} \tag{17.77}$$

很容易看到一般的结果是

$$C_l=\frac{1}{2l+1}\cdot\frac{1}{2l-1}\cdot\cdots\cdot\frac{1}{5}\cdot\frac{1}{3}=\frac{1}{(2l+1)!!}=\frac{2^l l!}{(2l+1)!} \tag{17.78}$$

和

$$\beta_l=-\frac{l\pi}{2} \tag{17.79}$$

总之，我们的正则解用渐近形式表述为

$$f_l\sim\begin{cases}[2^l l!/(2l+1)!]\rho^{l+1}, & \rho\to 0\\ \sin(\rho-l\pi/2), & \rho\to\infty\end{cases} \tag{17.80}$$

与正则解相反，在小 ρ 处表示非正则解 g_l 的级数的主要项不能唯一地确定函数 g_l. 的确，给函数 g_l 添加一个具有任意常数系数 a 的正则函数 af_l，我们改变不了在 $\rho\to 0$ 处占主要优势的奇异项，但在 $\rho\to\infty$ 时得到不同的渐近式. 要完全确定 g_l，我们强制地要求在大距离处 g_l 有类似于(17.80)式的渐近行为：

$$g_l\sim\cos\left(\rho-\frac{l\pi}{2}\right),\quad \rho\to\infty \tag{17.81}$$

这样的相位选择意味着常数 a 的一个确定值. 用条件(17.63)式和(17.81)式，解 g_l 被完全确定. 注意，对函数 g_l，旧的递推关系是适用的：

$$\hat{A}^{(-)}_{l+1}g_l=-g_{l+1},\quad \hat{A}^{(+)}_l g_l=-g_{l-1} \tag{17.82}$$

在分波的序列中，算符 $\hat{A}^{(-)}$ 和 $\hat{A}^{(+)}$ 明显地分别起着产生算符和湮灭算符的作用.

习题 17.5 求(17.63)式中常数 D_l 的值.

解 结果可以用许多种方法求得. 例如，考虑 Wronskian 行列式(9.24)：

$$W[f_l,g_l]=\frac{\mathrm{d}f_l}{\mathrm{d}\rho}g_l-f_l\frac{\mathrm{d}g_l}{\mathrm{d}\rho} \tag{17.83}$$

如在 9.3 节那样，我们容易证明：一旦两个函数 f_l 和 g_l 都服从(17.61)式，这个 Wronskian行列式就不依赖 ρ. 因此，我们可以用大距离渐近式计算它的值：

$$W = \cos^2\left(\rho - \frac{l\pi}{2}\right) + \sin^2\left(\rho - \frac{l\pi}{2}\right) = 1 \tag{17.84}$$

另一方面，通过在 $\rho \to 0$ 时计算 W 的值，我们求得

$$W = 1 = (l+1)C_l\rho^l D_l\rho^{-l} - C_l\rho^{l+1}(-l)\rho^{-l-1}D_l = (2l+1)D_lC_l \tag{17.85}$$

从而得到

$$D_l = \frac{1}{C_l(2l+1)} \tag{17.86}$$

习题 17.6 证明函数 f_l 和 g_l 与半整数阶 Bessel 函数有关(见 9.7 节)：

$$f_l(\rho) = \sqrt{\frac{\pi\rho}{2}}J_{l+1/2}(\rho), \quad g_l(\rho) = (-)^l\sqrt{\frac{\pi\rho}{2}}J_{-(l+1/2)}(\rho) \tag{17.87}$$

完整的径向函数(17.40)式由所谓的**球 Bessel 函数**和**球 Neuman 函数**表示：

$$\begin{aligned} j_l(\rho) &= \frac{f_l(\rho)}{\rho} = \sqrt{\frac{\pi}{2\rho}}J_{l+1/2}(\rho) \\ n_l(\rho) &= -\frac{g_l(\rho)}{\rho} = (-)^{l+1}\sqrt{\frac{\pi}{2\rho}}J_{-(l+1/2)}(\rho) \end{aligned} \tag{17.88}$$

让我们总结它们的性质(这些函数是初等平面三角函数与在分母上的坐标幂函数的组合)，最低的一些例子是

$$j_0(\rho) = \frac{\sin\rho}{\rho}, \quad n_0(\rho) = -\frac{\cos\rho}{\rho} \tag{17.89}$$

$$j_1(\rho) = \frac{\sin\rho}{\rho^2} - \frac{\cos\rho}{\rho}, \quad n_1(\rho) = -\frac{\cos\rho}{\rho^2} - \frac{\sin\rho}{\rho} \tag{17.90}$$

在原点附近，$\rho \to 0$，则

$$j_l(\rho) \approx \frac{\rho^l}{(2l+1)!!}, \quad n_l(\rho) \approx -\frac{(2l-1)!!}{\rho^{l+1}} \tag{17.91}$$

而在渐近区，$\rho \to \infty$，则

$$j_l(\rho) \approx \frac{\sin(\rho - l\pi/2)}{\rho}, \quad n_l(\rho) \approx -\frac{\cos(\rho - l\pi/2)}{\rho} \tag{17.92}$$

f_l 和 g_l 的任意线性组合满足相同的自由方程(17.61)，特别是相应于第一类和第二类**球 Hankel 函数**的组合：

$$v_l = f_l + \mathrm{i}g_l, \quad \tilde{v}_l = f_l - \mathrm{i}g_l \tag{17.93}$$

用渐近式表示入射球面波或出射球面波：

$$v_l \sim \mathrm{i}\mathrm{e}^{-\mathrm{i}(\rho - l\pi/2)}, \quad \tilde{v}_l \sim -\,\mathrm{i}\mathrm{e}^{\mathrm{i}(\rho - l\pi/2)} \tag{17.94}$$

球 Hankel 函数是

$$h_l^{(1)}(\rho) = j_l(\rho) + \mathrm{i}n_l(\rho), \quad h_l^{(2)}(\rho) = j_l(\rho) - \mathrm{i}n_l(\rho) \tag{17.95}$$

它们的渐近式分别为

$$h_l^{(1)}(\rho) \sim -\frac{\mathrm{i}}{\rho}\mathrm{e}^{\mathrm{i}(\rho - l\pi/2)}, \quad h_l^{(2)}(\rho) = (h_l^{(1)}(\rho))^* \tag{17.96}$$

17.5 平面波和球面波

对于能量为 $E=\hbar^2k^2/(2m)$、自由运动的粒子，球面波

$$\frac{f_l(\rho)}{\rho}\mathrm{Y}_{lm}(\boldsymbol{n}) = j_l(\rho)\mathrm{Y}_{lm}(\boldsymbol{n}), \quad \rho = kr, \quad \boldsymbol{n} = \frac{\boldsymbol{r}}{r} \tag{17.97}$$

构成了在原点处 Schrödinger 方程正则解的完备集合. 任何其他的正则解都可以用这个完备集展开. 特别是，这个展开可以用于在原点肯定没有奇异性的**平面波**：

$$\mathrm{e}^{\mathrm{i}(\boldsymbol{k}\cdot\boldsymbol{r})} = \sum_{lm} C_{lm}(\boldsymbol{k})\mathrm{Y}_{lm}(\boldsymbol{n})j_l(\rho) \tag{17.98}$$

为了求得展开式(17.98)中的振幅 C_{lm}，我们利用球函数 Y_{lm} 量子化的 z 轴可以自由选择. 我们取 z 轴为波矢量 $\boldsymbol{k}$ 的方向，使得

$$k = k_z, \quad \boldsymbol{k}\cdot\boldsymbol{r} = kz = kr\cos\theta \equiv \rho\eta \tag{17.99}$$

($\eta=\cos\theta$). 平面波(17.98)式具有绕 z 轴的轴对称性，不依赖极角 φ. 因此展开式只包含 $\mathrm{Y}_{l0}=\sqrt{(2l+1)/(4\pi)}\,\mathrm{P}_l(\eta)$，使得

$$\mathrm{e}^{\mathrm{i}\rho\eta} = \sum_{l} C_l \mathrm{P}_l(\eta) j_l(\rho), \quad C_l = \sqrt{\frac{2l+1}{4\pi}}C_{l0} \tag{17.100}$$

由于 Legendre 多项式的正交性((16.144)式)，

$$\int_{-1}^{1} d\eta e^{i\rho\eta} P_l(\eta) = \frac{2}{2l+1} C_l j_l(\rho) \tag{17.101}$$

这个关系式必须对于不同的 ρ 都同样是正确的,故对 ρ 的某些值计算出左边就足够了.分部积分给出

$$\int_{-1}^{1} d\eta e^{i\rho\eta} P_l(\eta) = \frac{i}{\rho} \int_{-1}^{1} d\eta e^{i\rho\eta} P'_l(\eta) + \frac{1}{i\rho} [e^{i\rho} - (-)^l e^{-i\rho}] \tag{17.102}$$

在这里,我们记起了 Legendre 多项式的边界值((16.148)式和(16.147)式).(17.102)式右边的积分项等于 $(2/\rho) i^l \sin(\rho - l\pi/2)$,同时正如进一步分部积分所看到的,在大 ρ 处剩余积分大小的量级为 $1/\rho^2$.通过让(17.101)式的右边等于渐近式(17.80),我们得到

$$\frac{2}{\rho} i^l \sin(\rho - l\pi/2) = \frac{2}{2l+1} C_l \frac{\sin(\rho - l\pi/2)}{\rho} \rightsquigarrow C_l = i^l (2l+1) \tag{17.103}$$

方程(17.101)和(17.103)决定了一个有用的积分关系:

$$j_l(\rho) = \frac{1}{2i^l} \int_{-1}^{1} d\eta e^{i\rho\eta} P_l(\eta) \tag{17.104}$$

因此,要求的平面波用球面波的展开式(17.98)是

$$e^{ikz} = e^{i\rho\eta} = \sum_{l=0}^{\infty} i^l (2l+1) P_l(\eta) j_l(\rho) \tag{17.105}$$

或在一个任意坐标系里

$$e^{i(\boldsymbol{k}\cdot\boldsymbol{r})} = \sum_{l=0}^{\infty} i^l (2l+1) P_l(\cos\theta_{(\boldsymbol{k},\boldsymbol{r})}) j_l(\rho) \tag{17.106}$$

回到(17.103)式和(17.104)式,我们写下 $\rho \to \infty$ 时该展开式的渐近形式:

$$\begin{aligned} e^{i(\boldsymbol{k}\cdot\boldsymbol{r})} &\Rightarrow \frac{1}{2i\rho} \sum_l (2l+1) P_l(\cos\theta_{(\boldsymbol{k},\boldsymbol{r})}) [e^{i\rho} - (-)^l e^{-i\rho}] \\ &= \sum_l i^l (2l+1) P_l(\cos\theta_{(\boldsymbol{k},\boldsymbol{r})}) \frac{\sin(\rho - l\pi/2)}{\rho} \end{aligned} \tag{17.107}$$

如我们在(16.146)式和(16.148)式所看到的,Legendre 多项式的集合是完备的:

$$\begin{aligned} &\sum_l (2l+1) P_l(\boldsymbol{n}, \boldsymbol{n}') = 4\pi\delta(\boldsymbol{n} - \boldsymbol{n}') \\ &\sum_l (2l+1)(-)^l P_l(\boldsymbol{n}, \boldsymbol{n}') = 4\pi\delta(\boldsymbol{n} + \boldsymbol{n}') \end{aligned} \tag{17.108}$$

这显示了一种几何上显而易见的等价的渐近等式：在 $\rho\to\infty$ 时，有

$$e^{i(\boldsymbol{k}\cdot\boldsymbol{r})}\Rightarrow\frac{2\pi}{ikr}\left[e^{ikr}\delta(\boldsymbol{n}_k-\boldsymbol{n})-e^{-ikr}\delta(\boldsymbol{n}_k+\boldsymbol{n})\right] \tag{17.109}$$

在这个渐近式中，平面波看上去像是沿 $\boldsymbol{k}$ 方向的出射球面波和沿 $-\boldsymbol{k}$ 方向的入射球面波的叠加.

17.6 球形势阱

如图 3.8 所示，一个深度为 U_0、半径为 a 的吸引势是最简单的而又十分重要的例子. 该问题简化成在半轴 $r\geqslant 0$ 上的一维运动.

对于**束缚态**（$E=-\epsilon<0$），在势阱内 $0\leqslant r\leqslant a$，波矢量是 k_0，有

$$k_0^2=\frac{2m(U_0-\epsilon)}{\hbar^2} \tag{17.110}$$

利用代换（17.40）式和这里定义为 $\rho=k_0 r$ 的无量纲长度变量，径向 Schrödinger 方程（17.38）再一次取自由运动形式（17.61）. 通过选择在阱内部的正则解，我们得到

$$R(r)=Aj_l(k_0 r),\quad 0\leqslant r\leqslant a \tag{17.111}$$

在连续谱中，对于 $E>0$ 时的无限运动，（17.11）式同样适用. $l=0$ 时没有离心势垒，因此对于具有运动学条件 $u(0)=0$ 的 $u(r)$，我们有一个标准的一维方程，它可以用位于原点的一个不可穿透势壁来模拟，于是

$$u_0(r)=\text{常数}\cdot\sin(k_0 r) \tag{17.112}$$

这等价于对从 $-a$ 伸展到 $+a$ 的一维对称势阱问题仅保留**奇数**解.

在外部区域 $r\geqslant a$，束缚态方程包含虚数波矢量

$$k=i\kappa,\quad \kappa=\sqrt{\frac{2m\epsilon}{\hbar^2}},\quad \epsilon=-E \tag{17.113}$$

并且方程再一次成为与具有**虚数**无量纲变量 $\rho=i\kappa r$ 的方程相同的形式. 要得到在这个势垒下的一个指数衰减函数，我们需要取虚宗量的 h_l 的组合：

$$R_l(r)=Bh_l^{(1)}(i\kappa r) \tag{17.114}$$

这种类型的最低的几个函数分别是

$$h_0^{(1)}(\mathrm{i}\kappa r) = -\frac{1}{\kappa r}\mathrm{e}^{-\kappa r} \tag{17.115}$$

$$h_1^{(1)}(\mathrm{i}\kappa r) = \mathrm{i}\left(\frac{1}{\kappa r} + \frac{1}{\kappa^2 r^2}\right)\mathrm{e}^{-\kappa r} \tag{17.116}$$

内部和外部的解在势阱的边界 $r = a$ 处必须连续地连接. 把函数 $u = rR$ 连接起来就足够了(**证明这一点!**). 对于 $l = 0$,我们需要把函数 $\sin(k_0 r)$与 $\exp(-\kappa r)$连接起来. 通常在这种情况下最方便的做法是:在 $r = a$ 处让**对数的微商**相等,以消除常数振幅. 它导致了结合能ϵ的方程,比较(3.47)式得

$$\tan(k_0 a) = -\frac{k_0}{\kappa} \tag{17.117}$$

这个方程可以用图解法求解. 然而,很清楚,只有在阱的深度超过一个临界值 $U^{临界}$时束缚态才出现. 例如,通过假设内部函数(17.112)式取正号,我们随着增长的正弦到达边界. 如果该内部函数到达 $r = a$ 处,具有正的微商,则不可能与衰减的外部指数连续地连接. 然而,在 $k_0 a$ 的正弦的相位达到 $\pi/2$ 之后,连接成为可能. 因此,像在(3.65)式中所讨论的那样,有

$$k_0^{临界} = \frac{\pi}{2a}, \quad U^{临界} = \frac{\pi^2\hbar^2}{8ma^2} \tag{17.118}$$

势阱进一步加深会使束缚能增加,并且在某一点获得一个势阱内节点的内部函数能够再一次与衰减的外部函数连接,使得势阱可以支持两个束缚态. 每次新能级产生,具有零束缚能,然后随着势阱的变深,能级降低. 能级出现的时刻对应于 $\kappa = 0$. 方便的做法是引入满足(17.117)式的无量纲变量:

$$\xi = k_0 a, \quad \eta = \kappa a, \quad \eta = -\frac{\xi}{\tan\xi} \tag{17.119}$$

如图 17.2 所示,它们通过(η,ξ)平面上的一个圆方程相互关联:

$$\xi^2 + \eta^2 = \frac{2mU_0 a^2}{\hbar^2} \equiv \zeta^2 \tag{17.120}$$

在 $\kappa\to 0$ 时,变量 $\xi\to\zeta$,这个极限不依赖于ϵ. 对于 $l = 0$,从(17.117)式可以看到,这发生在方程的两部分都是无穷大时:

$$\zeta_n = \left(n + \frac{1}{2}\right)\pi, \quad n = 0,1,\cdots \tag{17.121}$$

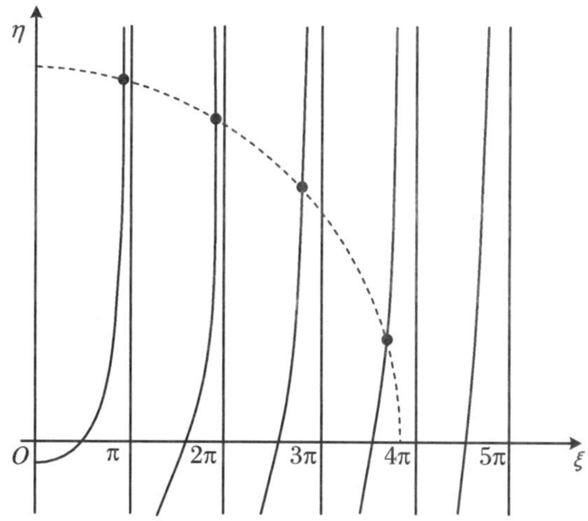

图 17.2　对于球形势阱的图解法(在这种情况中,有 4 个束缚的 s 能级)

因此,当

$$U_0 = U_n^{临界} = \frac{\hbar^2\pi^2}{2ma^2}\left(n+\frac{1}{2}\right)^2 \tag{17.122}$$

时新产生的能级出现.

习题 17.7　求出现 $l=1$(p 波)束缚态的临界值 U_n 的序列.

解　利用 $l=1$ 的球 Bessel 函数和 Hankel 函数的显示式,求这个解:

$$u(r) = \begin{cases} A[\sin(k_0 r)/(k_0 r) - \cos(k_0 r)], & r < a \\ B[1+1/(\kappa r)]\exp(-\kappa r), & r > a \end{cases} \tag{17.123}$$

利用由(17.120)式关联的变量(17.119)式,连接条件可以写成

$$\frac{\cot\xi}{\xi} - \frac{1}{\xi^2} = \frac{1}{\eta} + \frac{1}{\eta^2} \tag{17.124}$$

则新的 p 波能级出现在 $\cot\xi \to \infty$ 或 $\zeta_n = n\pi$ 处:

$$U_n^{临界} = \frac{\hbar^2\pi^2}{2ma^2}n^2, \quad n \geqslant 1 \tag{17.125}$$

习题 17.8　一个半径为 a 的方势阱仅维持一个束缚能为ϵ的弱束缚 s 波态,求这个势阱的深度.

解　这个深度仅比临界值(17.118)式稍微大一点,$U_0 = U^{临界} + \delta U$. 这意味着 ξ 比 $\pi/2$ 稍微大一些,在 η 的第一级,我们找到

$$\delta U = \sqrt{\frac{2\hbar^2 \epsilon}{ma^2}} \tag{17.126}$$

束缚能正比于势阱深度超过临界值的量平方增长：

$$\epsilon = \frac{ma^2}{2\hbar^2}(\delta U)^2 = \frac{\pi^2}{16}\frac{(\delta U)^2}{U^{临界}} \tag{17.127}$$

17.7 短程势

新产生的态是非常松散的束缚态. 相应的外部指数有一个很大的穿透长度 $\sim 1/\kappa$，并且在经典禁闭区内形成一个波函数的**晕环**(halo)，见 3.5 节. 在连续谱中的解可以用相同的连接条件找到. 然而，我们将推迟到把散射问题公式化时讨论它们.

在许多实际情况中，我们感兴趣的是存在一个(或几个)束缚态问题. 像 Coulomb 力这类**长程**势可以有无限数目的束缚态，包含空间尺度很大的那些态. 在这样的情况下，我们没有晕环. 波函数是指数衰减的，$\sim \exp(-\kappa r)$，而势以幂指数规律减小，例如 $\sim 1/r$，所以弱束缚的波函数的尾巴仍然在**经典允许**区内. 在一个**短程**势的情况下，$1/\kappa \gg a$，波函数的绝大部分可能在势外部的晕环内，请回忆 3.5 节.

因为对于 $l \neq 0$ 离心势垒压低了在吸引势的内部距离 $r < l/k$ 处找到粒子的概率，通常只有 s 波的束缚态有很大机会在短程势内存在. 对每个轨道角动量 l **最低**束缚态的序列形成**转晕线** (yrast line). 沿着转晕线，态精确地按照 l 增加的顺序排列.

习题 17.9 证明：在中心势内轨道角动量 l 的最低束缚态的能量低于轨道角动量 $l' > l$ 的最低束缚态的能量.

证明 能量 E_l 是有效哈密顿量(17.39)式对径向函数 $R_l(r)$ 的期待值：

$$E_l = \langle R_l | \hat{H}_l | R_l \rangle = \int dr r^2 R_l^*(r) [\hat{K} + U_l(r)] R_l(r) \tag{17.128}$$

对于较高的轨道角动量值 $l' > l$，有

$$\begin{aligned} E_{l'} &= \langle R_{l'} | \hat{H}_{l'} | R_{l'} \rangle \\ &= \langle R_{l'} | \hat{H}_l | R_{l'} \rangle + \left\langle R_{l'} \left| \frac{\hbar^2 [l'(l'+1) - l(l+1)]}{2mr^2} \right| R_{l'} \right\rangle \end{aligned} \tag{17.129}$$

(17.129)式的第二项显然是正的. 对第一项,我们可以应用变分原理. 哈密顿量 H_l 在它自己的本征态 R_l 中有**极小**期待值,等于 E_l. 因此对任何其他态(包含 $R_{l'\neq l}$),它的期待值都大一些. 结果 $E_{l'}>E_l$.

就 s 波而言,从前面小节的论证显然可见. 对于任何内部波函数 $R = u/r$,其对数微商的连接条件可以写成

$$\lambda(\epsilon) \equiv \left(\frac{1}{u}\frac{\mathrm{d}u}{\mathrm{d}r}\right)_{r=a} = -\kappa \tag{17.130}$$

其中,κ(17.113)式表征束缚能 ϵ. 如果从内部求得的对数微商是负的($\lambda<0$)且波函数的两部分能够连续地连接,则束缚态存在. 对任何短程势和运动已经是自由的任何边界 $r=a$,这个结论都是适用的. 如果归一化积分 $\int \mathrm{d}r r^2 \mid R \mid^2$ 的主要部分来自外部 $R \propto \exp(-\kappa r)/r$,那么势的全部效应基本上用一个量 λ 描述,并且结果不依赖势的具体形式.

17.8　添加第二中心

在对数微商 $\lambda>0$ 且没有束缚态的情况下,距离第一个中心不是很远的另一个吸引中心的存在可能产生束缚态. 让我们假设这些中心是全同的,并估算第二个中心应当坐落在多近的地方.

如果穿透长度 $1/\kappa$ 比势的半径 r_0 大,在一个大的区域 $r_0<r<1/\kappa$ 内的外部函数可以表示为

$$u = 常数 \cdot \mathrm{e}^{-\kappa r} \approx 常数 \cdot (1-\kappa r) \tag{17.131}$$

于是,在这个区域,完整的 s 波函数表现为

$$\psi(r) \approx 常数 \cdot \left(\frac{1}{r} - \kappa\right) \tag{17.132}$$

现在,我们把第二个中心放在至第一个中心的距离 $d>r_0$ 处,在两个短程势阱外的一点 $\boldsymbol{r}$ 处,波函数可以写成两个全同的指数衰减的 s 波函数的叠加(我们可以让常数振幅等于 1):

$$\psi(\boldsymbol{r}) = \frac{e^{-\kappa|\boldsymbol{r}-\boldsymbol{r}_1|}}{|\boldsymbol{r}-\boldsymbol{r}_1|} + \frac{e^{-\kappa|\boldsymbol{r}-\boldsymbol{r}_2|}}{|\boldsymbol{r}-\boldsymbol{r}_2|} \tag{17.133}$$

其中，$\boldsymbol{r}_1$ 和 $\boldsymbol{r}_2$ 是两个中心的位置.在第一个中心的邻域(但仍然是在外边)，$\boldsymbol{r}$ 靠近 $\boldsymbol{r}_1$，我们近似地得到 $\kappa|\boldsymbol{r}-\boldsymbol{r}_1|\ll 1$ 和 $|\boldsymbol{r}-\boldsymbol{r}_2|\approx d$，使得

$$\psi \approx \frac{1}{|\boldsymbol{r}-\boldsymbol{r}_1|} - \kappa + \frac{e^{-\kappa d}}{d} \tag{17.134}$$

现在，与(17.132)式相比较表明，量 κ 被依赖于 d 的另一个表达式有效地改变.为了把这个外部解与用对数微商 λ 表征的第一个势阱内的内部解连接起来，类似于(17.130)式，我们要求

$$\lambda = -\kappa + \frac{e^{-\kappa d}}{d} \tag{17.135}$$

即使 $\lambda>0$ 和在一个单势阱里束缚态是不可能的，然而在这里它仍然可能发生.正如从图17.3看到的，如果对数微商不超过 $1/d$，这个解是存在的：

$$d < \frac{1}{\lambda} \tag{17.136}$$

粗略地说，一个粒子被捕获，在两个中心之间来回转移，(17.135)式中的附加项相应于习题1.7中提到的**交换势**，见(1.46)式.

习题17.10 考虑具有以密度 ρ 分布的全同短程引力中心的介质.对于一个单中心，其对数微商 λ 是正的.证明粒子被束缚在这一介质中，并且在小 κ 的极限求其束缚能，该 κ 相应的穿透长度 $1/\kappa$ 大于中心之间的平均距离 $d\sim\rho^{-1/3}$[67].

证明 (17.135)式的直接推广给出，用对距离为 d_i 的分立中心求和的连接条件

$$\lambda = -\kappa + \sum_i \frac{e^{-\kappa d_i}}{d_i} \tag{17.137}$$

过渡到连续密度，我们得到

$$\lambda = -\kappa + \int d^3 r \rho \frac{e^{-\kappa r}}{r} \tag{17.138}$$

或对常数密度，

$$\lambda = -\kappa + \frac{4\pi\rho}{\kappa^2} \tag{17.139}$$

与图17.3类似的图表明，对于任何正的密度 ρ，解都是存在的.在小 κ 的极限我们可以只

保留(17.139)式右边的第二项,因此得到

$$\kappa=\sqrt{\frac{2m\epsilon}{\hbar^2}}\approx\sqrt{\frac{4\pi\rho}{\lambda}}\rightsquigarrow\epsilon=-E=\frac{4\pi\hbar^2\rho}{2m\lambda} \tag{17.140}$$

该式在 $\lambda\gg 1/d$ 的极限下是适用的.介质的作用像一个负的常数势,结果是粒子被禁闭,尽管它的**定域化长度**$\sim 1/\kappa$ 大于中心之间的距离 d.这种考虑(17.138)式对完美的周期性晶体是不适用的,在那里解是由 Bloch 波的一个连续谱给出的,见 8.7 节.差别在于,从晶格的所有格点反射的波严格地相干叠加.

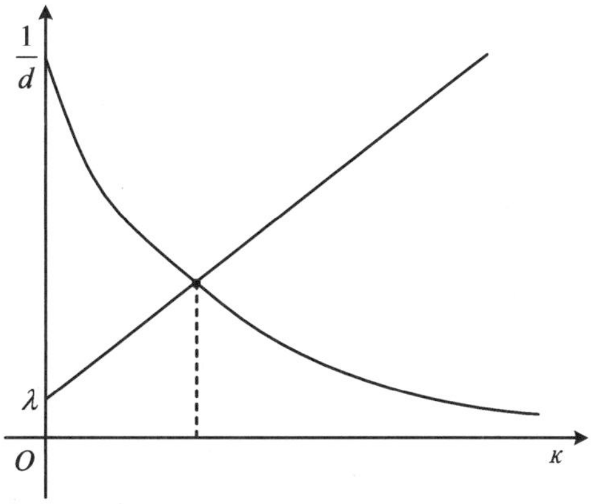

图 17.3　两个中心问题的图解((17.135)式)

17.9　三维谐振子

三维谐振子允许变量简单的分离.假设势

$$U(x,y,z)=\frac{m}{2}(\omega_x^2x^2+\omega_y^2y^2+\omega_z^2z^2) \tag{17.141}$$

我们得到作为相应频率的线性振子的标准函数 ψ_n 乘积的定态

$$\psi_{n_x,n_y,n_z}(x,y,z)=\psi_{n_x}(x;\omega_x)\psi_{n_y}(y;\omega_y)\psi_{n_z}(z;\omega_z) \tag{17.142}$$

以及能量

$$E(n_x,n_y,n_z)=\hbar\left[\omega_x\left(n_x+\frac{1}{2}\right)+\omega_y\left(n_y+\frac{1}{2}\right)\right.$$
$$\left.+\omega_z\left(n_z+\frac{1}{2}\right)\right] \tag{17.143}$$

正如 11.5 节在二维几何中那样，各向同性情况，

$$\omega_x=\omega_y=\omega_z\equiv\omega,\quad U=\frac{1}{2}m\omega^2r^2 \tag{17.144}$$

是特别有趣的. 这里我们遇到了一种高度简并性，因为能量只依赖三个量子数之和：

$$E(n_x,n_y,n_z)=\hbar\omega\left(n_x+n_y+n_z+\frac{3}{2}\right)$$
$$=\hbar\omega\left(N+\frac{3}{2}\right),\quad N=n_x+n_y+n_z \tag{17.145}$$

这是一个**壳结构**(shell structure)的极端例子，因为这个谱是简并壳的等距离序列. 在壳内的态有相同期待值$\langle \boldsymbol{p}^2\rangle$和$\langle \boldsymbol{r}^2\rangle$. 的确，根据维里定理，在任何定态我们都有动能和势能的等式：

$$\langle K\rangle=\langle U\rangle=\frac{1}{2}E=\frac{1}{2}\hbar\omega\left(N+\frac{3}{2}\right) \tag{17.146}$$

从(17.146)式我们得到

$$\langle \boldsymbol{p}^2\rangle=\hbar\omega m\left(N+\frac{3}{2}\right),\quad \langle \boldsymbol{r}^2\rangle=\frac{\hbar}{m\omega}\left(N+\frac{3}{2}\right) \tag{17.147}$$

习题 17.11 证明第 N 个壳的简并度是

$$g(N)=\frac{1}{2}(N+1)(N+2) \tag{17.148}$$

高简并度不是偶然的，因为它明显地与相对于轴的置换的对称性相关. 用 y 量子代替 x 量子导致波函数不同的空间形状，但是不改变能量. 于是，我们找到 9 个运动常数：

$$\hat{T}_{ik}=\hat{a}_i^\dagger\hat{a}_k,\quad [\hat{T}_{ik},\hat{H}]=0 \tag{17.149}$$

这些算符不能同时有确定值，因为它们不对易：

$$[\hat{T}_{ik},\hat{T}_{mn}]=\delta_{km}\hat{T}_{in}-\delta_{in}\hat{T}_{mk} \tag{17.150}$$

所有 $\hat{T}_{ik}$ 与总量子数算符对易,则

$$[\hat{T}_{ik},\hat{N}]=0,\quad \hat{N}=\sum_i \hat{a}_i^\dagger \hat{a}_i=\sum_i \hat{T}_{ii}\equiv \mathrm{tr}\hat{T} \tag{17.151}$$

剩下的 8 个独立组合生成在给定 N 的空间内幺正变换群 $\mathcal{SU}(3)$ 的表示.具有不同 N 的多重态是基于三个基本客体(即沿着不同轴的量子)的 $\mathcal{SU}(3)$ 群不同的不可约表示.在角动量情况下,相应的群 $\mathcal{SU}(2)$ 用两个基本客体(自旋向上或自旋向下)生成.

习题 17.12 用生成元 $\hat{T}_{ik}$ 表示轨道角动量 $\hat{\boldsymbol{l}}$ 的分量.

解 产生量子对和湮灭量子对的项抵消,与(16.125)式的分类一致,该结果可以用张量 $\hat{T}_{ik}$ 的反对称部分表示:

$$\hat{l}_i=-\frac{\mathrm{i}}{2}\epsilon_{ijk}(\hat{T}_{jk}-\hat{T}_{kj})=-\mathrm{i}\,\epsilon_{ijk}\hat{T}_{jk} \tag{17.152}$$

在笛卡儿态(17.142)式中,三个对角算符 $\hat{N}_i=\hat{T}_{ii}$(不对 i 求和)是同时对角化的,并且这是可以同时有确定值的算符的最大数目;这相当于标志一个态的三个量子数.当然,势(17.144)式的问题也可以在球坐标里用分离变量法求解.这给出能谱相同但简并的本征函数不同的组合,现在用量子数 N、l 和 m 标记.

习题 17.13 通过求解径向 Schrödinger 方程,导出各向同性谐振子((17.144)式)的能谱.确定在一个给定 N 壳内轨道角动量 l 变化的限制.证明简并度是和笛卡儿基中一样的.

证明 利用在(11.6)式和(11.7)式引入的变量,求出径向方程解为

$$u=\xi^{l+1}\mathrm{e}^{-\xi^2/2}v_l(\xi) \tag{17.153}$$

取 $\eta=\xi^2$,我们得到合流超几何函数的方程:

$$\eta\frac{\mathrm{d}^2 v}{\mathrm{d}\eta^2}+\left[\left(l+\frac{3}{2}\right)-\eta\right]+\frac{1}{2}\left(\frac{\epsilon}{2}-l-\frac{3}{2}\right)v=0 \tag{17.154}$$

如果

$$\frac{1}{2}\left(\frac{\epsilon}{2}-l-\frac{3}{2}\right)=n=0,1,\cdots \tag{17.155}$$

则衰减的渐近式选择本征态 v 作为 η 的多项式.求得能谱为

$$E=\hbar\omega\frac{\epsilon}{2}=\hbar\omega\left(2n+l+\frac{3}{2}\right) \tag{17.156}$$

我们得到在不同的本征函数集合中量子数之间的对应关系：

$$N = 2n + l \tag{17.157}$$

由此可见，在每一个壳中所有的态都有相同的宇称$(-)^l$且量子数l取值$N, N-2, \cdots, 0$或依赖N的宇称的值.像在(17.148)式一样，通过计算简并度我们发现

$$g(N) = \sum_{l=0}^{N}(2l+1)\frac{1+(-)^{l+N}}{2} = \frac{1}{2}(N+1)(N+2) \tag{17.158}$$

笛卡儿解和球坐标解之间的明显关系是非常难处理的，然而考虑量子数的最低值是很容易的.真空态$(N=0)$没有简并，$n_x = n_y = n_z = 0$和$l = n = 0$.这个1s波函数在两组坐标里都是$\exp(-\xi^2/2)$.对于$N=1$，我们有三个笛卡儿态：

$$n_x = 1, n_y = 0, n_z = 0, \quad \psi \sim x\mathrm{e}^{-\xi^2/2}$$

$$n_x = 0, n_y = 1, n_z = 0, \quad \psi \sim y\mathrm{e}^{-\xi^2/2}$$

$$n_x = 0, n_y = 0, n_z = 1, \quad \psi \sim z\mathrm{e}^{-\xi^2/2}$$

它们形成矢量$\boldsymbol{r}\mathrm{e}^{-\xi^2/2}$的三个分量，并且对应于以标准方法(16.100)式组合的$\mathbf{Y}_{1m}$的角度依赖关系.

习题 17.14 对$N=2$和$N=3$，建立在笛卡儿坐标系和球坐标系中的两组解之间明确的对应关系.

习题 17.15 应用习题17.2的结果，推导r的不同幂次的期待值之间的递推关系，重新得到维里定理并对具有主量子数N和轨道角动量l的各向同性谐振子的定态计算$\langle r^2 \rangle_{Nl}$和$\langle r^4 \rangle_{Nl}$.

解 代替(17.35)式，利用算符$\hat{O} = \hat{r}^{q+1}$的运动方程，我们求得

$$\frac{\mathrm{d}\hat{r}^{q+1}}{\mathrm{d}t} = \frac{q+1}{m}\hat{p}_r\hat{r}^q + \mathrm{i}\hbar\frac{q(q+1)}{2m}\hat{r}^{q-1} \tag{17.159}$$

现在，利用$\hat{O} = \hat{p}_r\hat{r}^{q+1}$得到

$$\frac{\mathrm{d}}{\mathrm{d}t}(\hat{p}_r\hat{r}^{q+1}) = \frac{\mathrm{d}\hat{p}_r}{\mathrm{d}t}\hat{r}^{q+1} + \frac{q+1}{m}\hat{p}_r^2\hat{r}^q + \mathrm{i}\hbar\frac{q(q+1)}{2m}\hat{p}_r\hat{r}^{q-1} \tag{17.160}$$

然而，上式左边的期待值等于零，使得

$$\left\langle \frac{\mathrm{d}\hat{p}_r}{\mathrm{d}t}\hat{r}^{q+1} + \frac{q+1}{m}\hat{p}_r^2\hat{r}^q + \mathrm{i}\hbar\frac{q(q+1)}{2m}\hat{p}_r\hat{r}^{q-1} \right\rangle = 0 \tag{17.161}$$

在第一项中，我们利用运动方程(17.33)；在第二项中，我们通过哈密顿量(17.24)式表示

$\hat{p}_r^2$，并用能量 E 代替 $\hat{H}$ 的期待值，$\hat{\boldsymbol{l}}^2$ 用它的本征值 $l(l+1)$ 代替；在第三项中，我们利用(17.160)式. 通过借助哈密顿量和 $\hat{p}_r$ 的运动方程，消去 $\hat{p}_r^2$ 和 $\mathrm{d}\hat{p}_r/\mathrm{d}t$，我们得到递推关系

$$2E(q+1)\langle r^q\rangle - m\omega^2(q+2)\langle r^{q+2}\rangle + \frac{q\hbar^2}{2m}\left[\frac{q^2-1}{4} - l(l+1)\right] = 0 \tag{17.162}$$

它只把 r 的偶次幂或者奇次幂联系起来，而不是联系 r 的连续的幂次(振子方程在形式变换 $r\to -r$ 下是不变的). 当 $q=0$ 时，像在(17.147)式中一样，我们得到

$$\langle r^2\rangle_{Nl} = \frac{E_{Nl}}{m\omega^2} = \frac{\hbar}{m\omega}\left(N+\frac{3}{2}\right) \tag{17.163}$$

与对所有定态的维里定理 $\langle U\rangle = \langle K\rangle = E/2$ 一致. $q=2$ 的情况确定

$$\langle r^4\rangle_{Nl} = \frac{\hbar^2}{2m^2\omega^2}\left[3\left(N+\frac{3}{2}\right)^2 + \frac{3}{4} - l(l+1)\right] \tag{17.164}$$

第 18 章

氢原子

理解了氢原子就理解了全部的物理.

——V. Weisskopf

18.1 束缚态

在 Coulomb 场中的运动给出了一个非平凡问题的例子，它允许得到精确的解析解. 没有必要强调这个问题的实际重要性.

在分离了质心变量之后，定态由两个不同电荷相对运动的波函数所满足的 Schrödinger 方程描写：

$$\left[-\frac{\hbar^2}{2m}\nabla^2+U(r)\right]\psi(\boldsymbol{r})=E\psi(\boldsymbol{r}),\quad U(r)=-\frac{g}{r}\tag{18.1}$$

这里，m 是两个粒子的约化质量，g 是它们的电荷乘积，对于由电荷为 $-e$ 的电子和电荷为 Ze 的原子核组成的类氢系统，$g = Ze^2$. 列举一些不常见的这类体系：**电子偶素**（电子和正电子的一个束缚态，$m = m_e/2, g = e^2$）、**介原子**（带负电荷的 π 介子、K 介子或 μ 子与一个原子核的束缚态）以及一个反质子与一个原子核的束缚态；同样的物理描写**激子**，即半导体中的电子和带正电荷空穴的静电束缚态.

方程(18.1)属于在第 16、17 章讨论过的具有中心对称性的那类问题，可以用标准的球坐标变量分离法求解. 轨道角动量 l 的分波的能谱由径向方程决定（$\psi = (u/r)Y_{lm}$）：

$$u'' + \left[k^2 + \frac{2mg}{\hbar^2}\frac{1}{r} - \frac{l(l+1)}{r^2}\right]u = 0, \quad k^2 = \frac{2mE}{\hbar^2} \tag{18.2}$$

对于**束缚态** $E = -\epsilon < 0$，其波函数在大距离处指数式下降：

$$u(r) \propto e^{-\kappa r}, \quad \kappa = \sqrt{\frac{2m\epsilon}{\hbar^2}} \tag{18.3}$$

利用无量纲的变量 $\rho = \kappa r$，(18.2)式变成

$$\frac{d^2 u}{dr^2} - \left[1 + \frac{U(\rho/\kappa)}{\epsilon} + \frac{l(l+1)}{\rho^2}\right]u = 0 \tag{18.4}$$

现在，我们类似于第 11 章中的一维问题进行处理. 因为我们知道在原点附近和大距离处束缚态波函数的渐近行为，我们通过求下列形式的解来挑选剩余的内插函数 $v(\rho)$：

$$u(\rho) = \rho^{l+1}e^{-\rho}v(\rho) \tag{18.5}$$

新函数 $v(\rho)$在奇点附近应当是正则的. 它满足（撇号意味着对 ρ 求微商）

$$v'' + 2\left(\frac{l+1}{\rho} - 1\right)v' - \left[\frac{U(\rho/\kappa)}{\epsilon} + \frac{2(l+1)}{\rho}\right]v = 0 \tag{18.6}$$

让我们再引入一个辅助参数

$$\xi = -\frac{\rho U(\rho/\kappa)}{\epsilon} = \frac{g\kappa}{\epsilon} = \frac{g}{\hbar}\sqrt{\frac{2m}{\epsilon}} \tag{18.7}$$

这导致(18.6)式成为下列形式：

$$\rho v'' + 2(l + 1 - \rho)v' + [\xi - 2(l+1)]v = 0 \tag{18.8}$$

我们得到已经在(11.31)式中讨论过的合流超几何函数的方程. 能谱可用通常办法得到. 假定这个解被表示为一个级数：

$$v(\rho) = \sum_{k=0} c_k \rho^k \tag{18.9}$$

其中，系数 c_k 服从一个双项递推关系（two-term recurrence relation），即

$$c_{k+1} = \frac{2(k+l+1)-\xi}{(k+1)(k+2l+2)} c_k \tag{18.10}$$

假如级数(18.9)式是无穷的，则该级数远处的项将会满足 $c_k+1/c_k \approx 2/k$，它等价于 $\exp(2\rho)$ 的渐近行为，因此波函数(18.5)式发散，$u(\rho) \sim \rho^{l+1}\exp(\rho)$. 所以，该束缚态的波函数必须是在某一幂次 N 处被切断的多项式，即 $c_N \neq 0$，而 $c_{N+1}=0$. 对幂次为 N 的多项式解，要求

$$\xi = 2(N+l+1) \tag{18.11}$$

则

$$c_{k+1} = \frac{2(k-N)}{(k+1)(k+2l+2)} c_k \tag{18.12}$$

波函数是 **Laguerre 多项式**.

我们把 N 称为**径向量子数**. 现在，定义**主量子数**为

$$n = N+l+1 = \frac{\xi}{2} \tag{18.13}$$

则(18.7)式确定了束缚态的能谱：

$$E_n = -\epsilon_n = -\frac{2mg^2}{\hbar^2 \xi_n^2} = -\frac{mg^2}{2\hbar^2 n^2} \tag{18.14}$$

对于类氢原子，这个精确的结果和原 Balmer 公式((1.26)式)相符.

习题 18.1 证明：在 Coulomb 场情况下，按照习题 17.4 的半经典量子化给出精确的结果(18.14)式.

利用相应的 Bohr 半径 $a=\hbar^2/(me^2)$，类氢原子的束缚能是

$$\epsilon_n = \frac{Z^2}{n^2}\epsilon_1(\mathrm{H}) = \frac{Z^2}{n^2}\frac{e^2}{2a} \tag{18.15}$$

第 n 个能级的穿透长度等于

$$\frac{1}{\kappa_n} = \sqrt{\frac{\hbar^2}{2m\epsilon_n}} = \frac{a}{Z}n \tag{18.16}$$

18.2 基态

定态波函数

$$\psi_{nlm}(\boldsymbol{r}) = Y_{lm}(\theta,\varphi)\frac{u_{nl}(r)}{r} \tag{18.17}$$

用主量子数 n 和转动量子数 l、$l_z = m$ 标记.因为多项式的幂次 $N \geqslant 0$,所以主量子数

$$n \geqslant l + 1 \tag{18.18}$$

能量的本征值(18.14)式只依赖于 n.对给定的 n,所有的态 $|nlm\rangle$ 都是简并的,其中 $l = 0,\cdots,n-1$ 和 $m = -l,\cdots,+l$.简并导致分立谱的**壳结构**.

基态是 $n = 1$(K 壳)的态.这里 $N = 0$,因此唯一可能的轨道动量值是 $l = 0$.用光谱学符号,K 壳是 1s 态,其中在轨道角动量符号的前面我们放置了主量子数.基态的角量子数是 $lm = 00$,而波函数((18.5)式)由下式给出:

$$\psi_{100} \sim \frac{\rho^{l+1}}{\rho}\mathrm{e}^{-\rho}v_{N=0}(\rho) \sim \mathrm{e}^{-\rho} \sim \mathrm{e}^{-Zr/a} \tag{18.19}$$

因为 $v_0(\rho) = c_0 =$ 常数,$\kappa_1 = Z/a$.利用完全归一化,基态波函数(18.19)式是

$$\psi_{100}(\boldsymbol{r}) = \psi_{100}(r) = \sqrt{\frac{Z^3}{\pi a^3}}\mathrm{e}^{-Zr/a} \tag{18.20}$$

在这个态上粒子达到原点的概率是有限的:

$$|\psi_{100}(0)|^2 = \frac{Z^3}{\pi a^3} \tag{18.21}$$

对于更高的 l,由于有 r 的某一幂次,这一概率等于零.而对于 $n>1$ 和 $l = 0$,这一概率 $|\psi_{n00}(0)|^2$ 比(18.21)式小一个因子 n^3,这可以从(18.16)式看到.

习题 18.2 求氢原子基态的电子处在经典禁闭区内的概率.

解 经典转折点 $r = R$ 由 $-\epsilon = -e^2/R$ 确定,对于该氢原子,它给出 $R = 2a$.电子处于经典禁闭区的概率是

$$P = \int_{r>R}\mathrm{d}^3r\,|\psi|^2 = 4\pi\int_R^\infty \mathrm{d}r r^2\frac{1}{\pi a^3}\mathrm{e}^{-2r/a} \tag{18.22}$$

积分给出

$$P = 2\left[\left(\frac{R}{a}\right)^2 + \frac{R}{a} + \frac{1}{2}\right]e^{-2R/a} \tag{18.23}$$

当然，在 $R \to 0$ 时 $P \to 1$（归一化积分）. 对 $R = 2a$，(18.23) 式给出 $P = 13e^{-4} = 0.238$.

习题 18.3 对处于氢原子基态的电子，求动量概率分布并验证不确定性关系$(\Delta x)(\Delta p_x)$.

解 动量表象中的波函数由坐标波函数的 Fourier 变换给出：

$$\phi(\boldsymbol{p}) = \int d^3 r \psi(\boldsymbol{r}) e^{-(i/\hbar)(\boldsymbol{p}\cdot\boldsymbol{r})} \tag{18.24}$$

利用基态波函数 $\psi(\boldsymbol{r})$，我们得到动量的概率分布：

$$W(\boldsymbol{p}) = \frac{|\phi(\boldsymbol{p})|^2}{(2\pi\hbar)^3} = \frac{8a^3}{\pi^2\hbar^3}\left(\frac{p^2 a^2}{\hbar^2} + 1\right)^{-4} \tag{18.25}$$

其中，归一化是这样的，使得

$$\int d^3 p W(\boldsymbol{p}) = 1 \tag{18.26}$$

$\boldsymbol{p}^2$ 的期待值可以通过积分求得：

$$\langle \boldsymbol{p}^2 \rangle = \int d^3 p W(\boldsymbol{p}) p^2 = \frac{\hbar^2}{a^2} \tag{18.27}$$

利用维里定理甚至更简单. 它给出动能的期待值$\langle K \rangle = \epsilon$或$\langle \boldsymbol{p}^2 \rangle = 2m\epsilon = \hbar^2/a^2$. 类似地，我们用坐标波函数计算 $\boldsymbol{r}^2$ 的期待值：

$$\langle \boldsymbol{r}^2 \rangle = \int d^3 r \, |\psi(\boldsymbol{r})|^2 r^2 = 3a^2 \tag{18.28}$$

由于基态的球对称性，期待值$\langle \boldsymbol{r} \rangle$和$\langle \boldsymbol{p} \rangle$都等于零，并且

$$\langle x^2 \rangle = \frac{1}{3}\langle \boldsymbol{r}^2 \rangle = a^2 \tag{18.29}$$

$$\langle p_x^2 \rangle = \frac{1}{3}\langle \boldsymbol{p}^2 \rangle = \frac{\hbar^2}{3a^2} \tag{18.30}$$

不确定性的乘积等于

$$\Delta x \cdot \Delta p_x = [\langle x^2 \rangle \langle p_x^2 \rangle]^{1/2} = a\frac{\hbar}{a\sqrt{3}} = \frac{\hbar}{\sqrt{3}} \tag{18.31}$$

可与高斯型的下限相比.

因为轨道半径(18.16)式正比于$1/m$,所以在介原子中的μ子(质量为106 MeV/c^2)的最低轨道以因子$\mu/m_e\approx200$更靠近原子核.而在氢原子或类氢离子中原子核可以视为一个正的点电荷,在介原子,特别是大Z的介原子中,最低Bohr轨道的尺寸变得与原子核的大小可以相比.这样,由点状原子核求得的结果就不适用了,需要考虑原子核内部的真实电荷分布.通常,情况是相反的,从点状原子核近似中导出的与介原子谱的偏差作为关于原子核电荷分布的一种信息源.

18.3 分立谱

类氢系统的第一激发态,$n=2$,允许$l=0$(具有$N=1$,$l=m=0$的2s态)和$l=1$(具有$l=1$,$m=0,\pm1$,$N=0$的3个2p态).所有4个态在能量上是简并的,并形成L**壳**.径向量子数N为$r\neq0$处函数$u(r)$的径向节点数目.方便的方法是使用以Bohr半径作为单位的径向坐标$\zeta=r/a$;那时,$\rho=\kappa r=\zeta/n$.径向本征函数

$$R_{nl}(\zeta)\propto\zeta^l e^{-\zeta/n}v(\zeta) \tag{18.32}$$

按照

$$\int_0^\infty d\zeta\zeta^2R^2(\zeta)=1 \tag{18.33}$$

归一化,结果为:

1s($n=1,l=0,N=1$),

$$R_{10}(\zeta)=2e^{-\zeta} \tag{18.34}$$

2s($n=2,l=0,N=1$),

$$R_{20}(\zeta)=\frac{1}{\sqrt2}\left(1-\frac{\zeta}{2}\right)e^{-\zeta/2} \tag{18.35}$$

2p($n=2,l=1,N=0$),

$$R_{21}(\zeta)=\frac{1}{2\sqrt6}\zeta e^{-\zeta/2} \tag{18.36}$$

M壳，$n=3$，包含：1个3s态，$N=2$，$l=m=0$；3个3p态，$N=1$，$l=1$，$m=0,\pm1$；5个3d态，$N=0$，$l=2$，$m=0,\pm1,\pm2$，总共9个简并态. 谱的结构如图18.1所示. 很容易求得在一个给定 n 值的壳内简并轨道态数目的一般公式：

$$\sum_{l=0}^{n-1}\sum_{m=-l}^{l}1=\sum_{l=0}^{n-1}(2l+1)=n^2 \tag{18.37}$$

正如曾经说过的，对磁量子数的简并来自转动不变性，而 Coulomb 场加上了对 l（或等价的，对给定的 n 中的 N）的偶然简并——在给定壳内，能量只依赖于 n 而不依赖于 l. 用经典语言，可以将其视为依赖于轨道的偏心率（eccentricity）. 在第23章将要讨论的相对论效应消除了这个偶然简并的主要部分，产生了精细结构，如图18.1所示（标度常数 $C=\alpha^2Z^4$ Ry，其中 $\alpha\approx1/137$ 是将在(23.43)式中引入的精细结构常数）.

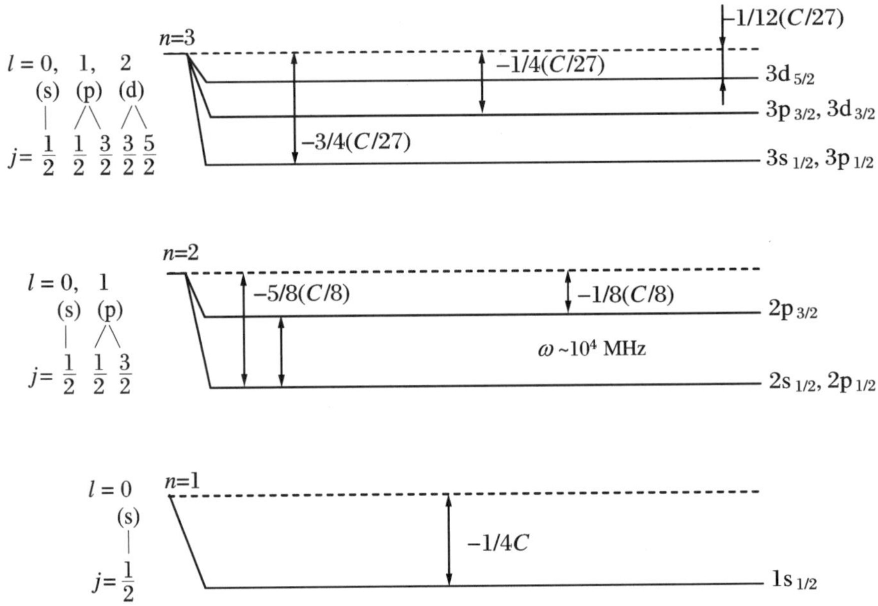

图18.1 与图1.7相比，类氢原子系统一个更详细的能谱图

因为电子的自旋是1/2，所以氢原子的实际简并度由 $2n^2$ 给出. 我们需要对于电子自旋投影的两种可能值 $m_s=\pm1/2$ 作一些说明. 在我们的非相对论处理中，能量与电子的自旋态无关. 由于稍后在我们的课程中出现的 Pauli **不相容原理**，在一个复杂的原子中单电子依序填充相继的壳层. 这是惰性气体的电子结构特别稳定的原因. 在一个中性原子中可用的电子数目等于 Z，正是完全填满壳层的数目所需要的（氦 $Z=2$，氖 $Z=10=2+2\times4$，等等）. 类似的壳结构效应虽然不是精确的简并，但是在一些其他系统中也

存在，诸如**量子点**——通过限制电子在半导体中运动而构建[29]的人造原子或原子核；惰性气体的原子核类似物被称为幻核．在原子核和一些较重的原子中，粒子-粒子相互作用变得足够强，其结果证明我们的单粒子图像太粗糙．

习题 18.4 定性地解释为什么在复杂原子中在同一壳（给定 n）内，不同 l 的态简并被解除了，并且具有相同的 n 但较大的 l 的态结合能更低（原子核被其他电子屏蔽）；m 简并仍然存在．

当然，诸如“轨道”“壳层”等说法不能从字面上理解．像往常一样，在量子力学中，与原始的 Bohr 模型相反，我们有电子定位的概率云．电子云具有用球谐函数 $Y_{lm}(\theta,\varphi)$ 描写的角度分布形式并有某些极大值以及节点的径向依赖关系 $R_{nl}(r)$．

习题 18.5 对于 $l=n-1$（一种圆形经典轨道的类似物），检验对应于 Bohr 半径（(1.24)式）的极大概率．

解 借助(16.136)式，求得具有量子数 $n, l=n-1, N=0, m=l$ 且位于赤道平面上的氢的波函数为

$$\psi_{nll} = 常数 \cdot \left(\frac{r}{a}\right)^l \mathrm{e}^{-r/(na)} \mathrm{e}^{\mathrm{i}l\varphi} \sin^l\theta \tag{18.38}$$

径向概率 $r^2|\psi|^2$ 的极大值对应于

$$r_{\max}(n) = n^2 a \tag{18.39}$$

习题 18.6 对于基态氢原子，求：

(1) 静电势的期待值 $\langle\phi(\boldsymbol{R})\rangle$（解释 $R\to\infty$ 的渐近行为）和电场的期待值 $\langle\mathcal{E}(\boldsymbol{R})\rangle$；

(2) 在远离原子核的 $\boldsymbol{R}$ 点，分量乘积的期待值 $\langle\mathcal{E}_i(\boldsymbol{R})\mathcal{E}_k(\boldsymbol{R})\rangle$．

解 (1) 平均势能由包括类点原子核和电子云的原子电荷密度决定：

$$\langle\rho(\boldsymbol{R})\rangle = e\delta(\boldsymbol{R}) - e\,|\psi_{100}(\boldsymbol{R})|^2 = e\delta(\boldsymbol{R}) - \frac{e}{\pi a^3}\mathrm{e}^{-2R/a} \tag{18.40}$$

很容易检验原子的中性，$\int \mathrm{d}^3 R\rho(\boldsymbol{R}) = 0$. Poisson 方程

$$\nabla^2\langle\phi(\boldsymbol{R})\rangle = -4\pi\langle\rho(\boldsymbol{R})\rangle \tag{18.41}$$

的解很容易求得，因为它是球对称的：

$$\langle\phi(\boldsymbol{R})\rangle = e\left(\frac{1}{R} + \frac{1}{a}\right)\mathrm{e}^{-2R/a} \tag{18.42}$$

在小距离处，$R\ll a$，这个势变成裸原子核的势．而在大距离处，$R\gg a$，由于**电子屏蔽**，这个势指数下降．平均电场由平均势(18.42)式的梯度给出：

$$\langle \mathcal{E}(\boldsymbol{R}) \rangle = -\nabla \langle \phi(\boldsymbol{R}) \rangle = e\left(\frac{2}{a^2}+\frac{2}{aR}+\frac{1}{R^2}\right)\mathrm{e}^{-2R/a}\frac{\boldsymbol{R}}{R} \tag{18.43}$$

这个场沿径向方向，并且在大距离处指数衰减.

(2) 要计算电场的平均平方涨落，我们需要采用由质子在原点而电子在任意点 $\boldsymbol{r}$ 所产生的**瞬时场** $\mathcal{E}(\boldsymbol{R})$，构成这个场的分量的乘积并对电子处在 $\boldsymbol{r}$ 点的概率 $|\psi_{100}(\boldsymbol{r})|^2$ 求平均，在大距离 R 处，这个场是电偶极矩 $\boldsymbol{d} = -e\boldsymbol{r}$ 的场.

$$\mathcal{E}(\boldsymbol{R}) \approx \frac{3\boldsymbol{n}'(\boldsymbol{d}\cdot\boldsymbol{n}')-\boldsymbol{d}}{R^3} \tag{18.44}$$

其中，$\boldsymbol{n}' = \boldsymbol{R}/R$ 是沿着场的观测方向上的单位矢量. 这个偶极场的平均值为零，因为在球对称的原子基态上，$\boldsymbol{d}$ 的方向被平均掉了. 所以前面求得的平均势和平均电场符合球对称性. 然而，偶极场的双线性关联函数不为零. 从(18.44)式我们求得

$$\langle \mathcal{E}_i(\boldsymbol{R})\mathcal{E}_k(\boldsymbol{R}) \rangle = \frac{1}{R^6}\int \mathrm{d}^3 r\ |\psi_{100}(\boldsymbol{r})|^2 [3n'_i(\boldsymbol{d}\cdot\boldsymbol{n}')-\boldsymbol{d}_i][3n'_k(\boldsymbol{d}\cdot\boldsymbol{n}')-\boldsymbol{d}_k] \tag{18.45}$$

在对 $\mathrm{d}^3 r$ 的积分中，我们让 $d_i = -ern_i$，其中我们引入了沿半径的单位矢量 $\boldsymbol{n} = \boldsymbol{r}/r$. 于是，积分被分解成径向部分和角度部分，径向部分包含 $|\psi|^2 r^4$，因此很容易计算，角度部分带有 4 个(16.107)式类型的积分. 把所有部分放在一起，我们得到

$$\langle \mathcal{E}_i(\boldsymbol{R})\mathcal{E}_k(\boldsymbol{R}) \rangle = \frac{e^2 a^2}{R^6}(\delta_{ik}+3n'_i n'_k) \tag{18.46}$$

原子偶极电场的均方涨落

$$\sqrt{\langle \mathcal{E}^2(\boldsymbol{R}) \rangle} = \frac{\sqrt{6}ea}{R^3} \tag{18.47}$$

是各向同性的，而且随原子距离 $\propto R^{-3}$，比中性原子的平均单极场(18.43)式更缓慢地下降.

习题 18.7 借助在第 17 章对于谐振子用过的方法，得到对于 Coulomb 势中量子数为 n 和 l 的一个定态的递推关系：

$$2(q+1)E_{nl}\langle r^q \rangle_{nl} + Ze^2(2q+1)\langle r^{q-1} \rangle_{nl} + \frac{q\hbar^2}{m}\left[\frac{q^2-1}{4}-l(l+1)\right]\langle r^{q-2} \rangle_{nl} = 0 \tag{18.48}$$

通过取(18.48)式中参数 q 的合适值,求维里定理并计算期待值$\langle 1/r\rangle_{nl}$、$\langle r\rangle_{nl}$和$\langle r^2\rangle_{nl}$;用与 Bohr 半径联系的原子单位$\hbar=m=e=1$表示得到的结果.

解 对于 $q=0$,递推关系导致

$$2E=-Ze^2\left\langle\frac{1}{r}\right\rangle=\langle U\rangle \tag{18.49}$$

这正是维里定理

$$\langle K\rangle=E-\langle U\rangle=-E \tag{18.50}$$

利用 Bohr 半径和氢原子能谱作为原子单位,即

$$a=\frac{\hbar^2}{me^2}=1\text{ a.u.(长度)}$$
$$E_n=-\frac{m^2Z^2e^4}{2\hbar^2n^2}=-\frac{Z^2}{2n^2}\text{ a.u.(能量)} \tag{18.51}$$

我们得到(用原子单位)

$$\left\langle\frac{1}{r}\right\rangle_{nl}=\frac{Z}{n^2} \tag{18.52}$$

在 $q=1$ 时,同样的关系导致

$$4E\langle r\rangle+3Ze^2-\frac{\hbar^2}{m}l(l+1)\left\langle\frac{1}{r}\right\rangle=0 \tag{18.53}$$

它等价于(与(18.39)式比较)

$$\langle r\rangle_{nl}=\frac{1}{2Z}[3n^2-l(l+1)] \tag{18.54}$$

最后,对 $q=2$,用同样的方法得到

$$6E\langle r^2\rangle+5Ze^2\langle r\rangle+\frac{2\hbar^2}{m}\left[\frac{3}{4}-l(l+1)\right]=0 \tag{18.55}$$

或

$$\langle r^2\rangle_{nl}=\frac{n^2}{2Z^2}[5n^2+1-3l(l+1)] \tag{18.56}$$

用精确的波函数直接积分能导出同样的结果,不过代数方法更简单和更漂亮.

习题 18.8 对于类氢原子中电子的束缚态$|n00\rangle$,用广义求和规则(见 7.9 节)计算

$$S_n^{(k)} = \sum_j (E_j - E_n)^k \ |(\boldsymbol{r})_{jn}|^2 \tag{18.57}$$

(其中 $k=2,3$).

解 利用算符的运动方程(7.89),得到

$$S_n^{(2)} = -\sum_j [\hat{H},\hat{\boldsymbol{r}}]_{jn} \cdot [\hat{H},\hat{\boldsymbol{r}}]_{nj} = \frac{\hbar^2}{m^2}\sum_j (\boldsymbol{p}_{jn} \cdot \boldsymbol{p}_{nj}) = \frac{\hbar^2}{m^2}(\boldsymbol{p}^2)_{nn} \tag{18.58}$$

维里定理(18.50)式给出

$$S_n^{(2)} = \frac{2\hbar^2}{m}K_{nn} = \frac{2\hbar^2}{m}|E_n| = \frac{2\hbar^2}{m}\frac{m(Ze^2)^2}{2\hbar^2 n^2} = \frac{(Ze^2)^2}{n^2} \tag{18.59}$$

与 TRK 求和定则((7.138)式)相反,这个结果依赖态$|n\rangle$.用类似的方法,得到

$$S_n^{(3)} = \frac{\hbar^2}{m^2}\sum_j (E_j - E_n)(\boldsymbol{p}_{jn} \cdot \boldsymbol{p}_{nj}) \tag{18.60}$$

能量差可以解释为与一个或另一个动量算符的依次对易关系.通过对称地取其和的一半并利用(7.90)式,求得

$$S_n^{(3)} = \mathrm{i}\frac{\hbar^3}{2m^2}[\hat{\boldsymbol{p}},\nabla U]_{nn} = \frac{\hbar^4}{2m^2}(\nabla^2 U)_{nn} \tag{18.61}$$

它对任何势 $U(\boldsymbol{r})$都适用.对类氢原子,有

$$\nabla^2 U = 4\pi Z e^2 \delta(\boldsymbol{r}) \tag{18.62}$$

因此(18.61)式变成

$$S_n^{(3)} = \frac{2\pi Z e^2 \hbar^4}{m^2}|\psi_{n00}(0)|^2 = \frac{2\pi Z e^2 \hbar^4}{m^2}\frac{Z^3}{\pi a^3 n^3} = \frac{2(Ze^2)^4 m}{\hbar^2 n^3} \tag{18.63}$$

我们可以利用这两个求和规则估算对应于偶极强度极大值的中间激发态的能量 E_{dip}.对于基态 $n=1$,有

$$E_{\mathrm{dip}} \approx \frac{S^{(3)}}{S^{(2)}} = \frac{2(Ze^2)^2 m}{\hbar^2} = 4|E_{n=1}| \tag{18.64}$$

这意味着这些激发态主要属于连续谱.

s 波在原点处有非零概率((18.21)式)的事实对许多物理过程都是至关重要的.例如,原子核的结构可以使电子被原子核俘获的过程在能量上可允许.反应 $\mathrm{p}+\mathrm{e}^- \to \mathrm{n}+\nu_{\mathrm{e}}$ 伴随把质子变成中子并发射电子中微子而发生.这个过程是靠**弱相互作用**引起的.结果,具有质子过剩的原子核被重构成为另一个能量上更有利的原子核,而同时释放的能量被

中微子带走.这个过程靠交换 W 和 Z 玻色子传递.由于它们具有～100 GeV 的很大的质量,这种作用的力程非常短(～10^{-16} cm),请回顾 5.10 节的估算.所以仅当电子有机会进入原子核内部时该过程才可以有一个显著的概率.这只对 s 电子发生;依赖于主量子数,可以是 K 俘获、L 俘获,等等.原子的 s 壳在其他过程中也起压倒优势的作用,例如内转换过程,这时一个激发的原子核不发射实光子,而直接把激发能传递给逃离这个原子的 s 电子.

习题 18.9 一个电子处在氚原子的基态.氚原子核^{3}H(一个质子加上两个中子)突然发生β衰变,即

$$^3\text{H} \to {}^3\text{He} + \text{e}^- + \bar{\nu}_\text{e} \tag{18.65}$$

变成轻的氦核同位素^{3}He(两个质子加上一个中子);在β衰变中产生的新的电子和反中微子携带着电荷和能量离开.求初始原子的电子停留在氦原子基态的概率.

解 在势突然改变之后,初始波函数不再是新位势的一个定态本征函数.它包含了各种激发(含离化)态的新本征函数的振幅.停留在基态的振幅是

$$\begin{aligned} A_{\text{基态}} &= \int \text{d}^3 r \psi_{\text{new}}^{(\text{g.s.})*} \psi_{\text{old}}^{(\text{g.s.})} = \int_0^\infty \text{d}r 4\pi r^2 \sqrt{\frac{2^3}{\pi a^3}} \text{e}^{-2r/a} \sqrt{\frac{1}{\pi a^3}} \text{e}^{-r/a} \\ &= \frac{4\sqrt{8}}{a^3} \int_0^\infty \text{d}r r^2 \text{e}^{-3r/a} = \frac{16\sqrt{2}}{27} \end{aligned} \tag{18.66}$$

相应的概率是 $A_{\text{基态}}^2 = (8/9)^3 \approx 70\%$.

在吸引势 Ze^2/r 中束缚态的类氢原子径向波函数(18.5)式的一般表达式为

$$u_{nl}(r) = C_{nl} \left(\frac{2Z}{na} r\right)^{l+1} \text{L}_{n-l-1}^{2l+1} \left(\frac{2Z}{na} r\right) \text{e}^{-r(Z/na)} \tag{18.67}$$

其中,Laguerre 多项式用标准的方法引入:

$$\text{L}_n^\alpha(x) = \text{e}^x \frac{x^{-\alpha}}{n!} \frac{\text{d}^n}{\text{d}x^n} (\text{e}^{-x} x^{n+\alpha}) \tag{18.68}$$

采用通常的相位选择,在(18.67)式中的归一化常数等于

$$C_{nl} = (-)^{n-l-1} \frac{1}{n} \sqrt{\frac{Z}{a} \frac{(n-l-1)!}{(n+l)!}} \tag{18.69}$$

多项式(18.68)式有时被称为广义 Laguerre **多项式**,而术语 Laguerre **多项式**留给了 $a = 0$ 的特殊情况.最低的一些多项式是

$$\text{L}_0^\alpha(x) = 1, \quad \text{L}_1^\alpha(x) = 1 + \alpha - x$$

$$L_2^{\alpha}(x) = \frac{1}{2}[(1+\alpha)(2+\alpha) - 2(2+\alpha)x + x^2] \tag{18.70}$$

习题 18.10 证明 Laguerre 多项式(18.68)式的代数性质：多项式的显示形式

$$L_n^{\alpha}(x) = \sum_{k=0}^{n} \frac{\Gamma(n+\alpha+1)}{\Gamma(k+\alpha+1)} \frac{(-x)^k}{k!(n-k)!} \tag{18.71}$$

与厄米多项式的关系为

$$\begin{aligned} \mathcal{H}_{2n}(x) &= (-)^n 2^{2n} n! L_n^{-1/2}(x^2) \\ \mathcal{H}_{2n+1}(x) &= (-)^n 2^{2n+1} n! x L_n^{1/2}(x^2) \end{aligned} \tag{18.72}$$

生成函数

$$F(x,t) = (1-t)^{-(\alpha+1)} e^{-xt/(1-t)} = \sum_{n=0}^{\infty} L_n^{\alpha}(x) t^n \tag{18.73}$$

满足微分方程

$$(1-t)^2 \frac{\partial F}{\partial t} + [x - (1-t)(1+\alpha)]F = 0 \tag{18.74}$$

$$(1-t)\frac{\partial F}{\partial x} + tF = 0 \tag{18.75}$$

和

$$\left(\frac{\partial F}{\partial x}\right)_{\alpha} = -tF(x,t)_{\alpha=1} \tag{18.76}$$

(对 $|t|<1$，展开式(18.73)是收敛的)；对固定的 α 值，递推关系是

$$(n+1)L_{n+1}^{\alpha}(x) + (x-\alpha-2n-1)L_n^{\alpha}(x) + (n+\alpha)L_{n-1}^{\alpha}(x) = 0 \tag{18.77}$$

$$x\frac{dL_n^{\alpha}(x)}{dx} = nL_n^{\alpha}(x) - (n+\alpha)L_{n-1}^{\alpha}(x) \tag{18.78}$$

对于不同的 n，递推关系是

$$L_n^{\alpha}(x) = L_n^{\alpha+1}(x) - L_{n-1}^{\alpha+1}(x) \tag{18.79}$$

和

$$\frac{dL_n^{\alpha}(x)}{dx} = -L_{n-1}^{\alpha+1}(x) \tag{18.80}$$

18.4 算符解

正如在 7.10 节中简略讨论过的，“偶然”简并可能与隐藏的对称性有关. 这种对称性导致了在 Coulomb 场中的附加运动常数 Runge-Lenz 矢量：

$$\hat{\boldsymbol{A}} = \frac{\hat{\boldsymbol{r}}}{r} - \frac{\hbar}{2mg}(\hat{\boldsymbol{p}} \times \hat{\boldsymbol{l}} - \hat{\boldsymbol{l}} \times \hat{\boldsymbol{p}}) \tag{18.81}$$

这个矢量在 Kepler 问题的经典轨道的平面上，从焦点指向近日点，

$$\hat{\boldsymbol{l}} \cdot \hat{\boldsymbol{A}} = \hat{\boldsymbol{A}} \cdot \hat{\boldsymbol{l}} = 0 \tag{18.82}$$

(定义(18.81)式中出现了 Planck 常数，因为我们约定用单位 $\hbar$ 测量角动量，经典地，$\hbar\hat{\boldsymbol{l}} = \boldsymbol{l}^{(\mathrm{cl})}$，并且在(18.81)式中两个叉乘是相等的.)

在经典力学中，这个守恒定律表现为周期性行星轨道形成**闭合的圈**，因为常数矢量 $\boldsymbol{A}$ 的存在固定了在垂直另一个守恒矢量 $\boldsymbol{l}$ 的平面内轨道的取向. 与精确的 $\sim 1/r$ 引力势(或 Coulomb 势)的偏差[1]导致轨道变形，那时径向频率和角频率稍有失谐，轨迹就会变成玫瑰花形状而不是椭圆形(在广义相对论中，近日点移动). 在量子力学中，矢量 $\hat{\boldsymbol{A}}$ 和角动量不对易. 对任何矢量，有

$$[\hat{l}_i, \hat{A}_j] = \mathrm{i}\,\epsilon_{ijk}\hat{A}_k \tag{18.83}$$

因此，找到这两个矢量都有确定值的一个态是不可能的. 正像我们在 6.13 节对可测量性的讨论中所知道的，在这样的情况下，哈密顿量的本征态一定是简并的. 这样，为了使这两个运动常数之一和哈密顿量同时对角化，我们可以构成两个简并本征函数集. 当在第 24 章讨论 Stark 效应时，我们将增加关于这个课题新的评述. 现在，我们可以用纯代数的方法求氢原子的能谱.

习题 18.11 证明算符关系：

(1) $\hat{\boldsymbol{A}}^2$ 和哈密顿量 $\hat{H}$ 的关系为

$$\hat{\boldsymbol{A}}^2 = 1 + \frac{2\hbar^2}{mg^2}\hat{H}(1 + \hat{\boldsymbol{l}}^2) \tag{18.84}$$

这个量的经典极限是轨道的平方偏心率[1]：

$$e = \sqrt{1 + \frac{2E(l^{(\mathrm{cl})2})}{mg^2}} \tag{18.85}$$

(2) 分量 $\hat{A}_i$ 的对易关系为

$$[\hat{A}_i, \hat{A}_j] = -\mathrm{i}\,\frac{2\hbar^2}{mg^2}\,\epsilon_{ijk}\hat{H}\hat{l}_k \tag{18.86}$$

让我们考虑一个具有负能量的简并 Coulomb 束缚态集合，$\hat{H} \to E = -\epsilon$. $\hat{\boldsymbol{l}}$ 和 $\hat{\boldsymbol{A}}$ 这两个矢量都只作用在这一个态的集合内部. 如果我们把 Runge-Lenz 矢量归一化为

$$\hat{\boldsymbol{A}} = \sqrt{\frac{2\epsilon}{mg^2}}\,\hbar\hat{\boldsymbol{a}} \tag{18.87}$$

则从(18.84)式得到

$$\hat{\boldsymbol{a}}^2 + \hat{\boldsymbol{l}}^2 + 1 = \frac{mg^2}{2\hbar^2\epsilon} \tag{18.88}$$

而现在对易关系(18.86)式取类似于角动量分量对易关系的形式，则

$$[\hat{a}_i, \hat{a}_j] = [\hat{l}_i, \hat{l}_j] = \mathrm{i}\,\epsilon_{ijk}\hat{l}_k \tag{18.89}$$

(对易关系(18.83)式不变). 两个新的类角动量算符

$$\hat{\boldsymbol{J}}^{(\pm)} = \frac{1}{2}(\hat{\boldsymbol{l}} \pm \hat{\boldsymbol{a}}) \tag{18.90}$$

将 $\hat{\boldsymbol{a}}$ 和 $\hat{\boldsymbol{l}}$ 之间耦合的对易关系分解成两组退耦关系，即

$$[\hat{J}_i^{(\pm)}, \hat{J}_j^{(\pm)}] = \mathrm{i}\,\epsilon_{ijk}\hat{J}_k^{(\pm)}, \quad [\hat{J}_i^{(\pm)}, \hat{J}_j^{(\mp)}] = 0 \tag{18.91}$$

这个问题的算符代数现在被约化为对于守恒的角动量矢量 $\hat{\boldsymbol{J}}^{(\pm)}$ 的两个 $\mathcal{SU}(2)$ 代数. 我们预期，它们的本征态用四个量子数标记(整数或半整数)，两个标记大小 $J^{(\pm)}$ 和两个标记投影 $J_z^{(\pm)}$. 然而，由于正交性(18.82)式，它们的大小是相等的，即

$$(\hat{\boldsymbol{J}}^{(\pm)})^2 = \frac{1}{4}(\hat{\boldsymbol{l}} \pm \hat{\boldsymbol{a}})^2 = \frac{1}{4}(\hat{\boldsymbol{l}}^2 + \hat{\boldsymbol{a}}^2) \equiv \hat{\boldsymbol{J}}^2 \Rightarrow J(J+1) \tag{18.92}$$

因此每个定态是用三个分立的量子数 $J^{(+)} = J^{(-)} = J$、$J_z^{(+)}$ 和 $J_z^{(-)}$ 标记，态的简并集合用 Balmer 公式

$$E_J = -\epsilon_J = \frac{mg^2}{2\hbar^2[1+4J(J+1)]} = \frac{mg^2}{2\hbar^2 n^2} \tag{18.93}$$

给出,见(18.88)式和(18.92)式,其中主量子数 n 与在 J 多重态中态的数目发生关联,即

$$n = 2J + 1 \tag{18.94}$$

因为 J 的整数值和半整数值都是允许的,所以 $n=1,2,\cdots$. 轨道角动量 $\hat{\boldsymbol{l}} = \hat{\boldsymbol{J}}^{(+)} + \hat{\boldsymbol{J}}^{(-)}$ 在这个态的集合内取从 0 到 $2J=n-1$ 的所有整数值,和直接求解微分方程的推导结果一致(角动量的相加将在稍后的第 22 章更详细地讨论). 简并度由投影组合的总数 $(2J+1)^2$ 给出,它与(18.37)式给出的结果一致. 这个算符方法的一个有趣特征是两个守恒矢量之间明显的对称性.

习题 18.12 考虑二维 Kepler 问题,有

$$\hat{H} = \frac{\hat{p}_x^2 + \hat{p}_y^2}{2m} - \frac{g}{\hat{r}}, \quad \hat{r} = \sqrt{\hat{x}^2 + \hat{y}^2} \tag{18.95}$$

用守恒算符 $\hat{A}_x$、$\hat{A}_y$ 和 $\hat{l}_z$ 作为生成元构建角动量代数,求 $\hat{A}_x^2 + \hat{A}_y^2$ 和能量之间的关系,并导出具有主量子数 $n=J+1/2$ 的二维 Balmer 式,其中 J 必须是一个整数. 证明能量的本征值的简并度等于 $2n=2J+1$.

18.5 关于精确谱学的方法

在我们对氢原子的讨论中,无论是解析的还是代数的,许多物理因素都被忽略了. 我们只求得了能谱结构的粗略框架,尽管它还不足以解释实验数据,但这种知识还是必需的. 原子光谱学显然是实验物理最精确的分支. 目前精细结构常数的公认值(1.29)式是对于各种类型最精确实验的平均,它由文献[68]给出,为

$$\frac{1}{\alpha} = 137.035999084(\pm 51) \tag{18.96}$$

其中的误差棒指的是最后两位数字. 对于这样的一种精度,原子理论必须考虑许多小的效应,它们是对能级微小修正的原因. 在重原子中,这些修正甚至变得更重要,此外,在那里电子之间的相互作用也要考虑进来. 下面我们列出在后几章中将要讨论的某些效应.

(1) **电子自旋**只在与原子壳的简并有关时被提到.除此之外,它在原子对磁场的响应中起着重要的作用,是较灵敏的探针之一.

(2) 我们的考虑略去了所有的**相对论效应**.量级$(v/c)^2 \sim \alpha^2$的修正给出了所谓能谱的**精细结构**,它也是把α称为精细结构常数这个术语的来源.这些修正有三个来源:动能展开超出$p^2/(2m)$的下一项;自旋-轨道耦合,它主要是电子的自旋磁矩与由电子运动产生的磁场之间的相互作用;作为相对论不确定性关系的结果,电子特殊的退定域化,见5.10节.

(3) 任何原子核,包括质子,都有**有限的大小**.因此在中心附近的小区域内,位势不同于类点电荷.在不同同位素(不同原子核大小)的能谱差别中,以及在介原子中都特别明显地见到这个效应,后者是因为介子能够更深地穿透到原子核体积内部.

(4) 许多原子核,包括质子,有非零的磁矩,它与电子的自旋磁矩相互作用,产生能谱的**超精细结构**.

(5) 从四极矩开始,某些原子核(但不包括质子)可以有电荷分布的非零更高阶多极矩,这会修正超精细结构.

(6) 量子场论预言了与光子的虚发射和吸收相关的辐射修正以及带电粒子的存在所引起的真空性质的改变(**极化**).这些修正导致了附加的能级位移(**Lamb 位移**).

为了定量地估计这些效应的影响,我们需要开发计算对波函数和本征值微小修正的一些常规方法.这些方法通过各种形式的微扰论给出,见第19章.

18.6 抛物线坐标系中的解

具有正能量的态属于连续谱.实际上,它们都是**散射态**.有代表性的是:一束外部电子束与质子相互作用,然后扩散到相对于可以取作z轴的原始方向的各个角度.这个问题的波函数可以通过解析求解 Schrödinger 方程而精确求得.通过使用**抛物线坐标**[59,§37]提供的一个方便的方法非常适用于这样一些问题的几何学,它们明显地破坏球对称而保持轴对称,使l_z仍是好量子数.首先,我们证明分立谱也能用抛物线坐标系里的分离变量法求得.

当z轴被选定时,代替r和z,我们按照

$$r = \xi + \eta, \quad z = \xi - \eta \tag{18.97}$$

引入两个新定义的非负变量 ξ 和 η. 和方位角 φ 一起，这个选择定义了

$$x = 2\sqrt{\xi\eta}\cos\varphi, \quad y = 2\sqrt{\xi\eta}\sin\varphi \tag{18.98}$$

习题 18.13 对于在 Coulomb 势 $U(r) = -Ze^2/r$ 中能量为 $E = \hbar^2k^2/(2m)$ 的一个定态，在抛物线坐标系中导出 Schrödinger 方程，并证明变量被分离了.

证明 在 Laplace 算符的直接变换之后，得到

$$\left(\hat{O}_\xi + \hat{O}_\eta + \frac{2Z}{a}\right)\psi(\xi,\eta,\varphi) = 0 \tag{18.99}$$

其中引进了分别作用在 ξ 和 η 上的两个全同的微分算符 $\hat{O}_\xi$ 和 $\hat{O}_\eta$，有

$$\hat{O}_\xi = \frac{\partial}{\partial\xi}\xi\frac{\partial}{\partial\xi} + \frac{1}{4\xi}\frac{\partial^2}{\partial\varphi^2} + k^2\xi \tag{18.100}$$

现在，我们可以求可分离形式的解，有

$$\psi(\xi,\eta,\varphi) = \frac{X(\xi)}{\sqrt{\xi}}\frac{Y(\eta)}{\sqrt{\eta}}e^{im\varphi} \tag{18.101}$$

这里 $X(\xi)$ 和 $Y(\eta)$ 满足同样的方程，对 $X(\xi)$ 有

$$\left(\frac{d^2}{d\xi^2} - \frac{m^2-1}{4\xi^2} + \frac{B_\xi}{a\xi} + k^2\right)X(\xi) = 0 \tag{18.102}$$

类似地，对 $Y(\eta)$ 用代换 $B_\xi \Rightarrow B_\eta$. 这些分离常数被条件

$$B_\xi + B_\eta = 2Z \tag{18.103}$$

联结起来.

方程(18.102)和它对 $Y(\eta)$ 的类似方程具有与在球坐标系里径向函数 $u(r)$ 的方程(18.2)同样的形式，在那里**束缚态**的谱由(18.13)式和(18.14)式给出：

$$k^2 = -\frac{Z}{a^2}\frac{1}{(N+l+1)^2} \tag{18.104}$$

要建立清晰的对应关系，注意到在球坐标系里的数 $l(l+1)$ 对应于在新方程的 $(m^2-1)/4$，这就是说，在解(18.104)式中，我们需要进行代换 $l = (|m|-1)/2$. 这导致了两个新的整数量子数 N_ξ 和 N_η，它们出现在(18.102)式和它的 Y 类似式中：

$$k^2 = -\frac{B_\xi}{a}\frac{1}{N_\xi + (1/2)(|m|+1)} = -\frac{B_\eta}{a}\frac{1}{N_\eta + (1/2)(|m|+1)} \tag{18.105}$$

条件(18.103)式重新产生了主量子数为

$$n = N + l + 1 = N_\xi + N_\eta + |m| + 1 \tag{18.106}$$

的谱(18.14)式.

习题 18.14 证明:用抛物线量子数标记的简并束缚态总数与我们在(18.37)式所求得的一致.

证明 对于给定的 n,由(18.106)式所允许的 N_ξ 和 N_η 的组合数在 $m=0$ 时等于 n;而对于每个可以是正的也可以是负的 $m(\neq 0)$,从(17.148)式得知组合数等于 $n(n-1)/2$. 总的和等于 n^2. 允许完全分离变量的可替换坐标系的存在是与 Coulomb 简并相联系的. 代替具有确定轨道角动量值但在一个主壳内有相同能量的球谐函数,在抛物线坐标系中,我们取它们与挑选出的一个确定轴的组合. 这与额外的运动常数(18.81)式存在直接关系.

18.7 连续态

一般的散射问题将稍后讨论. 然而,在 Coulomb 势的情况下,我们有一个难得的精确可解的例子. 这里,使用抛物线坐标系(18.97)式是特别方便的,因为我们预期在该解中存在入射平面波 $\sim\exp(\mathrm{i}kz)$ 和出射球面波 $\sim\exp(\mathrm{i}kr)$,并且两个函数都包含因子 $\exp(\mathrm{i}k\xi)$. 所以,遵照 J. Schwinger[69],对于电子被电荷为 Ze 的原子核散射,我们可以寻找方程(18.99)如下形式的解(比较(18.101)式):

$$\psi(\xi,\eta) = \mathrm{e}^{\mathrm{i}k\xi}\frac{Y(\eta)}{\sqrt{\eta}} \tag{18.107}$$

这里,没有 φ 相关性. 因为入射波绕束流 z 轴是轴对称性的;$l_z = m = 0$ 是运动常数.

拟设(18.108)式导致对于函数 $Y(\eta)$(不要与球函数 Y_{lm} 混淆)的方程:

$$\left(\frac{\mathrm{d}^2}{\mathrm{d}\eta^2} + \frac{1}{4\eta^2} + \frac{\mathrm{i}k + 2Z/a}{\eta} + k^2\right)Y(\eta) = 0 \tag{18.108}$$

这里能量 $E = \hbar^2 k^2/(2m)$ 是正的.

习题 18.15 把(18.108)式与分立谱的径向方程比较,并证明这个解形式上可以用 Laguerre 多项式 $\mathrm{L}^{\alpha=0}_{-\mathrm{i}\zeta}(x) \equiv \mathrm{L}_{-\mathrm{i}\zeta}(x)$ 写成

$$Y(\eta) = \sqrt{\eta}\,\mathrm{L}_{-\mathrm{i}\zeta}(2\mathrm{i}k\eta)\mathrm{e}^{-\mathrm{i}k\eta} \tag{18.109}$$

其中

$$\zeta = \frac{Z}{ka} = \frac{Ze^2}{\hbar v} \tag{18.110}$$

是 Sommerfeld **参数**，$v = \hbar k/m$ 是在大距离处的速度.

需要特别考虑的是，证明在 Laguerre 多项式指标里复变量 $-\mathrm{i}\zeta$ 的符号的选择是对的. 这里我们已经把这个多项式解析延拓到了复数 ζ. 上标为零($\alpha = 0$)时，Laguerre 多项式(18.68)式被定义为

$$\mathrm{L}_n(x) = \frac{\mathrm{e}^x}{n!}\left(\frac{\mathrm{d}}{\mathrm{d}x}\right)^n (x^n \mathrm{e}^{-x}) \tag{18.111}$$

根据 Cauchy 留数定理，上式可以写成在变量 z 的复平面上对包含 x 点的任意圈的一个回路积分，即

$$\mathrm{L}_n(x) = \mathrm{e}^x \oint \frac{\mathrm{d}z}{2\pi\mathrm{i}} \frac{\mathrm{e}^{-z} z^n}{(z-x)^{n+1}} \tag{18.112}$$

现在，只要 x 定位于回路之内，它可以移到任何复数点，如图 18.2(a)所示. 尤其是在(18.109)式中，我们需要把这一点放在虚轴上，$x = 2\mathrm{i}k\eta$.

涉及复数指标，$n \Rightarrow -\mathrm{i}\zeta$，应当格外小心. 我们保持解析形式(18.112)式，但是，现在，$z=0$ 点变成一个分支点，我们需要定义通过这条分支割线的正确相位. 另外，按照文献[69]，我们选择如图 18.2(b)所示的封闭回路，沿逆时针方向从 $z=\infty$ 到 $z=\infty$，包含绕过 $z=0$ 和 $z=2\mathrm{i}k\eta$ 的两个小圆圈和平行于实轴的两对路径. 积分现在取以下形式：

$$\mathrm{L}_{-\mathrm{i}\zeta}(2\mathrm{i}k\eta) = \mathrm{e}^{2\mathrm{i}k\eta} \oint \frac{\mathrm{d}z}{2\pi\mathrm{i}} \frac{\mathrm{e}^{-z} z^{-\mathrm{i}\zeta}}{(z-2\mathrm{i}k\eta)^{-\mathrm{i}\zeta+1}} \tag{18.113}$$

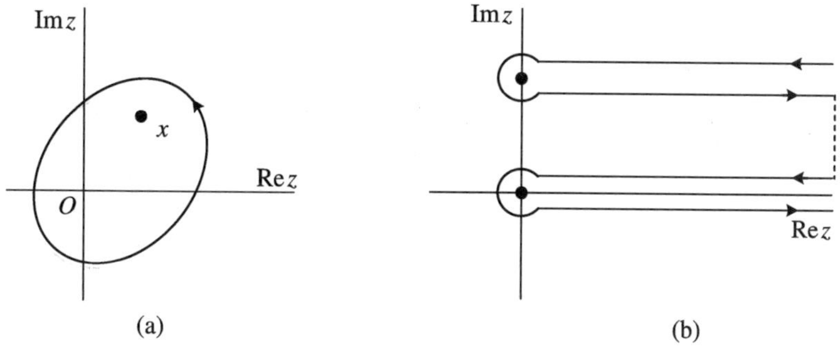

图 18.2 (a) (18.112)式的积分回路；(b) 对于具有复数下标的 Laguerre 多项式的解析延拓的积分回路

在这个积分的上半部分，我们有 $z = 2\mathrm{i}k\eta + x$，使得

$$(\mathrm{L}_{-i\zeta}(2ik\eta))_{\text{upper}} = \int \frac{dx}{2\pi i} \frac{e^{-x}(2ik\eta + x)^{-i\zeta}}{x^{-i\zeta+1}} \tag{18.114}$$

在被积函数中的指数因子 $\exp(-x)$ 的大 x 值（$x \gg 1$）没有贡献．当我们对波函数的渐近行为感兴趣时，$k\eta \gg 1$，可以近似地取

$$(2ik\eta + x)^{-i\zeta} \approx (2ik\eta)^{-i\zeta} = e^{-i\zeta\ln(2ik\eta)} = e^{\pi\zeta/2} e^{-i\zeta\ln(2k\eta)} \tag{18.115}$$

在剩余的积分(18.114)式中，上沿给出

$$\int_{\infty}^{0} dx \frac{e^{-x}}{x^{-i\zeta+1}} = -\int_{0}^{\infty} dx x^{i\zeta-1} e^{-x} = -\Gamma(i\zeta) \tag{18.116}$$

对于 ζ 的正实部，虚宗量的 Γ 函数有严格的定义．在对上部路径的下沿积分中，我们需要改变 $x \to x\exp(2\pi i)$，它不改变分子，但要用 $(\exp(2\pi i))^{-i\zeta} = \exp(2\pi\zeta)$ 乘分母．结果，积分的这部分给出 $\exp(-2\pi\zeta)\Gamma(i\zeta)$．最后，把两个沿的结果加起来并利用 $\Gamma(i\zeta+1) = i\zeta\Gamma(i\zeta)$，得到

$$(\mathrm{L}_{-i\zeta}(2ik\eta))_{\text{upper}} = e^{\pi\zeta/2} e^{-i\zeta\ln(2k\eta)} \Gamma(1 + i\zeta) \frac{1 - \exp(-2\pi\zeta)}{2\pi\zeta} \tag{18.117}$$

习题 18.16 计算积分(18.113)式下部的贡献．

解 这里，积分的分母包含$[\exp(i3\pi/2)2k\eta]^{-i\zeta+1}$，因此结果是

$$(\mathrm{L}_{-i\zeta}(2ik\eta))_{\text{lower}} = e^{-3\pi\zeta/2} e^{i[2k\eta+\zeta\ln(2k\eta)]} \frac{e^{2\pi\zeta-1}}{4\pi k\eta} \Gamma(1 - i\zeta) \tag{18.118}$$

把这两部分的贡献合在一起，我们得到在 $k\eta \gg 1$ 时 Laguerre 多项式以下形式的渐近式：

$$\mathrm{L}_{-i\zeta}(2ik\eta) \approx f(\zeta)\left\{e^{-i\zeta\ln(2k\eta)} + \frac{\zeta}{2k\eta} e^{i[2k\eta+\zeta\ln(2k\eta)]} \frac{\Gamma(1 - i\zeta)}{\Gamma(1 + i\zeta)}\right\} \tag{18.119}$$

其中

$$f(\zeta) = e^{-3\pi\zeta/2} \frac{e^{2\pi\zeta} - 1}{2\pi\zeta} \Gamma(1 + i\zeta) \tag{18.120}$$

不依赖于坐标．

现在，我们可以回忆一下原始的波函数是

$$\psi(\xi, \eta) = e^{ik\xi} \mathrm{L}_{-i\zeta}(2ik\eta) e^{-ik\eta} \tag{18.121}$$

通常的坐标从下式求得：

$$\xi = \frac{1}{2}(r + z), \quad \eta = \frac{1}{2}(r - z) \tag{18.122}$$

散射角 θ 是入射波矢量(z 轴)和散射粒子的观测方向 $\boldsymbol{r}$ 之间的夹角.因此,

$$z = r\cos\theta, \quad \eta = r\sin^2\left(\frac{\theta}{2}\right) \tag{18.123}$$

在(18.121)式的渐近表达式的第一项中,我们有 $\exp[ik(\xi-\eta)]=\exp(ikz)$,即**入射波**为

$$\psi_{\text{inc}} = e^{ikz}e^{-i\zeta\ln[2kr\sin^2(\theta/2)]} \tag{18.124}$$

第二项包含 $\exp[ik(\xi+\eta)]=\exp(ikr)$,提供了**出射球面波**.借助(18.123)式,求得

$$\psi_{\text{scatt}} = \frac{e^{ikr}}{r}\frac{\zeta}{2k\sin^2(\theta/2)}e^{i\{\zeta\ln[2kr\sin^2(\theta/2)]-2i\arg[\Gamma(i\zeta+1)]\}} \tag{18.125}$$

这样,我们看到在(18.109)式中符号的选择正确地反映了物理散射问题的边界条件.当 $\zeta\to0$时在 $z\to0$ 的极限,散射波消失.

量

$$q = 2k\sin\frac{\theta}{2} \tag{18.126}$$

有一个简单的意义.这是在弹性散射过程中动量(更精确地说,波矢量)的转移,$q=|\boldsymbol{k}-\boldsymbol{k}'|$,其中$\boldsymbol{k}'=(k\cdot\boldsymbol{r}/r)$是在散射波方向的波矢量.现在,我们可以计算**散射截面** $d\sigma$,其定义为被一个遥远的探测器在距离为 r 的立体角 do 内所记录到的流强与入射流强之比(我们将在下册里更详细地讨论),即

$$d\sigma = \frac{|\psi_{\text{散射}}|^2}{|\psi_{\text{入射}}|^2}r^2 do \tag{18.127}$$

渐近结果(18.124)式和(18.125)式确定

$$\frac{d\sigma}{do} = \left[\frac{\zeta}{2k\sin^2(\theta/2)}\right]^2 = \left(\frac{2Z}{aq^2}\right)^2 \tag{18.128}$$

这正是经典的 **Rutherford 截面**,即

$$\frac{d\sigma}{do} = \left(\frac{Ze^2}{4E}\right)^2\frac{1}{\sin^4(\theta/2)} \tag{18.129}$$

虽然产生的截面跟经典结果一致,入射波和散射波的波函数都包含依赖散射角的量子相位.甚至入射波(18.124)式被具有长程特征的 Coulomb 势扭曲.然而,这个效应在这种截面中看不到,仅能在与另一个相互作用,例如可能与 Coulomb 势一起存在的原子核力,相干时才能观测到.

第 19 章

定态微扰论

事实上,没有物理体系可以不用近似方法研究,物理学家的艺术恰恰在于确定不同效应的相对重要性,并且在每一种情况下采取适当的近似方法.确切地说,有多少问题就有多少近似方法.

——A. Messiah

19.1 引言

允许一个精确的解析解的量子问题的数目很少.在其他一些情况下我们可以用数值方法求解问题.甚至这也常常行不通.然而,实际上在所有的真实情况中,不同因素的效应并非同等重要.我们可以在与不太重要的一些因素的对比中遴选出更为重要的因素来.如果我们可以在解这个问题的同时忽略一些不太基本的特征,则略去的那些效应的影响可以作为一种**微扰**近似地考虑.这个术语源自天体力学,在那里行星的引力效应比太阳的引力效应要小.

通常(不总是),当加上修正后,我们仅稍微改变了分立谱的波函数和能级,使得这个谱的定性图像保持它的主要特征.数学上,这可以被表述为物理特征的解析性,这种物理特征被认为是一些附加参数的函数.在这种情况下,我们能够寻求以新因子幂的正规级数形式对初始未受微扰解的修正.然而有些情况下一个无穷小的弱微扰就已经剧烈地改变了未受微扰的图像.在经典力学中,人们称在这样的情况下原始态是不稳定的.于是,初始条件小的变化经过一段时间之后常常完全改变了轨迹(**经典混沌**[55]).在量子力学中,不确定性原理排除了在相空间中初态的任意精确的描述.尽管如此,类似的混沌现象在量子力学也存在(见下册第24章).当不存在微扰时,对于简并能级来说一些特殊的问题出现了:简并态的任意叠加是同样好的.然而,即使一个弱微扰也能以非微扰方式挑选出一个**正确的组合**,作为在简并态子空间中一个合适的方向.

为了在分立谱中考虑时间无关的(**定态**)微扰,我们假定哈密顿量可以分解成未受微扰的和微扰的两部分,即

$$\hat{H} = \hat{H}^0 + g\hat{H}' \tag{19.1}$$

其中 g 是一个形式上引进作为微扰强度指标的参数.假设我们知道未受微扰系统($g=0$)的定态$|n\rangle$和能量 E_n^0,则

$$\hat{H}^0 |n\rangle = E_n^0 |n\rangle \tag{19.2}$$

我们需要找到总哈密顿量的定态$|\Psi\rangle$和能量 E,则

$$(\hat{H}^0 + g\hat{H}')|\Psi\rangle = E|\Psi\rangle \tag{19.3}$$

假设微扰 $\hat{H}'$不改变边界条件.那么,函数$|\Psi\rangle$属于同样的 Hilbert 空间,并且可以对未受微扰函数的完备集展开,则

$$|\Psi\rangle = \sum_n c_n |n\rangle \tag{19.4}$$

其中对 n 的求和包括对连续谱的积分,倘若它在这个问题中存在的话.正像在标准对角化问题(见6.8节)中的那样,我们可以利用正交关系$\langle n|m\rangle = \delta_{mn}$(或对于连续量子数的 Dirac δ 函数),把问题简化为对于系数 c_n 的无限个耦合的线性齐次方程的方程组,即

$$c_m(E - E_m^0) = g\sum_n c_n H'_{mn} \tag{19.5}$$

其中 $H'_{mn}=\langle m|\hat{H}'|n\rangle$是在未受微扰的基(19.2)式中的微扰矩阵元.通过形式上从方程组(19.5)求得系数 c_m,我们碰到了**能量分母**,对于这种形式微扰论它们是典型的.

方程组(19.5)等价于原始的 Schrödinger 方程,精确地求解仍是不可能的,尽管用于相当大维数矩阵的数值对角化方法已经开发出来了.于是,基于物理思想把 Hilbert 空间截断是必要的,它把这种做法简化为 10.3 节的变分法.相反,我们要寻找一种更简单的常规近似方法.

19.2 非简并微扰论

考虑由微扰引起的一个**非简并**未受微扰态 $|k\rangle$ 的改变.最方便实用的方法是 Rayleigh-Schrödinger**微扰论**,在此方法中精确的态 $|\psi\rangle$ 和精确的能量 E 在微扰作用下从 $|k\rangle$ 和 E_k^0 变化得到.

没有微扰时,$g\to 0$,我们将会有 $|\Psi\rangle=|k\rangle$,即在(19.4)式中 $c_n=\delta_{nk}$.在微扰存在时,函数(19.4)中将出现 $n\neq k$ 态的混合.解析性假设允许我们假定(19.6)式中的系数相对于微扰强度简单地展开,则

$$c_m=\delta_{mk}+gc_m^{(1)}+g^2c_m^{(2)}+\cdots \tag{19.6}$$

能量本征值从 E_k^0 开始,当微扰被接入时平滑地变成

$$E=E_k^0+gE_k^{(1)}+g^2E_k^{(2)}+\cdots \tag{19.7}$$

取小的但有限的 g 值时的**能量项** $E(g)$,我们可以追溯到原点,只要假设如图 19.1 所示唯一的遗传式演化(genetic development)(这里我们看到在壳层模型计算[70]中求得的复杂核^{24}Mg 能谱的真实的一段,其中内部粒子相互作用强度 λ 参数起着 g 的作用).这个遗传式假设基于 10.5 节的**非交叉定理**.在图 19.1 中,所有的能级交叉都被**避免**了.能量的本征值不展成级数而波函数仍然展开的微扰论 Brillouin-Wigner 形式也存在.实用上这种形式是不太方便的.

拟设(19.6)式和(19.7)式导致了各种 m 值的方程组:

$$\begin{aligned}&(E_k^0-E_m^0+gE_m^{(1)}+g^2E_m^{(2)}+\cdots)(\delta_{mk}+gc_m^{(1)}+g^2c_m^{(2)}+\cdots)\\&=g\sum_n H'_{mn}(\delta_{nk}+gc_n^{(1)}+g^2c_n^{(2)}+\cdots)\end{aligned} \tag{19.8}$$

其中作为我们感兴趣的主体，态 k 是确定的，而 m 跑遍整个 Hilbert 空间（我们应当小心地处理数字下标）.

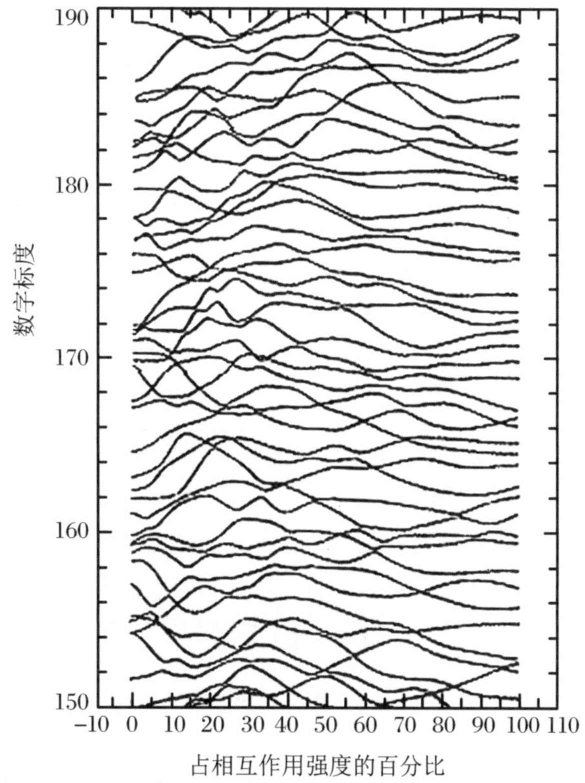

图 19.1　能量项的演化作为微扰强度的函数

首先，取 $m=k$，(19.8)式中未受微扰的能量和一个公共因子 g 消掉了，于是

$$\begin{aligned}&(E_k^{(1)}+gE_k^{(2)}+\cdots)(1+gc_k^{(1)}+g^2c_k^{(2)}+\cdots)\\&=\sum_n H'_{kn}(\delta_{nk}+gc_n^{(1)}+g^2c_n^{(2)}+\cdots)\end{aligned}\tag{19.9}$$

这里挑选出第一级的项

$$E_k^{(1)}=H'_{kk}\tag{19.10}$$

第二级的项

$$E_k^{(2)}+E_k^{(1)}c_k^{(1)}=\sum_n H'_{kn}c_n^{(1)}\tag{19.11}$$

以及 g 的幂次的所有高级项. 对能级的最低级修正(19.10)式由未受微扰态上微扰的期

待值给出.因此,在(19.11)式右边的求和中 $n=k$ 的项抵消了左边的第二项,剩下表达式

$$E_k^{(2)} = \sum_{n\neq k} H'_{kn} c_n^{(1)} \tag{19.12}$$

它不包含系数 $c_k^{(1)}$.

取 $m\neq k$ 的(19.8)式,我们有

$$\begin{aligned}&(E_k^0 - E_m^0 + gE_m^{(1)} + g^2 E_m^{(2)} + \cdots)(c_m^{(1)} + gc_m^{(2)} + \cdots)\\ &= \sum_n H'_{mn}(\delta_{nk} + gc_n^{(1)} + g^2 c_n^{(2)} + \cdots)\end{aligned} \tag{19.13}$$

我们再一次按照微扰级数分解这些方程:

$$(E_k^0 - E_m^0)c_m^{(1)} = H'_{mk} \tag{19.14}$$

$$E_m^{(1)} c_m^{(1)} + (E_k^0 - E_m^0)c_m^{(2)} = \sum_n H'_{mn} c_n^{(1)} \tag{19.15}$$

等等.根据假设,态 $|k\rangle$ 是非简并的,因此我们不担心用能量差去除,从而得到

$$c_m^{(1)} = \frac{H'_{mk}}{E_k^0 - E_m^0}, \quad m\neq k \tag{19.16}$$

这样,从未受微扰态 $|k\rangle$ 演化来的本征矢在第一级近似是

$$|\psi\rangle = \sum_m (\delta_{mk} + gc_m^{(1)})|m\rangle = (1 + gc_k^{(1)})|k\rangle + g\sum_{m\neq k}\frac{H'_{mk}}{E_k^0 - E_m^0}|m\rangle \tag{19.17}$$

其中修正 $c_k^{(1)}$ 仍然没有求得.能量(19.12)式不依赖于这个系数,则

$$E = E_k^0 + gH'_{kk} + g^2\sum_{n\neq k}\frac{|H'_{kn}|^2}{E_k^0 - E_n^0} \tag{19.18}$$

这里我们记起哈密顿量是厄米的,$H'_{nk} = (H'_{kn})^*$.

最后,我们要求这个解 $|\Psi\rangle$(19.17)式是归一的,则

$$\langle\Psi|\Psi\rangle = 1 \tag{19.19}$$

在这个条件下第一级项给出

$$c_k^{(1)} + c_k^{(1)*} = 0 \tag{19.20}$$

这个未知系数一定是复数 $c_k^{(1)} = \mathrm{i}\alpha$,并且对波函数相应的修正是相位 $e^{\mathrm{i}g\alpha}$ 展开的第一项.共同相位是不重要的,因此我们可以设

$$c_k^{(1)} = \mathrm{i}\alpha = 0 \tag{19.21}$$

这确定了在第一级对于波函数的结果：

$$|\Psi\rangle = |k\rangle + g\sum_{n\neq k}\frac{H'_{nk}}{E_k^0 - E_n^0}|n\rangle \tag{19.22}$$

方程(19.18)、(19.22)解出了求微扰波函数和它的新能量的问题.这个迭代方法是正则的,所以不难明显地计算任何级(不是非常高)的修正.最后,我们可以摆脱辅助参数 g,令它等于 1,从而简单地把它包括在算符 H' 内.展开式(19.8)的结构表明为了计算第 n 级的能量,知道前面的第 $n-1$ 级的波函数就足够了.在第一级,态 $|k\rangle$ 仅获得用非零微扰矩阵元 H'_{nk} 直接把 $|n\rangle$ 态与这个原始态连接起来的混合.

习题 19.1 求从未受微扰能级 $|k\rangle$ 在第二级得到的态矢量和在第三级得到的能量.

解 通过收集下一级项,我们得到

$$c_k^{(2)} = -\frac{1}{2}\sum_{n\neq k}\frac{|H_{kn}|^2}{(E_k^0 - E_n^0)^2} \tag{19.23}$$

$$c_{m\neq k}^{(2)} = \frac{1}{E_k^0 - E_m^0}\left(\sum_{n\neq k}\frac{H'_{mn}H'_{nk}}{E_k^0 - E_n^0} - \frac{H'_{kk}H'_{mk}}{E_k^0 - E_m^0}\right) \tag{19.24}$$

$$E_k^{(3)} = \sum_{m\neq k}\frac{H'_{km}}{E_k^0 - E_m^0}\left(\sum_{n\neq k}\frac{H'_{mn}H'_{nk}}{E_k^0 - E_n^0} - \frac{H'_{kk}H'_{mk}}{E_k^0 - E_m^0}\right) \tag{19.25}$$

第 n 级近似包含用 $\hat{H}'$ 矩阵元经 n 步从原始态 $|k\rangle$ 可以得到的未受微扰的态的混合.这个过程通过具有 $n-1$ 个中间态(**虚态**)的所有可能路径实现.如果哈密顿量 $\hat{H}^0$ 除了我们定位 $|k\rangle$ 态的分立谱外,还有连续谱,则微扰态 $|\Psi\rangle$ 一般可能属于连续谱,因为相应的混合可以由 $\hat{H}'$ 产生.如果微扰后能量是在谱的连续部分,将会发生这种情况.连续态也必须在虚态中加以考虑.

第一级能量修正(19.10)式不用计算就知道了,并且从一开头就可以包括在未受微扰的能量 E_k^0 中,使得只有**非对角**矩阵元进入随后的迭代中,给出一种非平庸效应.注意,由于非对角项对能量的修正,在(19.25)式中总是形成一个**循环** $k\to n\to m\to k$,而相应的对波函数的修正形成**树**(也包括循环),其分枝的末端到达一个混合态.**能量分母**的符号使得对**基态**能量的第二级修正(19.18)式总是**负的**.我们曾提到过,这样分母的出现是这个版本微扰论的典型特征.从 10.5 节双能级问题我们记得,态的混合导致了它们的**推斥**.基态感受到从上边来的所有混合的推斥压力,因此向下移.而对于其他的态,在向上推的力和向下压的力之间的平衡可以是任何符号.这样,在这种公式体系中,微扰论保持**变分**特征.

19.3 收敛性

正如从所得到的结果和习题 19.1 中看到的，每一个新的阶微扰论都增加一个微扰的非对角矩阵元 H'_{mk} 除以能量分母 $E_k^0 - E_m^0$. 因此，Rayleigh-Schrödinger 微扰方法显而易见的适用条件是非对角矩阵元小于对应的未受微扰能级间距，即

$$\left|\frac{H'_{mk}}{E_k^0 - E_m^0}\right| \ll 1 \tag{19.26}$$

如果是这样的话，依赖于所要求的精度，我们可以仅限于微扰论的少数几个最低级近似. 我们还看到，对一个给定的起始态 $|k\rangle$，如果存在一个态 $|k'\rangle$，它与第一个态是简并的，$E_k^0 = E_{k'}^0$，或具有靠近的能量 $|E_k^0 - E_k^{0\prime}| \approx |H_{k'k}|$，则对态 $|k\rangle$ 的修正是很大的，因此这种形式的微扰论不适用. 在这种情况下，波函数 $|k\rangle$ 和 $|k'\rangle$ 都是**不稳定**的，一个弱微扰 $\hat{H}'$ 就已经能把它们显著地混合.

不过，如果我们是在一个有限维的空间处理，则正像在 10.3 节将有限矩阵对角化问题中那样，原来的公式(19.5)总是约化成一个代数方程. 其解在代数上依赖于微扰参数 g，且多项式所有的根都是实的，它排除了当一个根穿越到虚数值时的平方根型的奇点. 于是，微扰展开原则上是收敛的，尽管为截短微扰级数它可能收敛得太慢.

在一个无限维 Hilbert 空间的真实情况下，情况更有趣. 即使微扰很弱，如果它改变原始函数的边界条件或渐近行为，则微扰论也是发散的. 例如哈密顿量 $\hat{H}^0$ 仅有分立谱，而微扰却把它变换成连续的，就会发生这样的情况. 考虑一个图 19.2 所示的具有三次非简谐性的非谐振子：

$$\hat{H} = \hat{H}^0 + g\hat{H}' = \frac{\hat{p}^2}{2m} + \frac{1}{2}m\omega^2\hat{x}^2 + g\frac{\hat{x}^3}{3} \tag{19.27}$$

当 g 的值小时，我们可以用上面发展的微扰论形式上求解这个问题，得到一些新的**定态**. 正如从(11.109)式显然可见的，能量本征值在第二级改变，而基态从单量子和三量子态开始获得混合. 然而，这种形式计算证明不了哈密顿量(19.27)式的实际定态，与未受微扰的二次哈密顿量那些定态相反，因势垒的有限穿透而解脱束缚. 通过微扰论我们求得的这些态都是准定态，见 5.8 节，因而有有限的寿命.

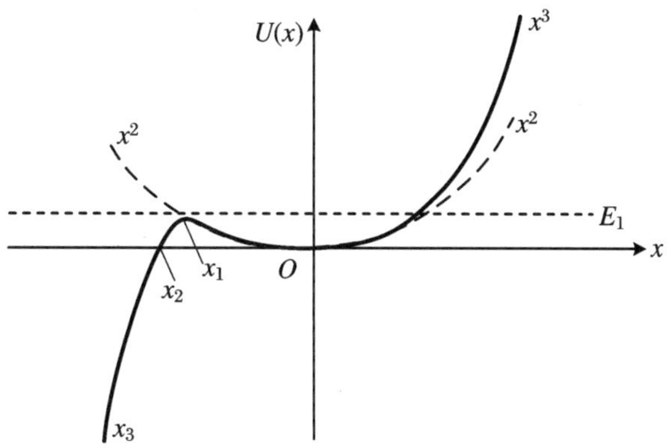

图 19.2 三次非谐振子的势能

我们立即看到，在势垒上面的态是绝对不稳定的. 如图 19.2 所示，对所有能量 $E<E_1$ 的态都存在势垒. 势垒的顶位于 $x=x_1=-m\omega^2/g$ 处，$U'(x_1)=0$ 和 $E_1=U(x_1)=(m\omega^2)^3/(6g^2)$. 势垒的左边界位于 $x=x_2=-(3/2)m\omega^2/g=(3/2)x_1$ 处. 因此，在 $g\to 0$ 时，我们有 $E_1\to\infty$，点 $x_{1,2}$ 移向 $-\infty$，并且势垒变得非常宽和非常高. 在这种情况下，势垒内部保持有许多未微扰态，尽管仅持续有限时间.

习题 19.2 证明：能量 $E\ll E_1$ 的态寿命是

$$\tau\sim e^{常数\cdot m^3\omega^5/(\hbar g^2)} \tag{19.28}$$

小的 g 势垒的顶下面的态寿命是非常长的，使得定态近似是相当好的. 衰变概率 $\gamma\sim 1/\tau$ 是小的，而且**非解析地**依赖于 g. 在小 g 的情况下，在(19.28)式中我们有一个**本性奇点**(essential singularity). 由于波函数在 $t\to\infty$ 的行为现在非常不同，微扰论会发散，从而不可能描写非解析效应.

习题 19.3 考虑振子的四次方非简谐振动

$$\hat{H}=\frac{\hat{p}^2}{2m}+\frac{1}{2}m\omega^2\hat{x}^2+g\frac{\hat{x}^4}{4} \tag{19.29}$$

证明微扰论发散，并讨论其原因.

证明 考虑该四次微扰在未微扰的振子态之间的矩阵元. 在 n 大时，它们随着 $\sim n^2$ 增长，而分母仅线性地增长 $\sim n$. 因此在高级近似时微扰论将发散. 相应的高激发态的混合引入了波函数的尾巴，它具有典型的不同于简谐振子结果的四次渐近行为. 我们能够预期这个发散：作为幂级数展开收敛的微扰理论应该在复平面上围绕 $g=0$ 具有某个收敛圆. 然而，那时对在收敛圆内负的 g，它也会收敛，但由于对负的 g，系统是不稳定的，收敛是不可能的，类似于我们对三次方非简谐振子的讨论.

在(19.29)式的情况下，我们仍然只有分立谱.用微扰论求得的态在 g 小的时候给出一个很好的近似，但是微扰级数只是渐近式，类似于我们对于半经典近似所讨论的.对任意给定的误差，我们可以找到这样一个小的 g 值，使微扰论的结果在误差范围内接近精确结果.虽然对有限的 g 值，从微扰论的某级开始(**对四次方非简谐振子估算这个级数!**)，它的结果将越来越多偏离精确结果.

19.4 靠近的能级情况

上述微扰论的简单形式对靠近的或简并的能级是不适用的.例如，假设我们有两个未微扰的态 $|1\rangle$ 和 $|2\rangle$，它们具有一个小的裸能量差 Δ.在第一级近似(19.16)式中的危险贡献来自比值 H'_{12}/Δ，它导致很大的混合系数.如果混合矩阵元 H_{12} 为 0，则小分母的危险在微扰论的这一级就不会发生.

除去这种混合的简单操作方法是在由这两个态所张的子空间中精确地把**完全**的哈密顿量 $\hat{H}$ 对角化.结果，我们得到两个新矢量，它们是零级近似的**正确线性组合**，即

$$|\alpha\rangle = c_1^{(\alpha)}|1\rangle + c_2^{(\alpha)}|2\rangle, \quad \alpha = 1,2 \tag{19.30}$$

为了进一步应用微扰论，用这两个 $|\alpha\rangle$ 态替代两个旧的态.当然，哈密顿量 $\hat{H}$ 仅在一个小的子空间内对角化.剩下的微扰矩阵元可把这一对态与其他的未受微扰态连接起来，然而根据我们的假设，这些态在能量上不是靠近的.在更高阶，我们可以再一次把(19.39)式的态混合，不过这种混合将至少包含二次幂 g^2 以及连接这一对态与该子空间之外的态的能量分母.如果这个修正仍然不小，我们需要包括在预对角化空间内一些新的态.

危险的靠近态的对角化事实上是一种**变分近似**，见10.3节.在(19.30)式的例子中，我们寻找截断到二维基的最好的线性组合.双能级问题在10.4节已经求解过了，现在我们可以看到微扰论的确来自相应的极限 $|H_{12}| \ll \Delta$ 之下的那些结果.利用(10.26)式、(10.27)式的符号，并对(10.33)式中的平方根 s 作展开，我们得到具有能级推斥的微扰公式，请与 $g=1$ 的(19.18)式比较：

$$E_+ = H_{22} + \frac{|H_{12}|^2}{\Delta}, \quad E_- = H_{11} - \frac{|H_{12}|^2}{\Delta} \tag{19.31}$$

这里，较高的态(+)是带有态$|1\rangle$的少量混合$|H_{12}/\Delta|$的态$|2\rangle$，而较低的态(−)是带有态$|2\rangle$的少量混合$|H_{12}/\Delta|$的态$|1\rangle$. 如果混合参数$|H_{12}/\Delta|$不是小量，则混合是最强的，并且正确的组合是接近对称的和反对称的态(10.40)式；在简并情况下$\Delta=0$，它们与后者精确地一致.

这个方法可应用于一般的d重简并的情况，或d个靠近的未微扰态$|1\rangle,\cdots,|d\rangle$的情况. 完全哈密顿量$\hat{H}$在这个子空间的预对角化提供了$d$个正确的零级近似的线性组合，作为远一些的态的微扰混合的出发点. 这些组合是相互正交的，而且对于$\hat{H}'$是稳定的. 因为能级推斥，原始的简并被解除了，而新的初始能级完全地或至少部分地被**劈裂**. 经常不需要明显地进行预对角化；正确的线性组合由系统的**对称性质**引起. 我们将在许多具体的问题中看到这样的一些例子.

19.5 绝热近似

如果一个体系的自由度可以分成**快的**和**慢的**两组，则能够应用微扰论的一种特殊形式. 如果一个系统由一些具有非常不同质量的粒子组成，比如，在分子或固体中，这样的一种分解是十分自然的. 在5.7节我们曾定性地讨论过，在按照参数$\sqrt{m/M}$对应地减少能量时，分子中存在可能激发的清晰分类(电子激发、振动激发和转动激发)，其中m是电子的质量，$M\gg m$是原子核的质量. 一个类似的分解成电子和声子的激发(晶格的振动，见下册第20章)适合于固体.

在Born-Oppenhaimer **近似**中，先把原子核的坐标$X=\{\boldsymbol{R}_A\}$固定为参数，而将电子的运动(快变量$x=\{\boldsymbol{r}_a\}$)视为处于冻结的(一般不在平衡位置)原子核场中. 在分子和固体中电子运动相对而言是快的，并且它们的波函数可以对缓慢改变的原子核位置进行调节. 第一近似的"快"哈密顿量$\hat{H}_f(x;X)$包括快自由度x的动能$\hat{K}_x$和与作为参数进入$\hat{H}_f(x;X)$中的慢变量X的相互作用$\hat{U}(x,X)$. 这导致**绝热的** Schrödinger方程

$$\hat{H}_f(x;X)\psi_\alpha(x;X)=E_\alpha(X)\psi_\alpha(x;X) \tag{19.32}$$

具有对各种慢变量(在分子或固体的情况下原子核的坐标)固定值的所定义的本征值：**电**

子项 $E_\alpha(X)$. 本征函数 $\psi_\alpha(x;X)$ 对每个 X 值形成一个正交完备集(对不同的 X,这个函数一般不是正交的).

从参数依赖的方程(19.32),我们导出对于矩阵元的有用的精确关系:

$$M_{\beta\alpha}(X) \equiv \left\langle \beta;X \left| \frac{\partial}{\partial X} \right| \alpha;X \right\rangle \tag{19.33}$$

取(19.32)式对 X 的微商,我们得到($\hat{H}=\hat{H}_f(x;X)$)

$$\frac{\partial \hat{H}}{\partial X}\mid \alpha;X\rangle + \hat{H}\frac{\partial}{\partial X}\mid \alpha;X\rangle = \frac{\partial E_\alpha}{\partial X}\mid \alpha;X\rangle + E_\alpha\frac{\partial}{\partial X}\mid \alpha;X\rangle \tag{19.34}$$

或对矩阵元(19.33)式,

$$\left\langle \beta;X \left| \frac{\partial \hat{H}}{\partial X} \right| \alpha;X \right\rangle + E_\beta M_{\beta\alpha}(X) = \frac{\partial E_\alpha}{\partial X}\delta_{\beta\alpha} + E_\alpha M_{\beta\alpha}(X) \tag{19.35}$$

对 $\beta \neq \alpha$ 以及**无简并**的 $E_\beta(X)$ 和 $E_\alpha(X)$,我们求得

$$M_{\beta\alpha}(X) = \frac{\left\langle \beta;X \left| \frac{\partial \hat{H}}{\partial X} \right| \alpha;X \right\rangle}{E_\alpha(X) - E_\beta(X)} \tag{19.36}$$

而对 $\beta = \alpha$ 有

$$\left\langle \alpha;X \left| \frac{\partial \hat{H}}{\partial X} \right| \alpha;X \right\rangle = \frac{\partial E_\alpha}{\partial X} \tag{19.37}$$

按照这个最后的方程,一个本征值对一个参数的微商等于哈密顿量微商的期待值(左矢和右矢的微商抵消掉了)——Pauli **定理**,有时称为 Feynman 和 Hellmann **定理**. 方程(19.37)与对于哈密顿量无穷小变化的一级修正(19.10)式一致.

习题 19.4 利用 Pauli 定理和前面求得的结果(习题 17.3、17.15、18.7),计算在 Coulomb 场中一个束缚定态 ψ_{nl} 上的期待值 $\langle r^{-2}\rangle$ 和 $\langle r^{-3}\rangle$.

解 从径向动量 $\hat{p}_r$ 的运动方程出发,我们求得这两个期待值(稳定轨道条件)之间的关系为

$$Ze^2\left\langle \frac{1}{r^2}\right\rangle = \frac{\hbar^2 l(l+1)}{m}\left\langle \frac{1}{r^3}\right\rangle \tag{19.38}$$

即 Coulomb 力和离心力的动力学平衡. 另一方面,我们可以把 Pauli 定理应用到对给定的轨道角动量 l 适用的径向哈密顿量形式:

$$\hat{H}_l = \hat{K}_r + \frac{\hbar^2 l(l+1)}{2mr^2} + U(r) \tag{19.39}$$

取 l 作为一个参数，我们得到

$$\frac{\hbar^2(2l+1)}{2m}\left\langle\frac{1}{r^2}\right\rangle = \frac{\partial E}{\partial l} \tag{19.40}$$

对一个给定径向量子数 N，类氢原子的能级是

$$E_{nl} = -\frac{m(Ze^2)^2}{2\hbar^2 n^2} = -\frac{m(Ze^2)^2}{2\hbar^2(N+l+1)^2} \tag{19.41}$$

并且(19.40)式给出

$$\left\langle\frac{1}{r^2}\right\rangle = \frac{Z^2}{a^2 n^3(l+1/2)} \tag{19.42}$$

而(19.18)式确定

$$\left\langle\frac{1}{r^3}\right\rangle = \frac{Z^3}{a^3 n^3 l(l+1)(l+1/2)} \tag{19.43}$$

总哈密顿量还包含“慢”的部分 $\hat{H}_s(X)$：

$$\hat{H} = \hat{H}_f(x;X) + \hat{H}_s(X) \tag{19.44}$$

在分子或固体中，$\hat{H}_s(X)$包括原子核的动能和原子核之间的相互作用. 完全 Schrödinger 方程

$$\hat{H}\Psi(x,X) = E\Psi(x,X) \tag{19.45}$$

的定态解可以借助对(19.32)式中求得的依赖于 X 振幅的快变量函数完备集的展开求得：

$$\Psi(x,X) = \sum_\alpha \phi_\alpha(X)\psi_\alpha(x;X) \tag{19.46}$$

慢部分 $\hat{H}_s$ 包含对 X 的梯度，因此不仅作用在 $\phi_\alpha(X)$上，也作用在函数 ψ_α 中的参数 X 上.

现在，(19.45)式取如下形式：

$$\sum_\alpha (E - E_\alpha(X))\phi_\alpha(X)\psi_\alpha(x;X) = \sum_\alpha \hat{H}_s \cdot (\phi_\alpha(X)\psi_\alpha(x;X)) \tag{19.47}$$

函数 $\psi_\alpha(x;X)$ 作为在任何 X 值处 x 的函数是正交的，使得(19.47)式在任意函数 $\psi_\beta(x;X)$ 上的投影为

$$(E - E_\beta(X))\phi_\beta(X) = \sum_\alpha \int \mathrm{d}x \psi_\beta^*(x;X)\hat{H}_s \cdot (\phi_\alpha(X)\psi_\alpha(x;X)) \quad (19.48)$$

在算符 $\hat{H}_s$ 中包含慢变量作用能 $U_s(X)$ 的项再一次给出 $\delta_{\alpha\beta}$. 因此，$U_s(X)$ 与在慢变量冻结组态 β 上的快变量能量 $E_\beta(X)$ 一起，定义了**有效势能**：

$$U_\beta(X) = U_s(X) + E_\beta(X) \quad (19.49)$$

这个势可以与慢变量的动能 $\hat{K}_X$((19.48)式右边的一部分，其中 $\hat{K}_X$ 只作用在函数 $\phi_\alpha(X)$ 上)组合在一起，确定慢变量的有效哈密顿量，也包含对其运动求平均的快变量的贡献：

$$\hat{H}_\beta^{\mathrm{eff}} = \hat{K}_X + U_\beta(X) \quad (19.50)$$

最后，该方程组(仍然是精确的)可以写成

$$(E - \hat{H}_\beta^{\mathrm{eff}})\phi_\beta(X) = \sum_\alpha I_{\beta\alpha}(X)\phi_\alpha(X) \quad (19.51)$$

积分 $I_{\beta\alpha}$ 只包含函数 $\psi_\alpha(x;X)$ 对参数 X 的一次或两次微商的慢动能部分：

$$I_{\beta\alpha}(X) = \int \mathrm{d}x \psi_\beta^*(x;X)\{\hat{K}_X[\phi_\alpha(X)\psi_\alpha(x;X)] - [\hat{K}_X\phi_\alpha(X)]\psi_\alpha(x;X)\} \quad (19.52)$$

$\beta \neq \alpha$ 的积分 $I_{\beta\alpha}$ 把(19.51)方程组的不同方程耦合. 如果没有这个耦合(第一级绝热近似)，则对于给定电子组态的可能慢运动，每一个电子项都会产生一组独立的方程. 那时，我们会得到一些定态 $\Psi_\beta^{(n)}$ 作为 $\hat{H}_\beta^{\mathrm{eff}}$ 的本征函数：

$$\hat{H}_\beta^{\mathrm{eff}}\Psi_\beta^{(n)}(X) = E_\beta^{(n)}\Psi_\beta^{(n)}(X) \quad (19.53)$$

像通常微扰论中一样，来自 $I_{\beta\neq\alpha}$ 对 $\Psi_\beta^{(n)}(X)$ 的修正将是如下比值的量级：

$$\zeta = \left| \frac{\langle \Psi_\beta^{(n)} | I_{\beta\alpha} | \Psi_\alpha^{(n')} \rangle}{E_\beta^{(n)} - E_\alpha^{(n')}} \right| \quad (19.54)$$

让我们做一个粗略的估计，以证明在典型的绝热情况下这些修正可能的确很小. 在(电子的)快运动频率 $\epsilon/\hbar$ 和(原子核的)慢振动频率 ω 一般分隔开的分子中，见 5.7 节，我们预期 $\zeta \sim \hbar\omega/\epsilon \ll 1$. 在 $I_{\beta\alpha}$ 中主要项对应于动能算符 $\hat{K}_X = -\hbar^2\nabla_X^2/(2M)$ 的第一

个梯度∇_X作用在电子函数 $\Psi_\alpha(x;X)$上和第二个∇_X作用在混合的振动函数$\psi_a^{(n')}(X)$上．利用(19.36)式，我们把在电子矩阵元内的梯度转移到哈密顿量 H_f上，使得

$$|I_{\beta_\alpha}(X)| \sim \frac{\hbar^2}{2M}\left|\frac{\langle\beta|(\nabla_X\hat{H}_f)|\alpha\rangle}{E_\alpha(X)-E_\beta(X)}\cdot\nabla_X\right| \tag{19.55}$$

因为 $\hat{H}_f$ 描写电子-原子核的相互作用，所以第一个梯度给出了在原子核上的力；对于近-简谐振动，如果取简正坐标 X 作为离子对平衡位置的偏离，则这个力是 $F\sim M\omega^2X$．外部的$\hbar\nabla_X$可以被估算为原子核动量P．(19.55)式中的能量分母是典型的电子的激发能ϵ．然而，在(19.54)式中，分母大于等于$\hbar\omega$．对于基态或低振动态，这时$\langle XP\rangle\sim\hbar$，这个非常保守的估计给出

$$\zeta\leqslant\left|\frac{\omega\langle XP\rangle}{\epsilon}\right|\sim\frac{\hbar\omega}{\epsilon}\ll 1 \tag{19.56}$$

因此，我们预期当对每一个电子组态都有振动态的一个独立带时，这个近似可以作为一个好的起始点，而把小的电子组态混合效应视为微扰．

19.6　氢分子离子

我们可以用 H_2^+ 离子的近似考虑来阐明前几节的一般论证，这是在两个质子的场中有一个电子的系统，如图 19.3 所示．为了束缚质子，电子必须产生一个负电荷云，它将吸引这两个质子．

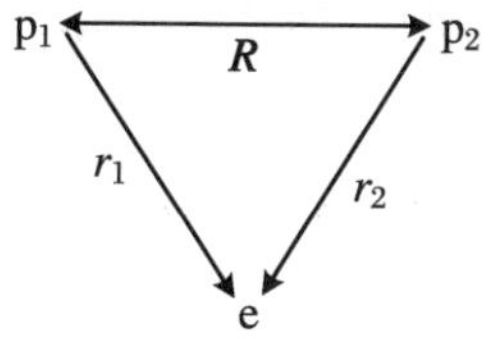

图 19.3　氢分子离子的组态

系统的总哈密顿量是

$$\hat{H} = -\frac{\hbar^2}{2m}\nabla^2 - \frac{\hbar^2}{2M}(\nabla_1^2 + \nabla_2^2) - e^2\left(\frac{1}{r_1} + \frac{1}{r_2} - \frac{1}{R}\right) \tag{19.57}$$

其中 m 和 M 分别是电子和质子的质量，$r_{1,2} = |\boldsymbol{r}_{1,2} - \boldsymbol{R}|$ 是电子和质子之间的距离，而 R 是质子之间的距离，它是慢参数 X；梯度算符 ∇ 作用在电子的坐标上，而 $\nabla_{1,2}$ 作用在质子的坐标上. 虽然这个问题可以用椭圆坐标[71]精确求解，我们利用变分法与绝热近似相结合的技术.

在固定距离 R 的情况下，哈密顿量的快部分是

$$\hat{H}_f(\boldsymbol{r};\boldsymbol{R}) = -\frac{\hbar^2}{2m}\nabla^2 - e^2\left(\frac{1}{r_1} + \frac{1}{r_2}\right) \equiv \hat{K}_f + U_1 + U_2 \tag{19.58}$$

如 17.8 节我们关于双心问题的经验所提示的，一个合理的变分拟设对应于由中心共享电子的图像. 我们求(19.32)式这样的解，它作为位于每个中心附近的氢原子的两个 1s 函数的叠加：

$$\psi(\boldsymbol{r}) = c_1\psi_1 + c_2\psi_2, \quad \psi_{1,2} = \psi_{1s}(r_{1,2}) \tag{19.59}$$

我们可以预期，一个更好的近似或许会把每个 1s 轨道朝着另一个中心的可能变形考虑进来. 通过包括具有优先方向的 2p 和更高的类氢轨道，甚至更好些，不固定轨道的形状，而把它们当作未知的试探函数，我们可以做到这一点. 为了说明起见，我们仅限于采用 1s 轨道的(19.59)式最简单版本.

定位于不同中心附近的函数 $\psi_{1,2}$ 不是正交的. 它们的重叠事实上是束缚该分子的主要的力. 这里，我们需要利用如习题 10.7 那样的具有非正交试探函数的对角化问题. 在由函数 $\psi_{1,2}$ 所张的 2×2 空间中，绝热方程

$$\hat{H}_f\psi = E(R)\psi \tag{19.60}$$

约化为对(19.59)式叠加振幅 $c_{1,2}$ 的两个耦合方程的方程组：

$$(\epsilon + (U_2)_{11})c_1 + ((U_1)_{12} + \epsilon O_{12})c_2 = 0 \tag{19.61}$$

$$(\epsilon + (U_1)_{22})c_2 + ((U_2)_{21} + \epsilon O_{21})c_1 = 0 \tag{19.62}$$

这里，$\epsilon = E_{1s} - E$ 是与单个氢原子基态相比分子离子基态的能移. 我们引进对波函数重叠积分的记号：

$$O_{12} = O_{21} = \int d^3r\psi_1(r)\psi_2(r) \equiv O \tag{19.63}$$

由第二个中心提供的势能的矩阵元

$$(U_2)_{11} = (U_1)_{22} = \int d^3 r \frac{e^2}{r_2}\psi_1^2 \equiv V \tag{19.64}$$

由第二个中心的势引起的从一个中心跳到另一个中心的振幅

$$(U_1)_{12} = (U_2)_{21} = \int d^3 r \frac{e^2}{r_1}\psi_1\psi_2 \equiv \widetilde{V} \tag{19.65}$$

（在现在的情况下，所有的函数和矩阵元都是实的）.

习题 19.5 用氢原子 1s 波函数计算(19.63)式～(19.65)式的那些量.最方便的是用无量纲的**椭圆坐标**[71]：

$$\xi = \frac{r_1 + r_2}{R}, \quad \eta = \frac{r_1 - r_2}{R}, \quad \varphi \tag{19.66}$$

其中，方位角 φ 是相对于连接两个中心的轴的角度.这些变量在如下范围中变化：

$$1 \leqslant \xi \leqslant \infty, \quad -1 \leqslant \eta \leqslant +1, \quad 0 \leqslant \varphi < 2\pi \tag{19.67}$$

体积元是

$$d^3 r = \frac{1}{8}R^3(\xi^2 - \eta^2)d\xi d\eta d\varphi \tag{19.68}$$

解 对重叠积分，我们发现（$X = R/a$，a 是 Bohr 半径）

$$\begin{aligned} O &= \frac{1}{\pi a^3}\int d^3 r e^{-(r_1+r_2)/a} \\ &= \frac{X^3}{8\pi}\int_1^\infty d\xi e^{-X\xi}\int_{-1}^1 d\eta(\xi^2 - \eta^2)\cdot 2\pi \end{aligned} \tag{19.69}$$

或简单的计算之后

$$O = \left(1 + X + \frac{X^2}{3}\right)e^{-X} \tag{19.70}$$

正如所预期的那样，重叠积分随中心之间的距离呈指数衰减.类似地，我们发现

$$\widetilde{V} = \frac{e^2}{a}(1 + X)e^{-X} \tag{19.71}$$

$$V = \frac{e^2}{aX}[1 - (1 + X)e^{-2X}] \tag{19.72}$$

交叉项(19.71)式以重叠积分一样的方式衰减，而定位于一个中心的电子云与第二个离子的相互作用能很快地趋于类点电荷的经典极限 e^2/R.由于(19.61)式和(19.62)式明

显的对称性,我们可以把这些方程相加或相减而得到一个对称解

$$c_1 = c_2, \quad \epsilon = \frac{V+\widetilde{V}}{1+O} \tag{19.73}$$

和一个反对称解

$$c_1 = -c_2, \quad \epsilon = \frac{\widetilde{V}-V}{1-O} \tag{19.74}$$

第二种情况在两个中心的距离间的中间位置有一个结点,因此作为质子之间引力的唯一的传递者,电子云有很小的概率.有最大引力的基态对应于对称解.考虑到归一化,正确的波函数为

$$\psi_{\text{sym}} = \frac{\psi_1+\psi_2}{\sqrt{2(1+O)}} \tag{19.75}$$

而且在加进裸斥力 e^2/R 的情况下,质子之间有效势是**吸引的**,

$$U^{\text{eff}}(R) = E_{1s} + f(X)\frac{e^2}{R} \tag{19.76}$$

其中,按照(19.71)、(19.72)和(19.73)式,

$$f(X) = \frac{(1-2X^2/3)e^{-X} + (1+X)e^{-2X}}{1+(1+X+X^2/3)e^{-X}} \tag{19.77}$$

在中心之间的距离很小的时候,$X \ll 1$,这个函数接近具有两个电荷的中心势,$f(X) \approx 2(1-X)$;在距离非常大时,$f(X) \approx -(2/3)X^2 e^{-X}$,并且从下方趋向零.如图19.4所示,在 $X \approx 2.5$ 处对应于 $R \approx 1.3$ Å,有效势的极小值给出了质子之间的平衡距离(实验值是1.06 Å),通过更细致地选择试探函数,可以符合得更好.注意,以一个更重的粒子代替电子,诸如负 μ 子($m_\mu = 206m_e$,仍有 $m_\mu \ll M$,以便保持绝热近似),分子的尺寸将小两个数量级.这会显著地增加原子核之间聚变反应的概率(μ 子催化作用).

习题19.6 在平衡距离附近用谐振子模型来模拟有效势,寻找振动频率和确认5.7节的估计以及绝热近似的适用性.

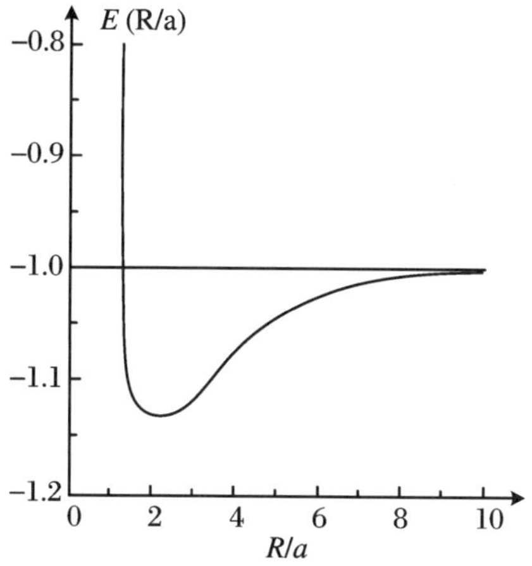

图 19.4 以 e^2/a 为单位,有效势作为质子中心之间距离的函数

19.7 大距离原子的相互作用

化学结合主要用相对较短距离的原子相互作用来解释,这时相互作用原子的电子云有相当大的重叠.这样的力跟电子波函数一起呈指数衰减.弱吸引的 **van der Waals 力**(有时称为 **Lorentz 弥散力**)存在,它以幂次律衰减,因此在较长距离起作用.由涨落的电偶极矩的作用诱发,它们是分子晶体的束缚和气态方程偏离理想气体的原因.

在习题 18.6,我们曾看到原子的电子产生一个涨落的偶极电场,它与平均电子密度的场相反,在比原子的半径大的距离 R 处,以$\sim R^{-3}$的方式衰减.两个偶极子的相互作用用下列哈密顿量[6, § 42]描述:

$$\hat{H}_{dd} = \frac{1}{R^3}[\hat{\boldsymbol{d}}_1 \cdot \hat{\boldsymbol{d}}_2 - 3(\hat{\boldsymbol{d}}_1 \cdot \boldsymbol{n})(\hat{\boldsymbol{d}}_2 \cdot \boldsymbol{n})] \equiv \frac{\hat{W}}{R^3} \tag{19.78}$$

其中,两个具有原子核电荷 Z_1 和 Z_2 的中性原子的偶极算符为

$$\hat{\boldsymbol{d}}_{1,2} = e\sum_{a=1}^{Z_{1,2}}(\hat{\boldsymbol{r}}_a - \boldsymbol{R}_{1,2}), \quad \boldsymbol{R} = \boldsymbol{R}_1 - \boldsymbol{R}_2 \tag{19.79}$$

$\boldsymbol{n}$ 是沿 $\boldsymbol{R}$ 的单位矢量.在绝热近似下,原子核的坐标都是固定的.

弱的偶极-偶极力可以用微扰论来处理.对于两个原子的基态,偶极算符的期待值为零,见8.5节.在第一级微扰,相互作用 $\hat{W}$ 把 $|n_1 n_2\rangle$ 态混合到基态 $|0_1 0_2\rangle$,其中 $|n_1 n_2\rangle$ 态是指每个原子中都有一个激发到下一个可用的相反宇称轨道的电子.对基态能量的修正总是负的,如(19.18)式所示:

$$\Delta E_{dd}(R) = \frac{1}{R^6}\sum_{n_1 n_2}\frac{|\langle 0_1 0_2 \mid \hat{W} \mid n_1 n_2\rangle|^2}{E(0,0) - E(n_1, n_2)} \tag{19.80}$$

这里,$E(n_1, n_2)$ 是两个单独原子的未微扰能级.这个函数决定两个大距离原子的吸引势.

$$\Delta E_{dd}(R) = -\frac{C}{R^6} \tag{19.81}$$

习题 19.7 对于处在基态的两个氢原子,估算在(19.81)式中的常数 C.

解 级数(19.80)式可以求和[72].我们仅限于作简单的估算(**封闭近似**).如果(19.80)式的分母中平均激发能是 ϵ,我们可以借助于对态 $|n_1 n_2\rangle$ 的完备集求和来估算这个结果:

$$C \approx \frac{1}{\epsilon}\sum_{n_1 n_2} |\langle 0_1 0_2 \mid \hat{W} \mid n_1 n_2\rangle|^2 = \frac{\langle 0_1 0_2 | W^2 | 0_1 0_2\rangle}{\epsilon} \tag{19.82}$$

中间能量从 2p 态开始,$E(1_1 1_2) = -2\times[e^2/(2a_0)]\times(1/4)$,即激发能是 $(3/4)(e^2/a_0)$.根据维数论证,平均激发能应当是 $\epsilon = \xi(e^2/a_0)$,其中数字因子 $\xi \sim 1$.要计算 $\langle W^2\rangle$,我们可以取 z 轴沿着 R,于是

$$W^2 = e^4(x_1 x_2 + y_1 y_2 - 2z_1 z_2)^2 \tag{19.83}$$

而基态的期待值是

$$\langle 0_1 0_2 | W^2 | 0_1 0_2\rangle = 6e^4 a_0^4 \tag{19.84}$$

结果是

$$\Delta E_{dd}(R) = -\frac{6}{\xi}\frac{e^2}{a_0}\left(\frac{a_0}{R}\right)^6 \tag{19.85}$$

严格地求和得到 $\xi = 0.93$.

如果原子之间的大距离 R 不超过相应的典型原子跃迁波长 $\lambda_0 \sim \hbar c/\epsilon$,则这种处理是正确的.在 $R > \lambda_0$ 时,推迟效应变得重要了,相互作用规律从(19.81)式变成 $\sim R^{-7}$[7,§85].

对于两个**全同**原子，新的效应出现了，其中一个原子处在一个宇称与基态相反的激发态$|n\rangle$. 这里我们必须用简并态微扰论. 态$|0_1 n_2\rangle$和$|n_1 0_2\rangle$的确有相同的未微扰能量. 偶极-偶极相互作用(19.78)式对于简并态之间的激发转移有非零矩阵元，

$$W_n \equiv \langle n_1 0_2 \mid \hat{W} \mid 0_1 n_2 \rangle$$
$$= \langle n_1 | \hat{\boldsymbol{d}}_1 | 0_1 \rangle \cdot \langle 0_2 | \hat{\boldsymbol{d}}_2 | n_2 \rangle - 3 \langle n_1 | (\hat{\boldsymbol{d}}_1 \cdot \boldsymbol{n}) | 0_1 \rangle \langle 0_2 | (\hat{\boldsymbol{d}}_2 \cdot \boldsymbol{n}) | n_2 \rangle \tag{19.86}$$

或因为原子是全同的，

$$W_n = |\langle n_1 | \hat{\boldsymbol{d}}_1 | 0_1 \rangle|^2 - 3 |\langle n_1 | (\hat{\boldsymbol{d}}_1 \cdot \boldsymbol{n}) | 0_1 \rangle|^2 \tag{19.87}$$

正如我们从 10.4～10.6 节所知道的，零级的正确线性组合是

$$|\pm\rangle = \frac{1}{\sqrt{2}}(|n_1 0_2\rangle \pm |0_1 n_2\rangle) \tag{19.88}$$

它们被矩阵元(19.87)式劈裂：

$$E_\pm = E_0 + E_n \pm \frac{W_n}{R^3} \tag{19.89}$$

如果在初态$|n_1 0_2\rangle$上原子缓慢地互相接近，正如在 10.6 节中用相同的方法所描述的，其后的演化将周期性地包括态$|0_1 n_2\rangle$，伴随激发的**共振转移**到第二个原子. 由矩阵元 W_n/R^3确定的转移频率依赖于它们的距离 R. 因为距离随时间而改变，更好的方法将是包括绝热相位，参看下册 1.5 节.

第 20 章

1/2 自旋

电子是类点粒子，谈不上什么转动. 电子的自旋仅仅是一种像质量那样的内禀性质.

——S. Gasiorowicz

20.1 $\mathcal{SU}(2)$群

正如 18.6 节曾讨论过的，存在一些与电子和原子核的自旋有关的可观测的光谱学效应. 在纳米科学和技术的应用中自旋起着急剧增长的作用. 最低的非平庸自旋值是 1/2，利用自旋为 1/2 的粒子——电子、夸克和中微子——作为建筑模块，大自然实质上构建了所有的物质(把自旋 1/2 的组分结合起来，人们可以构建一个任意角动量 J). 因此，自旋 1/2 应受特别的注意.

在整数值和半整数值角动量之间存在一个重大的几何差异. 轨道角动量 $\hat{l}$ 产生整数

$J=l$ 值的多重态. 自旋角动量 s 既可以取整数,也可取半整数值. 我们可以理解这种差别的物理原因. 在绕量子化 z 轴的转动(16.2)式下,同一个轴上确定投影 M 的态 $|JM\rangle$ 的波函数只获得一个相位:

$$\hat{\mathcal{R}}_z(\alpha)\mid JM\rangle = e^{-i\hat{J}_z\alpha}\mid JM\rangle = e^{-iM\alpha}\mid JM\rangle \tag{20.1}$$

考虑一个角度为 $\alpha=2\pi$ 的转动,具有整数 J 的态不发生变化,$\exp(-i2\pi M)=1$,但是具有半整数 J 的态得到一个 -1 的因子. 正像我们在 16.1 节看到的,轨道角动量要变换波函数的明显的坐标依赖性. 因为由角度 0 和 2π 标记的方向在物理上是一样的,**一个单值的波函数**作为角度的函数必须是以 2π 为周期的**周期函数**,也就是说,它只可以有**整数**的 M 和 J 值. 另一种论点来自 17.5 节所讨论的平面波和仅具有整数 l 值的球谐函数的函数完备集的等价性. 自旋波函数不是坐标的显函数,所以不存在周期性的要求. 因为物理预言用波函数双线性形式的振幅给出,对应于一个半整数自旋转动的**双值**表示是允许的.

从数学观点看,一般的对易关系(16.21)式定义了 $\mathcal{SU}(2)$ 群,它是所谓的相对于三维转动群 $\mathcal{R}(3)$ 的**覆盖群**. **特殊幺正**群 $\mathcal{SU}(n)$ 是行列式为 1 的 $n\times n$ 幺正矩阵群. 这样的一些矩阵形成一个群,因为它们相乘给出一个同类的新矩阵. 不同**生成元**的数目等于 n^2-1,它是独立的无迹矩阵的数目(单位矩阵补充到这一套矩阵,给出线性无关的矩阵总数为 n^2). 在 $n=2$ 的情况下,生成元的数目为 3,其代数结构对于 $\mathcal{R}(3)$ 和 $\mathcal{SU}(2)$ 群是一样的. 然而,这仅仅是单位算符(16.1)式邻域的一个局域结构. 在两个不同的 $\mathcal{SU}(2)$ 矩阵(对于一个半整数自旋它们相差一个符号)对应于相同的转动这样的事实中,我们看到不同的整体结构(拓扑学). 转过 2π 的物理上全同的转动,按照(20.1)式,分别用 $+1$ 和 -1 来表示. 我们不能通过简单地选择 $+1$ 分支而避开这种双值性,因为那样的话,这个表示在 $\alpha=0(=2\pi)$ 点变成不连续的.

习题 20.1 证明 $\mathcal{SU}(2)$ 代数的生成元 $\hat{J}_k$ 是用无迹矩阵表示的.

证明 这种说法源自对易关系(16.21)式,因为在有限维的任何表示中,由于迹的循环不变性,对易关系的迹为零:

$$\mathrm{tr}\hat{J}_n = -\frac{i}{2}\epsilon_{jkn}\mathrm{tr}[\hat{J}_j,\hat{J}_k] = 0 \tag{20.2}$$

对于一个给定的系统,所有的可能的状态要么仅具有整数值的角动量,要么仅有半整数值. 否则的话,按照量子叠加原理,就有可能构建一个线性组合 $\psi=\psi_{整数}+\psi_{半整数}$ 的态. 仅当把角动量改变一个半整数的算符 O 真的存在的时候,这种叠加才有物理意义;这种算符的不存在就意味着该态的整数子系统和半整数子系统绝不会相干,实际上必须把

它们作为不同的系统来处理(超-选择性).角度为 2π 的转动把该波函数变成 $\psi_{整数}-\psi_{半整数}$.在这个转动之后,用变量 O 做的物理观测将会通过相干项 $\langle\psi_{整数}|O|\psi_{半整数}\rangle$ 给出具有相反符号的结果.这与系统作为整体转动 2π 时其内禀结构不变的思想是不相容的.

20.2 自旋 1/2: 代数

自旋 1/2 的客体实现 $\mathcal{SU}(2)$ 群的维数为 $2s+1=2$ 的最低非平凡表示.在一个一般的 $\mathcal{SU}(n)$ 群中,维数为 n 的基础表示同样描述其基本组分(在所有的群变换下都是不可约的那些对象的最简单的非平凡集合).

习题 20.2 Schwinger **表示**.引入两种类型的产生和湮灭算符 $\hat{a}^\dagger$、$\hat{a}$ 和 $\hat{b}^\dagger$、$\hat{b}$,它们分别产生和湮灭具有自旋 $s=1/2$、自旋投影 $s_z=1/2$ 和 $-1/2$ 的 a 型和 b 型"粒子".借助这些算符,明确地构建具有总角动量 J 和投影 M 的态.

解 在习题 16.8 讨论的 Holstein-Primakoff 表示中,从一个多重态的最低态 $J_z=-J$ 出发,我们用了自旋偏差(deviation)算符.让我们把到达投影 M 所需的步数叫做 n_a.同样,我们可以从最高的态出发用 n_b 步向下到达同样的数值 $J_z=M$,如图 20.1 所示.这样,我们定义

$$M=-J+n_a=J-n_b \tag{20.3}$$

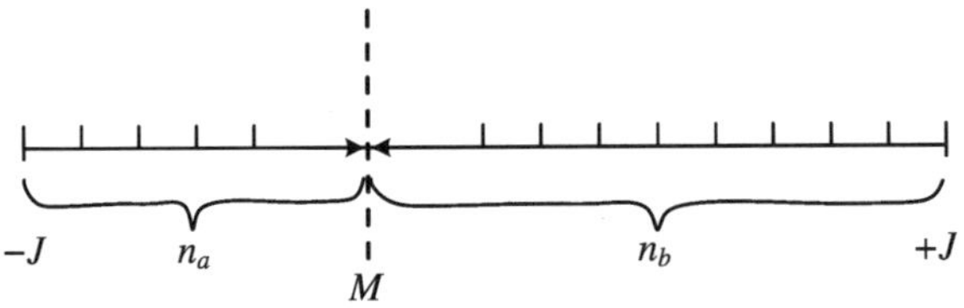

图 20.1 Schwinger 表示的构建

n_a 和 n_b 这两个数完全决定了这个多重态 J($\mathcal{SU}(2)$ 群的表示)和该多重态中的状态:

$$J=\frac{1}{2}(n_a+n_b)\equiv\frac{n}{2},\quad M=\frac{1}{2}(n_a-n_b) \tag{20.4}$$

假如我们能够把 n_a 和 n_b 分别解释为 a 类和 b 类粒子的数目的话,M 的表达式

(20.4)式将会表明这些粒子分别带有自旋投影1/2和−1/2.这种解释的确是可能的.矩阵元(16.51)式现在看起来像如下的样子(与(16.59)式比较):

$$\mu_-(JM)=\sqrt{n_a(n_b+1)},\quad \mu_+(JM)=\sqrt{(n_a+1)n_b} \tag{20.5}$$

这些组合精确地对应于 a 和 b 两种类型粒子的产生算符和湮灭算符的 Heisenberg-Weyl 矩阵元(11.119)式.依照(20.5)式,我们认出

$$\hat{J}_+=\hat{a}^\dagger\hat{b},\quad \hat{J}_-=\hat{a}\hat{b}^\dagger \tag{20.6}$$

如果算符 $\hat{b}$ 湮灭一个 $s_z=-1/2$ 的粒子,而 $\hat{a}^\dagger$ 产生一个 $s_z=+1/2$ 的粒子,它们的乘积像 $\hat{J}_+$ 所应起的作用一样把系统的总角动量投影 J_z 增加1.步数 $n_{a,b}$ 是两种量子的粒子数算符 $\hat{N}_{a,b}$ 的本征值,它们的差给出算符 $\hat{J}_z$:

$$\hat{N}_a=\hat{a}^\dagger\hat{a},\quad \hat{N}_b=\hat{b}^\dagger\hat{b},\quad \hat{J}_z=\frac{1}{2}(\hat{a}^\dagger\hat{a}-\hat{b}^\dagger\hat{b}) \tag{20.7}$$

这个表示前所未有的新颖部分是,现在我们还得到了最大投影的算符 $\hat{J}$,多重态的"姓"氏,也就是说,总量子的数目的一半,而不仅仅是平方的 Casimir 算符 $\hat{C}=\hat{\boldsymbol{J}}^2$:

$$\hat{J}=\frac{1}{2}(\hat{a}^\dagger\hat{a}+\hat{b}^\dagger\hat{b})=\frac{1}{2}(\hat{N}_a+\hat{N}_b)=\frac{\hat{N}}{2} \tag{20.8}$$

通过直接的计算容易证明,(20.6)式中的算符 $\hat{J}_\pm$ 和(20.7)式中的算符 $\hat{J}_z$ 遵从通常的对易关系((16.25)式和(16.26)式),并且 Casimir 算符 $\hat{C}$ 等于 $(\hat{N}/2)[(\hat{N}/2)+1]$,这与(20.8)式是一致的.具有所有的非负量子数 n_a 和 n_b 的态与(20.4)式中所有允许的多重态 $|JM\rangle$ 的集合一一对应.对于两种量子的真空态(11.112)式,$n_a=n_b=0$,描述标量多重态 $|J=M=0\rangle$,并满足

$$\hat{a}|00\rangle=\hat{b}|00\rangle=0 \tag{20.9}$$

而且,类似于(11.121)式,可以构建任意态 $|n_a n_b\rangle$:

$$|n_a n_b\rangle=\frac{(\hat{a}^\dagger)^{n_a}(\hat{b}^\dagger)^{n_b}}{\sqrt{n_a!n_b!}}|00\rangle \tag{20.10}$$

翻译成 $\mathcal{SU}(2)$ 群的语言,它提供了任意多重态 $|JM\rangle$ 的依序构建:

$$|JM\rangle=\frac{(\hat{a}^\dagger)^{J+M}(\hat{b}^\dagger)^{J-M}}{\sqrt{(J+M)!(J-M)!}}|00\rangle \tag{20.11}$$

按照(20.8)式，偶数的总粒子数导致整数 J，而奇数 n 对应于半整数 J. 因此，利用基础表示的自旋 1/2 作为基本的建筑模块，Schwinger 构建提供了 $\mathcal{SU}(2)$ 群所有的幺正不可约表示. 算符 $\hat{a}^\dagger$ 增加一个向上的自旋，故增大了和 $J+M$，而差 $J-M$ 保持不变，也就是说，它把 J 和 M 都增加 1/2. (20.6)式中的算符 $\hat{J}_\pm$ 在多重态内部的作用只是把一个粒子用另一个相反类型的粒子代替.

自旋 1/2 的正则基 $\chi_M = |J=1/2, M\rangle$ 由 $M = \pm 1/2$ 的两个基矢量组成. 有时为方便起见，称它们为"自旋向上"$\chi_{1/2} \equiv \chi_+ \equiv \uparrow$ 和"自旋向下"$\chi_{-1/2} \equiv \chi_- \equiv \downarrow$. 在这个空间中所有的算符都是 2×2 矩阵. 在 $\hat{\mathbf{s}} = (1/2)\boldsymbol{\sigma}$ 的情况下，满足代数(16.22)式，其中 $\boldsymbol{\sigma}$ 的分量可以被选择为 Pauli 矩阵：

$$\boldsymbol{\sigma}_x = \begin{pmatrix} 0 & 1 \\ 1 & 0 \end{pmatrix}, \quad \boldsymbol{\sigma}_y = \begin{pmatrix} 0 & -\mathrm{i} \\ \mathrm{i} & 0 \end{pmatrix}, \quad \boldsymbol{\sigma}_z = \begin{pmatrix} 1 & 0 \\ 0 & -1 \end{pmatrix} \tag{20.12}$$

容易检验对易关系(16.21)式和矩阵元(16.50)～(16.55)式；这些矩阵都是无迹的，与习题 20.1 的一般结果一致. 这三个矩阵的平方都等于单位矩阵，而且它们中的每一对都**反对易**，见下面的(20.14)式.

习题 20.3　证明 Schwinger 表示可以写为

$$\hat{\mathbf{J}} = \sum_{m,m'=\pm 1/2} \hat{a}_m^\dagger \mathbf{s}_{mm'} \hat{a}_{m'} \tag{20.13}$$

其中，我们重新命名了 $\hat{a} \to \hat{a}_{1/2}$，$\hat{b} \to \hat{a}_{-1/2}$，而 $\mathbf{s}_{mm'} = \langle \chi_m | \hat{\mathbf{s}} | \chi_{m'} \rangle$ 是角动量 $J = 1/2$ 的标准矩阵元. 这是对多体形式体系非常有用的**二次量子化**形式的一个特殊情况，见下册第 17 章.

矩阵(20.12)式与单位矩阵一起形成 2×2 空间中四个独立矩阵的一个完备集. 特别是它们的乘积也是同一集合中的矩阵. 这允许我们把整个自旋代数整合为恒等式

$$\sigma_k \sigma_l = \delta_{kl} + \mathrm{i}\,\epsilon_{kln}\sigma_n \tag{20.14}$$

由此可以得出，Pauli 矩阵 σ_k 的任何函数都可以约化为一个线性表达式，这是习题 6.7 的一个特殊情况. (20.14)式的第一项是厄米的，并且对于矢量下标 k、l 是**对称的**，第二项(**除去因子 i，译者注**)是反厄米的和**反对称的**. 人们常常必须处理 Pauli 矩阵与**非矩阵**矢量的标量乘积$(\boldsymbol{a}\cdot\boldsymbol{\sigma})$，则由(20.14)式得

$$(\boldsymbol{a}\cdot\boldsymbol{\sigma})(\boldsymbol{b}\cdot\boldsymbol{\sigma}) = \boldsymbol{a}\cdot\boldsymbol{b} + \mathrm{i}(\boldsymbol{a}\times\boldsymbol{b})\cdot\boldsymbol{\sigma} \tag{20.15}$$

按照(20.15)式，对于任意的单位矢量 $\boldsymbol{n}$ 有

$$(\boldsymbol{n}\cdot\boldsymbol{\sigma})^2 = \boldsymbol{n}^2 = 1 \tag{20.16}$$

习题 20.4 证明自旋 1/2 的有限转动算符(16.2)式可以表示为线性形式:

$$\hat{\mathcal{R}}_n(\alpha) = \exp[-\mathrm{i}(\hat{\boldsymbol{s}}\cdot\boldsymbol{n})\alpha] = \exp[(-\mathrm{i}/2)(\boldsymbol{\sigma}\cdot\boldsymbol{n})\alpha]$$
$$= \cos(\alpha/2) - \mathrm{i}(\boldsymbol{\sigma}\cdot\boldsymbol{n})\sin(\alpha/2) \tag{20.17}$$

解 把级数(16.5)式的奇次项和偶次项分开进行求和.

习题 20.5 求一个任意的 2×2 矩阵 $\mathcal{M}$ 对完备集$\{\sigma_k, 1\}$展开中的系数 A(在单位矩阵前面)和 $\boldsymbol{B}=\{B_k\}$,

$$\mathcal{M} = A + \boldsymbol{B}\cdot\boldsymbol{\sigma} \tag{20.18}$$

解 从(20.14)式得

$$\mathrm{tr}(\sigma_k\sigma_l) = 2\delta_{kl} \tag{20.19}$$

所以

$$A = \frac{1}{2}\mathrm{tr}\mathcal{M}, \quad B_k = \frac{1}{2}\mathrm{tr}(\mathcal{M}\sigma_k) \tag{20.20}$$

从这里,容易得到任意的(非奇异)矩阵函数 $f(a+\boldsymbol{b}\cdot\boldsymbol{\sigma})$的展开式(20.18).在这种情况下

$$A = \frac{1}{2}[f(a+b)+f(a-b)], \quad \boldsymbol{B} = \frac{\boldsymbol{b}}{2b}[f(a+b)-f(a-b)] \tag{20.21}$$

其中,b 是矢量 $\boldsymbol{b}$ 的长度.

习题 20.6 求算符 $\hat{O}=\boldsymbol{\sigma}\cdot\hat{\boldsymbol{l}}$ 的本征值,其中 $\hat{\boldsymbol{l}}$ 是轨道角动量算符.

解 让我们考虑算符 $\hat{O}^2$ 并应用代数(20.15)式,有

$$\hat{O}^2 = \hat{l}_i\hat{l}_j\sigma_i\sigma_j = \hat{\boldsymbol{l}}^2 + \mathrm{i}\,\epsilon_{ijk}\hat{l}_i\hat{l}_j\sigma_k \tag{20.22}$$

现在我们需要考虑 $\hat{\boldsymbol{l}}$ 的分量不对易.由于ϵ_{ijk}的反对称性,

$$\hat{O}^2 = \hat{\boldsymbol{l}}^2 + \frac{\mathrm{i}}{2}\epsilon_{ijk}[\hat{l}_i, \hat{l}_j]\sigma_k = \hat{\boldsymbol{l}}^2 + \frac{\mathrm{i}}{2}\epsilon_{ijk}\,\mathrm{i}\,\epsilon_{ijn}\hat{l}_n\sigma_k = \hat{\boldsymbol{l}}^2 - \boldsymbol{\sigma}\cdot\hat{\boldsymbol{l}} \tag{20.23}$$

因为 $\hat{\boldsymbol{l}}^2$ 与标量算符 $\hat{O}$ 对易,我们可以用它的本征值来代替它,并得到二次方程

$$\hat{O}^2 + \hat{O} - l(l+1) = 0 \tag{20.24}$$

其根($\hat{O}$ 在给定 l 时的本征值)为

$$O_+ = l, \quad O_- = -(l+1) \tag{20.25}$$

20.3 旋量

在表示(20.12)式中，矩阵 $\sigma_z = 2s_z$ 是对角的. 取基的态 $\chi_\pm$ 为 σ_z 具有本征值 ± 1 的本征态，我们得到以 z 为量子轴的正则角动量基. 在对应于矩阵(20.12)式的表示中，基的态 $|s=1/2, s_z = m = \pm 1/2\rangle$ 是二分量的列：

$$\chi_+ = \begin{pmatrix} 1 \\ 0 \end{pmatrix}, \quad \chi_- = \begin{pmatrix} 0 \\ 1 \end{pmatrix} \tag{20.26}$$

尽管在习题 16.2 和 16.8 节中，我们给出了相应于自旋 $s=1$ 的**矢量**分量的转动变换，但状态(20.26)式在转动下按照算符(20.17)式进行变换. 实现 $\mathcal{SU}(2)$ 代数基本表示的这种对象称为**旋量**. 自旋 1/2 的任何态都可以表示为基旋量(20.26)式的叠加：

$$\chi = \begin{pmatrix} a_+ \\ a_- \end{pmatrix} = a_+ \chi_+ + a_- \chi_- \tag{20.27}$$

其中上(下)分量 $a_+(a_-)$ 给出发现 s_z 值等于 $1/2(-1/2)$ 的振幅. 从 χ_+(自旋沿 z 轴极化)态出发，应用各种转动(20.17)式，我们可以得到具有任意自旋取向的状态.

习题 20.7 构建自旋 1/2 的态，使其沿着由极角 θ 和方位角 φ 定义的 $\boldsymbol{n}$ 轴极化.

解 利用转动的几何图像，我们把连续转动 $\hat{\mathcal{R}}_z(\varphi)\hat{\mathcal{R}}_y(\theta)$ 作用于状态 χ_+. 我们期望这种操作会把自旋矢量的方向从 z 轴转到 $\boldsymbol{n}$ 轴. 用转动矩阵的显示形式(20.17)，我们得到

$$\chi_n \equiv \hat{\mathcal{R}}_z(\varphi)\hat{\mathcal{R}}_y(\theta)\begin{pmatrix} 1 \\ 0 \end{pmatrix} = \begin{pmatrix} \mathrm{e}^{-\mathrm{i}\varphi/2}\cos\dfrac{\theta}{2} \\ \mathrm{e}^{\mathrm{i}\varphi/2}\sin\dfrac{\theta}{2} \end{pmatrix} \tag{20.28}$$

通过直接的计算容易检验，这的确是自旋取向沿 $\boldsymbol{n}(\theta,\varphi)$ 方向的态：

$$(\boldsymbol{\sigma}\cdot\boldsymbol{n})\chi_n = \chi_n \tag{20.29}$$

代替转动，我们可以直接求解本征值问题(20.29)式.

任何归一化的旋量 χ 都由满足 $|a_+|^2+|a_-|^2=1$ 的两个复振幅 $a_\pm$ 表征，即由三个实参数来表征. 它们总可以使用角度 θ 和 φ 来这样选择，使得该旋量获得(20.28)式的形式并有一个没有用处的共同相位. 当重新确切阐述这个结果时，我们得出一个重要结论：对于任何旋量，都存在一个使该旋量满足(20.29)式的方向 $\boldsymbol{n}$. 它意味着自旋 1/2 的粒子总是沿某个方向**完全极化的**. 回顾习题 16.12(3)，我们看到这样一种说法对于更高的自旋是不成立的. 按照(20.28)式，对于一个沿 $\boldsymbol{n}$ 方向极化的态，沿 z 轴指向的分析器将探测到的强度等于总强度的 $\cos^2(\theta/2)$.

习题 20.8 利用习题 6.11 的一般结果，求把任意旋量 χ 投影为 $\boldsymbol{\sigma}\cdot\boldsymbol{n}=\pm1$ 分量的投影算符 $\hat{\Lambda}_\pm$.

解

$$\hat{\Lambda}_\pm(\boldsymbol{n})=\frac{1}{2}(1\pm\boldsymbol{\sigma}\cdot\boldsymbol{n}) \tag{20.30}$$

这些算符满足 6.11 节讨论过的投影算符的一般性质：

$$\hat{\Lambda}_\pm^2=\hat{\Lambda}_\pm,\quad \hat{\Lambda}_+\hat{\Lambda}_-=\hat{\Lambda}_-\hat{\Lambda}_+=0 \tag{20.31}$$

以及

$$\boldsymbol{\sigma}\cdot\boldsymbol{n}(\hat{\Lambda}_\pm(\boldsymbol{n})\chi)=\pm(\hat{\Lambda}_\pm(\boldsymbol{n})\chi) \tag{20.32}$$

习题 20.9 沿 $\boldsymbol{n}(\theta,\varphi)$ 方向极化的自旋 1/2 的粒子束流穿过一个如图 20.2 所示的分析器，该分析器仅让沿 $\boldsymbol{n}'(\theta',\varphi')$ 方向极化的粒子通过. 求穿透系数(穿透的强度所占的比例).

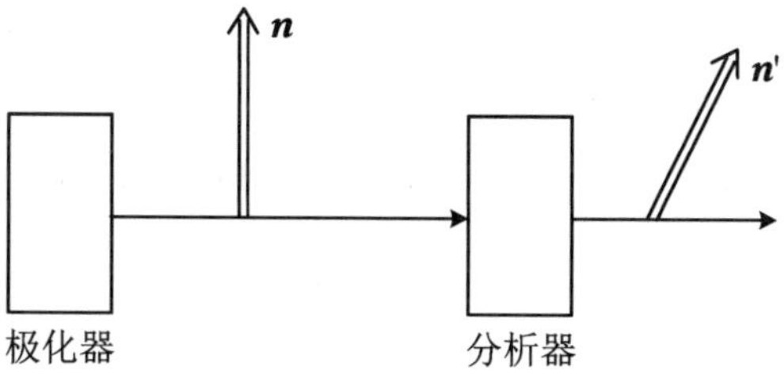

图 20.2 习题 20.9 的实验图示

解 穿透系数被确定为

$$T_{n'n}=|\langle\chi_{n'}|\chi_n\rangle|^2 \tag{20.33}$$

其中极化粒子的旋量由(20.28)式给出. 旋量的直接相乘给出

$$T_{n'n} = \frac{1}{2}[1 + \cos\theta\cos\theta' + \sin\theta\sin\theta'\cos(\varphi - \varphi')] \equiv \frac{1 + \boldsymbol{n}' \cdot \boldsymbol{n}}{2} \tag{20.34}$$

当然，把极化器加上分析器整个装置作为一个整体旋转，穿透不会改变.因此，它应该只是这个问题可用的**标量**，即依赖于矢量 $\boldsymbol{n}$ 和 $\boldsymbol{n}'$之间相对夹角$(\boldsymbol{n}' \cdot \boldsymbol{n})$的函数.对于相同的极化，$\boldsymbol{n}' = \boldsymbol{n}$，我们应有 $T = 1$；而对于 $\boldsymbol{n}' = -\boldsymbol{n}$，穿透消失，这时极化器的态和分析器的态是正交的.由于仅依赖于极化器和分析器之间的角度 γ，结果(20.34)式可以写为

$$T_{n'n} = \cos^2\frac{\gamma}{2} \tag{20.35}$$

注意，对于光子，类似问题的答案会是$\cos^2\gamma$.这反映了自旋1/2和自旋1的粒子(光子)之间的几何差异.在后面第22章会看到，对于自旋1/2的态，只有标量和矢量算符能有非零的期待值.因此，矢量 $\boldsymbol{n}$ 和$\boldsymbol{n}'$只能线性地进入答案(20.34)式.通过对照对沿 z 轴的分析器给出概率$\cos^2(\theta/2)$的标准表示(20.28)式，我们可以马上猜测出结果(20.34)式.因为量子化轴的选取是任意的，结果(20.35)式是显然的.

习题 20.10 求绕轴 $\boldsymbol{n}$ 转动 α 角的有限转动算符(20.17)式的矩阵元$\langle \chi_m | \hat{\mathcal{R}}_n(\alpha) | \chi_{m'} \rangle$，轴 $\boldsymbol{n}$ 由极角θ和方位角φ表征.

解 这里，m 和m'取值为$\pm 1/2$，因此相应的旋量是列矢量(20.26)式.方便的做法是把转动算符中的标量积$(\boldsymbol{\sigma} \cdot \boldsymbol{n})$写成

$$\boldsymbol{\sigma} \cdot \boldsymbol{n} = \sigma_z n_z + \frac{1}{2}(\sigma_+ n_- + \sigma_- n_+) \tag{20.36}$$

其中

$$\sigma_\pm = \sigma_x \pm i\sigma_y, \quad n_\pm = n_x \pm i n_y = \sin\theta e^{\pm i\varphi}, \quad n_z = \cos\theta \tag{20.37}$$

对角矩阵元是

$$\begin{aligned}\langle \chi_m | \hat{\mathcal{R}}_n(\alpha) | \chi_m \rangle &= \cos\frac{\alpha}{2} - i n_z \sin\frac{\alpha}{2}\langle \chi_m | \sigma_z | \chi_m \rangle \\ &= \cos\frac{\alpha}{2} \mp i\sin\frac{\alpha}{2}\cos\theta, \quad m = \pm\frac{1}{2}\end{aligned} \tag{20.38}$$

非对角矩阵元包含算符 $\sigma_\pm = 2s_\pm$：

$$\langle \chi_+ | \hat{\mathcal{R}}_n(\alpha) | \chi_- \rangle = -i\sin\frac{\alpha}{2}\sin\theta e^{-i\varphi} \tag{20.39}$$

$$\langle \chi_- \mid \hat{\mathcal{R}}_n(\alpha) \mid \chi_+ \rangle = -\mathrm{i}\sin\frac{\alpha}{2}\sin\theta \mathrm{e}^{\mathrm{i}\varphi} \tag{20.40}$$

习题 20.10 中的转动矩阵回答了与自旋 1/2 的几何相关的所有可能的问题. 因此，为了得到习题 20.9 的结果，我们需要知道对于在 $\boldsymbol{n}$ 轴上投影为 m 的态，发现在 $\boldsymbol{n}'$ 轴上投影为 m' 的概率幅. 假定由这两个方向定义的平面是 xz 平面，我们可以绕 y 轴转 γ 角把极化器和分析器的方向合并. 在(20.38)式～(20.40)式中利用 $\theta=\pi/2$ 和 $\varphi=\pi/2$ 作为转动轴的角度，并且 $\alpha=\gamma$，我们得到 $m\to m$ 的概率 $\cos^2(\gamma/2)$ 和 $m\to -m$ 的概率 $\sin^2(\gamma/2)$.

习题 20.11 图 20.3 中的 Stern-Gerlach **实验**分析自旋为 J 的原子束流，把它分解成在非均匀磁场的方向上各种投影 M' 的 $2J+1$ 个分量. 最初，所有的原子都处于在 z 轴上具有最大投影 $M=J$ 的状态. 如果磁场方向的极角是 θ，劈裂开的束流的相对强度是什么？

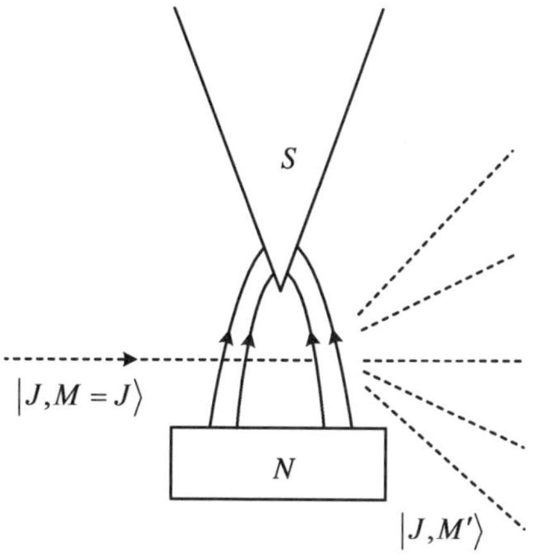

图 20.3　Stern-Gerlach 实验

解　正如前面提到的，角动量为 J 的任何态都可以借助 $2J$ 个自旋 1/2 的粒子构建出来. 在该束流的初态，所有的组分都具有沿 z 轴排列的投影 $s_z=1/2$，所以 $J_z=2J\times 1/2=J$. 对于每一个组分，在场轴上投影为 $s_{z'}=+1/2$ 的概率是 $\cos^2(\theta/2)$，而投影为 $s_{z'}=-1/2$ 的概率是 $\sin^2(\theta/2)$. 为了得到总投影 M'，在 $2J$ 个粒子中，$J+M'$ 个粒子应该有 $s_{z'}=+1/2$，$J-M'$ 个粒子应该有 $s_{z'}=-1/2$. 为了得到具有确定的 M' 值的总概率，我们需要考虑从总数 $2J$ 中选出 $J+M'$ 或 $J-M'$ 个粒子的可能方法的数目. 结果，我们发现投影 M' 的束流强度等于

$$T(M' \mid M=J) = \frac{(2J)!}{(J+M')!(J-M')!}\left(\cos^2\frac{\theta}{2}\right)^{J+M'}\left(\sin^2\frac{\theta}{2}\right)^{J+M'} \tag{20.41}$$

容易检验这些强度是被正确归一化的：

$$\sum_{M'=-J}^{J} T(M' \mid M = J) = 1 \tag{20.42}$$

而且，我们前面对 $J=1/2$ 和 $J=1$ 得到的结果是这个更普遍说法的特殊情况.

20.4 磁共振

在外磁场中，自旋的行为像任何其他具有磁矩的角动量矢量一样，见 16.11 节. 现在，我们考虑一种更复杂的**时间相关**磁场的装置.

如图 20.4 所示，假设一个自旋 1/2 的系统被放到一个静磁场 $\mathcal{B}_z$ 和横向平面(xy)中的**转动场** $\mathcal{B}_\perp$ 内，有

$$\mathcal{B}_x = b\cos(\omega t), \quad \mathcal{B}_y = b\sin(\omega t) \tag{20.43}$$

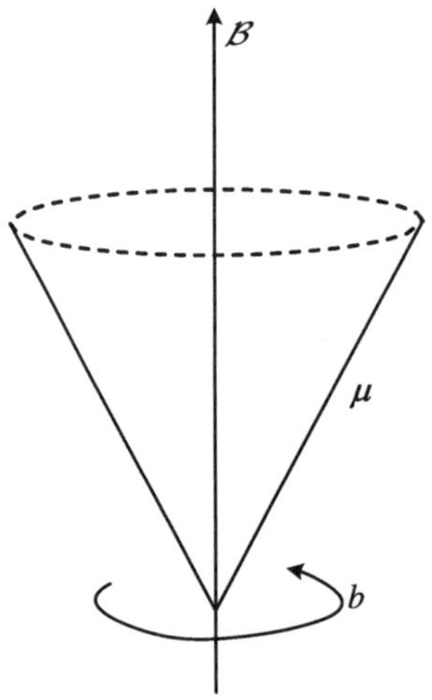

图 20.4 磁共振——场配置

粒子通过它的磁矩与该磁场发生作用：

$$\hat{\boldsymbol{\mu}} = g_s \hbar \hat{\boldsymbol{s}} = \frac{g_s}{2} \hbar \boldsymbol{\sigma} \equiv \mu \boldsymbol{\sigma} \tag{20.44}$$

其中,回转磁比率 g_s 或有效磁矩 $\mu = g_s\hbar/2$ 是该系统的一个内禀性质.作用在自旋变量上的时间相关哈密顿量(16.159)式是

$$\hat{H}(t) = -(\hat{\boldsymbol{\mu}} \cdot \mathcal{B}) = -\mu\{\sigma_z\mathcal{B}_z + \sigma_x b\cos(\omega t) + \sigma_y b\sin(\omega t)\} \tag{20.45}$$

这个粒子的波函数是一个旋量 $\chi(t)$,其上分量为 $a_+(t)$,下分量为 $a_-(t)$,它们给出在 t 时刻找到在静磁场 $\mathcal{B}_z$ 方向上自旋投影 $s_z = \pm 1/2$ 的概率幅.现在,因为投影 s_z 不守恒,简单的进动图像不再正确;作为扭矩($\boldsymbol{\mu} \times \mathcal{B}_\perp$)作用的结果,磁场的横向分量在 $s_z = \pm 1/2$ 态之间翻转自旋.

在利用 Pauli 矩阵的显示形式以后,从有关自旋分量 $a_\pm(t)$ 的 Schrödinger 方程

$$i\hbar\frac{d}{dt}\chi(t) = \hat{H}(t)\chi(t) \tag{20.46}$$

得到如下两个耦合的线性微分方程组:

$$i\hbar\dot{a}_+ = -\mu\mathcal{B}_z a_+ - \mu b e^{-i\omega t}a_-, \quad i\hbar\dot{a}_- = \mu\mathcal{B}_z a_- - \mu b e^{i\omega t}a_+ \tag{20.47}$$

习题 20.12 求解方程(20.47),其初始条件为自旋向上,即 $t=0$ 时刻,$s_z=1/2$.

解 精确求解的最简单的办法是与如下变量变换联系起来的:

$$a_\pm(t) = e^{\mp(i/2)\omega t}c_\pm(t) \tag{20.48}$$

它通过变换到**“转动”坐标系**,消去(20.47)式中系数的明显时间依赖,请回顾经典电动力学的 Larmor **定理**[6, §45].这种变换导致常系数线性方程组:

$$i\dot{c}_+ = -\omega' c_+ - \omega_\perp c_-, \quad i\dot{c}_- = \omega' c_- - \omega_\perp c_+ \tag{20.49}$$

其中,我们用了对于各种频率的简略符号,在静磁场中的进动频率

$$\omega_z = \frac{\mu\mathcal{B}_z}{\hbar} \tag{20.50}$$

绕横向场的典型进动频率

$$\omega_\perp = \frac{\mu b}{\hbar} \tag{20.51}$$

以及在转动的坐标系中的有效频率

$$\omega' = \omega_z + \frac{\omega}{2} \tag{20.52}$$

现在我们可以寻找方程组(20.49)的部分解为

$$c_+(t) = X\mathrm{e}^{-\mathrm{i}\Omega t}, \quad c_-(t) = Y\mathrm{e}^{-\mathrm{i}\Omega t} \tag{20.53}$$

并找到两个本征频率

$$\Omega_\pm = \pm\sqrt{\omega'^2 + \omega_\perp^2} \equiv \pm\,\Omega \tag{20.54}$$

和(20.54)式的两种模式振幅之比

$$Y_\pm = -\frac{\omega_\perp}{\Omega_\pm - \omega'}X_\pm \tag{20.55}$$

实际的解是这两种正规模式以它们的振幅叠加,从而保证了初始条件. 如果初始时刻 $a_+(0)=1$ 和 $a_-(0)=0$,则

$$c_+(t) = \frac{\Omega-\omega'}{2\Omega}\mathrm{e}^{-\mathrm{i}\Omega t} + \frac{\Omega+\omega'}{2\Omega}\mathrm{e}^{\mathrm{i}\Omega t}, \quad c_-(t) = \mathrm{i}\frac{\omega_\perp}{\Omega}\sin(\Omega t) \tag{20.56}$$

发现自旋具有与初始相反的极化概率是

$$w_-(t) = |a_-(t)|^2 = |c_-(t)|^2 = \frac{\omega_\perp^2}{\Omega^2}\sin^2(\Omega t) = \frac{\omega_\perp^2}{\omega'^2+\omega_\perp^2}\sin^2(\Omega t) \tag{20.57}$$

除了**共振**情况,上述概率均小于 1. 在共振时,有

$$\omega' = 0 \quad \rightsquigarrow \quad \hbar\omega = -2\hbar\omega_z = \Delta E \tag{20.58}$$

可变场的频率与被主要的静磁场 $\mathcal{B}_z$ 劈裂的能级之间的跃迁频率相同. 横向场功率的吸收作为频率 ω 的一个函数,具有一个宽度为 $\omega_\perp$ 的典型共振形状. 当 $b \ll \mathcal{B}_z$ 时,共振非常窄,它是电子自旋共振和核磁共振的一个典型情况. 于是,这个窄的曲线的形心决定了该系统的磁矩 μ.

20.5 时间反演变换和 Kramers 定理

对于具有像自旋这样内禀自由度的粒子,必须指定保证时间反演下这些变量正确变换的幺正矩阵 $\hat{U}_T$,见 8.2 节. 任何角动量算符 $\hat{\boldsymbol{J}}$ 都是 $\mathcal{T}$ 奇的:

$$\hat{\tilde{\boldsymbol{J}}} = \hat{\mathcal{T}}\hat{\boldsymbol{J}}\hat{\mathcal{T}}^{-1} = \hat{U}_T\hat{\boldsymbol{J}}^*\hat{U}_T^{-1} = -\hat{\boldsymbol{J}} \tag{20.59}$$

对于轨道角动量 $\hat{\boldsymbol{l}}$，这一点可以从动量 $\hat{\boldsymbol{p}}$ 的变换(8.12)式导出来.然而，为了恰当地变换角动量的自旋部分，我们需要一个额外的算符 $\hat{U}_T$.

在 Pauli 矩阵的标准表示(20.12)式中，仅有一个 σ_y 是虚的，而 σ_x 和σ_z都是实的.这相应于角动量矩阵元相位的通常选择(16.52)～(16.54)式，这时下降组合 $\hat{J}_x-\mathrm{i}\hat{J}_y$ 和升高组合$\hat{J}_x+\mathrm{i}\hat{J}_y$ 都具有实的矩阵元(16.51)式.在这种表示下，我们可以取

$$\hat{U}_T = \eta_T\sigma_y \tag{20.60}$$

作为实施时间反演的幺正算符，它带有一个任意的相因子 η_T，$|\eta_T|^2=1$.利用整合全部 Pauli 矩阵代数的恒等式(20.14)，容易检验

$$\tilde{\hat{\boldsymbol{s}}} = \hat{U}_T\hat{\boldsymbol{s}}^*\hat{U}_T^{-1} = -\hat{\boldsymbol{s}} \tag{20.61}$$

正如在时间反演下的(20.59)式应有的结果.

考虑一个具有 N 个自旋 1/2 的粒子的系统.(20.60)式的自然推广应该是

$$\hat{U}_T = (\eta_T)^N\sigma_y(1)\cdots\sigma_y(N) \tag{20.62}$$

因为所有粒子的自旋变量都要反演.考虑到矩阵 σ_y 是虚的以及$\sigma_y^2=1$，对于这个系统，我们发现

$$\hat{\mathcal{T}}^2 = \hat{U}_T\hat{\mathcal{K}}\hat{U}_T\hat{\mathcal{K}} = (-)^N \tag{20.63}$$

让一个具有 $\mathcal{T}$不变性哈密顿量的系统处在定态 Ψ.如果这个态不是简并态，在时间反演下它顶多只能改变一个相因子，$\hat{\mathcal{T}}\Psi=\exp(\mathrm{i}\alpha)\Psi$.但是

$$\hat{\mathcal{T}}^2\Psi = \hat{\mathcal{T}}(\mathrm{e}^{\mathrm{i}\alpha}\Psi) = \mathrm{e}^{-\mathrm{i}\alpha}\hat{\mathcal{T}}\Psi = \mathrm{e}^{-\mathrm{i}\alpha}\mathrm{e}^{\mathrm{i}\alpha}\Psi = \Psi \tag{20.64}$$

因此，对于一个非简并态，不管粒子数是多少，$\hat{\mathcal{T}}^2=1$.按照(20.63)式，这意味着具有**奇数**个自旋 1/2 的粒子的系统不可能有一个非简并的定态.我们得到 **Kramers 定理**：具有奇数个自旋 1/2 的粒子的 $\mathcal{T}$ 不变系统的定态都是**简并**的，至少是二重简并的.在最简单的没有自旋相关力的单粒子系统的情况下，这只不过是自旋态 $\chi_\pm$ 的简并性.

破坏时间反演不变性的外场可以消除 Kramers 简并性.一个外电场至少保留二重简并，然而在时间反演下磁场改变符号.在一个外磁场 $\mathcal{B}$ 中的系统不是时间反演不变的，因此简并被解除.如果产生磁场 $\mathcal{B}$ 的源(电流)是所考虑的系统的一部分，使得总的时间反演算符包括 $\mathcal{B}\rightarrow-\mathcal{B}$，整个系统又变成 $\mathcal{T}$ 不变的了.那么，简并性得到恢复，因为对于每

一个态$|\Psi;\mathcal{B}\rangle$总有一个具有相同能量的共轭态$|\widetilde{\Psi};-\mathcal{B}\rangle$. 如果一个系统受到外部的扭转，角速度$\boldsymbol{\Omega}$在时间反演下也改变符号，因此这种情况与对于磁场的情况是一样的.

20.6 时间共轭态

正如上一节我们看到的，在时间反演下，波函数的行为依赖于态的自旋及其表示. 我们将使用这样的表示，其中旋量按照(20.60)式的矩阵$\hat{U}_T$变换且相因子$\eta_T=-\mathrm{i}$. 对于自旋1/2，在(20.17)式中我们曾找到了绕$\boldsymbol{n}$轴转α角的转动算符. 因此，在我们对η_T的选择下，时间反演算符与绕着y轴转180^0的转动是一样的：

$$\hat{U}_T=\hat{\mathcal{R}}_y(\pi) \tag{20.65}$$

当作用在$s_z=m=\pm(1/2)$的旋量χ_m上时，算符$\hat{U}_T$把m变成$-m$，并且其相因子给出

$$\hat{U}_T\chi_+=\chi_-,\quad \hat{U}_T\chi_-=-\chi_+ \tag{20.66}$$

它们可以表示为

$$\hat{U}_T\chi_m=(-)^{1/2-m}\chi_{-m} \tag{20.67}$$

我们知道，相对于转动而言，角动量J的一个系统可以认为是由$2J$个1/2自旋构成的. 看看时间反演行为，正如Kramers定理所证明的，我们必须对每一个自旋施行变换(20.67)式. 结果，态$|JM\rangle$改变了M的符号，并且得到指数为$\sum\left(\frac{1}{2}-m\right)=J-M$的相因子. 因此，与(20.67)式一致，时间共轭态的定义为

$$|\widetilde{JM}\rangle=U_T|JM\rangle=(-)^{J-M}|J-M\rangle \tag{20.68}$$

注意，第二次时间反演将会恢复具有相因子$(-1)^{2J}$的原始态$|JM\rangle$，这个相因子对整数J等于1，半整数J等于-1，与Kramers定理(20.63)式相符. 这可以写为

$$\mathcal{T}^2=(-)^{2J} \tag{20.69}$$

在角动量的矢量耦合中，我们将看到相位(20.68)式的出现，这时它与反演运动$\boldsymbol{J}\rightarrow-\boldsymbol{J}$相联系. 定义(20.68)式与角动量矩阵元以及矢量耦合系数的相位选取是一致的，

请见 22.5 节. 不幸的是，球谐函数 Y_{lm} 的传统定义与我们根据(20.68)式所建议的不同. 因为 Y_{lm} 是坐标的函数，在时间反演下它们要取复共轭，相关的相因子是$(-)^m$，

$$Y_{lm}(\boldsymbol{n}) \Rightarrow Y_{lm}^{*}(\boldsymbol{n}) = (-)^m Y_{l-m}(\boldsymbol{n}) \tag{20.70}$$

而不是与规则(20.68)式一致的$(-)^{l-m}$. 这正是被许多作者采用的对球谐函数定义进行修正的理由，例如，在文献[59]中，其中一个额外的因子 i^l 被添加到 Y_{lm} 的正常表示中. 于是，其复共轭与(20.68)式一致，因为$(i^l)^* = (-)^l i^l$. 在利用不同作者的相位约定时人们应当小心.

20.7 作为量子比特的旋量

量子信息和量子通信形成了量子物理应用迅速发展的领域之一. 一个由数字 0 和 1 构成的二进制系统被用于经典计算. 我们可以在这两个数与自旋 1/2 的两种可能的态 $\chi_{\pm}$ 之间建立一种对应关系，其中 $\chi_{\pm}$ 是通过量子化轴的选取所表征的某个表象定义的. 所选择的表象通常称为**计算基**. 旋量的物理含义不限于自旋 1/2 的粒子. 基本的二进制系统可以用非常不同的物理系统实现，这些系统具有与其他态充分分离开的两个量子态. Pauli 代数是普适的.

一个旋量的任意态都是一个叠加(20.27)式，因此同时带有不同概率的 0 和 1 的两种可能性，这些概率可以通过测量显示出来. 在测量前，我们可以通过保持两个可能输出结果的各种外场来操控旋量. 把这个想法扩充到 N 个耦合的旋量集合，在那里总共有 2^N 个态都是可能的态，我们将会使它们都在同一个时刻演化，极大地增大计算本领. 一个单独的旋量起着基本计算单元的作用，即**量子比特**(qubit，量子位). 通过应用幺正算符实现旋量的演化. 正如从前面几节我们已经知道的，所有的这些幺正算符都可以约化为 Pauli 矩阵的组合，因此考虑它们在计算基上的作用就足够了. 在幺正演化中，波函数的模保持不变——这就是我们同时处理所有的量子概率这一目标.

量子计算的语言是在受到数学计算机科学的强烈影响下构建的，对于经典计算机，它们已经有很好的发展. 改变量子比特状态的幺正算符称为**逻辑门**. 最简单的经典门是**非(NOT)门**，它把量子比特的值变成相反的值，0⇔1. 对于在计算基矢中所采取的旋量，一个类似的运算由 Pauli 矩阵 σ_x 实现：

$$\sigma_x \begin{pmatrix} a_+ \\ a_- \end{pmatrix} = \begin{pmatrix} a_- \\ a_+ \end{pmatrix} \tag{20.71}$$

特别是，像在经典计算机中一样，基的态被转换为 $\chi_\pm \leftrightarrow \chi_\mp$. 在计算机科学中，人们使用符号 X, Y, Z，而不是 $\sigma_{x,y,z}$. 然而，这里我们不需要放弃原符号系统. 因此，σ_x 可以称为量子非门. 因为任何旋量的量子态都是用相应的极化矢量 $\boldsymbol{n}(\theta,\varphi)$描述的，有时利用这些把量子演化描述成这个 Bloch 矢量在单位半径的球上的运动是很有用的. σ_x 操作改变角度，$\theta \to \pi - \theta, \varphi \to 2\pi - \varphi$.

另一种广泛使用的 Hadamar 门（阿达马门）由下述矩阵给出：

$$\mathcal{H} = \frac{1}{\sqrt{2}}\begin{pmatrix} 1 & 1 \\ 1 & -1 \end{pmatrix} = \frac{1}{\sqrt{2}}(\sigma_x + \sigma_z) \tag{20.72}$$

由于 σ_z 和 σ_x 反对易，$\mathcal{H}^2 = 1$. 易看出，算符 $\mathcal{H}$ 把采用 z 轴为计算基的量子化轴的一个任意旋量 $a_+\chi_+ + a_-\chi_-$ 变成沿 x 轴及其相反方向极化的态同样的叠加 $a_+\chi_x + a_-\chi_{-x}$.

习题 20.13 用单位半径的球上 Bloch 矢量描述 Hadamar 门在状态 χ_x 上的作用.

对于少数几个量子比特的系统，可能操作的一种想法可以用两个旋量的一个例子来加以说明. 这里我们有四种可能的组合态，在计算基中它们可以标记为

$$|++\rangle \quad |+-\rangle \quad |-+\rangle \quad |--\rangle \tag{20.73}$$

该系统的一个普遍的波函数作为态(20.73)式的线性组合，不可能表示为两个独立波函数的乘积 $|\chi_1\rangle \cdot |\chi_2\rangle$：子系统是纠缠在一起的（在最后一章我们会对纠缠讨论得更多一点，见下册 25.1 节）. 现在我们可以构建一个称为**控制非门**（controlled NOT gate）的算符，简写 CNOT（有时也称为控制－X（controlled-X）），它作用在四维空间(20.73)式：

$$\hat{U}_{\text{CNOT}} = \begin{pmatrix} \hat{1} & 0 \\ 0 & \sigma_x \end{pmatrix} \equiv \begin{pmatrix} 1 & 0 & 0 & 0 \\ 0 & 1 & 0 & 0 \\ 0 & 0 & 0 & 1 \\ 0 & 0 & 1 & 0 \end{pmatrix} \tag{20.74}$$

在这个矩阵中，基的态按照排成一行的(20.73)式顺序排列，而且这个算符不能表示为独立作用到第一个和第二个量子比特的算符的乘积.

遵照常规语言，第一个量子比特叫做“控制位”，第二个量子比特叫做“靶位”. 现在，我们可以看到算符 $\hat{U}_{\text{CNOT}}$ 是如何作用的：如果控制位处于态 1，这意味着自旋向上 $|+\rangle_1$，于是 $\hat{U}_{\text{CNOT}}$ 并不改变靶量子比特的态：

$$|++\rangle \Rightarrow |++\rangle, \quad |+-\rangle \Rightarrow |+-\rangle \tag{20.75}$$

的确如此,

$$\hat{U}_{\mathrm{CNOT}}\,|++\rangle = \hat{U}_{\mathrm{CNOT}}\begin{pmatrix}1\\0\\0\\0\end{pmatrix} = \begin{pmatrix}1\\0\\0\\0\end{pmatrix} = |++\rangle \tag{20.76}$$

以及

$$\hat{U}_{\mathrm{CNOT}}\,|+-\rangle = \hat{U}_{\mathrm{CNOT}}\begin{pmatrix}0\\1\\0\\0\end{pmatrix} = \begin{pmatrix}0\\1\\0\\0\end{pmatrix} = |+-\rangle \tag{20.77}$$

与此相反,如果控制位具有自旋向下$|-\rangle_1$,$\hat{U}_{\mathrm{CNOT}}$把靶位的状态反转:

$$\hat{U}_{\mathrm{CNOT}}\,|-+\rangle = |--\rangle \quad \hat{U}_{\mathrm{CNOT}}\,|--\rangle = |-+\rangle \tag{20.78}$$

利用一个控制量子比特和几个靶量子比特,我们可以产生量子比特态的一个任意演化.为此目的,原则上,利用控制非门和作用在单个量子比特上的一些门就足够了.类似于这个控制非门,对于一个任意的幺正算符$\hat{U}$,我们可以以这样的方式构建 U **操作控制**-$\hat{U}$操作,使得对于控制量子比特向上的态,靶量子比特将没有任何变化,而对于控制量子比特向下的态,操作$\hat{U}$将作用于靶量子比特上.

习题 20.14 证明算符

$$\hat{U}_{\mathrm{SWAP}} = \begin{pmatrix}1&0&0&0\\0&0&1&0\\0&1&0&0\\0&0&0&1\end{pmatrix} \tag{20.79}$$

互换两个量子比特的态:在(20.73)式一样的基中,

$$\hat{U}_{\mathrm{SWAP}}\,|++\rangle = |++\rangle, \quad \hat{U}_{\mathrm{SWAP}}\,|--\rangle = |--\rangle,$$
$$\hat{U}_{\mathrm{SWAP}}\,|\pm\mp\rangle = |\mp\pm\rangle \tag{20.80}$$

因为量子信息几乎已经变成量子科学的一个单独而复杂且迅速发展的分支,这里我们不可能深入到细节,而把这个专题的延续留给了**进一步阅读**.但是值得指出的是,量子计算不光有优点，也存在某些严重的(不仅仅是技术上的)问题.

我们可以通过所谓的不可克隆定理(no-cloning theorem)[73]作一个说明.对一个经典的对象，总可能做实际上完全的复制(用同一台打印机对任何最初制备的书，“打印一份新的复印件”);而在量子力学中，这并不总是允许的.一个简单的证明线索如下：让我们尝试制作一个量子态$|\psi_1\rangle$的第二个复制品.我们有一个处于任意归一化初态$|\psi_0\rangle_t$的靶系统，我们的目标是利用幺正演化$\hat{U}$得到变换$|\psi_0\rangle_t \Rightarrow |\psi_1\rangle_t$作为一个输出.于是，系统的两个态之一演化为

$$\hat{U} \mid \psi_1\rangle \cdot \mid \psi_0\rangle_t = \mid \psi_1\rangle \cdot \mid \psi_1\rangle_t \tag{20.81}$$

假定我们需要用同样的复制机$\hat{U}$复制另一个态$|\psi_2\rangle$，则

$$\hat{U} \mid \psi_2\rangle \cdot \mid \psi_0\rangle_t = \mid \psi_2\rangle \cdot \mid \psi_2\rangle_t \tag{20.82}$$

由于演化是幺正的，$\hat{U}^\dagger\hat{U}=1$，而且重叠的模是不变的，故

$$\mathcal{N} \equiv {}_t\langle\psi_0| \cdot \langle\psi_1|\hat{U}^\dagger\hat{U}|\psi_2\rangle \cdot |\psi_0\rangle_t = {}_t\langle\psi_0| \cdot \langle\psi_1 \mid \psi_2\rangle \cdot |\psi_0\rangle_t = \langle\psi_1 \mid \psi_2\rangle \tag{20.83}$$

另一方面，我们知道(20.81)式和(20.82)式演化的结果，所以

$$\mathcal{N} = {}_t\langle\hat{U}\psi_0| \cdot \langle\psi_1\hat{U}\psi_2\rangle|\psi_0\rangle_t = {}_t\langle\psi_1 \mid \psi_2\rangle_t\langle\psi_1\psi_2\rangle = \mathcal{N}^2 \tag{20.84}$$

因此，我们应该有$\mathcal{N}=1$或0，只有精确地克隆正交态，它才是可能的.换句话说，如果这种克隆过程可以适用于两个不同的基的态$|\psi_1\rangle$和$|\psi_2\rangle$，则它将不适用于它们的任意叠加$|\alpha\psi_1+\beta\psi_2\rangle$.在下册第23章会看到，即使对于用密度矩阵描述的混态，而不是纯波函数，**精确**的克隆也是不可能的.仅当完全退相干以后，即等价于回到没有状态相干叠加的世界，我们才会再一次得到精确的经典复制.

这里或许要提及另一个方面.物理学家在寻找具有大量组分的可标度的量子比特系统，它原则上允许我们享受实际量子计算的所有理论的优越性.为了传送和加工信息，即完成复杂的工作，这些组分量子比特必须相互作用.然而，在一个具有高的能级密度的多体系统中，如下册第24章指出的，这种相互作用迅速导致**多体量子混沌**，则谈论单个量子比特的量子态是毫无意义的.相反，我们能得到极端复杂的多体波函数，这使得理清所需信息的问题是不可解的.这意味着我们必须制订出详尽的方案，隔离量子比特并且在计算需要时仅在短的时间间隔内接通它们的相互作用.

第 21 章

有限转动和张量算符

角动量理论本质上是一种非常形式的理论.其主要的成分是群论和张量代数的某些部分.然而,在这本书中,强调的远非这些令人生畏的术语所意味的那么抽象.

——M. E. Rose

21.1　有限转动矩阵

任何转动都可以表示为生成元(角动量算符 $\hat{J}$ 的分量)的指数函数(16.2)式.任何转动都不可能改变 J 的大小:从一个 $|JM\rangle$ 态出发并利用各种有限转动,我们总被限制在具有相同的 J 和不同的 M(进动圆锥体的不同取向)的态的集合中.这样,任何 $|JM\rangle$ 态在转动 $\hat{\mathcal{R}}$ 的作用下变换成属于同一多重态的状态的一个叠加.

这一事实可以明确表示为

$$\hat{\mathcal{R}} \mid JM\rangle = \sum_{M'} D^{J}_{M'M}(\mathcal{R}) \mid JM'\rangle \tag{21.1}$$

其中

$$D^{J}_{M'M}(\mathcal{R}) = \langle JM' \mid \hat{\mathcal{R}} \mid JM\rangle \tag{21.2}$$

为**有限转动** $\hat{\mathcal{R}}$ 在一个给定**表示**中的矩阵元.这里,我们考虑了具有不同 M 值的 $|JM\rangle$ 态是正交的,并假设这些态都是归一的,见(16.48)式.转动的幺正性(16.4)式意味着矩阵(21.1)式的幺正性,即

$$D^{J}(D^{J})^{\dagger} = (D^{J})^{\dagger}D^{J} = 1 \tag{21.3}$$

或者明显地用矩阵元表示成

$$\sum_{M} D^{J}_{KM}(\mathcal{R}) D^{J*}_{K'M}(\mathcal{R}) = \delta_{KK'}, \quad \sum_{K} D^{J*}_{KM'}(\mathcal{R}) D^{J}_{KM}(\mathcal{R}) = \delta_{M'M} \tag{21.4}$$

在习题 20.9、20.10 中,我们计算了自旋为 1/2 的这些矩阵元;它们构成了矩阵 $D^{1/2}_{mm'}$.

习题 21.1 对角动量为 J 的体系,若如图 21.1 所示,z 轴和 z' 轴间的夹角为 γ,求最大角动量投影 $J_z = J_{z'} = J$ 的波函数 $|\psi\rangle$ 和 $|\psi'\rangle$ 的重叠.考虑对于非常大的 J,求该结果的极限.

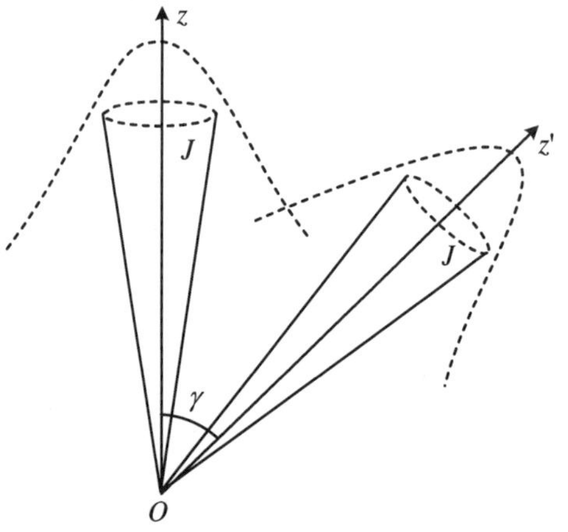

图 21.1 习题 21.1 的图

解 所考虑的两个函数可通过绕垂直于 (zz') 平面的 y 轴旋转 γ 角的转动 $\hat{\mathcal{R}}_y(\gamma)$ 合在一起.相应的 D 矩阵通常记作 $d^{J}(\gamma)$.对于我们的这个习题,有

$$\langle \psi_M \mid \psi_{M'}\rangle = d^{J}_{MM'}(\gamma) \tag{21.5}$$

利用 Schwinger 表示，我们看到，对于 $M = M' = J$，所有的 $2j$ 分自旋都排列整齐，所以我们只需把它们全部转动一下，则

$$d^J_{JJ}(\gamma) = \left(\cos\frac{\gamma}{2}\right)^{2J} \tag{21.6}$$

在 $J \gg 1$ 的极限下，上式变得很小（大量单自旋重叠的乘积）. 只需考虑非常靠近的方向 $\gamma\sqrt{J} \ll 1$ 的重叠，正如过渡到经典情形所预期的那样.

用代数术语，矩阵(21.2)式给出了转动群的一个 $2J+1$ 维**幺正表示**. 这意味着，对于分两步进行的转动 $\hat{\mathcal{R}} = \hat{\mathcal{R}}_2 \hat{\mathcal{R}}_1$，相应的矩阵 $D^J(\mathcal{R})$（(21.2)式）是按同样次序的两个单独转动的表示矩阵的矩阵积：

$$D^J(\mathcal{R}) = D^J(\mathcal{R}_2) D^J(\mathcal{R}_1) \tag{21.7}$$

转动的所有几何性质都充分地体现在相应矩阵间的关系中. 这样，单位矩阵对应于零角度的转动，而对于逆转动有 $D^J(\mathcal{R}^{-1}) = (D^J(\mathcal{R}))^{-1}$. 其矩阵元满足

$$D^J_{M'M}(\mathcal{R}^{-1}) = (D^J(\mathcal{R}))^{\dagger}_{M'M} = D^{J*}_{MM'}(\mathcal{R}) \tag{21.8}$$

表示 D^J 是**不可约的**：$2J+1$ 维多重态 $|JM\rangle$ 不包含在所有转动下都在其内部变换的态的任何更小子集. 除 $J=0$ 的标量情况外，幺正表示都是多维的，这一事实乃是生成元的非对易性的后果（$\mathcal{SU}(2)$ 群是**非阿贝尔的**(non-Abelian)）. 正如我们所记得的，阿贝尔群（例如平移群）的幺正表示都是一维的.

有限的转动可以以不同的方式参数化成为角度的连续函数. 两种常用的参数化为：（ⅰ）以转动轴 $\boldsymbol{n}(\theta,\varphi)$ 和绕该轴的转角 α 为参数；（ⅱ）借助 Euler **角**参数化，此时 D 矩阵称为 Wigner **函数**. 在任何情况下，三维空间的转动需要三个独立的角度来描写（在 d 维空间中，不同转动平面的数目等于 $d(d-1)/2$，即转动群 $\mathcal{SO}(d)$ 的生成元 $\hat{J}_k$ 的数目）. 我们将看到，球谐函数 Y_{lm} 可视为有限转动矩阵的一种特殊情况.

21.2 球谐函数作为有限转动的矩阵元

球谐函数 $\mathrm{Y}_{lm}(\boldsymbol{n})$ 是 $|lm\rangle$ 态在坐标表象中（在具有固定量子化轴的坐标系中）所描写的波函数：

$$\mathrm{Y}_{lm}(\boldsymbol{n}) \equiv \langle \boldsymbol{n} \mid lm \rangle \tag{21.9}$$

令 $\hat{\mathcal{R}}$ 为图 21.2 所示的一个使量子化轴方向矢量 $\boldsymbol{e}_z$ 转至一个新的方向 $\boldsymbol{n}$ 的转动：

$$\hat{\mathcal{R}}\boldsymbol{e}_z = \boldsymbol{n}(\theta,\varphi) \tag{21.10}$$

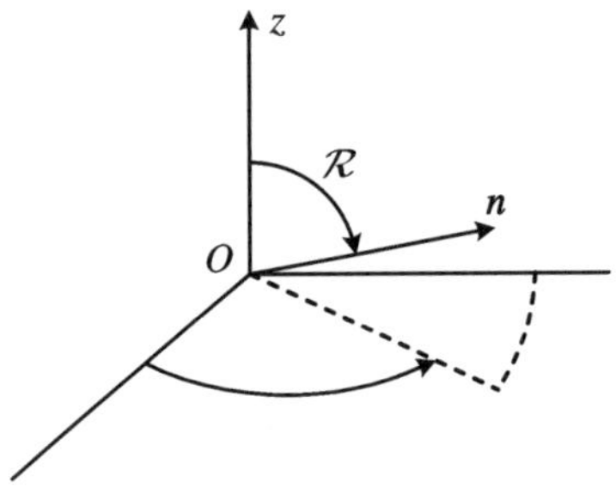

图 21.2　定义一个球谐函数的转动

(21.10)式中转动的逆转动 $\hat{\mathcal{R}}^{-1}$ 作用在态 $|lm\rangle$ 上时，按一般规则(21.1)式将该态变换成多重态的叠加：

$$\hat{\mathcal{R}}^{-1} \mid lm\rangle = \sum_{m'} D^l_{m'm}(\mathcal{R}^{-1}) \mid lm'\rangle \tag{21.11}$$

通过将上式投影到定域的态矢 $\boldsymbol{n}_0$ 上，可得到该量的坐标表象：

$$\langle \boldsymbol{n}_0 \mid \hat{\mathcal{R}}^{-1} \mid lm\rangle = \sum_{m'} D^l_{m'm}(\mathcal{R}^{-1})\langle \boldsymbol{n}_0 \mid lm'\rangle = \sum_{m'} D^l_{m'm}(\mathcal{R}^{-1})\mathrm{Y}_{lm'}(\boldsymbol{n}_0) \tag{21.12}$$

由于转动的幺正性，上式的左边为

$$\langle \boldsymbol{n}_0 \mid \hat{\mathcal{R}}^{-1} \mid lm\rangle = \langle \hat{\mathcal{R}}\boldsymbol{n}_0 \mid lm\rangle = \mathrm{Y}_{lm}(\mathcal{R}\boldsymbol{n}_0) \tag{21.13}$$

方向 $\boldsymbol{n}_0$ 是任意的. 取该函数沿极轴方向 $\boldsymbol{n}_0 \to \boldsymbol{e}_z$，可得到 $\mathrm{Y}_{lm}(\mathcal{R}\boldsymbol{e}_z)$，即初始角为 θ,φ 的球谐函数(21.10)式. 在(21.12)式的右边，我们可利用对于 $\mathrm{Y}_{lm'}(\boldsymbol{e}_z)$ 的结果(16.143)式. 这导致欲求的联系：

$$\mathrm{Y}_{lm}(\boldsymbol{n}) = \sqrt{\frac{2l+1}{4\pi}} D^l_{0m}(\mathcal{R}^{-1}) = \sqrt{\frac{2l+1}{4\pi}} D^{l\,*}_{m0}(\mathcal{R}) \tag{21.14}$$

其中，$D(\mathcal{R}^{-1})$ 是与(21.10)式相逆的转动的矩阵元，该逆转动将矢量 $\boldsymbol{n}$ 转至极轴方向. 上式中的第二个等式利用了 $D(\mathcal{R})$ 和 $D(\mathcal{R}^{-1}) = D^{\dagger}(\mathcal{R})$ 之间的关系，见(21.8)式.

Legendre多项式,即(16.141)式,是实的,且

$$\mathrm{P}_l(\cos\theta) = D^l_{00}(\mathcal{R}^{-1}) = D^l_{00}(\mathcal{R}) \tag{21.15}$$

如前所述,一个一般的三维转动由三个角度参数化.球谐函数与一种特殊类型的转动(21.14)式相关联,并依赖于两个角度;Legendre 多项式只包含一个角度.这一点可借助球谐函数作为描写**单粒子**波函数 $\psi(\boldsymbol{r})=\psi(r,\boldsymbol{n})$的角度部分的物理解释来理解.根据我们的推导,球谐函数与连接 $\boldsymbol{r}$ 方向和量子化轴的转动振幅相关联.人们可以说,矢量 $\boldsymbol{r}$ 是由于该粒子的存在挑选出来的唯一可用的空间方向.因此,将该方向选择为量子化的方向是很自然的.要做到这一点,与图 21.2 相反,需要先将矢量 $\boldsymbol{r}$ 绕实验室的(任意)z 轴旋转 $-\varphi$ 角到 xz 平面,然后绕 y 轴旋转 $-\theta$ 角,以便将该方向转至极轴.这两个转动对应(21.14)式和(21.15)式中的算符 $\hat{\mathcal{R}}^{-1}$.以上讨论中所缺失的第三个角将描述绕 $\boldsymbol{r}$ 轴的转动,它不会改变任何物理振幅,因此被证明是多余的.对于一个**多体**情况就不同了,可以把**三个**轴与系统的变量联系起来,并以这种方式选择内禀的**本体**坐标架,区别于外部的、**空间固定**的坐标架.在分子物理和核物理中,当处理非球形物体时[5,71],这两种坐标架之间的变换起到重要作用.

习题 21.2 在一个多体系统中,我们选择三个正交矢量$\boldsymbol{e}^{(k)}$($k=1,2,3$),它们都是粒子变量的函数,并且构成一个右手三重态,$\boldsymbol{e}^{(j)}\times\boldsymbol{e}^{(k)}=\epsilon_{jkl}\boldsymbol{e}^{(l)}$(例如,并非必要,它们可以自然地与密度分布的主轴重合).引入三个内积,

$$\hat{I}^k = \hat{\boldsymbol{J}}\cdot\boldsymbol{e}^{(k)} \tag{21.16}$$

它们是总角动量沿本体轴的投影.证明 $\hat{I}^k$ 与所有分量$\hat{J}_i$ 都对易,并求出$\sum\limits_k(\hat{I}^k)^2$和对易子$[\hat{I}^j,\hat{I}^k]$.

解 由于本体矢量$\boldsymbol{e}^{(k)}$随体系一起转动,故分量 $\hat{I}^k$ 是标量.这些量的平方和是总角动量的平方:

$$\sum_k(\hat{I}^k)^2 = \hat{\boldsymbol{J}}^2 = J(J+1) \tag{21.17}$$

其中,最后一个等式给出了 $\hat{J}^2$ 本征态的期待值.对易子为

$$[\hat{I}^j,\hat{I}^k] = -\mathrm{i}\,\epsilon_{jkl}\hat{I}^l \tag{21.18}$$

其中的负号是相对于角动量在**空间固定**的坐标系中的通常分量 $\hat{J}_k$ 而言的.

(21.14)式中的 D 函数带有量子数m 和 0,这些量子数描述了实验室系(轨道角动量

投影 m)和轨道角动量在新极轴(即 $\boldsymbol{r}$ 方向)上的投影为零的本体参考系之间的变换.实际上,这等同于

$$\boldsymbol{l}\cdot\boldsymbol{r}=\boldsymbol{r}\cdot\boldsymbol{l}=0 \tag{21.19}$$

这一运动学约束禁戒了绕 $\boldsymbol{r}$ 的转动,只留下两个角度作为动力学变量.当然,在动量表象中,情况完全相同:

$$\boldsymbol{l}\cdot\boldsymbol{p}=\boldsymbol{p}\cdot\boldsymbol{l}=0 \tag{20.20}$$

习题 21.3 证明视为转角函数的有限转动矩阵元的正交性:

$$\int \mathrm{d}\mathcal{R}D_{KM}^{J*}(\mathcal{R})D_{K'M'}^{J'}(\mathcal{R})=\delta_{JJ'}\delta_{KK'}\delta_{MM'}\frac{8\pi^2}{2J+1} \tag{21.21}$$

此处,积分遍历由三个角度描写的所有可能转动.这给出 $8\pi^2$ 的因子(转动群的"体积"),例如:4π 为转动轴方向的各种选择,而 2π 是绕该轴的可能转动.对于用 Euler 角的参数化,可得到相同的体积.

证明 采用对角度积分而不是对群元素求和,重复 8.12 节的推导;表示 D^J 的维数为 $n=2J+1$.作为特例,球谐函数 Y_{lm} 和 Legendre 多项式的正交性(以及作为群参数函数的 D 函数的完备性)可以由此导出.

21.3 加法定理*

我们常常需要关于两个方向 $\boldsymbol{n}(\theta,\varphi)$ 和 $\boldsymbol{n}'(\theta',\varphi')$ 之间夹角 γ 的一个标量函数.作为标量,这样一个函数只依赖于标量积($\boldsymbol{n}\cdot\boldsymbol{n}'$),并可用 Legendre 多项式 $\mathrm{P}_l(\cos\gamma)$ 展开,其中

$$\cos\gamma=\boldsymbol{n}\cdot\boldsymbol{n}'=\sin\theta\sin\theta'\cos(\varphi-\varphi')+\cos\theta\cos\theta' \tag{21.22}$$

同时,把 $\mathrm{P}_l(\cos\gamma)$ 看作是各单独的角度 $\boldsymbol{n}$ 或 $\boldsymbol{n}'$ 的函数,我们可将其表示为 $\mathrm{Y}_{l'm'}(\boldsymbol{n})$ 或 $\mathrm{Y}_{l'm'}(\boldsymbol{n}')$ 的一个级数.然而,整个函数和标量积($\boldsymbol{n}\cdot\boldsymbol{n}'$)一起在 $\boldsymbol{n}$ 和 $\boldsymbol{n}'$ 的**同时**转动下是不变的.取一个将矢量 $\boldsymbol{n}'$ 与 z 方向重合在一起的转动,我们可以把 $\mathrm{P}_l(\boldsymbol{n}\cdot\boldsymbol{n}')$ 表示为球谐函数 $\mathrm{Y}_{l0}(\boldsymbol{n})$.这意味着,作为 $\boldsymbol{n}$ 的函数,两个单位矢量的原始函数按照被轨道动量 l 表征的表示变换.因此,$\mathrm{P}_l(\cos\gamma)$ 的这个级数只能包含 $l'=l$ 的函数 $\mathrm{Y}_{l'm'}$.这一情况对于

$\boldsymbol{n}$ 和 $\boldsymbol{n}'$是对称的，因而展开式应具有如下形式：

$$\mathrm{P}_l(\boldsymbol{n}\cdot\boldsymbol{n}') = \sum_{mm'} A^l_{mm'}\mathrm{Y}_{lm}(\boldsymbol{n})\mathrm{Y}_{lm'}(\boldsymbol{n}') \tag{21.23}$$

在 $\boldsymbol{n}$ 和 $\boldsymbol{n}'$绕极轴旋转β角的共同转动下，函数(21.23)式不变，尽管求和式中的每一项都获得相位 $\exp[-\mathrm{i}(m+m')\beta]$. 因此，只有 $m'=-m$ 的那些项才会真正出现. 这也可由(21.22)式看出，因为函数(21.22)式依赖于角度差 $\varphi-\varphi'$而不是单独地依赖于角 φ 和 φ'. 利用(16.90)式得到

$$\mathrm{P}_l(\boldsymbol{n}\cdot\boldsymbol{n}') = \sum_{m} B^l_m\mathrm{Y}_{lm}(\boldsymbol{n})\mathrm{Y}^*_{lm}(\boldsymbol{n}') \tag{21.24}$$

其中的新系数为 $B^l_m=(-)^m A^l_{m-m}$.

我们仍然没有利用 $\boldsymbol{n}\cdot\boldsymbol{n}'$的转动不变性的所有结果. 让我们将一个任意转动 $\hat{\mathcal{R}}^{-1}$作用于 $\boldsymbol{n}$ 和 $\boldsymbol{n}'$二者. 利用幺正性 $\hat{\mathcal{R}}^{-1}=\hat{\mathcal{R}}^\dagger$ 和变换规则(21.11)式，有

$$\mathrm{Y}_{lm}(\mathcal{R}^{-1}\boldsymbol{n}) = \langle\hat{\mathcal{R}}^{-1}\boldsymbol{n}\mid lm\rangle = \langle\boldsymbol{n}\mid\hat{\mathcal{R}}\mid lm\rangle = \sum_{\mu} D^l_{\mu m}(\mathcal{R})\mathrm{Y}_{l\mu}(\boldsymbol{n}) \tag{21.25}$$

对(21.24)式中的共轭函数进行同样的变换，我们得到

$$\mathrm{P}_l(\boldsymbol{n}\cdot\boldsymbol{n}') = \sum_{m\mu\mu'} B^l_m D^l_{\mu m}(\mathcal{R}) D^{l*}_{\mu' m}(\mathcal{R})\mathrm{Y}_{l\mu}(\boldsymbol{n})\mathrm{Y}^*_{l\mu'}(\boldsymbol{n}') \tag{21.26}$$

现在，把这一结果与转动之前的同一函数的表示式(21.24)进行比较. 球谐函数都是线性无关的. 通过重命名(21.24)式中的 $m\to\mu$ 并比较这两个表达式，我们得到系数方程

$$\sum_{m} B^l_m D^l_{\mu m}(\mathcal{R}) D^{l*}_{\mu' m}(\mathcal{R}) = B^l_\mu\delta_{\mu\mu'} \tag{21.27}$$

其中 $\mathcal{R}$ 仍然是任意的. 显而易见的解为 $B^l_m=B^l$，与 m 无关，因为(21.27)式只不过是幺正性条件(21.4)式. 这个解是**唯一的**，因为(21.27)式可写为矩阵形式 $D(\mathcal{R})BD^\dagger(\mathcal{R})=B$，其中 B 为(m 表象中的)对角矩阵，矩阵元为 B^l_m. 由于幺正性 $D^\dagger(\mathcal{R})=D^{-1}(\mathcal{R})$，矩阵 B 与该不可约表示中的**所有矩阵都对易**，$D(\mathcal{R})B=BD(\mathcal{R})$. 这样一个矩阵必须正比于单位矩阵(所谓的 Schur 引理，见 8.12 节)，也就是说，具有一个给定 l 的矩阵元 B^l_m 全部都相等.

例如，常数 B^l 可以通过将 $\boldsymbol{n}'$与 z 轴重合来求出. 于是，(21.23)式的两部分都应给出 $\mathrm{P}_l(\cos\theta)$. 利用(16.141)式和(16.143)式，我们看到，$B^l=(2l+1)/(4\pi)$. 最后，我们导出了对于球谐函数的**加法定理**：

$$\mathrm{P}_l(\boldsymbol{n}\cdot\boldsymbol{n}') = \frac{4\pi}{2l+1}\sum_{m}\mathrm{Y}_{lm}(\boldsymbol{n})\mathrm{Y}^*_{lm}(\boldsymbol{n}') \tag{21.28}$$

作为特例，对于重合的 $\boldsymbol{n}$ 和 $\boldsymbol{n}'$，有

$$\sum_m |Y_{lm}(\boldsymbol{n})|^2 = \frac{2l+1}{4\pi} \tag{21.29}$$

还要注意，对于单位矢量，(21.22)式只是加法定理(21.28)式对于 $l=1$ 的一种特殊情况. 我们对此作了详细的推导，是为了显示对称性论证允许我们避免任何显式计算的能力.

加法定理(21.28)式允许我们将平面波的展开式(17.106)改写成为关于 $\boldsymbol{k}$ 和 $\boldsymbol{r}$ 对称的形式((17.98)式)：

$$C_{lm}(\boldsymbol{k}) = 4\pi \mathrm{i}^l Y^*_{lm}(\boldsymbol{n}_k), \quad \boldsymbol{n}_k = \frac{\boldsymbol{k}}{k} \tag{21.30}$$

$$\mathrm{e}^{\mathrm{i}(\boldsymbol{k}\cdot\boldsymbol{r})} = 4\pi \sum_{lm} \mathrm{i}^l Y^*_{lm}(\boldsymbol{n}_k) Y_{lm}(\boldsymbol{n}) j_l(kr) \tag{21.31}$$

21.4 算符的变换

让我们来回顾(6.9 节)，如果态矢 $|\psi\rangle$ 被一个幺正变换 $\hat{U}$ 变成 $|\psi'\rangle = \hat{U}|\psi\rangle$，而且算符 $\hat{O}$ 按

$$\hat{O} \Rightarrow \hat{O}' = \hat{U}\hat{O}\hat{U}^{-1} \tag{21.32}$$

变换，则所有的物理振幅均保持不变：

$$\langle \psi'_2 | \hat{O}' | \psi'_1 \rangle = \langle \psi_2 | \hat{U}^{-1}\hat{U}\hat{O}\hat{U}^{-1}\hat{U} | \psi_1 \rangle = \langle \psi_2 | \hat{O} | \psi_1 \rangle \tag{21.33}$$

这意味着，新算符 $\hat{O}'$ 在新条件中所起的作用与原算符 $\hat{O}$ 在变换之前所起的作用完全相同. 换言之，当用于转动时，$\hat{U} = \hat{\mathcal{R}}$，算符随着体系一起转动，于是用转动之后的工具所作的物理测量给出相同的结果.

可以通过算符在转动下的行为对算符进行分类，就像态矢按其变换性质可分为转动多重态的方式一样. 设 J 为一个整数或半奇数，而 $M = -J, -J+1, \cdots, J$，如果 $2J+1$ 个算符的集合 $\hat{T}_{JM}$ 在转动下按与态矢 $|JM\rangle$ 相同的规则(21.1)式变换，即

$$\hat{\mathcal{R}}\hat{T}_{JM}\hat{\mathcal{R}}^{-1} = \sum_{M'} D^{J}_{M'M}(\mathcal{R})\hat{T}_{JM'} \tag{21.34}$$

则称该算符 $\hat{T}_{JM}$ 的集合构成一个 J 秩的**张量算符**.

对于整数 $J=l$，张量算符 $\hat{T}_{lm}$ 须如球谐函数 Y_{lm} 般变换. 在无自旋粒子的情况中，作为坐标函数的张量算符 $\hat{T}_{lm}(\boldsymbol{r})$ 应与 $Y_{lm}(\boldsymbol{n})$ 有相同的角度依赖关系：

$$\hat{T}_{lm}(\boldsymbol{r}) = t_l(r)Y_{lm}(\boldsymbol{n}) \tag{21.35}$$

其中的径向因子 $t_l(r)$ 对所有的 m 都相同. 这种情况下，易于直接检验变换规则(21.34)式使振幅(21.33)式保持不变. 确实，正如我们由(4.65)式知道的，对坐标函数(21.35)式的变换(21.34)式应给出 $T_{lm}(\mathcal{R}^{-1}\boldsymbol{n})$（记住，此处我们变换了一个算符，(21.34)式左边的第一个因子 $\hat{\mathcal{R}}$ 仅变换 $\hat{T}_{JM}$ 并与 $\hat{\mathcal{R}}^{-1}$ 相消，使得放置在 $\hat{T}_{JM}$ 之后的所有函数都不受影响）. 变换之后的矩阵元与原始矩阵元之间的差别仅仅是被积函数中的角变量发生了变化，$\boldsymbol{n}\to\hat{\mathcal{R}}^{-1}\boldsymbol{n}$，而这一变化不改变积分. 对于将正比于 $Y_{lm}(\boldsymbol{n}_p)$（其中 $\boldsymbol{n}_p=\boldsymbol{p}/|\boldsymbol{p}|$）的动量函数，类似的结论成立.

习题 21.4 证明：对于任何一对同样的 l 秩张量算符 A_{lm} 和 B_{lm}，由与(16.120)式相同的加法规则形成的**收缩**

$$S = \sum_m (-)^m A_{lm}B_{l-m} \tag{21.36}$$

是一个标量（转动不变量）.

根据 16.8 节，任何**矢量算符**都是秩为 1 的张量. 对于空间反射的行为进一步细分这些矢量. 坐标矢量 $\boldsymbol{n}$ 是**极矢量**的一个例子. 其分量连同球谐函数 Y_{1m} 一起在空间反射下改变符号. 任何一个角动量算符 $\hat{\boldsymbol{J}}$ 在转动下都表现为一个矢量，而在空间反射下都表现为一个赝矢量(**轴矢量**).

习题 21.5 证明：自旋角动量的行为与轨道动量完全相同（赝矢量），其分量在转动下如矢量的分量般变换，而在空间反射下保持相同的符号.

证明 空间反射并不触及自旋算符. 关于转动，按照一般的变换规律，变换之后的自旋矢量为

$$\hat{\boldsymbol{s}}' = \frac{1}{2}\hat{\mathcal{R}}\boldsymbol{\sigma}\hat{\mathcal{R}}^{-1} \tag{21.37}$$

通过取源自(20.17)式的自旋转动算符 $\hat{\mathcal{R}}_{\boldsymbol{n}}(\alpha)$，我们得到

$$\hat{\boldsymbol{s}}' = \frac{1}{2}\left[\cos\frac{\alpha}{2} - \mathrm{i}(\boldsymbol{\sigma}\cdot\boldsymbol{n})\sin\frac{\alpha}{2}\right]\boldsymbol{\sigma}\left[\cos\frac{\alpha}{2} + \mathrm{i}(\boldsymbol{\sigma}\cdot\boldsymbol{n})\sin\frac{\alpha}{2}\right] \tag{21.38}$$

正如所料，自旋在转动轴 $\boldsymbol{n}$ 上的投影不变：

$$\boldsymbol{n}\cdot\hat{\boldsymbol{s}}' = (\boldsymbol{n}\cdot\hat{\boldsymbol{s}})\,\hat{\mathcal{R}}_n(\alpha)\,\hat{\mathcal{R}}_n^{-1}(\alpha) = \boldsymbol{n}\cdot\hat{\boldsymbol{s}} \tag{21.39}$$

为简化表示式(21.38)，我们利用 Pauli 矩阵的代数(20.14)式. 例如，对于三个 $\boldsymbol{\sigma}$ 矩阵的乘积给出

$$\sigma_j\sigma_i\sigma_k = \delta_{ij}\sigma_k + \delta_{ik}\sigma_j - \delta_{jk}\sigma_i + \mathrm{i}\,\epsilon_{jik} \tag{21.40}$$

最终的结果为

$$\hat{s}'_i = \frac{1}{2}\left[\sigma_i\cos\alpha - (\boldsymbol{n}\times\boldsymbol{\sigma})_i\sin\alpha + 2n_i(\boldsymbol{n}\cdot\boldsymbol{\sigma})\sin^2\frac{\alpha}{2}\right] \tag{21.41}$$

或者用矢量形式：

$$\hat{\boldsymbol{s}}' = \hat{\boldsymbol{s}}\cos\alpha - (\boldsymbol{n}\times\hat{\boldsymbol{s}})\sin\alpha + \boldsymbol{n}(\boldsymbol{n}\cdot\boldsymbol{\sigma})2\sin^2\frac{\alpha}{2} \tag{21.42}$$

这是一个矢量在有限转动下的正确变换. 取小 α 极限，对 $\boldsymbol{n} = \boldsymbol{e}_z$ 得到

$$\hat{s}'_x = \hat{s}_x + \alpha\hat{s}_y,\quad \hat{s}'_y = \hat{s}_y - \alpha\hat{s}_x,\quad \hat{s}'_z = \hat{s}_z \tag{21.43}$$

并将上式与 16.1 节中的坐标变换进行比较. 如果我们的矢量算符以相同的方式变换(它正是(21.43)式的情形)，则在转动之后测量会得到相同的值，这与算符变换的定义(21.33)式一致. 这种变换与(16.16)式中将矢量作为对象的变换相反.

21.5 选择定则简介

算符的张量性质在计算正比于矩阵元 $\langle\psi'_{J_2M_2}|\hat{T}_{JM}|\psi_{J_1M_1}\rangle$ 的物理振幅时非常重要. 对于给定的初始和末尾的多重态，我们有 $(2J_2+1)(2J+1)(2J_1+1)$ 个不同的矩阵元. 然而，正如我们稍后将看到的，只有一个数表征相关的物理性质. 其余的数均不依赖于系统的性质，完全取决于几何方面的考虑. 一些矩阵元仅仅由于态和算符的转动对称性而为零，其他矩阵元结果则是密切相互关联的.

最简单的**选择定则**可以直接从张量运算符的定义(21.34)式得到. 让我们来考虑绕 $\boldsymbol{n}$ 轴转 $\delta\alpha$ 角的一个无穷小转动. 相应的算符为 $\hat{\mathcal{R}}=1-\mathrm{i}(\hat{\boldsymbol{J}}\cdot\boldsymbol{n})\delta\alpha$, 如(16.1)式. 若保留到 $\delta\alpha$ 的线性项, 则(21.34)式的左边可通过张量 $\hat{T}_{JM}$ 与角动量的对易子表示为

$$\hat{\mathcal{R}}\hat{T}_{JM}\hat{\mathcal{R}}^{-1}=\hat{T}_{JM}-\mathrm{i}\delta\alpha[(\hat{\boldsymbol{J}}\cdot\boldsymbol{n}),\hat{T}_{JM}] \tag{21.44}$$

在一个给定的表象中, 该转动的矩阵元为

$$D^{J}_{M'M}(\mathcal{R})=\delta_{M'M}-\mathrm{i}\delta\alpha\langle JM'|(\hat{\boldsymbol{J}}\cdot\boldsymbol{n})|JM\rangle \tag{21.45}$$

由于 $\boldsymbol{n}$ 轴的方向是任意的, (21.44)式和(21.45)式隐含对任意张量算符都成立的对易关系:

$$[\hat{J}_m,\hat{T}_{JM}]=\sum_{M'}\langle JM'|\hat{J}_m|JM\rangle\hat{T}_{JM'} \tag{21.46}$$

其中 $\hat{J}_m$ 可以是笛卡儿分量或球分量.

(21.46)式的 $\hat{J}_z=\hat{J}_0$ 分量为

$$[\hat{J}_z,\hat{T}_{JM}]=M\hat{T}_{JM} \tag{21.47}$$

这是一个典型的**阶梯关系**, 请回顾 11.6 节. 我们可以推断, 当作用在一个具有体系总角动量的某个确定的 z 投影的态上时, 张量算符 $\hat{T}_{JM}$ 将该投影提升 M. 我们得到如下简单的**选择定则**: 在跃迁 $\langle a_2J_2M_2|\hat{T}_{JM}|a_1J_1M_1\rangle$ 中, a_1 和 a_2 是所有额外(非转动)量子数的符号, 唯一的非零振幅是那些具有 $\Delta J_z\equiv M_2-M_1=M$ 的振幅:

$$\hat{T}_{JM}:\quad \Delta J_z=M \tag{21.48}$$

我们在(16.99)式中对矢量的球分量的标记与这个一般规则相一致, 该结果不依赖于 J_1、J_2 的特殊值, 也不依赖于额外量子数 a_1、a_2.

(21.46)式提升 $m=+1$ 的分量包含等式右边唯一的 $M'=M+1$ 项. 我们看到, 具有选择定则 $\Delta J_z=+1$ 的 $\hat{J}_{+1}$ 与 $\hat{T}_{JM}$ 的**算符乘积**创建了一个对应于 $\Delta J_z=M+1$ 的新算符. 对于(21.46)式的下降分量, 有 $m=-1$ 和 $\Delta J_z=M-1$. 在算符的乘积中, 对投影 J_z 的选择定则简单的就是代数加法. 稍后, 我们将看到, 关于角动量大小的情况会更复杂.

当作用于一个矢量算符 $\hat{T}_{1M}\to\hat{V}_M$ 时, 普遍方程(21.47)给出 $[\hat{J}_z,\hat{V}_{\pm1}]=\pm\hat{V}_{\pm1}$. 显然, 绕 z 轴的转动不改变矢量的 z 分量, $[\hat{J}_z,\hat{V}_z]=0$. 在笛卡儿坐标中, 这些关系等价于

对易子,请与习题 4.5 相比较:

$$[\hat{J}_k, \hat{V}_l] = \mathrm{i}\,\epsilon_{kln}\hat{V}_n \tag{21.49}$$

将角动量代数(16.21)式推广到一个任意的矢量.所有这些对易规则都具有纯粹的几何起源,因此是普适的.不管张量算符的具体性质如何,或者不管张量算符在空间反射下的行为如何,它们都成立.它们可以利用转动矢量的简单的空间图像推导出来,尽管当前的公式更为普遍.特别是,(21.49)式相当于(21.41)、(21.42)式的小角度极限,其中的自旋 $\hat{s}$ 必须以一个任意矢量 $\hat{V}$ 代替.

21.6 电磁多极

电磁多极是张量算符最重要的例子之一.在电动力学中,电磁多极作为由电荷和电流的一个有限系统产生的场的**多极展开**结果而出现.

考虑由一些处于点 $\boldsymbol{r}_a$ 处带有电荷 e_a 的类点经典粒子构成的体系,如图 21.3 所示.在点 $\boldsymbol{r}$ 处测量到的该系统的静电势由 Coulomb 定律给出:

$$\phi(\boldsymbol{r}) = \sum_a \frac{e_a}{|\boldsymbol{r} - \boldsymbol{r}_a|} \tag{21.50}$$

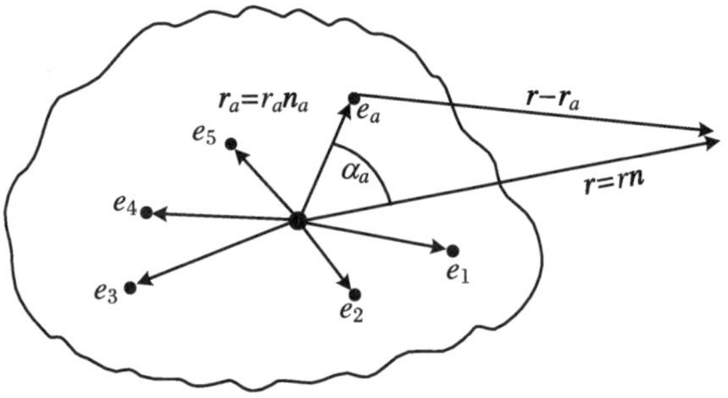

图 21.3 一个电荷体系外部的静电势

函数依赖于两个矢量的长度 r,r' 以及它们之间的夹角 γ,而不依赖于矢量 $\boldsymbol{r}$ 和 $\boldsymbol{r}'$ 各自的角度:

$$\frac{1}{|\boldsymbol{r}-\boldsymbol{r}'|}=\frac{1}{\sqrt{r^2+r'^2-2rr'\cos\gamma}} \tag{21.51}$$

若 $\boldsymbol{r}\neq\boldsymbol{r}'$，该函数没有奇异性，因此可以借助对 Legendre 多项式的无穷集合以依赖于 r 和 r' 的系数的展开来表示：

$$\frac{1}{|\boldsymbol{r}-\boldsymbol{r}'|}=\sum_{l=0}^{\infty}\mathrm{P}_l(\cos\gamma)f_l(r,r') \tag{21.52}$$

除了奇异点 $\boldsymbol{r}=\boldsymbol{r}'$ 处，静电势(21.52)式作为 $\boldsymbol{r}$ 的函数处处满足 Laplace 方程. 对于一个给定的、由球谐函数 Y_{lm} 定义的角对称性，正如由(17.51)、(17.52)式给出的，Laplace方程的两个线性无关的解分别为 $r^l\mathrm{Y}_{lm}$ 和 $r^{-(l+1)}\mathrm{Y}_{lm}$. 加法定理(21.28)式表明，(21.52)式中的 Legendre 多项式是球谐函数 $\mathrm{Y}_{lm}(\boldsymbol{n}_r)$ 的叠加. 因此，作为 r 的函数，f_l 可以是 r^l 或 $r^{-(l+1)}$，于是我们可将(21.52)式改写为

$$\frac{1}{|\boldsymbol{r}-\boldsymbol{r}'|}=\sum_{l}\mathrm{P}_l(\cos\gamma)\left[r^lg_l(r')+\frac{1}{r^{l+1}}h_l(r')\right] \tag{21.53}$$

函数 g_l 和 h_l 在一些常系数范围内由总表达式要求的量纲 1/[长度]来决定，所以

$$\frac{1}{|\boldsymbol{r}-\boldsymbol{r}'|}=\sum_{l}\mathrm{P}_l(\cos\gamma)\left(g_l\frac{r^l}{r'^{l+1}}+h_l\frac{r'^l}{r^{l+1}}\right) \tag{21.54}$$

通过对于 γ 的一个特殊值，即对平行的矢量 $\cos\gamma=1$，取(21.52)式，则所有的 $\mathrm{P}_l=1$，我们得到

$$\frac{1}{|\boldsymbol{r}-\boldsymbol{r}'|}=\sum_{l}\left(g_l\frac{r^l}{r'^{l+1}}+h_l\frac{r'^l}{r^{l+1}}\right) \tag{21.55}$$

由于在 $r=r'$ 处的奇异性，我们需要考虑两个区域. 如果 $r>r'$，则

$$\frac{1}{|\boldsymbol{r}-\boldsymbol{r}'|}=\frac{1}{r-r'}=\frac{1}{r(1-r'/r)}=\sum_{l}\frac{r'^l}{r^{l+1}} \tag{21.56}$$

这意味着，在 $r>r'$ 区域内，我们有 $h_l=1$ 和 $g_l=0$. 这一结果很自然，因为我们可以通过令 $r'\to0$，从而在(21.55)式内包含 g_l 的求和中得到非物理的奇异性. 以类似的方法，对 $r<r'$ 的区域，必须令 $h_l=0$ 和 $g_l=1$. 用明显的符号 $r_<$ 和 $r_>$ 来分别标记这两个半径中较小的一个和较大的一个，表达式(21.54)取如下形式：

$$\frac{1}{|\boldsymbol{r}-\boldsymbol{r}'|}=\sum_{l}\frac{r_<^l}{r_>^{l+1}}\mathrm{P}_l(\cos\gamma) \tag{21.57}$$

多极展开的应用通常是考虑在**体系之外**($r>r_a$)的点 $\boldsymbol{r}$ 处位势(21.50)式. 那么，我

们可利用展开式(21.57)和加法定理(21.28)式,得到

$$\phi(\boldsymbol{r}) = \sum_{lm} \frac{4\pi}{2l+1} \frac{1}{r^{l+1}} \mathrm{Y}_{lm}^{*}(\boldsymbol{n}) \mathcal{M}(El, m) \tag{21.58}$$

这里,对一个由类点电荷 $a=1,2,\cdots,A$ 组成的系统,秩为 $l=0,1,\cdots$ 的**电多极矩**被定义为如下的一组 $2l+1$ 个量:

$$\mathcal{M}(El, m) = \sum_{a=1}^{A} e_a r_a^l \mathrm{Y}_{lm}(\boldsymbol{n}_a), \quad m = -l, -l+1, \cdots, +l \tag{21.59}$$

其中求和遍历处于 $\boldsymbol{r}_a = (r_a, \theta_a, \varphi_a) \equiv (r_a, \boldsymbol{n}_a)$ 的所有电荷 e_a. 以完全相同的方式代替电荷分布,我们可以对粒子的任何其他可加性质,例如对质量分布 $e_a \Rightarrow m_a$,定义多极矩.

在**量子理论**中,多极矩被认为是作用在粒子变量上的一些算符. 由于显含球谐函数,算符 $\hat{\mathcal{M}}(El, m)$ 具有 l 秩张量算符的必要特征. 引入**电荷密度**算符

$$\hat{\rho}(\boldsymbol{r}) = \sum_a e_a \delta(\boldsymbol{r} - \hat{\boldsymbol{r}}_a) \tag{21.60}$$

我们得到多极矩的更普遍的形式:

$$\hat{\mathcal{M}}(El, m) = \int \mathrm{d}^3 r \hat{\rho}(\boldsymbol{r}) r^l \mathrm{Y}_{lm}(\boldsymbol{n}), \quad \boldsymbol{n} = \frac{\boldsymbol{r}}{r} \tag{21.61}$$

以这种形式,我们甚至不需要假设体系中类点组分的存在. 例如,在原子核中,若 $\hat{\rho}(\boldsymbol{r})$ 是总的电荷密度算符,则带电的 π 介子、核力的其他媒介物都与核子一起被包括了进来. 正如预期的那样,我们可以从其动力学起源来分离出多极算符的几何学. 从 $\hat{\rho}(\boldsymbol{r})$ 的任一基础结构(算符(21.61)式)提取出 l 秩不可约张量,也即具有特殊转动特性的部分.

最低的多极矩 $l=0$ 是**单极矩**,它决定了标量部分,即总电荷 Ze:

$$\hat{\mathcal{M}}(E0, 0) = \frac{1}{\sqrt{4\pi}} \sum_a e_a = \frac{1}{\sqrt{4\pi}} \int \mathrm{d}^3 r \hat{\rho}(\boldsymbol{r}) = \frac{1}{\sqrt{4\pi}} Ze \tag{21.62}$$

下一项,$l=1$,定义了**偶极矩**矢量:

$$\hat{\boldsymbol{d}} = \sum_a e_a \hat{\boldsymbol{r}}_a = \int \mathrm{d}^3 r \hat{\rho}(\boldsymbol{r}) \boldsymbol{r} \tag{21.63}$$

通过考虑矢量和秩 $l=1$ 的球谐函数之间的关系(16.100)式,我们得到

$$\hat{\mathcal{M}}(E1, m) = \sqrt{\frac{3}{4\pi}} \sum_a e_a \hat{r}_a (n_a)_m = \sqrt{\frac{3}{4\pi}} \hat{d}_m \tag{21.64}$$

多极展开中接下来的那些项确定了**四极矩**($l=2$)、**八极矩**($l=3$)、**十六极矩**($l=4$)及更

高阶矩.四极张量(16.129)式的物理性质在分子结构和核结构中起着重要的作用.

以类似的方式,我们可以定义与**电流**分布有关的**磁多极矩** $\hat{\mathcal{M}}(Ml,m)$.由轨道运动引起的对流电流(convection current)和由自旋磁矩产生的磁化电流(magnetization current)决定了对 l 秩磁多极矩的相应贡献[5]:

$$\hat{\mathcal{M}}(Ml,m)=\sum_a\left(g_a^s\hat{\boldsymbol{s}}_a+\frac{2}{l+1}g_a^l\hat{\boldsymbol{l}}_a\right)\cdot\nabla(r_a^l\mathrm{Y}_{lm}(\boldsymbol{n}_a)) \tag{21.65}$$

这里,$\hat{\boldsymbol{s}}_a$ 和 $\hat{\boldsymbol{l}}_a$ 分别代表粒子 a 的自旋和轨道角动量;g_a^s 和 g_a^l 是相应的**回转磁比**(gyromagnetic ratios).(我们处处以 $\hbar$ 为单位测量所有的角动量并以磁子 $e\hbar/(2m_ac)$ 为单位测量回转磁比 g_a.)对于 $l=0$,表达式(21.65)为零,证明了磁单极子的不存在.当 $l=1$ 时,我们得到**磁矩** $\hat{\boldsymbol{\mu}}$ 的球分量 $\hat{\mu}_m$:

$$\hat{\mathcal{M}}(M1,m)=\sqrt{\frac{3}{4\pi}}\hat{\mu}_m \tag{21.66}$$

$$\hat{\boldsymbol{\mu}}=\sum_a(g_a^s\hat{\boldsymbol{s}}_a+g_a^l\hat{\boldsymbol{l}}_a) \tag{21.67}$$

更高阶的项确定磁四极矩($l=2$)、磁八极矩($l=3$)等.

22

第 22 章

角动量耦合

我计数时，只有你和我在一起.

——T. S. Eliot

22.1 两个子系统

实际上，人们常常不得不处理由一个完整系统的几个组分或子系统共享的角动量. 这种处理的原型是一个两体问题.

考虑角动量分别为 j_1 和 j_2 的子系统. 总角动量空间包含 $d=(2j_1+1)(2j_2+1)$个态，它们通过把投影分别为 $m_1=-j_1,\cdots,j_1$ 和 $m_2=-j_2,\cdots,j_2$ 的多重态$|j_1m_1\rangle$和$|j_2m_2\rangle$的各种各样的成员组合而得到. 这些基的状态可被命名为

$$|j_1m_1;j_2m_2\rangle \tag{22.1}$$

如果这些子系统不发生相互作用，则所有四个量子数 j_1, j_2, m_1, m_2 都是守恒的(我们假定整个系统是转动不变的). 于是，使用各独立子系统的基的状态是很方便的. 每个系统都可以按照产生相应变换的角动量算符 $\hat{\boldsymbol{j}}_1$ 和 $\hat{\boldsymbol{j}}_2$ 单独转动. 人们可以想象各组分角动量围绕共同量子化轴独自进动的图像，即图 22.1(a)所示的退耦合方案.

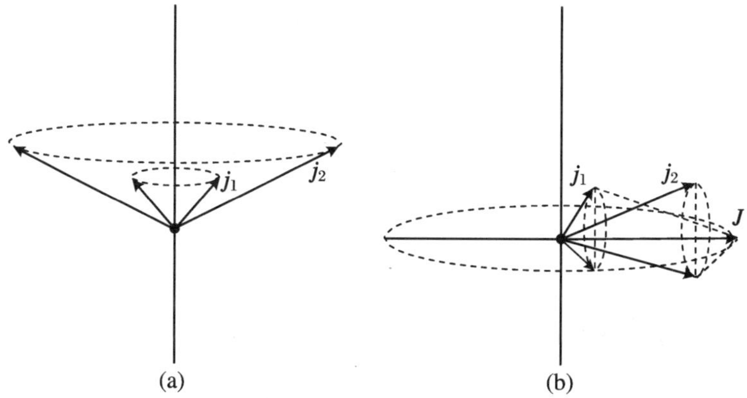

图 22.1　两个矢量耦合的方案：退耦合的(a)和耦合的(b)

我们可用一种不同的方式表征该系统，当子系统一起转动时探测它在共同转动下的行为. 这样的转动生成元是总角动量：

$$\hat{\boldsymbol{J}} = \hat{\boldsymbol{j}}_1 + \hat{\boldsymbol{j}}_2 \tag{22.2}$$

在前述分别进动的图像中，算符 $\hat{\boldsymbol{J}}$ 没有确定值，因为(22.2)式的矢量相加的结果依赖于 $\hat{\boldsymbol{j}}_1$ 和 $\hat{\boldsymbol{j}}_2$ 的瞬时相互取向. 态(22.1)式是各种各样确定 $\boldsymbol{J}^2$ 值的态叠加. 在相互作用的子系统情况下，各自单独的转动一般会破坏使态(22.1)式非稳定的结构，而共同的转动保持内禀结构不变. 于是，使用与总转动生成元(22.2)式相关的量子数 J 和 M 描述这些态是更为方便的(图 22.1(b)的耦合方案)，即使这两种描述都采用了在数学上等价的态的完备集.

当各子系统的相对取向保持不变并作为整体转动时，相对于共同的转动，态的完备集(22.1)式是**可约的**. 任何可能的相对取向都会产生一种在共同的转动下仅在其自身内部变换的多重态 $|JM\rangle$. 这个图像可以在图 22.1(b)中看到：首先，我们定义相对取向和相应的总角动量 $\boldsymbol{J}$(子系统的角动量绕 $\boldsymbol{J}$ 进动)；然后，让整个结构绕着空间固定的量子化轴转动，该轴定义了总投影 M. z 轴上投影 m_1 和 m_2 不再守恒(但绝对值 j_1 和 j_2 仍然守恒，因为我们没有改变各子系统的内部结构)，使得我们能够获得新的态的集合：

$$|j_1 j_2; JM\rangle \tag{22.3}$$

它们构成了在共同转动下**不可约**的多重态.对子系统的单独角动量而言,现在等效的量子化轴是总矢量 $\boldsymbol{J}$ 的量子化轴.的确,就像从(22.2)式的平方所看到的,态(22.3)式具有确定的投影:

$$\hat{\boldsymbol{j}}_1 \cdot \hat{\boldsymbol{J}} = \frac{J(J+1)+j_1(j_1+1)-j_2(j_2+1)}{2} \tag{22.4}$$

对 $\boldsymbol{j}_2 \cdot \boldsymbol{J}$ 也有类似的结果.

量子力学中允许的相对取向是在空间量子化的.因此,可能的总角动量 J(22.2)式只能取有限的分立(正)值集合.在任何情况下,每个多重态都包含 $2J+1$ 个成员的这些新态(22.3)式都应该像原集合(22.1)式一样是完备的,使得它们的维度必须与

$$d = \sum_J (2J+1) = d_1 d_2 = (2j_1+1)(2j_2+1) \tag{22.5}$$

一致.

习题 22.1 一个自旋为 $s=1/2$ 和轨道动量为 l 的粒子在耦合方案中能用总角动量

$$\hat{\boldsymbol{j}} = \hat{\boldsymbol{l}} + \hat{\boldsymbol{s}} \tag{22.6}$$

表征.求总角动量 j 的可能值.

解 由(22.6)式平方的定义,可以导出

$$j(j+1) = l(l+1)+s(s+1)+2(\hat{\boldsymbol{l}} \cdot \hat{\boldsymbol{s}}) = l(l+1)+\frac{3}{4}+\hat{\boldsymbol{l}} \cdot \boldsymbol{\sigma} \tag{22.7}$$

利用习题 20.6 的结果,我们有两种可能性,它们涉及自旋相对于轨道角动量的**平行**和**反平行**两种取向.相应地,(22.7)式确定了总角动量的两种可能值:

$$j(j+1) = l^2+2l+\frac{3}{4} \rightsquigarrow j = l+\frac{1}{2} \tag{22.8}$$

和

$$j(j+1) = l^2-\frac{1}{4} \rightsquigarrow j = l-\frac{1}{2} \tag{22.9}$$

并且满足完备性(22.5)式:

$$d = 2\left(l+\frac{1}{2}\right)+1+2\left(l-\frac{1}{2}\right)+1 = 4l+2 = 2(2l+1) \tag{22.10}$$

22.2 可约表示的分解

对两个任意子系统的一般情况，我们必须找到在耦合方案中被整合在一起的、张满整个空间(22.1)式的所有不可约表示.它可以通过一个简单的构造来完成，该构造等价于寻找表示特征标(矩阵 D^J 的迹)的标准群论步骤.

把所有的退耦合基的态(22.1)式放到图 22.2 所示的一个 $d_1\times d_2$ 的表中，该表具有由 m_1 编号的 d_1 列($-j_1\leqslant m_1\leqslant j_1$)和由 m_2 编号的 d_2 行($-j_2\leqslant m_2\leqslant j_2$).为确定起见，假定 $j_1\geqslant j_2$.每个态(表的方块)都具有一个(22.2)式总投影 $\hat{J}_z=\hat{j}_{1z}+\hat{j}_{2z}$ 的确定值：

$$M=m_1+m_2 \tag{22.11}$$

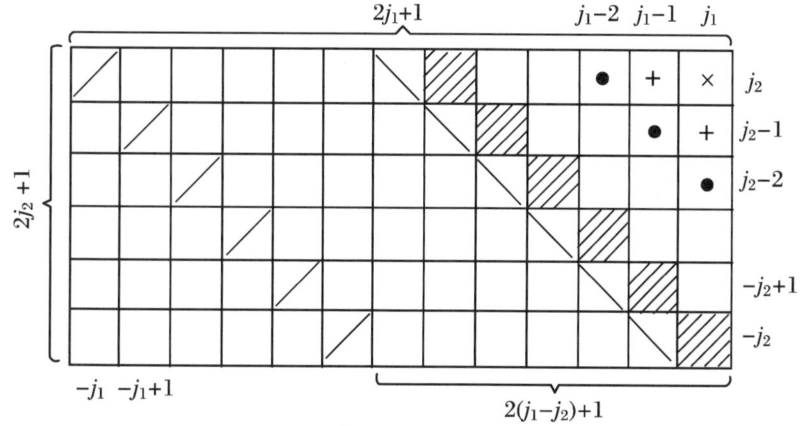

图 22.2 两个耦合多重态的 Hilbert 空间

(译者注：原图纵轴标注有错，已更正.)

集合(22.3)式的任意一个态 $|JM\rangle$ 都将是位于对角线上与给定的 M 值(22.11)式对应的那些态的叠加.在这条线上的方块数等于含有这个投影值(具有角动量 $J\geqslant M$)的多重态数(22.3)式.

从右上角 $M=j_1+j_2$ 开始.这是最大可能的总投影.它是唯一被构建的态(组分的角动量是平行的).只有一个其 M 值给出最大投影的多重态存在，使得该态具有最高的可能值 $J_{\max}=M_{\max}=j_1+j_2$.这个最高的多重态也应该具有所有其他的成员，$M=J-1$，

$J-2,\cdots,-J=-(j_1+j_2)$.

让我们移到下一条对角线 $M=J_{\max}-1$. 存在两个这样的态，它们可以形成两个线性独立的组合. 其中之一属于上面所说的最高多重态. 这个组合 $|J_{\max}M=J_{\max}-1\rangle$ 可以通过降算符

$$\hat{J}_-=\hat{j}_{1-}+\hat{j}_{2-} \tag{22.12}$$

作用到最高的平行排列的态上(回想一下，$\hat{J}$ 的分量只在多重态内起作用)得到. 按照(16.49)、(16.51)式，结果由对称组合

$$\sqrt{2j_1}\,|j_1j_1-1;j_2j_2\rangle+\sqrt{2j_2}\,|j_1j_1;j_2j_2-1\rangle \tag{22.13}$$

给出. 另一方面，它应该等于总的 $\hat{J}_-$ 的作用:

$$\begin{aligned}&\hat{J}_-|J=j_1+j_2M=j_1+j_2\rangle\\&\quad=\sqrt{2(j_1+j_2)}\,|J=j_1+j_2M=j_1+j_2-1\rangle\end{aligned} \tag{22.14}$$

把最后两个表达式比较，确定了

$$\begin{aligned}&|J=j_1+j_2M=j_1+j_2-1\rangle\\&\quad=\sqrt{\frac{j_1}{j_1+j_2}}\,|j_1j_1-1;j_2j_2\rangle+\sqrt{\frac{j_2}{j_1+j_2}}\,|j_1j_1;j_2j_2-1\rangle\end{aligned} \tag{22.15}$$

沿着具有 $M=j_1+j_2-1$ 的同一个短对角线的第二种可能组合是第二个多重态的最高态. 因此，我们开辟了新的多重态，这就是说，总角动量值为 $J=j_1+j_2-1$ 也是可能的. 这个具有不同 J 值的态必须与(22.14)式的态正交，尽管它们具有相同的 M 值. 利用正交性，我们发现

$$\begin{aligned}&|J=j_1+j_2-1M=j_1+j_2-1\rangle\\&\quad=\sqrt{\frac{j_2}{j_1+j_2}}\,|j_1j_1-1;j_2j_2\rangle-\sqrt{\frac{j_1}{j_1+j_2}}\,|j_1j_1;j_2j_2-1\rangle\end{aligned} \tag{22.16}$$

这里，我们能加入一个任意额外的相位，例如改变共同的符号(这纯属约定).

下一步展示 $M=j_1+j_2-2$ 的三个态. 这三个组合中的两个属于上述两个多重态，而第三个开辟了具有 $J=j_1+j_2-2$ 的新多重态. 这个步骤是明显的和有规律的. 到较低对角线的每一步都增加了一个角动量稳步减小的新多重态. 最后的一次发生在我们到达了对应 $M=j_1-j_2$ 的对角线时. 在这一步，我们开辟了具有最低可能角动量值 $J_{\min}=j_1-j_2$ 的多重态. 在这之后，可能的投影数 M 不再增加，这意味着我们不会再遇到新的多重态，

而只是填充已有的多重态.在对角线到达表的左上角的时候,最低的多重态将被填满.之后,在接下去的每一步都完成了多重态中的一个,直到我们到达只有一个 $M=-M_{\max}=-j_1-j_2$ 态的左下角,它完成了最大的多重态 $J=j_1+j_2$.

我们可以总结这个做法的结果:说明了角动量为 j_1 和 j_2 的子系统的矢量耦合中,总角动量的可能值为

$$|j_1-j_2|\leqslant J\leqslant j_1+j_2 \tag{22.17}$$

J 的每个值都只出现一次,很容易检查满足(22.5)式:在把退耦合方案的可约空间(22.1)式重排到耦合方案的不可约多重态(22.3)式时,使用了表中的所有方块.投影(22.11)式是代数和,而角动量大小是**矢量相加**;不等式(22.17)严格地给出了对两个欧几里得矢量加法适用的完全一样的限制(**三角形条件**).然而,按照 $\mathcal{SU}(2)$ 群的一般规则,量子力学对总角动量的空间量子化设置了一个额外的约束,这个角动量的允许值(22.17)式是依赖于 j_1 和 j_2 值的所有整数和半奇数.习题 22.1 中的具体计算结果与这些一般的论证是一致的.

22.3 两个自旋 1/2 的粒子

这里,我们将更细致地考虑两个自旋 1/2 的粒子的简单例子,其中 $s_1=s_2=1/2$.在 20.3 节中已经研究过单粒子旋量 χ_m, $m=\pm 1/2$.每个粒子的两个态产生了退耦合表示(22.1)式的四个态 $\chi_m(1)\chi_{m'}(2)$,回顾一下双量子比特系统(20.73)式.现在,我们能沿着在前面小节中画的线继续做,如图 22.3 所示.

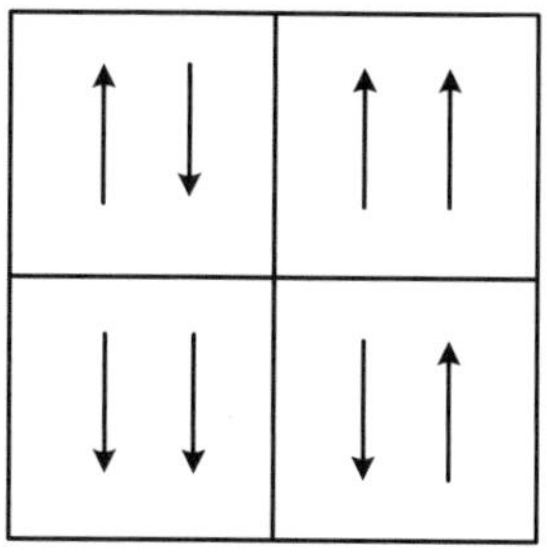

图 22.3　2-自旋系统的态

按照我们的规则,两个自旋的矢量耦合定义了两个多重态——**三重态**和**单态**,其总自旋

$$\hat{S} = \hat{s}_1 + \hat{s}_2 \tag{22.18}$$

的值分别等于 $S=1$(三个态,$S_z \equiv M = \pm 1, 0$)和 $S=0$(一个态,$M=0$).最高的 $M=1$ 态和最低的 $M=-1$ 态属于由图的两个对角唯一构建的三重态:

$$\left|\frac{1}{2},\frac{1}{2};11\right\rangle = \uparrow\uparrow = \chi_+(1)\chi_+(2)$$

$$\left|\frac{1}{2},\frac{1}{2};1-1\right\rangle = \downarrow\downarrow = \chi_-(1)\chi_-(2) \tag{22.19}$$

$M=0$ 的两个态应被组合成正确的 $S=1$ 和 $S=0$ 态的线性组合.重复 22.2 节对 $j_1 = j_2 = 1/2$和 $J=S=1$ 的计算,得到类似(22.15)式的结果,即 $M=0$ 的三重态组合:

$$|10\rangle = \frac{1}{\sqrt{2}}(\uparrow\downarrow + \downarrow\uparrow) = \frac{1}{\sqrt{2}}(\chi_+(1)\chi_-(2) + \chi_-(1)\chi_+(2)) \tag{22.20}$$

$M=0$ 的正交的组合(22.16)式

$$|00\rangle = \frac{1}{\sqrt{2}}(\uparrow\downarrow - \downarrow\uparrow) = \frac{1}{\sqrt{2}}(\chi_+(1)\chi_-(2) - \chi_-(1)\chi_+(2)) \tag{22.21}$$

属于单态 $S=0$.容易看到,对于三重态(22.20)式,用算符 $\hat{S}_-$ 进一步作用降低投影 S_z 的尝试,给出$|1-1\rangle$态(22.19)式,而对单态(22.21)式做同样的尝试将导致 0.

习题 22.2 对两个自旋 1/2 的粒子的系统,求算符 S_x^2、S_y^2 和S_z^2 的共同本征矢.

解 利用(22.18)式和 Pauli 矩阵代数,证明这三个算符对易;它们的本征值为 0 或 1,因为只有投影为 0 和 ±1 是可能的.一个共同本征矢是显然的,即(22.21)式的单态$|00\rangle$.另外,(22.20)式的$|10\rangle$态也是显然的,它对应于确定值 $S_z^2=0, S_x^2 = S_y^2 = 1$.通过轴的置换能得到另外两个组合,在基$|SS_z\rangle$中它们分别是

$$\frac{1}{\sqrt{2}}(|11\rangle + |1-1\rangle), \quad S_x^2 = S_z^2 = 1, \quad S_y^2 = 0 \tag{22.22}$$

和

$$\frac{1}{\sqrt{2}}(|11\rangle - |1-1\rangle), \quad S_y^2 = S_z^2 = 1, \quad S_x^2 = 0 \tag{22.23}$$

注意,所有的这三个三重态((22.19)式和(22.20)式)对自旋 1↔2 的交换是对称的,而单态(22.21)式则是**反对称**的.就像上面提及的,在宇称的关系中和在二阶张量的分解中,与转动对易的操作给出的内禀对称性应该**对多重态的所有成员**都是一样的.设**自旋**

交换算符 $\hat{\mathcal{P}}^{\sigma}$ 交换这对粒子的自旋变量,它就能用这对粒子的总自旋 S 表示成

$$\mathcal{P}^{\sigma} = (-)^{S+1} \tag{22.24}$$

另一种表示能用 Pauli 矩阵导出. 使用

$$\boldsymbol{\sigma}_1 \cdot \boldsymbol{\sigma}_2 = 4(\boldsymbol{s}_1 \cdot \boldsymbol{s}_2) = 4\,\frac{\boldsymbol{S}^2 - \boldsymbol{s}_1^2 - \boldsymbol{s}_2^2}{2} \tag{22.25}$$

并用其本征值替换角动量平方,得到

$$\boldsymbol{\sigma}_1 \cdot \boldsymbol{\sigma}_2 = 2S(S+1) - 3 = \begin{cases} -3 & (S=0,\text{单态}) \\ +1 & (S=1,\text{三重态}) \end{cases} \tag{22.26}$$

因此,可以把交换算符(22.24)式写成

$$\hat{\mathcal{P}}^{\sigma} = \frac{1 + \boldsymbol{\sigma}_1 \cdot \boldsymbol{\sigma}_2}{2} \tag{22.27}$$

习题 22.3 在某些磁性固体中,近邻的两个 1/2 自旋 $\boldsymbol{\sigma}_1$ 和 $\boldsymbol{\sigma}_2$ 的相互作用(Dzyaloshinski-Moriya 相互作用)(译者注:文献中常写成 D-M 相互作用)由

$$H = A(\boldsymbol{\sigma}_1 \cdot \boldsymbol{\sigma}_2) + \boldsymbol{B} \cdot (\boldsymbol{\sigma}_1 \times \boldsymbol{\sigma}_2) \tag{22.28}$$

给出,其中标量 A 和矢量 $\boldsymbol{B}$ 由材料的结构决定. 对于按照(22.28)式相互作用的两自旋系统,求其定态和它们的能量.

解 方便的做法是把矢量 $\boldsymbol{B}$ 的方向选作 z 轴. 总自旋投影 $S_z = \pm 1$ 的三重态 $\psi_{1\pm1} = \psi(S=1, S_z = \pm 1)$ 是定态且是简并的,(22.28)式中的第二项对它们的能量没有贡献(对平行自旋它为零):

$$\psi_{11} = \chi_+(1)\chi_+(2), \quad \psi_{1-1} = \chi_-(1)\chi_-(2), \quad E_{11} = E_{1-1} = A \tag{22.29}$$

$S_z = 0$ 的三重态和单态是混合的态:

$$\psi_0^{(\pm)} = \frac{1}{\sqrt{2}}\left[\chi_+(1)\chi_-(2) \pm \mathrm{e}^{-\mathrm{i}\alpha}\chi_-(1)\chi_+(2)\right] \tag{22.30}$$

其中,混合相位通过 $\tan\alpha = B/A$ 定义,而相应的能量被劈裂了,

$$E^{(\pm)} = -A \pm 2\sqrt{A^2 + B^2} \tag{22.31}$$

人们可以检查 $B=0$ 时的正确极限:态 $\psi^{(-)}$ 变成一个单态,$E = -3A$;三个剩下的态构成一个简并的三重态,$E = A$.

习题 22.4 把对称性性质(22.24)式推广到具有任意相等角动量 $j_1 = j_2 = j$ 的两粒

子系统. 求对称态的总数 N_+ 和反对称态总数 N_-.

解 最高的态(总角动量 $J=J_{max}=2j$ 和 $M_{max}=2j$)是唯一的和明显对称的态. 因为降算符 $J_-=j_{1-}+j_{2-}$ 也是对称的,所以同一个多重态中所有的态具有同样的对称性. 这是理所当然的,因为粒子交换是一种与系统作为整体的转动对易的内禀操作. 在 $M=M_{max}-1$ 的两个态中,一个是对称的,它属于同一个最高的多重态,而由于与第一个态的正交性,另一个 $J=2j-1$ 的态是反对称的,见(22.16)式. 因此,在 $J=2j-1$ 多重态中的所有的态都是反对称的. 进一步到 $M=2j-2$ 的三重态,把属于前两个多重态的一个对称态和一个反对称态分离出去,我们发现,打开了 $J=2j-2$ 多重态的第三个态仍然是对称的. 用这种方法,我们发现对称性是交替出现的:

$$\text{对称}: J = 2j, 2j-2, \cdots; \quad \text{反对称}: J = 2j-1, 2j-3, \cdots \tag{22.32}$$

这样,所有的 $|JM\rangle$ 态都具有确定的、由总角动量的值 J 决定的交换对称性 $(-)^{2j+J}$. 这个结果对所有的整数和半奇数的 j 值都成立.

每种对称性态的总数可从多重态(22.32)式的多重性 $(2J+1)$ 计算出来. 不过更简单的做法是算出在表的对角线 $m_1=m_2$ 上(在 $j_1=j_2$ 的情况下)的方格,所有的 $n=2j+1$ 个态都是对称的,而余下的 n^2-n 个非对角的态可被分成对称组合和反对称组合. 结果为

$$N_+ = n + \frac{n(n-1)}{2} = \frac{n(n+1)}{2} = (j+1)(2j+1)$$

$$N_- = \frac{n(n-1)}{2} = j(2j+1) \tag{22.33}$$

习题 22.5 证明:$j_1=j_2$ 和 $J=0$ 的两粒子系统的归一化波函数可写成

$$|00\rangle = \frac{1}{\sqrt{2j+1}}\sum_m (-)^{j-m}\,|jm;j-m\rangle \tag{22.34}$$

证明 态 $|00\rangle$ 在转动下是不变的(**标量**). 我们已经注意到了(习题 21.4)借助于收缩两个同秩张量算符的方法构建标量的规则. 现在,实质上我们面对着同样的问题(推广到半奇数自旋的子系统). 因为 $J=0$ 也意味着 $M=0$,所需的理想组合具有如下形式:

$$|00\rangle = \sum_m X_m\,|jm;j-m\rangle, \quad \sum_m |X_m|^2 = 1 \tag{22.35}$$

如果这个耦合态 $J=0$,它应被 $\hat{J}_+$ 或 $\hat{J}_-$ 的作用消灭掉. 当用(22.12)式作用时,我们看到,如果 $X_{m+1}=-X_m$,其结果为零. 这意味着所有的系数 X_m 具有相同的绝对值和交替的符号,使得归一化因子为(22.35)式的解可写成

$$X_m = e^{i\alpha}(-)^{j-m}\frac{1}{\sqrt{2j+1}} \tag{22.36}$$

最方便的是把系数选成实数，$\alpha=0$. 就像在笛卡儿标量积中，所有的投影 $m_1=-m_2=m$ 以相同的权重出现在乘积(22.34)式中.

习题 22.6 对两个自旋 $s_1=s_2=1$ 的粒子，构建自旋交换(1↔2)算符 $\hat{\mathcal{P}}$.

解 按照习题 22.4，这个算符与总自旋 $\hat{\boldsymbol{S}}=\hat{\boldsymbol{s}}_1+\hat{\boldsymbol{s}}_2$ 对易，且在一个自旋为 $S=0,1,2$ 的多重态中具有 $(-1)^S$ 的数值. 使用这三个可能的自旋值，很容易拟合出一个 $(\hat{\boldsymbol{s}}_1\cdot\hat{\boldsymbol{s}}_2)$ 的二阶多项式：

$$\hat{\mathcal{P}} = (\hat{\boldsymbol{s}}_1\cdot\hat{\boldsymbol{s}}_2)^2+\hat{\boldsymbol{s}}_1\cdot\hat{\boldsymbol{s}}_2-1 \tag{22.37}$$

22.4 再谈张量算符和选择定则

电磁多极是构成对转动群封闭的 $2\lambda+1$ 个量 $T_{\lambda\mu}$ 集合的算符典型例子. 在转动下，$T_{\lambda\mu}$ 变换成属于同一集合的量的线性组合，并且整数 λ 的变换规则与球谐函数 $Y_{\lambda\mu}$ 的规则是完全相同的. 我们说，实现了转动群不可约表示的这些算符集合形成了一个 λ 秩**张量算符**. 对于所有的同秩张量算符，不管它们的物理本质是什么，从几何考虑导出的物理结果是类似的.

在算符正比于球谐函数 $Y_{\lambda\mu}$ 的情况中，它对 $|J_1M_1\rangle$ 态的作用可视为两个“子系统”的角动量矢量耦合：态的 $\boldsymbol{J}_1$ 和算符的 $\boldsymbol{\lambda}$. 按照转动群的规则，最终的角动量

$$\boldsymbol{J}_2 = \boldsymbol{J}_1+\boldsymbol{\lambda} \tag{22.38}$$

能在三角形条件(22.17)式

$$|J_1-\lambda| \leqslant J_2 \leqslant J_1+\lambda \tag{22.39}$$

给出的限制的集合内，以一个单位的步长取所有的 J_2 值. 角动量投影是代数相加的，如(22.11)式：

$$M_2 = M_1+\mu \tag{22.40}$$

事实上，三角形条件(22.39)式对所有三个角动量 J_1、J_2 和 λ 是对称的.

方程(22.39)和(22.40)确定了对任何一个张量算符 $T_{\lambda\mu}$ 都相同的**选择定则**(见 21.5

节):当且仅当条件(22.39)式和(22.40)式被满足时,张量算符在具有确定角动量量子数(及任意附加的量子数 a_1、a_2)的任意态之间的矩阵元 $\langle a_2 J_2 M_2 | T_{\lambda\mu} | a_1 J_1 M_1 \rangle$ 能够异于零.例如:如果 $\Delta J = |J_2 - J_1| > \lambda$ 或 $\lambda > J_1 + J_2$,多极性 λ 的多极跃迁是完全禁戒的.特别是,角动量选择定则限制了在一个角动量为 J 的态中允许有非零**期待值**的多极矩.这里,我们对**对角**矩阵元 $J_1 = J_2 = J$ 感兴趣.规则(22.39)式表明,所允许的多极子秩 λ 满足

$$0 \leqslant \lambda \leqslant 2J \tag{22.41}$$

正如从(22.41)式得到的,具有角动量 $J = 0$ 的系统只存在 $\lambda = 0$,因此可以有非零的电荷(21.62)式,却没有任何更高的多极子.粗略地说,对具体 $J = 0$ 的情况,在所有空间方向上的统一表示说明所有可能的内部非对称性都被平均掉了.自旋为 1/2 的系统,比如核子或电子,允许 $\lambda = 0$ 或 1,即电荷和偶极矩(电偶极矩(21.61)式或磁偶极矩(21.65)式).非零四极矩,$\lambda = 2$,只出现在 $J \geqslant 1$ 的系统.对于**半奇数** λ 秩也可以定义张量算符,并且选择定则(22.40)式和(22.41)式是完全一样的.然而,它们根本没有对角矩阵元.实际上,一个半奇数自旋粒子的产生或湮灭就会出现这样的情况.

22.5 应用到电磁多极矩

把张量算符的转动性质和它们在空间反演下的行为结合起来,我们可以得出涉及作为物理可观测量的多极矩的一些重要结论.

电荷(21.62)式是一个在反演下不变的**标量**.电偶极矩(21.63)式像矢径或任何“常规”(**极**)矢量一样改变符号.动量 $\boldsymbol{p}$ 也是一个极矢量,而轨道角动量(4.34)式是一个轴矢量,它的分量在反演下不改变符号.就像从翻转参考架中转动的几何图像中看到的那样,包括自旋在内的任何角动量都应该是一个轴矢量.一个轴矢量和一个极矢量的标量积是一个**赝标量**.类似于标量,赝标量在转动下是不变的,但是在反演下改变符号.重要的赝标量的例子由粒子的**螺旋度**

$$h = \boldsymbol{s} \cdot \frac{\boldsymbol{p}}{|\boldsymbol{p}|} \tag{22.42}$$

(即沿着运动方向的自旋分量)给出.

这样,除了与转动相关的张量性质,我们可以用算符 $\hat{O}$ 根据它们在空间反演 $\hat{\mathcal{P}}$ 下的行为(即它们的宇称 $\Pi(O)$)将它们分类,这种宇称算符是由算符变换 $\hat{O}'=\hat{\mathcal{P}}\hat{O}\hat{\mathcal{P}}=\pm\hat{O}=\Pi(O)\hat{O}$ 定义的.当作用在分别具有确定的宇称(Π_i 和 Π_j)的态 $|i\rangle$ 和态 $|f\rangle$ 之间时,算符 $\hat{O}$ 有额外的选择定则:

$$\Pi_f=\Pi(O)\Pi_i \quad 或 \quad \Delta\Pi=\Pi(O) \tag{22.43}$$

很容易看到电偶极矩和磁偶极矩的宇称选择定则是互补的(有时称电偶极子具有**自然宇称**):

$$E\lambda:\quad \Delta\Pi=(-)^{\lambda};\quad M\lambda:\quad \Delta\Pi=(-)^{\lambda+1} \tag{22.44}$$

因此,如果这个态具有确定的宇称,则其上的期待值(对角矩阵元,$f=i$)对奇的电多极和偶的磁多极是禁戒的.特别是,任何一个处于确定宇称态的系统不可能有非零的电偶极矩.

表 22.1 汇总了对于不同角动量(自旋)值的量子系统所允许的电磁多极矩.括号中的条目是被转动对称性允许的,但被宇称禁戒.如果宇称是精确守恒的,一个假设的**磁单极子** M0 算符的存在是绝对禁戒的.自旋为 1/2 的核子可具有电荷和磁矩.如果宇称不守恒并且定态没有确定的宇称,则电偶极矩是允许的.由于转动对称性,对核子来说更高的多极矩是严格禁戒的.

表 22.1 电磁多极矩和守恒律

自旋	E0	M0	E1	M1	E2	M2	E3	M3
0	+	(−)	−	−	−	−	−	−
1/2	+	(−)	(−)	+	−	−	−	−
1	+	(−)	(−)	+	+	(−)	−	−
3/2	+	(−)	(−)	+	+	(−)	(−)	+

强相互作用和电磁相互作用中的宇称守恒意味着相应的哈密顿量在反演下是不变的(真标量).于是,总可以这样选择它的本征态,使它们具有确定的宇称.然而,这种选择不是强制性的.如果某些宇称相反的态具有相同的能量(是简并的),它们的任何线性组合也是定态,尽管没有确定的宇称.例如,光子的圆偏振就是它的螺旋度(22.42)式.圆偏振光子没有确定的宇称.在反演下,这样的态被变换成具有相反圆偏振但相同能量的态.如果来自无极化系统的辐射以不同的概率含有左旋光子和右旋光子,这意味着在这种跃迁中,宇称是不守恒的.类似的结论也可以从具有纵向(沿动量)极化的有质

量粒子的实验推导出来.

22.6 角动量的矢量耦合

我们已经发现了转动量子数为 j_1, m_1 和 j_2, m_2 的两个子系统耦合在一起能够形成相对于它们**作为**一个整体转动的各种量子数 j_3, m_3 的系统. 矢量耦合的不同输出 j_3, m_3 的概率振幅由 **Clebsch-Gordan 系数**（CGC）给出，经常表示为 $\langle j_3 m_3 | j_1 m_1; j_2 m_2 \rangle$:

$$| j_1 m_1; j_2 m_2 \rangle = \sum_{j_3 m_3} \langle j_3 m_3 \mid j_1 m_1; j_2 m_2 \rangle \mid (j_1 j_2) j_3 m_3 \rangle \tag{22.45}$$

在耦合态的最后那个记号中的括号提醒我们组分的角动量值为(j_1, j_2).(22.45)式中 j_3, m_3 所允许的值由选择定则(22.39)式和(22.40)式给出.

CGC 在基的状态的两个可能集合(两个退耦子系统与组合系统)之间变换. 这两个集合都是正交、归一、完备的集合，并且同样好，在一个给定的物理情况中或多或少都是方便的. 从一个集合到另一集合的变换是**幺正**的，使得逆变换

$$| (j_1 j_2) j_3 m_3 \rangle = \sum_{m_1 m_2} \langle j_1 m_1; j_2 m_2 \mid j_3 m_3 \rangle \mid j_1 m_1; j_2 m_2 \rangle \tag{22.46}$$

的系数$\langle j_1 m_1; j_2 m_2 | j_3 m_3 \rangle$是(22.45)式中的那些系数的复共轭. 在对角动量矩阵元相位的标准选择情况下，CGC 都是**实**的，而且我们将使用旧式记号:

$$C^{j_3 m_3}_{j_1 m_1 j_2 m_2} = \langle j_1 m_1; j_2 m_2 \mid j_3 m_3 \rangle = \langle j_3 m_3 \mid j_1 m_1; j_2 m_2 \rangle \tag{22.47}$$

对于这两个态的集合，正交归一条件给出

$$\sum_{m_1 m_2} C^{j_3 m_3}_{j_1 m_1 j_2 m_2} C^{j_3' m_3'}_{j_1 m_1 j_2 m_2} = \delta_{j_3 j_3'} \delta_{m_3 m_3'} \tag{22.48}$$

和

$$\sum_{j_3 m_3} C^{j_3 m_3}_{j_1 m_1 j_2 m_2} C^{j_3 m_3}_{j_1 m_1' j_2 m_2'} = \delta_{m_1 m_1'} \delta_{m_2 m_2'} \tag{22.49}$$

习题 22.7 建立关于 CGC 的递推关系:

$$\mu_+ (j_3 m_3) C^{j_3 m_3+1}_{j_1 m_1 j_2 m_2} = \mu_- (j_1 m_1) C^{j_3 m_3}_{j_1 m_1 - 1 j_2 m_2} + \mu_- (j_2 m_2) C^{j_3 m_3}_{j_1 m_1 j_2 m_2 - 1} \tag{22.50}$$

$$\mu_-(j_3m_3)C^{j_3m_3-1}_{j_1m_1j_2m_2} = \mu_+(j_1m_1)C^{j_3m_3}_{j_1m_1+1j_2m_2} + \mu_+(j_2m_2)C^{j_3m_3}_{j_1m_1j_2m_2+1} \quad (22.51)$$

其中 $\mu_\pm(jm)$是升、降角动量分量算符的矩阵元(16.51)式.

解 把算符 $j_{3\pm} = j_{1\pm} + j_{2\pm}$ 作用于耦合态$|j_3m_3\rangle$展开式(22.46)的两边,再把得到的结果的态$|j_3m_3\pm1\rangle$展开成 CGC 级数,并与右边的结果相比较.

习题 22.8 证明:

$$\frac{C^{j_3j_3}_{j_1m_1-1j_2m_2}}{C^{j_3j_3}_{j_1m_1j_2m_2-1}} = -\frac{\mu_-(j_2m_2)}{\mu_-(j_1m_1)} \quad (22.52)$$

证明 在这个阶梯的上一级考虑关系(22.46)式,且 $m_3 = j_3$.

这些关系与正交归一条件(22.50)式和(22.51)式一起,对依次计算 CGC 是有用的.在计算过程中不可能固定的相位能够通过,比如 Condon-Shortley 约定[75],来确定.对于 CGC 的相位约定

$$C^{j_3m_3}_{j_1m_1j_2m_2} = (-)^{j_1+j_2-j_3}C^{j_3-m_3}_{j_1-m_1j_2-m_2} = (-)^{j_1+j_2-j_3}C^{j_3m_3}_{j_2m_2j_1m_1} \quad (22.53)$$

是与**时间反演**操作相关的:当我们改变了所有投影的符号时,这等价于围绕三角形路径的反演.对于时间共轭态的相位约定在 20.6 节中曾讨论过.

当我们把原来的三角形关系

$$\boldsymbol{j}_1 + \boldsymbol{j}_2 = \boldsymbol{j}_3 \quad (22.54)$$

替换成看来等价的

$$-\boldsymbol{j}_3 + \boldsymbol{j}_2 = -\boldsymbol{j}_1 \quad (22.55)$$

时,另一个相关的对称性性质出现了.这种变换是 $\boldsymbol{j}_2$ 的一种时间反演,并且隐含相应的相位.然而,除此之外,曾通过对靠下的投影求和来定义的 CGC 归一化(22.48)式现在必须改变.由于(22.54)式和(22.55)式的几何意义是相同的,对于磁量子数的依赖性(系统的取向)不会改变.因此,对于这两种耦合方案的 CGC 一定仅仅是成比例的:

$$C^{j_3m_3}_{j_1m_1j_2m_2} = \chi C^{j_1-m_1}_{j_3-m_3j_2m_2} \quad (22.56)$$

其中 χ^2(译者注:此处原书有错,x 应为χ.下同)不依赖于投影.通过把(22.56)式的两边取平方,对所有的投影求和并使用归一化(22.48)式,我们得到

$$\chi^2 = \frac{2j_3+1}{2j_1+1} \quad (22.57)$$

再次使用由时间反演操作确定的相位,我们可以写出方案(22.54)式和(22.55)式之间的对称性联系,对于$\boldsymbol{j}_3 \Rightarrow -\boldsymbol{j}_1$ 的改变,类似的关系为

$$C^{j_3 m_3}_{j_1 m_1 j_2 m_2} = (-)^{j_2+m_2}\sqrt{\frac{2j_3+1}{2j_1+1}}C^{j_1 -m_1}_{j_3 -m_3 j_2 m_2}$$

$$= (-)^{j_1-m_1}\sqrt{\frac{2j_3+1}{2j_2+1}}C^{j_2 -m_2}_{j_1 m_1 j_3 -m_3} \tag{22.58}$$

CGC 是对耦合角动量的一定顺序定义的，如图 22.4 所示. 不过从几何上说，三角形条件对所有三个参与者都是对称的. 代替 CGC，可以定义一个等价的 Wigner $3j$ 符号：

$$\begin{pmatrix} j_1 & j_2 & j_3 \\ m_1 & m_2 & m_3 \end{pmatrix} = \frac{(-)^{j_1-j_2-m_3}}{\sqrt{2j_3+1}}C^{j_3 -m_3}_{j_1 m_1 j_2 m_2} \tag{22.59}$$

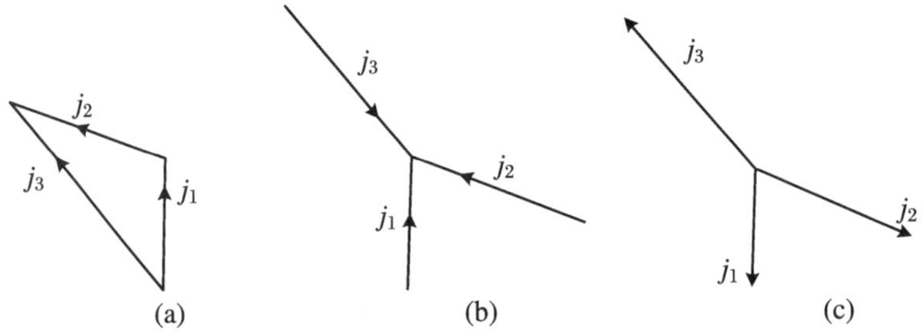

图 22.4　角动量耦合：情况(a) $\boldsymbol{j}_1+\boldsymbol{j}_2=\boldsymbol{j}_3$；情况(b)和(c) $\boldsymbol{j}_1+\boldsymbol{j}_2+\boldsymbol{j}_3=\boldsymbol{0}$

正如(22.59)式右边的 CGC 所表明的，我们有 $m_1+m_2=-m_3$. Wigner 定义对应对称形式的三角形条件：

$$\boldsymbol{j}_1+\boldsymbol{j}_2+\boldsymbol{j}_3=\boldsymbol{0} \tag{22.60}$$

$3j$ 符号具有一些更简单的性质：在任何两列交换下将获得对称的相位 $(-)^{j_1+j_2+j_3}$.

对 $3j$ 符号(22.59)式，正交性条件(22.48)式和(22.49)式被修改成如下形式：

$$\sum_{m_1 m_2}\begin{pmatrix} j_1 & j_2 & j_3 \\ m_1 & m_2 & m_3 \end{pmatrix}\begin{pmatrix} j_1 & j_2 & j'_3 \\ m_1 & m_2 & m'_3 \end{pmatrix} = \frac{1}{2j_3+1}\delta_{j_3 j'_3}\delta_{m_3 m'_3} \tag{22.61}$$

$$\sum_{j_3 m_3}(2j_3+1)\begin{pmatrix} j_1 & j_2 & j_3 \\ m_1 & m_2 & m_3 \end{pmatrix}\begin{pmatrix} j_1 & j_2 & j_3 \\ m'_1 & m'_2 & m_3 \end{pmatrix} = \delta_{m_1 m'_1}\delta_{m_2 m'_2} \tag{22.62}$$

从非对称形式的(22.53)式到对称的(22.59)式的变换还可以再次被认为是角动量 j_3 的时间反演，如图 22.4(b)所示. $m_3 \to -m_3$ 的自然变化伴随着常规的时间反演相位 $(-)^{j_3-m_3}$. 我们可以认为所有三个投影的反演等价于总时间共轭，因为在 $3j$ 符号中 $m_1+m_2+m_3=0$：

$$\begin{pmatrix} j_1 & j_2 & j_3 \\ -m_1 & -m_2 & -m_3 \end{pmatrix} = (-)^{j_1+j_2+j_3} \begin{pmatrix} j_1 & j_2 & j_3 \\ m_1 & m_2 & m_3 \end{pmatrix} \tag{22.63}$$

(22.63)式中的相位与对于列交换产生的相位是相同的，正如很容易看到的，这个交换等价于围绕三角形运动的反转.

22.7　Wigner-Eckart 定理

我们求得了与转动不变性相关的对于张量算符 $\hat{T}_{\lambda\mu}$ 的选择定则.对满足(22.39)式和(22.41)式的角动量 J_2，J_1 和 λ，通常有很多非零矩阵元(我们明确地指明了态的一些其他量子数，对于给定的矩阵元集合它们都是固定的)：

$$\langle a_2 J_2 M_2 | \hat{T}_{\lambda\mu} | a_1 J_1 M_1 \rangle \tag{22.64}$$

具有不同投影组合的所有矩阵元都包含相同的物理，尽管态 $|a_1 J_1 M_1\rangle$ 和 $|a_2 J_2 M_2\rangle$ 及探针 $\hat{T}_{\lambda\mu}$ 的相互取向是不同的.例如，这正是为什么在物理量的表中，对于一个粒子或一个原子核的磁矩，人们只能找到一个数值，而不是对应于各种各样矩阵元 $\langle JM' | \hat{\mu}_\mu | JM \rangle$ 的一组数.把普适的几何信息从所研究系统的具体内禀特征中分离出来是可能的.

让我们考虑张量算符 $\hat{T}_{\lambda\mu}$ 在初态 $|a_1 J_1 M_1\rangle$ 上的作用.作为矢量耦合 $\hat{T}_\lambda + \hat{J}_1$ 的结果，对于中间态，人们可以得到唯一的角动量投影 $M' = M_1 + \mu$ 和一组由角动量的三角形条件 $\boldsymbol{J}' = \boldsymbol{J} + \boldsymbol{\lambda}$ 允许的 J' 的值.可能的中间态 $|J'M'\rangle$ 的相对振幅由(22.46)式中的 CGC 给出：

$$\hat{T}_{\lambda\mu} \mid a_1 J_1 M_1 \rangle = \sum_{J'M'} C^{J'M'}_{\lambda\mu J_1 M_1} \mid a_1 (T_\lambda J_1) J'M' \rangle \tag{22.65}$$

其中对 M' 的求和只包含一项.现在，我们必须把 $|J'M'\rangle$ 态投影到末态 $|a_2 J_2 M_2\rangle$.因为对应于厄米算符不同本征值的本征函数的正交性，在求和(22.65)式中只有 $J' = J_2$，$M' = M_2$ 的项存活下来.此外，如果初态、末态和算符作一个**共同的**转动，矩阵元(22.64)式不可能改变.因此，最后的这个投影 $\langle a_2 J_2 M_2 | J'M' \rangle$ 不依赖于具体的 $M_2 = M' = M_1 + \mu$ 的值.

总而言之，在具有确定角动量及其投影值的态之间，一个张量算符的任何矩阵元

(22.64)式对磁量子数 M_1，μ 和 M_2 的全部依赖只通过 CGC 引进.剩下的因子不携带任何 M 依赖性，因此表征该过程的物理振幅，而不管系统的取向如何.所有的转动选择定则都已经包含在这个 CGC 中.这是 **Wigner-Eckart 定理**的实质.

使用 $3j$ 符号而不是 CGC，我们把结果写成

$$\langle a_2 J_2 M_2 | \hat{T}_{\lambda\mu} | a_1 J_1 M_1 \rangle = (-)^{J_2-M_2} \begin{pmatrix} J_2 & \lambda & J_1 \\ -M_2 & \mu & M_1 \end{pmatrix} \langle a_2 J_2 \| T_\lambda \| a_1 J_1 \rangle \tag{22.66}$$

这里，与 M 无关的因子是以双线（**约化**）矩阵元的形式引入的.(22.66)式中的末态相因子与时间共轭是一致的：末态（$M_2 = \mu + M_1$）必须被反演以使情况对称.我们看到信息的几何部分被因子化成 $3j$ 符号，同时与内禀取向无关的物理被集中在约化矩阵元中.就像以前断言的，如果这些态和算符的转动量子数已知，只要一个数就足以描述整个矩阵元(22.64)式的集合.

在关于多极算符在角动量为 J 的态上期待值的物理表中显示的数，**按照惯例**，取自**最大投影** $M = J$ 的子态.那时，$\mu = 0$ 且表中列出的数值是

$$T_\lambda(a, J) \equiv \langle aJJ | \hat{T}_{\lambda 0} | aJJ \rangle \tag{22.67}$$

例如，(22.67)式中所需的矢量（$\lambda = 1$）分量是 $V_0 = V_z$，回忆一下(21.48)式.因此，列成表的磁矩是它沿着量子化 z 轴的投影在该系统沿 z 轴排列最整齐的态上的期待值.

22.8 矢量模型

Wigner-Eckart 定理向我们提供了一个在早期原子物理中计算期待值

$$\langle aJM' | \hat{\mathbf{V}} | aJM \rangle \tag{22.68}$$

所用过的简单手续的理由，其中初态和末态都属于同一个多重态，但可以用角动量投影区分，而 $\hat{\mathbf{V}}$ 是一个任意的矢量算符.

这种朴素但正确的推理方法展示如下.$|JM\rangle$ 态的半经典图像如图 22.5(a)所示，是进动图像.长度为 $\sqrt{J(J+1)}$ 的角动量矢量 $\mathbf{J}$ 具有一个在量子化轴上的投影 M；它绕着这个轴进动，形成一个有固定极角 θ 的圆锥体，$\cos\theta = M/\sqrt{J(J+1)}$.横向分量 $J_{x,y}$ 取平

均,其期待值$\langle J_x \rangle$和$\langle J_y \rangle$均为零,但均方值$\langle J_x^2 \rangle$和$\langle J_y^2 \rangle$不为零.其和$\langle J_x^2 + J_y^2 \rangle$给角动量平方的总大小 $J(J+1)$补充了 M^2,见习题 16.4.在这种情况下,与系统相关的任何矢量 $\boldsymbol{V}$ 都能沿着唯一可用的优先方向(角动量 $\boldsymbol{J}$ 的方向)平均排列整齐.这两个矢量的比例可以写成**矢量模型**:

$$\hat{\boldsymbol{V}} = v(a,J)\hat{\boldsymbol{J}} \tag{22.69}$$

其中,比例系数 $v(a,J)$是一个标量,它可以依赖于角动量的长度和该状态(a)的一些其他特性,我们必须把上式理解为这两个算符对于这个**多重态内**的任何矩阵元的等价性.通过取(22.69)式的两边在 $\boldsymbol{J}$ 上的投影,我们求得这个因子,如图 22.5(b)所示:

$$v(a,J) = \frac{\langle(\boldsymbol{V}\cdot\boldsymbol{J})\rangle}{\boldsymbol{J}^2} = \frac{\langle(\boldsymbol{V}\cdot\boldsymbol{J})\rangle}{J(J+1)} \tag{22.70}$$

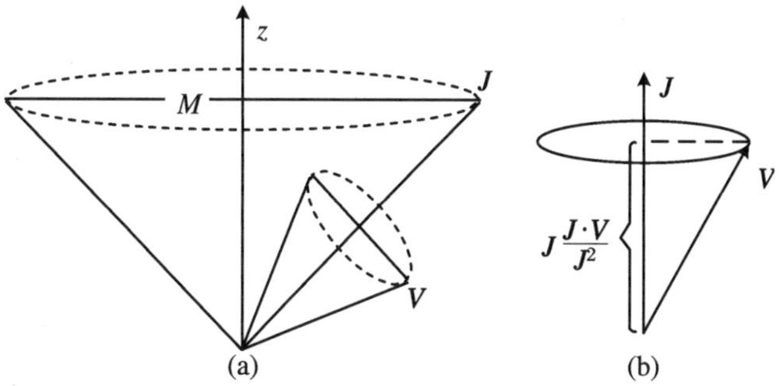

图 22.5 (a) 矢量模型的图示;(b) (22.70)式的含义

代替这种不严谨的推导,我们可以使用 Wigner-Eckart 定理(22.66)式.根据任何矢量都是一个一秩张量算符并按照(16.99)式引入其球分量 V_μ,我们可把同一多重态中态之间的矩阵元(22.67)式写成

$$\langle aJM' | \hat{V}_\mu | aJM \rangle = (-)^{J-M'} \begin{pmatrix} J & 1 & J \\ -M' & \mu & M \end{pmatrix} \langle aJ \| V \| aJ \rangle \tag{22.71}$$

用完全相同的方法对角动量我们得到

$$\langle aJM' | \hat{J}_\mu | aJM \rangle = (-)^{J-M'} \begin{pmatrix} J & 1 & J \\ -M' & \mu & M \end{pmatrix} \langle aJ \| J \| aJ \rangle \tag{22.72}$$

消去 $3j$ 符号,我们发现任何矢量 $\hat{\boldsymbol{V}}$ 和角动量 $\hat{\boldsymbol{J}}$ 的矩阵元都像矢量模型(22.69)式一样成正比,其系数为

$$v(a,J) = \frac{\langle aJ \| V \| aJ \rangle}{\langle aJ \| J \| aJ \rangle} \tag{22.73}$$

再次强调,这整个做法只对**在该多重态** $|aJM\rangle$ **内部的**变换有意义. 虽然 $\hat{J}$ 只在该多重态内作用,一个任意的矢量算符 $\hat{V}$ 也可以有对 J 和 a 的非对角矩阵元(22.67)式,它们与 $\hat{J}$ 的矩阵元无关.

为建立(22.70)式和(22.73)式最终的对应关系,我们计算标量 $\hat{J}^2$ 和 $(\hat{J}\cdot\hat{V})$ 的期待值. 这些计算是直截了当的:用球分量(16.120)式写出标量积;把要寻找的矩阵元表示成单个矢量矩阵元的乘积并对中间投影的求和(因为至少其中的一个矢量是 $\hat{J}$,所以所有的中间态具有相同的量子数 aJ);对因子中的每一个应用 Wigner-Eckart 定理(22.66)式;借助(22.61)式对中间投影求和. 其结果为

$$\langle aJM' | (J\cdot V) | aJM\rangle = \frac{\delta_{M'M}}{2J+1}\langle aJ \| J \| aJ\rangle\langle aJ \| V \| aJ\rangle \tag{22.74}$$

这里,$\hat{V}$ 是一个任意的矢量. 理所当然,标量的矩阵元不依赖于取向 $(M = M')$. 在 $\hat{V}\Rightarrow J$ 的特殊情况下,(22.74)式的左边等于 $\delta_{M'M}J(J+1)$. 它确定了角动量的约化矩阵元:

$$\langle aJ \| J \| aJ\rangle^2 = J(J+1)(2J+1) \tag{22.75}$$

最后,把这些结果组合在一起就可得到

$$\langle aJM' | V_\mu | aJM\rangle = \frac{\langle aJ | (J\cdot V) | aJ\rangle}{J(J+1)}\langle aJM' | J_\mu | aJM\rangle \tag{22.76}$$

这就是矢量模型(22.69)式和(22.70)式. (22.76)式中的标量 $(\hat{J}\cdot\hat{V})$ 的矩阵元不依赖于 M.

22.9 电偶极矩和超环面偶极矩

利用宇称守恒不是一个普适自然规则的知识并使用矢量模型,我们能够回到有关允许的和禁戒的多极子问题. 就像在表 22.1 中所展示的,如果和宇称守恒相关的那些限制

被取消了，则在自旋不小于 1/2 的系统中电偶极矩的存在就被允许了．当然，我们仍然保持由转动不变性强加的限制．

事实上，问题更为复杂．偶极矩算符 $\hat{\boldsymbol{d}}$ 是一个极矢量．可借助矢量模型计算它的期待值．这给出了自旋 1/2 粒子的等效偶极矩算符：

$$\hat{\boldsymbol{d}} = \frac{\langle(\hat{\boldsymbol{d}} \cdot \hat{\boldsymbol{s}})\rangle}{\hat{\boldsymbol{s}}^2}\hat{\boldsymbol{s}} = \frac{4}{3}\langle(\boldsymbol{d} \cdot \boldsymbol{s})\rangle\hat{\boldsymbol{s}} \tag{22.77}$$

结果由赝标量$(\boldsymbol{d} \cdot \boldsymbol{s})$的期待值确定．因为作为弱相互作用的一个结果，定态没有确定的宇称，这个期待值可以异为零．然而，这个量的非零值将会与时间反演不变性矛盾．

事实上，自旋投影为 m 的旋量$\left|\frac{1}{2}, m\right\rangle$在时间反演下按照(20.67)式变换．与坐标矢量 $\hat{\boldsymbol{r}}$ 一样，偶极矩$\hat{\boldsymbol{d}}$在 $\mathcal{T}$ 变换下是不变的($\mathcal{T}$ 偶)，而自旋矢量 $\hat{\boldsymbol{s}}$ 就像任意一个角动量一样是 $\mathcal{T}$ 奇的．因此，标量积$(\hat{\boldsymbol{d}} \cdot \hat{\boldsymbol{s}})$是 $\mathcal{T}$ 奇的．如果 $\mathcal{T}$ 不变性成立，在时间反演态上时间反演算符的期待值应该与 $\mathcal{T}$ 变换前的期待值相同：

$$\begin{aligned}\left\langle\frac{1}{2}, m\left|(\hat{\boldsymbol{d}} \cdot \hat{\boldsymbol{s}})\right|\frac{1}{2}, m\right\rangle &= \left\langle\frac{1}{2}, -m\left|-(\hat{\boldsymbol{d}} \cdot \hat{\boldsymbol{s}})\right|\frac{1}{2}, -m\right\rangle^* \\ &= -\left\langle\frac{1}{2}, -m\left|(\hat{\boldsymbol{d}} \cdot \hat{\boldsymbol{s}})\right|\frac{1}{2}, -m\right\rangle\end{aligned} \tag{22.78}$$

(任何厄米算符的期待值都是实的)．与此同时，量$(\hat{\boldsymbol{d}} \cdot \hat{\boldsymbol{s}})$是一个转动标量，它的期待值在该多重态的所有子态中都是一样的．这样一来，它就等于零．这个推导对任何角动量为 J(不必是自旋为 1/2)的态都成立．与(22.78)式相对比，非零螺旋度$\propto(\hat{\boldsymbol{p}} \cdot \hat{\boldsymbol{s}})$可以存在，因为它是两个 $\mathcal{T}$ 奇矢量的乘积．$\mathcal{T}$ 不变也与 $\mathcal{T}$ 奇矢量(比如磁矩 $\boldsymbol{\mu}$)的存在不矛盾．

我们已经证明了一个处于定态的粒子的非零电偶极矩将会是一个宇称不守恒和时间反演不变破坏**组合**在一起的信号[17]．至今这个困难的实验还未能发现粒子的偶极矩．目前的数据只能提供一个上限，对质子是在$10^{-23}\,e \cdot \mathrm{cm}$ 的量级，对中子是在$10^{-26}\,e \cdot \mathrm{cm}$ 的量级，对电子是在$10^{-27}\,e \cdot \mathrm{cm}$ 的量级．对超出当前已被接受的基本粒子**标准模型**理论的选择来说，一个肯定的结果将是有影响力的．

在^{133}Cs(铯)原子核上，很早以前预言的(Zeldovich，1958)超环面偶极矩被实验发现了[76]．这是一个表征螺线管线圈中电流的量；对超环面偶极矩的主要贡献来自算符

$$\hat{\boldsymbol{a}} = \hat{\boldsymbol{r}} \times \hat{\boldsymbol{s}} \tag{22.79}$$

我们看到 $\hat{\boldsymbol{a}}$ 是一个 $\mathcal{T}$ 奇的极矢量，它可存在于非零自旋 J 的量子态中，相应的等效算符是

$$\hat{a} = \frac{\langle(a \cdot J)\rangle}{J(J+1)}\hat{J} \tag{22.80}$$

量$(\hat{a} \cdot \hat{J})$是一个 $\mathcal{T}$ 偶赝标量，且只要求宇称不守恒而不是 $\mathcal{T}$ 破坏. 超环面偶极矩是在由原子的电子和原子核之间的弱相互作用引起的原子辐射跃迁的宇称破坏中发现的.

22.10 Clebsch-Gordan 级数

重要的实际应用是基于耦合系统转动的考虑.

让一个任意的转动算符 $\hat{\mathcal{R}}$ 按照(21.1)式作用于一个处于量子态$|JM\rangle$的系统. 如果这个系统是由两个角动量分别为 J_1 和 J_2 的子系统构成的,

$$|(J_1J_2)JM\rangle = \sum_{M_1M_2} C^{JM}_{J_1M_1J_2M_2}\,|J_1M_1;J_2M_2\rangle \tag{22.81}$$

我们可以把同样的转动用到右边,分别作用于两个子系统,

$$\hat{\mathcal{R}}\,|J_1M_1;J_2M_2\rangle = \sum_{M_1'M_2'} D^{J_1}_{M_1'M_1}(\mathcal{R})D^{J_2}_{M_2'M_2}(\mathcal{R})\,|J_1M'_1;J_2M'_2\rangle \tag{22.82}$$

则

$$\hat{\mathcal{R}}\,|(J_1J_2)JM\rangle = \sum_{M_1M_2M_1'M_2'} C^{JM}_{J_1M_1J_2M_2}D^{J_1}_{M_1'M_1}(\mathcal{R})D^{J_2}_{M_2'M_2}(R)\,|J_1M'_1;J_2M'_2\rangle \tag{22.83}$$

另一方面,结果(21.1)式等价于

$$\begin{aligned}\hat{\mathcal{R}}\,|(J_1J_2)JM\rangle &= \sum_{M'} D^{J}_{M'M}(\mathcal{R})\,|(J_1J_2)JM'\rangle \\ &= \sum_{M'M_1'M_2'} C^{JM'}_{J_1M_1'J_2M_2'}D^{J}_{M'M}(\mathcal{R})\,|J_1M_1';J_2M_2'\rangle\end{aligned} \tag{22.84}$$

因为退耦态是正交归一化的,我们可以比较(22.83)式和(22.84)式中前面的系数,它给出

$$\sum_{M_1M_2} D^{J_1}_{M_1'M_1}(\mathcal{R})D^{J_2}_{M_2'M_2}(\mathcal{R})C^{JM}_{J_1M_1J_2M_2} = \sum_{M'} D^{J}_{M'M}(\mathcal{R})C^{JM'}_{J_1M_1'J_2M_2'}. \tag{22.85}$$

如果我们用 $C^{JM}_{J_1K_1J_2K_2}$ 乘这两个部分,并对 J 和 M 求和,则正交性质(22.49)式导致基本的结果:

$$D^{J_1}_{M_1K_1}(\mathcal{R})D^{J_2}_{M_2K_2}(\mathcal{R}) = \sum_{JMM'} C^{JM'}_{J_1M_1J_2M_2} C^{JM}_{J_1K_1J_2K_2} D^J_{M'M}(\mathcal{R}) \tag{22.86}$$

其中，我们重新命名了 $M'_1, M'_2 \to M_1, M_2$.

Clebsch-Gordan **级数**(22.86)式提供了 D 函数乘积展开为相同宗量的 D 函数求和，从而确认了作为群上函数的有限转动矩阵元的完备性.在一种特殊情况下，借助(21.14)式，我们得到了这个关系对于球谐函数的类似关系：

$$\frac{\mathrm{Y}_{l_1m_1}(\boldsymbol{n})}{\sqrt{2l_1+1}} \frac{\mathrm{Y}_{l_2m_2}(\boldsymbol{n})}{\sqrt{2l_2+1}} = \frac{1}{\sqrt{4\pi}} \sum_{lm} C^{lm}_{l_1m_1l_2m_2} C^{l0}_{l_10l_20} \frac{\mathrm{Y}_{lm}(\boldsymbol{n})}{\sqrt{2l+1}} \tag{22.87}$$

其中，所有的球谐函数涉及相同的角度 $\boldsymbol{n} = (\theta, \varphi)$.当然，在(22.87)式的右边，对 m 的求和(以及(22.86)式中对应的求和)是多余的，因为只有一项 $m = m_1 + m_2$ 幸存下来，不过这种形式更为对称.最后，对 Legendre 多项式 $\mathrm{P}_l(\cos\theta) = \mathrm{P}_l(x)$，我们得到

$$\mathrm{P}_{l_1}(x)\mathrm{P}_{l_2}(x) = \sum_l [C^{l0}_{l_10l_20}]^2 \mathrm{P}_l(x) \tag{22.88}$$

在所有的角动量 l, l_1, l_2 均为整数的(22.87)式和(22.88)式中，我们看到左边具有宇称 $(-)^{l_1+l_2}$，而右边第 l 项的宇称等于 $(-)^l$.当且仅当错误的宇称项消失时，即

$$C^{l0}_{l_10l_20} = 0 \quad 对 \quad l_1 + l_2 + l = 奇数 \tag{22.89}$$

这个关系才成立.同样的结果也可以从时间反演的不变性推导出来，见(22.53)式中的第一个等式.

与正交性(21.21)式一起，Clebsch-Gordan 展开确定了三个 D 函数的积分：

$$\int \mathrm{d}\mathcal{R} D^{J*}_{M'M}(\mathcal{R}) D^{J_1}_{M'_1M_1}(\mathcal{R}) D^{J_2}_{M'_2M_2}(\mathcal{R}) = \frac{8\pi^2}{2J+1} C^{JM}_{J_1M_1J_2M_2} C^{JM'}_{J_1M'_1J_2M'_2} \tag{22.90}$$

对球谐函数，我们得到

$$\int \mathrm{d}\boldsymbol{n}\, \mathrm{Y}^*_{lm}(\boldsymbol{n}) \mathrm{Y}_{l_1m_1}(\boldsymbol{n}) \mathrm{Y}_{l_2m_2}(\boldsymbol{n}) = \sqrt{\frac{(2l_1+1)(2l_2+1)}{4\pi(2l+1)}} C^{lm}_{l_1m_1l_2m_2} C^{l0}_{l_10l_20} \tag{22.91}$$

以及对 Legendre 多项式

$$\int_{-1}^{1} \mathrm{d}x\, \mathrm{P}_l(x)\mathrm{P}_{l_1}(x)\mathrm{P}_{l_2}(x) = \frac{2}{2l+1} [C^{l0}_{l_10l_20}]^2 \tag{22.92}$$

方程(22.91)和(22.92)确定了在中心场中运动的单粒子张量算符矩阵元的角度部分.

第 23 章

精细结构和超精细结构

在一百年之内的物理和化学科学,人们将会知道原子是什么.

——P. E. M. Berthelot

23.1 自旋-轨道耦合

在 18.6 节,我们列出了在氢原子的初步描述中被忽略的一些物理效应. 与主要的原子核库仑场相比,这些被忽略的因素明显都是次要的,但考虑到特别是现代实验光谱学所取得的引人注目的成就,它们变得重要了,而且导致了一些有趣的可观测现象. 第 19 章的微扰论和第 20～22 章包括自旋效应的高级角动量代数使我们现在考虑这些效应的量子力学成为可能.

氢原子能谱结果的**精细结构源自**对哈密顿量$(v/c)^2$ 量级的**相对论修正**,解除了"偶然"的库仑简并. 在下册第 13 章，在 Dirac **方程**的基础上我们将给出这些修正的精确计算. 这里，我们定性地考虑**自旋-轨道耦合**. 粒子的哈密顿量中相应的项应该具有的结构为

$$\hat{H}_{ls} = W(r)(\hat{\boldsymbol{l}} \cdot \hat{\boldsymbol{s}}) \tag{23.1}$$

的确，电子自旋仅仅可以线性地引进来(更高的张量构造被约化为线性表达式). 因为总的哈密顿量是标量，所以 $\hat{\boldsymbol{s}}$ 必须以与另一个矢量的标量积形式出现，而且，如果宇称是守恒的，这第二个矢量必须是轴矢量. 而粒子的空间变量仅允许一个轴矢量，即轨道角动量 $\hat{\boldsymbol{l}}$.

自旋-轨道相互作用(23.1)式的存在表明，轨道运动对粒子的自旋施加一个扭转力矩. 如果粒子在一个均匀介质中运动，没有任何道理会有这样一个扭转力矩. 因此，我们预计 $W(r)$是与作用在这个粒子上的势场(即氢原子中的 Coulomb 势)的空间变化相联系的. 这个力产生一种方向感——一个各向同性势的**梯度**给出的径向方向.

对于在由静电势的梯度 $\boldsymbol{\mathcal{E}} = -\nabla\phi$ 给出的电场中运动的自旋 $s \neq 0$ 的任何带电粒子，自旋-轨道耦合发生机制是共同的. 让我们对这种效应作一个经典的估算. 在与该粒子相联系的坐标系中，原子核以速度 $-\boldsymbol{v}$ 运动，它的电场感应出磁场

$$\boldsymbol{\mathcal{B}} = -\frac{1}{c}\boldsymbol{v} \times \boldsymbol{\mathcal{E}} = -\frac{1}{mc}\boldsymbol{p} \times \boldsymbol{\mathcal{E}} \tag{23.2}$$

磁场 $\boldsymbol{\mathcal{B}}$ 与这个粒子的自旋磁矩 $\boldsymbol{\mu}_s = g_s \hbar \boldsymbol{s}$ 发生作用. 哈密顿量中相应的项为

$$H_{ls} = -(\boldsymbol{\mu} \cdot \boldsymbol{\mathcal{B}}) = \frac{g_s \hbar}{mc}\boldsymbol{s} \cdot (\nabla\phi \times \boldsymbol{p}) \tag{23.3}$$

对于一个中心势，$U(r) = e\phi(r)$，

$$\nabla U = \frac{\boldsymbol{r}}{r}\frac{\partial U}{\partial r} \tag{23.4}$$

哈密顿量(23.3)式取为(23.1)式的形式：

$$H_{ls} = \frac{g_s \hbar}{emc}\frac{1}{r}\frac{\partial U}{\partial r}\boldsymbol{s} \cdot (\boldsymbol{r} \times \boldsymbol{p}) = \frac{g_s \hbar^2}{emc}\frac{1}{r}\frac{\partial U}{\partial r}\boldsymbol{s} \cdot \boldsymbol{l} \tag{23.5}$$

其中，像通常一样，角动量以 $\hbar$ 为单位写出. 这个经典的估算预测的径向函数

$$W(r) = \frac{g_s \hbar^2}{emc}\frac{1}{r}\frac{\partial U}{\partial r} \tag{23.6}$$

的确正比于原始位势的梯度.

对于电子 $g_s = e/(mc)$，在类氢原子中 $U = -Ze^2/r$，我们的估算给出

$$W(r) = \frac{Ze^2\hbar^2}{m^2c^2r^3} \tag{23.7}$$

正如将在下册第 13 章证明的，相对论量子力学预言一个非常类似的自旋-轨道耦合，只是多了一个 1/2 因子，这就是所谓的 Thomas **的一半**，它来自对一个非惯性共动坐标系(non-inertial co-movingframe)变换[77]的仔细描述. 自旋-轨道相互作用(23.7)式很微弱，因为与电子的结合能$\epsilon \sim mZ^2e^4/\hbar^2 \sim Z^2e^2/a$ 相比，它的平均值很小，$\sim (v/c)^2$：

$$\langle W\rangle \sim \frac{Ze^2\hbar^2}{m^2c^2(a/Z)^3} \sim \epsilon\frac{Z^2\hbar^2}{m^2c^2a^2} \sim \epsilon\frac{e^4Z^2}{\hbar^2c^2} \sim \epsilon(Z\alpha)^2 \ll \epsilon \tag{23.8}$$

这里，我们用了 Bohr 半径 a 和精细结构常数α，并假定 $Z\alpha = Z/137 \ll 1$(在重原子内这一点被破坏了，则相对论效应增大). 对于原子核中的核子也发生(23.1)式类型的自旋-轨道耦合. 但在那种情况下，由于自旋-轨道耦合源自强作用而不是电磁作用，它重要得多.

23.2 自旋-轨道劈裂

以一种普遍的形式，我们可以考虑自旋-轨道耦合(23.1)式的后果. 这是从两个分离的子系统(自旋和轨道动量)无耦合方案到该粒子具有总角动量

$$\hat{\boldsymbol{j}} = \hat{\boldsymbol{l}} + \hat{\boldsymbol{s}} \tag{23.9}$$

的耦合方案变换的一个典型问题. 现在，能量依赖于两个矢量 $\boldsymbol{s}$ 和 $\boldsymbol{l}$ 的相互取向. 因此，这两个子系统之一的任何单独的转动并不保持能量守恒，相应的生成元并不守恒：

$$[\hat{\boldsymbol{l}}, \hat{H}_{ls}] \neq 0, \quad [\hat{\boldsymbol{s}}, \hat{H}_{ls}] \neq 0 \tag{23.10}$$

然而，由总矢量(23.9)式生成的轨道和自旋变量的联合转动不改变它们的相互取向，于是保持能量守恒：

$$[\hat{\boldsymbol{j}}, \hat{H}] = 0 \tag{23.11}$$

在没有自旋-轨道耦合的情况下，我们有氢原子主壳 n^2 重简并，结果能量 E_n 与 l，m_l 和 m_s 都无关. 正如从 19.4 节我们所知道的，微扰论应该应用于未微扰波函数的**正确的线性组合**. 在这种情况下，这些组合要相对于包含微扰 $\hat{H}_{ls}$ 的总哈密顿量对角化. 由于

转动不变性以及 j 的守恒，这些组合显然无须求解久期方程：它们是具有确定数值 j 和总投影 m_j 的耦合态. “长度” l 和 $s=1/2$ 与宇称 $(-)^l$ 一起仍然都是守恒的.

从无耦合态 $|lm_l;\frac{1}{2}m_s\rangle$ 构建耦合的自旋-轨道态 $|l\ \frac{1}{2};jm_j\rangle$ 是矢量相加的标准任务，见习题 22.1. 总角动量的允许值

$$j = l \pm \frac{1}{2} \tag{23.12}$$

分别描写 $\boldsymbol{l}$ 和 $\boldsymbol{s}$ 的**平行**和**反平行**取向. 自旋-轨道耦合使相应的两个态劈裂了. 对于给定 l 的两个 j 值的每一个，有 $2j+1$ 个具有不同投影 m_j 的多重态存在，它们仍然是简并的——由于转动不变性，能量与系统整体取向无关. 把角度变量和自旋变量耦合起来的相应的二分量函数称为**球旋量**(spherical spinors)：

$$\Omega_{ljm}(\boldsymbol{n}) = \sum_{m_l m_s} C^{jm}_{lm_l 1/2 m_s} \mathrm{Y}_{lm_l}(\boldsymbol{n}) \chi_{m_s} \tag{23.13}$$

这些函数用确定的轨道角动量 l、宇称 $(-)^l$、总角动量 j 和它的投影 $j_z=m$ 表征.

习题 23.1 明确地构建球旋量(23.13)式. 对于这些波函数，求自旋投影 s_z 的两个值的概率以及 s_z 的期待值.

解 在给定 j 和 m 时，两种组合是可能的：$l_z=m+\frac{1}{2}$ 和 $s_z=-\frac{1}{2}$，或 $l_z=m-\frac{1}{2}$ 和 $s_z=+\frac{1}{2}$. 因此

$$\Omega_{ljm} = a\mathrm{Y}_{lm+\frac{1}{2}}\chi_{-} + b\mathrm{Y}_{lm-\frac{1}{2}}\chi_{+} \tag{23.14}$$

其中，a 和 b 是 Clebsch-Gordan 系数：

$$a = C^{jm}_{lm+\frac{1}{2}\frac{1}{2}-\frac{1}{2}}, \quad b = C^{jm}_{lm-\frac{1}{2}\frac{1}{2}\frac{1}{2}} \tag{23.15}$$

它们的数值，例如，借助下述算符的本征函数可以计算出来：

$$\hat{\boldsymbol{l}} \cdot \hat{\boldsymbol{s}} = \hat{l}_z \hat{s}_z + \frac{1}{2}(\hat{l}_+ \hat{s}_- + \hat{l}_- \hat{s}_+) \tag{23.16}$$

该算符具有本征值(见习题 20.6)：

$$\boldsymbol{l} \cdot \boldsymbol{s} = \frac{1}{2}[j(j+1) - l(l+1) - s(s+1)] \tag{23.17}$$

对 $j=l+\frac{1}{2}$ 和 $j=l-\frac{1}{2}$，上式分别给出 $\frac{1}{2}l$ 和 $-\frac{1}{2}(l+1)$. 对于(23.14)式形式的 $\boldsymbol{l}\cdot\boldsymbol{s}$ 的本征函数，方程组为

$$a\left[l\cdot s+\frac{1}{2}\left(m+\frac{1}{2}\right)\right]-\frac{b}{2}\sqrt{\left(l+\frac{1}{2}\right)^2-m^2}=0 \tag{23.18}$$

$$b\left[l\cdot s-\frac{1}{2}\left(m-\frac{1}{2}\right)\right]-\frac{a}{2}\sqrt{\left(l+\frac{1}{2}\right)^2-m^2}=0 \tag{23.19}$$

这组方程的行列式确定了与(23.17)式一样的 $\boldsymbol{l}\cdot\boldsymbol{s}$ 的本征值.对于线性组合(23.14)式,归一化($a^2+b^2=1$)的解为

$$j=l+\frac{1}{2},\quad a=\sqrt{\frac{l-m+1/2}{2l+1}},\quad b=\sqrt{\frac{l+m+1/2}{2l+1}} \tag{23.20}$$

$$j=l-\frac{1}{2},\quad a=-\sqrt{\frac{l+m+1/2}{2l+1}},\quad b=\sqrt{\frac{l-m+1/2}{2l+1}} \tag{23.21}$$

概率 $w_{\pm}$ 和期待值 $\langle s_z\rangle=\frac{1}{2}(w_+-w_-)$ 为

$$j=l+\frac{1}{2},\quad w_+=\frac{l+m+1/2}{2l+1},\quad w_-=\frac{l-m+1/2}{2l+1},\quad \langle s_z\rangle=\frac{m}{2l+1} \tag{23.22}$$

$$j=l-\frac{1}{2},\quad w_+=\frac{l-m+1/2}{2l+1},\quad w_+=\frac{l+m+1/2}{2l+1},\quad \langle s_z\rangle=-\frac{m}{2l+1} \tag{23.23}$$

用类似的办法计算 $\langle l_z\rangle$,容易验证 $\langle s_z+l_z\rangle=m$.

习题 23.2 对于习题 23.1 的波函数,求在给定的球谐函数角变量 $\boldsymbol{n}(\theta,\varphi)$ 时自旋极化的方向.

解 对于(23.14)型的任何旋量,局部的极化方向有极角 β 和方位角 α,它们按如下方式定义:

$$e^{-i\alpha/2}\cos\frac{\beta}{2}=\text{常数}\cdot bY_{lm-1/2}(\theta,\varphi) \tag{23.24}$$

$$e^{i\alpha/2}\sin\frac{\beta}{2}=\text{常数}\cdot aY_{lm+1/2}(\theta,\varphi) \tag{23.25}$$

取其分量之比,我们得到

$$e^{i\alpha}\tan\frac{\beta}{2}=\left(\frac{a}{b}\right)_j\frac{Y_{lm+1/2}(\theta,\varphi)}{Y_{lm-1/2}(\theta,\varphi)} \tag{23.26}$$

其中,比值 $(a/b)_j$ 从 j 的两种可能取值的(23.20)和(23.21)式求得.球谐函数 $Y_{lm+1/2}$ 具

有方位相位$(m\pm 1/2)\varphi$.因此,$\alpha=\varphi$,也就是说,在一个给定点的自旋极化是在通过极轴z与该点构成的平面内.现在,把球谐函数表示为$Y_{ll_z}=\exp(\mathrm{i}l_z\varphi)\Theta_{ll_z}(\theta)$.极角$\beta$由下式定义:

$$\tan\frac{\beta}{2}=\left(\frac{a}{b}\right)_j\frac{\Theta_{lm+1/2}(\theta)}{\Theta_{lm-1/2}(\theta)} \tag{23.27}$$

例如,对于$l=1$,$j=m=1/2=l-1/2$,利用$\Theta_{11}=-\sqrt{3/(8\pi)}\sin\theta$和$\Theta_{10}=\sqrt{3/(4\pi)}\cos\theta$以及从(23.21)式得到的$a/b$,我们得到$\beta=2\theta$.

习题 23.3 计算

$$\widetilde{\Omega}_{ljm}(\boldsymbol{n})=(\boldsymbol{\sigma}\cdot\boldsymbol{n})\Omega_{ljm}(\boldsymbol{n}) \tag{23.28}$$

再用球旋量把结果表示出来.

解 算符$\boldsymbol{\sigma}\cdot\boldsymbol{n}$是一个(赝)标量.因此,它不能改变总角动量量子数$jm$.但是它改变宇称,因而把$l$值改变了1个单位.对于同一个$j$,可以有两个允许的$l'$值(译者注:原文此处明显有误):

$$l=j\pm\frac{1}{2}\Rightarrow l'=j\mp\frac{1}{2} \tag{23.29}$$

由此得到

$$(\boldsymbol{\sigma}\cdot\boldsymbol{n})\Omega_{ljm}(\boldsymbol{n})=\zeta\Omega_{l'jm}(\boldsymbol{n}),\quad \zeta=1 \tag{23.30}$$

其中,常数因子ζ可以通过与习题23.1中$\boldsymbol{n}$沿着z轴时的解比较求得,这时球谐函数由(16.143)式给出.

在确定了正确的线性组合的情况下,我们能够没有简并危险地应用标准微扰论.在简并的多重态之间的这种变换要求改变m_j,对于一个标量算符H_{ls}这是不可能的.第一级修正(它简单地就是在球旋量所描述的状态上自旋-轨道势的期待值)导致平行态和反平行态不同的能移:

$$\Delta E_{nlj}=\langle nlj\mid W(r)(\hat{\boldsymbol{l}}\cdot\hat{\boldsymbol{s}})\mid nlj\rangle \tag{23.31}$$

利用(23.17)式,这个计算是基本的.能移是

$$\Delta E_{nlj}=\frac{1}{2}\left[j(j+1)-l(l+1)-\frac{3}{4}\right]\langle W(r)\rangle_{nl} \tag{23.32}$$

在这个近似中,径向函数并不依赖于j.

与习题22.1的结果一致,我们得到**自旋-轨道二重态**:

$$\Delta E_{nlj} = \frac{1}{2}\langle W(r)\rangle_{nl} \cdot \begin{cases} l, & j = l + 1/2 \\ -(l+1), & j = l - 1/2 \end{cases} \quad (23.33)$$

像氢原子中的电子那样，对于正的$\langle W(r)\rangle_{nl}$，具有较小j的二重态成员有较低的能量.对于原子核中的核子，自旋-轨道耦合的符号是相反的，因此具有较大j的二重态成员的能量向下移动.整个二重态的劈裂为

$$\Delta E_{nll+1/2} - \Delta E_{nll-1/2} = \frac{1}{2}\langle W(r)\rangle_{nl}(2l+1) \quad (23.34)$$

23.3 氢原子的精细结构

(23.33)式的劈裂可以在原子核中直接观测到，在那里我们可以使用唯象的自旋-轨道哈密顿量(23.1)式，而且H_{ls}项并不小.然而，在原子中同一级的其他相对论效应必须考虑进来.

正如将在下册第13章推导的那样，一个质量为m、自旋为1/2的粒子处在静势场$U(\boldsymbol{r})$中，包括直到v/c **第二级所有项**的总哈密顿量为

$$\hat{H} = \frac{\hat{\boldsymbol{p}}^2}{2m} - \frac{\hat{\boldsymbol{p}}^4}{8m^3c^2} + U(\boldsymbol{r}) + \frac{\hbar}{4m^2c^2}[\boldsymbol{\sigma}\cdot(\nabla U \times \hat{\boldsymbol{p}})] + \frac{\hbar^2}{8m^2c^2}\nabla^2 U \quad (23.35)$$

这里，我们有三个对非相对论哈密顿量的二级修正.(23.35)式右边的第二项来自自由粒子相对论能量的展开：

$$\sqrt{m^2c^4 + c^2\boldsymbol{p}^2} \approx mc^2 + \frac{\boldsymbol{p}^2}{2m} - \frac{\boldsymbol{p}^4}{8m^3c^2} + \cdots \quad (23.36)$$

(23.35)式右边的第四项给出自旋-轨道耦合，除了一个1/2因子以外，它与我们先前从半经典讨论中推导出来的自旋-轨道耦合是一致的.(23.35)式的最后一项对于库仑势仅在原点不为零：

$$\nabla^2 U = -Ze^2\nabla^2\frac{1}{r} = 4\pi Ze^2\delta(\boldsymbol{r}) \quad (23.37)$$

(23.37)式即所谓的Darwin项，仅使s态移动，在那里$\psi(0)\neq 0$；而H_{ls}仅对非零的轨道角动量起作用.

这个 Darwin 项可以粗略地解释为来源于一个虚的电子-正电子对产生中的量子涨落. 初始的电子与这个对中的正电子湮灭，如图 23.1 所示. 在用不确定性关系估算出的一个虚粒子对的寿命 $\Delta t \sim \hbar/\Delta E \sim \hbar/(mc^2)$ 之内，这个粒子对的组分能够移动一段量级约为电子的 Compton 波长的距离，$\xi \sim c\Delta t \sim \hbar/(mc) = \lambda_C$. 在该初始电子湮灭以后，剩下的电子从原来的位置被移动 $\sim \lambda_C$. 这意味着非相对论势场 U 不可能严格地定域化，必须对量子涨落的体积 $\sim \lambda_C^3$ 求平均. 由于涨落的电子位置 $\boldsymbol{r} \to \boldsymbol{r} + \boldsymbol{\xi}$，作用在电子上的有效势被弥散到一个小的区域：

$$U(\boldsymbol{r}) \Rightarrow U(\boldsymbol{r} + \boldsymbol{\xi}) \approx U(\boldsymbol{r}) + \boldsymbol{\xi} \cdot \nabla U(\boldsymbol{r}) + \frac{1}{2}\xi_i \xi_j \frac{\partial}{\partial x_i}\frac{\partial}{\partial x_j} U(\boldsymbol{r}) \tag{23.38}$$

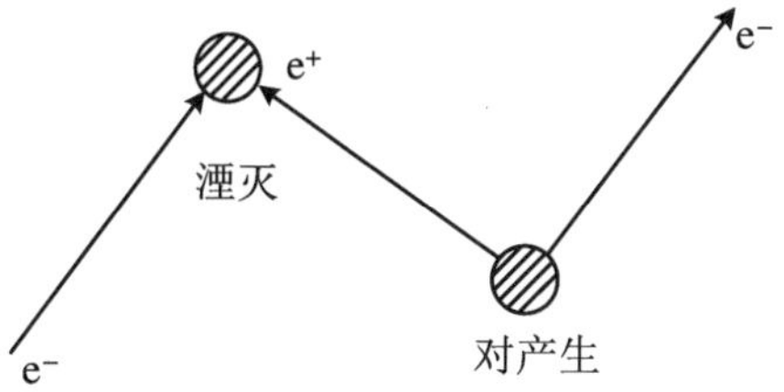

图 23.1　伴随一个电子-正电子对产生的量子涨落

通过把这个势对涨落求平均(我们用上画线表示这个平均)并且考虑到沿不同方向的位移是无关联的：

$$\overline{\xi} = 0, \quad \overline{\xi_i \xi_j} = \frac{1}{3}\overline{\xi^2}\delta_{ij} \tag{23.39}$$

我们得到

$$\overline{U(\boldsymbol{r} + \xi)} = U(\boldsymbol{r}) + \frac{1}{6}\overline{\xi^2}\nabla^2 U(\boldsymbol{r}) \tag{23.40}$$

这个平均的结果可以处理成一个小的静态微扰：

$$\delta U \sim \frac{1}{6}\overline{\xi^2}\nabla^2 U(\boldsymbol{r}) \sim \frac{1}{6}\lambda_C^2 \nabla^2 U = \frac{\hbar^2}{6m^2c^2}\nabla^2 U \tag{23.41}$$

这仅仅稍微不同于(23.35)式中第二级的精确结果.

二级项的全部贡献保持 j 为一个好量子数. 在具有核电荷 Z 的类氢原子中非相对论能级的移动(以 Rydberg 为单位)为

$$\Delta E_{nj} = -\frac{\alpha^2 Z^4}{n^3}\left(\frac{1}{j+1/2} - \frac{3}{4n}\right)\text{Ry} \tag{23.42}$$

尽管这个大小的量级仍然与(23.34)式中的相同,但现在能级的移动仅由总角动量 j 决定.除了对 m_j 的转动简并性以外,还仍然有 Coulomb **偶然简并性**的残余:这里,我们有二重简并,如前一样,具有同样的 n 和 j,但 $l = j \pm 1/2$ 的两个相反宇称的能级是简并的.这种简并仅对该壳内最高轨道角动量 $l = l_{\max}(n) = n - 1$ 才不存在,则在所有壳内都有一个非简并的最高能级 $j = l_{\max} + 1/2$ 存在.

习题 23.4 推导结果(23.42)式.

图 18.1 展示了类氢原子能谱精细结构的最终结果图像.我们用了光谱学记号 $|nlj\rangle \rightarrow n(l)_j$,其中$(l)$指轨道角动量的符号(s,p,d,…).对未微扰的简并 Bohr 壳用虚线画出,而带有相对论修正的能级用实线表示(没有考虑尺度).能级移动以下述单位来测量:

$$C = \frac{\alpha^2 Z^4}{2} \frac{me^4}{\hbar^2} = \alpha^2 Z^4 \text{ Ry} \tag{23.43}$$

完整的双重态劈裂等于

$$\frac{C}{n^3}\left(\frac{1}{l} - \frac{1}{l+1}\right) = \frac{C}{n^3 l(l+1)} \tag{23.44}$$

而且,因为在高激发态场很弱,加上自旋-轨道作用以及其他原子核引起的相对论效应,这个劈裂随着 n 和 l 的增大迅速减小.对 $W(r)$的简单估算表明,对应于在单个劈裂的壳层之内跃迁的辐射属于 cm 范围.

在原子核中,自旋-轨道耦合是如此之强,以至于大的二重态劈裂,可能把二重态中的两个伴能级劈裂到不同的主壳层,例如图 23.2 所示的 $1g_{9/2}$ 和 $1g_{7/2}$.因为符号相反,$j = l + 1/2$的能级的能量变低了,起到一个**入侵态**的作用,这时,它到达与原来的能级宇称相反的前一个谐振子壳层(与 Coulomb 场不同,在谐振子情况下,每一个主壳层仅包含具有同样宇称的单粒子能级;球形盒子势没有简并,但其能谱特征仍然很接近).这个移动非常重要,因为它改变了一个壳层全部填满时的核子数目,即所谓的**幻数**.

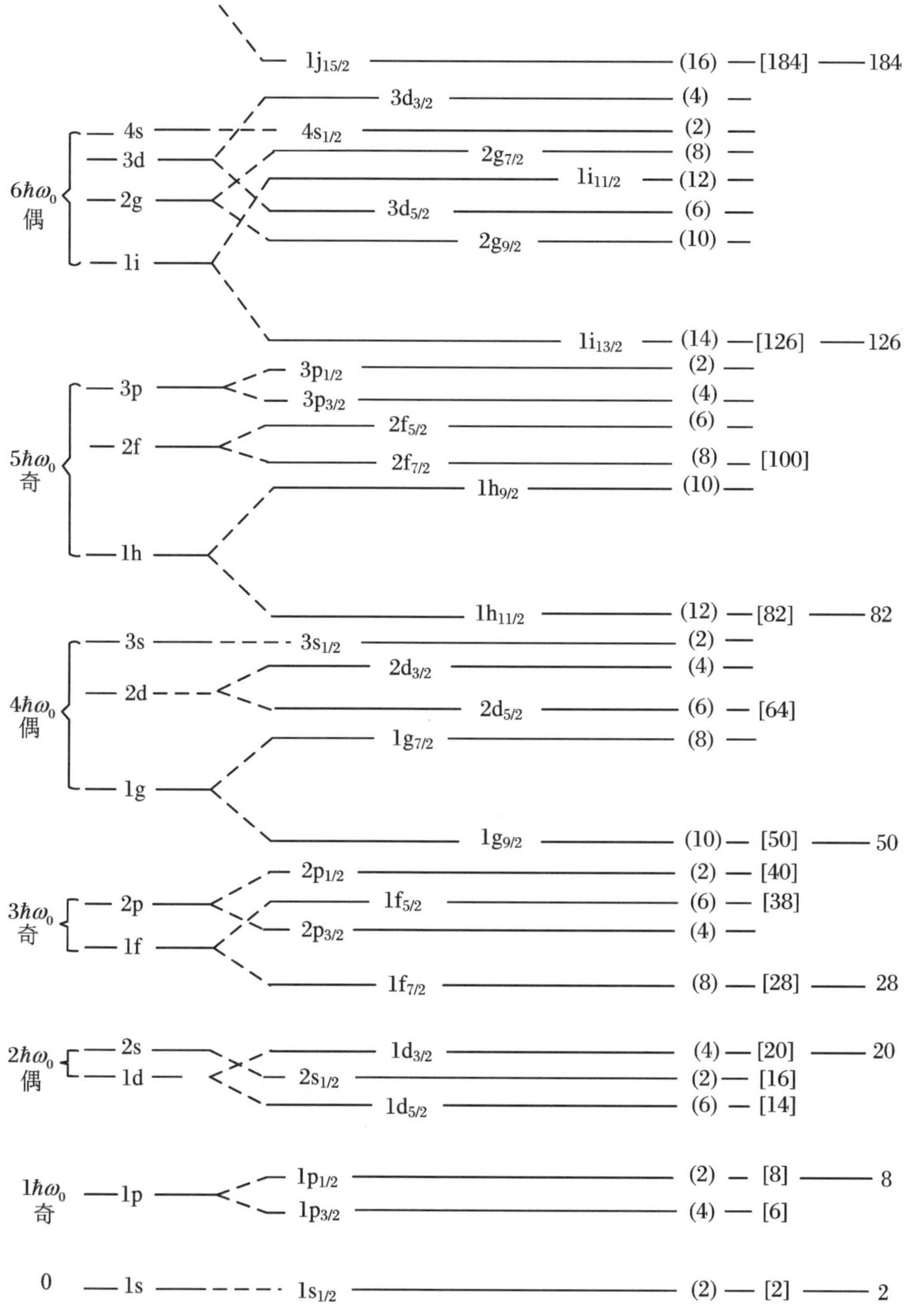

图 23.2 在一个用具有强自旋-轨道耦合的球形势盒子近似描述的原子核中的核子谱

23.4 复杂原子中的精细结构

在多电子原子中,不存在类氢系统特有的偶然简并.除了重原子之外,相对论效应仍然很弱,$Z\alpha \ll 1$,而且轨道角动量的大小和自旋的大小均为守恒量.现在我们需要谈及所有电子的总轨道角动量 $\boldsymbol{L}$ 和总自旋 $\boldsymbol{S}$:

$$\hat{\boldsymbol{L}} = \sum_a \hat{\boldsymbol{l}}_a, \quad \hat{\boldsymbol{S}} = \sum_a \hat{\boldsymbol{s}}_a \tag{23.45}$$

在这种主要近似下,我们可以用固定的电子**组态**(列出电子占据的单粒子态,即**轨道**)以及表征 $\hat{\boldsymbol{L}}^2$ 和 $\hat{\boldsymbol{S}}^2$ 的量子数 L 和 S 描述一个复杂原子的状态.由于电子之间的 Coulomb 相互作用,具有不同 L 和/或 S 的状态有不同的能量,这个因素在类氢系统中并不存在.在零级近似下,这种**静电**劈裂比相对论自旋-轨道劈裂要大,而具有不同投影 $L_Z = M_L$ 和 $S_Z = M_S$ 的所有 $(2L+1)(2S+1)$ 个子态是简并的.现在,我们需要再一次寻找相对于自旋-轨道耦合的正确线性组合.

类似于单粒子情况,对于给定的 L 和 S 值,所有可能的能级劈裂都可以用有效自旋-轨道哈密顿量来描写:

$$\hat{H}_{LS} = W_{LS}(\hat{\boldsymbol{L}} \cdot \hat{\boldsymbol{S}}) \tag{23.46}$$

这里,W_{LS} 是一个有效的常数,原则上这个常数可以从在给定组态的 $|LS\rangle$ 态下微观电子自旋-轨道哈密顿量的期待值得到.它也有可能从光谱数据唯象地提取出来.类似于(23.31)式中的 $\langle W(r)\rangle$,有效算符(23.46)式作用于(最初为简并的)差别仅在于转动量子数 M_L 和 M_S 的状态空间.在 $\hat{H}_{LS}$ 对角化以后,我们将有一个**精细结构多重态**.哈密顿量(23.46)式仅依赖于矢量 $\boldsymbol{L}$ 和 $\boldsymbol{S}$ 的相对取向,而且在由总角动量 $\hat{\boldsymbol{J}}$ 生成的转动下是不变的:

$$\hat{\boldsymbol{J}} = \hat{\boldsymbol{L}} + \hat{\boldsymbol{S}} \tag{23.47}$$

我们又一次遇到一个典型的矢量耦合问题.正确的线性组合是耦合态 $|JM\rangle$,其中 $M = M_L + M_S$,而且 J 的可能取值是由 (JLS) 的三角形条件决定的.类似于(23.32)式,多重态 (L,S) 的成员都被移动了

$$\delta_J(L,S) = \frac{W_{LS}}{2}[J(J+1) - L(L+1) - S(S+1)] \tag{23.48}$$

J 分量的数目等于 $2L_< + 1$，其中 $L_<$ 是 L 和 S 中**较小的**一个，而且每一个分量对于 M 仍然是转动简并的. 相邻分量之间的能级距离由 Lande **规则**给出：

$$E_J(L,S) - E_{J-1}(L,S) = W_{LS}J \tag{23.49}$$

在相同的电子组态的不同 L 和 S 值引起的多重态能级之间，如果静电诱发的间距大于 Lande 间距((23.49)式)，则上述考虑适用. 只有在这种情况下，L 和 S 仍然都是好量子数(***LS*** **耦合**或 Russel-Saunders **情况**). 在较重的原子中相对论项更重要，而且，这种情况逐渐地变成主要由相对论而不是由静电相互作用决定. 在这个相反极限的情况下，自旋-轨道耦合是强的. 正如我们对类氢原子所考虑的那样，它首先把一个单电子的轨道角动量和自旋角动量耦合成它的总角动量 $\boldsymbol{j} = \boldsymbol{l} + \boldsymbol{s}$. 然后，许多电子的角动量再相加成电子的总角动量：

$$\hat{\boldsymbol{J}} = \sum_a \hat{\boldsymbol{j}}_a \tag{23.50}$$

这种情况相应于对最重的一些原子更合适的 ***jj*** **耦合**. 在原子核中，由于强的自旋-轨道相互作用，核子通常都按照 jj 类型耦合.

23.5 有自旋-轨道耦合时的磁矩

在一个中心势场中，一个粒子的磁矩算符(以相应的磁子为单位，因为我们将把 Planck 常数包括在回旋磁比率 g_l 和 g_s 的定义中)是

$$\boldsymbol{\mu} = g_s\boldsymbol{s} + g_l\boldsymbol{l} \tag{23.51}$$

为了求得在 j 多重态内有效的磁矩算符，我们使用 22.8 节的矢量模型：

$$\boldsymbol{\mu} = g_j(l,s)\boldsymbol{j} \tag{23.52}$$

其中，有效的回旋磁比率是

$$g_j(l,s) = \frac{\langle(\boldsymbol{\mu}\cdot\boldsymbol{j})\rangle}{j(j+1)} = \frac{g_s\langle(\boldsymbol{s}\cdot\boldsymbol{j})\rangle + g_l\langle(\boldsymbol{l}\cdot\boldsymbol{j})\rangle}{j(j+1)} \tag{23.53}$$

现在,我们需要知道标量(22.74)式.方程(23.9)能帮助我们求得平均相互取向:

$$\boldsymbol{j}\cdot\boldsymbol{l}=\frac{j(j+1)+l(l+1)-s(s+1)}{2}$$

$$\boldsymbol{j}\cdot\boldsymbol{s}=\frac{j(j+1)+s(s+1)-l(l+1)}{2} \tag{23.54}$$

当然,这些量对于所有具有不同 m 的态 $|(ls)jm\rangle$ 都是一样的.最后,有效回旋磁比率(**Lande 因子**)是

$$g_j(l,s)=\frac{1}{2j(j+1)}\{(g_l+g_s)j(j+1)+(g_l-g_s)[l(l+1)-s(s+1)]\} \tag{23.55}$$

正如在 22.7 节提到的,表中列的数值相应于 $j_z=j$ 的态,这时磁矩 $\mu=gj$.对于电子,用 Bohr 磁子 μ_B 为单位,我们可以设 $g_l=1,g_s=2$,得到

$$\mu=\frac{3j(j+1)-l(l+1)+s(s+1)}{2(j+1)}\mu_B \tag{23.56}$$

它简化为

$$\frac{\mu}{\mu_B}=\begin{cases}l+1, & j=l+\dfrac{1}{2}\\ l, & j=l-\dfrac{1}{2}\end{cases} \tag{23.57}$$

对于核子,自旋回旋磁比率是由实验的磁矩 μ_p 和 μ_n 决定的:

$$g_s^{(p)}=2\mu_p=5.58,\quad g_s^{(n)}=2\mu_n=-3.82 \tag{23.58}$$

(以**核磁子**为单位,见(1.71)式).对于一个自旋为 1/2、电荷为 e 的无结构粒子,相对论 Dirac 方程预言的自旋回旋磁比率 $g_s=2$(以相应的磁子为单位).这会导致一个自由粒子的自旋磁矩精确地为一个磁子.对于电子(或正电子),情况正是如此,它们具有由虚的电子-正电子对引起的真空极化所造成的 10^{-3} 量级小的 QED 修正.对于核子,我们看到实际值(23.58)式和 Dirac 值 $g_s^{(p)}=2,g_s^{(n)}=0$ 有很大差别.这个差别(反常磁矩)是由决定了核子内部结构的量子色动力学(QCD)的强相互作用产生的.

习题 23.5 求质子和中子处在量子数为 l 和 j 单粒子态的磁矩.由于中子不带电,我们假定核子的轨道回旋磁比率为(以核磁子为单位)

$$g_l^{(p)}=1,\quad g_l^{(n)}=0 \tag{23.59}$$

解 对于 $j=l\pm1/2$,我们得到单粒子磁矩

$$\mu_{\mathrm{p}}(j)=j-\frac{1}{2}+\mu_{\mathrm{p}},\quad \mu_{\mathrm{n}}(j)=\mu_{\mathrm{n}},\quad j=l+\frac{1}{2} \tag{23.60}$$

和

$$\mu_{\mathrm{p}}(j)=\frac{(2j+3)j-2j\mu_{\mathrm{p}}}{2(j+1)},\quad \mu_{\mathrm{n}}(j)=-\frac{j}{j+1}\mu_{\mathrm{n}},\quad j=l-\frac{1}{2} \tag{23.61}$$

其中,μ_{p}和 μ_{n}是自由值(23.58)式.

对于质子和中子,由(23.60)式和(23.61)式给出的磁矩与 j 的依赖关系,即1937年提出的 **Schmidt 线**,可以与那些具有奇数质子或中子的各种原子核的实验数据相比较[5].为了直接作这种比较,我们必须假定整个原子核的磁矩源于最后一个奇数("未成对的")粒子,而且实验上发现的原子核的总角动量 J 等于这个最后核子的角动量 j.在很大的 $j\approx l\gg s$ 的半经典极限下,对于所有的 j,中子磁矩仅包含自旋的贡献,依赖于 s 和 j 的相互取向是平行的还是反平行的,它等于 $\pm\mu_{\mathrm{n}}$;由于轨道的部分贡献,质子的磁矩随着 j 线性增加为 $j\pm\mu_{\mathrm{p}}$.注意,Schmidt 线是普适的,而且不带有关于中心场特征的信息.实际上,单粒子的 Schmidt 线仅给出原子核实际磁矩的一个非常粗略的想法,它因多体效应而显著地改变.实验值多处在两条线之间,而且仅当这样一个数值的确靠近 $j=l\pm1/2$ 这两条线之一时,我们才可以尝试决定最后核子的轨道角动量 l.

习题 23.6 Pauli 方程.证明 Pauli 哈密顿量

$$\hat{H}=\frac{\{\boldsymbol{\sigma}\cdot[\hat{\boldsymbol{p}}-(e/c)\boldsymbol{A}]\}^2}{2m} \tag{23.62}$$

正确地描述在磁场 $\mathcal{B}=\mathrm{curl}\,\boldsymbol{A}$ 中一个电子的行为,并且预言以经典单位$(e/(2mc))$自旋回旋磁比率 $g_s=2$.这个哈密顿量产生于 Dirac 哈密顿量的非相对论约化之后,见下册13.5节.

证明 利用20.2节的自旋矩阵代数,我们得到

$$\hat{H}=(\delta_{ij}+\mathrm{i}\,\epsilon_{ijk}\sigma_k)\frac{1}{2m}\left(\hat{p}_i-\frac{e}{c}A_i\right)\left(\hat{p}_j-\frac{e}{c}A_j\right) \tag{23.63}$$

对角的(δ_{ij})项不涉及自旋算符,且与非相对论量子力学中所采用的对于轨道磁矩的表达式相符:

$$\hat{H}_{\text{轨道}}=\frac{1}{2m}\left(\hat{\boldsymbol{p}}-\frac{e}{c}\boldsymbol{A}\right)^2 \tag{23.64}$$

这一项包括通常的动能 $\hat{K}=\hat{\boldsymbol{p}}^2/(2m)$和抗磁二级项

$$H^{(2)}_{\text{轨道}} = \frac{e^2}{2mc^2}\boldsymbol{A}^2 \tag{23.65}$$

以及作为轨道顺磁性来源的一级项

$$\hat{H}^{(1)}_{\text{轨道}} = -\frac{e}{2mc}(\hat{\boldsymbol{p}}\cdot\boldsymbol{A}+\boldsymbol{A}\cdot\hat{\boldsymbol{p}}) \tag{23.66}$$

对于方便的均匀静磁场的对称规范,

$$\boldsymbol{A} = \frac{1}{2}(\mathcal{B}\times\boldsymbol{r}),\quad \nabla\times\boldsymbol{A} = \mathcal{B},\quad \nabla\cdot\boldsymbol{A} = 0 \tag{23.67}$$

(在这个规范下 $\hat{\boldsymbol{p}}\cdot\boldsymbol{A}=\boldsymbol{A}\cdot\hat{\boldsymbol{p}}$)给出

$$H^{(1)}_{\text{轨道}} = -\frac{e}{mc}\boldsymbol{A}\cdot\hat{\boldsymbol{p}} = -\frac{e}{2mc}(\mathcal{B}\times\boldsymbol{r})\cdot\hat{\boldsymbol{p}} = -\frac{e}{2mc}\mathcal{B}\cdot(\boldsymbol{r}\times\hat{\boldsymbol{p}}) = -\frac{e\hbar}{2mc}\hat{\boldsymbol{l}}\cdot\mathcal{B} \tag{23.68}$$

(23.68)式的结果意味着按照

$$\hat{H}^{(1)}_{\text{轨道}} = -(\hat{\boldsymbol{\mu}}_l\cdot\mathcal{B}) \tag{23.69}$$

定义的轨道磁矩

$$\hat{\boldsymbol{\mu}} = \frac{e\hbar}{2mc}\hat{\boldsymbol{l}} \quad\rightsquigarrow\quad g_l = \frac{e}{2mc} \tag{23.70}$$

即一个磁子(对于给定的粒子的质量和电荷).(回顾在 1.8 节中对这个结果的简单的半经典推导.)

(23.63)式中剩下的自旋项是反对称的,因此它仅包含交叉贡献:

$$\hat{H}^{(1)}_{\text{自旋}} = -\frac{\mathrm{i}e}{2mc}\epsilon_{ijk}(\hat{p}_iA_j + A_i\hat{p}_j)\sigma_k \tag{23.71}$$

(23.71)式中的括号表达式可以改写成

$$\hat{p}_iA_j + A_i\hat{p}_j = [\hat{p}_i, A_j] + A_j\hat{p}_i + A_i\hat{p}_j \tag{23.72}$$

最后两项在下标 $i\leftrightarrow j$ 互换之下是对称的,与反对称张量ϵ_{ijk}收缩后给出零.而对易子给出

$$\hat{H}^{(1)}_{\text{自旋}} = -\frac{\mathrm{i}e}{2mc}\epsilon_{ijk}(-\mathrm{i}\hbar)\frac{\partial A_j}{\partial x_i}\sigma_k = -\frac{e\hbar}{2mc}(\nabla\times\boldsymbol{A})\cdot\boldsymbol{\sigma} \tag{23.73}$$

或者由于 $\hat{\boldsymbol{s}}=\boldsymbol{\sigma}/2$,

$$\hat{H}^{(1)}_{\text{自旋}} = -(\hat{\boldsymbol{\mu}}_s \cdot \mathcal{B}), \quad \hat{\boldsymbol{\mu}}_s = g_s \hbar \hat{\mathbf{s}}, \quad g_s = \frac{e}{mc} = 2g_l \tag{23.74}$$

这样,Pauli 方程就预言了静止的自旋 1/2 的粒子的自旋磁矩等于 $(1/2)\hbar g_s$,即一个磁子.

23.6 磁超精细结构

到现在为止,在考虑原子中电子态时,我们仅考虑了原子核的 Coulomb 场.然而,正如我们从 22.5 节知道的,一个自旋不为零的原子核还可能具有更高的内禀电荷分布的多极矩.在前面一节,我们已经提到了**磁矩**;它们是核磁子量级的.许多自旋 $I>1/2$ 的原子核显示出以**电四极矩**为特征的**非球形**电荷分布.更高的多极矩也修改作用在电子上的场,从而在原子的哈密顿量中会产生一些额外的项.原子能谱的相应变化可以从它们的**超精细结构**看到.

我们从核磁矩的效应开始.按照大小的量级,像文献[6, § 44]那样,我们可以估算原子核磁矩 $\boldsymbol{\mu}$ 与电子磁矩 $\boldsymbol{\mu}_{\mathrm{e}}$ 的磁偶极相互作用:

$$\delta E_\mu \sim \frac{\boldsymbol{\mu}_{\mathrm{e}} \cdot \boldsymbol{\mu}}{r^3} \tag{23.75}$$

核磁子比 Bohr 磁子小一些,它们的比是电子的质量与质子的质量之比 m/M,而价电子距原子核的平均距离是 Bohr 半径 a 的量级,使得

$$\delta E_\mu \sim \frac{\mu_{\mathrm{B}}^2}{a^3}\frac{m}{M} \sim \left(\frac{e\hbar}{mc}\right)^2 \frac{1}{a^3}\frac{m}{M} \tag{23.76}$$

与精细结构劈裂((23.7)式)相比较,我们发现

$$\delta E_\mu \sim \delta E_{ls}\frac{m}{M} \approx 10^{-3}\delta E_{ls} \sim 10^{-7} E_{\mathrm{b}} \tag{23.77}$$

其中,E_{b} 是典型的电子结合能.这个效应之小证明使用**超精细**这个术语是有道理的.

磁超精细结构的几何学由有效哈密顿量决定,它可以写成核磁矩 $\boldsymbol{\mu}$ 与在这种近似下电子在位于原点并被看成类点的原子核处产生的磁场 $\mathcal{B}(0)$ 之间的相互作用:

$$\hat{H}'_\mu = -(\hat{\boldsymbol{\mu}} \cdot \hat{\mathcal{B}}(0)) \tag{23.78}$$

因为磁作用很弱，我们可以限于微扰处理，取微扰(23.78)式在原子核和电子的未微扰态上的期待值.按照矢量模型，原子核磁偶极算符应该正比于核自旋(原子核的总角动量)$\boldsymbol{I}$：

$$\hat{\boldsymbol{\mu}} = g_I \hbar \hat{\boldsymbol{I}} \tag{23.79}$$

在习题 23.5 中，在纯单粒子近似下，我们已经求得了回旋磁比率 g_I；精确的多体数值可以从实验抽取.场 $\mathcal{B}(0)$必须对给定的电子组态求平均，在矢量模型的意义上，它给出其方向沿着表征所有电子作为整体的唯一矢量——电子的总角动量 $\boldsymbol{J}$ 的轴矢量：

$$\hat{\mathcal{B}}(0) = \gamma \hat{\boldsymbol{J}} \tag{23.80}$$

这里，系数 γ 依赖于该组态且必须由原子物理提供.

我们看到磁超精细结构的有效哈密顿量一定有如下形式：

$$\hat{H}'_{\mu} = -\hbar g_I \gamma (\hat{\boldsymbol{J}} \cdot \hat{\boldsymbol{I}}) \equiv A(\hat{\boldsymbol{J}} \cdot \hat{\boldsymbol{I}}) \tag{23.81}$$

应该认为，这个哈密顿量与精细结构哈密顿量(23.46)式完全类似.二者之间的对应是明显的：

精细结构	超精细结构
$\boldsymbol{S}$	$\boldsymbol{I}$
$\boldsymbol{L}$	$\boldsymbol{J}$
$\boldsymbol{J}=\boldsymbol{L}+\boldsymbol{S}$	$\boldsymbol{F}=\boldsymbol{I}+\boldsymbol{J}$

(23.82)

通过重复在精细结构情况下的同样论述，我们明确地说，那些具有给定的 J 和 I 与不同的原子总角动量 F 的未微扰的原子-原子核能级形成**超精细结构多重态**，如果 $I \leqslant J$，则多重数为 $2I+1$；如果 $J<I$，则多重数为 $2J+1$.每一个 F 能级对于总投影 $F_Z=M_F$ 都是简并的.正像(23.48)式，源于相互作用(23.81)式的能级移动被表示为

$$\delta E_F(J,I) = \frac{A}{2}[F(F+1)-J(J+1)-I(I+1)] \equiv \frac{AX_F(I,J)}{2} \tag{23.83}$$

此外，能级间距规则(23.49)式得到满足：

$$E_F(J,I) - E_{F-1}(J,I) = AF \tag{23.84}$$

因此，超精细劈裂的测量能使我们对常数 A 并进而对原子核的磁矩和自旋给出结论.原子常数 γ 必须从原子的波函数独立地计算出来.

23.7 例：一个价电子

作为一个例证，我们考虑原子核所处的磁场由一个在$|nljm\rangle$轨道上的价电子产生的最简单情况；完全填满的壳层中所有的角动量相互抵消，使得它们的总磁场为零.

在一个单电子的情况下，矢量 $\boldsymbol{J}$ 约化为$\boldsymbol{j}=\boldsymbol{l}+\boldsymbol{s}$. 相应地，磁场有两个来源. 由轨道角动量产生的磁场可以用 Biot-Savart **定律**得到[6, § 43]. 经典上，以速度 $\boldsymbol{v}$ 运动的电荷e 在距离 $\boldsymbol{r}$ 处产生磁场

$$\mathcal{B}_l(0)=\frac{e}{cr^3}(\boldsymbol{r}\times\boldsymbol{v}) \tag{23.85}$$

相应的量子算符沿轨道角动量 $\boldsymbol{l}$ 的方向：

$$\hat{\mathcal{B}}_l=\frac{e\hbar}{mc}\frac{\hat{\boldsymbol{l}}}{r^3}=-2\mu_{\mathrm{B}}\frac{\hat{\boldsymbol{l}}}{r^3} \tag{23.86}$$

自旋磁矩 $\boldsymbol{\mu}_s=g_s\hbar\boldsymbol{s}$ 产生另一部分磁场[6, § 44]

$$\hat{\mathcal{B}}_s(0)=\frac{3\boldsymbol{n}(\hat{\boldsymbol{\mu}}_s\cdot\boldsymbol{n})-\hat{\boldsymbol{\mu}}_s}{r^3}=-2\mu_{\mathrm{B}}\frac{3\boldsymbol{n}(\hat{\boldsymbol{s}}\cdot\boldsymbol{n})-\hat{\boldsymbol{s}}}{r^3} \tag{23.87}$$

其中，$\boldsymbol{n}=\boldsymbol{r}/r$ 是电子位置的单位矢量. 最后，

$$\hat{\mathcal{B}}(0)=-\frac{2\mu_{\mathrm{B}}}{r^3}[\hat{\boldsymbol{l}}-\hat{\boldsymbol{s}}+3\boldsymbol{n}(\hat{\boldsymbol{s}}\cdot\boldsymbol{n})] \tag{23.88}$$

这个算符必须对除总角动量 j 的投影m 以外的所有量子数求平均，这给出了正比于 $\hat{j}$ 的矢量模型的有效算符.

习题 23.7 证明对于(23.88)式的括号中的量，其有效矢量模型算符由下式决定：

$$\langle\hat{\boldsymbol{l}}-\hat{\boldsymbol{s}}+3\boldsymbol{n}(\hat{\boldsymbol{s}}\cdot\boldsymbol{n})\rangle=\frac{l(l+1)}{j(j+1)}\langle\hat{\boldsymbol{j}}\rangle \tag{23.89}$$

对于 s 态的电子($l=0$)，(23.89)式的结果为零. 但是，在 s 态，电子在原点的波函数 $\psi_s(0)$异于零，并且 $1/r^3$ 的期待值发散，这导致对于 $l=0$，事实证明该结果也是有限的和正确的. 利用习题 19.4 的解，对于任意的 l 值，我们得到

$$\hat{\mathcal{B}}(0) = -2\mu_B \frac{Z^3}{a^3 n^3 (l+1/2) j(j+1)} \hat{j} \tag{23.90}$$

这个表达式确定了(23.80)式的常数 γ_{nl}. 在不考虑来自相对论的修正以及原子核的有限大小的修正的情况下,上式是可靠的. (23.81)式中定义的可观测的超精细劈裂系数 A 由下式给出:

$$A = 2\mu_B \frac{Z^3}{a^3 n^3 (l+1/2) j(j+1)} \hbar g_I \tag{23.91}$$

对于氢原子的基态, $n=1, l=0, j=1/2$, 质子的电荷 $Z=1$, 自旋 $I_p=1/2$, 以及质子的磁矩 $\mu_p = 2.79\mu_N = 2.79(m/M_p)\mu_B$, 则

$$A_H = 2\times 5.58 \frac{m}{M_p} \mu_B^2 \frac{8}{3a^3} \tag{23.92}$$

与我们最初的粗略估算(23.75)式相比,这里有一个接近于 30 的额外数值因子. 图 23.3 所示的氢原子基态的超精细结构包含两个能级:单态 $F=0$ 和三重态 $F=1$. 按照(23.84)式,它们的能量间距等于常数 A. 相应的跃迁频率为

$$v(F=1 \to F=0) = \frac{A}{2\pi\hbar} = 1423\ \text{MHz} \tag{23.93}$$

这是著名的具有波长 $\lambda = 21$ cm 的星际间氢原子辐射的谱线. 作为最轻的化学元素的特殊谱线,人们建议用它来寻找外星文明的信号.

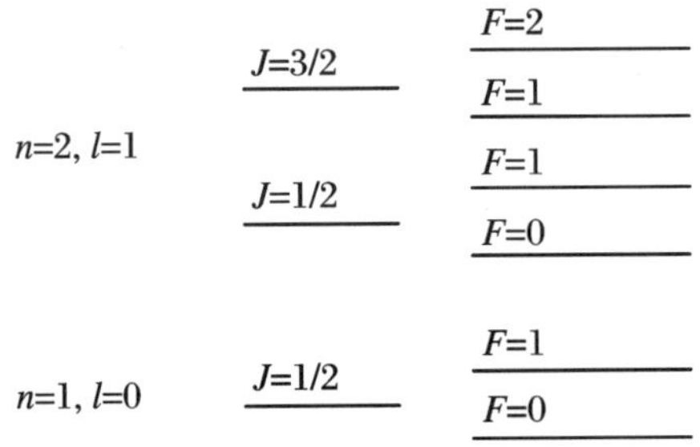

图 23.3 氢原子基态 $n=1, {}^2s_{1/2}$ 和第一个 p 态 $n=2, {}^2p_{1/2,3/2}$ 的超精细结构

频率(23.93)式的数值与极精确的实验测量偏离 0.2%. 这个偏差用量子电动力学(理论物理的最精确的分支),考虑对电子磁矩的修正(1.73)式得以解释. 人们甚至计算了更高阶(按 α 的幂)的修正,结果与实验完全符合. 反过来,电子磁矩的最新测量给出了精细结构常数(18.96)式的精确数值.

作为一个应用实例，我们提一下利用氢原子的射频辐射的量子时间标准. 在劈裂的超精细态 $F=0$ 和 $F=1$ 之间，可能发生 M1(21.6 节的命名法)自旋翻转辐射跃迁；它在星际间氢原子光谱中也观测到了. 利用电子和质子磁矩的巨大差别，通过如图 23.4 所示的 Stern-Gerlach 布置，可以产生超精细能级的逆布居，见下册 5.1 节. 我们可以把电子的磁矩沿着磁场方向的两个上分量分离开来：一个是 $M_F=1$，它是纯 $F=1$ 的态；另一个是 $M_F=0$，它是 $F=1$ 与 $F=0$ 以相同权重的组合. 因此，靠上的 $M_F=1$ 态的布居较高一些，这正是倒置所需要的. 如果分离束流到达一个射频共振腔($\lambda\sim21$ cm)，则一个弱的自发辐射会诱发自激和生成.

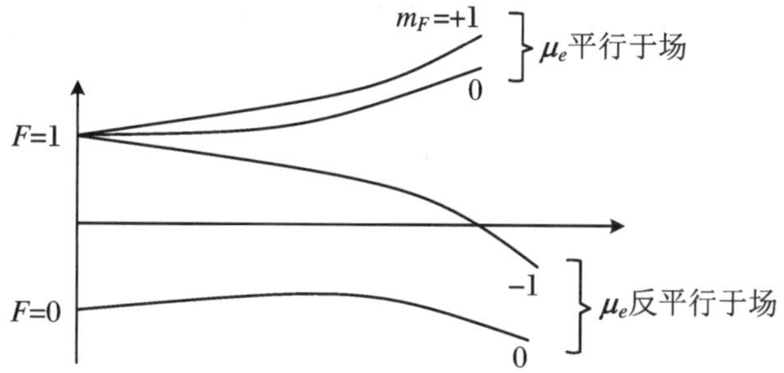

图 23.4　原子超精细结构的 Stern-Gerlach 劈裂

23.8　四极超精细结构

原子核的电四极矩可以是单粒子的特性，也可以是集团特性. 在前一种情况下，它是由一个价质子产生的，具有 eR^2 的量级，其中 R 是原子核的半径. 如果这个价质子处于总角动量 $j>1/2$ 的轨道上，这是可能的. 集团四极矩依赖于原子核的变形程度，它可以由参数 β 来表征，该参数定义为沿两个原子核对称轴的半径之差与平均核半径之比. 在典型的变形核中，基态的变形是 $\beta\approx0.3$ 的量级，但是对于激发态，某些原子核变成**超形变**，其 $\beta\approx0.6$，这对应于两个轴之比接近 2∶1. 可以估算，集团四极矩(如果原子核是轴对称的，它是指沿着对称轴的分量)是 $Q\sim\beta ZeR^2$，其中 Ze 是原子核的电荷. 集团效应可以比单粒子效应大一到两个量级.

对于单粒子情况，我们可以估算出原子核的四极矩与电子的相互作用所导致的能

移为

$$\delta E_Q \sim \frac{eQ}{r^3} \sim \frac{e^2R^2}{a^3} \sim \frac{e^2}{a}\left(\frac{R}{a}\right)^2 \sim \left(\frac{R}{a}\right)^2 E_b \tag{23.94}$$

对于重核，$R\sim10^{-12}$ cm，因此 $\delta E_Q\sim10^{-8}E_b$，这与对于磁的情况的估算(23.77)式是可比较的. 由集团四极矩引起的电四极超精细结构可以比磁的超精细结构更重要.

按照电动力学[6, §42]，原子核四极矩张量 Q_{ij} 与原子的电子在原子核处产生的静电势 ϕ 的相互作用通过如下的哈密顿量发生：

$$H'_Q = \frac{1}{6}Q_{ij}\left(\frac{\partial^2\phi}{\partial x_i\partial x_j}\right)_0 \tag{23.95}$$

其中势的导数(电场梯度的分量)是在与原子核结合的原点取值. 这里，对重复的笛卡儿分量 i、j 求和意指两个对称张量的收缩. 四极矩张量 Q_{ij} 是**无迹的**，见(16.130)式. 如果 $\boldsymbol{I}$ 是原子核的角动量，则对原子核态除 J_z 以外所有的量子数求平均的有效算符 $\hat{Q}_{ij}$ 必须表示为以 $\hat{I}$ 的分量构成的一个对称无迹张量. 这个有效张量必然有如下形式(带有某个常数因子 q)：

$$\hat{Q}_{ij} = q\left(\hat{I}_i\hat{I}_j + \hat{I}_j\hat{I}_i - \frac{2}{3}\hat{\boldsymbol{I}}^2\delta_{ij}\right) \tag{23.96}$$

习题 23.8 按照惯例，四极矩表所展示的量 Q 是在量子化轴(z)上具有**最大**可能投影 I_z 的状态 $|I, I_z = I\rangle$ 上 $\hat{Q}_{zz}$ 的期待值. 求 Q 和(23.96)式中定义的常系数 q 之间的关系.

解

$$q = \frac{3Q}{2I(2I-1)} \tag{23.97}$$

(23.97)式的分母在 $I=0$ 和 $I=1/2$ 处的零点并不意味着 $q\to\infty$，因为在这些 I 值处，原子核的四极矩不存在，见 22.5 节.

习题 23.9 计算处在量子数为 n、l、j 的轨道上电荷为 e 的一个单粒子的四极矩 Q.

解

$$Q = e\langle 3z^2 - r^2\rangle_{nljj} = -\frac{2j-1}{2j+2}\langle r^2\rangle_{nl} \tag{23.98}$$

对于 $j=1/2$，这个结果为零，这是理所当然的. 这里，负号反映了这样一个事实：在 z 轴上有最大角动量投影的粒子，其波函数主要集中在垂直平面(赤道附近)，回顾(16.136)式；

它的云是**扁球形的**，并且

$$\langle z^2\rangle < \frac{1}{3}\langle r^2\rangle \tag{23.99}$$

类似于(23.96)式，静电势的二级导数的对称张量在具有角动量 J 的原子态的多重态 $|JJ_z\rangle$ 内可以有效地表示为

$$\left(\frac{\partial^2\phi}{\partial x_i\partial x_j}\right)_0 = \frac{3\phi_{JJ}}{2J(2J-1)}\left(\hat{J}_i\hat{J}_j + \hat{J}_j\hat{J}_i - \frac{2}{3}\hat{\boldsymbol{J}}^2\delta_{ij}\right) \tag{23.100}$$

我们把这个张量写成无迹的，因为在它与无迹的四极矩张量收缩时，只有无迹的部分(真正的四极矩而不是标量)存留下来. 在(23.100)式中，ϕ_{JJ} 是 $(\partial^2\phi/\partial z^2)_0$ 在原子态 $|JJ_z=J\rangle$ 中的值；比较(23.97)式.

习题 23.10 对于处在状态 $|nlj\rangle$ 的一个价电子，计算 ϕ_{jj}.

解 闭壳形成一个球对称的核心，它对四极矩的贡献为零. 价电子贡献为

$$\phi_{jj} = \frac{\partial^2}{\partial z_N^2}\left\langle nlj, j_z = j\left|\frac{e}{|\boldsymbol{r}-\boldsymbol{r}_N|}\right|nlj, j_z = j\right\rangle \tag{23.101}$$

其中，$\boldsymbol{r}_N$ 和 $\boldsymbol{r}$ 分别是原子核和电子的坐标，导数必须在 $\boldsymbol{r}_N\to\boldsymbol{0}$ 处取值. 借助(23.98)式，我们得到

$$\phi_{jj} = e\left\langle\frac{3z^2-r^2}{r^5}\right\rangle_{nljj} = e\left\langle\frac{3\cos^2\theta-1}{r^3}\right\rangle_{nljj} = -e\frac{2j-1}{2j+2}\left\langle\frac{1}{r^3}\right\rangle_{nl} \tag{23.102}$$

习题 23.11 证明对于量子数 F、J、I 的多重态集合，超精细四极劈裂由下式给出：

$$\delta E_F^{(Q)}(J,I) = \phi_{JJ}Q\frac{(3/2)X(X+1)-2J(J+1)I(I+1)}{4J(2J-1)I(2I-1)} \tag{23.103}$$

其中，$X\equiv X_F(J,I)$ 是在(23.83)式定义的.

如果 ϕ_{JJ} 这个量已知或可以被计算出来，则一个原子或分子的四极超精细结构的测量是确定原子核四极矩的最好方法之一. 还存在许多由原子核内部的电荷和电流分布产生的其他效应. 首先，我们已经提到过原子能级的**同位素移动**. 原子核的一些性质，如磁矩、四极矩、均方半径等，在原子核激发的时候都要改变，那么原子能级也稍微有些移动(**同质异能移动**). 原子能级还依赖于周围的介质(**化学移动**). 这使得原子光谱学不仅是精确测量基本常数的一个有用的工具，而且也是研究原子核和凝聚态物质性质的一个有用的工具. 特别有趣的是 μ 子深深地穿透到原子核内[78]的 μ 介原子光谱学.

24

第 24 章

静场中的原子

万物都会自然地维持它所处的那种状态,除非某种外部原因使其中断……

——Newton

24.1 静电场中的极化率

考虑一个处于外部均匀静电场 $\mathcal{E}$中的带电粒子系统.为确定起见,我们来谈"原子",尽管其结果具有更普遍的特性.

均匀电场用静电势表征:

$$\phi(\boldsymbol{r}) = -(\boldsymbol{\mathcal{E}}\cdot \boldsymbol{r}) \tag{24.1}$$

系统与场的相互作用势能是通过对所有电荷为 e_a的粒子求和而得到的:

$$\hat{H}' = \sum_a e_a \phi(\boldsymbol{r}_a) = -\mathcal{E}\cdot\sum_a e_a \boldsymbol{r}_a = -(\mathcal{E}\cdot\hat{\boldsymbol{d}}) \tag{24.2}$$

其中,我们引入了系统的偶极矩算符$\hat{\boldsymbol{d}}$.

外部静场经常足够弱,可用微扰论处理.在一级近似下,对应于未微扰态$|k\rangle$的微扰后波函数$|\psi_k\rangle$由未微扰态的叠加(19.22)式给出:

$$|\psi_k\rangle = |k\rangle - \sum_{n\neq k}\frac{\mathcal{E}\cdot\boldsymbol{d}_{nk}}{E_k^0 - E_n^0}|n\rangle \tag{24.3}$$

在这里和下文中,矩阵元$\boldsymbol{d}_{nk}$都是对未微扰态求的.

在这里,宇称选择规则是很重要的.(24.3)式中微扰产生状态$|n\rangle$与初态通过偶极矩的矩阵元相联系的混合.如果未微扰态$|k\rangle$有确定的宇称,则混合的态必须有**相反**的宇称.结果,微扰后的波函数(24.3)式就没有确定的宇称——回忆在8.5节和22.9节的讨论,一个处于电场中的系统能够获得一个**稳定的偶极矩**.可以求得在存在外场的情况下偶极矩的期待值为

$$\langle\boldsymbol{d}\rangle_k \equiv \langle\psi_k|\hat{\boldsymbol{d}}|\psi_k\rangle \tag{24.4}$$

其中,左矢和右矢都应该包含一级修正((24.3)式),则

$$\begin{aligned}\langle\boldsymbol{d}\rangle_k &= \langle k|\hat{\boldsymbol{d}}|k\rangle - \sum_{n\neq k}\left\{\langle k|\hat{\boldsymbol{d}}|n\rangle\frac{\mathcal{E}\cdot\boldsymbol{d}_{nk}}{E_k^0 - E_n^0} + \frac{\mathcal{E}\cdot\boldsymbol{d}_{nk}^*}{E_k^0 - E_n^0}\langle n|\hat{\boldsymbol{d}}|k\rangle\right\}\\ &= \boldsymbol{d}_{kk}^0 - \sum_{n\neq k}\frac{\boldsymbol{d}_{kn}(\mathcal{E}\cdot\boldsymbol{d}_{nk}) + (\mathcal{E}\cdot\boldsymbol{d}_{kn})\boldsymbol{d}_{nk}}{E_k^0 - E_n^0}\end{aligned} \tag{24.5}$$

这里,如果没有场的态具有某种宇称,则裸矩阵元$\boldsymbol{d}_{kk}^0\equiv\langle k|\hat{\boldsymbol{d}}|k\rangle$为零.

(24.5)式的结果意味着在作用了电场之后,偶极矩$\langle\boldsymbol{d}\rangle_k$包含初始矩$\boldsymbol{d}_{kk}^0$和比例于场的感应矩$\langle\boldsymbol{d}'\rangle_k$:

$$\langle\boldsymbol{d}\rangle_k = \boldsymbol{d}_{kk}^0 + \langle\boldsymbol{d}'\rangle_k \tag{24.6}$$

感应偶极矩$\langle\boldsymbol{d}'\rangle_k$和引起感应的场$\mathcal{E}$之间的比例系数可以称为**静态极化率**(对照习题12.8):

$$\langle d'^i\rangle_k = \alpha_k^{ij}\mathcal{E}_j \tag{24.7}$$

极化率α_k^{ij}是依赖于试探态$|k\rangle$的一个二秩张量:

$$\alpha_k^{ij} = \sum_{n\neq k}\frac{d_{kn}^i d_{nk}^j + d_{kn}^j d_{nk}^i}{E_n^0 - E_k^0} \tag{24.8}$$

定义(24.8)式表明,静态极化率张量是实的而且是对称的,$\alpha_k^{ij}=\alpha_k^{ji}$.正如从(24.7)式看到的,$\alpha$ 是具有体积的量纲.

利用波函数(24.3)式,我们可以用普遍的方案(19.18)式确定相对于电场直到二级的能量改变,即

$$E_k = E_k^0 - \mathcal{E}\cdot \boldsymbol{d}_{kk}^0 - \sum_{n\neq k}\frac{|\mathcal{E}\cdot \boldsymbol{d}_{nk}|^2}{E_n^0 - E_k^0} \tag{24.9}$$

或者用极化率张量的(24.8)式,即

$$E_k = E_k^0 - \mathcal{E}\cdot \boldsymbol{d}_{kk}^0 - \frac{1}{2}\alpha_k^{ij}\mathcal{E}_i\mathcal{E}_j \tag{24.10}$$

我们回到了经典公式:在外场中一个电荷系统的能量包括这个场与初始偶极矩的相互作用($\mathcal{E}\cdot \boldsymbol{d}_{kk}^0$)(线性项),以及该场与由同样的这个外场感应出的偶极矩的相互作用(二次项).正如在经典静电学中那样,有

$$\frac{\partial E_k}{\partial \mathcal{E}_i} = -d_{kk}^{0i} - \alpha_k^{ij}\mathcal{E}_j = -(d_{kk}^{0i} + \langle d'^{\,i}\rangle_k) = -\langle d^i\rangle_k \tag{24.11}$$

因此,微扰论给出了受均匀静电场极化的电荷系统传统图像.静极化率是**线性响应**理论的一种特别情况,该理论引入了系统对特定外部动因响应的极化率(susceptibilities).

24.2 Stark 效应

在量子理论中,能级的移动(24.9)式有时称为 **Stark 效应**.如果裸态$|k\rangle$有确定宇称,则 $\boldsymbol{d}_{kk}^0=\boldsymbol{0}$,因而**线性** Stark 效应不存在.对于一个具有确定的角动量 $J\neq 0$ 的态$|k\rangle$,微扰论的应用要求选择正确的零级线性组合,因为不管量子化轴 z 如何选择,这个裸态对于投影 $J_z=M$ 都是简并的.由于外场挑选了一个空间方向,被微扰的转动不变系统会丢失这种不变性.然而,相对于场方向的**轴对称性**仍然保持.因此,与 J_x 和 J_y 不同,角动量在场的轴($\mathcal{E}=\mathcal{E}_z$)上的投影 J_z 仍然是守恒的.如果我们选择场的 z 轴作为量子化轴,则具有确定值 $J_z=M$ 的态使总哈密顿量对角化,并且可以用做进一步应用微扰论的正确的线性组合.这种正确的线性组合是由对称性决定的,并不需要求解久期方程.

二级 Stark 效应是指对于一个给定的 JM 多重态磁的子能级,在弱电场中对投影 M

的能级劈裂. 这种劈裂的 M 依赖性可以以一种普遍形式建立. 让我们考虑这个多重态的 $2J+1$ 个态 $|(k)JM\rangle$ 的子空间，其中 (k) 代表所有的确定的非转动量子数. 在这个子空间中，我们可以用这种办法引入有效算符 $\hat{\alpha}_k^{ij}$，让它的矩阵元等于极化率张量的分量(24.8)式. 按照矢量模型的精神，以及与(23.96)式和(23.100)式的类比，对于一个各向同性的系统(具有一个确定 J)，这种对称的张量算符的最普遍形式是

$$\hat{\alpha}_k^{ij} = \chi_k \delta_{ij} + \beta_k \left(\hat{J}_i \hat{J}_j + \hat{J}_j \hat{J}_i - \frac{2}{3} \hat{\boldsymbol{J}}^2 \delta_{ij} \right) \tag{24.12}$$

在这里，这个张量被分解成与 α^{ii} 的迹成正比(在四极矩情况(23.96)式中没有类似物)的标量部分和无迹的四极部分. 结果，该算符有效地约化为标量和张量极化率两个数值系数，χ_k 和 β_k. 这两个常数由状态 $|k\rangle$ 的结构确定；它们仍然可以依赖于 J 的大小，但与分量 $\hat{J}_i$ 无关.

在 $J=0$ 的情况下，我们仅有唯一的 $M=0$ 态的移动，只有极化率的标量分量存留下来，

$$\hat{\alpha}_k^{ij}(J=0) = \chi_k \delta_{ij} \tag{24.13}$$

并且标量极化率得到一个简化的表达式(24.8)，

$$\chi_k = 2\sum_{n\neq k} \frac{d_{kn}^z d_{nk}^z}{E_n^0 - E_k^0} = 2\sum_{n\neq k} \frac{|d_{kn}^z|^2}{E_n^0 - E_k^0} \tag{24.14}$$

对于基态，表达式(24.14)明确地被确定.

习题 24.1 证明：谐振子的极化率(24.14)式与习题 12.8 的精确结果是一致的.

在原子物理中，对于一种从基态 $|0\rangle$ 到一个激发态 $|n\rangle$ 的偶极跃迁，引入了所谓的**振子强度**：

$$f_{n0} = \frac{2m\omega_{n0}}{e^2\hbar} |d_{n0}^z|^2 \tag{24.15}$$

其中 m 是电子的质量，$\omega_{n0} = (E_n^0 - E_0^0)/\hbar$ 是跃迁频率. 于是，$J=0$ 的原子基态的静极化率(24.14)式可以通过对振子强度的求和来表示：

$$\chi_0 = \frac{e^2}{m} \sum_{n\neq 0} \frac{f_{n0}}{\omega_{n0}^2} \tag{24.16}$$

该式解释了术语“振子强度”的来源. 因为结果(24.16)式正是每一个频率为 ω_{n0} 的原子振子的极化率(12.57)式以它们的强度 f_{n0} 为权重的求和.

习题 24.2 在多重态 $|JM\rangle$ 内，求二级 Stark 劈裂.

解

$$\delta E_k(JM) = -\frac{1}{2}\mathcal{E}^2\left\{\chi_k - \frac{2}{3}\beta_k[J(J+1) - 3M^2]\right\} \tag{24.17}$$

24.3 氢原子的极化率

极化率(24.8)式包含了从初态由偶极算符引起的激发得到的所有中间态的求和.这个求和使实际的计算成为一个难题.

对于在氢原子基态$|0\rangle$的二级效应,我们可以推导出一个精确的答案.这里,我们甚至可以通过在抛物线坐标中分离变量精确求解存在电场的 Schrödinger 方程[59, § 77].我们仅限于直接计算标量极化率(24.14)式:

$$\chi_0 = 2e^2\sum_n \frac{z_{0n}z_{n0}}{E_n^0 - E_0^0} \tag{24.18}$$

由于 $z_{00}=0$,$n\neq 0$ 的限制是不必要的,该问题可以借助用如下办法定义的辅助算符 $\hat{\xi}$ 求解:

$$\hat{z}\mid 0\rangle = [\hat{\xi},\hat{H}^0]\mid 0\rangle \tag{24.19}$$

其中,$\hat{H}^0$ 是氢原子无微扰的哈密顿量.算符 $\hat{\xi}$ 具有电子的 z 坐标(沿着场的方向运动)时间积分的意义.

现在,(24.18)式中所要求的矩阵元可以写为

$$z_{n0} = \langle n\mid[\hat{\xi},\hat{H}^0]\mid 0\rangle = (E_0^0 - E_n^0)\xi_{n0} \tag{24.20}$$

这就把极化率简化为

$$\chi_0 = 2e^2\sum_n \frac{z_{0n}(E_0^0 - E_n^0)\xi_{n0}}{E_n^0 - E_0^0} = -2e^2\sum_n z_{0n}\xi_{n0} \tag{24.21}$$

而且,对所有中间态求和简化为算符 $\hat{z}\hat{\xi}$ 在基态的期待值:

$$\chi_0 = -2e^2\langle\hat{z}\hat{\xi}\rangle_{00} \tag{24.22}$$

(译者注:原文此式左边明显有误.)

习题 24.3 构建算符 $\hat{\xi}$ 并计算氢原子的基态极化率.

解 假定 $\hat{\xi}$ 只是坐标的函数,实际上 $\xi=\xi(r,\theta)$,则(24.19)式和基态函数 $\psi_0(r)$ 的显示式一起导致函数 ξ 的微分方程.这个方程通过在球极坐标系中分离变量求解.结果是

$$\xi=-\frac{1}{e^2}\left(\frac{r}{2}+a\right)r\cos\theta=-\frac{z}{e^2}\left(\frac{r}{2}+a\right) \tag{24.23}$$

(a 是 Bohr 半径),它使得

$$\chi_0=2\left\langle 0\left|z^2\left(\frac{r}{2}+a\right)\right|0\right\rangle \tag{24.24}$$

由于基态的球对称性,对于任意 $f(r)$,有

$$\langle 0|f(r)z^2|0\rangle=\frac{1}{3}\langle 0|f(r)r^2|0\rangle \tag{24.25}$$

利用基态波函数的显示式,得到

$$(r^n)_{00}=\frac{(n+2)!}{2^{n+1}}a^n \tag{24.26}$$

$$\chi_0=\frac{2}{3}\left[\frac{1}{2}(r^3)_{00}+a(r^2)_{00}\right]=\frac{9}{2}a^3 \tag{24.27}$$

24.4 氢原子中的 Stark 效应

氢原子是特别的,由于它有“偶然的”Coulomb 简并.正因为如此,我们可以取 l 不同、主量子数 n 相同的能级的任何叠加作为一个未微扰态,尤其是可以把具有相反宇称的 l 轨道能级叠加起来.那时,未微扰的基态没有确定的宇称,使未微扰的偶极矩 $\boldsymbol{d}^0_{kk}$ 不为零.因此我们得到**线性** Stark 效应.基态是非简并的,故仅显示二级效应.对于 $n=2$,线性效应就已经出现了.

习题 24.4 在上面的讨论中,我们忽略了自旋-轨道劈裂,假定了电场的效应大于这个劈裂.在这种情况下,$n=2$ 的所有四个态(即 2s 和 2p)都可以被处理为初始简并态,而

电子的自旋可以忽略. 估算使这个假定成立的电场的大小.

考虑 $n=2$ 的四个简并态. 对称性论证表明,我们并不需要所有的这四个态的线性组合. 因为角动量在场方向的投影 $l_z=m$ 是守恒的, p 态 $|nlm\rangle=|211\rangle$ 和 $|nlm\rangle=|21-1\rangle$ 并不混合,使得对于这些态仅能观测到二次效应. 线性效应出现在那些 m 相同而 l 不同的简并态,即 2s 态 $|200\rangle$ 和 2p 态 $|210\rangle$. 这里,我们处理标准的两个能级问题的一种简并极限,见 19.4 节. 其微扰为

$$\hat{H}'=-e\mathcal{E}\hat{z} \tag{24.28}$$

而正确的线性组合为

$$|\mp\rangle=\frac{1}{\sqrt{2}}(|200\rangle\mp|210\rangle) \tag{24.29}$$

其中从未微扰的 Balmer 值的能移由非对角矩阵元给出:

$$\delta E_{\mp}=\pm e\mathcal{E}|\langle 200|z|210\rangle| \tag{24.30}$$

习题 24.5 计算混合矩阵元并且画出对于 $n=2$ 线性能级劈裂示意图.

解 能级示意图如图 24.1 所示,其劈裂由(24.30)式给出:

$$\langle 200|z|210\rangle=-3a \tag{24.31}$$

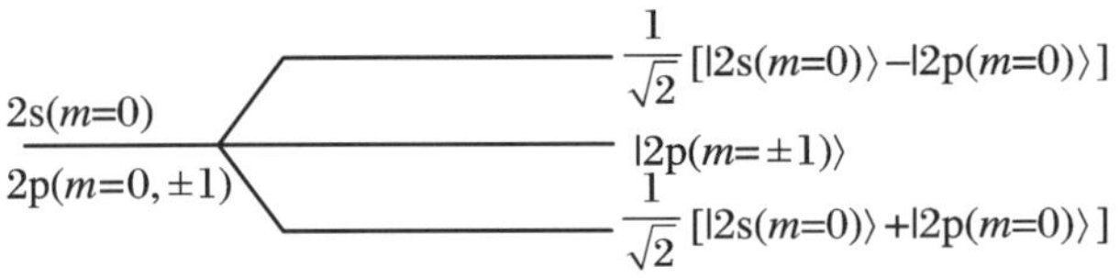

图 24.1 在氢原子中在比精细结构间隔强的电场中 $n=2$ 壳的能级示意图

在 $n=2$ 壳中的二次效应也不同于上面所讨论的 $n=1$ 的情况. 在 p 态,轨道角动量是 $l=1$,而且极化率张量对 l_z 以外的所有量子数取平均具有(24.12)式的形式,在那里 $\hat{\boldsymbol{J}}\to\hat{\boldsymbol{l}}$. 如果电场与精细结构效应相比很弱,则守恒的矢量是 $\boldsymbol{j}$,相应地,在(24.12)中 $\hat{\boldsymbol{J}}\to\hat{\boldsymbol{j}}$. 再一次强调,系数 χ_k 和 β_k 是由系统的内部结构决定的,它们依赖于 l 和 j,而与 m 无关.

24.5 非均匀电场及额外的评注

如果外场是非均匀的，在系统内部的电荷分布的多极矩与外场静电势的高阶导数 ϕ 相互作用. 实际上，在一个原子或一个原子核的尺度下这个场通常仅仅微弱地变化. 于是，最重要的修正来自最低阶的非零导数，因此相应地来自系统最低的多极矩.

一般来说，考虑与外场的梯度的四极相互作用就足够了，回顾(23.95)式，有

$$\hat{H}'_Q = -\frac{1}{6}(\nabla_i \mathcal{E}_j)_0 \hat{Q}_{ij} \tag{24.32}$$

其中，梯度是在原子(或原子核)所在的原点取值，$\hat{Q}_{ij}$ 是该系统的四极矩算符.

习题 24.6 求由电场的非零导数 $(\partial E_z/\partial z)_0 = -(\partial^2\phi/\partial z^2)_0 \equiv -\phi''$ 引起的 $|JM\rangle$ 能级的劈裂.

解

$$\delta E_k^{(Q)}(JM) = \phi'' Q_k \frac{3M^2 - J(J+1)}{4J(2J-1)} \tag{24.33}$$

其中，Q_k 是对最大投影 $M=J$ 的子态以标准办法定义的处于 $|k\rangle$ 态的系统的四极矩，见习题 23.8.

在上面考虑的所有情况中，具有相反符号角动量投影值 $\pm M$ 的能级仍然是简并的. 这是轴对称哈密顿量对于包含电场 z 轴的任何平面反射不变性的一个精确结果. 让我们考虑 xz 平面. 在这样的反射下，任何矢量的 y 分量都改变符号，而 x 和 z 分量保持不变. 角动量在 z 轴上的投影 $\hbar l_z = xp_y - yp_x$ 改变符号：$M \to -M$. 因为增加了电场 $\mathcal{E}_z$ 的哈密顿量并没有改变，所以状态 $|JM\rangle$ 和 $|J-M\rangle$ 是简并的. 而且，在**时间反演下**，这些态彼此互换，同时任何构型的电场都不破坏 $\mathcal{T}$ 不变性，所以在存在电场的情况下，从 $|JM\rangle$ 到 $|J-M\rangle$ 的演化的状态保持简并. 在磁场中，情况就不一样了.

严格地说，均匀电场使上面我们考虑的态成为**准定态**. 正像习题 2.5 所讨论的金属冷发射那样，在均匀电场中，存在粒子从系统通过隧道效应逃逸(例如原子电离)的一种即使很小但有限的概率. 然而，相对于场电离的寿命通常是很长的[59, § 77].

24.6 经典 Zeeman 效应

现在讨论静磁场的效应,我们需要回顾一下在第 13 章已经讨论的自由运动以及在 20.4 节考虑的在磁场中的自旋.如果把一个**束缚**的带电粒子系统放到一个均匀静磁场 $\mathcal{B}$ 中,则会出现谱线的一种特殊的劈裂.在弱磁场中的这种劈裂称为 **Zeeman 效应**.

在经典理论中,Zeeman 效应直接源自电动力学.按照 **Larmor 定理**[6,§45],在一个任意球对称的静电势和弱的均匀磁场中,一个带电粒子系统的行为与在以 Larmor 频率

$$\Omega_{\mathrm{L}} = -\frac{e}{2mc}\mathcal{B} \tag{24.34}$$

均匀转动的坐标系中具有同样电场而没有磁场的行为是一样的,其中假定了比率 e/m 对于所有的粒子都相同.粗略地说,Larmor 定理的本质可以用一个带电粒子沿着圆周以相应于动能 $E_0=(1/2)mr^2\omega_0^2$ 的频率 ω_0 做有限运动的例子来解释.若加上一个垂直于轨道平面的磁场,其转动频率变为 $\omega_0+\Omega_{\mathrm{L}}$,即 $E_0\to E=(1/2)mr^2(\omega_0+\Omega_{\mathrm{L}})^2$.若场很弱,$\omega_0\gg\Omega_L$,则

$$E\approx E_0+mr^2\omega_0\Omega_{\mathrm{L}} = E_0+L\Omega_{\mathrm{L}} \tag{24.35}$$

其中,L 是经典轨道角动量.增加的能量

$$L\Omega_{\mathrm{L}} = -\frac{e}{2mc}L\mathcal{B} = -\mu\mathcal{B} \tag{24.36}$$

来自轨道磁矩 $\mu=g_lL$ 与磁场的相互作用,其中 $g_l=e/(2mc)$.用经典力学语言就是(24.36)式计算了 Coriolis 力而忽略了 Ω_{L} 平方的离心效应.

在经典电子理论中,人们用一个线性振子表示原子的电子,它发射频率等于振子本身频率 ω_0 的光.在弱磁场 $\mathcal{B}$ 中,电子振动的线开始绕着场的方向以频率 Ω_{L}转动.把最初的谐振动分解成平行于和垂直于 $\mathcal{B}$ 的分量.磁场并不影响纵向分量,该分量仍以未微扰频率 ω_0 产生辐射谱线.横向分量可以用两个具有相反方向转动的圆周运动的叠加来表示.在这个磁场中,相应的频率劈裂了,$\omega_0\to\omega_0\pm\Omega_{\mathrm{L}}$.

从光谱角度,磁场把未微扰的谱线变成 **Lorentz 三重态**:具有 $\omega=\omega_0$ 的 **π 分量**和具有 $\omega\pm\Omega_{\mathrm{L}}$的 **$\sigma$ 分量**.一个观测者沿垂直于静磁场的方向看,没有被移动的 π 线将被接收

为一个沿着场线性极化的波，如图 24.2 所示．一如既往，我们定义极化方向是发射波的电场方向．被移动了的 σ 线将是垂直于静磁场线性极化的．沿着磁场方向看，我们仅看到相反圆极化的两条 σ 线；这时看不到 π 线，因为振动的电荷并不在它的运动方向发出辐射．

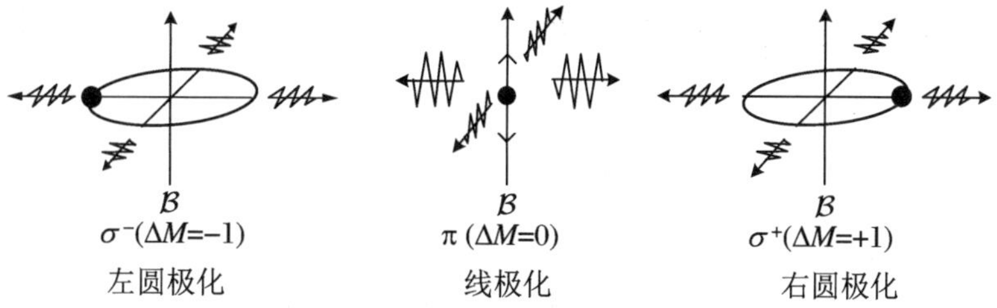

图 24.2　经典塞曼效应

因此，按照经典电磁理论，在磁场中一个原子的全部谱线产生这个具有频率三重态的**正常 Zeeman 效应**．实际上，人们往往观测到在原子中的**反常 Zeeman 效应**，这时劈裂分量的数目与 Lorentz 三重态并不对应．

24.7　磁场中的量子体系

在静磁场中带电粒子非相对论系统的普遍哈密顿量可以表示为 $\hat{H}=\hat{H}^0+\hat{H}'$，其中磁效应为

$$\hat{H}'=-\sum_a\left\{\frac{e_a}{2m_ac}[\hat{\boldsymbol{p}}_a\cdot\boldsymbol{A}(\boldsymbol{r}_a)+\boldsymbol{A}(\boldsymbol{r}_a)\cdot\hat{\boldsymbol{p}}_a]-\frac{e_a^2}{2m_ac^2}\boldsymbol{A}^2(\boldsymbol{r}_a)+g_s^{(a)}\hbar\hat{\boldsymbol{s}}_a\cdot\mathcal{B}(\boldsymbol{r}_a)\right\}\tag{24.37}$$

我们在 13.2 节已经处理过这个哈密顿量对应于轨道磁性的部分，在 20.4 节和习题 23.6 中处理过对应于自旋磁性的部分．

在一个均匀磁场 $\mathcal{B}$ 中，方便的做法是对矢量势使用对称规范：

$$\boldsymbol{A}(\boldsymbol{r})=\frac{1}{2}(\mathcal{B}\times\boldsymbol{r})\tag{24.38}$$

用了这种选择，则

$$\mathrm{div}\boldsymbol{A} = 0 \rightsquigarrow \hat{\boldsymbol{p}} \cdot \boldsymbol{A} = \boldsymbol{A} \cdot \hat{\boldsymbol{p}} \tag{24.39}$$

因而哈密顿量稍有简化：

$$\hat{H} = \hat{H}^0 - \sum_a \left\{ \frac{e_a}{m_a c} [\boldsymbol{A}(\boldsymbol{r}_a) \cdot \hat{\boldsymbol{p}}_a] - \frac{e_a^2}{2m_a c^2} \boldsymbol{A}^2(\boldsymbol{r}_a) + g_s^{(a)} \hbar (\hat{\boldsymbol{s}}_a \cdot \mathcal{B}) \right\} \tag{24.40}$$

和前面一样，$\hat{H}^0$ 指的是哈密顿量中不包括磁场的那一部分. 在对称规范((24.38)式)中，有

$$\boldsymbol{A} \cdot \hat{\boldsymbol{p}} = \frac{1}{2}(\mathcal{B} \times \boldsymbol{r}) \cdot \hat{\boldsymbol{p}} = \frac{1}{2}\mathcal{B} \cdot (\boldsymbol{r} \times \hat{\boldsymbol{p}}) = \frac{\hbar}{2}\mathcal{B} \cdot \hat{\boldsymbol{l}} \tag{24.41}$$

它显示出轨道磁性，使得

$$\hat{H} = \hat{H}^0 - \sum_a \left[\frac{e_a \hbar}{2m_a c}(\mathcal{B} \cdot \boldsymbol{l}_a) - \frac{e_a^2}{8m_a c^2}(\mathcal{B} \times \boldsymbol{r}_a)^2 + g_s^{(a)} \hbar (\hat{\boldsymbol{s}}_a \cdot \mathcal{B}) \right] \tag{24.42}$$

这里大括号中的第一项是轨道磁矩与磁场的经典相互作用(24.36)式的类似式. 下一项(场的平方项)的类似结果在经典情况(24.36)式中被略去了. 正如从直接估算可以看到的，仅仅对于非常强的磁场和扩展的轨道这一项才与前面一项可以相比. 在线性项的背景下，在 $\mathcal{B} \sim 1$ T 的磁场中对于跃迁到高激发态 $n \gg 1$ 的碱金属吸收谱，人们在实验中观测到了这种二次效应，见下面的 24.12 节.

24.8 正常量子 Zeeman 效应

对于一个相对弱的均匀磁场，我们可以忽略哈密顿量(24.42)式中的二次项. 让我们也忽略自旋磁性.

对于具有同样 e/m 值的无自旋粒子，哈密顿量(24.42)式变成

$$\hat{H} = \hat{H}^0 - \frac{e\hbar}{2mc}\mathcal{B} \cdot \sum_a \hat{\boldsymbol{l}}_a = \hat{H}^0 - \frac{e\hbar}{2mc}\mathcal{B} \cdot \hat{\boldsymbol{L}} \tag{24.43}$$

其中，$\boldsymbol{L}$ 是系统的总轨道动量. 哈密顿量(24.43)式是相当简单的. 我们自然而然地选择量子化轴 z 沿磁场方向，则 $\mathcal{B} = \mathcal{B}_z$. 如果未微扰的哈密顿量 $\hat{H}^0$ 是转动不变的，使得各向

异性只是由磁场引起的，则未微扰态具有确定的$\hat{\boldsymbol{L}}^2$和$\hat{\boldsymbol{L}}_z$值.无微扰能量E_L^0依赖于$\boldsymbol{L}$(以及一些其他量子数)，而与$\boldsymbol{L}_z = M$无关.正如从(24.43)式所看到的，对于加入微扰的哈密顿量$\hat{H}$，量子数L和M也保持不变.定态$|LM\rangle$仍然是定态，尽管能量变成

$$E_{LM} = E_L^0 - \frac{e\hbar}{2mc}\mathcal{B}M = E_L^0 - \mu_B \mathcal{B}M \tag{24.44}$$

在这种情况下，磁场把所有简并的LM多重态简单地劈裂成具有不同M数值的$2L+1$个分量.如图24.3所示，劈裂与场的大小成线性关系而且是等距的，且每一步都等于Larmor频率的量子：

$$E_{LM+1} - E_{LM} = -\mu_B \mathcal{B} = -\frac{e\hbar}{2mc}\mathcal{B} = \hbar\Omega_L \tag{24.45}$$

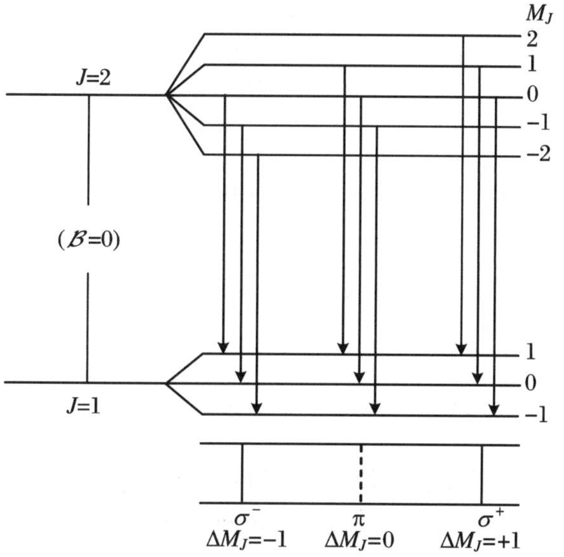

图24.3　正常量子 Zeeman 效应和 Lorentz 三重态；在具有同样回旋磁比率的$J=2$和$J=1$多重态之间$\Delta M=0,\pm 1$跃迁的一个例子

与电场不同，时间共轭态$\pm M$的简并被解除了.正像上面所讨论的，这与磁场的$\mathcal{T}$奇特性相关，该磁场以相反方式作用在反方向转动的态上.

这些结果精确地对应于**经典正常 Zeeman 效应**.的确，让我们考虑无微扰频率$\omega_0 = (E_1^0 - E_2^0)/\hbar$的辐射，如图24.3所示，该辐射与两个未微扰多重态之间的跃迁相联系.在磁场存在的情况下，情况不再如此，而是出现了两个劈裂的多重态不同分量之间的一系

列跃迁. 可能的频率为

$$\omega = \frac{E_1 - E_2}{\hbar} = \frac{E_1^0 - E_2^0}{\hbar} - \frac{\mu_B}{\hbar}\mathcal{B}(M_1 - M_2) = \omega_0 + \Omega_L \Delta M \qquad (24.46)$$

正如我们在辐射理论中将会看到的，最强的跃迁是那些投影改变 $\Delta M = 0, \pm 1$ 的跃迁. 这与和其他多极辐射相比有最大强度的原子偶极辐射选择定则有关. 这种跃迁精确地对应于具有 $\omega = \omega_0, \omega_0 \pm \Omega_L$ 的 Lorentz 三重态. 易见，发射波的极化也与我们对于经典情况提到的一致. 在 π 跃迁中，$\Delta M = 0$，因此发射的光子不带有 z 方向角动量. 这意味着，该波是沿着场的方向线极化的. 具有 $\Delta M = \pm 1$ 的 σ 跃迁对应于在垂直于场的平面内的圆极化.

24.9 反常量子 Zeeman 效应

当哈密顿量(24.40)式中的自旋项对与磁场的相互作用有贡献时，就出现反常量子 Zeeman 效应. 实际上，它比“正常”效应更常发生.

对于一个具有回旋磁比率 g_l 和 g_s 的全同粒子系统，例如原子的电子，哈密顿量(24.43)式被下式替代：

$$\hat{H} = \hat{H}^0 - \hbar(g_l \hat{\boldsymbol{L}} + g_s \hat{\boldsymbol{S}}) \cdot \mathcal{B}, \quad \hat{\boldsymbol{S}} = \sum_a \hat{\boldsymbol{s}}_a \qquad (24.47)$$

进一步计算主要决定于外场 $\mathcal{B}$ 和在原子中的“内场”$\mathcal{B}_{内} \sim (1/c)(\boldsymbol{v} \times \mathcal{E}) \sim 1—10$ T 的大小之间的关系，它给出了精细结构的劈裂，如第 23 章所述.

除了最重的原子，相对论效应都不是很强，因此 LS 耦合可以作为一个好的近似. 于是，L 和 S 都是多电子态的好量子数. 设外场相对较弱，使得 Zeeman 劈裂小于精细结构间隔；这是 Zeeman 效应适用的区域. 在这种情况下，精细结构确定了 J 也是一个好量子数. 状态 $|LSJJ_z = M\rangle$ 是正确的零级波函数线性组合. 物理图像可以这样来解释：通过自旋-轨道相互作用，$\boldsymbol{L}$ 和 $\boldsymbol{S}$ 耦合成绕着场 $\mathcal{B}$ 进动的 $\boldsymbol{J}$. Zeeman 劈裂由磁相互作用在多重态的子态 $|LSJM\rangle$ 上的期待值给出.

这个问题被精确地设计为 23.5 节的习题，并且其结果立即可以从做一些符号改变的(23.55)式借用. $|LSJM\rangle$ 态的能移为

$$\delta E_M = -g\hbar\mathcal{B}M \qquad (24.48)$$

其中，有效回旋磁比率仍由 Lande 因子确定：

$$g=\frac{g_l+g_s}{2}+\frac{g_l-g_s}{2}\frac{L(L+1)-S(S+1)}{J(J+1)} \tag{24.49}$$

这里重要的是我们要处理**全同**电子，所以回旋磁比率 $g_l=\mu_B/\hbar$ 和 $g_s=2\mu_B/\hbar$ 与一个单电子的回旋磁比率是一样的：

$$\hat{\boldsymbol{\mu}}=\sum_a(g_l^{(a)}\hat{\boldsymbol{l}}_a+g_s^{(a)}\hat{\boldsymbol{s}}_a)=g_l\hat{\boldsymbol{L}}+g_s\hat{\boldsymbol{S}} \tag{24.50}$$

与正常 Zeeman 效应不同，这里的劈裂不像由所有的量子数 S、L 和 J 决定的那样通用. 能级 $|LSJM\rangle$ 劈裂成 $2J+1$ 个等距分量，而它的重心没有移动：

$$\sum_M\delta E_M(LSJ)=0 \tag{24.51}$$

在不同劈裂的 Zeeman 多重态之间的辐射跃迁一般给出三条以上的谱线. 只有 $S=0$ 的自旋单态才产生正常 Zeeman 效应.

24.10 较强磁场

现在我们转向另一种情况：磁场**比精细结构劈裂要强**，但是与具有不同 L 和 S 值的能级间的静电劈裂相比仍然要弱——只有这样，我们才能使用微扰论.

在这样的"强"场中，我们首先可以忽略精细结构耦合. 于是，轨道角动量和自旋作为退耦合的子系统沿着磁场 $\mathcal{B}=\mathcal{B}_z$ 独立地排列. 然后，$\hat{L}_z$ 和 $\hat{S}_z$ 与包括外磁场而不包括自旋-轨道耦合的哈密顿量对易，并提供了好量子数 M_L 和 M_S. 定性地说，这个强磁场把自旋-轨道耦合破坏了，使 $\boldsymbol{L}$ 和 $\boldsymbol{S}$ 分别围绕着矢量 $\mathcal{B}$ 进动(**Paschen-Back 效应**).

在比精细结构强的磁场中，正确的线性组合是**退耦合态** $|LSM_LM_S\rangle$. 哈密顿量(24.47)式磁部分的期待值确定了能移

$$\begin{aligned}\delta E_{M_LM_S}&=-\hbar\mathcal{B}\langle LSM_LM_S|g_l\hat{L}_z+g_s\hat{S}_z|LSM_LM_S\rangle\\&=-\hbar\mathcal{B}(g_lM_L+g_sM_S)\end{aligned} \tag{24.52}$$

用标准的电子回旋磁比率，即

$$\delta E_{M_L M_S} = -\mu_B \mathcal{B}(M_L + 2M_S) \tag{24.53}$$

现在，自旋-轨道相互作用(23.31)式是次要效应，它在其第一级导致进一步的能移：

$$\delta E^{(ls)}_{M_L M_S} = \langle LSM_L M_S | W_{LS}(\hat{\boldsymbol{L}} \cdot \hat{\boldsymbol{S}}) | LSM_L M_S \rangle = W_{LS} M_L M_S \tag{24.54}$$

在中间情况下，自旋-轨道相互作用和外磁场需要同时考虑，这通常导致一个某一阶的久期方程.虽然解析求解是不可能的，数值对角化却很简单，而且，通常很容易在已经知道解的弱场和强场的两种极限情况之间进行定性的插值.在10.5节关于具有同样对称性的能级避免交叉的论证非常有用.实际上，让我们假定两个能级交叉于某个 $\mathcal{B} = \mathcal{B}_0$ 的值.于是，它们的能量在这个数值附近是接近的.在10.4节和10.5节，我们已经讨论了这个等效的二能级问题.解(10.42)式表明，仅在两个条件 $H_{11}(\mathcal{B}_0) = H_{22}(\mathcal{B}_0)$ 和 $H_{12}(\mathcal{B}_0) = 0$ 同时都满足时，精确的交叉才发生.通常，这两个独立的条件不可能通过选择一个参数 $\mathcal{B}_0$ 而得到满足.仅当由于对称性的原因，混合矩阵元 H_{12} 恒为零时，能级交叉才出现.

在我们的问题中，对于任何值的磁场，仅有的精确的运动常数是总角动量在场方向的投影 $J_z = M$.当场 $\mathcal{B}$ 变化的时候，能量项 $E_M(\mathcal{B})$ 保持同样的 M 值.因为哈密顿量在具有不同 M 值的项之间所有的矩阵元都为零，所以这些能级可能交叉，而具有相同对称性的那些项(具有相同的 M 值)不交叉.

习题 24.7 定性地描绘作为磁场的一个函数的类氢原子 2p 能级的劈裂.

解 如图24.4所示.在没有磁场的时候，在简并的二重态 $2p_{1/2}$ 和四重态 $2p_{3/2}$ 之间，我们有自旋-轨道劈裂，后者移动到了更高的能量.在足够强的磁场中，按照(24.53)式，能级的顺序是由量子数 $m_l + 2m_s$ 决定的.总投影 $m = m_l + m_s$ 在演化过程中保持不变.具有相同 m 的能级不交叉.

习题 24.8 把自旋为 I、回转磁比率为 g 和四极矩为 Q 的一个原子核放到一个晶体结构中，其中在原子核上存在电场梯度 $(\partial \mathcal{E}_z/\partial z)_0 = -\phi''$.此外，在沿着与 z 轴成 θ 角的方向加上静磁场 $\mathcal{B}$，求多重态 $|IM\rangle$ 的能级劈裂.

解 我们需要把 $M \to -M$ 为偶的电四极效应与 Zeeman 效应结合起来.**半整数** I 值的复杂性是由于磁场有一个横向分量 $\mathcal{B}\sin\theta$，它把仅在电场存在时简并的 $M = \pm 1/2$ 的态联系起来了.因此，我们需要分开考虑要求把磁部分精确对角化的这个 2×2 子空间.结果是

$$\delta E(IM) = \phi'' \frac{Q}{4I(2I-1)}[3M^2 - I(I+1)] - g\hbar M\mathcal{B}\cos\theta[1 + (\xi - 1)\delta_{|M|,1/2}] \tag{24.55}$$

其中,参数

$$\xi = \sqrt{1 + (I + 1/2)^2 \tan^2 \theta} \tag{24.56}$$

来自对角化.

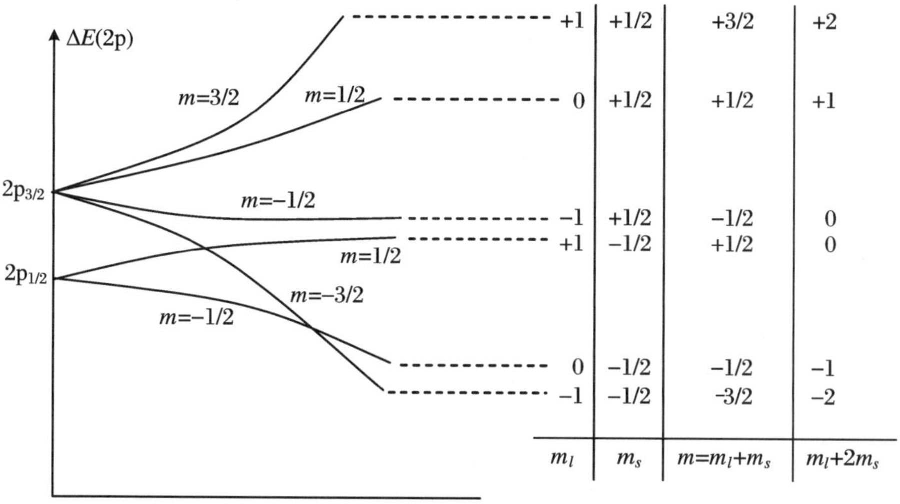

图 24.4　在磁场中一个类氢原子 2p 态的能级图

24.11　抗磁性

如果原子态既没有自旋也没有轨道角动量,即 $S = L = 0$,则哈密顿量(24.42)式中由**线性**项产生的磁效应不复存在.例如,这种情况发生在惰性气体原子中,它的某些能壳被电子完全占据,并且电子的所有角动量相抵消,因而磁矩也抵消了.

在这种情况下,仅有的效应来自(24.42)式中的平方项:

$$\hat{H}^{(2)} = \frac{e^2}{8mc^2}\sum_a (\mathcal{B} \times \boldsymbol{r}_a)^2 \tag{24.57}$$

其中,对原子中的电子,我们假定所有的质量和电荷都是相同的.在磁场沿着 z 轴的情况下,哈密顿量变为

$$\hat{H}^{(2)} = \frac{e^2 \mathcal{B}^2}{8mc^2} \sum_a (x_a^2 + y_a^2) \tag{24.58}$$

在 $S = L = 0$ 的一个未微扰态上，这个微扰的期待值要求知道原子的均方半径 $\langle R^2 \rangle$：

$$\left\langle \sum_a (x_a^2 + y_a^2) \right\rangle = \frac{2}{3} \sum_a \langle r_a^2 \rangle \equiv \frac{2}{3} Z \langle R^2 \rangle \tag{24.59}$$

其中，Z 是电子数. 这里我们使用了 $S = L = 0$ 态的球对称性. 该闭壳态能移的最后结果为

$$\delta E^{(2)} = \frac{e^2 \mathcal{B}^2 Z}{12mc^2} \langle R^2 \rangle \tag{24.60}$$

类似于电偶极矩的(24.11)式，磁矩的期待值可以写为

$$\langle \mu_i \rangle = -\frac{\partial E}{\partial \mathcal{B}_i} \tag{24.61}$$

在**线性**近似下，这个导数给出了一个正比于角动量的常数值：

$$\langle \mu \rangle_M = -g\hbar M \tag{24.62}$$

其中，g 是适当的回旋磁比率. 这样的原子形成一种**顺磁性**(paramagnetic)气体，其磁化强度与外磁场成正比. 更精确地说，每一个原子都具有它自己的磁矩(24.61)式. 然而，没有场的话，不同原子的这些矩都是无规的并相互抵消. 场劈裂了能级并且产生了具有磁矩沿着磁场方向排列的低能量子态的优先占据；气体的能量作为一个整体**减小**了.

在 $L = S = 0$ 的情况下，不存在单个原子的磁化强度，但是二次能移(24.60)式引起能量依赖于场. 类似于电介质的极化率(24.7)式和(24.11)式，我们可以引入**静磁化率** χ 为

$$\chi^{ij} = \frac{\partial \langle \mu_i \rangle}{\partial \mathcal{B}_j} \tag{24.63}$$

在抗磁情况(24.60)式中，这个量是对角的，$\chi^{ij} = \chi \delta_{ij}$，并且是负的，能量是增加的：

$$\delta E^{(2)} = -\frac{1}{2} \chi \mathcal{B}^2 \tag{24.64}$$

$$\chi = -\frac{Ze^2}{6mc^2} \langle R^2 \rangle \tag{24.65}$$

粗略地讲，对于电偶极极化率(24.27)式，其特征体积是原子体积，而对于抗磁性磁化率，其中的一维被经典电子半径(1.40)式代替，该半径减小了一个因子 α^2.

24.12 通向真正的强磁场

作为磁场的二级效应，抗磁性是典型的很弱的. 半导体中的Meissner效应（14.7 节）是**理想抗磁性**的表现，这时磁场完全被推斥到超导材料主体之外. 在类似于大空间尺度的**苯环**或具有小的载流子（电子或空穴）有效质量的半导体（或像铋那样的半金属），抗磁效应都较大.

另一个实验上可观测的例子是在Coulomb轨道半径变得很大的高激发的 Rydberg **原子态**. 在一个电子激发到这样一个轨道的情况下，该系统使人联想起类氢原子[79]. 具有大的量子数 n 的一个 Rydberg 轨道的主要磁效应是与二次项 $\hat{H}^{(2)}$ 相联系的，因为对抗磁性很重要的 Coulomb 轨道面积$\propto r^2 \propto n^4$增长. 利用 Larmor 频率 Ω_{L}的（24.45）式，我们可以忽略那些与磁场成线性的项，得到近似的哈密顿量：

$$\hat{H} \approx \frac{\hat{\boldsymbol{p}}^2}{2m} - \frac{e^2}{r} + \frac{1}{2} m\Omega_{\mathrm{L}}^2 r^2 \sin^2\theta \tag{24.66}$$

其中，我们再一次假定了均匀磁场 $\mathcal{B} = \mathcal{B}_z$. 当（24.66）式中的抗磁项与 Coulomb 项有同样大小的量级时，这个场可以认为的确很强（不是在 24.10 节的意义上比精细结构劈裂的强，而是与静电引力可比）. 于是，我们有 $\mathcal{B}^2 r^2/(mc^2) \sim 1/r$. 这个条件也可以通过比较典型的空间尺度与 Larmor 运动（13.60）式的大小来描述. 这个典型的空间尺度即是轨道面积$\sim r^2 \sim n^4 a^2$，其中 $a = \hbar^2/(me^2)$是通常的 Bohr 半径，而 Larmor 运动的大小$\sim R^2$按 $R \propto 1/\sqrt{\mathcal{B}}$减少：

$$\frac{r^2}{R^2} \sim \frac{n^4 a^2}{R^2} \equiv n^4 \frac{\mathcal{B}}{\mathcal{B}_0} \tag{24.67}$$

这里，我们引入了临界场的大小：

$$\mathcal{B}_0 = \frac{m^2 ce^3}{\hbar^3} = 2.35 \times 10^9 \text{ Gs} \tag{24.68}$$

对于特斯拉（T，10^4 Gs）量级的磁场，且 $n \approx 50$—100，Coulomb 项和抗磁项的大小变成具有同样的量级. 这样的场可以在实验室的条件下进行研究.

球对称的 Coulomb 吸引和强磁场同时存在引起了对称性的冲突，在这样的 Rydberg

轨道上的经典运动变成**混沌**(chaotic)[79].在 $\mathcal{B}\sim 6\ \mathrm{T}$ 的磁场下,在电离阈附近 Rydberg 原子的光吸收实验[80]发现了所谓的**准 Landau 共振**,其能量的步长接近于 $(3/2)\hbar\Omega_c$,而不是在低场强的情况下所熟知的 Landau 能级之间以回旋频率 Ω_c 跃迁的标准共振 $\hbar\Omega_c$.

习题 24.9 通过对于能量 E 靠近零并由哈密顿量(24.66)式控制的赤道面内电子运动的半经典估算来解释这个发现.

解 我们可以按照 1.7 节的做法来进行类似的处理.正如(1.60)式,高激发的半经典能级间的跃迁能量等于经典径向振动频率的量子:

$$\hbar\omega = \frac{2\pi\hbar}{T}, \quad T = 2\int_a^b \frac{\mathrm{d}r}{v(r)} \tag{24.69}$$

其中,在电离阈附近 $E\approx 0$,在径向转折点 a 和 b 之间的运动速度是

$$v(r) = \sqrt{\frac{2}{m}\left(\frac{e^2}{r} - \frac{1}{2}m\Omega_L^2 r^2\right)} \tag{24.70}$$

积分(24.69)式可以利用变量变换 $r=\xi\left[2e^2/(m\Omega_L^2)\right]^{1/3}$ 和 $\eta=\xi^{3/2}$ 来计算:

$$T = \frac{2}{\Omega_L}\int_0^1 \frac{\mathrm{d}\xi\sqrt{\xi}}{\sqrt{1-\xi^3}} = \frac{4}{3\Omega_L}\int_0^1 \frac{\mathrm{d}\eta}{\sqrt{1-\eta^2}} = \frac{2\pi}{3\Omega_L} \tag{24.71}$$

决定共振之间能量间距的频率(24.69)式现在是 $3\Omega_L=(3/2)\Omega_c$.

在磁场的大小超过(24.68)式的 $\mathcal{B}_0$ 时,我们进入**特强磁场**物理,这时电子的抗磁效应逐渐大于典型的 Coulomb 能.当然,我们不得不放弃把磁场作为对正常原子结构的弱微扰的处理.相反,这时磁场变成主要的动力.与沿着磁场的运动相反,在垂直于磁场的平面内一个小回旋半径为 R 的运动受到强的限制.原子在磁场的方向强变形,变成圆柱形或类似"针"的形状.

对物质的这种奇特状态的一个简单想法可以从对一个氢原子的估算中提取出来.在一个 Coulomb 场和强磁场 B_z 中电子的基态波函数沿着磁场的大小 Z 要大于横向大小 R,见(13.60)式.纵向运动的动能具有 $\hbar^2/(mZ^2)$ 的量级.Coulomb 势 $e^2/r=e^2/\sqrt{\rho^2+z^2}$ 必须对横向轨道大小为 $\rho\sim R$ 的快速回旋转动作平均.横向波函数 $\psi(\rho)$ 应该在 $\rho\sim R$ 以内归一化,这意味着 $\psi\sim 1/\rho$.这样,Coulomb 势对回旋运动的平均给出了量级为 $(e^2/Z)\ln(Z/R)$ 的量.这个表达式的最小化为

$$E\sim\frac{\hbar^2}{m}\frac{1}{Z^2}-\frac{e^2}{Z}\ln\frac{Z}{R} \tag{24.72}$$

其中,我们假定 $\ln(Z/R)\gg 1$,利用临界场的定义(24.68)式,给出估算($a=\hbar^2/(me^2)$),

$(a/R)^2 \sim \mathcal{B}/\mathcal{B}_0$：

$$Z \sim \frac{\hbar^2}{me^2}\frac{1}{\ln(a/R)^2} \sim \frac{a}{\ln(\mathcal{B}/\mathcal{B}_0)} \tag{24.73}$$

基态结合能$\propto \ln^2(\mathcal{B}/\mathcal{B}_0)$增大.在大量的文献中可以找到更精确的讨论,例如"短评"[81].

磁场 $\mathcal{B} \gg \mathcal{B}_0$ 不可能在实验室中产生.但是,在凝聚态中磁场的相对效应可以极大地增强,这不仅仅是由于电荷载流子反常的小的有效质量,而且也由于高的介电常数弱化了 Coulomb 场.然而,研究极端强磁场中物质行为的最重要动机来自**天体物理**.正如从对中子星的研究中人们所知道的,许多中子星的表面都具有比临界场 $\mathcal{B}_0$ 大得多的磁场,可以达到 $10^{(14-15)}$ Gs.强磁场影响各种天体的所有性质,包括它们的状态方程、辐射、冷却速率及其他一些平衡过程.从陆地上的实验知道核反应可以改变它们的反应率(例如,β衰变可以有差别,因为在强磁场中,跑出来的电子或正电子具有完全不同的末态能级密度).超流存在与否以及流体动力学的一些性质也要改变.

参考文献

[1] Landau L D,Lifshitz E M. Mechanics[M]. Oxford: Butterworth-Heinemann, 2003.

[2] Brack M,Bhaduri R K. Semiclassical Physics[M]. Reading: Addison-Wesley,1997.

[3] Pauli W. Wave Mechanics[M]. Mineola:Dover Publications,2000.

[4] Bohr A, Mottelson B R, Ulfbeck O. Found. Phys., 2004, 34: 405.

[5] Bohr A, Mottelson B R. Nuclear Structure[M]. Singapore:World Scientific, 1998.

[6] Landau L D, Lifshitz E M. The Classical Theory of Fields[M]. Oxford: Butterworth-Heinemann, 1996.

[7] Berestetskii V B, Lifshitz E M, Pitaevskii L P. Quantum Electrodynamics[M]. New York: Pergamon Press, 1982.

[8] Bialynicki-Birula I,Mycielsky J. Comm。Math. Phys., 1975,44:129.

[9] Beckner W. Proc. Nat. Acad. Sci. 1975, 72: 638.

[10] Bohm D. Phys. Rev., 1952, 85: 166, 180.

[11] Fleming G M. Nuovo Cim.: A, 1973, 16: 232.

[12] Feynman R P, Hibbs A R. Quantum Mechanics and Path Integrals[M]. New York: McGraw-Hill,1965.

[13] Feynman R P. Rev. Mod. Phys., 1948, 20: 367.

[14] Weinberg S. Quantum Field Theory[M]. Cambridge University Press,1995.

[15] Fleischer R. Phys. Rep., 2002, 370: 537.

[16] Wu C S, Ambler E, Hayward R W, Hoppes D D, Hudson R F. Phys. Rev., 1957,105: 1413.

[17] Purcell E M, Ramsey N F. Phys. Rev., 1950, 78: 807.

[18] Wood C S, Bennett S C, Cho D, Masterson B P, Roberts J L, Tanner C E, Wieman C E. Science, 1997, 5307: 1759.

[19] Bohr A, Ulfbeck O. Rev. Mod. Phys., 1995, 67: 1.

[20] Winful H. Phys. Rep., 2006, 436: 1.

[21] Dwight H B. Tables of Integrals and Other Mathematical Data[M]. 4th ed.. New York: Macmillan Company, 1961.

[22] Olver F W J. Asymptotics and Special Functions[M]. New York: Academic Press, 1974.

[23] Taylor J R. Scattering Theory: The Quantum Theory of Nonrelativistic Collisions[M]. New York: John Wiley & Sons, Inc., 1972.

[24] Hohenberg P, Kohn W. Phys. Rev.: B, 1964, 136: 864.

[25] Feynman R P, Leighton R B, Sands M. The Feynman Lectures on Physics: Quantum Mechanics[M]. Addison-Wesley, 1965.

[26] Stoyanov Ch, Zelevinsky V. Phys. Rev.: C, 2004, 70: 014302.

[27] Dicke R H. Phys. Rev., 1954, 93: 99.

[28] Horoi M, Volya A, Zelevinsky V. Phys. Rev. Lett., 1999,82: 2064.

[29] Reimann S, Manninen M. Rev. Mod. Phys., 2002, 74: 1283.

[30] Wu L-A, Kimble H J, Hall J L, Wu H. Phys. Rev. Lett., 1986, 57: 2520.

[31] Wald R M. General Relativity[M]. Chicago:The University of Chicago Press, 1984.

[32] Unruh W G. Phys. Rev.: D, 1976,14:4.

[33] Wall D F. Nature, 1983,306:141.

[34] Aharonov Y,Bohm D. Phys. Rev., 1959,115:485.

[35] Ehrenberg W,Siday R E. Proc. Phys. Soc.: B, 1949,62:8.

[36] Peshkin M,Tonomura A. The Aharonov-Bohm Effect[M]. Berlin: Springer, 1989.

[37] Landau L D. Zs. Phys., 1930, 64: 629.

[38] Landau L D, Lifshitz E M. Statistical Physics, Part 1 [M]. Oxford: Butterworth Heinemann, 2000.

[39] Prange R E, Girvin S M. The Quantum Hall Effect[M]. New York: Springer, 1987.

[40] von Klitzing K, Dorda G, Pepper M. Phys. Rev. Lett., 1980, 45: 494.

[41] Tsui D C, Stmer H L, Gossard A C. Phys. Rev. Lett., 1982, 48: 1559.

[42] Laughlin R B. Phys. Rev. Lett., 1983,50:1395.

[43] Feldman A,Kahn A H. Phys. Rev.: B, 1970,1:4584.

[44] Yang C N. Rev. Mod. Phys., 1962,34:694.
[45] Landau L D. JETP, 1941,11:592.
[46] Anderson P W. Rev. Mod. Phys., 1966,38:298.
[47] Aslamazov L G, Larkin A I. JETP Lett., 1965,48:875.
[48] Josephson B D. Phys. Lett., 1962,1:25.
[49] Taylor B, Parker W, Langenberg D. Fundamental Constants and Quantum Electrodynamics [M]. Academic Press, 1969.
[50] Tilley D R, Tilley J. Superfluidity and Superconductivity[M]. 2nd ed.. Bristol: Adam Hilger, 1986.
[51] Hall H E, Vinen W F. Proc. Roy. Soc.: A, 1956,238:204.
[52] Feynman R P. Progress in Low Temperature Physics[M]. Amsterdam: North Holland, 1955: 17.
[53] Donnelly R J. Ann. Rev. Fluid Mech., 1993, 25: 325.
[54] Chevy F, Madison K, Bretin V, Dalibard J. cond-mat/0104218.
[55] Gutzwiller M C. Chaos in Classical and Quantum Mechanics[M]. New York: Springer, 1990.
[56] Babikov V V. Sov. Phys. Usp., 1967, 10: 271.
[57] Calogero F. Variable Phase Approach to Potential Scattering[M]. New York: Academic Press, 1967.
[58] Presnyakov L P. Phys. Rev.: A, 1991,44:5636.
[59] Landau L D, Lifshitz E M. Quantum Mechanics: Non-Relativistic Theory[M]. Oxford: Butterworth-Heinemann, 2003.
[60] Heading J. An Introduction to Phase Integral Methods[M]. London: Methuen, 1962.
[61] Kemble E C. Phys. Rev., 1935, 48: 549.
[62] Fröan N, Fröan P O. JWKB Approximation[M]. Amsterdam: North-Holland, 1965.
[63] Brink D M, Smilansky U. Nucl. Phys.: A, 1983:405, 301.
[64] Holstein T, Primakoff H. Phys. Rev., 1940,58:1098.
[65] Dyson F. Phys. Rev., 1956,102:1217.
[66] Infeld L, Hull T E. Rev. Mod. Phys., 1951,23:21.
[67] Baz A, Zeldovich I, Perelomov A. Scattering, Reactions and Decay in Nonrelativistic Quantum Mechanics[M]. Jerusalem: Israel Program for Scientific Translations, 1969.
[68] Hanneke D, Fogwell S, Gabrielse G. Phys. Rev. Lett., 2008, 100: 120801.
[69] Schwinger J. Quantum Mechanics: Symbolism of Atomic Measurement[M]. Springer, 2001.
[70] Zelevinsky V, Brown B A, Horoi M and Frazier N. Phys. Rep., 1996, 276: 85.
[71] Judd B R. Angular momentum Theory for Diatomic Molecules[M]. New York: Academic Press, 1975.

[72] Eisenschitz E, London F Z. Phys., 1930, 60: 491.

[73] Nielsen M A, Chuang I L. Quantum Computation and Quantum Information[M]. Cambridge University Press, 1930.

[74] Edmonds A R. Angular Momentum in Quantum Mechanics [M]. Princeton University Press,1974.

[75] Condon E U, Shortley G H. Theory of Atomic Spectra[M]. London: Cambridge University Press,1935.

[76] Bennett S C, Roberts J L, Wieman C E. Science, 1997, 275: 1759.

[77] Itzykson C, Zuber J B. Quantum Field Theory[M].New York: McGraw-Hill, 1980.

[78] Pohl R, et al.. Nature, 2010, 466: 213.

[79] Friedrich H, Wintgen D. Phys. Rep., 1989, 183: 39.

[80] Garston W R S, Tomkins F S. Astrophys: J, 1969, 158: 839.

[81] Khriplovich I B, Ruban G Yu. Laser Phys.,2004, 14: 426.

进一步阅读

第 1 章

Jammer M. The Conceptual Development of Quantum Mechanics[M]. New York：McGraw-Hill，1966.

Weisskopf V F. Physics in the Twentieth Century[M]. Cambridge：MIT Press，1972.

第 4 章

Cassinelli G，de Vito E，Levrero A，Lahti P J. The Theory of Symmetry Actions in Quantum Mechanics[M]. Berlin：Springer，2004.

Mirman R. Group Theory：An Intuitive Approach[M]. Singapore：World Scientific，2000.

第 5 章

Sources in Quantum Mechanics[M]. Mineola：Dover Publications，1968.

Bohr A，Ulfbeck O. Rev. Mod. Phys.，1995，67：1.

Cohen-Tannoudji C，Diu B，Laloe F. Quantum Mechanics[M]. Wiley-Interscience，2006.

de Broglie L. Les Incertitudes D'Heisenberg et L'Interprétation Probabiliste de la Mécanique Ondulatoire[M]. Paris：Bordas，1982.

Havin V，Jöricke B. The Uncertainty Principle in Harmonic Analysis[M]. Springer，1994.

第 6 章

Anderson M H, et al.. Science, 1995, 269: 198.

Bohm A. Quantum Mechanics: Foundations and Applications [M]. 2nd ed.. New York: Springer, 1986.

Byron F W, Fuller R W. Mathematics of Classical and Quantum Physics [M]. Mineola: Dover Publications, 1992.

Dirac P A M. The Principles of Quantum Mechanics[M]. 4th ed.. Oxford: Oxford University Press, 1968.

Messiah A. Quantum Mechanics[M]. Mineola: Dover Publications, 1999.

Schwinger J. Quantum Mechanics: Symbolism of Atomic Measurements[M]. Berlin: Springer, 2001.

第 7 章

Feynman R P. Rev. Mod. Phys.,1948, 20: 367.

Feynman RP, Hibbs A R. Quantum Mechanics and Path Integrals [M]. New York: McGraw-Hill, 1965.

Perelomov A M, Zeldovich Ya B. Quantum Mechanics: Selected Topics [M]. Singapore: World Scientific, 1998.

Wang S. Phys. Rev. A, 1999, 60: 262.

Zachos C, Fairlie D, Curtright T. Quantum Mechanics in Phase Space [M]. Singapore: World Scientific, 2005.

Zinn Justin J. Path Integrals in Quantum Mechanics[M]. Oxford: Oxford University Press, 2004.

第 8 章

Gilmore R. Lie Groups, Lie Algebras, and Some of Their Applications [M]. New York: Wiley Interscience,1974.

Hess K. Advanced Theory of Semiconductor Devices[M]. Englewood Cliffs: Prentice Hall, 1988.

Hoddeson L, Baym G, Eckert M. Rev. Mod. Phys., 1987, 59: 287.

Schensted I V. A Course on the Application of Group Theory to Quantum Mechanics[M]. Maine: Neo Press,1976.

Wigner EP. Symmetries and Reflections[M]. Bloomington: Indiana University Press, 1967.

第 9 章

Baz A I. JETP, 1959, 36: 1762.

Olver F W J. Asymptotics and Special Functions[M]. New York: Academic Press, 1974.

Schwinger J. Quantum Mechanics: Symbolism of Atomic Measurements[M]. Berlin: Springer, 2001.

第 10 章

Golub G H, Van Loan C F. Matrix Computations [M]. Baltimore: Johns Hopkins University Press, 1996.

Hohenberg P, Kohn W. Phys. Rev.,1964, 136: B864.

Horoi M, Volya A, Zelevinsky V. Phys. Rev. Lett.,1999, 82: 2064.
第 11 章
Byron F W, Fuller R W. Mathematics of Classical and Quantum Physics[M]. Mineola: Dover Publications,1992.
Dirac P A M. The Principles of Quantum Mechanics[M]. 4th ed.. Oxford: Oxford University Press, 1968.
Moshinsky M, Smirnov Y F. The Harmonic Oscillator in Modern Physics[M]. Amsterdam: Harwood Academic Publishers, 1996.
第 12 章
Carruthers P, Nieto M M. Rev. Mod. Phys.,1968, 40: 411.
Caves C M. Phys. Rev.: D, 1981, 23: 1693.
Wall D F. Nature , 1983, 306: 141.
Wu L-A, Kimble H J, Hall J L, Wu H. Phys. Rev. Lett., 1986, 57: 2520.
第 13 章
Aharonov Y, Bohm D. Phys. Rev.,1959, 115: 485.
Berry M, Peshkin M. Physics Today, 2010, August: 9.
Ehrenberg W, Siday R E. Proc. Phys. Soc.: B, 1949, 62: 8.
Peshkin M, Tonomura A. The Aharonov-Bohm Effect[M]. Berlin: Springer, 1989.
Prange R E, Girvin S M. The Quantum Hall Effect[M]. New York: Springer, 1987.
Silverman M P. Quantum Superposition[M]. Berlin: Springer, 2008.
Stone M. Quantum Hall Effect[M]. Singapore: World Scientific, 2001.
von Klitzing K. Rev. Mod. Phys., 1986: 86: 519.
第 14 章
Anderson P W. Rev. Mod. Phys.,1966, 38: 298.
Barone A, Paterno G. Physics and Applications of the Josephson Effect[M]. New York: John Wiley & Sons, 1982.
Landau L D. JETP, 1941, 11: 592.
Saslow W M. Electricity, Magnetism, and Light[M]. Academic Press, 2002.
Sonin E B. Rev. Mod. Phys., 1987, 59: 87.
Tilley D R, Tilley J. Superfluidity and Superconductivity[M]. 2nd ed.. Bristol: Adam Hilger, 1986.
Yang C N. Rev. Mod. Phys., 1962, 34: 694.
第 15 章
Babikov V V. Sov. Phys. Usp., 1967, 10: 271.
Brack M, Bhaduri R K. Semiclassical Physics[M]. Reading: Addison-Wesley, 1997.
Brink D M, Smilansky U. Nucl. Phys.: A, 1983, 405: 301.

Calogero F. Variable Phase Approach to Potential Scattering[M]. New York: Academic Press, 1967.

Fröan N, Fröan P O. JWKB Approximation[M]. Amsterdam: North-Holland, 1965.

Gutzwiller M C. Chaos in Classical and Quantum Mechanics[M]. New York: Springer, 1990.

Heading J. An Introduction to Phase Integral Methods[M]. London: Methuen, 1962.

Landau L D, Lifshitz E M. Quantum Mechanics: Non-Relativistic Theory[M]. Oxford: Butterworth-Heinemann, 2003.

Presnyakov L P. Phys. Rev.: A, 1991, 44: 5636.

第16章

Biedenharn L C, Louck J D. Angular Momentum in Quantum Physics[M]. Reading: Addison-Wesley, 1981.

Dyson F. Phys. Rev., 1956, 102: 1217.

Edmonds A R. Angular Momentum in Quantum Mechanics[M]. Princeton University Press, 1974.

Holstein T, Primakoff H. Phys. Rev., 1940, 58: 1098.

Rose M E. Elementary Theory of Angular Momentum[M]. Mineola: Dover, 1995.

第17章

Baz A, Zeldovich I, Perelomov A. Scattering, Reactions and Decay in Nonrelativistic Quantum Mechanics[M]. Jerusalem: Israel Program for Scientific Translations, 1969.

Infeld L, Hull T E. Rev. Mod. Phys., 1951, 23: 21.

Meijer P, Bauer E. Group Theory: The Applications to Quantum Mechanics[M]. Mineola: Dover Publications, 2004.

Moshinsky M, Smirnov Y F. The Harmonic Oscillator in Modern Physics[M]. Amsterdam: Harwood Academic Publishers,1996.

第18章

Gabrielse G, et al.. Phys. Rev. Lett.,2007: 99039902.

Judd B R. Angular momentum Theory for Diatomic Molecules[M]. New York: Academic Press, 1975.

Landau L D, Lifshitz E M. Mechanics[M]. Oxford: Butterworth-Heinemann, 2003.

Reimann S, Manninen M. Rev. Mod. Phys., 2002, 74: 1283.

Schwinger J. Quantum Mechanics: Symbolism of Atomic Measurements[M]. Berlin: Springer, 2001.

第19章

Berestetskii V B, Lifshitz E M, Pitaevskii L P. Quantum Electrodynamics[M]. New York: Pergamon Press,1982.

Berry M V. Proc. R. Soc. Lond.: A, 1984, 392: 45.

Dzyaloshinskii I D, Lifshitz E M, Pitaevskii L P. Usp. Fiz. Nauk, 1961,73: 381.

Judd B R. Angular momentum Theory for Diatomic Molecules[M]. New York: Academic

Press, 1975.
Landau L D, Lifshitz E M. The Classical Theory of Fields [M]. Oxford: Butterworth-Heinemann, 1996.
Zelevinsky V, Brown B A, Frazier N, Horoi M. Phys. Rep., 1996, 276: 85.
第 20 章
Colella R, Overhauser A W, Werner S A. Phys. Rev. Lett., 1975, 34: 1472.
Feynman R P. Feynman Lectures on Computation[M]. Reading: Perseus Books, 1996.
Landau L D, Lifshitz E M. Quantum Mechanics: Non-Relativistic Theory[M]. Oxford: Butterworth-Heinemann, 2003.
Nielsen M A, Chuang I L. Quantum Computation and Quantum Information [M]. Cambridge University Press, 2000.
Williams C P, Clearwater S H. Explorations in Quantum Computing[M]. New York: Springer, 1998.
第 21 章
Biedenharn L C, Louck J D. Angular Momentum in Quantum Physics [M]. Reading: Addison-Wesley, 1981.
Edmonds A R. Angular Momentum in Quantum Mechanics[M]. Princeton University Press, 1974.
Rose M E. Elementary Theory of Angular Momentum[M]. Mineola: Dover, 1995.
第 22 章
Auerbach N, Zelevinsky V. J. Phys.: G, 2008, 35: 093101.
Bennett S C, Roberts J L, Wieman C E. Science, 1997, 275: 1759.
Edmonds A R. Angular Momentum in Quantum Mechanics[M]. Princeton University Press, 1974.
Holstein B R. Weak Interactions in Nuclei[M]. Princeton University Press, 1989.
Khriplovich I, Lamoreaux S. CP Violation without Strangeness[M]. New York: Springer, 1997.
第 23 章
Bethe H A, Salpeter E E. Quantum Mechanics of One-and Two-Electron Atoms [M]. Berlin: Springer, 1957.
Bohr A, Mottelson B R. Nuclear Structure, Vol. 1 and 2[M]. Singapore: World Scientific, 1998.
Rohlf J W. Modern Physics from a to Z0[M]. Wiley, 1994.
第 24 章
Friedrich H, Wintgen D. Phys. Rep., 1989, 183: 39.
Lai D. Rev. Mod. Phys., 2001, 73: 629.
Silverman M P. Phys. Rev.: A, 1981, 24: 339, 342.
Yakovlev D G, Pethick C J. Ann. Rev. Astron. Astrophys. 2004, 42: 169.